ELEVATOR
BASIC
TECHNOLOGY

황수철 지음

엘리베이터
베이직
테크놀러지

BM (주)도서출판 성안당

Preface

이 책은 엘리베이터에 관한 기초적인 기술을 담은 것이다.

우리나라 엘리베이터 관련 서적들이 대부분 법령과 관련하여 안전기준, 인증기준, 검사기준 등을 대부분 기술적인 사항으로 담고 있다. 이러한 기준들은 대부분 외형적이고 고전적인 내용들이 많아서 실제로 현장에서 엘리베이터를 다루는 기술자들이 참고하기에는 방향성이 다르다.

이에 엘리베이터 관련 일을 시작한 지 40년 가까이 되면서 엘리베이터와 헤어져야 하는 이때에 그동안의 경험과 연구한 내용들을 나누어 가져야 나의 일들이 헛되지 않을 것으로 생각하고 이 책을 쓴다.

이 책의 특징은 용어에 있다. 우리나라에 엘리베이터가 들어온 지 100년이 훌쩍 넘은 현재까지 주로 해외기술에 의존하다 보니 고유의 엘리베이터 부품, 장치 등의 용어를 가지지 못하고, 그 나라의 용어를 그대로 가져와서 사용하는 경우가 많았다. 물론 대부분 이론적으로 맞지만 정서적으로 그 뜻이 맞지 않는 용어도 더러 있다. 더구나 안전과 관련해서는 법률상 안전기준에서 사용하는 용어를 엘리베이터에 맞지 않게 사용하여 업계와 학계에 혼란을 초래하는 경우도 있었다.

따라서 수십 년의 경험과 연구들로 얻은 지식들을 바탕으로 하여 가장 적절하다고 생각하는 용어로 새롭게 시도를 해보고자 한다. 처음 접하는 용어들은 다소 생소하겠지만 곧 익숙해질 것으로 여기고 과감하게 도전해보는 것이다.

용어를 바꾸는 기준을 정리해보면 다음과 같다.

먼저 애매한 용어를 사용하는 것을 지양하였다. 예를 들어 '안전장치'라는 용어는 어떻게, 무엇을 안전하게 하는지 용어만으로는 알 수가 없지만 구체적인 기능이나 동작 등을 용어로 사용하면 그 장치를 바로 인식할 수 있게 된다. '문닫힘안전장치'라고 법에서 정한 용어가 있는데 엘리베이터를 수십 년 해온 사람도 이 용어를 처음 들으면 무엇인지 모를 수밖에 없다. 그래서 이 장치를 '문끼임방지기'로 표현하여 엘리베이터를 기술적으로 전혀 모르는 사람도 그 용어만으로 이 장치가 무엇인지 알 수 있게 된다.

그리고 명칭에 'XXX장치'라고 하는 것은 실질적으로 적합하지 않다고 본다. 가능하면 'XXX기' 등으로 표기하는 것이 자연스러우며 '기'는 '機' 또는 '器'로 사용할 수 있다.

‘장치’는 기계와 전기·전자로 구성된 복합적인 부품이나 완성품을 부를 때 사용하는 것이 바람직하다. 예를 들면 ‘비상정지장치’는 영문으로 ‘Safety device’라고 하는데 이것은 추락을 방지하기 위한 장치이므로 ‘추락방지기’로 한 것이다.

다음으로 실제 사용하는 용어와 다르게 법에서 규정한 잘못된 의미의 용어를 바로 잡는 것이다. 카의 과속을 검출하는 장치를 ‘조속기’라고 하는데 일본에서 들어온 용어로, 우리나라에서 법적 기준에 ‘과속조절기’로 고쳐서 사용하고 있다. 그러나 엘리베이터에 사용되는 ‘Governor’는 조절하는 기능은 없고, 지정된 속도를 검출하는 기능만 있다. 그래서 이 장치는 조절이라는 용어가 맞지 않으므로 ‘과속검출기’로 표현하였다. 그리고 법적 기준에서 번역되지 않고 그대로 사용하는 ‘Positive drive’는 ‘확동구동(確動驅動)’으로 표현하였다.

이러한 측면에서 지금까지와는 다르게 쓰는 용어를 소개하면 ‘조속기’, ‘과속조절기’ 등은 ‘과속검출기’로, ‘속도검출장치’는 ‘속도측정기’, ‘비상정지장치’는 ‘추락방지기’, ‘문닫힘안전장치’는 ‘문끼임방지기’, ‘에너지분산형 완충기’는 ‘에너지소멸형 완충기’, ‘잠금해제구간’은 ‘문열림구간(door zone)’, ‘로프텐션장치’는 ‘로프인장기’로 표현하였다.

그리고 이 책에서는 부품이나 장치들에 대해서 한 가지 명칭으로 통일하지 않았다. 여러 회사나 지역에서 각각 다른 용어를 사용하므로 엘리베이터를 다루는 기술자는 여러 명칭을 아는 것도 많은 도움이 될 것으로 생각하여 의미가 틀리지 않는 한 용어들은 혼용하여 사용하였다. 그래서 ‘찾아보기’에 가능한 한 많은 용어들을 표기하여 찾아볼 수 있도록 정리하였다.

이에 이 책이 엘리베이터를 알고자 하는 사람에게 작게 나마 도움이 되기를 바라고, 우리나라의 엘리베이터 산업발전과 후진들의 엘리베이터 기술향상을 위하여 마음껏 활용될 수 있기를 바란다.

그리고 이 책을 만드는 동안 도움을 주신 많은 엘리베이터 관련 선배님들과 기업체의 임원님들께 감사를 드린다.

저자 씀

Contents

Chapter 03 | 로프식 엘리베이터의 구조 및 원리

Contents

Chapter 04 엘리베이터의 안전장치

Contents

Chapter 05 | 엘리베이터 제어

Contents

Chapter 06   유압식 엘리베이터

Contents

Chapter 08 | 엘리베이터의 품질

Contents

Chapter

01

ELEVATOR BASIC TECHNOLOGY

승강기의 역사 및 산업

Chapter 01 승강기의 역사 및 산업

01 | 승강기의 개요

1 승강기의 필요성

승강기는 고대 로마시대에서 여러 가지 힘을 이용한 수직 운송장치로 만들어 사용하였고, 근대 사회에서 안전장치의 발명 등으로 안전성이 확보되면서 기술적인 진보와 더불어 실생활의 필수설비로 자리잡고 있다.

승강기는 사람 또는 화물을 지구 중력에 대응하여 상하 좌우로 운반하는 장치이기 때문에 안전성의 확보가 가장 중요한 과제이다. 따라서, 안전관리는 제도적으로 관련 법령에 의하여 필요한 안전기능이나 안전장치 등이 규정되어 있다. 특히 최근에는 5층 이상 빌딩을 비롯하여 아파트 등에 많이 설치되고 있어 생활의 필수설비로 이용되고 있으므로 안전 확보의 중요성이 더욱 높아지고 있다.

특히, 화재 발생 시나 지진 등의 재해 발생 시 엘리베이터의 안전성에 대해서는 Hard적인 면만이 아니라, Soft적인 면도 검토가 필요하다.

화재 시 화재진화에 사용하는 엘리베이터는 건축법령에서 일정 규모 이상의 빌딩에 '소방구조용 엘리베이터'를 설치하는 것이 의무화되어 있다.

또한, 지진이 발생하는 지역에 엘리베이터를 설치할 경우 지진에 대한 엘리베이터의 안전성을 고려하여 설계하여야 한다. 우리나라에는 미진이기는 하나 가끔 지진이 발생하므로 설계 시 고려하여야 하며, 특히 지진이 발생하는 국가에서는 엘리베이터 내진성의 강화를 의무화하고 있다.

한편, 오일 쇼크 이후 에너지 가격이 상승하고, 엘리베이터·에스컬레이터의 소비전력에 대해서 관심이 높아졌다. 제조업체는 구동장치뿐만 아니라 운전방식에도 에너지의 절약차원에서 설계할 때 고려하여야 한다.

1970년대 전반까지 엘리베이터는 주로 큰 빌딩에 설치되었고, 소위 특주(特注) 엘리베이터만 있었지만 1980년대 이후부터 개발된 규격형 엘리베이터가 양산효과를 발휘함과 동시에 경제의 고도성장으로 인해 중소빌딩에도 사용하는 시대가 급속히 도래하게 되었다. 특히 삶의 구조가 공동주택 형태로 바뀌면서 공동주택의 필수설비인 엘리베이터는 그 수요와 사용이 급격히 증가하게 되었다.

최근 신체장애자 대책이 사회적 요청으로 부각됨에 따라 엘리베이터도 지체 및 시각 부자유자 등 장애인의 이용 편의장치를 부가한 것이 공공시설이나 교통기관 등에 사용되는 시대가 되었다.

안전관리는 제도적으로 승강기를 최초로 설치한 후 설치검사를 하고 그 이후는 연 1회의 정기 검사를 받아 안전을 확인하지만, 동작횟수가 많고 사람을 수송하는 도중 고장이 발생할 때 중대한 사고가 발생하므로 일상의 점검 및 유지관리는 전문가로 하여금 철저하게 수행되어야 한다.

2 승강기의 정의

승강기의 사전적 의미는 '고층 건물 따위에서 동력을 이용하여 사람이나 짐을 위아래로 실어 나르는 장치'이나, 제도적으로는 해당되는 법령에 따라서 다소 의미가 달라진다.

일반적으로 실생활에서 승강기라는 의미는 사람이나 물건을 위아래로 나르는 설비 전부를 의미하나, 제도상의 법적인 의미는 관련 법에 따라 차이가 있으며, 해당 법에서 정의하는 범주에 따라 해당 법의 적용을 받게 된다.

「승강기 안전관리법」에서는 "승강기란 건축물이나 고정된 시설물에 설치되어 일정한 경로에 따라 사람이나 화물을 승강장으로 옮기는 데 사용되는 설비(「주차장법」에 따른 기계식 주차장치 등 대통령령으로 정하는 것은 제외)로서 구조나 용도 등의 구분에 따라 대통령령으로 정하는 설비를 말한다."로 규정하고 있으며 이러한 범주에 속하는 설비들은 이 법의 적용을 받는다.

이 법에서는 승강기를 엘리베이터, 에스컬레이터 및 휠체어 리프트로 한정하여 정의하고 있다.

이 외에 「산업안전보건법」, 「건설산업기본법」 등에서 사람이나 물건을 위아래로 나르는 설비에 대하여 규정하고 있으며 이들 또한 해당 법령의 적용을 받는다.

3 승강기의 특성

(1) 엘리베이터의 특성

엘리베이터의 기본적인 설비 목적은 사람이나 물건을 한꺼번에 쉽고, 빠르며, 안전하게 위아래로 옮기는 것이다.

따라서, 엘리베이터는 다음과 같은 특성을 가져야 한다.

① **안전성** : 사람을 싣고 나르는 설비이므로 이용하는 사람을 안전하게 하는 것이 가장 큰 특성이다.

② **신속성** : 수직이동을 빠르게 하는 것 또한 중요하다.

③ **편리성** : 불특정 사용자가 쉽고 편하게 사용할 수 있도록 만들어져야 한다.

④ **쾌적성** : 엘리베이터는 카 내에 승객이 들어가는 구조이므로 그 카의 움직임이 승객을 불안하게 하는 흔들림이나 소음 등이 없어야 하며, 기분좋게 타고 내릴 수 있어야 한다.

⑤ **경제성** : 초기 설비의 비용이나 엘리베이터의 운용비용이 낮아서 가성비가 높아야 한다.

⑥ **신뢰성** : 엘리베이터의 신뢰성은 고장과 관련있다. 엘리베이터의 고장으로 이용하지 못하는 기간은 이용자의 편의성을 크게 해친다고 볼 수 있으며, 엘리베이터를 탑승하고 목적층을 향해서 주행하는 도중에 고장이 나면 사고의 우려가 크므로 안전성과도 관련이 있다. 이 신뢰성은 엘리베이터의 고장률로 표현되기도 한다.

⑦ 환경성 : 엘리베이터의 환경성이란 설치되는 환경의 조건이 나쁜 경우나 환경이 심하게 변하는 경우에도 정상적인 운행이 가능한 내 환경성을 말한다고 볼 수 있다. 여기서, 환경이란 온도, 습도, 진동, 공기(분진, 연기), 화학물질, 공기청정도 등을 말한다.

(2) 에스컬레이터의 특성

에스컬레이터의 특성은 엘리베이터가 한꺼번에 빨리 옮기는 데 비하여 짧은 지점과 지점 사이, 특히 층과 층 사이를 지속적으로 많은 승객을 이동하도록 하는 데 있다.

따라서, 에스컬레이터는 기다리지 않는 탑승, 멈추지 않는 움직임이 특성이다. 에스컬레이터는 연속된 계단이 멈추지 않고 지속적으로 움직이고 있으며 이 움직이는 계단을 타는 곳에서는 평평하게 나열하여 승객이 탑승하게 하고 내리는 부분에서도 계단을 평평하게 나열하여 내릴 수 있도록 만들어졌다. 그러나 노약자에게는 정지된 바닥에서 움직이는 스텝으로 옮겨가는 것이 쉽지 않으므로 탑승 및 하차에 주의를 기울여야 한다.

또한, 에스컬레이터는 구조상 화물을 실어 나르기는 곤란하여 기본적으로 사람만 탑승할 수 있는 설비이다. 승객이 소지한 가방이나 바퀴달린 캐리어 등을 동시에 옮기기 위한 설비로 무빙워크가 있다.

02 승강기의 역사

1 엘리베이터(elevator)의 역사

기원전 로마의 천재 아르키메데스가 캡스턴(capstan)과 레버(lever)에 의한 드럼(drum)식 호이스트를 발명하였고, BC 200년 [그림 1-1]과 같은 인력에 의한 엘리베이터 같은 것이 출현하였다고 전해진다. 이 인력 엘리베이터는 왕후, 귀족들에 의해 이용되었고 인력 이외에 짐승을 이용한 엘리베이터와 물을 이용한 수력 엘리베이터 등의 기록이 있다. 이때의 수력 엘리베이터는 두레박 형태의 구조였다.

프랑스 해안의 수도원에는 1203년에 엘리베이터가 설치되었고, 이는 대형 디딤판 바퀴를 사용하였다. 승강력을 공급하기 위해 당나귀를 이용하였고, 대형 드럼에 밧줄을 감아 부하를 올렸다.

┃그림 1-1 인력 엘리베이터┃

1793년 Ivan Kulibin이 첫 번째 스크루 드라이브 리프트를 만들어 Winter palace에 설치했다. 이는 현대식 여객 리프트의 선구자였기 때문에 리프트 역사에서 중요한 단계이다.

18세기 제임스왓트에 의한 증기기관의 발명으로 인한 산업혁명 이래, 1743년 균형추가 있는 개인용 엘리베이터가 프랑스의 루이 15세에 의해 베르사이유에 있는 자신의 침실에서 사용하기 위해 제작되었다.

19세기 초에 증기동력기술에서 비롯된 리프트는 광산과 공장에서 대량의 제품을 옮길 수 있도록 고안되었다. 1823년 런던 건축가 Burton과 Hormer는 증기로 구동되는 리프트를 관광 명소 'Ascending room'으로 건설하였고, 'Teagle'이라고 불리는 벨트 구동 엘리베이터는 1835년 영국의 한 공장에 설치되었다.

윌리엄 암스트롱경은 화물을 선박에 적재하기 위해 1846년에 수압 크레인을 만들었다. 수도 펌프를 사용하고 수압으로 작업하여 플랫폼을 올리고 내리는 형태였다. 이는 증기구동으로 움직이는 수압 엘리베이터였고 이것이 후에 유압 엘리베이터로 발전되었으며 균형추도 적용되었다. 기계장치와 엔지니어링이 발전됨에 따라 다른 동력을 사용하는 승강장치가 신속하게 잇달아 출현했다.

엘리베이터 공업이 현재와 같은 산업으로 발전하게 된 것은 19세기 후반부터이다.

1852년 기계기술자인 오티스(E.G. Otis)씨가 베드제조회사로부터 베드운반용 엘리베이터의 제조를 부탁받아 설계연구를 진행하던 중에 화물을 싣는 '카'가 떨어진다는 결함을 깨닫고 안전장치인 낙하방지기를 고안하였다. 이는 카의 프레임과 바닥이 랙(rack)이 부착된 가이드레일에 따라 승강하는 것으로, 여기에 카 프레임에 걸려 있는 로프의 장력이 없어질 때 멈춤쇠가 랙의 기어와 맞물려 순간적으로 정지시키는 방식의 비상 멈춤장치이었다. 이러한 안전장치가 장착된 엘리베이터의 발전은 1854년에 뉴욕에서 개최된 크리스털 팔레스 박람회에서 자신이 탄 엘리베이터의 로프를 조수에게 끊도록 하여 보인 오티스의 실험으로 그 안전성을 보인 후 부터이다.

승강기의 기술개발에 도움을 준 또 하나의 계기는

┃ 그림 1-2 스팀 엘리베이터 ┃

개선된 와이어로프와 증기동력의 급속한 발전이었으며 상업지구 내의 공간을 얻으려는 엄청난 수요가 자연스럽게 건축기술의 발전을 가져왔다. 뉴욕에 있는 Equitable life building은 1870년에 세계 최초의 승객용 리프트를 보유한 건물이며, 1889년 독일의 Werner von siemens가 전동리프트를 발명하고, 미국의 발명가인 Alexander miles는 자동문을 발명하여 엘리베이터의 발전을 가속시켰다.

이후 트랙션(traction)형 권상기의 개발, 점진식 추락방지기 개발, 층상 선택기의 발명, 직류 가변전압 제어장치의 도입 및 신호(signal) 제어방식의 발명 등 기술진보가 계속되었다.

제2차 세계대전 후에는 복수 엘리베이터를 일군으로 하여 유기적으로 운행, 관리하는 '군관리 방식'의 개발과 반도체를 엘리베이터에 사용함으로써 급속한 기술발전이 계속되어 왔다.

최근에는 건물의 고층화에 따라 엘리베이터의 고속화가 요구되어 1978년에는 600m/min, 1993년에는 750m/min의 세계 최고 속도 승용 엘리베이터가 일본에서 개발되어 설치되었으며, 2000년 이후에 초고층 스카이라인이 형성되기 위해서 필요한 1,000m/min 이상의 초고속 엘리베이터가 설치되기 시작하여 현재에는 1,260m/min의 속도를 가진 엘리베이터가 설치·운행되고 있다.

또 근래에는 공공주택이나 아파트의 건축이 늘어나게 됨에 따라 엘리베이터가 우리들의 일상 생활에서 필수적인 주거설비가 되어 주거인구가 많은 대도시 부근의 위성도시에서 그 수요가 급증하게 되었다.

2 에스컬레이터(escalator)의 역사

1859년 미국에서 '회전식 계단'의 이름으로 특허를 취득했다. 이것이 에스컬레이터의 시작으로서, 바로 옆에서 뛰어 올라 타고 내리는 것이었는데, 지금에서 보면 위험성이 내포되어 있었다. 에스컬레이터가 상품화되기 시작한 것은 1890년대부터이며, 1892년에 '이동난간'이 개발되었다. 이것은 엘리베이터의 추락방지기에 비교되는 획기적인 발명이라 할 수 있었다. 발판면이 수평이고, 현재와 같은 클리트(cleat)식의 것이 나타난 것은 1900년이었다.

초기 에스컬레이터 산업은 제시 르노(Jesse Reno)와 찰스 시버거(Charles Seeberger) 두 사람이 이끌기 시작했다.

제시 르노가 1895년 사람들을 태운 컨베이어 벨트에 가까운 형태의 에스컬레이터를 만들었으며, 몇 달 후에 2.1m 높이로 올라가는 지금의 형태와 비슷한 에스컬레이터를 선보였다. 1899년 뉴욕 용커스에 위치한 OTIS 공장에서 시버거의 설계를 바탕으로 한 에스컬레이터가 생산되었다.

에스컬레이터라고 하는 호칭은 1900년 이후, 특허의 지적 소유기간 말까지는 그 신청자인 시버거(매입한 오티스 사)의 등록상표였지만, 1950년에 미국 특허청에서 '움직이는 계단을 의미하는 공통의 용어'로 보고 등록의 방면을 명령하였다고 한다.

그때까지 타사에서는 '자동계단' 또는 '전동계단' 등으로 호칭하여 판매하였다. 1950년에는 양측 난간부의 내부에 형광등을 집어넣어서 내부를 밝게 한 것, 투명한 유리로 안팎을 투시하여 볼 수 있도록 한 것 등이 일본에서 개발됐다. 유리로 만든 것은 일본에 에스컬레이터가 처음으로 등장한 1914년 오사카에 설치되었지만 그것은 유리판에 보기 좋게 에칭(etching)을 한 것으로서, 현재 많이 사용되는 투명유리는 아니었다.

또한, 초기의 에스컬레이터 중에는 발판면이 체크무늬로 된 것이라든지, 클리트(cleat)나 콤(comb)이 현재의 2배 정도(너비, 크기, 깊이)의 것이 보통이었다. 그런데도 당시는 위, 아래 두 승강구에 안내인이 있어서 안전사고는 거의 없었다.

[그림 1-3]에서 나무로 만든 스텝을 볼 수 있다.

┃그림 1-3 목재스텝┃

현재에는 에스컬레이터 사고의 주요 원인인 끼임사고를 원천적으로 차단하기 위한 'NexStep' 에스컬레이터와 건물의 디자인을 살리기 위한 유선형인 스파이럴 에스컬레이터를 개발·설치하고 있다. 에스컬레이터는 움직이는 인테리어와 건물 내를 전망하게 하는 효과를 기대하여 백화점이나 호텔 등에 많이 설치하고 있다. 또한, 연속적 운송능력으로 대량 수송 및 쇼핑카트나 유모차 수송에도 적합하게 만든 단차가 없고 수평이나 낮은 경사의 무빙워크로 대형 마트 등에서 이용객에게 다양한 편의를 제공하고 있다. 다중 이용시설물인 백화점, 지하철, 공항, 컨벤션센터 등에서 많이 이용되고 있으며, 구조적 형태도 일반적인 모형에서 많이 바뀌고 있다.

3 우리나라의 승강기 역사[1)]

우리나라에서도 동력이 사용되기 이전의 승강장치로 도르래와 수레바퀴를 이용하여 성을 축조한 기록이 있다. 정조 18년(1794년)에 다산 정약용이 고안·제작한 [그림 1-4]의 거중기로서 40근의 힘으로 25,000근을 움직일 수 있는 승강장치였다. 이 장치는 수원성 축조에 큰 역할을 한 것으로 기록되어 있으며, 우리나라 근대식 승강장치라 할 수 있다.

┃그림 1-4 거중기(1792년)┃

---

1) 한국승강기안전관리원 승강기개론 자료 참조

우리나라에 현대식 승강기가 처음 설치된 역사는 일제시대부터 시작됐다.

① 한반도 최초의 승강기는 1910년 [그림 1-5]의 조선은행(현, 한국은행)에 화폐운반용으로 수압식 엘리베이터가 설치되었다.

② 1914년 조선호텔에 국내 최초의 승객용 엘리베이터는 OTIS사 제품으로, 최초의 전동식 엘리베이터가 설치되었다.

③ 1926년 [그림 1-6]의 조선총독부는 단일 건물로는 승강기 최다 설치건물이 되었다.

④ 1927년 세브란스 병원은 최초의 민간발주로 OTIS사 엘리베이터가 설치되었다.

⑤ 1930년대 화신백화점(대표 박흥식)에 엘리베이터와 처음으로 에스컬레이터가 설치되었다.

▌그림 1-5 조선은행 수압식 승강기 ▌

▌그림 1-6 조선총독부 ▌

이 모두 일제시대에 외국제품을 도입하여 설치한 것으로, 대부분 오티스제품이었다.

해방 이후 1945년 10월에 서울승강기공업사라는 최초의 승강기회사가 설립되었지만, 도입한 제품을 설치하고 보수하는 수준이었고, 실질적인 승강기 생산활동이 전개된 것은 1960년대에 서울전기(후, 금성기전), 동양엘리베이터, 금성사(후, 금성산전) 순으로 회사가 설립되면서 국내 승강기산업이 고도성장의 길에 접어들게 되었다. 이후 1984년에 현대엘리베이터가 설립되면서 우리나라의 승강기 생산 및 기술 발전은 더욱 활발하게 이루어졌다.

한편, 승강기의 변천과정을 기술사적 측면에서 시대적으로 살펴보면,

제1단계(1968 ~ 1975)는 기초 기술 도입단계로, 승강기의 설계·제작·설치 기술을 외국으로부터 도입하여 국내 수요에 대응하는 수준이었다.

제2단계(1976 ~ 1984)는 중·고속 승강기 기술도입단계로, 70년대 후반에 이르러 백화점, 호텔을 시작으로 사무용 빌딩의 신축이 활기를 띠면서 고속 승강기의 수요가 증가한 기술변천의 시기였으며, 전자제어기술의 채용 및 고효율 군관리 제어방식이 등장한 시기였다.

제3단계(1985 ~ 1989)는 마이콤 승강기술 개발단계로, 80년대 초까지 이어지는 석유파동과 마이크로프로세서 응용기술의 발전으로 성능과 품질을 유지하면서 경제적인 제품을 생산하는 것이 목표였다. 기술자립화를 추진하는 시기였으며 국내 기술에 의한 승강기 국산화가 활발히 이루어졌다.

제4단계(1990 ~ 1999)는 인버터기술 개발단계로, 대용량 전력용 반도체소자의 개발 및 초고속 LSI의 등장에 따라 인버터 제어방식으로 급속히 전환되었다.

이 같은 발전의 원인은 탁월한 전력절감 효과와 유지·관리 용이, 설치시간 단축 등으로 소비자 요구에 부응했기 때문이었다.

제5단계(2000 ~ 현재)는 국내 자체 기술의 발전으로 기계실 없는 엘리베이터를 제작·설치하고 있으며, 초고층 빌딩의 세계화 시장에 진출하기 위해 세계 최고 수준의 연구개발이 이루어지고 있다.

이와 같이 기술발전이 이루어지면서 1980년대를 승강기산업의 성장기라 한다면, 1990년대는 신도시 건설 및 고층 빌딩의 증가로 비약적인 발전을 이룬 시기일 뿐만 아니라, 승강기 제조부문, 관리부문, 보수부문 등 전반에 관해서 문제점이 발생하여 승강기 안전사고와 품질 및 성능 문제가 노출되기 시작하였다.

이에 따라 정부에서는 1991년 「승강기 제조 및 관리에 관한 법률」을 제정하게 되었으며(2009. 1. 30 「승강기시설 안전관리법」으로 개정), 이 법에 의거 1992년 한국승강기 안전관리원이 발족하여 법에 따른 승강기 관련 업무를 하게 되었다. 이 법은 2018년 3월에 「승강기 안전관리법」으로 전면 개정되었고, 이 법의 규정에 따라 종전 2개의 검사기관을 통합하여 '한국승강기 안전공단'이 설립되었다.

또한, 전 국민의 60%가 공동주택 주거문화생활을 하면서 한 해 약 5만 대를 설치하는 세계 3위 내수시장과 2020년 말을 기준으로 누적 설치대수 70만 대를 넘어서는 세계 8위인 승강기 대국으로 급성장하고 있다.

03 | 승강기산업

승강기산업이라 함은 승강기 제조, 설치, 안전검사 및 유지관리를 주요 직무로 하며, 제조·설치 이전에 건물 내의 교통설비계획을 위한 컨설팅, 이용자의 안전을 보장하고 안전사고를 방지하기 위한 인증·검사 등의 안전관리 등을 포함할 수 있다.

1 승강기산업의 직무

승강기의 대표적 설비인 엘리베이터를 기준으로 [그림 1-7]의 생애주기에 걸쳐서 직무를 살펴보면 건축설계 시 반영되어야 할 건물 내 수직 교통설비계획을 위한 컨설팅부터 영업, 제조, 감리, 설치 및 검사에 의하여 건축물에 엘리베이터가 완성되어 사용되며, 일상 관리와 정기적인 점검 등의 유지관리를 포함하고, 주기적인 안전검사와 노후되어 교체하는 등의 업무로 분류할 수 있으며, 이를 정리하면 [표 1-1]과 같다.

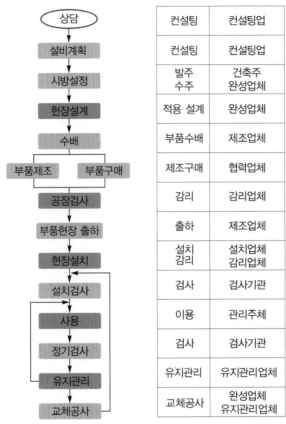

상담	컨설팅	컨설팅업
설비계획	컨설팅	컨설팅업
시방설정	발주 수주	건축주 완성업체
현장설계	적용 설계	완성업체
수배	부품수배	제조업체
부품제조 부품구매	제조구매	협력업체
	감리	감리업체
공장검사	출하	제조업체
부품현장 출하	설치 감리	설치업체 감리업체
현장설치	검사	검사기관
설치검사	이용	관리주체
사용	검사	검사기관
정기검사	유지관리	유지관리업체
유지관리	교체공사	완성업체 유지관리업체
교체공사		

▌그림 1-7 엘리베이터 생애주기 ▌

▌표 1-1 승강기산업의 직무분류 ▌

구분	업무내용	비고
컨설팅	상담, 설비계획, 시방설정	컨설팅업체
영업	상담, 기종 선택, 설치계약, 제작시방 작성	완성품 제조업체
제조	현장설계, 구성품 수배, 구매, 제조, 외주 제조, 출하	완성품 제조업체
부품제조	부품설계, 부품제작	부품제조업체
감리	제작시방 승인, 현장설계 승인, 공장검사, 설치품질 확인, 공정 간 검사	감리업체
설치	설치, 조정, 시운전, 인도	설치업체
이용	탑승	이용자
일상관리	일상 점검, 유지관리(유지관리회사에 용역), 보험가입	관리주체
유지관리	자체 점검, 정기점검, 고장처리, 긴급조치, 수리, 교체공사	유지관리업체
인증	부품인증, 시스템인증	인증기관
검사	설치검사, 정기검사, 수시검사, 정밀안전검사	검사기관
안전관리	안전관리, 관련법, 안전제도, 안전정책	주무관청
	업체등록, 운행승강기관리, 업체관리	지자체
	안전관리홍보, 교육	안전공단

2 분야별 직무

(1) 컨설팅

컨설팅업무를 수행하는 컨설턴트는 건축물의 신축을 희망하는 건축주의 건축계획에 따라 설계·구상 중인 건축물의 용도, 규모 및 환경에 따라 건물 내 교통수요를 예측하고 이에 최적의 승강기 설비규모(속도, 용량, 대수)를 설정하는 건축물의 수직 교통계획과 해당 건축물의 이미지를 부각할 수 있는 디자인이나 용도에 적합한 효율적인 운행방식과 편의성을 겸비하는 엘리베이터의 시방을 제시하여 건축주가 엘리베이터의 구매시방을 결정할 수 있도록 도움을 준다.

(2) 감리

감리자는 건축주인 엘리베이터 발주자를 대신하여 기술적인 여러 가지 업무를 대행하는 자이다. 건축주의 구매시방에 따라 작성된 제조자의 제조시방서를 검토하여 구매시방과의 부합 여부를 확인하여 제조시방서를 승인하고, 제조자의 의장도면 및 설치도면을 면밀히 검토하여 구매시방 및 건축주의 의도와 일치하고 있는지를 확인하여 설치도면 승인을 건축주를 대신하여 수행한다.

또한, 해당 건축물에 설치하기 위해 제조자가 부품의 현장출하 전후에 해당 부품의 적합성을 확인하는 공장검사를 수행하고, 건축현장에 설치시공 시 설치품질에 대한 확인과 공정 간 검사를 실시하며, 설치시공작업이 완료되면 최종 검사를 수행한다.

(3) 제조

제조업은 완성업체와 부품제조업체로 나눌 수 있다. 엘리베이터는 모든 부품을 현장에 내보내어 조립·설치하여 완성하는 산업이므로, 공장에서는 모두 부품으로 출하된다.

그리고 수많은 부품의 조합이므로 완성업체에서 해당 부품을 모두 만들지는 않으며 많은 부품들은 부품 전문제조업체에서 제조하게 되고 이를 완성업체에서 구입하게 되며 완성업체는 주요한 부품이나 기술경쟁력이 있는 부품을 생산하여 일체의 엘리베이터 부품을 수배하고, 현장으로 출하한다.

이를 위하여 완성업체는 건축주로부터 엘리베이터 설치를 수주하고 건축주의 구매시방에 맞도록 제조시방서를 작성하여 건축주의 승인을 받고, 현장 설치도면과 의장도면을 작성하여 이 또한 건축주의 승인을 받아 설치를 시공한다.

완성업체에서는 일반적으로 해당 업체에 소속된 설치인력으로 설치하는 직영설치와 설치전문업체를 통하여 시공하는 도급설치로 운영하고 있다.

(4) 설치

엘리베이터를 설치할 사람은 전문건설인협회에서 발행하는 승강기설치면허가 있어야 한다. 엘리베이터의 설치는 승강로라는 수직으로 뚫려 있는 공간에서 하는 작업이 많으므로 안전사고의 우려가 크다고 할 수 있다. 따라서, 설치시공에서 가장 먼저 고려하고 우선시해야 할 사항이 작업안전이다. 효율적인 설치시공을 위해서는 공정계획을 세밀히 세우고 각 공정별로 품질의 요소를 정확히 파악하여 공정 간 품질관리를 철저히 할 필요가 있다.

종전에는 승강로작업을 위해서 비계를 먼저 설치하고 이를 사용하여 작업을 하였으며, 비계작업 및 비계 위에서의 작업으로 사고의 위험성이 높았으나, 최근에는 공사용 카를 미리 조립하여 승강로작업을 하는 무비계 설치공법이 많이 도입되어 그 사고의 위험이 거의 사라졌다고 볼 수 있다.

(5) 일상 관리

일상 관리는 승강기의 소유자, 즉 건축주의 의무이다. 소유자를 관리주체라고 하며 관리주체는 해당 승강기를 이용하는 사용자가 안전하게 사용할 수 있도록 일상적인 관리를 하여야 한다.

일상 관리에서 주요한 사항은 안전관리자의 선임에 의한 전담 관리제로 운영되어야 하며, 다중 이용시설에는 이 승강기안전관리자의 선임기준을 높여서 규정하고 있다.

(6) 유지관리

승강기는 설치되고 사용하는 동안에 끊임없이 움직이는 설비이므로 주기적인 점검과 예방정비 그리고 고장발생 시 긴급한 수리가 필요하다. 이러한 사항을 관리주체가 전문적인 기술을 가지지 않고 수행하기가 곤란하기 때문에 전문 기술인력을 보유한 유지관리업체와 용역계약을 통해 유지관리를 수행하고 있다.

유지관리 직무 중에서 중요한 항목은 자체점검이다. 자체점검은 매월 승강기의 안전기능과 장치가 문제없이 작동될 수 있는 지를 확인하고 점검하는 것으로, 반드시 법에서 정하는 자격을 가진 자가 수행하여야 한다.

(7) 교체공사

승강기의 수명이 다 되어 철거하고 새로운 승강기설비로 바꾸는 경우 주로 유지관리업체에서 수행하고 있으며, 절차는 신규설치와 거의 유사하다. 단, 기존의 구 승강기를 철거하는 일이 추가된다.

교체공사를 완료하면 수시검사를 받아 합격하여야 사용할 수 있도록 법에 규정되어 있다.

(8) 안전인증

현재 국내에서 승강기를 제조하여 설치하려면 승강기의 시스템 모델별 인증을 받아야 하며, 승강기를 구성하고 있는 안전부품을 제조하거나 판매하기 위해서는 안전부품의 인증을 받아야 한다. 이러한 인증업무는 정부에서 지정한 인증기관이 실시하도록 되어 있다.

(9) 안전검사

검사는 정부가 사용자의 안전을 확보하기 위하여 법으로 규정하는 여러 가지 안전검사를 말한다.

승강기의 설치가 완료되면 사용하기 전에 설치검사를 받아 합격한 후 사용할 수 있게 되어 있다. 또한, 설치검사가 합격되면 승강기의 고유번호인 승강기 관리번호가 부여된다.

검사의 종류는 설치검사, 정기검사, 수시검사 및 정밀안전검사가 있고, 검사기관은 한국승강기안전공단이 담당하고 있으며, 검사종류 중에서 정기검사는 주무부처에서 지정하는 비영리법인에서 수행할 수도 있다.

(10) 안전관리

인증과 검사를 안전관리업무 중의 하나로 볼 수 있으나 승강기산업에서 차지하는 직무의 비중이 비교적 크기 때문에 별도로 설명할 수 있다. 이외의 안전관리업무는 다음과 같다.

① 안전관리는 정부가 국민의 생명과 재산을 보호하기 위하여 승강기를 이용하는 승객의 안전을 확보하기 위해 여러 가지 제도를 법으로 정하여 해당하는 당사자가 이를 지키도록 하는 활동을 말한다.

② 안전관리의 주체는 행정안전부이며 법률의 제·개정, 안전기준의 작성·공포, 안전기술자 관리, 안전교육 및 홍보를 담당하고 있으며, 각 지방자치단체에서는 승강기의 안전관리 담당부서가 있어 이를 수행하고 있다.

특히 지자체에서는 제조업체, 수입업체, 유지관리업체의 등록 및 관리, 우수 유지관리업체의 선정, 해당 지역의 승강기 안전확보를 위한 다양한 업무를 수행하고 있다.

③ 안전관리 부문 중에서 이용자 안전교육과 승강기 안전홍보는 승강기안전공단에서 주로 맡아 실시하고 있다.

04 | 승강기 안전관리제도

승강기 안전관리제도는 승강기가 사회생활에 필수적인 삶의 설비로 대두되면서 정부에서 승강기를 이용하는 국민들의 안전을 위하여 정책적으로 시행하기 시작했다.

1 국내 승강기 안전관리체계

국내의 승강기 안전관리체계는 [그림 1-8]과 같이 정부의 주무부처와 지자체, 전문기술을 가진 승강기 전문기관, 그리고 승강기산업의 기업 및 승강기 소유자, 즉 관리주체로 구성된다. 여기에 안전한 이용을 위하여 승강기 이용자를 포함한다.

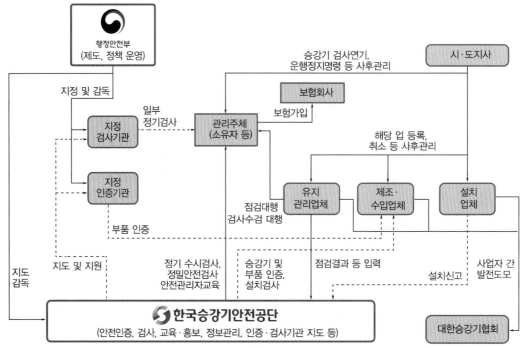

▌그림 1-8 승강기 안전관리체계(한국승강기안전공단) ▌

2 국내 승강기법령 – 승강기법 제·개정 이력

국내 승강기 관련 법령은 1991년 제정하여 이듬해 시행하게 되고, 수차례에 걸쳐 개정이 이루어지면서 현재의 법으로 변화되었다. 법률 제·개정 이력과 개정에 따른 제도적 변화는 다음과 같다.

① 승강기 제조 및 관리에 관한 법률 제정[법률 제4482호, 1991. 12. 31., 제정]
  ㉠ 시행 1992. 7. 1.
  ㉡ 주무부처 : 상공자원부
  ㉢ 검사기관 : 공업진흥청
  ㉣ 검사기관 설립 : 1993. 1월 한국승강기안전관리원
② 승강기 제조 및 관리에 관한 법률 개정[법률 제5213호, 1996. 12. 30., 일부 개정]
  ㉠ 시행 1997. 7. 1.
  ㉡ 산업안전보건법의 승강기의 적용 규정 합병
  ㉢ 기존 산업안전보건법 상의 산업용 승강기 검사기관을 당해 법의 검사기관으로 지정
    • 완성검사 : 기계연구원, 산업기술시험원
    • 정기검사 : 한국승강기안전센터
  ㉣ 특별 관리대상 승강기제도 도입
  ㉤ 사고 시 배상보험가입 의무화(유지관리업체)
  ㉥ 표준보수계약서 권장

    Ⓢ 보수하도급의 제한

    ⓞ 한국승강기안전관리원 설립규정 삽입

    ⓩ 승강기운행관리자 선임제도 도입

③ 승강기 제조 및 관리에 관한 법률 개정[법률 제5779호, 1999. 2. 5., 일부 개정]

    ㉠ 시행 1999. 2. 5.

    ㉡ 제조업 등록제 폐지

    ㉢ 부품성능 시험제도 폐지

    ㉣ 형식승인제도 폐지

    ㉤ 검사필증 교부 및 부착의무 폐지

    ㉥ 검사종류별 검사기관 차별화 폐지

④ 승강기 제조 및 관리에 관한 법률[법률 제6652호, 2002. 2. 4., 일부 개정]

    ㉠ 시행 2002. 8. 5.

    ㉡ 휠체어 리프트를 승강기 종류로 편입

⑤ 승강기 제조 및 관리에 관한 법률[법률 제7279호, 2004. 12. 31., 일부 개정]

    ㉠ 시행 2005. 7. 1.

    ㉡ 승강기 및 승강기부품의 안전인증제도 도입

    ㉢ 우수보수업체 선정제도 도입

    ㉣ 사고보고 의무화

    ㉤ 사고조사 체계 마련

    ㉥ 보수하도급 요건 강화

⑥ 승강기 제조 및 관리에 관한 법률[법률 제8192호, 2007. 1. 3., 일부 개정]

    ㉠ 시행 2008. 1. 4.

    ㉡ 특별 관리대상 승강기 확대

⑦ 승강기시설 안전관리법[법률 제9384호, 2009. 1. 30., 일부 개정]

    ㉠ 시행 2009. 3. 1.

    ㉡ 법률제명 변경 :「승강기 제조 및 관리에 관한 법률」→「승강기시설 안전관리법」

    ㉢ 주무부처 변경 : 지식경제부 → 행정안전부

    ㉣ 안전인증 :「전기용품 안전관리법」및「품질경영 및 공산품 안전관리법」의 적용을 받게 됨

⑧ 승강기시설 안전관리법[법률 제11343호, 2012. 2. 22., 일부 개정]

    ㉠ 시행 2013. 2. 23.

    ㉡ 제조업 수입업 등록제 도입

    ㉢ 유지관리용 부품의 의무제공 대상자 확대

    ㉣ 승강기설치 신고 의무화

    ㉤ 검사유효기간 차등화 도입

    ㉥ 안전관리자 강화

    Ⓢ 유지관리기술자 신고제 도입

⑨ 승강기시설 안전관리법[법률 제12208호, 2014. 1. 7., 일부 개정]
  ㉠ 시행 2014. 7. 8.
  ㉡ 검사합격증 부착 의무화
⑩ 승강기시설 안전관리법[법률 제12208호, 2014. 11. 19., 타법 개정]
  ㉠ 시행 2014. 11. 19.
  ㉡ 주무부처 변경 : 행정안전부 → 국민안전처
⑪ 승강기시설 안전관리법[법률 제13496호, 2015. 8. 11., 일부 개정]
  ㉠ 시행 2016. 7. 1.
  ㉡ 검사기관 통합 : 한국승강기안전관리원 + 한국승강기안전기술원 = 한국승강기안전공단
⑫ 승강기시설 안전관리법[법률 제13921호, 2016. 1. 27., 일부 개정]
  ㉠ 시행 2016. 7. 1.
  ㉡ 수시검사대상 확대
  ㉢ 정밀안전검사 도입
  ㉣ 불합격 승강기 재검사 의무화
⑬ 승강기시설 안전관리법[법률 제13921호, 2016. 1. 27., 일부 개정]
  ㉠ 시행 2017. 1. 28.
  ㉡ 주무부처 변경 : 국민안전처 → 행정안전부
⑭ 승강기 안전관리법[법률 제15526호, 2018. 3. 27., 전부 개정]
  ㉠ 시행 2019. 3. 28.
  ㉡ 법명 개정 : 「승강기시설 안전관리법」 → 「승강기 안전관리법」
  ㉢ 안전인증 개정 : 승강기 안전인증, 승강기부품 안전인증(확대)
  ㉣ 관련업체 등록(제조, 수입업 추가)
  ㉤ 유지관리업 정비(하도급)
  ㉥ 안전기준 전면 개정

3 법적 안전제도

승강기의 법적 안전제도는 법의 제정 개정과 함께 변화가 계속되어 왔으며, 현재의 법령상 항목별 안전제도는 다음과 같다.

(1) 승강기 사업자(제조업, 수입업, 유지관리업)의 등록

승강기나 승강기부품의 제작·판매·설치를 하는 업체의 무분별한 설립으로 부실한 업체가 많이 생길 수 있다. 이러한 부실업체가 제조·설치한 승강기를 이용하는 국민들이 사고를 당하는 위험의 우려가 있으므로 이러한 위험을 줄이기 위해서 승강기 또는 승강기부품을 제조하는 업체를 등록하여 관리하기 위한 제도이다.

승강기나 승강기의 부품을 제조하거나 수입하는 사업을 하기 위해서는 승강기제조업, 승강기 부품제조업, 승강기수입업 및 승강기부품수입업을 해당 지방자치단체에 승강기사업자 등록요건을 갖추고, 사업자등록을 하여야 한다.

또한, 지방자치단체는 등록된 사업자를 주기적으로 관리하여야 한다.

(2) 제조·수입업자의 사후관리

승강기를 제조·수입하여 설치한 후 승강기를 구매한 고객이 설치한 승강기의 품질 이상으로 발생하는 피해를 방지하기 위하여 제조·수입업자에게 의무화시킨 제도이다.

승강기 제조·수입업자는 제조·수입하여 설치된 승강기의 품질을 3년 이상 보장하여야 하며, 3년 이내에 정상적인 사용방법에도 불구하고 고장이 발생한 승강기는 무상으로 수리하여야 한다.

또한, 승강기 제조·수입업자는 유지관리용 부품 및 장비(자료 포함)를 10년 이상 보유하며, 고객의 요청 시 이를 제공하여야 한다.

(3) 승강기부품의 안전인증

승강기 이용자의 안전사고 방지를 위하여 제조·설치에 소요되는 중요한 안전부품에 대해서 사전에 안전함을 검증하여 사용하는 제도이다.

승강기의 주요 안전부품을 제조하거나 판매하기 위해서는 해당 승강기부품의 안전인증을 획득해야 한다. 안전인증을 받아야 하는 안전부품은 엘리베이터 14종과 에스컬레이터 6종이다.

안전인증은 한국승강기안전공단 및 주무부처의 지정인증기관에서 시행하고 있다.

관련법령

〈승강기법〉

제11조(승강기부품의 안전인증) ① 승강기부품의 제조·수입업자는 승강기 안전에 관련된 승강기부품으로서 대통령령으로 정하는 승강기부품(이하 "승강기안전부품"이라 한다)에 대하여 행정안전부령으로 정하는 바에 따라 모델(행정안전부령으로 정하는 고유한 명칭을 붙인 제품의 형식을 말한다. 이하 같다)별로 행정안전부장관이 실시하는 안전인증(이하 "부품안전인증"이라 한다)을 받아야 한다.

② 승강기안전부품의 제조·수입업자는 부품안전인증을 받은 사항을 변경하려는 경우에는 행정안전부령으로 정하는 바에 따라 행정안전부장관으로부터 변경사항에 대한 부품안전인증을 받아야 한다. 다만, 승강기안전부품의 안전성과 관련이 없는 사항으로서 행정안전부령으로 정하는 경미한 사항을 변경하는 경우에는 그러하지 아니하다.

③ 행정안전부장관은 승강기안전부품이 행정안전부장관이 정하여 고시하는 다음 각 호의 기준에 모두 맞는 경우 부품안전인증을 하여야 한다. 다만, 제1호의 기준이 고시되지 아니하였거나 고시된 기준을 적용할 수 없는 경우의 승강기안전부품에 대해서는 행정안전부령으로 정하는 바에 따라 부품안전인증을 할 수 있다.

1. 승강기안전부품 자체의 안전성에 관한 기준(이하 "승강기안전부품 안전기준"이라 한다)
2. 승강기안전부품의 제조에 필요한 설비 및 기술능력 등에 관한 기준

④ 행정안전부장관은 제3항에 따라 부품안전인증을 하는 경우 행정안전부령으로 정하는 바에 따라 조건을 붙일 수 있다. 이 경우 그 조건은 승강기안전부품의 제조·수입업자에게 부당한 의무를 부과하는 것이어서는 아니 된다.

〈승강기법 시행령〉

제16조(안전인증 대상 승강기부품) 법 제11조제1항에서 "대통령령으로 정하는 승강기부품"이란 [별표 4]에 따른 승강기안전부품(이하 "승강기안전부품"이라 한다)을 말한다.

제17조(부품안전인증의 내용) 승강기안전부품의 제조·수입업자가 법 제11조제1항에 따라 승강기안전부품에 대한 안전인증(이하 "부품안전인증"이라 한다)을 받으려는 경우에는 다음 각 호의 심사 및 시험을 거쳐야 한다.

1. 설계심사 : 승강기안전부품의 기계도면, 전기도면 등 행정안전부장관이 정하여 고시하는 기술도서(技術圖書)가 법 제11조제3항제1호에 따른 기준(이하 "승강기안전부품 안전기준"이라 한다)에 맞는지를 심사하는 것
2. 안전성시험 : 승강기안전부품이 승강기안전부품 안전기준에 맞는지를 확인하기 위해 시험하는 것
3. 공장심사 : 승강기안전부품을 제조하는 공장의 설비 및 기술능력 등 제조 체계가 법 제11조제3항제2호에 따른 기준(이하 "부품공장심사기준"이라 한다)에 맞는지를 심사하는 것

❑ 승강기법 시행령 [별표 4]

‖ 승강기안전부품(제16조 관련) ‖

구분	승강기안전부품
엘리베이터 또는 휠체어리프트	1. 개문출발방지장치(unintended car movement protection means) 2. 과속조절기(overspeed governors) 3. 구동기(전동기 및 전자기계 브레이크를 포함한다) 4. 럽처밸브(rupture valve : 유압으로 구동되는 엘리베이터의 추락을 방지하기 위한 밸브) 5. 비상통화장치 6. 상승과속방지장치(ascending car overspeed protection means) 7. 완충기 8. 유량제한기(one-way restrictor) 9. 이동케이블 10. 제어반 11. 추락방지안전장치(safety gear) 12. 출입문 잠금장치 13. 출입문 조립체 14. 매다는 장치(suspension means)
에스컬레이터	1. 과속역행방지장치 2. 구동기(전동기 및 전자기계 브레이크를 포함한다) 3. 구동 체인 4. 디딤판 5. 디딤판 체인 6. 제어반

〈승강기법 시행규칙〉

제11조(승강기안전부품의 모델) 법 제11조제1항에서 "행정안전부령으로 정하는 고유한 명칭"이란 영 제16조에 따른 승강기안전부품(이하 "승강기안전부품"이라 한다)을 구별하기 위해 [별표 4]에 따른 모델 구분기준에 따라 설계 및 기능 등이 서로 다른 승강기안전부품별로 부여하는 고유한 명칭을 말한다.

❑ 승강기법 시행규칙 [별표 4]

∥승강기안전부품 및 승강기의 모델 구분기준(제11조 및 제26조 관련)∥

1. 승강기안전부품의 모델 구분기준

승강기의 구분	승강기안전부품의 종류	모델 구분기준	
가. 엘리베이터 또는 휠체어리프트	1) 개문출발방지장치	• 종류	• 적용하중
	2) 과속조절기	• 종류	• 정격속도
	3) 구동기(전동기 및 전자기계 브레이크를 포함한다)	• 종류 • 정격속도	• 브레이크 종류 • 정격하중
	4) 럽처밸브	• 종류	• 밸브크기
	5) 비상통화장치	• 종류 • 연결 국수(局數)(2채널 이하/다채널)	• 정격전압
	6) 상승과속방지장치	• 종류 • 적용하중	• 정격속도
	7) 완충기	• 종류 • 적용하중	• 정격속도
	8) 유량제한기	• 종류	• 밸브크기
	9) 이동케이블	• 종류 • 케이블 구조	• 정격전압 • 선심수/단면적
	10) 제어반	• 종류 • 정격전압 • 인버터용량	• 정격속도 • 정격전류 • 인쇄회로기판 구성
	11) 추락방지안전장치	• 종류 • 적용하중	• 정격속도
	12) 출입문 잠금장치	• 종류 • 정격전류	• 정격전압
	13) 출입문 조립체	• 종류 • 문짝 크기 • 방화 유무	• 개폐방식 • 재질
	14) 매다는 장치	• 종류 • 공칭직경 • 재질	• 소선강도 • 소선수
나. 에스컬레이터	1) 과속역행방지장치	• 종류 • 적용하중 • 브레이크의 종류	• 층고 • 제동요소
	2) 구동기(전동기 및 전자기계 브레이크를 포함한다)	• 종류 • 정격하중	• 브레이크의 종류
	3) 구동 체인	• 종류	• 핀 고정방법

승강기의 구분	승강기안전부품의 종류	모델 구분기준	
나. 에스컬레이터	4) 디딤판	• 종류	• 공칭폭
	5) 디딤판 체인	• 종류 • 롤러 재질	• 핀 고정방법
	6) 제어반	• 종류 • 정격전압 • 인버터용량	• 정격속도 • 정격전류 • 인쇄회로기판 구성

[비고]
1. 모델은 다음 각 목에 따라 구분한다.
    가. "기본모델"이란 승강기안전부품 및 승강기의 모델 구분기준에 따라 표본적으로 안전인증을 받은 모델을 말한다.
    나. "파생모델"이란 승강기안전부품 및 승강기의 모델 구분기준에 따라 기본모델에서 파생되는 모델을 말한다.
2. 승강기안전부품 및 승강기의 모델 구분기준의 세부사항은 행정안전부장관이 정하여 고시하는 바에 따른다.

2. 승강기의 모델 구분기준 〈생략〉

(4) 승강기의 안전인증

승강기는 부품을 건축현장에서 조립·설치하는 설비이므로 설치 완료 후에 문제가 발생하는 경우가 있어 소비자 또는 이용자의 피해가 발생할 수 있으므로 현장에 설치되기 전에 승강기 시스템의 모델에 대한 안전성을 검증하는 제도이다.

승강기의 시스템에 대해서는 모델별로 안전인증을 받아야 하며, 생산대수가 적거나 특수한 형태인 경우 모델이 정해지지 않은 승강기에 대해서는 설계심사와 함께 승강기 설치현장의 대수별로 개별 승강기안전인증을 받아야 한다.

승강기안전인증 및 개별 승강기안전인증은 한국승강기안전공단에서 시행하고 있다.

● ⚖ 관련**법령**

〈승강기법〉
제17조(승강기의 안전인증) ① 승강기의 제조·수입업자는 승강기에 대하여 행정안전부령으로 정하는 바에 따라 모델별로 행정안전부장관이 실시하는 안전인증을 받아야 한다. 다만, 모델이 정하여지지 아니한 승강기에 대해서는 행정안전부령으로 정하는 기준과 절차에 따라 승강기의 안전성에 관한 별도의 안전인증을 받아야 한다.
② 승강기의 제조·수입업자는 제1항에 따른 안전인증(이하 "승강기안전인증"이라 한다)을 받은 사항을 변경하려는 경우에는 행정안전부령으로 정하는 바에 따라 행정안전부장관으로부터 변경사항에 대한 승강기안전인증을 받아야 한다. 다만, 승강기의 안전성과 관련이 없는 사항으로서 행정안전부령으로 정하는 경미한 사항을 변경하는 경우에는 그러하지 아니하다.
③ 행정안전부장관은 승강기(제1항 단서에 따라 안전인증을 받는 승강기는 제외한다. 이하 이 항에서 같다)가 행정안전부장관이 정하여 고시하는 다음 각 호의 기준에 모두 맞는 경우 승강기안전인증을 하여야 한다. 다만, 제1호의 기준이 고시되지 아니하거나 고시된 기준을 적용할

수 없는 승강기에 대해서는 행정안전부령으로 정하는 바에 따라 승강기안전인증을 할 수 있다.

  1. 승강기 자체의 안전성에 관한 기준(이하 "승강기 안전기준"이라 한다)

  2. 승강기의 제조에 필요한 설비 및 기술능력 등에 관한 기준

④ 행정안전부장관은 제3항에 따라 승강기안전인증을 하는 경우 행정안전부령으로 정하는 바에 따라 조건을 붙일 수 있다. 이 경우 그 조건은 승강기의 제조·수입업자에게 부당한 의무를 부과하는 것이어서는 아니 된다.

〈승강기법 시행령〉

제20조(승강기 안전인증의 내용) 승강기의 제조·수입업자가 법 제17조제1항 본문에 따라 모델별 승강기에 대한 안전인증(이하 "모델승강기안전인증"이라 한다)을 받으려는 경우에는 다음 각 호의 심사 및 시험을 거쳐야 한다.

  1. 설계심사 : 승강기의 기계도면, 전기회로 등 행정안전부장관이 정하여 고시하는 기술도서가 법 제17조제3항제1호에 따른 기준(이하 "승강기안전기준"이라 한다)에 맞는지를 심사하는 것

  2. 안전성시험 : 승강기가 승강기 안전기준에 맞는지를 확인하기 위해 시험하는 것

  3. 공장심사 : 승강기를 제조하는 공장의 설비 및 기술능력 등 제조체계가 법 제17조제3항제2호에 따른 기준(이하 "승강기공장심사기준"이라 한다)에 맞는지를 심사하는 것

〈승강기법 시행규칙〉

제26조(승강기의 모델) 법 제17조제1항 본문에 따른 승강기의 모델은 승강기를 구별하기 위해 [별표 4]에 따른 모델 구분기준에 따라 설계 및 기능 등이 서로 다른 승강기별로 부여하는 고유한 명칭을 말한다.

❑ 승강기법 시행규칙 [별표 4]

┃ 승강기안전부품 및 승강기의 모델 구분기준(제11조 및 제26조 관련) ┃

1. 승강기안전부품의 모델 구분기준 〈생략〉

2. 승강기의 모델 구분기준

승강기의 구분	승강기의 종류	모델 구분기준	
가. 엘리베이터	1. 전기식 엘리베이터	• 종류 • 견인하중 • 운행거리 • 운반구(카) 무게	• 정격하중 • 정격속도 • 구동기 위치 • 출입문 개폐구조
	2. 유압식 엘리베이터	• 종류 • 견인하중 • 운행거리 • 운반구(카) 무게	• 정격하중 • 정격속도 • 구동기 위치 • 출입문 개폐구조
나. 에스컬레이터	1. 에스컬레이터	• 종류 • 정격속도	• 정격하중 • 구동기 위치
	2. 무빙워크	• 종류 • 정격속도	• 정격하중 • 구동기 위치

승강기의 구분	승강기의 종류	모델 구분기준	
다. 휠체어리프트	1. 전기식 수직형 휠체어리프트	• 종류 • 정격하중	• 정격속도 • 구동방식
	2. 유압식 수직형 휠체어리프트	• 종류 • 정격하중	• 정격속도 • 구동방식
	3. 경사형 휠체어리프트	• 종류 • 정격속도	• 구동방식 • 정격하중

[비고]
1. 모델은 다음 각 목에 따라 구분한다.
　가. "기본모델"이란 승강기안전부품 및 승강기의 모델 구분기준에 따라 표본적으로 안전인증을 받은 모델을 말한다.
　나. "파생모델"이란 승강기안전부품 및 승강기의 모델 구분기준에 따라 기본모델에서 파생되는 모델을 말한다.
2. 승강기안전부품 및 승강기의 모델 구분기준의 세부사항은 행정안전부장관이 정하여 고시하는 바에 따른다.

(5) 승강기 관리주체

승강기는 건축물에 설치되어 그 건물에 출입하는 불특정 다수인이 사용하게 되므로 이 승강기에 대한 안전·유지 관리가 중요하므로 승강기의 주인인 건축물의 소유자에게 이러한 책임을 부여하여 관리주체로 정하고 있다.

승강기를 설치한 건축물의 주인은 설치한 승강기의 관리를 책임져야 하는 관리주체가 된다. 관리주체는 승강기의 일상점검과 자체점검을 수행하고 승강기 이용자의 안전사고에 대해서 보상할 수 있는 보험에 가입하는 등 승강기 이용자의 안전과 승강기에 대한 설비관리를 해야 한다.

(6) 승강기 설치신고

승강기가 새로 설치되면 해당 승강기의 생애주기에 걸쳐 전반적인 관리와 국내 승강기의 제반 정보관리 등을 위하여 지방자치단체에 신고하여 승강기를 등록하는 제도이다.

승강기의 설치공사가 끝나고 설치검사가 완료되면 관리주체는 지방자치단체장에게 해당 승강기의 설치완료를 신고하여야 하며, 이때 승강기 고유번호가 부여되고 승강기 고유번호 번호판을 승강기 내외에 부착하여야 한다.

(7) 승강기 고유번호

사람의 주민번호와 유사하게 승강기의 고유번호를 부여하여 해당 승강기를 관리하는 제도이다.

엘리베이터, 에스컬레이터 등이 건축물에 설치되어 지방자치단체에 설치신고를 하면 승강기 고유번호가 부여된다. 이 승강기 고유번호를 이용하여 해당 승강기의 설치지역, 설치건물명, 건물 내 승강기호기, 기종, 속도, 적재량 등을 알 수 있다.

이 승강기 고유번호는 엘리베이터 카 내에 승객이 갇히고 건물관리자 또는 유지관리업자가 구출하지 못하여 소방구조대에 출동이 요청되었을 때, 이 고유번호의 검색으로 곧바로 현장으로 출동하여 신속히 구조할 수 있도록 활용하고 있다.

(8) 승강기 안전관리자 선임

승강기는 건물을 출입하는 불특정 다수인이 사용하는 설비이며, 사고발생 시 인명피해를 초래하므로 승강기가 설치되어 있는 건물에 승강기의 일상점검과 사용상의 안전을 위하여 승강기 안전관리자를 두게 하는 제도이다.

승강기의 관리주체는 승강기의 일상관리를 위하여 승강기 안전관리자를 선임하여 승강기의 일상관리업무를 맡겨야 한다. 안전관리자를 선임하지 않으면 관리주체가 일상관리를 하는 안전관리자가 된다.

승강기 안전관리자는 주무부처에서 정한 소정의 승강기 안전관리교육을 받아야 한다.

(9) 보험가입

승강기 이용자에게 안전사고가 발생하여 인적·물적인 피해가 발생하였을 경우 이를 보상할 수 있도록 하는 제도이다.

승강기 관리주체는 보상보험에 가입하여야 하며, 그 보험가입증빙을 지방자치단체에 제출하여야 한다.

(10) 승강기 자체점검

승강기는 계속 사용해서 움직임이 많으므로 설비의 고장이 발생할 수 있고, 이러한 고장으로 말미암아 사용자의 신체에 위해를 가할 우려가 있으므로 주기적으로 안전에 대한 점검을 해야 할 필요가 있다.

승강기 관리주체는 매월 1회 이상 승강기의 안전에 대해서 자체적으로 안전점검을 하여야 한다. 안전점검을 하는 점검자는 승강기법에서 규정하는 이상의 요건을 갖추어야 하며, 자격요건이 있는 유지관리업체에 대행하도록 용역을 줄 수 있다.

(11) 승강기 안전검사

새로 설치되거나 사용 중인 승강기는 안전기능과 안전장치가 정상적으로 작동되어 이용하는 승객이 신체적인 위해의 피해가 발생되지 않아야 하므로 반드시 안전장치의 정상동작 여부를 확인하는 안전검사를 받고 사용하여야 한다.

승강기는 설치가 끝나면 설치검사를 받아야 사용할 수 있다. 또한, 사용 중인 승강기는 매년 정기검사를 받아야 한다.

승강기가 사고 또는 중요한 장치의 수리를 한 경우에는 수시검사를 받아야 하고, 설치검사를 받은 지 15년이 경과한 승강기는 정밀안전검사를 받아야 한다.

이러한 안전검사를 종류별로 수행하는 검사기관은 [표 1-2]와 같다.

‖ 표 1-2 법정검사와 검사기관 ‖

검사의 종류	검사기관	비고
설치검사	한국승강기안전공단	단일
정기검사	한국승강기안전공단 및 지정검사기관	민간 비영리기관

검사의 종류	검사기관	비고
수시검사	한국승강기안전공단	단일
정밀안전검사	한국승강기안전공단	단일

(12) 표준유지관리비 설정 공표

정부의 승강기 안전관리 주무부처는 승강기 유지관리직무의 용역계약과 관련한 유지관리 용역표준수수료를 매년 산정·공표한다.

이 표준수수료를 활용하여 관리주체와 유지관리업체가 상호 공정한 용역계약을 하도록 유도하며 건전한 승강기 안전문화의 조성을 꾀한다.

(13) 승강기 이용자의 준수사항

승강기는 사고발생 시 이용자의 인체에 위해를 가할 수 있으므로 사고를 미연에 방지하기 위하여 이용 시 준수해야 할 사항을 작성하여 이용자가 보기 쉬운 장소에 부착하도록 한다.

◯◯◯ 관련법령

〈승강기법〉

제46조(승강기 이용자의 준수사항) 승강기 이용자는 승강기를 이용할 때 다음 각 호의 안전수칙을 준수하여야 한다.
1. 승강기 출입문에 충격을 가하지 아니할 것
2. 운행 중인 승강기에서 뛰거나 걷지 아니할 것
3. 그 밖에 승강기 이용자의 안전에 관한 사항으로서 대통령령으로 정하는 사항을 준수할 것

〈승강기법 시행령〉

제36조(승강기 이용자의 준수사항) 법 제46조제3호에서 "대통령령으로 정하는 사항"이란 다음 각 호와 같다.
1. 정원을 초과하는 탑승 금지
2. 정격하중을 초과하는 화물의 적재 금지
3. 그 밖에 제3조에 따른 승강기의 종류별로 행정안전부장관이 정하여 고시하는 사항

〈승강기법 고시〉 승강기안전운행 및 관리에 관한 운용요령

제17조(엘리베이터 이용자의 준수사항) 엘리베이터 이용자는 다음 각 호의 이용자 안전수칙을 준수해야 한다.
1. 엘리베이터 출입문에 충격을 가하지 않아야 한다.
2. 엘리베이터 출입문에 손이나 발을 대지 않아야 한다.
3. 엘리베이터 출입문을 강제로 열지 않아야 한다.
4. 엘리베이터 출입문이 완전히 열린 후에 타거나 내려야 한다.
5. 엘리베이터에서는 뛰거나 장난치지 않아야 한다.

6. 정원 또는 정격하중을 준수하여 엘리베이터를 이용해야 한다.

7. 어린이나 노약자는 보호자와 함께 엘리베이터를 이용해야 한다.

8. 엘리베이터에 갇힌 경우에는 임의로 판단하여 탈출을 시도하지 않아야 한다. 이 경우 비상통화 장치를 통해 외부에 구출을 요청하고 차분히 기다려야 하며, 구출활동 중에는 구출자의 지시에 따라야 한다.

9. 검사에 불합격하였거나 운행이 정지된 엘리베이터의 경우에는 임의로 이용하지 않아야 한다.

10. 화재 또는 지진 등 재난이 발생한 경우에는 엘리베이터를 이용하지 않아야 한다. 다만, 피난용 엘리베이터의 경우에는 승강기 안전관리자 등 통제자의 지시에 따라 이용할 수 있다.

11. 화물용 엘리베이터의 경우에는 화물 취급자 또는 조작자 한 명만 탑승해야 한다.

12. 소형 화물용 엘리베이터의 경우에는 탑승하지 않아야 한다.

13. 자동차용 엘리베이터의 경우에는 출입문과 충돌하지 않도록 운전에 주의해야 한다.

14. 줄넘기, 애완동물의 목줄 등이 엘리베이터의 출입문에 끼이지 않도록 주의해야 한다.

15. 그 밖에 이물질을 버리거나 담배를 피우는 등 타인에 피해가 되는 행위를 하지 않아야 한다.

(14) 사고보고 및 사고조사

승강기에서 발생하는 사고의 원인 등을 파악하여 이러한 사고의 원인에 대한 재발방지책을 수립하는 등으로 동일한 원인에 의한 재발사고를 방지하기 위해 사고를 보고하고 조사하는 제도이다.

승강기에서 인명사고 등의 사고가 발생한 경우 관리주체는 한국승강기안전공단에 사고를 통보하고 한국승강기안전공단은 통보된 사고의 현장에서 사고원인을 조사한다. 조사된 사고내용을 바탕으로 사고판정위원회에서 사고의 주요 원인과 책임소재를 결정하여 통보한다.

(15) 기술자의 경력신고

승강기 관련 업무에 따른 기술자, 즉 제조 수입업자, 유지관리자, 안전인증자, 설치자, 자체점검자, 안전검사자 등의 적절한 인력양성과 인력관리를 위하여 해당 기술자는 경력신고를 하여야 한다.

이러한 기술자의 관리를 통해 국내 승강기업무의 질적 향상과 기술적 향상을 통하여 승강기의 안전사고를 감소하기 위한 제도이다.

⚖ 관련법령

〈승강기법〉

제51조(기술자의 경력신고 등) ① 다음 각 호의 어느 하나에 해당하는 업무에 종사하는 기술자로서 대통령령으로 정하는 기술자(이하 "기술자"라 한다)는 행정안전부령으로 정하는 바에 따라 근무처 · 경력 및 자격 등(이하 "경력 등"이라 한다)에 관한 사항을 행정안전부장관에게 신고하여야 한다. 신고한 사항이 변경되었을 때에도 또한 같다.

   1. 승강기나 승강기부품의 제조 또는 수입

   2. 유지관리

3. 부품안전인증

4. 승강기안전인증

5. 설치검사

6. 자체점검

7. 안전검사

8. 그 밖에 승강기 안전관리에 관한 업무로서 대통령령으로 정하는 업무

② 행정안전부장관은 제1항에 따라 신고받은 기술자의 경력 등에 관한 사항을 관리하여야 하며, 기술자의 신청을 받은 경우에는 기술자의 경력 등에 관한 증명서를 발급하여야 한다.

③ 행정안전부장관은 제1항에 따라 신고받은 내용의 확인을 위하여 필요한 경우 중앙행정기관, 지방자치단체, 제55조에 따른 한국승강기안전공단과 해당 기술자가 소속된 지정인증기관·지정검사기관 및 승강기사업자 등에 대하여 필요한 자료의 제출을 요청할 수 있다. 이 경우 요청을 받은 자는 특별한 사유가 없으면 요청에 따라야 한다.

④ 기술자는 제1항에 따른 신고 또는 변경신고를 할 때에 경력 등을 거짓으로 신고하여서는 아니 된다.

⑤ 제1항부터 제4항까지에서 규정한 사항 외에 기술자의 신고 및 증명서의 발급·관리 등에 필요한 사항은 행정안전부령으로 정한다.

〈승강기법 시행령〉

제43조(경력 등 신고대상 기술자) 법 제51조제1항 각 호 외의 부분 전단에서 "대통령령으로 정하는 기술자"란 [별표 9]에 따른 기술자를 말한다.

제44조(경력 등의 신고대상 업무) 법 제51조제1항제8호에서 "대통령령으로 정하는 업무"란 다음 각 호의 업무를 말한다.

1. 승강기의 설계에 관한 자문

2. 승강기의 설치공사

3. 승강기의 설치공사에 관한 감리(監理)

❑ 승강기법 시행령 [별표 9]

❚ 경력 등 신고대상 기술자(제43조 관련) ❚

1. 승강기 기사 자격을 취득한 기술자
2. 승강기 산업기사 자격을 취득한 기술자
3. 승강기 기능사 자격을 취득한 기술자
4. 기계·전기 또는 전자 분야 기술사 자격을 취득한 기술자
5. 기계·전기 또는 전자 분야 기능장 자격을 취득한 기술자
6. 기계·전기 또는 전자 분야 기사 자격을 취득한 기술자
7. 기계·전기 또는 전자 분야 산업기사 자격을 취득한 기술자
8. 기계·전기 또는 전자 분야 기능사 자격을 취득한 기술자
9. 승강기·기계·전기·전자 관련 학과의 박사학위를 취득한 기술자
10. 승강기·기계·전기·전자 관련 학과의 석사학위를 취득한 기술자
11. 승강기·기계·전기·전자 관련 학과의 학사학위를 취득한 기술자
12. 승강기·기계·전기·전자 관련 학과의 전문학사학위를 취득한 기술자
13. 고등학교·고등기술학교의 승강기·기계·전기·전자 관련 학과를 졸업한 기술자
14. 승강기 실무경력이 3년 이상인 기술자

〈승강기법 시행규칙〉

제72조(기술자의 경력신고 등) ① 법 제51조제1항 각 호 외의 부분 전단에 따른 기술자(이하 "기술자"라 한다)는 같은 항 각 호 외의 부분 전단에 따라 근무처·경력 및 자격 등(이하 "경력 등"이라 한다)에 관한 사항을 신고하려는 경우에는 별지 제39호 서식의 기술자 경력신고서(전자문서를 포함한다)에 경력 등을 확인할 수 있는 서류(전자문서를 포함한다)를 첨부하여 행정안전부장관(영 제64조제5항제1호 및 제2호에 따라 경력 등에 관한 사항의 신고 접수 및 관리와 경력 등에 관한 증명서 발급 업무를 공단 또는 협회에 위탁한 경우에는 공단 또는 협회를 말한다. 이하 이 조 제2항 및 제4항에서 같다)에게 제출해야 한다.

② 기술자는 제1항에 따라 신고한 사항이 변경된 경우에는 법 제51조제1항 후단에 따라 별지 제40호 서식의 기술자 경력변경신고서(전자문서를 포함한다)에 변경된 내용을 확인할 수 있는 서류(전자문서를 포함한다)를 첨부하여 행정안전부장관에게 제출해야 한다.

③ 법 제51조제2항에 따른 기술자의 경력 등에 관한 증명서의 발급신청서는 별지 제41호 서식에 따르고, 같은 항에 따른 기술자의 경력 등에 관한 증명서는 별지 제42호 서식에 따른다.

④ 행정안전부장관은 경력 등에 관한 사항의 신고 접수 및 관리와 경력 등에 관한 증명서 발급 등을 위한 전산망을 구축·운영해야 한다.

⑤ 제1항부터 제4항까지에서 규정한 사항 외에 기술자의 경력 등에 관한 신고의 접수 및 관리와 경력 등에 관한 증명서 발급의 절차 및 방법 등에 관하여 필요한 사항은 행정안전부장관이 정하여 고시한다.

(16) 기술자의 교육

승강기 관련 업무에 따른 기술자, 즉 제조 수입업자, 유지관리자, 안전인증자, 설치자, 자체점검자, 안전검사자 등의 적절한 인력양성과 인력관리를 위하여 해당 기술자는 경력신고를 하고, 관련 업무기술자에 대한 교육을 이수하도록 해야 한다.

관련법령

〈승강기법〉

제52조(기술자에 대한 교육 등) ① 행정안전부장관은 제51조제1항제1호·제2호 및 제8호의 업무에 종사하는 기술자에 대하여 행정안전부장관이 실시하는 승강기의 제조·설치 및 유지관리 등에 관한 기술교육(이하 "기술교육"이라 한다)을 받게 할 수 있다.

② 제51조제1항제3호부터 제7호까지의 업무에 종사하는 기술자(이하 "안전관리기술자"라 한다)를 고용하고 있는 사용자는 그 안전관리기술자로 하여금 행정안전부장관이 실시하는 승강기 안전관리에 관한 직무교육(이하 "직무교육"이라 한다)을 이수하도록 하여야 한다.

③ 기술교육 또는 직무교육을 받아야 할 기술자를 고용하고 있는 사용자는 그 기술교육이나 직무교육을 받는 데 필요한 경비를 부담하여야 하며, 이를 이유로 해당 기술자에게 불리한 처분을 하여서는 아니 된다.

④ 제1항부터 제3항까지에서 규정한 사항 외에 기술교육과 직무교육의 시간·내용·방법·평가 및 주기 등에 필요한 사항은 행정안전부령으로 정한다.

〈승강기법 시행령〉

제28조(자체점검을 담당할 수 있는 사람의 자격) ① 관리주체는 법 제31조제1항에 따른 승강기의 안전에 관한 자체점검(이하 "자체점검"이라 한다)을 다음 각 호의 어느 하나에 해당하는 사람으로 서 법 제52조제2항에 따른 직무교육을 이수한 사람으로 하여금 담당하게 해야 한다.

1. 「국가기술자격법」에 따른 승강기 기사 자격(이하 "승강기 기사 자격"이라 한다)을 취득한 사람

2. 「국가기술자격법」에 따른 승강기 산업기사 자격(이하 "승강기 산업기사 자격"이라 한다)을 취득한 후 승강기의 설계·제조·설치·인증·검사 또는 유지관리에 관한 실무경력(이하 "승 강기 실무경력"이라 한다)이 2개월 이상인 사람

3. 「국가기술자격법」에 따른 승강기 기능사 자격(이하 "승강기 기능사 자격"이라 한다)을 취득 한 후 승강기 실무경력이 4개월 이상인 사람

4. 「국가기술자격법」에 따른 기계·전기 또는 전자 분야 산업기사 이상의 자격을 취득한 후 승강기 실무경력이 4개월 이상인 사람

5. 「국가기술자격법」에 따른 기계·전기 또는 전자 분야 기능사 자격(이하 "기계·전기 또는 전자 분야 기능사 자격"이라 한다)을 취득한 후 승강기 실무경력이 6개월 이상인 사람

6. 「고등교육법」 제2조에 따른 학교의 승강기·기계·전기 또는 전자 학과나 그 밖에 이와 유사 한 학과의 학사학위(법령에 따라 이와 같은 수준 이상이라고 인정되는 학위를 포함한다. 이하 "승강기·기계·전기·전자 관련 학과의 학사학위"라 한다)를 취득한 후 승강기 실무경 력이 6개월 이상인 사람

7. 「고등교육법」 제2조에 따른 학교의 승강기·기계·전기 또는 전자 학과나 그 밖에 이와 유사 한 학과의 전문학사학위(법령에 따라 이와 같은 수준 이상이라고 인정되는 학위를 포함한 다. 이하 "승강기·기계·전기·전자 관련 학과의 전문학사학위"라 한다)를 취득한 후 승강기 실무경력이 1년 이상인 사람

8. 「초·중등교육법」 제2조제3호에 따른 고등학교·고등기술학교의 승강기·기계·전기 또는 전자 학과나 그 밖에 이와 유사한 학과(이하 "고등학교·고등기술학교의 승강기·기계·전기 ·전자 관련 학과"라 한다)를 졸업한 후 승강기 실무경력이 1년 6개월 이상인 사람

9. 승강기 실무경력이 3년 이상인 사람

② 제1항에도 불구하고 정격속도가 초당 4미터를 초과하는 고속 승강기의 경우에는 다음 각 호의 어느 하나에 해당하는 사람으로서 법 제52조제2항에 따른 직무교육을 이수한 사람으로 하여금 자체점검을 담당하게 해야 한다.

1. 승강기 기사 자격을 취득한 후 승강기 실무경력이 3년 이상인 사람

2. 승강기 산업기사 자격을 취득한 후 승강기 실무경력이 5년 이상인 사람

3. 승강기 기능사 자격을 취득한 후 승강기 실무경력이 7년 이상인 사람

4. 승강기·기계·전기·전자 관련 학과의 학사학위를 취득한 후 승강기 실무경력이 5년 이상인 사람

5. 승강기·기계·전기·전자 관련 학과의 전문학사학위를 취득한 후 승강기 실무경력이 7년 이상인 사람

6. 고등학교·고등기술학교의 승강기·기계·전기·전자 관련 학과를 졸업한 후 승강기 실무경력이 9년 이상인 사람

7. 승강기 실무경력이 12년 이상인 사람

〈승강기법 시행규칙〉

제73조(기술교육과 직무교육의 내용 및 시간 등) ① 법 제52조제1항에 따른 기술교육(이하 "기술교육"이라 한다)과 법 제52조제2항에 따른 직무교육(이하 "직무교육"이라 한다)의 내용 및 시간은 [별표 13]과 같다.

② 기술교육과 직무교육의 주기는 각각 3년으로 한다.

③ 기술교육과 직무교육은 집합교육의 방법으로 한다.

④ 기술교육과 직무교육의 평가는 다음 각 호의 방법으로 한다.

1. 교육평가를 위한 시험과목, 시험실시 요령, 판정기준, 시험문제 출제, 시험 방법·관리, 시험지 보관, 시험장, 시험감독 및 채점 등은 자체 실정에 맞게 교육기관의 장이 정한다.

2. 교육생은 총교육시간의 100분의 90 이상을 출석해야 하고, 성적은 100점을 만점으로 하여 60점 이상을 받아야만 수료할 수 있다.

⑤ 기술자의 경력 등에 따른 초급·중급 또는 고급의 단계별 교육과정, 교육과정별 과목 및 과목별 교육시간 등에 관하여 필요한 사항은 행정안전부장관이 정하여 고시한다.

참고 승강기법 고시

승강기 기술자의 경력 등 신고 및 기술교육·직무교육에 관한 운영규정[행정안전부고시 제 2020-72호, 2020. 12. 31., 일부 개정]

MEMO

Chapter

02

ELEVATOR BASIC TECHNOLOGY

승강기의 종류

01 법령에서 승강기의 정의와 종류

「승강기 안전관리법」(승강기법)에서는 다음과 같이 승강기를 정의하고 승강기의 종류를 형태와 용도별로 규정하고 있다.

1 승강기의 정의

「승강기법」에서는 승강기를 다음과 같이 정의하고 있으며, 이 승강기에는 엘리베이터, 에스컬레이터(무빙워크를 포함한다), 그리고 휠체어리프트로 구성되어 있다.

● 관련**법령**

〈승강기법〉

제2조(정의) 이 법에서 사용하는 용어의 뜻은 다음과 같다.
1. "승강기"란 건축물이나 고정된 시설물에 설치되어 일정한 경로에 따라 사람이나 화물을 승강장으로 옮기는 데에 사용되는 설비(「주차장법」에 따른 기계식 주차장치 등 대통령령으로 정하는 것은 제외한다)로서 구조나 용도 등의 구분에 따라 대통령령으로 정하는 설비를 말한다.

2 시행령에서 규정하는 승강기의 종류

「승강기법 시행령」에서는 승강기의 종류로 일정한 수직로 또는 경사로를 따라 위아래로 움직이는 운반구(運搬具)를 통해 사람이나 화물을 승강장으로 운송시키는 설비를 엘리베이터라고 하고, 일정한 경사로 또는 수평로를 따라 위아래 또는 옆으로 움직이는 디딤판을 통해 사람이나 화물을 승강장으로 운송시키는 설비를 에스컬레이터라고 하며 이 에스컬레이터에는 무빙워크가 포함된다.

또한, 일정한 수직로 또는 경사로를 따라 위아래로 움직이는 운반구를 통해 휠체어에 탑승한 장애인 또는 그 밖의 장애인·노인·임산부 등 거동이 불편한 사람을 승강장으로 운송시키는 설비를 휠체어리프트라고 규정하고 있다.

● ⚖ **관련법령**

〈승강기법 시행령〉

제3조(승강기의 종류) ① 법 제2조제1호에서 "대통령령으로 정하는 설비"란 다음 각 호의 구분에 따른 설비를 말한다.

　1. 엘리베이터 : 일정한 수직로 또는 경사로를 따라 위아래로 움직이는 운반구(運搬具)를 통해 사람이나 화물을 승강장으로 운송시키는 설비

　2. 에스컬레이터 : 일정한 경사로 또는 수평로를 따라 위아래 또는 옆으로 움직이는 디딤판을 통해 사람이나 화물을 승강장으로 운송시키는 설비

　3. 휠체어리프트 : 일정한 수직로 또는 경사로를 따라 위아래로 움직이는 운반구를 통해 휠체어에 탑승한 장애인 또는 그 밖의 장애인·노인·임산부 등 거동이 불편한 사람을 승강장으로 운송시키는 설비

■3 시행규칙에서 규정하는 승강기의 종류

시행규칙에서는 법에서 규정하는 바에 따라 승강기는 엘리베이터, 에스컬레이터와 휠체어리프트[2]로 구분하고 이들의 구조별 및 용도별 세부종류를 규정하고 있다.

● ⚖ **관련법령**

〈승강기법 시행규칙〉

제2조(승강기의 종류) 「승강기 안전관리법 시행령」(이하 "영"이라 한다) 제3조제1항 각 호에 따라 구분된 승강기의 구조별 또는 용도별 세부종류는 [별표 1]과 같다.

❑ 승강기법 시행규칙 [별표 1]

‖ 승강기의 구조별 또는 용도별 세부종류(제2조 관련) ‖

1. 구조별 승강기의 세부종류

구분	승강기의 세부종류	분류기준
가. 엘리베이터	1) 전기식[3] 엘리베이터	로프나 체인 등에 매달린 운반구(運搬具)가 구동기에 의해 수직로 또는 경사로를 따라 운행되는 구조의 엘리베이터

---

2) 휠체어리프트는 2001년 공공시설물에 설치된 휠체어리프트에서 인명사고가 발생되면서 이에 대한 대책으로 당시 보건복지부가 승강기안전관리 주무기관인 산업자원부에 이관하면서 승강기로 포함되어 관리되고 있다. 사실상 휠체어리프트는 특정한 개인이 한정된 지역에 설치하여 사용하는 개인용 설비로서 불특정다수의 지체부자유자가 사용하게 되는 공공시설물에는 부적합한 시설물이므로 「장애인·노인·임산부 등의 편의증진보장에 관한 법률」상의 편의시설로 규정하는 것은 불합리한 내용으로 재검토가 필요한 내용이다. 2005년 제정된 「교통약자의 이동편의 증진법」에서 휠체어리프트는 편의시설에서 제외되었다.

3) '전기식 엘리베이터'란 용어는 적절치 않다. 과거 유럽에서 인력, 수력 등의 엘리베이터에 대응하여 전기로 움직이는 엘리베이터라는 의미의 용어였으나, 현재 ENcode에도 사라진 용어이다. 현재 모든 종류의 엘리베이터는 전기를 동력원으로 사용하고 있다.

구분	승강기의 세부종류	분류기준
가. 엘리베이터	2) 유압식 엘리베이터	운반구 또는 로프나 체인 등에 매달린 운반구가 유압잭에 의해 수직로 또는 경사로를 따라 운행되는 구조의 엘리베이터
나. 에스컬레이터	1) 에스컬레이터	계단형의 발판이 구동기에 의해 경사로를 따라 운행되는 구조의 에스컬레이터
	2) 무빙워크	평면형의 발판이 구동기에 의해 경사로 또는 수평로를 따라 운행되는 구조의 에스컬레이터
다. 휠체어리프트	1) 수직형 휠체어리프트	휠체어의 운반에 적합하게 제작된 운반구(이하 "휠체어운반구"라 한다) 또는 로프나 체인 등에 매달린 휠체어운반구가 구동기나 유압잭에 의해 수직로를 따라 운행되는 구조의 휠체어리프트
	2) 경사형 휠체어리프트	휠체어운반구 또는 로프나 체인 등에 매달린 휠체어운반구가 구동기나 유압잭에 의해 경사로를 따라 운행되는 구조의 휠체어리프트

2. 용도별 승강기의 세부종류

구분	승강기의 세부종류	분류기준
가. 엘리베이터	1) 승객용 엘리베이터	사람의 운송에 적합하게 제조·설치된 엘리베이터
	2) 전망용 엘리베이터	승객용 엘리베이터 중 엘리베이터 내부에서 외부를 전망하기에 적합하게 제조·설치된 엘리베이터
	3) 병원용 엘리베이터	병원의 병상 운반에 적합하게 제조·설치된 엘리베이터로서, 평상시에는 승객용 엘리베이터로 사용하는 엘리베이터
	4) 장애인용 엘리베이터	「장애인·노인·임산부 등의 편의증진 보장에 관한 법률」 제2조제1호에 따른 장애인 등(이하 "장애인 등"이라 한다)의 운송에 적합하게 제조·설치된 엘리베이터로서, 평상시에는 승객용 엘리베이터로 사용하는 엘리베이터
	5) 소방구조용 엘리베이터	화재 등 비상시 소방관의 소화활동이나 구조활동에 적합하게 제조·설치된 엘리베이터(「건축법」 제64조제2항 본문 및 「주택건설기준 등에 관한 규정」 제15조제2항에 따른 비상용 승강기를 말한다)로서, 평상시에는 승객용 엘리베이터로 사용하는 엘리베이터
	6) 피난용 엘리베이터	화재 등 재난 발생 시 거주자의 피난활동에 적합하게 제조·설치된 엘리베이터로서, 평상시에는 승객용으로 사용하는 엘리베이터
	7) 주택용 엘리베이터	「건축법 시행령」 [별표 1] 제1호가목에 따른 단독주택 거주자의 운송에 적합하게 제조·설치된 엘리베이터로서, 왕복 운행거리가 12미터 이하인 엘리베이터
	8) 승객화물용 엘리베이터	사람의 운송과 화물 운반을 겸용하기에 적합하게 제조·설치된 엘리베이터
	9) 화물용 엘리베이터	화물의 운반에 적합하게 제조·설치된 엘리베이터로서, 조작자 또는 화물취급자가 탑승할 수 있는 엘리베이터(적재용량이 300킬로그램 미만인 것은 제외한다)
	10) 자동차용 엘리베이터	운전자가 탑승한 자동차의 운반에 적합하게 제조·설치된 엘리베이터
	11) 소형 화물용 엘리베이터 (Dumbwaiter)	음식물이나 서적 등 소형 화물의 운반에 적합하게 제조·설치된 엘리베이터로서, 사람의 탑승을 금지하는 엘리베이터(바닥면적이 0.5제곱미터 이하이고, 높이가 0.6미터 이하인 것은 제외한다)

구분	승강기의 세부종류	분류기준
나. 에스컬레이터	1) 승객용 에스컬레이터	사람의 운송에 적합하게 제조·설치된 에스컬레이터
	2) 장애인용 에스컬레이터	장애인 등의 운송에 적합하게 제조·설치된 에스컬레이터로서, 평상시에는 승객용 에스컬레이터로 사용하는 에스컬레이터
	3) 승객화물용[4] 에스컬레이터	사람의 운송과 화물 운반을 겸용하기에 적합하게 제조·설치된 에스컬레이터
	4) 승객용 무빙워크	사람의 운송에 적합하게 제조·설치된 에스컬레이터
	5) 승객화물용 무빙워크	사람의 운송과 화물의 운반을 겸용하기에 적합하게 제조·설치된 에스컬레이터
다. 휠체어 리프트	1) 장애인용 수직형 휠체어리프트	운반구가 수직로를 따라 운행되는 것으로서, 장애인 등의 운송에 적합하게 제조·설치된 수직형 휠체어리프트
	2) 장애인용 경사형 휠체어리프트	운반구가 경사로를 따라 운행되는 것으로서, 장애인 등의 운송에 적합하게 제조·설치된 경사형 휠체어리프트

02 | 엘리베이터의 종류

엘리베이터는 법에서 구분하는 용도별 분류 이외에 다양한 형태와 여러 가지 방식의 운전시스템을 적용하고 있으며, 그에 따른 종류는 동력전달방식, 이동속도, 기계실 위치, 적용감속기, 카의 형태, 속도제어방식, 운전기능, 설치환경 등 여러 가지 분류방식에 따라 다음과 같이 나누어진다.

1 동력전달방식별 엘리베이터의 종류

엘리베이터 시스템에서 에너지원으로 사용되는 전기에너지를 운동에너지로 변환하는 전동기에서부터 사람이나 짐을 실어 나르는 카에까지 운동에너지의 전달을 어떻게 하는가에 따른 분류이다.

(1) 로프식 엘리베이터

로프식 엘리베이터는 전동기의 회전운동을 운반구까지 동력전달하는 매체가 로프이며, 일반적으로 승객용과 화물용으로 많이 사용하는 구조의 엘리베이터로, 마찰구동식(traction drive type), 확동구동식(positive drive type)이 있으며, 일반 승객 및 화물용 엘리베이터는 마찰구동식이 대부분 적용된다. 확동구동식은 드럼식과 체인스프라켓 방식이 있다. 드럼식은 소형 엘리베이터에 가끔 적용된다. 로프의 변형된 형태로 플랫벨트(plat belt)를 적용하는 엘리베이터도 있으며, 이는 마찰구동식으로 볼 수 있다.

---

4) 에스컬레이터에 화물을 적재하고 움직이는 것은 매우 위험하다.

35

① 마찰구동식(traction driver) : 균형추방식 엘리베이터

마찰구동식은 로프식과 플랫벨트식이 있으나 전체적인 방식은 유사하다. 마찰구동식은 카, 카운터웨이트, 구동시브와 로프로 구성된다. 구동시브를 가운데로 카와 카운터웨이트가 로프에 매달려 시브의 양쪽에 걸려 있고, 전동기의 회전운동이 감속기를 거쳐 시브로 전달되고, 시브의 회전은 로프와의 마찰력으로 로프에 전달되어 로프에 매달려 있는 카에 수직운동으로 전달된다. 시브와 로프의 마찰력에 의하여 동력이 전달되므로 Traction driver라고 하며, 마찰력이 낮으면 로프가 미끄러지므로 동력전달이 제대로 되지 않을 수가 있으므로 반드시 균형추에 의하여 마찰력을 확보하여야만 한다. 따라서, 이를 균형추방식 엘리베이터라고 한다. [그림 2-1]에 균형추방식 엘리베이터를 보여준다.

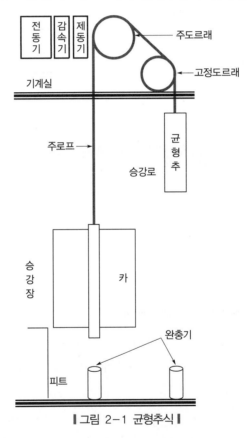

┃그림 2-1 균형추식┃

② 확동구동식(positive driver)[5] : 드럼방식 엘리베이터

확동구동식은 전동기와 감속기를 통하여 전달된 운동에너지가 원통형의 드럼에 로프 또는 체인의 한쪽 끝을 묶고 드럼에 로프를 감아 카를 오르내리게 하고 드럼에 감긴 로프를 풀어 카를 내리게 하는 방법과 체인 및 스프로켓을 이용하여 미끄러짐 없이 동력을 전달하

---

5) Positive drive를 확동(確動)구동으로 명명한다. 확동구동은 슬립이 가능한 마찰력 구동이 아니고, 기계적인 연결구조에 의한 동력의 누락없이 전달하는 것을 의미한다. 기계공학용어로 Positive drive를 확동(確實傳動)으로 표현하고 있다.

는 방식으로 마찰구동식에 비하여 상대적으로 큰 구동장치와 큰 에너지가 필요하므로 주로 용량이 작은 화물용이나 일시적으로 사용하기 위하여 이동하기 쉬운 이동용 리프트에서 적용한다. 확동구동식에서 에너지소비를 줄이기 위하여 밸런스웨이트(balance weight)를 사용하여 유효하중[6])을 줄여주기도 한다. [그림 2-2]는 확동구동식의 드럼방식 엘리베이터이다.

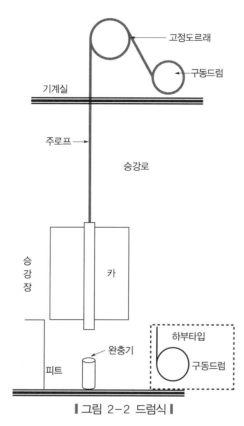

┃그림 2-2 드럼식┃

(2) 유압식 엘리베이터(hydraulic elevator)

[그림 2-3]에서 보는 것과 같이 유압식 엘리베이터는 유압펌프의 운동에너지를 실린더의 기름 압력을 이용하여 피스톤을 밀어 운반구를 이동시키는 방식으로, 유압잭의 제작의 한계로 주로 낮은 행정에 적용하며, 유압펌프의 동작 시에 많은 열이 발생하여 기름온도가 높아지면 점도가 낮아지므로 사용빈도가 크지 않은 용도의 엘리베이터에 적용한다.

---

6) 엘리베이터의 구동장치가 해야 할 일의 소요동력은 중력에 대한 유효부하에 비례하며, 유효부하는 카와 카운터웨이트 또는 밸런스웨이트의 무게편차에 해당한다.

유압식 엘리베이터는 주로 직접식(direct acting elevator), 간접식(indirect acting elevator) 그리고 팬터그래프식 엘리베이터(pantograph type elevator)가 있다. [그림 2-3]에 직접식 유압 엘리베이터를 보여준다.

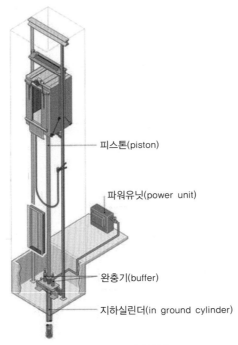

피스톤(piston)

파워유닛(power unit)

완충기(buffer)

지하실린더(in ground cylinder)

▌그림 2-3 유압식 ▌

(3) 스크류식 엘리베이터(screw type elevator)

나사형의 축을 회전시켜 카에 부착된 너트형의 파이프에 의하여 상하운동을 전개하는 방식의 엘리베이터로, 육교 등의 주로 행정거리가 짧은 곳에 적용한다. [그림 2-4]에 스크류식 엘리베이터의 카 상부의 스크류를 타고 움직이는 구동장치를 볼 수 있다.

▌그림 2-4 스크류식 ▌

(4) 랙·피니언 엘리베이터(rack & pinion type elevator)

고정된 벽 또는 레일에 랙(rack)을 설치하고 카에 피니언기어(pinion gear)를 설치하며, 피니언기어를 전동기로 돌려 상하운동을 하는 방식의 엘리베이터이다. 주로 건축공사 현장의 공사용으로 공사현장에 일시적으로 이동·설치하여 사용한다. [그림 2-5]에 랙·피니언 엘리베이터의 구동부의 구조를 보여준다.

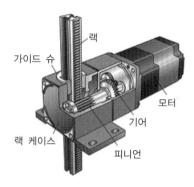

┃그림 2-5 랙·피니언 구조 예┃

2 속도별[7] 엘리베이터의 종류

일반적으로 엘리베이터의 속도는 아래와 같이 분류하고 있으나, 과거와 현재 미래의 기술과 환경에 따라 변화가 있을 수 있다.

① 저속 엘리베이터 : 60m/min 이하(1m/s 이하)
② 중속 엘리베이터 : 60m/min 초과 180m/min 이하(1m/s 초과 3m/s 이하)
③ 고속 엘리베이터 : 180m/min 초과 300m/min 이하(3m/s 초과 6m/s 이하)
④ 초고속 엘리베이터 : 360m/min 초과 ~ (6m/s 초과)

관련법령

〈승강기법 시행령〉
□ 승강기법 시행령 [별표 8] 〈개정 2021. 1. 5.〉
┃승강기 유지관리업의 등록기준(제33조 제2호 관련)┃
1. 유지관리 대상 승강기의 종류

유지관리 대상 승강기의 종류	구분기준
고속 승강기	정격속도가 초속 4미터를 초과하는 승강기
중저속 승강기	정격속도가 초속 4미터 이하인 승강기

---

7) 속도별 엘리베이터 분류는 사람마다 다를 수 있다. 현재 일반 승객용 엘리베이터는 60m/min 이하의 속도는 거의 없으므로 이 속도를 저속으로 분류하였다.

3 기계실 방식별 엘리베이터의 종류

기계실 위치 및 형태별 엘리베이터의 종류는 다음과 같다.

(1) 상부 기계실 엘리베이터(upper machine room elevator)

[그림 2-6]과 같이 승강로 상부에 기계실이 위치해 있는 엘리베이터로 종래 대부분의 엘리베이터는 상부 기계실을 적용하여 왔다. 상부 기계실은 엘리베이터 시스템에 구성되는 많은 장치들의 무게와 적재부하를 견디는 가장 튼튼한 구조를 가질 수 있어 많이 적용한다.

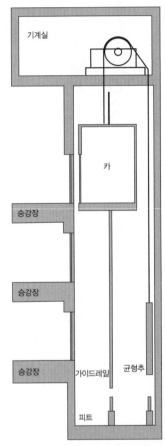

┃그림 2-6 상부 기계실 ┃

(2) 하부 기계실 엘리베이터(under machine room elevator)

[그림 2-7]과 같이 하부 기계실은 승강로 피트의 측면에 기계실이 있는 형태로, 유압식 엘리베이터는 거의 하부 기계실이 적용된다. 로프식인데 구조상 하부 기계실을 적용하는 경우도 있다.

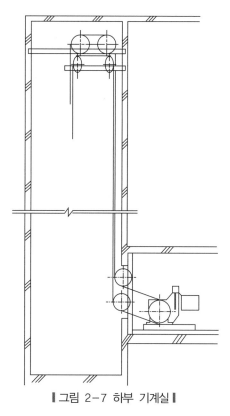

▎그림 2-7 하부 기계실 ▎

(3) 측부 기계실 엘리베이터(side machine room elevator)

승강로 중간의 측면에 기계실이 있는 엘리베이터로, 건축구조상 특별한 경우를 제외하고는 적용하는 일이 거의 없다.

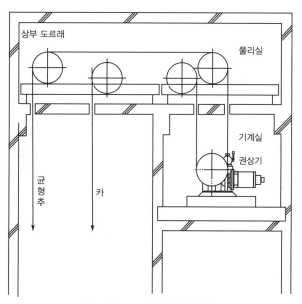

▎그림 2-8 측부 기계실 ▎

(4) 기계실 없는 엘리베이터(machine room less elevator)

[그림 2-9]와 같이 엘리베이터 구동기 등의 장치들이 소형화되면서 기계실 없이 승강로에 장치들을 장착하여 구성하는 엘리베이터로서, 건축물 높이의 절감과 건축물의 공간확보에 큰 장점이 있으므로 최근에 많이 적용하는 추세이다. MRL 엘리베이터로 불린다.

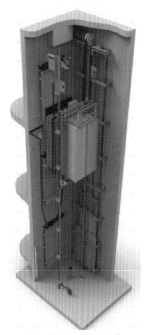

▌그림 2-9 MRL ▌

4 감속기별 엘리베이터의 종류

엘리베이터에는 감속기가 있는 엘리베이터와 감속기가 없는 엘리베이터로 구분되고, 감속기의 형태별 엘리베이터의 종류는 다음과 같다.

(1) 감속기 엘리베이터(GD : Geared Elevator)

엘리베이터에 사용되는 감속기는 주로 웜기어와 헬리컬기어가 있다.

① 웜기어 엘리베이터(worm gear elevator) : 유도전동기를 주파수변화 없이 회전시키면 고속으로 회전하므로 감속비가 큰 웜과 휠을 사용하여 저속 엘리베이터에 적용한다.

② 헬리컬기어 엘리베이터(helical gear elevator) : 웜기어에 비하여 에너지효율이 좋아서 중고속 엘리베이터에 적용할 수 있는 헬리컬기어 감속기이다.

(2) 무기어 엘리베이터(GL : Gear Less Elevator)

과거의 직류전동기 엘리베이터는 전동기의 회전수를 조절하여 감속기 없이 카를 움직였으나 현재에는 VVVF 구동방식을 적용해 주파수를 제어하면서 교류전동기의 회전수를 조절하여 감속기 없이 엘리베이터를 구동하는 무기어방식이다.

5 특수구조 엘리베이터의 종류

그 밖의 특수한 형태의 엘리베이터 종류는 다음과 같다.

(1) 이층 카 엘리베이터(double deck elevator)

2층의 카를 가진 엘리베이터로서, 통상은 층고가 모두 같지 않기 때문에 건축물에 따른 제약이 있으나 층고를 맞추는 장치를 장착하여 설치하므로 실용화되고 있으며 수송효율을 높일 수 있다.

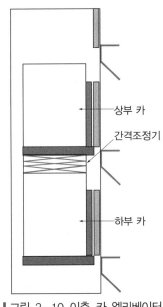

상부 카

간격조정기

하부 카

┃그림 2-10 이층 카 엘리베이터┃

(2) 경사형 엘리베이터(inclined elevator)

경사진 승강로를 따라 주행하는 엘리베이터로서, 설치대수는 많지 않지만 최근에 공원, 휴양지 또는 경사진 마을에도 설치하고 있다. 로프식과 유압식이 있다.

(3) 운구용 엘리베이터(trunk elevator)

아파트 등에서 카의 후면에 트렁크를 설치한 엘리베이터로서, 고층의 세대에서 관을 운구하거나 길이가 긴 물건을 옮길 수 있도록 활용하고, 평상시에는 벽면과 동일하게 닫혀 있어 일상적으로 사용할 수 있다. [그림 2-11]처럼 카 뒤쪽에 별도의 트렁크가 있다.

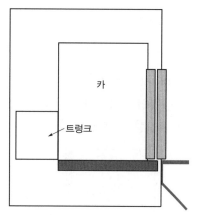

┃그림 2-11 운구용 엘리베이터┃

(4) 복수 엘리베이터(single-shaft multi elevator)

하나의 승강로에 독립된 2대 이상의 엘리베이터를 설치한 것으로서, 각각의 제어, 구동, 카, CWT가 있고 승강장은 공용으로 사용된다. 카는 상부와 하부로 설치된다. [그림 2-12]는 하나의 승강로에 2대의 독립된 엘리베이터가 구성된 모양이다.

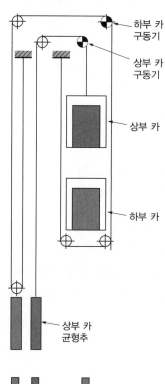

┃그림 2-12 Multi EL┃

(5) 다면이동 엘리베이터(3-dimension elevator)

수직뿐만이 아니고 수평으로도 이동할 수 있는 방식의 엘리베이터로서, 빌딩의 규모가 거대화되는 향후에는 건물 내의 이동수단으로 필요하게 될 것이며, 건물 간의 이동도 쉬워지게 만들어준다. 'Multi'라는 명칭으로 개발한 기업이 있다. 이 멀티엘리베이터는 레일, 랙, 전기선이 건물의 벽에 장착되어 있고, 피니언이 달린 구동기가 카의 옆면에 설치되어 있어 카가 레일을 따라 수직과 수평으로 움직이게 된다. 교차점에서는 레일이 회전하여 수직 또는 수평으로 연결하여 카의 방향을 전환하게 한다. 이 멀티엘리베이터는 로프 없이 움직인다. [그림 2-13]은 멀티엘리베이터의 설치모습이고, [그림 2-14]는 교차부의 레일이 회전하는 모습이다.

▐ 그림 2-13 Multi elevator(thyssen) ▐

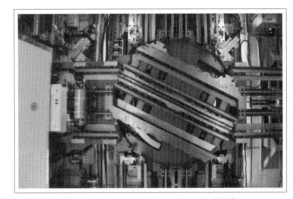

▐ 그림 2-14 Multi 교차부 턴레일 ▐

(6) 리니어모터 엘리베이터(linear motor elevator)

카와 로프, 시브, 구동기 및 카운터의 연결구조에서 카운터의 구조를 리니어모터로 만들어 구동기를 겸하게 하고, 카운터형 리니어모터를 상하로 움직이며, Diversion sheave 반대편에 있는 카를 움직이는 형태의 엘리베이터로, 이미 실용화되어 사용되고 있다.

(7) 로프리스 엘리베이터(rope less elevator by linear motor)

리니어모터를 활용한 엘리베이터로서, 카 벽에 영구자석을 장착하고, 승강로 벽 전체에 고정 자코일을 장착하여 승강로와 카를 리니어모터로 만들어 움직이도록 하는 엘리베이터이며, 현재 연구개발 중으로, 장차 이러한 구동방법이 우주 엘리베이터의 구동방식에 적용될 가능성이 크다. 로프가 없으므로 행정거리에 제한이 없으며, 여러 가지 다양한 적용이 가능하나 해결해야 할 기술적인 문제는 많이 있다. [그림 2-15]는 리니어 동기모터(linear synchronous motor)를 적용한 로프리스 엘리베이터의 개념도이다.

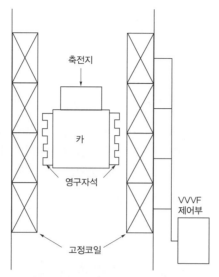

축전지

카

영구자석

VVVF
제어부

고정코일

＊ https://www.semanticscholar.org

┃ 그림 2-15 Ropeless EL 개념도 ┃

(8) 헬리포트용 엘리베이터(heliport elevator)

병원 등의 옥상에 헬리포트가 구비된 건물에서 카가 옥상까지 상승하는 엘리베이터로서, 병원의 긴급수송 등에 사용된다. 옥상에는 승강로가 없이 카만 랜딩하도록 만들어졌다.

(9) 개방승강로 엘리베이터(open shaft elevator)

건물 내부에 승강로를 밀폐시키지 않고 설치되는 엘리베이터로서, 백화점, 상업시설 등의 상징적인 시설로 주로 사용되며, 건물 내부의 중앙홀 등에 설치된다. 이 엘리베이터를 누드 엘리베이터라고 부르기도 한다. [그림 2-16]은 개방승강로 엘리베이터의 예이다.

┃ 그림 2-16 개방승강로 엘리베이터 ┃

(10) 우주 엘리베이터(space elevator)

지구의 상공에 있는 우주정거장까지 운행하는 엘리베이터로서, 로켓으로 여행하는 비용에 비해 훨씬 낮은 비용으로 여행할 수 있는 장점이 있다. 우주 엘리베이터는 그 특성상 여러 가지 제약이 있다. 로프가 없이 자기부상으로 운전되어야 하며, 속도가 초고속이고, 내부에는 승객이 1주일 거주할 수 있는 환경이 필요하고, 승강로나 Counter weight 등의 소재는 탄소나노튜브 등의 혁신적인 소재이어야 하는 등의 많은 과제가 있다. 현재 여러 국가에서 우주 엘리베이터를 연구 개발하고 있다. [그림 2-17]은 NASA에서 표현한 우주 엘리베이터 모습이다.

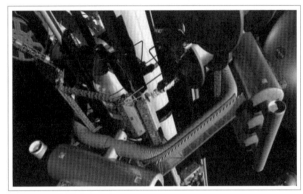

▌그림 2-17 우주 엘리베이터(NASA) ▌

(11) 모듈 엘리베이터(modular elevator)

최근 Heavy machine crane truck 등 초대형 운송장비의 개발로 무거운 장치의 운송과 양중에 사용하게 됨에 따라 엘리베이터도 현장에서 부품들을 조립하지 않고, 공장에서 카, 승강로, 도어, 구동장치 등을 한 개 또는 여러 개의 모듈로 조립하여 현장에 운송되고, 이 조립체를 필요한 위치에 세워서 설치를 한번에 끝내는 엘리베이터가 생산되고 있다. 이를 Modular elevator라고 하며, 주로 MRL 엘리베이터와 소규모의 엘리베이터에 많이 적용한다. 물론 승강로를 2개 이상의 모듈로 한다든가 기계실만을 별도로 가져다 붙이는 다중 모듈방식도 있다.

공장에서 조립이 완료되고 시운전을 마친 형태이기 때문에 현장의 설치가 극히 단시간에 이루어지는 등의 많은 장점이 있으나, 현재는 중량과 부피로 인한 운송상의 문제로 행정의 크기와 적재용량의 제한 등의 제한적인 요소가 많이 있다. [그림 2-18]에서 Modular elevator의 설치광경을 볼 수 있다.

▌그림 2-18 모듈 엘리베이터
(modular elevator install) ▌

6 설치환경별 엘리베이터의 종류

(1) 광산 엘리베이터

광산에 사용되는 엘리베이터로, 주로 광부가 작업장에 진·출입과 광석의 운반에 사용하는 용도의 리프트로 탄광의 형태에 따라 달라지므로 동일한 형태는 거의 없다고 볼 수 있다. 이 엘리베이터는 「승강기법」의 적용을 받지 않고, 「산업안전보건법」의 적용대상이다. [그림 2-19] 는 광산에 설치된 엘리베이터의 한 예이다.

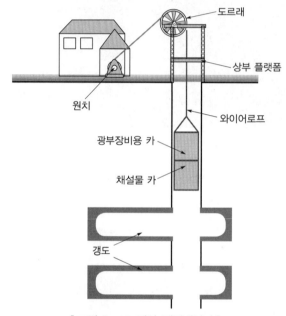

┃그림 2-19 광산 엘리베이터┃

(2) 선박 엘리베이터

대형 선박에 설치되는 엘리베이터로, 바다의 환경에 적합하도록 만들어졌다. 특히 항해 중 파도, 바람, 눈, 비 등의 악천후에서도 운행이 가능하여야 하므로 이에 맞춘 설비로 「선박법」의 적용대상이다.

(3) 해저 엘리베이터

바닷속에 설치되는 엘리베이터로, 지상과 바닷속을 오가는 것으로 주로 관광용으로 사용된다.

(4) 산악 엘리베이터

높은 산에 수직으로 설치되는 엘리베이터이다. 바위산의 절벽에 설치되어 오르내리면서 경치 를 구경하는 관광용으로 사용된다.

[그림 2-20]에서 산악 엘리베이터의 예를 볼 수 있다.

▮ 그림 2-20 산악 엘리베이터(makemone.ru) ▮

(5) 타워 엘리베이터

높은 타워에 설치되어 전망용 또는 스카이 전망대로 출입하는 셔틀로 사용된다. 특히 높은 타워에 설치되는 경우 논스톱 구간이 길게 있으므로, 중간에 정지하여 승객이 갇힐 경우에 이웃 엘리베이터가 구출운전을 할 수 있도록 2대 이상 나란히 설치하여야 할 필요가 있다.

(6) 육교 엘리베이터

[그림 2-21]과 같이 장애인 노약자가 육교를 편리하게 이용할 수 있도록 육교의 양옆에 설치하는 엘리베이터로, 행정거리가 길지 않고, 상부 기계실구성이 어려우므로 주로 유압, 스크류, MRL 형태가 많이 적용된다.

▮ 그림 2-21 육교 엘리베이터 ▮

7 속도 제어방식별 엘리베이터의 종류

속도 제어방식은 구동 전동기에 따라 교류와 직류로 나누고 그 구체적인 속도 조절방식에 따른 종류는 아래와 같으나 최근에는 디지털기술의 발전으로, 장점이 가장 많은 AC-VVVF 방식만 적용되고 나머지 다른 속도 제어방식은 모두 사라졌다.

(1) 교류 엘리베이터

교류 전동기를 사용하는 엘리베이터의 속도제어는 다음과 같으나, 현재 VVVF 제어방식 이외에는 적용하지 않는다.

① AC-1(교류 1단 속도제어) : 단속도 모터에 전원을 공급하여 기동과 정속 운전, 구조가 간단하다. 착상오차(±30mm)가 크다. 과거에 정격속도 30m/min 이하의 엘리베이터에 적용하였다. 현재는 AC-2와 이 제어는 거의 없다.

② AC-2(교류 2단 속도제어)[8] : 기동과 주행은 고속 권선으로 하고 감속과 착상은 저속 권선으로 하여 카를 제어한다. 2단과 1단의 속도비는 4대 1을 많이 사용하고 과거에 정격속도 45m/min 이하의 엘리베이터에 적용하였다.

③ AC-VV(AC-Variable Voltage, 교류 귀환) 제어 : 대전력 반도체를 이용하여 속도제어를 구현한 것으로, 실제 전동기의 속도를 검출하여 피트백하고, 이를 지령속도와 비교하여 사이리스터의 점호각을 변화시켜 유도전동기 속도를 제어하는 방식이다. AC-1, AC-2에 비해 승차감 및 착상 성능이 우수하며 운전시간이 단축되고 유지보수가 간편하여 정격속도 45 ~75m/min의 엘리베이터에 주로 적용하였다. 이 제어방식을 교류 전압제어, 교류 DB (Dynamic Brake) 제어 등으로도 불렀다. 현재에는 이러한 제어방식의 엘리베이터는 보기 어렵다.

④ AC-VVVF(Variable Voltage Variable Frequency) 제어[9] : 가변전압 가변주파수 제어방식으로, 전압과 주파수를 동시에 변화시켜 유도전동기의 속도를 제어하므로 종래 제어방식에서의 슬립에 의한 열손실을 최소화하여 에너지효율이 좋은 엘리베이터 구동을 실현하였다. 종래 직류전동기를 사용하던 고속 엘리베이터에도 유도전동기 사용이 가능하고, 승차감과 성능이 향상되며 소비전력이 절약되고 모든 속도의 엘리베이터에 적용이 가능하다. 이 제어방식을 흔히 인버터제어라고 부른다.

특징은 유도전동기를 사용해 보수가 쉽고 구동장치가 소형이며 자체 소비전력이 적고 전력회생을 이용할 수도 있어 에너지 절감효과가 크다. 또한, 전동기의 회전속도를 정밀하게 제어하므로 승차감이 좋고 착상 정밀도가 높다.

---

8) 전동기의 극수가 저속극(16p)과 고속극(4p)으로 구성되어 있다.
9) VVVF 제어방식은 교류모터, 직류모터, 저속·고속 등 모든 엘리베이터 속도제어에 있어서 통일을 이루었다.

(2) 직류 엘리베이터

과거 VVVF 속도제어를 적용하기 전에는 속도가 빠르고, 승차감이 좋은 고급 엘리베이터에는 직류전동기 제어방식을 적용하였다. 직류 엘리베이터는 현재 사용되지 않고 있으므로 구체적인 설명을 생략한다.

① DC-Ward leonard(전동발전기, MG : Motor Generator) : 엘리베이터의 구동력을 직류전동기에 의하여 발생시켜 구동하는 엘리베이터로, 직류전동기의 전원은 전동발전기(motor generator)를 통하여 건물의 교류전원으로 전동기를 돌리고 전동기축과 물려 있는 직류발전기로 직류전원을 발생시켜 직류 구동전동기에 공급하는 방식이다. 20세기 초·중반의 고속·고급 엘리베이터에는 모두 이 제어방식을 적용하였다. 이 방식을 통상 MG 방식이라고 하는데 현재는 인버터제어로 대체되어 이 방식은 적용하지 않는다.

② DC-Thyristor convertor(정지구동, SSMD : Solid State Motor Driver) : 직류전동기 엘리베이터의 MG 방식은 구동전동기 외에 전동기와 발전기를 추가로 구동하여 구동전동기의 전원을 획득하였으나, 이 방식은 대전력 반도체의 발전에 따라 입력 3상 교류전원을 Thyristor[10]를 활용하여 3상 전파정류하여 직류로 만들고, Thyristor의 Gate를 통해 위상각 제어를 하여 전압을 조절하는 방식으로 속도를 제어하였다. MG 방식에 비하여 별도의 회전체가 없이 반도체소자로 정류하므로 정지구동방식(SSMD)으로 불리었다.

이 방식은 20세기 중·후반에 MG 방식을 대체하여 많이 적용되었으나 현재는 인버터방식으로 바뀌어 적용하지 않게 되었다.

(3) 유압식 엘리베이터

유압식 엘리베이터는 밸브의 개방면적을 조절해 흐르는 유량을 제어하여 속도를 제어하는 유량제어방식과 펌프의 회전수를 조절하여 제어하는 인버터제어방식이 있다.

① 유량제어방식 : 유량제어방식은 오일을 송출하는 펌프를 동작시키는 전동기의 회전수는 일정하게 동작하고, 펌프에서 압력을 가진 작동유의 양을 유량제어밸브로서 조절하여 속도를 제어하는 방식이다.

② 인버터제어방식 : 인버터제어방식은 인버터(VVVF)제어에 의해 펌프회전수를 카의 상승속도에 상당하는 회전수로 가변제어하여, 펌프에서 가압되어 토출되는 작동유를 제어하는 방식이다. 최근에는 속도제어가 쉽고 정확한 인버터제어방식을 많이 적용하고 있다.

---

10) Diode와 비슷한 정류소자 기능이지만 Gate의 신호에 따라 전류를 ON-OFF하는 기능이 있어 출력의 전압을 조절할 수 있다.

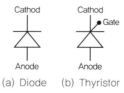

(a) Diode   (b) Thyristor

▮ 정류소자 ▮

▮8 용도별 엘리베이터의 종류

용도별 엘리베이터의 종류는 기본적으로 승객용과 화물용으로 분류하고 이를 세분화하면 아래와 같다.

(1) 승객용 엘리베이터

사람이 주로 타고 다니는 엘리베이터를 통 털어서 부르는 것으로, 탑승객이 들 수 있는 물건은 승객과 같이 타게 된다. 일반승객용 엘리베이터 이외의 엘리베이터도 일반승객이 탑승 가능하다.

① 일반승객용 엘리베이터(passenger elevator) : 주거용, 사무용 등 일반적으로 가장 많이 설치되는 엘리베이터이다.

② 전망용 엘리베이터(observation elevator) : 일반승객용 엘리베이터와 유사하나, 엘리베이터의 승강로와 카의 벽 중에서 1개면 이상이 투명한 재료를 사용해 엘리베이터 카에 타고 외부의 풍경을 볼 수 있도록 만들어진 엘리베이터를 말한다.

③ 장애인용 엘리베이터(disabled elevator) : 장애인이 타인의 도움 없이 이용할 수 있도록 만들어진 엘리베이터로, 지체부자유자, 시각장애인, 청각장애인이 탑승하는데 어려움이 없도록 되어 있다. 일반승객용을 기본으로 하고 장애인이 사용하는 편의성을 더한 것이다.

④ 병원용 엘리베이터(bed elevator) : 주로 병원에 설치되어 침대를 층간 이동할 수 있게 하는 엘리베이터로, 평상시에는 일반승객용으로 사용하나, 수술 등 응급을 요하는 때에는 전용운전으로 운전하게 된다. 침대용 엘리베이터라고도 한다.

⑤ 피난용 엘리베이터(evacuation elevator) : 건물에 화재, 지진 등의 재난이 발생했을 때 건물 내의 사람을 건물의 바깥 또는 피난층으로 피난시키는 엘리베이터로, 재난상황에 대응하는 여러 장치와 기능이 부가되어 있는 엘리베이터이다.

⑥ 소방구조용 엘리베이터(fire fight elevator) : 건물에 화재, 지진 등의 재난이 발생했을 때 소화작업을 하는 소방관이나 구조작업을 하는 구조대원이 탑승하고 활동할 수 있도록 만들어진 엘리베이터로, 화재 등의 환경에도 운전이 가능하도록 여러 가지 장치와 기능이 부가되어 있는 엘리베이터이다.

⑦ 주택용 엘리베이터(home elevator) : 단독주택의 2·3층 거주자를 위해서 만들어진 엘리베이터로, 사용자가 해당 주택의 거주자로 한정되고, 카의 속도와 용량 및 행정거리가 제한적인 엘리베이터이다.

⑧ 승객화물용 엘리베이터(passenger-freight elevator) : 국내 「주택법」에서 규정하는 공동주택의 이사를 위한 화물용 엘리베이터 설치가 비효율적이어서 승객용 엘리베이터의 적재용량이 900kg 이상일 때 화물용 엘리베이터를 설치한 것으로 갈음하는 규정에 따라 공동주택에 설치되는 승객용 엘리베이터를 말한다. 적재용량의 기준 이외에는 승객용과 같다.

(2) 화물용 엘리베이터

① 일반화물용 엘리베이터(freight elevator) : 일반화물용 엘리베이터는 산업현장에 무거운 화물을 지상에서 수개층 상승 또는 수개층 하강 이동할 수 있도록 만든 엘리베이터이다.

보통은 정격적재량이 3 ~ 5톤이나 수십톤의 화물용 엘리베이터도 설치되고 있다. 화물용 엘리베이터에 화물차 또는 화물적재를 위한 지게차 등이 출입 가능하도록 만들어져 있다.

② **자동차용 엘리베이터(car lift)** : 건물의 지하층을 주차장으로 사용하는 경우 주차공간을 늘리기 위해서 해당층으로 경사통로를 통하여 자동차를 운전하여 주차시키는 자주식 주차장이 아니면, 자동차용 엘리베이터를 이용하여 해당 주차장층으로 이동해야 한다. 이 엘리베이터를 자동차용 엘리베이터라고 한다. 자동차용 엘리베이터는 사람이 타고 움직인다는 점에서 기계식 주차장치와 차이가 있다.

③ **소형 화물용 엘리베이터(dumb waiter)[11]** : 주로 식당 등에서 음식을 나르는 엘리베이터로, 주방과 홀의 층이 다른 경우에 설치된다. 사람이 탑승하지 못하는 구조로 되어 있다.

9 카의 운행[12]방식별 분류

엘리베이터의 운행방식별 분류는 과거에 2car 이상인 경우에 컴퓨터제어가 아닌 릴레이제어를 하는 방식으로는 여러 대의 카를 운용하는 방식이 2대 병합 운행방식에 비해 훨씬 복잡하게 되므로 1car, 2car, 3 ~ 8car 방식으로 분류해서 운전방식별 분류를 하였으나, 현재에는 컴퓨터제어로 1car 운전과 2car 이상의 군관리운행방식으로 분류되고 있다.

(1) 1car 운행

1car에서의 승강장 호출버튼은 그 호기의 운전제어부에서 관리하게 된다. 택시에서 콜센터를 통하지 않고 운전기사에 의해서 승차하는 경우와 유사하다.

1car의 운행방식은 전용 운전방식과 승합 운전방식이 주로 적용된다. 과거에는 하강 승합방식을 사용하기도 하였으나 현재에는 거의 대부분 승합방식을 적용하고 전용 운전으로 전환하여 사용도 가능하다.

① **전용 운전방식[13]** : 행선버튼에 의하여 운전 중인 경우에는 승강장의 호출버튼은 등록하지만 서비스는 하지 않고 행선버튼의 서비스가 끝난 다음에 서비스하는 운전방식으로 승강장의 호출버튼은 방향이 없는 1개의 버튼으로 구성되어 있다. 주로 화물용, 카리프트 등에 적용된다. 승객용 엘리베이터에서는 필요 시 VIP 운전, 침대운전 등의 전용 운전을 스위치로 선택하여 운행되기도 한다.

② **승합 운전방식** : 엘리베이터가 진행하는 방향의 승강장 호출버튼은 합승을 위하여 정지하여 승객이 탈 수 있도록 서비스한다. 단, 현재 카의 위치에서 호출승강장까지의 거리가 감속거

---

11) Dumb waiter는 벙어리 웨이터라는 뜻이다.
12) 엘리베이터의 운행은 엘리베이터의 모든 기능을 행하는 전반적인 수행절차와 서비스하는 방법 등을 말한다. 엘리베이터의 운전은 엘리베이터가 구체적인 일련의 움직임을 말한다. 운전은 카가 기동하여 가속, 전속, 감속, 정지하는 동작뿐만 아니라 승강장에 도착하면 도어를 여는 동작, 버튼의 램프를 켜는 동작 등도 운전이다. 엘리베이터의 주행은 카가 이동하는 것을 말한다.
13) 과거에 단식 자동방식으로 불렸으며, 먼저 눌려져 있는 단추호출에 응답하고, 그 운전이 완료될 때까지는 다른 호출을 일절 받지 않는다. 주로 자동차용, 화물용에 많이 사용된다.

리보다 짧아 정상적인 감속이 불가능한 경우에 합승서비스를 다음으로 미루고 통과하게 된다. 물론 반대방향의 호출버튼은 그대로 두고 기존 운전방향의 서비스를 모두 끝내고 되돌아와서 서비스하게 된다. 또한, 자동통과기능(ABP : Auto By Pass)이 있고 카 내에 80% 이상이 탑승하고 있으면 80%의 적재량을 검출하면 '만원' 등의 표시를 하고 통과한다. 이 통과기능은 운전수운전일 경우에는 통과버튼으로 수행된다.

(2) 복수 엘리베이터 군관리 운행방식

엘리베이터가 2대 이상일 경우에는 서비스를 신속하게 하고 에너지를 절약하기 위해서 승강장의 호출버튼에 의한 엘리베이터 호출을 군관리 제어부에서 입력받아 여러 대의 엘리베이터 중에서 가장 합리적인 서비스를 할 수 있는 호기를 선정하여 호출한 승강장으로 보내어 서비스하는 방법으로, 호출과 서비스 호기 할당을 일괄 관리하는 '군관리운행'을 하게 된다. 택시회사의 콜센터에서 호출을 받고 가장 빨리 서비스할 수 있는 택시를 찾아 호출장소에 보내는 것과 유사한 시스템이다. 군관리운행은 여러 대의 엘리베이터를 활용하여 승객에게 빨리 서비스하고, 에너지소비를 최소화하는 목적으로 성능이 우수한 컴퓨터에 의해서 최적의 호기를 할당하는 방식이다.

과거 컴퓨터가 아닌 릴레이제어를 적용할 때에는 군관리제어가 복잡하고 비용이 많이 소요되어서 2대 혹은 3대일 경우에는 단순히 승강장의 호출신호만 공유하여 가장 가까운 호기가 서비스하는 군승합방식의 운전방식을 적용하였다.

Chapter

03

ELEVATOR BASIC TECHNOLOGY

로프식 엘리베이터의
구조 및 원리

Chapter 03 로프식 엘리베이터의 구조 및 원리

01 로프식 엘리베이터의 종류

현재 국내 승강기 설치대수의 94.5%는 엘리베이터이고, 엘리베이터 설치대수 중 96%는 로프식 엘리베이터이다.

로프식 엘리베이터는 마찰구동방식(traction drive type)과 확동구동방식(positive drive type)이 있다.

마찰구동식 엘리베이터는 전동기와 연결되어 회전하는 구동도르레의 회전력을 마찰력을 이용하여 로프로 전달하고 이 로프에 매달려 있는 카를 오르내리게 하는 방식이다. 이 마찰력을 확실하게 보장하기 위하여 카의 반대편 로프에 무게추를 매달고 이를 균형추(counter weight)라고 한다. 이때, 이 균형추는 없어서는 안 되는 구성품이며, 이러한 방식의 엘리베이터를 균형추방식 엘리베이터라고 부른다.

로프식 엘리베이터이면서 확동구동(確動驅動)식은 대표적으로 드럼방식(drum type)이 있다. 드럼방식은 전동기 또는 감속기와 연결된 드럼에 로프의 한쪽 끝을 고정시키고, 드럼을 돌려 로프를 감아서 올리고, 풀어서 내리는 방식이다.

드럼방식은 균형추방식에 비하여 구동기의 용량이 수배 이상으로 커야 하고 운전에너지도 크게 필요하므로 주로 용량이 작은 엘리베이터[14]에 적용하거나, 이동과 임시적 설치가 쉬우므로 건축공사현장의 건축자재를 이동하는 용도로 주로 사용한다.

확동구동식으로는 로프를 이용한 드럼식 엘리베이터 외에 체인과 스프로킷을 이용하는 방법도 있다.

1 균형추(counter weight)[15]방식

균형추방식 엘리베이터는 수직 운동하는 카가 로프에 매달려 구동도르래에 걸려 있고 그 반대편에 카의 무게에 대응하는 추가 매달려 있는 형태로 마찰력을 최대로 발생시켜 구동력을 카로 전달하는 방식이다.

---

14) 드럼방식 엘리베이터는 용량이 100kg 이상에서는 거의 적용하지 않는다.
15) 'Counter'는 대응하다는 뜻으로, 여기서는 '카의 무게에 대응하여 견인력을 보장하는 장치'라는 의미이므로 'Counter'로 호칭하여도 충분하다고 볼 수 있다. 또한, 이를 '대응추'라고 하면 가장 적합한 용어라고 본다.

카는 그 무게가 적재량에 따라서 변화한다. 즉, 카의 무게는 가장 가벼운 카 자중에서부터 가장 무거운 카 자중에 적재량이 합쳐진 무게까지 변화한다. 이러한 카 무게와 적재하중의 변화에 대응하기 위하여 카 자중에 적재량의 반 정도를 합한 무게의 대응추를 달아 미끄러짐과 무게편차를 최소화하는 구조이다.

카 자중과 정원의 반에 해당하는 무게를 가지고 있으므로 운동에 필요한 에너지는 카와 카운터웨이트의 무게편차에 해당하는 에너지만 있으면 된다. 따라서, 필요한 무게를 상승시키는 데 소요되는 에너지를 최소화한 시스템이다. 또한, 카와 카운터웨이트를 연결하는 로프가 도르래를 단순히 거쳐 지나가므로 상승과 하강의 행정거리에 거의 제한이 없다. 이 두 가지는 균형추방식 엘리베이터의 가장 큰 장점이라고 할 수 있다.

반면 균형추방식 엘리베이터는 도르래와 로프 사이의 미끄러짐에 의하여 에너지손실과 미끄러짐이 일어날 수 있다. 도르래의 과도한 과속회전, 카와 균형추 간의 심한 무게편차 그리고 도르래의 마찰력 저하 등이 미끄러짐의 원인이 될 수 있다. 이 미끄러짐이 과도한 경우에는 안전상의 문제가 생길 우려가 있다.

균형추방식의 장점을 정리하면 첫 번째로 소요동력이 정격적재량의 $\frac{1}{2}$에 해당하는 부하만 감당하면 되어 소형 경량으로 설치할 수 있고, 운행 소요에너지가 낮으며, 엘리베이터 카의 행정거리에 거의 제한이 없다. 물론 와이어로프의 자체무게[16] 등에 의한 제한요소는 있다. 마지막으로 카나 균형추가 행정이 끝나는 종단층을 지나 완충기에 닿은 경우에도 구동시브와 로프 간의 마찰이 없어 미끄러지면서 헛돌게 되므로 권동식에서 발생할 우려가 있는 과권선(過卷線)에 의한 설비의 파손 또는 승객 사고의 우려가 없다.

2 드럼방식(drum type)

드럼방식 엘리베이터는 확동구동식의 한가지로, 그 장점은 미끄러짐에 의한 에너지손실이 없으며, 구동에너지의 전달이 확실하다는 것이다.

반면 드럼의 크기와 길이에 따라 행정거리가 정해지며, 구조상 행정거리가 제한적일 수밖에 없으며, 운반구의 무게와 적재화물의 무게를 모두 상승시켜야 하므로 많은 운전에너지가 필요하다. 이러한 두 가지의 문제는 균형추방식보다 큰 단점이라고 볼 수 있다. 이 방식에서는 상승시켜야 할 무게의 편차를 줄여 에너지소비를 줄이기 위해 운반구의 반대편에 에너지절감용 보상추(balance weight)를 설치하기도 한다.

---

16) 와이어로프를 적용하는 엘리베이터의 상한선을 대략 1,000m라고 보고 있다. 이는 와이어로프의 자체 무게가 커서 이를 견디기 힘들기 때문이다.

3 균형추방식의 소요에너지

로프식 엘리베이터에서 균형추방식이 드럼방식보다 앞에서 언급한 에너지측면에서 커다란 장점을 가지고 있다. 균형추 엘리베이터에서 카의 자중은 균형추에서 반대방향으로 보상이 되고, 카에 적재되는 부하는 균형추에 가하는 언밸런스 무게로 보상되어 실제로 균형추방식 엘리베이터의 전동기가 해야 할 일은 균형추와 카측의 무게편차만큼의 부하만 올리는 것이다.

따라서, 적재부하뿐만 아니라 운반구 자체의 무게까지 올려야 하는 권동식 엘리베이터에 비하여 에너지소비와 전동기의 소요출력은 매우 작다.

동일한 속도, 용량의 엘리베이터로 두 가지 방식의 에너지, 즉 전동기의 소요출력을 비교해 보면 다음과 같다.

전동기 소요출력 P_m 은

$$P_m = \frac{정격속도[m/min] \times 정격하중[kg] \times 균형추\ 불평형률}{6,120 \times 종합효율\,[kW]}[kW]$$

에서 정격하중×균형추 불평형률= 전동기의 부하를 의미하고, 여기서 예를 들어 정격속도 60m/min, 정격하중 1,000kg, 카 자중 1,600kg, 균형추 불평형률 0.5인 엘리베이터라고 가정할 때 각 방식 엘리베이터의 전동기 소요출력을 보면 다음과 같다.

균형추방식 $P_m = \dfrac{60 \times 1,000 \times 0.5}{6,120 \times 0.5} = 9.8[kW]$

드럼방식 $P_m = \dfrac{60 \times (1,000 + 1,6000)}{6,120 \times 0.5} = 51.0[kW]$

균형추방식은 드럼방식에 비하여 전동기 소요출력이 $\dfrac{1}{5}$ 에 해당된다고 볼 수 있다.

소요에너지가 작다는 것은 엘리베이터를 설치할 때 장치가 소형화될 수 있고, 엘리베이터를 운영할 때에는 에너지소비가 작으므로 경제적인 장점이 크다는 의미이다. 따라서, 현재 대부분의 승객용 엘리베이터는 균형추방식을 적용하고 있다.

02 균형추방식 엘리베이터의 공간구조

엘리베이터는 마찰구동방식(traction drive type)과 확동구동방식(positive drive type) 중 마찰구동방식의 균형추방식 엘리베이터가 대부분이므로 로프식 엘리베이터의 대표격 균형추방식 엘리베이터를 중심으로 구조와 원리를 알아본다.

균형추방식 엘리베이터의 공간은 구동기 등이 있는 기계실, 사람이 타거나 물건을 싣는 카, 카에 승하차하는 공간인 승강장 및 카가 이동하는 통로인 승강로로 구분되어 있다. 또한, 승강로의 가장 아래쪽 최하층 승강장 바닥 이하를 피트로 부른다.

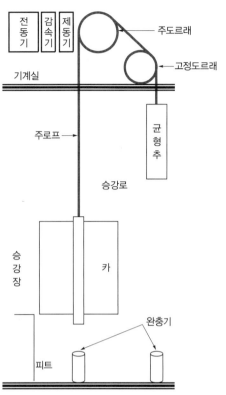

그림 3-1 균형추방식 엘리베이터

1 기계실(machine room)

엘리베이터 기계실에는 제어반(control panel), 권상기(traction machine), 과속검출기(over speed governor), 보조브레이크(sub brake), 편향도르래(deflect sheave) 등이 설치되어 있다. 기계실의 위치에 따라 상부 기계실, 하부 기계실, 측면기계실, 무기계실 등이 있으나 기존에 가장 널리 적용되는 상부 기계실을 기본으로 기술한다.

(1) 기계실의 구성

제어반은 엘리베이터의 두뇌에 해당하고 택시로 비교하면 택시기사의 역할을 하는 장치이며, 엘리베이터 전반의 구성품으로부터 동작상태를 확인하여 이를 전기신호로 받아들여 엘리베이터 동작을 제어한다.

권상기(捲上機)는 엘리베이터의 구동기이며 여기에는 전동기(motor), 브레이크(main brake), 감속기(gear), 도르래(sheave) 및 속도측정기(speed meter)로 구성되어 있다. 이들은 권상기를 지지하는 권상기대와 방진고무로 조립되어 기계대(machine beam)라는 받침철골 위에 고정되어 있다.

과속검출기(governor)는 카의 추락을 방지하는 추락방지기(emergency safety device)를 작동시키는 장치로서, 카가 규정속도를 초과하여 하강하는 것을 검출하여 전동기의 전원입력을 차단함과 동시에 브레이크의 전원입력을 차단하여 브레이크를 잡아 카를 정지시키는 기능을 수행하며, 브레이크에 의하여 카가 정지하지 않고 계속하여 하강하는 경우에 카를 레일에 붙잡아매는 추락방지기를 작동시키는 동작을 하는 장치이다.

보조브레이크는 여러 가지 방식이 있으나 기계실에서 사용되는 것은 로프브레이크(rope brake), 시브브레이크(sheave brake)와 이중 브레이크 등이다.

편향도르래는 주도르래와 함께 카와 균형추의 움직이는 간격을 유지하여 카와 균형추가 서로 구조적인 간섭이 일어나지 않도록 하는 역할을 한다.

(2) 기계실관련 규격기준

기계실의 공간에 대한 각종 규격은 사실상 엘리베이터 승객의 안전이나 기능 및 성능에 직접적인 연관이 없으나, 작업자의 작업환경을 위한 기준으로 볼 수 있다.

기계실의 조명은 작업할 수 있는 밝은 조명이 필요하고, 기계실의 출입문은 작업자가 출입하는데 불편함이 없어야 한다. 기계실 공간은 구동기 등 기계장치의 배치가 용이하고 설치, 유지관리상의 지장없는 공간이 필요하며 기계실의 바닥이나 이동공간이 작업자의 활동에 지장을 주지 않도록 하여야 한다.

기계실은 엘리베이터의 점검수리뿐만 아니라 승객이 갇히거나 인명사고 등의 긴급상황이 발생하였을 때 접근경로가 확보되고 이동하는데 문제가 없어야 하고, 화재에 대비하여 화염이 내부로 쉽게 번지지 않도록 방화구조로 하는 것이 필요하며, 기계실에 비전문가가 회전체 등에 접촉하여 인명사고의 우려가 있으므로 반드시 시건장치를 하여 잠가둬야 한다.

⚖ 관련**법령**

〈안전기준 별표 22〉

6.1.4.2 기계실·기계류 공간 및 풀리실에는 다음의 구분에 따른 조도 이상을 밝히는 영구적으로
　　　　설치된 전기조명이 있어야 하며, 전원공급은 14.7.1에 적합해야 한다.
　　　　가) 작업공간의 바닥면 : 200lx
　　　　나) 작업공간 간 이동공간의 바닥면 : 50lx
　　　　[비고] 상기 조명은 승강로 조명의 일부일 수 있다.
6.1.5.2 기계실·기계류 공간 및 풀리실에는 다음과 같은 장치가 있어야 한다.
　　　　가) 출입문의 가까운 곳에 적절한 높이로 설치되어 승강기 안전관리기술자 등 관련 자격을
　　　　　　 갖춘 사람만이 접근할 수 있는 조명스위치
　　　　나) 작업구역마다 적절한 위치에 설치된 1개 이상의 콘센트(14.7.2)
　　　　다) 16.1.11에 적합하고, 각 접근지점의 가까운 곳에 설치된 풀리실 내의 정지장치
　6.1.7 **설비의 취급(양중용 지지대 및 고리)**
　　　　무거운 설비를 편리한 위치에서 양중할 수 있는 금속지지대 또는 고리가 기계실·기계류 공간
　　　　또는 승강로의 천장에 1개 이상 설치되어야 하며, 금속지지대 또는 고리에는 안전한 양중을
　　　　위해 허용하중이 표시되어야 한다.

6.1.9.1 기계실은 당해 건축물의 다른 부분과 내화구조 또는 방화구조로 구획하고, 기계실의 내장은 준불연재료 이상으로 마감되어야 한다. 다만, 기계실 벽면이 외기에 직접 접하는 등「건축법」등 관련 법령에 따른 건축물 구조상 내화구조 또는 방화구조로 구획할 필요가 없는 경우에는 불연재료를 사용하여 구획할 수 있다.

6.1.9.2 승강로, 기계실·기계류 공간 및 풀리실의 벽, 바닥 및 천장은 먼지가 발생되지 않고 내구성이 있는 재질(콘크리트, 벽돌 또는 블록 등)로 구획되어야 한다.

바닥은 업무수행자 등 사람이 미끄러지지 않게 하는 재질로 마감되어야 한다.

6.6.3.2 기계실의 크기 등 치수

6.6.3.2.1 기계실은 설비의 작업이 쉽고 안전하도록 다음과 같이 충분한 크기이어야 한다. 특히, 작업구역의 유효높이는 2.1m 이상이어야 하고, 유효수평면적은 다음과 같아야 한다.

가) 제어반 및 캐비닛 전면의 유효수평면적은 다음과 같아야 한다.

    1) 깊이는 외함 표면에서 측정하여 0.7m 이상이어야 한다.

    2) 폭은 다음 구분에 따른 수치 이상이어야 한다.

        - 제어반 폭이 0.5m 미만인 경우 : 0.5m

        - 제어반 폭이 0.5m 이상인 경우 : 제어반 폭

나) 움직이는 부품의 점검 및 유지관리 업무수행이 필요한 곳에 0.5m×0.6m 이상의 작업구역이 있어야 한다. 수동 비상운전(13.2.3.1)이 필요할 경우에도 동일하게 적용한다.

6.6.3.2.2 작업구역(6.6.3.2.1) 간 이동통로의 유효높이(바닥에서 천장의 가장 낮은 충돌점 사이)는 1.8m 이상이어야 한다.

작업구역 간 이동통로의 유효폭은 0.5m 이상이어야 한다. 다만, 움직이는 부품이나 14.1.1.6에 따른 고온의 표면이 없는 경우에는 0.4m까지 감소될 수 있다.

6.6.3.2.3 보호되지 않은 회전부품 위로 0.3m 이상의 유효수직거리가 있어야 한다.

6.6.3.2.4 기계실 바닥에 0.5m를 초과하는 단차가 있는 경우 6.2.5에 따른 고정된 사다리 또는 보호난간이 있는 계단이나 발판이 있어야 한다.

6.6.3.2.5 작업구역 및 작업구역 간 이동통로 바닥에 깊이 0.05m 이상, 폭 0.05m에서 0.5m 사이의 함몰이 있거나 덕트가 있는 경우 그 함몰부분 및 덕트는 덮개 등으로 보호되어야 한다. 폭이 0.5m를 초과하는 함몰이 있는 경우에는 단차가 발생한 것으로 간주하고, 6.6.3.2.4를 적용한다.

6.6.3.3 그 밖의 개구부

슬래브 및 기계실 바닥의 개구부 크기는 그 목적을 위해 최소화 되어야 한다.

승강로 위에 있는 개구부(전기 케이블을 위한 개구부 포함)를 통해 물건이 떨어지는 위험이 없도록 금속이나 플라스틱으로 된 덮개가 사용되어야 하며, 그 덮개는 슬래브 또는 마감된 바닥 위로 50mm 이상 돌출되어야 한다.

■2 승강로(hoist way)[17]

엘리베이터의 승강로는 카, 카운터웨이트 또는 밸런싱웨이트(balancing weight)가 이동하는 공간으로, 이 공간은 보통 피트 바닥, 벽 및 승강로 천장으로 구분된다. [그림 3-2]에서 보는 바와 같이 승강로에는 카의 운행을 안내하는 가이드레일(guide rail), 카(car), 균형추(counter weight), 메인로프(main rope), 종점스위치(terminal switch), 차폐판(door zone plate), 과속 검출기로프(governor rope), 이동케이블(travelling cable), 보상장치(compensation device), Junction box 및 케이블 등이 있다.

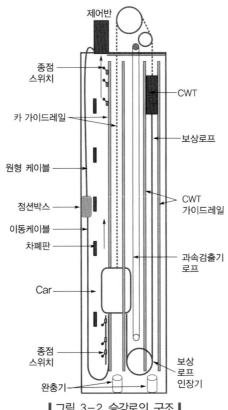

┃그림 3-2 승강로의 구조 ┃

가이드레일은 카와 균형추의 움직이는 경로를 일정하게 하여 흔들리거나 다른 장치와 부딪힘 없이 안전하게 운행하도록 하며, 과속 하강 시에 추락방지기가 카를 정지시킬 수 있는 반력을 가진 구조적인 안전장치라고 할 수 있다.

균형추는 앞서 설명하였듯이 카의 구동력을 보장하기 위한 구성품으로 구동도르래를 중심으로 카의 반대편에 로프로 연결되어 있어 카의 동작방향과 반대로 움직이도록 설치되어 있다.

메인로프는 카와 균형추를 연결하여 구동시브에 걸쳐지는 것으로, 동력을 카에 전달하는 역할을 한다.

---

17) 승강로, Hoist way, Elevator well, Elevator shaft라고도 한다.

종점스위치는 카의 움직이는 종단층[18]의 종점에 설치되어 카의 지나친 과주행을 검출하여 더 이상의 이동을 제한하는 장치이다.

차폐판은 카에 달려 있는 위치 검출스위치의 대응장치로, 각 승강장의 위치를 알려주는 것으로 도어의 열림을 허용하는 구간인 도어존을 인식하게 하는 장치이다.

과속검출기로프는 과속검출기가 카의 이동속도를 정확하게 검출하기 위하여 카와 직접 연결되어 카의 속도를 과속검출기에 바로 전달하는 안전로프이다.

이동케이블은 엘리베이터 카에 필요한 여러 가지 전원과 제어반에서 카로 전달되는 지력신호 및 카에서 검출되거나 발생되는 신호를 제어반에 전달하는 전선의 묶음으로 항상 이동하면서 휘어지고 펴지는 동작을 하므로 구조상 평형으로 제작되어 평형케이블(flat cable)이라고도 한다.

보상장치는 카와 균형추에 연결된 와이어로프가 카의 위치에 따라서 그 로프의 무게가 실리는 방향이 달라짐에 따라 발생하는 카와 균형추의 무게편차에 영향을 주는 로프무게의 변화를 보상하기 위한 장치로 보상체인과 보상로프가 있다.

완충기는 승강로 가장 아래쪽인 피트(pit)에 위치하여 카 또는 균형추가 운행종점을 벗어나 아래 바닥에 충돌하는 것을 방지하기 위해 설치하는 충격완화장치로, 카측과 균형추측의 두 개가 설치되어 있다.

정션박스는 제어반 전선이 카나 Pit 등 먼 거리로 연결되는 경우에 승강로 중간지점에 단자를 설치하여 서로 연결할 수 있도록 하는 공간으로 중간 정션박스라고 한다.

이 밖에 승강로는 외부에서 접근하는 경우에 사고의 우려가 있으므로 문으로 닫힌 출입구를 제외하고 모든 공간이 폐쇄된 구조로 만들어야 하며, 외부에서 물이나 습기의 침입이 없어야 한다.

또한, 승강로의 가장 아래쪽의 피트에는 가이드레일의 하단부, 조명과 각종 스위치가 설치되어 있다.

피트에는 작업자가 작업을 하는 경우에 카의 이동으로부터 보호될 수 있는 작업공간과 작업자의 안전을 확보하는 안전구조가 필요하다. 물론 피트의 구조적인 기준은 엘리베이터 탑승객과는 무관하게 작업자의 안전확보를 위한 기준으로 볼 수 있다.

(1) 승강로의 구조

① **밀폐형 승강로** : 승강로는 구멍이 없는 벽, 바닥 및 천장으로 완전히 둘러싸인 구조이다. 승강장문, 승강로의 비상문 및 점검문, 화재 시 가스 및 연기의 배출을 위한 통풍구, 환기구, 엘리베이터 운행을 위해 필요한 기계실 또는 풀리실과 승강로 사이의 개구부는 만들 수 있다.

승강로 내부에는 카와의 틈새가 커서 작업자 혹은 승객이 빠질 염려가 없는 구조로 하여야 하고, 승강로 벽에는 카, 카운터 등 이동하는 물체에 간섭이 없는 구조로 만들어야 한다.

---

18) 종단층은 카가 운행하는 양측의 마지막 층을 일컫는다. 최하층과 최상층을 의미한다.

● ⚖ **관련법령**

〈안전기준 별표 22〉

6.5.2 승강로의 구획

6.5.2.1 일반사항

엘리베이터는 다음 구분 중 어느 하나에 의해 주위와 구분되어야 한다.

가) 불연재료 또는 내화구조의 벽, 바닥 및 천장

나) 충분한 공간

6.5.2.2 밀폐식 승강로

6.5.2.2.1 승강로는 구멍이 없는 벽, 바닥 및 천장으로 완전히 둘러싸인 구조이어야 한다. 다만, 다음과 같은 개구부는 허용된다.

가) 승강장문을 설치하기 위한 개구부

나) 승강로의 비상문 및 점검문을 설치하기 위한 개구부

다) 화재 시 가스 및 연기의 배출을 위한 통풍구

라) 환기구

마) 엘리베이터 운행을 위해 필요한 기계실 또는 풀리실과 승강로 사이의 개구부

6.5.2.2.2 폭 0.15m 이상의 승강로 내부 벽 수평 돌출부 또는 수평 빔에는 사람이 서 있지 못하도록 보호조치를 해야 한다. 다만, 8.7.4에 따른 카 상부 보호난간에 의해 접근을 막을 수 있는 경우에는 제외한다.

보호조치는 다음 중 어느 하나의 조건에 적합해야 한다.

가) 0.15m 이상의 돌출물은 수평면에 대해 45° 이상으로 모따기가 되어야 한다.

나) 수평면에 대해 45° 이상의 경사진 면을 형성하고 5cm² 면적의 원형 또는 정사각형 모양의 어느 지점마다 수직으로 300N의 힘을 균등하게 분산하여 가할 때 다음을 만족하는 디플렉터(deflector)를 설치해야 한다.

1) 영구적인 변형이 없어야 한다.

2) 15mm를 초과하는 탄성변형이 없어야 한다.

② **개방형 승강로의 구조** : 내화구조 또는 방화구조가 요구되지 않는 승강로(갤러리, 중앙 홀, 타워 등에 설치된 엘리베이터의 승강로 또는 외기에 접하는 승강로 등)로서 사람이 일반적으로 접근할 수 있는 곳의 승강로 벽은 엘리베이터의 움직이는 부품이 사람의 손에 닿지 않는 구조이며, 사람의 손 또는 손에 들고 있는 물건이 승강로 내 엘리베이터의 설비에 직접 닿아 엘리베이터의 안전운행을 방해하지 않도록 구조적인 설계가 되어 있다.

이러한 구조의 벽 높이는 승강장문측은 승객이 대기하는 곳이기 때문에 비교적 높게 만들어야 하고, 그 외의 사면은 접근이 불가능하도록 설치하면 된다. 또한, 벽이 없는 경우에는 사람의 접근이 불가능하도록 구조를 하여야 한다.

관련**법령**

6.5.2.3 반밀폐식 승강로

내화구조 또는 방화구조가 요구되지 않는 승강로(갤러리, 중앙 홀, 타워 등에 설치된 엘리베이터의 승강로 또는 외기에 접하는 승강로 등)는 다음과 같아야 한다.

가) 사람이 일반적으로 접근할 수 있는 곳의 승강로 벽은 아래와 같은 상황에 처한 사람이 충분히 보호될 수 있는 높이이어야 한다.

    1) 엘리베이터의 움직이는 부품에 의해 위험하게 되는 상황

    2) 사람의 손 또는 손에 들고 있는 물건이 승강로 내의 엘리베이터의 설비에 직접 닿아 엘리베이터의 안전운행을 방해하게 되는 상황

나) 높이는 [그림 1] 및 [그림 2]에 적합하고, 다음과 같아야 한다.

    1) 승강장문측 : 3.5m 이상

    2) 다른 측면 및 움직이는 부품까지의 수평거리가 0.5m 이하인 장소 : 2.5m 이상 움직이는 부품까지의 거리가 0.5m를 초과하는 경우에는 2.5m의 값을 순차적으로 줄일 수 있으며, 2m의 거리에서는 최소 1.1m까지 줄일 수 있다.

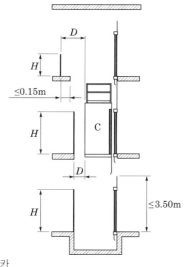

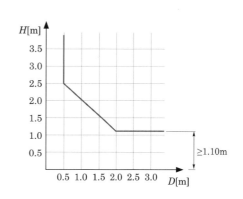

- C : 카
- D : 엘리베이터 움직이는 부품과의 거리(그림 2 참조)
- H : 승강로 벽 높이

▮ 그림 1 반밀폐식 승강로의 단면 ▮　　　▮ 그림 2 반밀폐식 승강로 – 거리 ▮

다) 승강로 벽은 구멍이 없어야 한다.

라) 승강로 벽은 복도, 계단 또는 플랫폼의 가장자리로부터 최대 0.15m 이내([그림 1] 참조)에 있어야 하거나, 6.5.2.2.2에 따라 보호되어야 한다.

마) 타설비로 인해 엘리베이터의 운행이 방해되지 않도록 하는 보호조치가 마련되어야 한다[6.1.2.3 나) 참조].

    [비고] 승강로 벽이 없는 반밀폐식 엘리베이터의 경우 움직이는 부품으로부터 수평거리가 1.5m 이내인 공간에 타설비가 없도록 보호되어야 한다.

바) 외기에 노출된 엘리베이터(건축물 외벽에 설치된 엘리베이터 등)에는 특별한 예방조치가 마련되어야 한다.

[비고] 눈·비 등 기후적 환경 및 위치적 환경을 충분히 고려한 후에 엘리베이터를 설계, 제조·설치해야 한다.

(2) 승강로의 접근수단

승강로뿐 아니라 기계실이나 다른 장치공간에 대한 접근수단은 독립된 접근이 가능하도록 만들어져 있어야 한다.

⚖ 관련법령

〈안전기준 별표 22〉

6.2 승강로, 기계실·기계류 공간 및 풀리실 접근 및 출입

6.2.1 승강로, 기계실·기계류 공간, 풀리실 및 관련 작업구역은 접근이 가능해야 한다.
카 내부를 제외하고 관계자만이 접근할 수 있게 해야 한다(부속서 Ⅴ 참조).

6.2.2 승강로, 기계실·기계류 공간, 풀리실의 출입문에 인접한 접근통로는 50lx 이상의 조도를 갖는 영구적으로 설치된 전기조명에 의해 비춰야 한다.

6.2.3 6.2.1에 기술된 구역의 접근통로는 개인적인 공간에 들어갈 필요 없이 어떠한 조건에서도 안전하게 이용되어야 한다. 다만, 주택용 엘리베이터의 경우 유지관리 및 구출 목적을 위해 개인적인 공간을 경유해야 한다면 관계자의 출입권한 및 관련 지침이 제공되어야 한다.

6.2.4 피트 출입수단은 다음 구분에 따른 수단으로 구성되어야 한다.
가) 피트깊이가 2.5m를 초과하는 경우 : 피트출입문
나) 피트깊이가 2.5m 이하인 경우 : 피트출입문 또는 승강장문에서 쉽게 접근할 수 있는 승강로 내부의 사다리
피트출입문은 6.3에 적합해야 한다.
피트사다리는 부속서 Ⅶ에 적합해야 한다.
피트사다리가 펼쳐진 위치에서 엘리베이터의 움직이는 부품과 충돌할 위험이 있는 경우 사다리가 보관위치에 있지 않으면 엘리베이터가 운행되지 않도록 막는 15.2에 적합한 전기안전장치가 있어야 한다.
사다리를 피트 바닥에 보관하는 경우 사다리가 보관위치에 있을 때 피트의 모든 피난공간은 유지되어야 한다.

6.2.5 사람이 기계실·기계류 공간 및 풀리실에 안전하게 접근 및 출입할 수 있도록 계단 등의 통로가 있어야 하며, 통로는 계단의 설치를 우선으로 한다. 다만, 기존 건축물에 엘리베이터를 설치한 경우 등 건축물의 구조상 계단의 설치가 불가능한 경우에는 다음 사항을 만족하는 사다리로 대체할 수 있다.
가) 사다리는 바닥 위에서 수직 높이로 4m를 초과할 수 없으며, 수직 높이가 3m를 초과하는 사다리에는 추락보호수단이 있어야 한다.

나) 사다리는 접근통로에 영구적으로 설치되거나 사다리를 제거하지 못하도록 최소한 로프 또는 체인 등으로 견고하게 고정되어야 한다.

다) 사다리는 수평면에 대해 65° 이상 75° 이하의 경사형 사다리로 해야 하며, 쉽게 미끄러지거나 전도되지 않아야 한다.

라) 사다리의 유효폭은 0.35m 이상이어야 하고, 발판의 깊이는 25mm 이상이어야 하며, 발판은 1,500N의 하중을 견디도록 설계되어야 한다.

마) 사다리의 상부 끝부분에 인접한 곳에는 쉽게 잡을 수 있는 손잡이가 1개 이상 있어야 한다.

바) 수평거리로 1.5m 이내의 사다리 주위에는 추락위험을 막는 보호조치가 그 사다리의 높이 이상까지 있어야 한다.

[비고] 계단을 포함한 통로는 출입문의 폭과 높이 이상이어야 하며, 계단에는 높이 0.85m 이상의 견고한 난간이 설치되어야 한다.

6.3 출입문 및 비상문 – 점검문

6.3.1 연속되는 상·하 승강장문의 문턱 간 거리가 11m를 초과한 경우에는 다음 중 어느 하나의 조건에 적합해야 한다.

가) 중간에 비상문이 있어야 한다.

나) 서로 인접한 카에 8.6.2에 따른 비상구출문이 각각 있어야 한다.

[비고] 비상문이 설치된 경우 건축물에는 비상문으로의 영구적인 접근수단이 제공되어야 하며, 비상문과 승강장문 및 비상문과 비상문의 문턱 간 거리는 11m 이하이어야 한다.

6.3.2 출입문, 비상문 및 점검문의 치수는 다음과 같아야 한다. 다만, 라)의 경우에는 문을 통해 필요한 유지관리업무를 수행하는 데 충분한 크기이어야 한다.

가) 기계실, 승강로 및 피트 출입문 : 높이 1.8m 이상, 폭 0.7m 이상
다만, 주택용 엘리베이터의 경우 기계실 출입문은 폭 0.6m 이상, 높이 0.6m 이상으로 할 수 있다.

나) 풀리실 출입문 : 높이 1.4m 이상, 폭 0.6m 이상

다) 비상문 : 높이 1.8m 이상, 폭 0.5m 이상

라) 점검문 : 높이 0.5m 이하, 폭 0.5m 이하

6.3.3 출입문, 비상문 및 점검문은 다음과 같아야 한다.

가) 승강로, 기계실·기계류 공간 또는 풀리실 내부로 열리지 않아야 한다.

나) 열쇠로 조작되는 잠금장치가 있어야 하며, 그 잠금장치는 열쇠 없이 다시 닫히고 잠길 수 있어야 한다.

다) 기계실·기계류 공간 또는 풀리실 내부에서는 문이 잠겨 있더라도 열쇠를 사용하지 않고 열릴 수 있어야 한다.

라) 문닫힘을 확인하는 15.2에 따른 전기안전장치가 있어야 한다. 다만, 기계실 출입문, 풀리실 출입문 및 피트 출입문(위험이 없는 경우에 한정)의 경우에는 전기안전장치가 요구되지 않는다.
위험이 없는 경우라 함은 정상운행 중인 엘리베이터의 가이드 슈·롤러, 에이프런 등을 포함한 카, 균형추 또는 평형추의 최하부와 피트 바닥 사이의 수직거리가 2m 이상인 경우를 말한다.

이동케이블, 보상 로프·체인과 그 관련 설비, 과속조절기 인장 풀리 및 이와 유사한 설비
는 위험하지 않은 것으로 본다.

마) 구멍이 없어야 하고, 관련 법령에 따라 방화등급이 요구되는 경우에는 그 기준에 적합해
야 한다.

바) 수직면의 기계적 강도는 0.3m×0.3m 면적의 원형이나 사각의 단면에 1,000N의 힘을 균등
하게 분산하여 어느 지점에 수직으로 가할 때 15mm를 초과하는 탄성변형이 없어야 한다.

(3) 승강로 벽 및 승강장문의 구조

승강로 내에서 작업자 또는 갇힌 승객의 불안전한 행동에 의하여 카 문틀과 승강로 벽 사이에
실족에 의한 협착사고 등을 방지하기 위한 구조적인 안전이 필요하다.

① 토가드(toe guard) : 카가 도어존에 정지하면 대부분 자동으로 도어를 열게 된다. 도어존의
아래부분에 정지하면 카 바닥은 승강장 Sill 상부 면보다 아래에 위치하게 되어 승객의
발이 구조물의 틈새에 끼이거나 다칠 우려가 있다.

이를 방지하기 위해서 승강장 Sill의 전면과 연결하여 견고한 판으로 토가드를 설치하여야
한다.

토가드의 폭은 도어가 열렸을 때보다 커야 하며 대부분 보호판과 연결된다.

② 승강로 보호판 : 카 출입구와 마주하는 승강로 내측과 카 문턱, 카 문틀 또는 카 문의 닫히는
모서리 사이의 수평거리는 승강로 전체 높이에 걸쳐 0.15m 이하로 설치된다. 이를 벽
간 거리라 한다. 이러한 카 도어실과 승강로 벽 간 거리가 길면 견고한 보호판을 설치하여
카가 승강장이 아닌 곳에 멈추어도 승객의 발이 빠지지 않도록 조치하여야 한다.

또한, 카도어의 잠금장치나 카도어의 열림을 검출하는 장치도 안전사고를 방지하는 데
필요하다.

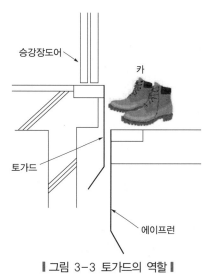

승강장도어
카
토가드
에이프런

‖ 그림 3-3 토가드의 역할 ‖

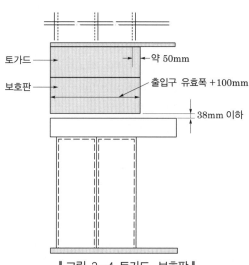

토가드
보호판
약 50mm
출입구 유효폭 +100mm
38mm 이하

‖ 그림 3-4 토가드, 보호판 ‖

⚖️ 관련**법령**

〈안전기준 별표 22〉

6.5.3 카 출입구와 마주하는 승강로 벽 및 승강장문의 구조

6.5.3.1 승강로 내측과 카 문턱, 카 문틀 또는 카문의 닫히는 모서리 사이의 수평거리는 승강로 전체 높이에 걸쳐 0.15m 이하이어야 한다([그림 3] 참조).

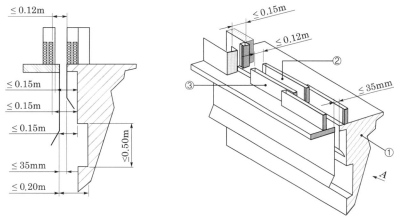

┃그림 3 카와 카 출입구를 마주하는 벽 사이의 틈새┃

0.15m 이하의 수평거리는 각각의 조건에 따라 다음과 같이 적용될 수 있다.

가) 함몰부분의 수직높이가 0.5m 이하인 경우 수평거리는 0.20m까지 연장될 수 있다. 이러한 함몰부분은 연속된 2개의 승강장문 사이에 1개를 초과할 수 없다.

나) 수직 개폐식 승강장문인 엘리베이터(화물용 엘리베이터, 자동차용 엘리베이터 등)의 경우에는 전체 주행로에 걸쳐 수평거리가 0.20m까지 연장될 수 있다.

다) 잠금해제구간에서만 열리는 7.9.2에 따른 기계적 잠금장치가 카문에 있는 경우에는 수평거리를 제한하지 않는다.

엘리베이터는 16.1.4 및 16.1.8에 적용되는 경우를 제외하고 카문이 잠겨야만 자동으로 운행되어야 하며, 이 잠금은 15.2에 적합한 전기안전장치에 의해 입증되어야 한다.

6.5.3.2 각 승강장문의 문턱 아랫부분은 다음과 같아야 한다.

가) 수직면은 승강장문의 문턱에 직접 연결되어야 하며, 수직면의 폭은 카 출입구 폭에다 양쪽 모두 25mm를 더한 값 이상이어야 하고, 수직면의 높이는 잠금해제구간의 $\frac{1}{2}$에 50mm를 더한 값 이상이어야 한다.

나) 수직면의 표면은 연속적이며 매끈하고 견고한 재질(금속판 등)이어야 한다. 또한, 수직 면의 기계적 강도는 5cm^2 면적의 원형 또는 정사각형 모양의 어느 지점마다 수직으로 300N의 힘을 균등하게 분산하여 가할 때 다음과 같아야 한다.

1) 영구적인 변형이 없어야 한다.

2) 15mm를 초과하는 탄성변형이 없어야 한다.

다) 5mm를 초과하는 돌출물은 없어야 하며, 2mm를 초과하는 돌출물은 수평면에 대해 75° 이상으로 모따기가 되어야 한다.

라) 추가로, 다음 중 어느 하나에 적합해야 한다.

　　1) 수직면은 연속되는 다음 문의 상인방에 연결되어야 한다.

　　2) 수평면에 60° 이상으로 견고하고 매끄럽게 모따기된 수직면을 사용하여 아랫방향
　　　으로 연장되어야 하며, 수평면에 대한 모따기의 투영은 20mm 이상이어야 한다.

(4) 승강로 벽 등의 강도

　승강로의 천장이나 벽은 어느 정도의 외력에 견딜 수 있는 충분한 강도가 있어야 하며, 특히 피트의 바닥에는 카나 카운터가 미끄러져 내려 충돌하는 경우가 있을 수 있으므로 이에 견딜 수 있는 충분한 강도의 구조가 필요하다. 또한, 피트 하부에 사람이 거주하는 공간이 있는 경우에는 이러한 충격에 의하여 인명에 대한 위해의 우려가 없도록 만들어야 한다.

　실제로 카나 균형추가 피트로 내려가서 균형추에 부딪히게 되면 속도에 의한 충격을 받게 된다. 이것을 피트 충격하중(impact loading to pit floor)이라 하고, 이때의 충격하중 P는 다음과 같다.

$$P = 2g \times m\left(1 + \frac{V^2}{2gS}\right)[\text{N}]$$

여기서, P : 피트 충격하중[N]

　　　　m : 카 또는 균형추의 총질량[kg]

　　　　V : 추락방지기의 작동속도[m/s]

　　　　g : 중력가속도(9.8m/s^2)

　　　　S : 완충기의 행정[m]

　피트에는 이 충격하중이 가해지는 것이 있을 수 있으므로 거실, 통로 또는 그 외의 용도로 사용하는 것은 좋지 않다. 부득이 사용하여야 하는 경우에는 균형추측에도 추락방지기를 부착하고 피트 바닥을 충격하중에 견디는 강도로 하며, 또한, 2중 슬래브(slab) 구조로 하는 등의 조치가 필요하다.

⚖ 관련법령

〈안전기준 별표 22〉

6.1.8 벽, 바닥 및 천장의 강도

6.1.8.1 승강로, 기계실·기계류 공간 및 풀리실은 「건축법」 등 관련 법령에 적합한 구조이어야 하고, 구동기에 의한 하중, 추락방지 안전장치 작동 순간의 주행 안내레일, 카의 편심하중, 완충기의 작용, 뛰어오름 방지장치의 작용, 카의 출입 또는 하역 등으로 인한 부하를 지지할 수 있는 구조이어야 한다(부속서 Ⅵ.1 참조).

6.1.8.2 승강로 벽은 0.3m×0.3m 면적의 원형이나 사각의 단면에 1,000N의 힘을 균등하게 분산하여 벽의 어느 지점에 가할 때 다음과 같은 기계적 강도를 가져야 한다.

가) 1mm를 초과하는 영구적인 변형이 없어야 한다.

나) 15mm를 초과하는 탄성변형이 없어야 한다.

6.1.8.3 평면·성형 유리판은 KS L 2004에 적합한 접합유리로 만들어져야 한다.

유리판 및 그 고정설비는 0.3m×0.3m 면적의 원형이나 사각의 단면에 벽 내부 및 외부의 어느 지점마다 정적인 힘 1,000N에 대하여 영구변형 없이 견딜 수 있어야 한다.

6.1.8.4 피트 바닥은 매달린 주행 안내레일을 제외하고 각 주행 안내레일의 하부에 작용하는 힘[주행 안내레일의 중량 및 주행 안내레일에 부착되거나 연결된 부품의 중량과 비상정지에 의한 반작용력(주행 안내레일 위의 구동기의 경우 반동에 의한 권상도르래의 하중 등), 추락방지 안전장치가 작동하는 순간의 반작용력 및 주행 안내레일 부착부에 가해지는 힘을 더한 힘 (N)]을 지지할 수 있어야 한다(11.2.3.5 참조).

6.1.8.5 피트 바닥은 전 부하상태의 카가 완충기에 작용하였을 때 카 완충기 지지대 아래에 부과되는 정하중의 4배를 지지할 수 있어야 한다.

$$F = 4 \cdot g_n \cdot (P + Q)$$

여기서, F : 전체 수직력[N]

g_n : 중력가속도(9.81m/s^2)

P : 카 자중과 이동케이블, 보상 로프·체인 등 카에 의해 지지되는 부품의 중량[kg]

Q : 정격하중[kg]

6.1.8.6 피트 바닥은 균형추가 완충기에 작용하였을 때 균형추 완충기 지지대 아래에 부과되는 정하중의 4배를 지지할 수 있어야 한다.

$$F = 4 \cdot g_n \cdot (P + q \cdot Q)$$

여기서, F : 전체 수직력[N]

g_n : 중력 가속도(9.81m/s^2)

P : 카 자중 및 이동케이블, 보상 로프·체인 등 카에 의해 지지되는 부품의 중량[kg]

Q : 정격하중[kg]

q : 균형추에 의해 보상되는 밸런스율

(5) 승강로 내부

엘리베이터 승강로에는 카와 카운터, 각 층의 승강장 도어 등의 장치들이 있다. 승강로에는 카와 카운터가 서로 반대방향으로 수직 왕복운동을 하고 있으므로 이러한 운동에 방해되는 장치나 돌출물 등이 없어야 한다.

① 승강로 내부구조 : 카와 균형추가 교대로 내려오는 피트에는 카와 균형추 간의 작업자가 무심코 왕복하여 안전사고의 위험이 있으므로 넘어가지 못하게 하는 안전구획이 필요하다. 또한, 승강로의 벽이 없는 구조인 경우에는 외부인이 승강로나 피트에 접근하지 못하도록 하는 구조의 안전공간이 필요하다.

카가 승강장이 아닌 위치에 정지하여 사람이 갇히는 경우에 승객은 카의 도어를 열려고 하는 경우가 많다. 이러한 상황에서 어떤 이유로 카 도어가 열렸을 때 카 도어실과 승강로의 벽 간격이 지나치게 크면 승객이 실족할 우려가 크므로 도어실과 벽 간의 거리를 어느 정도 이하로 유지하는 것이 바람직하다.

⚖ 관련법령

〈안전기준 별표 22〉

6.5 승강로

6.5.1 일반사항

6.5.1.1 승강로에는 1대 이상의 엘리베이터 카가 있을 수 있다.

6.5.1.2 엘리베이터의 균형추 또는 평형추는 카와 동일한 승강로에 있어야 한다.

6.5.1.3 승강로 내에 설치되는 돌출물은 안전상 지장이 없어야 한다.

6.5.1.4 승강로 내에는 각 층을 나타내는 표기가 있어야 한다.

6.5.1.5 승강로는 누수가 없고 청결상태가 유지되는 구조이어야 한다.

6.5.1.6 유압식 엘리베이터의 잭은 카와 동일한 승강로 내에 있어야 하며, 지면 또는 다른 장소로 연장될 수 있다.

② **균형추 안전망** : 엘리베이터의 피트에서 작업자가 작업 중에 카와 반대의 운동을 하는 균형 추의 하강에 의하여 위험에 처할 수 있으므로 균형추에 부딪히지 않도록 안전망을 설치하 는 등의 안전구획을 할 필요가 있다.

또한, 하나의 승강로에 여러 대의 엘리베이터가 설치되어 있는 경우에는 각 호기별로 안전 망으로 구획하여 작업대상이 아닌 호기의 운행으로 작업자의 안전사고를 방지할 수 있어야 한다.

⚖ 관련법령

〈안전기준 별표 22〉

6.5.5 승강로 내에서 보호

6.5.5.1 균형추 또는 평형추의 주행구간은 다음 사항에 적합한 칸막이로 보호되어야 한다.

　　가) 칸막이에 구멍이 있는 경우에는 KS B ISO 13857, [표 4]에 따라야 한다.

　　나) 칸막이는 완전히 압축된 완충기 위에 있는 균형추 또는 가장 낮은 지점에 있는 평형추의 끝단에서부터 위로 연장되어야 하며, 그 연장높이는 피트 바닥으로부터 2m 이상이어야 한다.

　　다) 칸막이의 가장 낮은 부분은 피트 바닥에서 위로 0.3m 이하(보상 로프·체인 간섭 등 부득이한 경우에는 완충기의 최저 이동높이 이하)이어야 한다. 균형추에 고정된 완충기 에 관한 사항은 12.1.1을 참조한다.

　　라) 칸막이의 폭은 균형추 또는 평형추의 폭 이상이어야 한다.

　　마) 균형추·평형추 주행 안내레일과 승강로 벽 사이의 틈새가 0.3m를 초과하는 경우에는 나) 및 다)에 따라 보호되어야 한다.

　　바) 칸막이에는 보상수단(보상 로프·체인 등)의 유효통로를 허용하는 데 필요하거나 육안점 검에 필요한 구멍이 있을 수 있으며, 그 폭은 최소화되어야 한다.

사) 칸막이의 기계적 강도는 5cm^2 면적의 원형 또는 정사각형 모양의 어느 지점마다 수직으로 300N의 힘을 균등하게 분산하여 가할 때 균형추 또는 평형추에 충돌되지 않아야 한다.

아) 카 및 카의 관련 부품은 균형추·평형추 및 이와 관련한 부품으로부터 50mm 이상 떨어진 거리에 있어야 한다.

6.5.5.2 여러 대의 엘리베이터가 있는 승강로에는 서로 다른 엘리베이터의 움직이는 부품들 사이에 칸막이가 있어야 한다.

칸막이에 구멍이 있는 경우에는 KS B ISO 13857, [표 4]에 따라야 한다.

칸막이의 기계적 강도는 5cm^2 면적의 원형 또는 정사각형 모양의 어느 지점마다 수직으로 300N의 힘을 균등하게 분산하여 가할 때 움직이는 부품들에 충돌되지 않아야 한다.

6.5.5.2.1 칸막이는 피트 바닥에서 0.3m 이내부터 최하층 승강장 바닥에서 위로 2.5m 이상까지 설치되어야 한다.

칸막이의 폭은 서로 다른 피트 간의 접근을 방지할 수 있는 크기이어야 한다.

6.3.3 라)에 따른 위험이 없는 경우의 조건을 충족하는 경우 칸막이는 피트 바닥에서 0.3m 이내의 가장 낮은 지점 아래에 있을 필요는 없다.

6.5.5.2.2 칸막이는 보호난간의 내측 모서리와 인접한 엘리베이터의 움직이는 부품(카, 균형추 또는 평형추) 사이의 수평거리가 0.5m 미만인 경우에는 승강로 전체 높이까지 연장되어야 한다.

칸막이의 폭은 움직이는 부품의 폭에 양쪽 모두 각각 0.1m를 더한 값 이상이어야 한다.

③ 승강로 최상부 공간 및 최하부 여유거리 : 엘리베이터 카가 승강로 최상부로 접근하는 경우에는 카 지붕에 설치된 장치들이 승강로 천장과 부딪혀 손상되는 등의 사고를 방지하기 위한 여유거리를 가지고 있어야 하며, 균형추가 최상부에 접근할 때에는 카 하부가 완충기와의 일정한 여유거리를 가지고 있어야 한다.

관련**법령**

〈안전기준 별표 22〉

6.5.6 카, 균형추 및 평형추의 주행구간

6.5.6.1 카, 균형추 및 평형추의 끝단 위치

6.5.6.1.1 [표 1]에 따른 카, 균형추 및 평형추의 끝단 위치는 6.5.6에 따른 주행구간, 6.5.7 및 6.5.8에 따른 피난 공간 및 틈새에 관한 기준이 고려되어야 한다.

┃표 1 카, 균형추 및 평형추의 끝단 위치 ┃

위치	권상구동	포지티브구동	유압식 구동
카의 최고 위치	균형추가 완전히 압축된 완충기에 있을 때 $+0.035 \cdot v^2$	카가 완전히 압축된 상부 완충기에 있을 때	램이 행정 제한수단을 통해 최종 위치에 있을 때 $+0.035 \cdot v^2$
카의 최저 위치	카가 완전히 압축된 완충기에 있을 때	카가 완전히 압축된 하부 완충기에 있을 때	카가 완전히 압축된 완충기에 있을 때

위치	권상구동	포지티브구동	유압식 구동
균형추·평형추의 최고 위치	카가 완전히 압축된 완충기에 있을 때 $+0.035 \cdot v^2$	카가 완전히 압축된 하부 완충기에 있을 때	카가 완전히 압축된 완충기에 있을 때 $+0.035 \cdot v^2$
균형추·평형추의 최저 위치	균형추가 완전히 압축된 완충기에 있을 때	카가 완전히 압축된 상부 완충기에 있을 때	램이 행정 제한수단을 통해 최종 위치에 있을 때 $+0.035 \cdot v^2$

[비고] $0.035 \cdot v^2$은 정격속도의 115%에 상응하는 중력 정지거리의 절반을 나타낸다.

$$\frac{1}{2} \cdot \frac{(1.15 \cdot v)^2}{2 \cdot g_n} = 0.0337 \cdot v^2 \rightarrow 0.035 \cdot v^2 \text{으로 반올림한다.}$$

6.5.6.1.2 권상구동 엘리베이터의 구동기 감속이 16.1.3에 따라 감지되는 경우 [표 1]의 $0.035 \cdot v^2$값을 카 또는 균형추가 완충기에 닿을 때의 속도를 고려하여 줄일 수 있다(12.2.2.2 참조).

6.5.6.1.3 튀어오름 방지장치(제동 또는 록다운 장치)에 장착된 인장도르래가 있는 보상로프가 설치된 권상구동 엘리베이터의 경우 [표 1]의 $0.035 \cdot v^2$값을 도르래의 이동 가능한 거리(사용된 로프에 따라)에 카 주행거리의 $\frac{1}{500}$ 을 더한 값(로프의 탄성을 고려하여 0.2m 이상)으로 계산을 대신할 수 있다.

6.5.6.1.4 직접 유압식 엘리베이터의 경우에는 [표 1]의 $0.035 \cdot v^2$값을 고려할 필요가 없다.

6.5.6.2 권상구동 엘리베이터의 주행안내레일 길이

주행안내레일 길이는 카 또는 균형추가 6.5.6.1에 따른 최고 위치에 있을 때 가이드 슈·롤러 위로 각각 0.1m 이상 연장되어야 한다.

6.5.6.3 포지티브 구동 엘리베이터의 주행안내레일 길이

6.5.6.3.1 카가 상승방향으로 상부 완충기에 충돌하기 전까지 안내되는 카의 주행거리는 최상층 승강장 바닥에서부터 위로 0.5m 이상이어야 하며, 카는 완충기 행정의 한계까지 주행되어야 한다.

주택용 엘리베이터의 경우에는 0.25m 이상으로 완화 적용할 수 있다.

6.5.6.3.2 평형추가 있는 경우 평형추 주행안내레일의 길이는 평형추가 6.5.6.1에 따른 최고 위치에 있을 때 그 가이드 슈·롤러 위로 0.3m 이상 안내되어야 한다.

다만, 주택용 엘리베이터의 경우에는 0.15m 이상으로 완화 적용할 수 있다.

④ **카 상부 및 피트의 피난공간** : 작업자가 점검, 수리, 검사 등의 작업을 수행하기 위한 카 지붕에 탑승하는 경우 어떤 원인으로 카가 승강로 천장에 접근할 수 있으므로 작업자의 피난공간이 확보되어야 한다. 이러한 피난공간은 피트에서 작업하는 경우에도 확보되어야 한다.

Chapter 01
Chapter 02
Chapter 03
Chapter 04
Chapter 05
Chapter 06
Chapter 07
Chapter 08

관련법령

〈안전기준 별표 22〉

6.5.7 카 지붕의 피난공간 및 틈새

6.5.7.1 카가 6.5.6.1에 따른 최고 위치에 있을 때 [표 2]에 따른 피난공간을 수용할 수 있는 유효구역이 1개 이상 카 지붕에 있어야 한다.

[표 2]의 유형 2에 따른 피난공간이 카 지붕의 고정된 부품과 닿는 경우 피난공간 모서리 하단부의 한쪽 면은 카 지붕에 고정된 부품을 포함하기 위해 폭 0.1m, 높이 0.3m까지의 공간을 줄일 수 있다([그림 4] 참조).

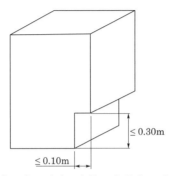

≤ 0.30m

≤ 0.10m

▎그림 4 피난공간 축소의 최대 크기▎

점검 등 유지관리 업무수행을 위해 두 명 이상의 사람이 카 지붕 위에 있어야 하는 경우 피난공간은 추가되는 사람마다 각각 제공되어야 한다.

피난공간이 2개 이상인 경우 각 피난공간들은 같은 유형이어야 하고, 서로 간섭되지 않아야 한다.

피난공간의 허용 가능 인원 및 자세유형(표 2)이 명확하게 표시된 표지가 카 지붕에 있어야 하고, 그 표지는 승강장에서 카 지붕으로 출입하는 경로에서 읽을 수 있는 위치에 있어야 한다.

균형추가 사용된 경우 균형추 칸막이(6.5.5.1 참조) 표면 또는 주위에 카가 최상층 승강장에 있을 때 카 상부 피난공간의 크기를 유지하기 위한 균형추와 균형추 완충기 사이의 최대 허용틈새가 명시된 표지가 부착되어 있어야 한다.

▎표 2 상부공간의 피난공간 크기▎

유형	자세	그림	피난공간 크기	
			수평거리[m×m]	높이[m]
1	서 있는 자세	2m ①③②	0.4×0.5	2
2	웅크린 자세	1m ①③②	0.5×0.7	1

[기호설명] ① 검은색, ② 노란색, ③ 검은색

6.5.7.2 카가 6.5.6.1에 따른 최고 위치에 있을 때 승강로 천장의 가장 낮은 부분(천장 아래에 있는 빔 및 부품을 포함)과 다음 구분에 따른 카 지붕의 설비 사이의 유효거리는 다음과 같아야 한다.

　가) 카의 투영부분 중 다음 나)와 다)를 제외한 카 지붕에 고정된 설비 중 가장 높은 부분 :
　　　0.5m 이상(수직거리, 경사거리 포함)

　나) 카의 투영부분에서 수평거리 0.4m 이내의 가이드 슈·롤러, 로프 단말처리부 및 수직
　　　개폐식 문의 헤더 또는 부품의 가장 높은 부분 : 0.1m 이상(수직거리)

　다) 난간의 가장 높은 부분

　　　1) 카의 투영부분에서 수평거리 0.4m 이내와 난간 외부 수평거리 0.1m 이내 부분 :
　　　　0.3m 이상(수직거리)

　　　2) 카의 투영부분에서 수평거리 0.4m 바깥부분 : 0.5m 이상(경사거리)

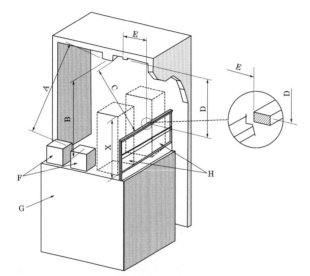

[기호설명]
- A : 유효거리 ≥ 0.50m [6.5.7.2 가)]
- B : 유효거리 ≥ 0.50m [6.5.7.2 가)]
- C : 유효거리 ≥ 0.50m [6.5.7.2 다) 2)]
- D : 유효거리 ≥ 0.30m [6.5.7.2 다) 1)]
- E : 유효거리 ≤ 0.40m [6.5.7.2 다) 1)]
- F : 카 지붕에서 가장 높은 부분
- G : 카
- H : 피난공간
- X : 피난공간 높이[표 2]

┃그림 5 카 지붕에 고정된 부품과 승강로 천장에 고정된 가장 낮은 부품 사이의 최소 거리┃

6.5.7.3 카 지붕 또는 카 지붕의 설비 위에 어떤 하나의 연속되는 구역이 유효면적 $0.12m^2$ 이상이고 가장 작은 변의 길이가 0.25m 이상인 경우 그 구역은 사람이 서 있을 수 있는 장소로 본다. 카가 6.5.6.1에 따른 최고 위치에 있을 때 그 구역 위로 승강로 천장의 가장 낮은 부분(천장 아래에 있는 빔과 부품을 포함) 사이의 수직 틈새는 6.5.7.1에 따른 관련 피난공간의 높이 이상이어야 한다.

6.5.7.4 유압식 엘리베이터의 경우 승강로 천장의 가장 낮은 부분과 상승방향으로 주행하는 램-헤드 조립체의 가장 높은 부분 사이의 유효 수직거리는 0.1m 이상이어야 한다.

6.5.8 피트의 피난공간 및 틈새

6.5.8.1 피트에는 카가 6.5.6.1에 따른 최저 위치에 있을 때 [표 3]에 따른 어느 하나에 해당하는 피난공간이 1개 이상 있어야 한다. 다만, 주택용 엘리베이터의 경우에는 움직이는 수단에 의해 카가 이 수단에 정지하고 있을 때 피트 바닥과 카 하부의 가장 낮은 부품 사이에 0.2m× 0.2m의 면적 및 1.8m의 수직거리가 확보되어야 하고, 이러한 목적을 위한 장치가 승강로 내부에 영구적으로 설치되어야 하며, 이 수단이 작동위치에 있을 경우 15.2에 적합한 전기안 전장치에 의해 카의 모든 움직임은 보호되어야 한다.

점검 등 유지관리 업무를 수행하기 위해 2명 이상의 사람이 피트에 있어야 하는 경우 피난공간은 추가되는 사람마다 각각 제공되어야 한다.

피난공간이 2개 이상인 경우 그 피난공간들은 같은 유형이어야 하고, 서로 간섭되지 않아야 한다.

피난공간의 허용 가능 인원 및 자세유형(표 3)이 명확하게 표시된 표지가 피트에 있어야 하고, 그 표지는 피트출입구에서 읽을 수 있는 위치에 있어야 한다.

‖ 표 3 피트의 피난공간 크기 ‖

유형	자세	그림	피난공간 크기	
			수평거리[m×m]	높이[m]
1	서 있는 자세	2m ① ③ ②	0.4×0.5	2
2	웅크린 자세	1m ① ③ ②	0.5×0.7	1
3	누운 자세	0.5m ① ③ ②	0.7×1	0.5

[기호설명] ① 검은색, ② 노란색, ③ 검은색

6.5.8.2 카가 6.5.6.1에 따른 최저 위치에 있을 때 다음과 같아야 한다.

  가) 피트 바닥과 카의 가장 낮은 부분 사이의 유효 수직거리는 0.5m 이상이어야 한다. 다만, 다음과 같은 경우에는 유효 수직거리를 해당 수치까지 줄일 수 있다.

    1) 인접한 벽에서 수평거리 0.15m 이내에 에이프런 또는 수직 개폐식 문의 어느 부분이 있는 경우 : 0.1m까지

    2) 주행안내레일에서 [그림 6] 및 [그림 7]에 따른 최대 수평거리 이내에 카 프레임 부분, 추락방지 안전장치, 가이드 슈·롤러, 멈춤쇠장치가 있는 경우 : [그림 6] 및 [그림 7]에 따른 최소 유효 수직거리까지

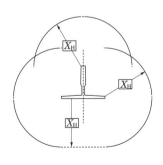

‖ 그림 6 레일 수평거리 ‖

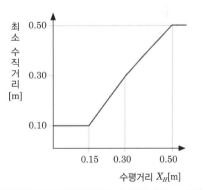

‖ 그림 7 카 프레임부분, 추락방지 안전장치, 가이드 슈·롤러, 멈춤쇠장치의 최소 수직거리 ‖

나) 피트에 고정된 가장 높은 부분(보상로프 인장장치의 가장 높은 부분, 잭 지지대·파이프 및 그 부속품 등)과 카의 가장 낮은 부분[6.5.8.2 가) 1)·2)에서 기술된 사항은 제외] 사이의 유효 수직거리는 0.3m 이상이어야 한다.

다) 유압식 엘리베이터의 경우 피트 바닥 또는 피트 바닥에 설치된 설비의 가장 높은 부분과 역방향 잭의 하강방향으로 주행하는 램-헤드 조립체의 가장 낮은 부분 사이의 유효 수직거리는 0.5m 이상이어야 한다. 다만, 6.5.5.1에 따른 칸막이 등에 의해 램-헤드 조립체 아래에 접근이 불가능한 경우 이 수직거리는 0.5m에서 0.1m까지 감소될 수 있다.

라) 피트 바닥과 직접 유압식 엘리베이터의 카 아래에 있는 다단 잭의 가장 낮은 가이드 이음쇠 사이의 유효 수직거리는 0.5m 이상이어야 한다.

마) 주택용 엘리베이터의 경우 카가 완전히 압축된 완충기 위에 있을 때 피트 바닥과 카의 가장 낮은 부품(에이프런 등) 사이의 수직거리는 0.05m 이상이어야 한다.

⑤ 승강로의 조명과 전기설비 : 엘리베이터의 승강로에는 작업자가 점검, 수리, 검사 등의 작업을 위해서 출입하는 공간으로 적절한 조명이 필요하며, 피트, 풀리실 등의 공간에 접근할 때에는 카를 움직이지 않도록 하는 안전스위치, 외부와의 통화장치 등의 전기설비가 필요하다. 승강로 피트 등으로 진입하는 출입로는 적절히 확보되어야 하고 출입문이 있는 경우에는 출입문 안전스위치 등으로 연동되어 카의 운전을 제한하는 것이 필요하다.

관련법령

〈안전기준 별표 22〉

6.1.4.1 승강로에는 모든 출입문이 닫혔을 때 승강로 전 구간에 걸쳐 영구적으로 설치된 다음의 구분에 따른 조도 이상을 밝히는 전기조명이 있어야 한다.
조도계는 가장 밝은 광원쪽을 향하여 측정한다.

가) 카 지붕에서 수직 위로 1m 떨어진 곳 : 50lx

나) 피트(사람이 서 있을 수 있는 공간, 작업구역 및 작업구역 간 이동공간) 바닥에서 수직 위로 1m 떨어진 곳 : 50lx

다) 위 가) 및 나)에 따른 장소 이외의 장소(카 또는 부품에 의한 그림자 제외) : 20lx

상기의 조도를 확보하기 위해 충분한 조명장치가 승강로에 고정되어야 하고, 필요한 경우에는 승강로 조명장치의 일부로 카 지붕에 조명을 추가로 고정할 수 있다.
조명장치는 기계적인 손상으로부터 보호되어야 한다.
조명장치의 전원공급은 14.7.1에 적합해야 한다.
[비고] 업무수행자는 점검 등 유지관리 및 검사업무를 보다 안전하게 수행하기 위해 손전등과 같은 임시조명이 필요할 수 있다.

6.1.5 피트, 기계실·기계류 공간 및 풀리실의 전기설비

6.1.5.1 피트에는 다음과 같은 장치가 있어야 한다.

가) 16.1.11에 적합하고, 피트 출입문 및 피트 바닥에서 잘 보이고 접근 가능한 정지장치로, 이 정지장치는 다음 사항을 만족해야 한다.

1) 피트 깊이가 1.6m 미만인 경우 정지스위치는 다음 위치에 있어야 한다.
- 최하층 승강장 바닥에서 수직 위로 0.4m 이내 및 피트 바닥에서 수직 위로 2m 이내
- 승강장문 안쪽 문틀에서 수평으로 0.75m 이내

2) 피트 깊이가 1.6m 이상인 경우 2개의 정지스위치는 다음 구분에 따른 위치에 각각 있어야 한다.
- 상부 정지스위치 : 최하층 승강장 바닥에서 수직 위로 1m 이내 및 승강장문 안쪽 문틀에서 수평으로 0.75m 이내
- 하부 정지스위치 : 피트 바닥에서 수직 위로 1.2m 이내 및 피난공간에서 조작이 가능한 위치

3) 승강장문을 제외한 피트 출입문이 있는 경우에는 정지스위치가 그 출입문 안쪽 문틀에서 수평으로 0.75m 이내 및 피트 바닥에서 수직 위로 1.2m 이내에 있어야 한다. 피트에 출입할 수 있는 승강장문이 같은 층에 2개가 있는 경우 하나의 승강장문이 피트 출입문으로 지정되어야 하고, 출입을 위한 설비가 설치되어야 한다.
[비고] 정지스위치는 나)에 따른 점검운전 조작반에 설치될 수 있다.

나) 16.1.5에 적합하고 피난공간에서 0.3m 떨어진 범위 이내에서 조작할 수 있는 영구적으로 설치된 점검운전 조작반

다) 콘센트(14.7.2)

라) 피트 출입문 안쪽 문틀에서 수평으로 0.75m 이내 및 피트 출입층 바닥 위로 1m 이내에 설치된 승강로 조명(6.1.4.1)의 점멸수단

6.1.6 비상구출

승강로에 갇힌 사람이 빠져나올 방법이 없는 경우 이러한 위험이 존재하는 장소(피트, 승강로 내부 작업구역, 카 상부 등)에는 피난공간에서 조작할 수 있는 16.3에 적합한 비상통화장치가 설치되어야 한다.

건축물이나 시설물은 승강로 밖에서 이용자 등 사람이 갇히는 위험이 없는 구조이어야 한다.

3 피트(pit)

(1) 구조

피트의 바닥은 카 혹은 CWT가 충돌했을 때 견딜 수 있는 정도의 강도가 필요하며, 특히 피트의 아래쪽에 건축공간이 있는 경우에는 공간 내의 안전을 확보할 수 있는 구조로 만든다.

피트는 주로 지표 아래에 위치하므로 내부로 물이 스며들지 않도록 방수구조로 만든다. 또한, 사용 중 습기의 발생 등으로 피트에 물이 고이는 것을 방지하기 위해 집수정과 배수펌프를 설치하고, 침수를 검출하는 스위치 등을 설치하여 대비운전을 하는 등의 조치가 필요하다.

① 피트 충격하중(impact loading to pit floor) : 카 또는 균형추가 피트에 충돌하는 때의 충격하중을 피트 충격하중이라고 하고 다음 식으로 주어진다.

$$P = 2g \times m\left(1 + \frac{V^2}{2gS}\right)[\text{N}]$$

여기서, P : 피트 충격하중[N]

m : 카 또는 균형추의 총질량[kg]

V : 추락방지장치의 작동속도[m/s]

g : 중력가속도(9.8m/s²)

S : 완충기의 행정[m]

⚖ 관련**법령**

〈안전기준 별표 22〉

6.1.8.4 피트 바닥은 매달린 주행안내레일을 제외하고 각 주행안내레일의 하부에 작용하는 힘[주행안내레일의 중량 및 주행안내레일에 부착되거나 연결된 부품의 중량과 비상정지에 의한 반작용력(주행안내레일 위의 구동기의 경우 반동에 의한 권상도르래의 하중 등), 추락방지안전장치가 작동하는 순간의 반작용력 및 주행안내레일 부착부에 가해지는 힘을 더한 힘(N)]을 지지할 수 있어야 한다.

6.1.8.5 피트 바닥은 전 부하상태의 카가 완충기에 작용하였을 때 카 완충기 지지대 아래에 부과되는 정하중의 4배를 지지할 수 있어야 한다.

$F = 4 \cdot g_n \cdot (P + Q)$

여기서, F : 전체 수직력[N], g_n : 중력가속도(9.81m/s²)

P : 카 자중과 이동케이블, 보상 로프·체인 등 카에 의해 지지되는 부품의 중량[kg]

Q : 정격하중[kg]

6.1.8.6 피트 바닥은 균형추가 완충기에 작용하였을 때 균형추 완충기 지지대 아래에 부과되는 정하중의 4배를 지지할 수 있어야 한다.

$F = 4 \cdot g_n \cdot (P + q \cdot Q)$

여기서, F : 전체 수직력[N], g_n : 중력가속도(9.81m/s²)

P : 카 자중 및 이동케이블, 보상 로프·체인 등 카에 의해 지지되는 부품의 중량[kg]

Q : 정격하중[kg], q : 균형추에 의해 보상되는 밸런스율

② **피트 하부의 사용** : 피트에는 이 충격하중이 가해지는 것이 있을 수 있으므로 거실, 통로 등의 용도로 사용하는 것은 좋지 않다. 부득이 피트 아래의 건축공간이 존재하여 사람이 거주하거나 출입하여야 하는 경우에는 [그림 3-5]와 같이 균형추측에도 추락방지기를 부착하고 피트 바닥을 충격하중에 견디는 강도로 하며, 또한, 2중 슬래브 구조로 하는 등의 카나 균형추가 바닥에 충돌하여 바닥의 파손에 의한 낙하물에 의한 피해를 방지할 수 있는 조치가 필요하다.

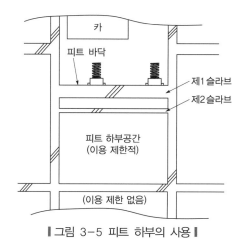

┃ 그림 3-5 피트 하부의 사용 ┃

⚖️ **관련법령**

〈안전기준 별표 22〉

6.5.4 **승강로 하부에 위치한 공간의 보호**

승강로 하부에 접근할 수 있는 공간이 있는 경우 피트의 기초는 $5,000N/m^2$ 이상의 부하가 걸리는 것으로 설계되어야 하고, 균형추 또는 평형추에 추락방지 안전장치가 설치되어야 한다.

[비고] 1. 승강로 하부에 접근할 수 있는 공간이란 피트 바닥 직하부에 사람이 상주하는 공간 또는 상시 출입하는 통로나 공간을 말한다.

2. 엘리베이터 승강로는 사람이 접근할 수 있는 공간 위에 위치하지 않는 것이 바람직하다.

(2) 피트의 진출입

피트 내부로의 출입은 최하층 승강장을 통하거나 피트의 깊이가 깊은 경우(정격속도에 따라 피트의 깊이가 달라진다) 피트로 통하는 계단과 출입문을 통하여 출입하게 된다.

피트가 깊지 않은 경우에는 최하층 승강장 출입구를 통하여 피트 사다리로 피트에 진입하거나 진출한다. 피트에 진출입하는 때에는 안전수칙을 반드시 따라서 활동하여야 한다.

⚖️ **관련법령**

〈안전기준 별표 22〉

6.2.4 피트 출입수단은 다음 구분에 따른 수단으로 구성되어야 한다.

가) 피트 깊이가 2.5m를 초과하는 경우 : 피트 출입문

나) 피트 깊이가 2.5m 이하인 경우 : 피트 출입문 또는 승강장문에서 쉽게 접근할 수 있는 승강로 내부의 사다리

피트 출입문은 6.3에 적합해야 한다.

피트 사다리는 부속서 Ⅶ에 적합해야 한다.

피트 사다리가 펼쳐진 위치에서 엘리베이터의 움직이는 부품과 충돌할 위험이 있는 경우 사다리가 보관위치에 있지 않으면 엘리베이터가 운행되지 않도록 막는 15.2에 적합한 전기안전장치가 있어야 한다.

사다리를 피트 바닥에 보관하는 경우 사다리가 보관위치에 있을 때 피트의 모든 피난공간은 유지되어야 한다.

6.3.2 출입문, 비상문 및 점검문의 치수는 다음과 같아야 한다. 다만, 라)의 경우에는 문을 통해 필요한 유지관리업무를 수행하는 데 충분한 크기이어야 한다.

가) 기계실, 승강로 및 피트 출입문 : 높이 1.8m 이상, 폭 0.7m 이상

다만, 주택용 엘리베이터의 경우 기계실 출입문은 폭 0.6m 이상, 높이 0.6m 이상으로 할 수 있다.

(3) 피트 내부의 작업구역 확보

승강로 하부의 피트에는 종점스위치, 완충기, 과속검출기 로프인장기, 보상 로프인장기 등 여러 가지 장치들이 있다. 이러한 장치들의 점검과 수리 등을 위해서 피트에는 적절한 작업구역이 확보되어야 한다.

또한, 사다리나 출입구 등 피트에 접근하는 경로가 적절히 확보되어야 한다.

관련법령

〈안전기준 별표 22〉

6.6.4.4 피트 내부의 작업구역

6.6.4.4.1 피트에서 기계류의 점검 등 유지관리업무를 수행하는 경우 그 업무수행으로 개문출발 등 통제되지 않거나 예측되지 않은 카의 움직임이 사람을 위험하게 만들 수 없도록 다음 사항에 적합해야 한다.

가) 6.5.8.2 가)의 1) 및 2)에 따른 경우를 제외하고, 작업구역의 바닥과 카의 가장 낮은 부분 사이의 수직거리 2m 이상을 확보하기 위해 정격하중을 적재하고 정격속도로 하강하는 카를 기계적으로 정지시킬 수 있는 장치가 영구적으로 설치되어야 한다. 추락방지 안전장치를 제외한 기계적인 장치에 의한 카의 감속도는 완충기(12.2)에 의한 감속도를 초과하지 않아야 된다.

나) 기계적인 장치는 카를 정지된 상태로 유지할 수 있어야 한다.

다) 기계적인 장치는 수동 또는 자동으로 작동될 수 있어야 한다.

라) 피트에 출입할 수 있는 문이 열쇠 사용에 의해 열렸을 때 엘리베이터의 모든 움직임을 막는 15.2에 따른 전기안전장치에 의해 확인되어야 한다.

엘리베이터의 움직임은 바)에 따른 경우에만 가능해야 한다.

마) 기계적인 장치가 작동된 경우 카의 모든 움직임이 15.2에 따른 전기안전장치에 의해 방지되어야 한다.

바) 15.2에 따른 전기안전장치에 의해 기계적인 장치가 작동위치에 있다는 것이 확인되면, 전기적으로 구동시키는 카의 움직임은 점검운전 조작반에 의해서만 가능해야 한다.

사) 엘리베이터의 정상운전상태로의 복귀는 점검자 등 관계자만이 접근 가능한(잠긴 캐비닛 내부 등) 승강로 외부의 전기적인 재설정(reset) 장치에 의해서만 가능해야 한다.

6.6.4.4.2 카가 6.6.4.4.1 가)에 따른 위치에 있을 때 점검자 등 관계자가 다음 중 어느 하나의 방법을 통해 피트 밖으로 나올 수 있어야 한다.

가) 0.5m 이상의 승강장문 바닥과 카 에이프런 가장 낮은 부분 사이의 수직 틈새

나) 피트 출입문

6.6.4.4.3 비상운전 및 작동시험을 위해 필요한 장치는 6.6.6에 따라 승강로 외부에서 비상운전 및 작동시험이 수행될 수 있도록 배치되어야 한다.

7.9.3.5 승강장문을 통해서만 피트에 출입할 수 있는 경우 승강장문 잠금장치는 6.2.4에 따른 사다리로부터 높이 1.8m 이내 및 수평거리 0.8m 이내에서 안전하게 닿을 수 있어야 하거나, 피트에 있는 사람이 승강장문의 잠금을 해제할 수 있는 장치가 영구적으로 설치되어 있어야 한다.

(4) 피트 하부의 공간

엘리베이터 승강로 맨 아래의 피트 바닥 아래에 건축물의 공간이 있어 사람이 거주하거나 이동하는 곳으로 사용하고 있다면, 피트 바닥의 구조물들이 카나 카운터의 바닥에 충돌하여 발생하는 충격으로 사람을 위해하지 않도록 하는 구조로 되어야 한다.

관련법령

〈안전기준 별표 22〉

6.5.4 승강로 하부에 위치한 공간의 보호

승강로 하부에 접근할 수 있는 공간이 있는 경우 피트의 기초는 5,000N/m² 이상의 부하가 걸리는 것으로 설계되어야 하고, 균형추 또는 평형추에 추락방지 안전장치가 설치돼야 한다.

[비고] 1. 승강로 하부에 접근할 수 있는 공간이란 피트 바닥 직하부에 사람이 상주하는 공간 또는 상시 출입하는 통로나 공간을 말한다.

2. 엘리베이터 승강로는 사람이 접근할 수 있는 공간 위에 위치하지 않는 것이 바람직하다.

4 카(car)

카는 사람이 타거나 물건을 적재하는 공간으로, 외부와는 차단되어 있으며, 부분으로는 카틀(frame), 카 내부, 카 상부, 카 하부, 카 도어 및 카 벽으로 구분된다.

(1) 카 프레임

카를 지지하는 카의 프레임은 로프에 매달리는 상부틀(cross head), 하부틀(plank), 그리고 기둥(column)이 있다.

하부틀 양쪽에 추락방지기가 부착되고 하부틀 위에 카의 바닥(car platform)이 얹힌다. 카 바닥의 끝부분에 회전모멘트에 의한 휨을 방지하기 위한 카 기둥과 사선으로 연결된 브레이스 로드(brace rod)가 있다. 또한, 카 하부틀과 카 바닥 사이에 방진고무로 이어져 있어 로프를 타고 전달되는 시스템의 진동이 카 내의 승객에게 전달되지 않도록 한다.

브레이스 로드는 카의 측면기둥과 카 바닥을 연결하는 경사형 연결봉으로, 특히 카 바닥의 끝단에서 가해지는 회전모멘트에 대해 지탱하는 역할을 한다.

엘리베이터의 카에 가해지는 부하는 적재하중, 카 자중 및 로프 무게로 볼 수 있고, 이들 부하는 카 하부틀(plank)과 브레이스 로드(brace rod)가 분담하고 있다. 상세한 구조에 따라 달라질 수 있지만 대략 5 : 3 정도로 하중을 분담하고 있다고 볼 수 있다. [그림 3-6]이 카 프레임 모습이다.

상부틀

기둥

브레이스 로드

하부틀

▌그림 3-6 카 프레임▌

(2) 카 내부

카의 내부에 대한 구조기준은 거의 대부분 승객의 안전과 편의에 대한 기준이라고 볼 수 있다. 카 내부는 기본적으로 조명이 설치되어 있는 카 천장(car ceiling), 카 바닥(car platform), 카 벽(car wall), 카 지붕(car roof) 및 카 도어(car door)로 구성되어 있으며, 또한 카 내의 승객이 행선층 등을 지정할 수 있는 조작반(car operation panel), 현재의 카 위치를 알려주는 위치표시기(car position indicator), 카 정보표시기(information display) 등의 장치가 있다.

카 천장(ceiling)
카 위치표시기
카 문(door)
카 조작반
측면 벽(wall)
핸드 레일
카 바닥
출입구 상판
(entrance transom)
전면 벽(wall)

┃그림 3-7 카 내부┃

① 카의 높이 : 카 내부의 높이는 일반적으로 2.4m 정도로 하는 경우가 대부분이다. 고급의 엘리베이터에서는 카 내부높이를 더 높게 만들기도 한다.

◢◣◥◤ 관련**법령**

〈안전기준 별표 22〉

8.1 카의 높이
카 내부의 유효높이는 2m 이상이어야 한다. 다만, 주택용 엘리베이터의 경우에는 1.8m 이상으로 할 수 있으며, 자동차용 엘리베이터의 경우에는 제외한다.

② **구동력 및 카의 면적과 정격적재량** : 엘리베이터 구동장치의 능력에 비하여 카의 면적이 지나치게 넓은 경우 카 내에 과부하가 되기 쉽고 구동력이 부하를 견디지 못하여 카가 미끄러져 사고의 위험이 있으므로 구동장치의 용량에 따라 카의 면적을 제한한다.
엘리베이터의 정격적재량은 구동기의 능력에 의하여 결정된다. 다시 말하면 정격적재량에 의해 구동기의 능력을 설정할 수도 있다. 일반적으로 균형추방식의 엘리베이터에서 구동력, 제동력, 견인력 등은 정격적재량의 150 ~ 200%로 설계·제작한다.
적재량을 기준으로 구동장치의 능력과 카의 면적이 산정된다고 볼 수 있다.
③ **승객용 엘리베이터의 면적과 정격적재량** : 승객용 엘리베이터의 카 유효면적은 안전기준 [별표 22]의 [표 5]에 따른다. 표에서 정격하중에 해당되는 최대 카 유효면적을 초과해서는 안 된다. 만약 초과하게 되면 정격적재량보다 더 많이 탑승할 가능성이 있기 때문이다.

● **관련법령**

〈안전기준 별표 22〉

8.2.1 일반사항

8.2.1.1 카의 유효면적은 과부하를 방지하기 위해 제한되어야 한다.

[표 5]는 정격하중과 최대 유효면적 사이의 관계를 나타낸다.

카의 과부하를 방지하기 위해 다음의 정격하중과 최대 카의 유효면적 사이의 관계에 따라 제한되어야 한다.

또한, 16.1.2에 따른 장치에 의해 카의 과부하가 감지되어야 한다.

다만, 자동차용 엘리베이터 및 주택용 엘리베이터는 다음과 같아야 한다.

가) 자동차용 엘리베이터의 경우 카의 유효면적은 $1m^2$ 당 150kg으로 계산한 값 이상이어야 한다.

나) 주택용 엘리베이터의 경우 카의 유효면적은 $1.4m^2$ 이하이어야 하고, 다음과 같이 계산되어야 한다.

1) 유효면적이 $1.1m^2$ 이하인 것 : $1m^2$ 당 195kg으로 계산한 수치, 최소 159kg

2) 유효면적이 $1.1m^2$ 초과인 것 : $1m^2$ 당 305kg으로 계산한 수치

8.2.1.2 카 면적은 카 바닥면 위로 1m 높이에서 마감된 부분을 제외하고 카 벽에서 카 벽까지의 내부치수가 측정되어야 한다.

8.2.1.3 카 벽의 움푹 들어간 공간 또는 확장된 공간의 높이가 1m 미만이고 분리형 문에 보호 여부와 관계없이 이 공간은 최대 카 유효면적 계산에 고려된 경우에만 인정된다.

카 바닥 위의 움푹 들어간 공간 또는 확장된 공간에 설비가 배치되어 사람을 수용할 수 없을 경우 카의 최대 유효면적의 계산에 고려할 필요가 없다(카 내 접이식 의자, 비상통화장치 관련 설비 등).

문이 닫혀 있을 때 문설주 사이에 있는 출입구 틀의 이용 가능한 면적은 다음과 같다.

가) 문짝(여러 개의 문짝이 있는 문의 경우 빠른 문 및 느린 문을 포함)까지의 깊이가 100mm 이하인 바닥면적은 전체 유효면적 계산에서 제외되어야 한다.

나) 문짝(여러 개의 문짝이 있는 문의 경우 빠른 문 및 느린 문을 포함)까지의 깊이가 100mm를 초과한 바닥면적은 전체 카 유효면적에 포함되어야 한다.

8.2.1.4 카의 과부하는 16.1.2의 수단에 의해 감시되어야 한다.

‖ 표 5 정격하중 및 최대 카 유효면적 ‖

정격하중, 무게[kg]	최대 카 유효면적[m^2]	정격하중, 무게[kg]	최대 카 유효면적[m^2]
100[가]	0.37	900	2.20
180[나]	0.58	975	2.35
225	0.70	1,000	2.40
300	0.90	1,050	2.50
375	1.10	1,125	2.65
400	1.17	1,200	2.80
450	1.30	1,250	2.90

정격하중, 무게[kg]	최대 카 유효면적[m²]	정격하중, 무게[kg]	최대 카 유효면적[m²]
525	1.45	1,275	2.95
600	1.60	1,350	3.10
630	1.66	1,425	3.25
675	1.75	1,500	3.40
750	1.90	1,600	3.56
800	2.00	2,000	4.20
825	2.05	2,500[다]	5.00

[비고] 1. 정격하중 100[가]kg은 1인승 엘리베이터의 최소 무게
　　　 2. 정격하중 180[나]kg은 2인승 엘리베이터의 최소 무게
　　　 3. 정격하중이 2,500[다]kg을 초과한 경우 100kg 추가마다 0.16m²의 면적을 더한다.
　　　 4. 수치 사이의 중간하중에 대한 면적은 보간법으로 계산한다.

④ 화물용 엘리베이터의 면적과 정격적재량 : 자동차용 엘리베이터의 경우 카의 유효면적은 1m²
당 150kg으로 계산한 값 이상으로 설계한다.
화물용 엘리베이터의 카 유효면적은 안전기준 [별표 22]의 8.2.2.2항에 따른다. 화물용
엘리베이터는 운송장치의 무게를 포함시킬 때와 제외할 때를 구분하여 표기하여야 한다.

관련법령

〈안전기준 별표 22〉

8.2.2 화물용 엘리베이터(자동차용 엘리베이터를 포함한다. 이하 같다)

8.2.2.1 화물용 엘리베이터의 경우 8.2.1의 요구사항은 다음 조건 중 하나에 적용되어야 한다.
　　가) 운송장치(차량, 화물을 손으로 다루는 장치 등)의 무게를 정격하중에 포함시키는 경우
　　나) 운송장치의 무게가 다음과 같은 조건에서 정격하중과 별도로 고려되는 경우
　　　　1) 카에 적재 및 하역을 할 때에만 운송장치가 사용되고, 운송장치가 적재된 상태로는
　　　　　 카가 운행되지 않아야 한다.
　　　　2) 권상 및 포지티브 구동 엘리베이터의 경우 카, 카 슬링, 카 추락방지 안전장치,
　　　　　 주행안내레일, 브레이크, 권상 및 개문출발 방지장치의 설계는 정격하중에 운송장치
　　　　　 의 무게를 더한 총하중을 기반으로 해야 한다.
　　　　3) 유압식 엘리베이터의 경우 카, 카 슬링, 카와 램(실린더) 사이의 연결, 카 추락방지
　　　　　 안전장치, 럽처밸브, 유량제한기·단방향 유량제한기, 멈춤쇠장치, 주행안내레일 및
　　　　　 개문출발 방지장치의 설계는 정격하중에 운송장치의 무게를 더한 총하중을 기반으
　　　　　 로 해야 한다.
　　　　4) 카에 하역으로 인해 카의 행정이 최대 착상 정확도를 초과한 경우 기계적인 장치는
　　　　　 다음과 같이 카의 하강 움직임을 제한할 수 있어야 한다.
　　　　　 – 착상 정확도는 20mm를 초과하지 않아야 한다.
　　　　　 – 기계적인 장치는 문이 열리기 전에 작동되어야 한다.

- 기계적인 장치는 구동기 브레이크가 작동되지 않거나 유압식 엘리베이터의 하강 밸브가 열려 있더라도 카를 잡기 위해 충분한 강도를 가지고 있어야 한다.
- 기계적인 장치가 동작위치에 있지 않은 경우 카의 재착상 움직임은 15.2에 따른 전기안전장치에 의해 방지되어야 한다.
- 기계적인 장치가 동작위치에 있는 경우 카의 정상운행은 15.2에 따른 전기안전장치에 의해 방지되어야 한다.

5) 운송장치의 최대 무게는 [그림 14]에 따라 승강장에 표시되어야 한다.

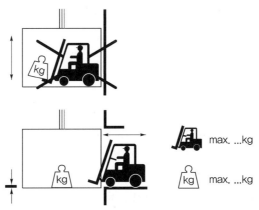

┃그림 14 운송장치에 의한 하중에 대한 그림문자┃

8.2.2.2 화물용 엘리베이터(자동차용 엘리베이터는 제외한다)의 경우 카 유효면적은 [표 5]에 따른 수치보다 클 수 있으나, 해당 정격하중은 [표 6]에 따른 수치를 초과할 수 없다.

┃표 6 화물용 엘리베이터의 정격하중 및 최대 카 유효면적┃

정격하중, 무게[kg]	최대 카 유효면적[m^2]	정격하중, 무게[kg]	최대 카 유효면적[m^2]
400	1.68	1,000	3.60
450	1.84	1,050	3.72
525	2.08	1,125	3.90
600	2.32	1,200	4.08
630	2.42	1,250	4.20
675	2.56	1,275	4.26
750	2.80	1,350	4.44
800	2.96	1,425	4.62
825	3.04	1,500	4.80
900	3.28	1,600[가]	5.04
975	3.52		

[비고] 1. 정격하중이 1,600[가]kg을 초과한 경우 100kg 추가마다 0.4m^{2}의 면적을 더한다.
2. 수치 사이의 중간하중에 대한 면적은 보간법으로 계산한다.
3. 계산 예시
  가) 정격하중이 6,000kg이고, 카의 깊이가 5.6m이고, 폭이 3.4m, 즉 카 면적이 19.04m^{2}인 유압식 화물용 엘리베이터

a) 1,600kg = 5.04m^2

b) 비고 1에 따라, 6,000kg − 1,600kg = 4,400kg ÷ 100kg = 44 × 0.40m^2 = 17.60m^2

c) 최대 카 유효면적 = 5.04m^2 + 17.60m^2 = 22.64m^2

→ 따라서, 설계된 카 면적 19.04m^{2}는 최대 카 유효면적(22.64m^2)보다 작으므로 6,000kg을 운송하는 데 적합하다.

나) [표 5]에 따라 계산하면, 화물 취급자 또는 조작자를 포함한 하중은

a) 5.00m^2 = 2,500kg

b) [표 5]의 비고 3에 따라, 19.04m^2 − 5.00m^2 = 14.00m^2 ÷ 0.16m^2 = 88 × 100kg = 8,800kg

c) 최대 면적에 대한 최대 하중 = 2,500kg + 8,800kg = 11,300kg

→ 따라서, 8.2.2.4에 따라, 엘리베이터의 부품들(카 슬링, 추락방지 안전장치 등)의 계산은 11,300kg의 하중에 대해 수행되어야 한다.

⑤ 카의 정원 : 승객용 엘리베이터는 카의 정격적재량과 함께 몇 사람이 탈 수 있는지의 정원을 표시한다. 현재 우리나라에서 정원은 1인의 무게를 75kg으로 기준해서 정격적재량을 75로 나누어 소수점을 절사하여 이를 정원으로 정하고 있다.

⚖️ 관련**법령**

〈안전기준 별표 22〉

8.2.3 정원

8.2.3.1 정원(카에 탑승할 수 있는 승객의 최대 인원수를 말한다)은 다음 중 작은 값에서 얻어야 한다. 주택용 엘리베이터의 경우 가)에 따라 얻는다.

가) 다음 식에서 계산된 값을 가장 가까운 정수로 버림한 값

$$정원 = \frac{정격하중}{75}$$

나) [표 7]에 따른 값

┃표 7 엘리베이터의 정원 및 최소 카 유효면적┃

정원(인승)	최대 카 유효면적[m^2]	정원(인승)	최대 카 유효면적[m^2]
1	0.28	11	1.87
2	0.49	12	2.01
3	0.60	13	2.15
4	0.79	14	2.29
5	0.98	15	2.43
6	1.17	16	2.57
7	1.31	17	2.71
8	1.45	18	2.85
9	1.59	19	2.99
10	1.73	20	3.13

[비고] 20인승을 초과한 경우 추가승객 1명마다 0.115m^{2}의 면적을 더한다.

⑥ 카 조명과 환기 : 카 내부에는 일정한 밝기의 조명이 필요하다. 이 조명은 과거에는 형광등, 네온 등의 조명을 사용하였으나 최근 에너지 절감을 위하여 LED 조명을 많이 사용하고 있다.

또한, 정전 시 승객이 카에 갇히는 현상이 발생하고, 카 내의 조명도 소등되므로 별도의 비상조명장치가 필요하다. 이 비상조명장치는 카 내의 어두움을 밝히고, 특히 카 조작반에 설치되어 있는 비상호출버튼을 인식할 수 있는 위치에 설치되어야 하며 일정한 시간 동안 켜져 있어야 한다.

카 내에 승객이 많이 타는 경우가 있으므로 항상 카 내의 공기순환이 필요하다. 이를 위하여 카 외부로부터 카 내부로 공기를 불어넣는 송풍기 등의 장치와 카 내의 공기가 외부로 나가는 환기구멍이 필요하다.

⚖ 관련법령

〈안전기준 별표 22〉

8.9 환기

8.9.1 카에는 카의 아랫부분과 윗부분에 환기구멍이 있어야 한다.

8.9.2 카의 아랫부분과 윗부분에 있는 환기구멍의 유효면적은 각각 카 유효면적의 1% 이상이어야 하고, 카문 주위의 틈새는 필요한 유효면적의 50%까지 환기구멍의 면적계산에 고려될 수 있다.

8.9.3 환기구멍은 직경 10mm의 곧은 강철 막대봉이 카 내부에서 카 벽을 통해 통과될 수 없는 구조이어야 한다.

8.10 조명

8.10.1 카에는 카 조작반 및 카 벽에서 100mm 이상 떨어진 카 바닥 위로 1m 모든 지점에 100lx 이상으로 비추는 전기조명장치가 영구적으로 설치되어야 한다.

조도 측정 시 조도계는 가장 밝은 광원을 향하도록 해야 한다.

[비고] 손잡이, 접이식 의자 등 카의 환경요소에 따라 발생하는 그림자는 무시할 수 있다.

8.10.2 조명장치에는 2개 이상의 등(燈)이 병렬로 연결되어야 한다.

[비고] "등"이란 전구, 형광등 등 개별 광원을 말한다.

8.10.3 카는 문이 닫힌 채로 승강장에 정지하고 있을 때를 제외하고 계속 조명되어야 한다.

8.10.4 카에는 자동으로 재충전되는 비상전원 공급장치에 의해 5lx 이상의 조도로 1시간 동안 전원이 공급되는 비상등이 있어야 한다.

이 비상등은 다음과 같은 장소에 조명되어야 하고, 정상 조명전원이 차단되면 즉시 자동으로 점등되어야 한다.

가) 카 내부 및 카 지붕에 있는 비상통화장치의 작동버튼

나) 카 바닥 위 1m 지점의 카 중심부

다) 카 지붕 바닥 위 1m 지점의 카 지붕 중심부

8.10.5 비상등의 조명에 사용되는 비상전원 공급장치가 16.3에 따른 비상통화장치와 동시에 사용될 경우 그 비상전원 공급장치는 충분한 용량이 확보되어야 한다.

⑦ 승강기번호 : 엘리베이터 카 내에 조작반의 비상호출 버튼 주위에 승강기번호가 부착되어 있다. 이 승강기번호는 승강기가 설치되면 국내 승강기 중에 해당 승강기의 고유한 번호가 된다.

이 번호는 행정안전부와 승강기안전공단 및 119구조대와 연계된 고유번호로, 특히 엘리베이터에 갇힌 경우 119구조대에게 고유번호로 엘리베이터의 건물 지역과 건물 내 설치된 상세한 위치를 제공하여 구조시간이 단축된다.

뿐만 아니라 고유번호와 함께 있는 QR코드로 해당 엘리베이터의 기본정보와 검사결과에 대한 정보를 통해 승강기의 등록 여부와 검사실시 여부 및 검사결과에 대한 정보를 통하여 승객의 안전한 이용을 꾀할 수 있다.

┃그림 3-8 승강기번호 부착 예┃

(3) 카 지붕과 벽

카 상부(카 지붕)에는 카의 점검, 검사 등에 필요한 점검운전반과 이동케이블과 카 내 전기장치와 연결하는 카 상부 정션박스, 송풍기, 조명장치, 구출구 등이 있으며, 로핑방법에 따라 현수도르래(suspension sheave)가 설치될 수 있다.

① **카 지붕의 구조** : 카 상부에는 카 내에 승객이 갇혀 출입구를 통해 구출이 어려운 경우를 대비하여 비상구출구를 설치한다. 또한, 카 지붕은 엘리베이터의 점검·수리 등에 필요한 중요한 작업공간이므로 이를 위한 공간의 확보가 필요하다. [그림 3-9]에 카 지붕의 구조를 예로 든다.

그리고 카의 지붕부분은 비상구출구를 제외하고는 승객과는 무관하게 작업의 편의와 안전을 위한 기준이 대부분이다.

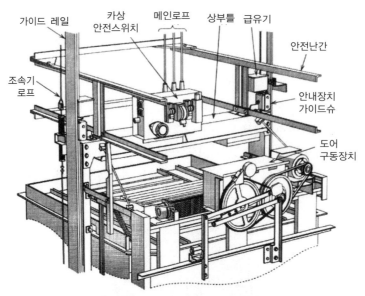

가이드 레일 카상 안전스위치 메인로프 상부틀 급유기 안전난간 조속기 로프 안내장치 가이드슈 도어 구동장치

┃그림 3-9 카 상부 구조의 예┃

⚖ **관련법령**

〈안전기준 별표 22〉

6.5.7.3 카 지붕 또는 카 지붕의 설비 위에 어떤 하나의 연속되는 구역이 유효면적 $0.12m^2$ 이상이고 가장 작은 변의 길이가 0.25m 이상인 경우 그 구역은 사람이 서 있을 수 있는 장소로 본다. 카가 6.5.6.1에 따른 최고 위치에 있을 때, 그 구역 위로 승강로 천장의 가장 낮은 부분(천장 아래에 있는 빔과 부품을 포함) 사이의 수직 틈새는 6.5.7.1에 따른 관련 피난공간의 높이 이상이어야 한다.

6.6.4.3 카 내부 또는 카 지붕 위의 작업구역

6.6.4.3.1 카 내부 또는 카 지붕에서 기계류의 점검 등 유지관리업무를 수행하는 경우 그 업무수행으로 개문출발 등 통제되지 않거나 예측되지 않은 카의 움직임이 사람을 위험하게 만들 수 있다면 다음과 같이 그 위험을 방지해야 한다.

　가) 카의 위험한 움직임은 기계적인 장치에 의해 보호되어야 한다.

　나) 기계적인 장치가 작동된 경우 카의 모든 움직임은 15.2에 따른 전기안전장치에 의해 방지되어야 한다.

　다) 기계적인 장치가 작동위치에 있고 힘이 가해져 해제되지 않을 때 점검자 등 자격자가 다음 중 어느 하나의 방법을 통해 승강로 밖으로 나올 수 있어야 한다. 또한, 탈출절차에 관한 설명이 「승강기 안전관리법 시행령」 제9조제1항제1호에 따른 관리요령서에 포함되어야 한다.

　　1) 카문의 상부틀/구동부 위로 0.5m×0.7m 이상 열린 승강장문

　　2) 8.6에 따른 카 지붕의 비상구출문

　　　이 경우 카 안으로 안전하게 내려갈 수 있는 손잡이가 있는 발판 또는 사다리가 있어야 한다.

3) 6.3에 따른 비상문

6.6.4.3.2 비상운전 및 작동시험을 위해 필요한 장치는 6.6.6에 따라 승강로 외부에서 비상운전 및 작동시험이 수행될 수 있도록 배치되어야 한다.

6.6.4.3.3 카 벽에 점검문이 있는 경우 그 점검문은 다음과 같아야 한다.

가) 6.3.2 라)에 적합해야 한다.

나) 점검문의 폭이 0.3m 이상인 경우에는 승강로 아래로 추락을 방지하기 위한 방호수단 (분리대 등)이 있어야 한다.

다) 카 외부방향으로 열리지 않아야 한다.

라) 열쇠로 조작되는 잠금장치가 있어야 하며, 그 잠금장치는 열쇠 없이 다시 닫히고 잠길 수 있어야 한다.

마) 잠금상태를 확인하는 15.2에 따른 전기안전장치가 있어야 한다.

바) 그 밖에 카 벽과 같은 기준을 만족해야 한다.

6.6.4.3.4 점검문이 열린 상태로 카 내부에서 카를 움직일 필요가 있는 경우에는 다음과 같아야 한다.

가) 16.1.5에 따른 점검운전 조작반은 점검문 근처에서 조작할 수 있어야 한다.

나) 점검운전 조작반은 자격자만 접근(점검문 뒤편에 두는 방법 등) 할 수 있어야 하고, 카 상부에서 점검운전을 할 때에는 점검운전 조작반으로 카의 운전이 불가능하도록 설계되어야 한다.

다) 개구부의 작은 치수가 0.2m를 초과한 경우 카 벽 개구부의 외측 끝부분과 승강로에 설치된 설비(그 개구부 전면에 있는 설비를 말한다) 사이의 유효 수평거리는 0.3m 이상이어야 한다.

② 카 지붕과 벽의 구조 : 카의 지붕과 벽 및 바닥은 외부의 충격 등으로부터 승객을 보호할 수 있는 정도의 구조와 강도를 가져야 한다.

카 지붕에는 작업자가 카 외곽으로 벗어나 추락하는 것을 방지하기 위한 안전난간이 설치되어 있다.

⚖ 관련**법령**

〈안전기준 별표 22〉

8.3 카의 벽, 바닥 및 지붕

8.3.2.1 카 추락방지 안전장치가 작동될 때 무부하상태의 카 바닥 또는 정격하중이 균일하게 분포된 부하상태의 카 바닥은 정상적인 위치에서 5%를 초과하여 기울어지지 않아야 한다.

8.3.2.2 카의 각 벽은 다음 구분과 같은 기계적 강도를 가져야 한다.

가) $5cm^2$ 면적의 원형 또는 정사각형 모양의 어느 지점마다 수직으로 300N의 힘을 균등하게 분산하여 카 내부에서 외부로 가할 때 다음과 같아야 한다.

1) 1mm를 초과하는 영구적인 변형이 없어야 한다.

2) 15mm를 초과하는 탄성변형이 없어야 한다.

나) 100cm^2 면적의 원형 또는 정사각형 모양의 어느 지점마다 수직으로 1,000N의 힘을 균등하게 분산하여 카 내부에서 외부로 가할 때 1mm를 초과하는 영구적인 변형이 없어야 한다.

[비고] 이 힘은 거울, 장식용 패널, 카 조작반 등을 제외하고, 벽 "구조체"에 적용한다.

8.3.2.3 카 벽 전체 또는 일부에 사용되는 유리는 KS L 2004에 적합한 접합유리이어야 한다. 높이 500mm에서 떨어지는 것과 동등한 충격에너지의 경질 진자충격장치(별표 9 참조) 및 높이 700mm에서 떨어지는 것과 동등한 충격에너지의 연질 진자충격장치(별표 9 참조)를 카 벽의 유리판 중심선의 바닥 위로 높이 1m의 타격지점에 충격을 가할 때 또는 카 벽의 일부에 유리가 있는 경우 유리부품 중앙의 타격지점에 충격을 가할 때 다음과 같아야 한다.

가) 카 벽의 구성요소에는 균열이 없어야 한다.

나) 유리표면에는 지름 2mm 이하의 흠집을 제외하고 손상이 없어야 한다.

다) 카 벽의 완전성에 손실이 없어야 한다.

8.3.2.6 카 지붕은 8.7에 따른 기준에 적합해야 한다.

8.3.3 바닥에서 높이 1.1m 이하인 곳에 유리가 있는 카 벽에는 높이 0.9m부터 1.1m까지 구간 사이에 손잡이가 있어야 한다.

이 손잡이는 유리와 독립적으로 고정되어야 한다.

[비고] 장애인용 엘리베이터의 경우 17.1.5.1을 따른다.

8.7 카 지붕

8.7.1 카 지붕은 8.3에 따른 기준 뿐만 아니라 다음과 같은 기준에 적합해야 한다.

가) 카 지붕은 6.5.7.1에 따른 허용 가능 인원을 지탱할 수 있는 충분한 강도를 가져야 하고, 0.3m×0.3m 면적의 어느 지점에서나 최소 2,000N의 힘을 영구변형 없이 견딜 수 있어야 한다.

나) 작업 또는 작업구역 간의 이동이 필요한 카 지붕의 표면은 사람이 미끄러지지 않도록 되어야 한다.

[비고] KS B ISO 14122-2, 4.2.4.6을 참조한다.

8.7.2 카 지붕에는 다음과 같은 보호수단이 있어야 한다.

가) 다음 중 어느 하나에 해당하는 곳에 높이 0.1m 이상의 발보호판(toe board)이 있어야 한다.

1) 카 지붕의 바깥쪽 가장자리

2) 보호난간(8.7.4)이 있는 경우에는 카 지붕의 바깥쪽 가장자리와 보호난간 사이

나) 카 지붕의 바깥쪽 가장자리에서 승강로 벽까지의 수평거리가 0.3m를 초과하는 경우에는 8.7.4에 따른 보호난간이 있어야 한다.

이 수평거리는 승강로 벽까지 측정되어야 한다. 다만, 폭 또는 높이가 0.3m 이하의 움푹 들어간 부분은 측정에서 제외될 수 있다.

8.7.3 카 지붕의 바깥쪽 가장자리와 승강로 벽 사이에 위치된 엘리베이터 부품이 추락위험을 방지할 수 있는 경우([그림 15] 및 [그림 16] 참조), 그 보호는 다음 조건을 동시에 충족해야 한다.

가) 카 지붕의 바깥쪽 가장자리와 승강로 벽 사이의 거리가 0.3 m를 초과한 경우 카 지붕의 바깥쪽 가장자리와 관련 부품 사이, 부품과 부품 사이 또는 보호난간의 끝부분과 부품 사이에는 직경 0.3m를 초과하는 수평 원을 놓을 수 없어야 한다.

나) 부품에 대해 어느 지점마다 수직으로 300N의 힘을 수평으로 가할 때 가)에 따른 기준을

더 이상 충족할 수 없는 곳으로 편향되지 않아야 한다.

다) 부품은 카 주행의 전 구간에 걸쳐, 8.7.4에 따른 보호난간과 같은 수준의 보호를 형성하기 위해 카 지붕 위의 높이로 연장되어야 한다.

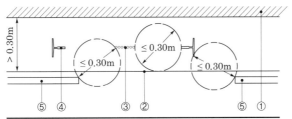

[기호설명]
① 승강로 벽
② 카 지붕 가장자리
③ 로프, 벨트
④ 주행안내레일
⑤ 보호난간

▌그림 15 추락보호부품의 예(전기식 엘리베이터) ▐

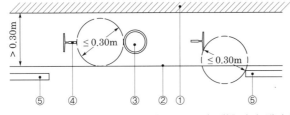

[기호설명]
① 승강로 벽
② 카 지붕 가장자리
③ 램
④ 주행안내레일
⑤ 보호난간

▌그림 16 추락보호부품의 예(유압식 엘리베이터) ▐

8.7.4 보호난간은 다음과 같아야 한다.

가) 보호난간은 손잡이와 보호난간의 $\frac{1}{2}$ 높이에 있는 중간 봉으로 구성되어야 한다.

나) 보호난간의 높이는 보호난간의 손잡이 안쪽 가장자리와 승강로 벽([그림 17] 참조) 사이의 수평거리를 고려하여 다음 구분에 따른 수치 이상이어야 한다.
  1) 수평거리가 0.5m 이하인 경우 : 0.7m
  2) 수평거리가 0.5m를 초과한 경우 : 1.1m

다) 보호난간은 카 지붕의 가장자리로부터 0.15m 이내에 위치되어야 한다.

라) 보호난간의 손잡이 바깥쪽 가장자리와 승강로의 부품(균형추 또는 평형추, 스위치, 레일, 브래킷 등) 사이의 수평거리는 0.1m 이상이어야 한다.

마) 보호난간 상부의 어느 지점마다 수직으로 1,000N의 힘을 수평으로 가할 때, 50mm를 초과하는 탄성변형 없이 견딜 수 있어야 한다.

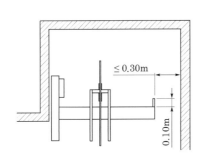

(a) 보호난간 불필요, 발보호판 높이 0.1m 이상

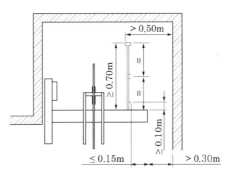

(b) 0.7m 이상의 보호난간 필요, 발보호판 높이 0.1m 이상

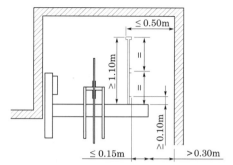

(c) 1.1m 이상의 보호난간 필요, 발보호판 높이 0.1m 이상

┃그림 17 카 지붕 보호난간 – 높이┃

8.7.5 카 지붕에 사용된 유리는 KS L 2004에 적합한 접합유리이어야 한다.

8.7.6 카에 고정된 풀리 또는 스프로킷은 9.7에 따라 보호되어야 한다.

8.8 카 상부의 설비

카 상부에는 다음과 같은 설비가 설치되어야 한다.

가) 피난공간(6.5.7.1)에서 수평거리 0.3m 이내의 위치에서 조작이 가능한 16.1.5(점검운전)에 따른 조작반

나) 점검 등 유지관리업무를 수행하는 사람이 쉽게 접근할 수 있고, 출입구에서 1m 이내에 있는 16.1.11에 따른 정지장치

출입구에서 1m 이내에 있는 이 장치는 점검운전 조작반에 위치될 수 있다.

다) 14.7.2에 따른 콘센트

(4) 카 하부

카 하부에는 카의 적재부하를 측정하는 저울장치(weighing device)가 달려 있으며 앞쪽에는 추락방지용 에이프런이 설치되어 있다.

카 하부에는 카의 현수중심과 무게중심이 맞지 않은 경우에 카 바닥의 수평을 맞추기 위한 카 밸런스웨이트를 사용하는 경우도 있다. 밸런스웨이트는 주로 이동케이블이 연결되는 위치의 대각방향에 장착된다.

(5) 카 도어

카 도어에는 자동으로 동작하는 도어 구동장치가 있으며 도어의 형태에 따라 구동장치의 형태가 달라진다. 일반적으로 승객용 엘리베이터에서는 수평 중간열기방식(center open)을 많이 적용한다. 이 경우 모든 승강장도어는 동력에 의한 개폐장치가 없고, 카 도어를 만나서 카 도어의 클러치에 의하여 카 도어의 구동력으로 열린다.

(6) 도어 · 벽 소재

엘리베이터 카 벽, 도어, 승강장의 도어와 Jamb 등에 대한 소재는 주로 Stainless steel을 많이 사용한다. 과거에는 도장강판이나 염화비닐강판도 사용하기도 하였다.

Stainless steel은 표면처리방법으로 Hairline, Mirror, Etching, Bead, Vibration 등을 적용한다.

최근에는 강판에 여러 가지 색상의 코팅으로 표면을 가공한 High glossy가 많이 적용되고 있고 전망용 엘리베이터는 강화유리 또는 접합유리를 주로 사용한다.

5 승강장(hall, platform)

승강장은 카에 사람이 타고 내리는 장소로, 각 층마다 승강장(hall, platform)이 있다. 승강장에는 일정한 크기의 공간이 필요하고, 카를 부르는 호출버튼, 카의 위치를 알려주는 카 위치표시기(car position indicator) 혹은 홀랜턴(hall lantern), 승강장 도어(hall door) 그리고 엘리베이터의 용도를 알려주는 표지, 그리고 장애인이 버튼을 인식할 수 있는 점형 블록 등이 설치되어 있다.

또한, 승강장에는 일정 이상 밝기의 조명을 설치하여 승객이 엘리베이터 이용을 편하게 할 수 있다.

⚖️ 관련법령

〈안전기준 별표 22〉

7.7.1 승강장 조명

승강장문 근처의 승강장에 있는 자연조명 또는 인공조명은 카 조명이 꺼지더라도 이용자가 엘리베이터에 탑승하기 위해 승강장문이 열릴 때 미리 앞을 볼 수 있도록 바닥에서 50lx 이상이어야 한다.

(1) 도어존(door zone)[19]

전동으로 도어를 여닫는 도어장치는 승강장에 카가 도착하면 출입구의 도어가 열리게 된다. 이 열림 가능한 일정구간을 도어존이라 한다. 일반적으로 카가 승강장 레벨에서 일정거리 이내에 있을 때만 열림이 가능하고, 그 이외의 위치에서는 도어 개폐장치가 작동하지 않도록 제어한다.

만약 카 바닥과 승강장 바닥의 높이차가 지나치게 클 경우에는 도어를 열고 승객이 내릴 때 사고 위험이 크기 때문에 일정범위 이내가 아니면 사고를 방지하기 위하여 도어가 열리지 않도록 한다.

일반적으로 도어존은 각 승강장에서 위치스위치와 만나는 차폐판의 길이와 유사하며, 도어존의 범위는 기종에 따라 차이가 있으나 대략 ±70 ~ ±200mm로 하는 것이 보통이다. 최근에는 속도제어기술의 발달로 도어존의 범위가 좁아지고 있는 추세이다.

---

19) 'Unlocking zone'으로 기술되기도 한다. 도어 잠금장치의 해제구간으로 볼 수 있다.

〈안전기준 별표 22〉

7.8.1 추락위험에 대한 보호

엘리베이터의 정상운행 중 카가 문의 잠금해제구간에 정지하고 있지 않거나 정지시점이 아닌 경우 승강장문(또는 여러 문짝이 있는 경우 어떤 문짝이라도)의 개방은 가능하지 않아야 한다. 잠금해제구간은 승강장 바닥의 위아래로 각각 0.2m를 초과하여 연장되지 않아야 한다. 다만, 기계적으로 작동되는 승강장문과 카문이 동시에 작동되는 경우에는 잠금해제구간을 승강장 바닥의 위아래로 각각 0.35m까지 연장할 수 있다

(2) 삼방틀(door jamb)

승강장의 도어를 설치한 주위에는 [그림 3-10]과 같이 바닥의 문턱(door sill), 문설주(jamb), 상인방(transom)으로 구성된 문틀이 있다.

일반적으로 기준층(로비층)의 삼방틀은 폭이 큰 광폭구조로 하여 다른 중간층보다 크고 화려하게 만드는 경우가 많다.

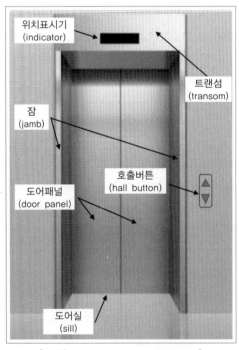

┃그림 3-10 Hall door & jamb ┃

(3) 승강장 도어(hall door)

승객용 엘리베이터는 대부분 수평열기도어인 센터오픈(center open) 또는 사이드오픈(side open) 도어이다. 승객용에서는 인체의 위해를 우려하여 상하열기도어를 적용하지 않는다.

또한, 수평열기도어는 승강장도어에는 개폐하는 동력과 작동장치가 없고, 단 카가 승강장에 도착하여 카 도어가 열리면 카 도어에 결합되어 함께 열리는 방식을 적용한다.

03 ▌엘리베이터의 구동시스템

엘리베이터가 카를 구동하는 구조적인 장치는 [그림 3-11]과 같이 전기에너지를 운동에너지로 변환하는 전동기(motor), 전동기 회전운동의 속도를 감속하는 감속기(reducer), 감속기와 연결되어 로프를 통하여 직선운동으로 변환된 구동력을 카로 전달하는 도르래(sheave) 그리고 이 구동력을 사람이 타는 카로 전달하여 카를 오르내리게 하는 로프(rope)로 구성된다. 특히 전동기와 감속기 그리고 구동도르래가 조합되어 있는 구동기부분을 권상기(traction machine)라 한다.

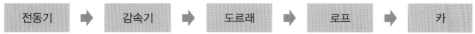

▌그림 3-11 균형추방식 엘리베이터 동력전달체계 ▌

1 권상기(traction machine)

구동시스템 중에서 전동기, 감속기, 도르래를 구조적으로 조립하여 구동기 역할을 하는 부품을 권상기(捲上機)라 하고, 이 권상기는 전기에너지를 회전운동에너지로 전환시키는 전동기(motor)와 전동기의 빠른 회전을 감속하고 구동력을 증가시키는 감속기(reducer), 그리고 로프를 통하여 카에 구동력을 전달하는 도르래(sheave)가 있고, 정지해 있는 시간에 카와 균형추의 무게 편차에도 불구하고 카의 위치가 변하지 않도록 하는 제동기(brake)가 전동기의 축에 연결되어 있다.

엘리베이터는 자동제어로 움직이므로 카의 속도를 검출하여 카의 운전속도를 제어하고 있다. 이 카의 속도를 검출하는 속도검출장치가 주로 전동기의 외부 축에 연결되어 있다.

권상기는 [그림 3-12]와 같이 전동기의 회전속도가 바로 도르래에 연결되고 이 도르래에 감긴 로프를 통하여 카의 상하 직선운동으로 연결되는 무기어식(gearless type) 권상기와 [그림 3-13] 과 같이 전동기의 회전속도를 감속기의 기어를 통해 일정비율로 감속하여 도르래의 회전속도를 낮추고 로프를 통하여 카의 상하 직선운동으로 연결되는 기어식(geared type)으로 분류한다.

엘리베이터에 사용되는 감속기는 형태에 따라 웜감속기와 헬리컬감속기가 있다.

▌그림 3-12 무기어식 권상기 ▌

▌그림 3-13 기어식(웜기어) 권상기 ▌

2 엘리베이터의 전동기

엘리베이터에 적용되는 전동기는 교류 유도전동기를 사용하고 있다. 과거에는 엘리베이터의 속도를 원활하고 승차감 좋게 제어하기 위해 직류전동기를 사용하였으나, 인버터기술의 발전으로 교류전동기의 속도제어기술이 직류전동기 못지않게 발전하면서 고가이고 복잡한 직류전동기의 사용이 중지되고 대부분 인버터제어를 이용한 교류전동기로 적용하고 있다. 또한, 최근에는 부피가 작으면서 효율이 좋은 영구자석 동기전동기를 적용하는 기종이 늘어나고 있다.

(1) 엘리베이터 전동기의 특성

엘리베이터의 전동기는 일반공업용 전동기와는 다르게 기동빈도가 크고 부하의 변화가 많으므로 다음과 같은 특성이 필요하다.

기동 시 움직여야 하는 장치의 정지관성이 크므로 기동전류가 작으면서 기동토크가 커야 하고, 타 구동부의 관성모멘트가 크므로 전동기 자체의 관성모멘트가 작고, 기동과 정지가 빈번하므로 발열이 적고 내열성이 좋아야 하며, 운전 중 소음과 진동이 작아야 한다.

(2) 엘리베이터 전동기의 소요출력

엘리베이터의 전동기가 필요한 출력용량은 정격속도, 적재량 및 시스템의 효율에 의하여 결정된다. 대략적인 유도전동기의 소요출력 P_m은 다음 식으로 구할 수 있다.

$$P_m = \frac{\text{정격하중[kg]} \times \text{정격속도[m/min]} \times \text{균형추 불평형률}}{6{,}120 \times \text{종합효율}} = \frac{L \cdot V \cdot S}{6{,}120\eta}[\text{kW}]$$

여기서, P_m : 전동기 소요출력

L : 정격하중[kg]

V : 정격속도[m/min]

S : 균형추 불평형률($S=1-F(F \leq 0.5)$, $S=F(F \geq 0.5)$)

F : 오버밸런스율

η : 종합효율($\eta_1 \cdot \eta_2 \cdot \eta_3$)

η_1 : 감속기의 효율(웜기어 : $0.50 \sim 0.70$, 헬리컬기어 : $0.80 \sim 0.85$, 기어리스 : 1)

η_2 : 와이어로프의 거는 방법에 따른 효율(로프가 걸치는 시브의 수에 영향)

(1.0에 근접하지만 2 : 1 로핑이 1 : 1 로핑보다 조금 낮음)

η_3 : 슈가이드 등의 주행저항에 의해 결정되는 효율

* 종합효율 중에서 η_2와 η_3는 값이 그다지 크지 않으므로 η_1의 효율만으로 간략화하여 적용하기도 한다.

오버밸런스율이란 균형추 중량을 결정할 때 사용하는 계수이며 균형추 중량은 다음과 같다.

균형추 중량 = 카 자중 + $L \cdot F$(F=over balance rate)

 참고

엘리베이터 전동기 소요출력식의 산출

엘리베이터의 최대 하중편차를 중력에 대해 수직이동한다.

일률 $P = \dfrac{\text{한 일}}{\text{시간}}$

일 W = 힘과 거리 = $F \times s$

수직방향의 일률 $P = \dfrac{\text{한 일}}{\text{걸린 시간}} = \dfrac{W}{t} = \dfrac{F \times s}{t} = F \times v = mgv$[W]

여기서, m : 질량

g : 중력가속도(9.8m/s^2)

v : 속도[m/s]

엘리베이터의 모터가 가져야 할 일률, 즉 출력을 알아보기 위해 속도를 분속으로 하고, 출력을 [kW] 단위로 환산하고, 카 혹은 카운터를 수직 이동시키는 구동체계의 효율을 η로 하면 모터가 가져야 할 소요출력 P_m은 다음과 같다.

$$P_m = \frac{mgv}{\eta} = \frac{L \times S \times V}{60 \times 1,000 \times \dfrac{1}{9.8} \times \eta} = \frac{L \times S \times V}{6,120 \times \eta}\text{[kW]}$$

여기서, m : 카와 카운터의 무게편차($L \times S$)

L : 정격적재량

S : 언밸런스율($1-F$), F : Over balance rate

g : 중력가속도(9.8m/s^2)

V : 분당 속도$\left(v\text{[m/s]} = \dfrac{V}{60}\text{[m/min]}\right)$

* 일반적으로 오브밸런스율이 0.5 이하임(오브밸런스율이 0.5 이상이면 무게편차 $m = LF$가 됨)

(3) 엘리베이터 전동기의 종류

엘리베이터에 사용되는 전동기는 과거 고속이며 고급 엘리베이터에는 비교적 회전속도의 제어를 정밀하게 할 수 있는 직류전동기를 적용하여 왔으나, 반도체소자의 발전과 디지털제어의 발전으로 교류전동기의 VVVF 제어를 적용하면서 크기가 크고 구동방식이 복잡한 직류전동기는 모두 교류전동기로 대체되었다. 교류전동기는 기존에 사용한 유도전동기(induction motor)와 최근 많이 사용하는 영구자석 동기전동기(PMSM : Permanent Magnet Synchronous Motor)로 나눌 수 있다.

① 유도전동기(induction motor) : 유도전동기는 회전자에 유도체의 코어를 넣어 전기자의 코일에서 유도되는 자기장에 의하여 여자되어 회전력을 갖게 되고 전기자와 회전자의 슬립이 필수적으로 필요하며 비동기 회전한다. 직류전동기에 비하여 소형 경량이며, 효율이 높고 보수가 거의 필요하지 않아 엘리베이터에 많이 사용되고 있다. [그림 3-14, 15]는 유도전동기이며, 주로 4극을 많이 사용한다.

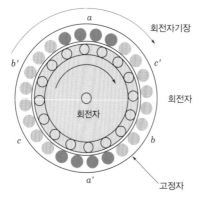

‖ 그림 3-14 유도전동기 단면 ‖　　　　‖ 그림 3-15 유도전동기 ‖

② 영구자석 동기전동기(PMSM : Permanent Magnet Synchronous Motor) : 영구자석 동기전동기는 회전자에 영구자석을 붙이거나 삽입하여 자체에서 자기장을 가지고 있어 전기자의 자기장과 더불어 회전력을 갖게 되어 여자의 필요가 없다. 회전속도는 전기자의 자기장 회전속도와 일치한다. 저속에서도 정토크를 발생할 수 있어서 감속기 없이 엘리베이터를 적절한 속도로 주행시킬 수 있다. PMSM은 기어가 필요 없으므로 얇은 박형으로 만들어 MRL 엘리베이터에 적용하기가 유리하다. 주로 다극의 전기자를 사용하므로 회전속도를 제어하기 쉽다. [그림 3-16]이 PMSM의 단면이고 [그림 3-17]이 영구자석 동기전동기의 분해그림이다.

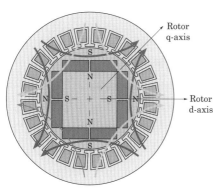

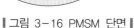

▍그림 3-16 PMSM 단면 ▍

▍그림 3-17 PMSM ▍

PMSM의 장점을 열거하면 여자전류가 없고 회전자손실이 없으므로 소비전력이 적고, 다극화 구현으로 소형이며, 경량화되어 맥동이 작으며, 슬롯주파수가 없으므로 저진동·저소음으로 운전이 가능하다. 여자전류가 없어 부하와 관계없이 고효율로 안정된 운전이 가능하고, 감속기가 없으므로 기계적 손실이 최소화되며 회생전류효율도 기어식 권상기보다 월등히 높다.

(4) 전동기의 회전속도

유도전동기는 그 구조가 간단하고 취급이 용이하며, 견고하고, 대량생산에 적합하므로 이른바 범용 전동기로서 널리 사용된다.

유도전동기의 회전속도 N은 다음과 같다.

$$N = \frac{120f}{P} \times (1-S)[\text{rpm}]$$

여기서, P : 전동기의 극수

f : 입력전원 주파수

S : 전동기 회전슬립

 참고

유도전동기의 슬립

회전자에 유도전류가 흐르기 위해서는 회전자의 회전속도와 회전자속의 회전속도(동기속도)와의 사이에 어느 정도의 차가 필요하며 실제는 동기속도보다 조금 뒤늦게 회전한다. 이 같은 늦어짐을 슬립(slip)이라고 하며 다음의 공식과 같이 적용된다.

$$S = \frac{N_s - N}{N_s} \times 100[\%]$$

여기서, N_s : 동기회전수[rpm], N : 실제회전수

전부하 시의 슬립은 보통 3 ~ 5%이다.

(5) 속도측정기(speed meter)

엘리베이터의 카 속도를 제어하기 위해서는 대부분 전동기의 속도를 측정하여 카의 속도를 연산한다. 따라서, 엘리베이터 속도측정기는 전동기의 축에 연결되는 것이 일반적이다.

전동기의 속도를 측정하는 장치는 과거 원판검출기, Tacho generator 등을 사용하였으나 현재에는 거의 Rotary encoder를 적용하고 있다. Tacho generator는 전동기의 축이 아닌 브레이크드럼 혹은 구동도르래의 면에 회전자를 밀착시켜 속도에 따라 출력하는 전압이 달라지는 교류발전기를 사용하였다. 원판검출기는 Rotary encoder의 원시적인 형태를 적용한 것으로, 디스크에 슬롯을 가공하고 이 슬롯을 통하여 광전소자(photo interrupter) 동작원리를 사용하였다.

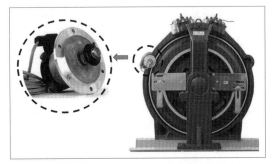

┃그림 3-18 Tacho generator(kone site)┃

(6) 로터리 엔코더(rotary encoder)[20]

최근에는 속도측정기로 거의 로터리 엔코더를 적용하고 있다.

로터리 엔코더는 전동기의 회전축에 연결한 [그림 3-19]와 같은 원판의 가장자리에 그림에서 보는 바와 같이 슬롯을 뚫어 축에 고정하여 돌아가게 하고 슬롯을 통하여 발광소자와 수광소자로 구성되는 광전소자(photo interruptor)의 동작에 의하여 빛의 통과와 차단에 의하여 일정한 전기적인 신호(pulse)를 만들어 내는 장치이다. 따라서, 이를 Pulse generator라고도 불린다.

이 로터리 엔코더를 이용하여 엘리베이터 카의 이동거리, 카의 속도, 카의 이동방향을 검출하여 제어하는 정보로 활용하고 있다.

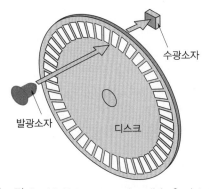

┃그림 3-19 Rotary encoder disk & slots┃

---

20) 로터리 엔코더의 출력이 펄스로 나오기 때문에 이를 Pulse generator라고도 부른다.

① **이동거리측정** : 로터리 엔코더에서 출력되는 Pulse 한 개는 모터의 회전각을 검출하고 이 모터의 회전각은 카의 이동거리와 같다. 그래서 로터리 엔코더에서 발생하여 제어반으로 입력되는 Pulse 개수를 CPU가 카운터하면 바로 카의 이동거리를 계산하게 된다. 통상적으로 사용되는 로터리 엔코더는 슬롯이 1,024개[21] 뚫린 것을 사용한다. 모터가 1회전하면 Pulse가 1,024개 발생하게 된다. 이를 카의 이동으로 환산하면 이동거리가 계산된다.

② **속도측정** : 측정된 이동거리를 시간으로 나누면 카의 이동속도가 된다. 이는 제어반의 운전제어 CPU와 속도제어 CPU에서 각각 계산되고 여러 가지 제어기능 및 안전기능에 사용된다.

③ **이동방향 검출** : 이동거리와 속도를 검출하는 기능에는 광전소자가 하나만 필요하지만 회전방향을 검출하려면 두 쌍의 광전소자가 필요하다. 이 각각의 광전소자를 A상 소자, B상 소자라고 부른다. 두 쌍의 소자가 발생하는 Pulse에는 90도의 위상차이가 있고 이 위상차이를 활용하여 방향을 검출하고 있다. 그 원리는 [그림 3-20]과 같이 A상이 Rising edge일 때 B상이 High이고, A상이 Falling edge일 때 B상이 Low이면 시계방향 회전이고, A상이 Rising edge일 때 B상이 Low이고, A상이 Falling edge일 때 B상이 High이면 반시계방향 회전으로 판단할 수 있다.

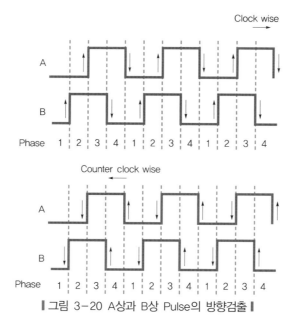

▌그림 3-20 A상과 B상 Pulse의 방향검출 ▌

④ **회전각측정** : 동기전동기에서는 전동기의 회전각을 검출할 필요가 있어 광전소자 Z상을 이용한다.

회전방향을 검출하기 위해서는 A·B상 2개의 센서를 이용하고, 정확한 위치제어를 위한 모터의 회전각을 제어하기 위해서는 A·B·Z 3개의 상을 이용한다.

---

21) 슬롯이 1,024개이면 1회전에 1,024pulse가 발생하므로 '1,024encoder'라고 한다.

Z상의 경우 1회전에 딱 1회만 신호가 입력되기 때문에 기구적인 원점을 찾아낼 수 있다. 위와 같이 A·B·Z상의 센서를 활용하면 모터의 회전자 회전위치를 알아낼 수 있다. 따라서, 모터가 몇 도 만큼 회전을 했는지 측정할 수 있고, 또는 이를 활용하여 모터의 초기 원점을 찾아낼 수 있다.

[그림 3-21]에서 원형 구멍이 뚫린 곳이 바로 Z상이다.

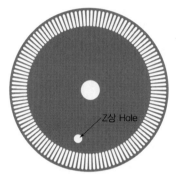

∥그림 3-21 회전각 검출용 Disk∥

예를 들어 8bit 분해능의 출력을 갖는 엔코더라고 가정한다면 아래와 같이 8가닥의 신호출력선이 나오기 때문에 $\frac{360}{8} = 45$, 1신호 출력당 45도이므로 엔코더의 절대위치값이 '1', '2', '4', '8', '16', '32', '64', '128' 순서로 출력되고, Z상을 지났을 경우 다시 리셋된다. 이것이 반복되는 상황에서 만약 4가 출력되고 엔코더가 멈추었다면, 신호값은 1 → 2 → 4, 즉 1 → 2 45도 이동 +2 → 4 45도 이동이기 때문에 총 '90도만큼 회전했다'라는 위치를 산출할 수 있다.

이와 같이 Z상에 의하여 회전각을 측정할 수 있는 Rotary encoder를 Resolver[22]라고 부르기도 한다.

3 감속기(speed reducer)

엘리베이터의 감속기는 전동기의 높은 회전수를 감소시키고, 회전력을 키워 구동시브로 엘리베이터 카의 이동을 원활하게 하는 역할을 한다. 엘리베이터는 감속기가 없는 것과 감속기가 있는 엘리베이터가 있다. 엘리베이터에 적용되는 감속기는 [그림 3-22]와 [그림 3-23]의 웜기어(worm gear)와 헬리컬기어(helical gear)가 있다. 감속기어는 지속적으로 서로 맞물려 회전하므로 사용할수록 마모가 발생하게 된다. 심한 마모 및 점식 등이 발생하지 않아 카 운행에 지장이 없으며, 이 물림상태는 양호하여 엘리베이터의 성능에 영향을 주지 않도록 관리해야 한다.

---

22) 서보기구에서 회전각을 검출하는 데 사용하는 일종의 회전전기(回轉電機)

(1) 감속기의 종류별 특성

감속기가 없는 TM은 전동기에서 구동시브로 동력이 전달되므로 구동력의 전달효율이 가장 좋고, 감속기에 의한 소음, 진동이 없다. 또한, 부하에 의한 전동기의 역구동은 가장 쉬운 게 특징이다.

웜기어는 웜과 휠의 축이 서로 직각방향으로 구성되어 있으며, 구동력의 전달은 웜의 홈과 휠의 기어가 미끄러지면서 동력을 전달하게 되어 진동과 소음은 그다지 높지 않으나 웜과 휠의 마찰로 인한 열발생이 있고 효율이 낮다. 휠의 기어가 웜의 홈에 걸려 있기 때문에 부하에 의한 역구동은 가장 어렵다.

헬리컬기어는 입력기어의 축부터 출력기어의 축이 모두 평행으로 연결되어 있어서 효율이 좋다. 그러나 기어와 기어가 서로 맞물려 구동력을 전달하므로 진동과 소음의 발생 우려가 가장 크다. 최근에는 기어 가공기술의 발달로 진동과 소음을 줄여 고속 엘리베이터에 적용하고 있다.

엘리베이터 TM의 감속기 종류별 특성은 [표 3-1]과 같다.

┃표 3-1 감속기 종류별 특성┃

항목　　　　종류	웜기어 (worm gear)	헬리컬기어 (helical gear)	무기어 (gearless)
효율	낮다.	높다.	가장 높다.
소음	작다.	크다.	가장 작다.
진동	작다.	크다.	가장 작다.
감속비	크다.	중간	1
역구동	어렵다.	웜기어식보다 쉽다.	가장 쉽다.

(2) 웜기어(worm gear)

웜기어는 [그림 3-22]에서와 같이 전동기축과 연결된 웜과 시브와 연결된 기어의 구조가 직각의 축으로 연결되어 웜의 회전력은 휠로 쉽게 전달되나 역구동인 부하에 의한 시브와 휠의 회전은 웜의 홈에 휠의 기어가 걸려 있어 전동기로 쉽게 전달되지 않는다. 또한, 웜의 1회전은 휠의 1개 이수를 움직이므로 회전수의 감속비를 크게 할 수 있다.

┃그림 3-22 웜기어의 구조(worm & wheel)┃

과거 유도전동기를 적용하면서 주파수제어를 하지 못하였으므로 전동기의 동기회전수 1,800rpm의 회전으로 엘리베이터를 구동하여야 할 경우에 카를 움직일 수 있는 적절한 구동력과 적절한 카의 속도를 만들기 위해서는 큰 비율의 감속이 필요하여 저속 엘리베이터에서는 대부분 웜기어를 적용했다.

웜기어는 동력전달이 웜의 골과 휠의 산의 마찰에 의하여 이루어지므로 헬리컬기어에 비하여 동력전달소음이 크지 않지만 동력전달효율은 그다지 높지 않다.

특히 역구동이 쉽지 않아 카를 움직일 수 없는 환경에서 비상시 기계실에서 수권조작으로 카를 움직이는 데 쉬운 점과 소음이 작은 점 등으로 엘리베이터 감속기로 많이 사용되어 왔다.

(3) 헬리컬기어(helical gear)

[그림 3-23]의 헬리컬기어는 입력기어의 축부터 출력기어의 축이 모두 평행으로 연결되어 동력전달효율이 높기 때문에 고속 엘리베이터에 적용이 가능하다. 그러나 전방기어와 후방기어가 맞물림동작을 하므로 소음이 크게 발생할 우려가 있어 특별한 가공기술이 필요하다.

헬리컬기어는 이의 물림이 크기 때문에 동력전달이 확실하며 원활하고 큰 구동력전달이 가능하다. 또한, 축방향의 힘이 발생하므로 구조상 안전하고 이수가 적은 기어에서도 사용이 가능하며 중심거리 조정이 가능한 등의 특징이 있다.

중속 및 고속에 적용되고 있으나 감속기가 고가이고 무기어 권상기의 발전으로 적용하는 모델은 감소하고 있다.

┃그림 3-23 헬리컬기어의 구조 ┃

(4) 무기어(gearless)

고속 엘리베이터에서는 전동기의 회전속도를 구동시브만 통하여 카를 빠르게 움직이게 하므로 전동기의 회전속도제어가 필요하다. 과거에는 직류전동기로 저속 제어하여 감속기 없는 엘리베이터를 사용하였으나, VVVF 제어기술과 전동기 제조기술의 발달로 성능과 효율이 좋은 교류전동기가 많이 적용되고 있다.

무기어 권상기는 기어식 권상기에 비하여 효율이 월등히 좋으며, 소음·진동이 없고, 속도제어 정밀성도 뛰어나서 고속 엘리베이터뿐만 아니라 저속 엘리베이터에서도 그 적용범위가 점차 커지고 있다. [그림 3-18, 27, 29]가 무기어 권상기의 모양이다.

특히 전동기가 소형·박형화되고, 감속기가 없어 구동장치가 작아서 최근 수요가 증가하고 있는 기계실 없는 엘리베이터에 가장 적합한 구동시스템으로 각광받고 있다.

108

(5) 감속기효율(gear efficiency)

무기어는 감속기효율을 따질 수 없고 웜기어와 헬리컬기어의 감속효율은 차이가 있다.

웜기어는 웜과 휠이 마찰을 통해서 동력전달을 하므로 마찰의 길이가 길면 효율은 떨어진다고 볼 수 있다. 따라서, 웜기어는 휠의 기어수가 많아 감속비가 크면 효율이 낮아진다. 즉, 웜기어의 감속효율은 감속비에 반비례하고, 감속비는 휠의 기어수에 비례한다. [그림 3-24]에 웜기어와 헬리컬기어의 효율을 비교하였다.

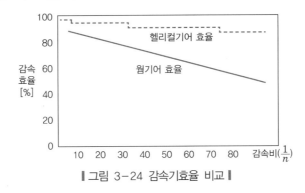

┃그림 3-24 감속기효율 비교┃

헬리컬기어는 기어의 맞닿음으로 동력전달이 이루어지므로 적용하는 기어의 수, 즉 감속기어 단수에 의하여 결정된다고 볼 수 있다. 헬리컬기어의 감속단계(reduce stage)수는 입력기어 외에 출력까지의 기어수를 말한다. 즉, 입력기어와 출력기어만 있다면 1stage라고 하고 입력기어와 출력기어 사이에 중간기어가 1개있다면 2stage라고 한다. 일반적으로 엘리베이터에서는 2 ~ 3stage를 적용한다.

헬리컬기어의 감속효율은 stage의 수에 반비례한다. 일반적으로 헬리컬기어의 1stage당 감속 효율은 약 2%의 감소가 있다고 본다. 2stage인 경우에는 효율이 4%, 3stage는 6% 정도 감소한다고 볼 수 있다. 또한, 헬리컬기어에서 1stage당 감속비는 주로 $\frac{1}{2}$ ~ $\frac{1}{8}$ 을 적용하고 있다. [그림 3-25]는 헬리컬기어의 3stage 구조이다.

┃그림 3-25 3stage helical gear┃

4 제동기(brake)

엘리베이터에서 카와 균형추의 무게편차가 항상 존재하므로 카가 정지한 상태에서는 무거운 쪽이 중력에 의하여 아래로 내려가는 움직임이 있으므로 이를 방지하고 운전되지 않을 때에는 카가 정지상태를 그대로 유지하기 위해서 전동기의 축을 잡아주는 메인 브레이크가 있다.

엘리베이터에서 브레이크의 역할은 정상적인 운전 중에 전동기가 감속착상되어 카가 정지한 상태에서 전동기축을 잡아 카와 균형추와의 무게 불균형에 의한 카의 이동을 막아주고, 엘리베이터가 이상상태가 되어 주행을 멈추어야 할 경우에 전동기의 전원 차단 후 관성으로 인한 회전을 멈추게 하는 것이다. 즉, 브레이크를 개방하는 시기는 엘리베이터 카가 움직이는 시간에 한하며, 나머지 모든 시간에는 브레이크를 잡고 있어야 한다.

브레이크의 제동력은 정전 등 전원에 문제가 생겼을 때에도 브레이크의 기능을 수행할 수 있는 자연물리적인 힘으로 이루어 져야 하며, 일반적으로 스프링의 탄성력을 이용한다. 브레이크의 개방은 코일에 전류를 흘려 전자석을 만들고 그 자력의 힘으로 코일 내부의 플런저를 움직여 브레이크를 개방한다.

브레이크는 정격하중의 125%를 카에 싣고 정격속도로 하강 운행하는 엘리베이터의 구동기 및 카를 정지시켜야 한다. 카의 감속도는 추락방지기의 작동 또는 카가 완충기에 부딪혀 정지할 때 발생되는 감속도를 초과하지 않도록 되어 있다.

(1) 브레이크의 종류

엘리베이터의 권상기에 사용되는 제동기는 주로 전자석의 힘을 이용하므로 전자석 제동기(電磁石制動機, electro-magnetic brake)라고 부른다. 엘리베이터에 많이 사용되는 제동기 종류로는 [그림 3-26]의 전동기축에 고정되어 있는 드럼을 브레이크슈가 잡아 정지하는 드럼브레이크(drum brake)와 [그림 3-29]처럼 원형의 디스크를 브레이크슈가 양면을 잡아 멈추게 하는 디스크브레이크(disk brake)가 있다.

드럼브레이크는 [그림 3-26]처럼 드럼의 외부면을 잡는 방식과 [그림 3-27]과 같이 드럼의 내부면을 잡는 방식이 있다. 드럼의 내부면을 잡는 방식은 드럼의 외부면은 로프홈을 가공하여 시브로 사용하고 내부면을 브레이크슈가 마찰하는 드럼으로 사용하는 경우가 많다.

┃그림 3-26 드럼 외면작동 ┃

┃그림 3-27 드럼 내면작동 ┃

(2) 브레이크의 구조

드럼 또는 디스크 브레이크의 모든 기계적 부품은 이중 구조로 설치되어 있다.

구성요소의 고장으로 브레이크 세트 중 하나가 작동하지 않더라도, 나머지 하나의 브레이크로 정격하중을 싣고 정격속도로 하강하는 카 또는 빈 카로 상승하는 카를 감속·정지시키고, 정지상 태를 유지하도록 제동력을 가지고 있다.

솔레노이드 내부의 플런저는 기계적인 부품으로 간주되어 2개로 구성되지만, 솔레노이드 코일 은 하나로 구성되어 있다.

브레이크의 제동력은 드럼과 디스크를 통하여 권상도르래(드럼, 스프로킷 등)에 마찰이 없는 확동구조로 연결되어 있다.

① **드럼브레이크** : 드럼브레이크의 구성품은 [그림 3-28]과 같이 브레이크 코일(coil), 브레이 크 플런저(plunger), 브레이크 레버(lever), 패드갭 조정볼트, 제동스프링(brake spring), 스프링장력 조정너트, 브레이크 암(arm), 브레이크 슈(shoe), 브레이크 패드(lining, pad), 브레이크 드럼(drum), 브레이크 동작검출스위치 등이 있다.

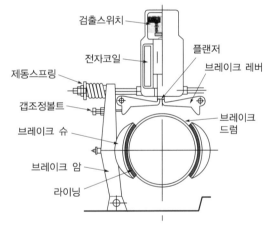

┃ 그림 3-28 드럼브레이크의 구조 ┃

여기서, 브레이크 드럼은 권상기의 전동기축에 장착되고, 감속기로 감속하는 권상기인 GD machine에서는 일반적으로 전동기와 감속기를 연결하는 커플링(coupling) 역할을 겸하고 있다.

드럼브레이크의 제동력은 전원 차단 시 제동스프링에 의하여 브레이크 패드가 드럼을 눌러 잡아서 만들어진다. 전원 투입 시에는 전자석의 힘이 제동스프링의 탄성력보다 크게 되어 플런저가 코일 밖으로 밀려나온다. 플런저의 움직임은 레버에 의하여 브레이크 암과 암에 연결된 브레이크 슈와 패드에 전달되어 패드가 드럼과 벌어지는 방향으로 움직여 브레이크가 개방된다.

② **디스크브레이크** : 디스크식 전자브레이크의 통상적인 구조는 [그림 3-29]와 같다. 디스크 브레이크 본체의 구조는 전자브레이크 구성부품의 하나인 아마추어에 부착된 패드로 브레

이크 디스크를 조여 잡아서 제동력을 발휘하는 방식이다. 브레이크의 이중계가 의무화된 이후로 [그림 3-29]와 같이 디스크식 전자브레이크 본체는 2개 또는 3개가 장착된다. 브레이크의 개방동작은 [그림 3-30]에서 보는 것과 같다. 그림에서 보는 바와 같이 전원 투입 시 전자석의 흡인력이 제동스프링의 탄성력을 눌러 좌측의 아마추어와 아마추어에 부착된 패드를 전자코일방향으로 끌어당겨 브레이크가 개방되도록 하는 모양이다. 이때, 우측의 아마추어와 패드는 우측으로 이동하는 구조로 되어 있다.

▌그림 3-29 디스크브레이크 ▌

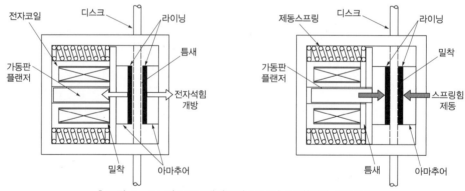

▌그림 3-30 디스크브레이크의 구조와 동작(개방. 제동) ▌

전원차단 시 [그림 3-30]에서 나타나는 것과 같이 제동스프링에 의하여 좌측의 아마추어와 패드는 오른쪽으로 이동하고, 우측의 아마추어와 패드는 왼쪽방향으로 이동하는 구조로 되어 있어 패드가 디스크를 눌러 잡는 것으로 제동력이 발생한다. 그림에서 코일과 가동판 간에는 틈새가 생기고 패드와 디스크 사이는 밀착된다.

(3) 브레이크의 안전회로

브레이크의 개방은 지속적인 전류의 공급으로 이루어진다. 그리고 브레이크의 제동은 브레이 크 코일의 전류를 차단하면 즉시 브레이크가 스프링 탄성력으로 브레이크 드럼을 잡아야 한다. 브레이크 코일의 전류를 신속히 차단하고, 브레이크 전원공급을 하는 개폐기의 접점 이상에도 불구하고 전원공급을 차단하기 위해서 다음과 같이 회로를 구성한다. [그림 3-31]이 회로구성의 예이다.

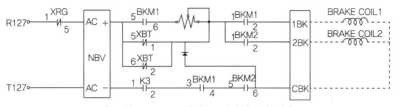

┃ 그림 3-31 브레이크 전기회로의 예 ┃

그림의 브레이크 코일은 직류전원을 사용한다. NRV는 교류입력을 받아 직류를 출력하는 직류전원장치이고, BKM1과 BKM2 2개의 컨덕터의 각각 2개의 접점으로 직류 +, - 회로에 직렬로 삽입되어 있다. 이러한 회로는 브레이크의 제동 시 4개의 접점 중 1개라도 오픈되면 브레이크가 제동되어 카가 정지되도록 구성한 안전회로이다.

카가 기동하기 위하여 브레이크를 개방할 때 브레이크는 제동스프링의 탄성력을 이겨야 하므로 많은 전류를 흐르게 XBT 접점을 통하여 저항을 거치지 않고 브레이크 코일에 투입된다.

코일이 여자되면 제동스프링에 대응하여 유지하는 힘만 필요하므로 XBT 접점은 개방되고 BKM1 접점으로 저항을 통하여 코일에 전류가 투입된다. 이 저항을 브레이크 개방유지 전류제한 저항이며 그냥 '유지저항'이라고 한다.

브레이크의 중요한 역할은 비상시 즉시 제동하는 것으로, 이 회로에서 BKM1의 3-4접점, 5-6접점과 BKM2의 1-2접점, 5-6접점 그리고 K3의 1-2접점 등 5개의 접점 중 4개가 융착 고장현상으로 개방되지 않아도 1개의 접점만 정상으로 개방되면 브레이크는 제동하게 된다.

(4) 브레이크의 관리

브레이크 패드와 브레이크 드럼의 접촉상태는 양호하고 마모, 편마모 등 심한 마모가 없으며, 브레이크 스프링이 적정하게 압축되어 있는지를 확인한다.

동력차단 때 카를 안전하게 감속정지(최대 정지거리≤감속주행거리+균형추쪽 주행여유거리) 시키는 지 확인한다.

브레이크를 개방하거나 제동할 때 지연시간이 없는지 여부와 지나친 소음이 발생하는 지를 확인한다.

◆ ⚖ 관련**법령**

〈안전기준 별표 22〉

13.2.2 브레이크 시스템

13.2.2.1 일반사항

13.2.2.1.1 엘리베이터에는 브레이크 시스템이 있어야 하며, 다음이 차단될 경우 자동으로 작동해야 한다.

　　　　가) 주동력 전원공급

　　　　나) 제어회로에 전원공급

13.2.2.1.2 브레이크 시스템은 전자-기계 브레이크(마찰형식)가 있어야 한다. 다만, 추가로 다른 브레이크 장치(전기적 방식 등)가 있을 수 있다.

13.2.2.2 전자-기계 브레이크[23]

13.2.2.2.1 이 브레이크는 자체적으로 카가 정격속도로 정격하중의 125%를 싣고 하강방향으로 운행될 때 구동기를 정지시킬 수 있어야 한다.

이 조건에서 카의 감속도는 추락방지 안전장치의 작동 또는 카가 완충기에 정지할 때 발생되는 감속도를 초과하지 않아야 한다.

드럼 또는 디스크 제동작용에 관여하는 브레이크의 모든 기계적 부품은 최소한 2세트로 설치되어야 한다.

구성요소의 고장으로 브레이크 세트 중 하나가 작동하지 않으면 정격하중을 싣고 정격속도로 하강하는 카 또는 빈 카로 상승하는 카를 감속·정지 및 정지상태 유지를 위한 나머지 하나의 브레이크 세트는 계속 제동되어야 한다.

솔레노이드 플런저는 기계적인 부품으로 간주되지만, 솔레노이드 코일은 그렇지 않다.

13.2.2.2.2 브레이크 작동과 관련된 부품은 권상도르래, 드럼 또는 스프로킷에 직접적이고 확실한 장치에 의해 연결되어야 한다.

13.2.2.2.3 정상운행에서 브레이크의 개방은 13.2.2.2.7에서 허용한 바를 제외하고, 지속적인 전류의 공급이 요구되어야 한다.

다음 사항을 만족해야 한다.

　가) 15.2.4에 규정된 전기안전장치에 의해 흐르는 전류는 다음 장치 중 한 가지에 의해 차단되어야 한다.

　　　1) 구동기의 전류를 차단하는 장치와는 별개로 14.3.1에 따른 2개의 독립적인 전기장치 엘리베이터가 정지하고 있는 동안, 전기장치 중 하나가 제동회로를 개방하지 않으면 카는 더 이상 운행되지 않아야 한다. 또한, 감시기능의 고장 시에도 동일하게 결과를 가져야 한다.

　　　2) 15.2.3을 만족하는 전기회로

　　　　이 장치는 안전부품으로 간주되고 [별표 2]에 따라 안전성이 입증되어야 한다.

　나) 엘리베이터의 전동기가 발전기와 같은 기능을 할 때 전동기에 의한 회생전력은 브레이크를 작동하는 전기장치에 직접 공급되지 않아야 한다.

　다) 브레이크 제동은 개방회로의 차단 후에 추가적인 지연 없이 유효해야 한다.

　　　[비고] 전기적 불꽃을 감소시키는 간단한 전기부품(다이오드, 커패시터 또는 배리스터)은 지연수단으로 간주하지 않는다.

　라) 전자-기계 브레이크에 대한 과부하 또는 과전류 보호장치(있는 경우에)가 동작되면 구동기의 전원을 차단해야 한다.

　마) 전동기전원이 켜지기 전까지 브레이크에 전류가 공급되어서는 안 된다.

13.2.2.2.4 브레이크 슈 또는 패드압력은 압축스프링 또는 무게추에 의해 발휘되어야 한다.

13.2.2.2.5 밴드 브레이크는 사용되지 않아야 한다.

---

23) 이러한 명칭은 혼돈을 초래할 수 있다.

13.2.2.2.6 브레이크 패드는 불연성이어야 한다.

13.2.2.2.7 구동기는 지속적인 수동조작에 의해 브레이크를 개방할 수 있어야 한다.

이러한 동작은 기계식(레버 등)과 자동충전식 비상전원공급을 통한 전기식으로 할 수 있다.

비상전원의 용량은 이 전원에 연결된 기타 장비와 비상상황에 대응하기 위해 소요되는 시간을 감안하여 카를 승강장으로 이동시키는 데 충분한 용량이어야 한다.

브레이크 수동개방 실패가 브레이크 기능의 고장원인이 되어서는 안 된다.

각 브레이크 장치를 승강로 외부에서 독립적으로 시험할 수 있어야 한다.

13.2.2.2.8 사용설명서 및 관련 주의사항은 (특히, 감소된 행정의 완충기) 구동기 브레이크를 수동으로 작동하기 위한 수단에 고정되거나 근처에 있어야 한다.

13.2.2.2.9 브레이크를 수동개방하고, 카에 적재된 하중이 $(q-0.1) \cdot Q$와 $(q+0.1) \cdot Q$의 범위 내에 있을 때

여기서, q : 균형추에 의한 정격하중의 평형량을 나타내는 평형계수(오버밸런스율)

Q : 정격하중

카를 다음에 의해 인접층으로 이동하는 것이 가능해야 한다.

가) 중력에 의한 자연적인 움직임 또는

나) 다음과 같이 구성된 수동운전

1) 현장에 있는 기계적 수단 또는

2) 주전원과는 별도로 현장에 있는 전원에 의해 공급되는 전기적 수단

5 구동도르래(traction sheave)[24]

엘리베이터의 구동도르래는 전동기의 회전을 감속기가 감속 및 증력시킨 회전운동을 로프를 통해서 직선운동으로 바꾸어 카를 상승 하강시키는 운동형태를 변환한 동력전달역할을 한다.

(1) 도르래의 직경

도드래에 걸려 있는 로프는 도르래의 회전 원둘레의 크기에 의하여 직선운동의 속도가 결정되고, 도르래에 의하여 굽혀짐과 펴짐의 반복에 의한 로프의 손상을 최소화하기 위해 그 크기를 적절히 설정하여야 한다. 로프의 굽힘과 펴짐이 반복되어 수명이 짧아지는 것을 방지하기 위하여 일반적으로 도르래의 직경(D)은 도르래에 걸리는 로프공칭직경(d)의 40배 이상으로 한다. 단, 도르래에 로프가 걸리는 부분(권부각, 捲付角)이 원둘레의 $\frac{1}{4}$ 이하일 때 로프 직경의 36배 이상으로 할 수 있다. 이는 권상도르래뿐만 아니라 편향도르래, 현수도르래 등에도 적용된다.[25]

---

24) Main sheave, Drive sheave, 주도르래, 권상도르래 등으로도 불리운다.
25) 현행법–안전기준, 주택용 엘리베이터는 도르래와 로프의 비율을 30배로 적용할 수 있다.

〈안전기준 별표 22〉

9.2 권상도르래·풀리 또는 드럼과 로프(벨트) 사이의 직경 비율, 로프·체인의 단말처리

9.2.1 권상 도르래·풀리 또는 드럼의 피치직경과 로프(벨트)의 공칭직경 사이의 비율은 로프(벨트)의 가닥수와 관계없이 40 이상이어야 한다. 다만, 주택용 엘리베이터의 경우 30 이상이어야 한다.

(2) 로프홈(groove)

균형추방식 엘리베이터는 도르래와 로프의 마찰력으로 카를 구동하는 방식이므로 적절한 마찰력을 확보하기 위하여 로프홈의 형상을 다양하게 가공하여 사용한다. [그림 3-32]는 로프홈 형상을 보여준다.

각 형상별 로프홈(groove)의 특징은 다음과 같다.

① U홈 : 로프와의 면압이 작으므로 로프의 수명은 길어지지만 마찰력이 작다. 마찰력이 작아서 싱글랩방식으로는 사용이 힘들며, 권부각을 크게 할 수 있는 더블랩방식의 고속기종 권상기에 많이 사용된다.

② V홈 : 가공이 쉽고 초기 마찰력은 우수하다. 쐐기작용에 의해 마찰력은 크지만, 면압이 높고 권상로프와 접하는 부분의 각도가 작게 되어 로프와 시브의 수명이 짧아지는 단점이 있다.

③ 언더컷홈 : U홈과 V홈의 장점을 가지며 트렉션능력이 커서 가장 일반적으로 엘리베이터에 적용된다. 형상적으로는 V홈이 와이어로프에 의해 마모가 생긴 때의 형상을 처음부터 형성한 홈이다. 언더컷 중심각 β가 크면 트렉션 능력이 크다(일반적으로 $105° \leq \beta \leq 90°$ 적용). 초기 가공은 어려우나 시브의 마모가 어느 한계까지 가더라도 마찰력이 유지되는 장점을 가진다.

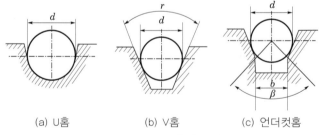

(a) U홈　　(b) V홈　　(c) 언더컷홈

┃ 그림 3-32 로프홈의 형상 ┃

(3) 언더컷 마모기준

엘리베이터 도르래는 지속적으로 로프와 마찰동작을 하게 되므로 그 상태에 많은 주의를 기울여야 한다. 도르래는 몸체에 균열이 없어야 하고, 자동정지 때 주로프와의 사이에 심한 미끄러움 및 마모가 없어야 한다. [그림 3-33]에서와 같이 도르래홈의 언더컷의 잔여량은 1mm 이상이어야 하고, 도르래에 감긴 주로프 가닥끼리의 높이차는 2mm 이내이어야 한다.

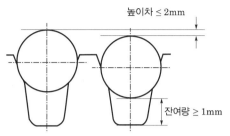

┃ 그림 3-33 언더컷홈의 언더컷 잔여량기준 ┃

⚖️ **관련법령**

〈안전기준 별표 22〉 부속서 Ⅳ

로프의 마모 및 파손상태

로프의 마모 및 파손상태는 가장 심한 부분에서 확인·측정하여 [표 Ⅳ.1]에 적합해야 한다.

┃ 표 Ⅳ.1 로프의 마모 및 파손상태에 대한 기준 ┃

마모 및 파손상태	기준
소선의 파단이 균등하게 분포되어 있는 경우	1구성 꼬임(스트랜드)의 1꼬임 피치 내에서 파단수 4 이하
파단 소선의 단면적이 원래의 소선단면적의 70% 이하로 되어 있는 경우 또는 녹이 심한 경우	1구성 꼬임(스트랜드)의 1꼬임 피치 내에서 파단수 2 이하
소선의 파단이 1개소 또는 특정의 꼬임에 집중되어 있는 경우	소선의 파단총수가 1꼬임 피치 내에서 6꼬임 와이어로프이면 12 이하, 8꼬임 와이어로프이면 16 이하
마모부분의 와이어로프의 지름	마모되지 않은 부분의 와이어로프 직경의 90% 이상

[비고] 파단 소선의 단면적이 70% 이하인지 여부는 다음 [그림 Ⅳ.1]의 l_1의 마모길이를 측정하여 [표 Ⅳ.2]의 수치 이상인 것으로 판정할 수 있다.

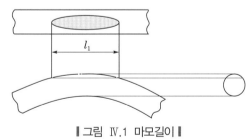

┃ 그림 Ⅳ.1 마모길이 ┃

┃ 표 Ⅳ.2 마모길이 ┃

주로프 직경	로프의 구성기호 및 마모길이(l_1), 단위[mm]		
	8×S(19)	6×W(19)	8×Fi(25)
8	2.8	3.2	2.6
10	3.6	4.0	3.3
12	4.2	4.8	4.0
14	4.9	5.6	4.4
16	5.6	6.3	5.4
18	6.3	7.2	6.2
20	7.1	8.1	6.5

(4) 구동시브의 트랙션능력

구동시브의 트랙션능력은 구동시브와 로프의 마찰력이라고 볼 수 있다. 구동시브의 트랙션능력 T_A는 시브와 로프 간의 마찰계수, 로프홈의 형상에 따른 홈계수(groove factor) 그리고 구동시브에 로프가 감겨서 접촉하는 권부각에 의해 결정된다. 일반적으로 트랙션능력은 다음 식으로 구한다.

$$\text{트랙션능력 } T_A = e^{\mu\kappa\theta} \geq 1$$

여기서, μ : 시브홈과 로프 간의 마찰계수(약 0.1)

θ : 권부각[rad]

κ : 홈계수(U홈 : 1.0, 언더컷홈 : 2.0, V홈 : 3.5)

따라서, 구동시브의 마찰력을 크게 하기 위해서는 권부각을 크게 하거나 시브의 로프홈을 계수가 큰 형상으로 선정해야 한다.

특히 권부각을 대폭적으로 키우기 위해서는 Double wrapping 방식을 적용하는 것이 좋다.

(5) 로프이탈방지쇠(rope retainer)

시브 주위에 급제동 시나 지진, 기타의 원인으로 인하여 로프의 느슨해짐 등으로 로프홈에 걸려 있는 로프가 제자리홈을 이탈하는 것을 방지하기 위해 [그림 3-34]와 같이 Rope retainer가 설치된다.

▎그림 3-34 Rope retainer ▎

(6) 보호망

엘리베이터 기계실 등에서 회전하는 시브와 스프로킷 등의 기기에는 사람의 신체나 옷 또는 물건 등이 끼이지 않도록 하는 보호망이 설치된다.

118

관련법령

〈안전기준 별표 22〉

9.7 도르래·풀리 및 스프로킷의 보호수단

9.7.1 도르래, 풀리, 스프로킷, 과속조절기, 인장추 풀리에 대해 다음과 같은 위험을 방지하기 위한
수단이 [표 9]에 따라 설치되어야 한다.

　가) 인체 부상

　나) 로프(벨트)·체인이 느슨해질 경우 로프·체인이 풀리·스프로킷에서 벗어남

　다) 로프(벨트)·체인과 풀리·스프로킷 사이에 물체 유입

‖ 표 9 도르래, 풀리 및 스프로킷의 보호 ‖

도르래, 풀리 및 스프로킷의 위치			9.7.1에 따른 위험		
			가)	나)	다)
카	카 지붕		○	○	○
	카 하부			○	○
균형추·평형추				○	○
기계류 공간·기계실 및 풀리실			○[2]	○	○[1]
승강로	상부 공간	카 위	○	○	
		카 옆	○	○	
	피트와 상부 공간 사이			○	○[1]
	피트		○	○	○
잭	위쪽으로 확장		○[2]	○	
	아래쪽으로 확장			○	○[1]
	기계적인 동기수단		○	○	○

[주] ○ 위험이 고려되어야 한다.

1) 로프(벨트)체인 등이 권상도르래 또는 풀리·스프로킷에 수평 또는 수평면에 대해 최대 90°까지 들어가
고 있는 경우에만 요구

2) 로프(벨트)인 등이 도르래, 풀리 또는 스프로킷에 들어가거나 나오는 구역에 대한 우발적인 접근을 막는
최소한의 보호수단(nip guards)이 있어야 한다([그림 18] 참조).

9.7.2 사용된 보호수단은 회전부품이 보이는 구조이어야 하고, 작동시험 및 점검 등 유지관리 업무
수행에 방해되지 않아야 한다.

　이 보호수단에 구멍이 있는 경우에는 KS B ISO 13857, [표 4]에 따라야 한다.

　다음과 같이 필요한 경우에만 떼어낼 수 있어야 한다.

　가) 로프(벨트)·체인의 교체

　나) 도르래·풀리·스프로킷의 교체

　다) 홈의 재가공

　　도르래나 풀리에서 로프의 이탈을 막는 장치는 로프가 도르래에 들어가고 나오는 지점
　　근처에 하나의 고정장치를 포함해야 한다.

　　도르래·풀리의 수평축 아래에 60° 이상의 감김각도로 감겨 있고, 총감김각도가 120°
　　이상인 경우에는 하나 이상의 중간 고정장치를 추가로 포함해야 한다([그림 19] 참조).

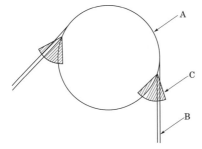

[기호설명]
• A : 풀리
• B : 로프, 벨트
• C : 보호수단(nip guard)

▎그림 18 보호수단(nip guard)의 예시 ▎

    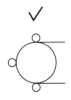

▎그림 19 로프고정장치(retainer)의 배치 예시 ▎

9.8 승강로 내부의 권상도르래·풀리 및 스프로킷

권상도르래, 풀리 및 스프로킷은 다음과 같은 조건 아래에서 최하층 승강장 바닥 위의 승강로에 설치될 수 있다.

가) 기계적인 고장발생 시 편향 풀리·스프로킷의 추락을 막는 고정장치(retaining devices)가 있어야 한다. 이 고정장치는 풀리·스프로킷의 무게와 매달려진 하중을 지지할 수 있어야 한다.

나) 권상도르래, 풀리·스프로킷이 카의 수직 투영공간에 있는 경우 상부 공간의 틈새는 6.5.7에 따라야 한다.

▮6▮ 편향(偏向)도르래(deflect sheave)

엘리베이터 카와 균형추의 왕복운동 중 서로 간섭을 받지 않도록 일정한 간격을 유지하여야 하므로 구동도르래의 크기에 따라서 편향도르래가 필요하다.

(1) 편향도르래의 기능

① 카와 카운터의 간격유지 : 카와 균형추가 교차하는 구간에서 서로 비켜지나가도록 일정한 간격을 유지(구동도르래만으로 카와 균형추가 맞닿지 않는 경우에는 굳이 편향도르래를 설치할 필요가 없다)하도록 한다.

② 권부각(捲附角, winding angle) 조정 : 구동도르래의 권부각은 [그림 3-35]와 같이 도르래와 로프가 접촉하는 각도를 말한다.

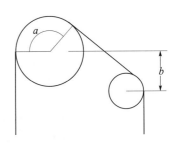

▎그림 3-35 편향도르래 설치간격과 권부각 ▎

120

[그림 3-35]와 같이 편향도르래의 설치간격(b)에 따른 구동도르래의 마찰력을 유지하는 권부각(a)을 확보할 수 있다. 구동도르래와 편향도르래의 설치간격 b가 클수록 권부각 a가 커진다.

(2) 편향도르래의 설치간격

편향도르래는 구동도르래와의 설치되는 높이 차이에 의하여 구동도르래의 권부각이 결정되므로 설치되는 위치가 중요하다. 과거 구동도르래의 로프홈의 마찰력이 크지 않은 시기에는 편향도르래가 기계실 아래쪽에 있는 별도의 공간에 설치되는 경우도 있었다.

(3) 편향도르래의 명칭

편향도르래는 그 의미에 따라 여러 가지 이름으로 불린다. 즉, 카와 균형추의 간섭을 없애기 위한 기능으로 편향도르래 또는 Deflect sheave, 카와 균형추의 간격조정용이라 조정도르래, 주도르래에 대응한 보조도르래(secondary sheave), Drive sheave에 대응한 Idle sheave, 2 : 1 로핑 엘리베이터의 현수도르래(suspension sheave)에 비교되는 고정도르래(fixed sheave) 등이 있다.

7 권상기 관련 부품

(1) 권상기대(TM bed)

권상기 본체를 조립하는 기본받침으로, 주로 H beam을 사용하여 만든다. 일반적으로 권상기 구성의 하나이다. 권상기와 방진고무를 사용하여 조립하기도 한다.

(2) 기계대(machine beam)

권상기와 디플렉트시브 그리고 로프브레이크 등이 조립되는 받침으로, 기계실의 바닥에 설치되어 권상기를 상부에 설치한다. 이 기계대는 엘리베이터의 모든 하중[26]을 지탱하는 역할을 하므로 [그림 3-36]처럼 내력벽의 승강로 벽에 걸쳐지거나 그렇지 않으면 헌치보에 걸쳐 하중을 받도록 한다. [그림 3-37]처럼 기계대에 로프를 고정시키는 Hitch plate가 장착된다.

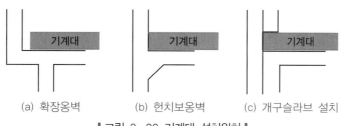

| (a) 확장옹벽 | (b) 헌치보옹벽 | (c) 개구슬라브 설치 |

┃ 그림 3-36 기계대 설치위치 ┃

---

26) 기계대가 받는 하중은 권상기, 카 자중, 로프, 균형추, 적재량, 콤펜수단(체인, 로프), T-cable 등이 있다.

┃그림 3-37 기계대, Hitch plate, Stopper, 방진고무┃

(3) 방진고무(vibroisolating rubber)

① **방진고무의 역할** : 기계대와 권상기대 사이에 방진고무를 삽입하여 권상기에서 동작 시 발생하는 진동이 건축물 구조를 통하여 사람이 거주하는 공간으로 전달되지 않도록 한다. [그림 3-38]에 나타나 있다.

┃그림 3-38 방진고무┃

② **방진고무의 반력계산 및 위치설계** : 권상기의 방진고무는 기본적으로 4개가 사용되나 필요에 의하여 추가될 수도 있다. 4개의 방진고무 위치에 대한 설계는 각각에 걸리는 하중을 계산하고 이 각각의 방진고무에 작용하는 반력을 균등하게 하여 수축(收縮)량의 편차가 없도록 방진고무 위치를 설계한다. 이 방진고무에 걸리는 반력의 요소는 권상기규격(전동기, 브레이크, 감속기, 시브, 권상기대 등), Deflect sheave, Ropping 방법, Wraping 방법, 로프의 본수, 카의 자중, CWT의 Over blance rate, Compensation 방법, Tailing code 규격 등에 의하여 구성된다고 볼 수 있다.

③ **방진고무의 선정** : 방진고무는 스프링상수와 경도를 중요한 특성으로 볼 수 있다. 스프링상수[N/mm]는 방진고무가 1mm 수축하는 데 필요한 힘(부하)으로 나타낸다.

$$\text{스프링상수 } k = \frac{p_2 - p_1}{\delta(p_2) - \delta(p_1)} [\text{N/mm}]$$

스프링상수와 경도는 밀접한 연관관계가 있으므로 일반적으로 스프링상수값으로 선정하는 것이 대부분이다. 스프링상수의 크기에 따른 영향은 진동의 흡수효과와 기계의 기울어짐이 서로 관여를 하며, 스프링상수가 크면 진동의 흡수효과는 다소 높아지지만, 권상기 등 기계의 기울어짐, 어긋남 등의 변화가 생길 수 있으므로 스프링상수의 적절한 선정이 필요하다.

(4) 전도방지쇠(stopper)

지진 등의 큰 진동에 의해서 권상기가 전도되는 사고를 방지하기 위해 권상기대에는 고정되지 않는 홀을 통과하여 기계대에 고정된 볼트를 설치한다. [그림 3-37]은 전도방지쇠를 보여준다.

8 구동 와이어로프

(1) 와이어로프의 구조

엘리베이터에서 로프는 '생명의 밧줄'이라고도 한다. [그림 3-39]처럼 와이어로프의 구성은 소재는 강철인 가는 소선(wire)을 여러 개 꼬아서 로프가닥(strand)을 만들고, 이 로프가닥을 심강(core)이라는 섬유질의 로프를 중심으로 6 ~ 16개 꼬아서 만든다. 현수로프의 안전율은 12 이상으로 하고, 일반적으로 한국산업표준 엘리베이터용 강선 와이어로프(KS D ISO 4344)에 적합하며, 공칭직경 8mm 이상의 와이어로프를 2본 이상 사용한다.

꼬임방식은 [그림 3-43]과 같으며 엘리베이터에 가장 일반적으로 사용하는 로프는 Z꼬임을 적용한다. 이 꼬임은 소선의 꼬임방향과 스트랜드의 꼬임방향이 반대로 되어 로프가 쉽게 꼬이지 않는 것이 특징이다.

엘리베이터의 주로프에 가장 일반적으로 사용하는 와이어로프는 8×S(19), E종, 보통 Z꼬임이다.

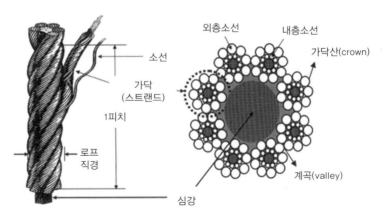

▎그림 3-39 와이어로프의 구조 ▎

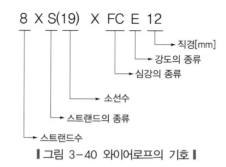

┃그림 3-40 와이어로프의 기호┃

① 심강(心綱, fiber core) : 와이어로프의 중앙에 위치한 섬유질의 로프를 말한다. 천연섬유인 경질의 시살(sisal)[27]이나 마닐라삼[28] 또는 천연마나 합성섬유의 로프에 기름을 먹여 소선의 마찰을 윤활하게 하여 녹스는 것과 마모를 방지하는 역할을 한다. 그리고 섬유질이 아닌 철소재의 심강이 있다. FC는 섬유질의 심강이고, IWRC[29]는 철소재의 심강이다.

② 소선(素線, wire) : 와이어로프의 가장 기본적인 구성요소가 소선이다. 소선의 굵기는 다양하게 선택할 수 있으며, 스트랜드를 구성하는 소선의 개수도 와이어로프의 용도에 따라 달라진다. 스트랜드를 구성하는 각각의 강선이며 경강선재를 사용해 다이스에서 일정치수로 인발가공한다. 스트랜드 표면에 배열된 것을 외층소선, 내측에 배열된 것을 내층소선이라 한다.

③ 가닥(strand) : 가닥은 여러 선의 소선을 꼬아서 로프의 중간꼬임을 만든 것으로, 이 가닥을 여러 가닥 꼬아서 완성된 로프가 된다.

가닥의 종류는 어떤 소선을 조합하여 나선형으로 꼬는 형태에 대한 것이다. [그림 3-41]에서 처럼 S는 Seale형으로 외곽에 굵은 소선으로 쌓여 있고 그 내부에 가는 소선의 층이 있다. 시브에 접촉하는 면이 마모에 의하여 쉽게 끊기는 것을 방지하는 형태이다. W는 Warrington형으로 외곽에 굵은 소선과 가는 소선을 교대로 엮어 외형이 굴곡이 크지 않도록 만든 것이다. F는 Filler형으로 굵은 소선의 틈에 아주 가는 소선을 채워 넣는 방식이다.

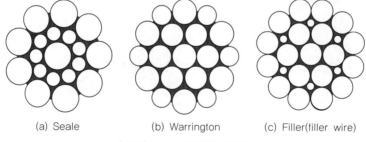

| (a) Seale | (b) Warrington | (c) Filler(filler wire) |

┃그림 3-41 가닥의 종류┃

---

27) Sisal : 시살섬유로 만든 로프와 삼실은 선박용·농업용·해운용·일반산업용으로 널리 쓰이고 있다.
28) 마닐라삼 : 필리핀이 원산지이고 주로 섬유를 채취하기 위해 재배하며 고온다습한 기후에 적응한 대형 초본식물로 섬유는 흰색, 적황색이며 가볍고 강하며, 물에 대하여 내구력이 강해 선박용, 어업용 로프와 해저전선의 피복물의 재료로 사용하고 품질이 낮은 것은 종이의 원료로 사용된다.
29) Independent wire rope core

④ **와이어로프의 직경** : 와이어로프의 직경을 mm로 표시한다. 엘리베이터에서는 일반적으로 8 ~ 16mm를 적용한다.

엘리베이터에 사용 중인 와이어로프의 지름을 측정하는 방법은 [그림 3-42]와 같이 스트랜드의 산과 산을 측정하고, 로프가 고정된 단말에서 1.5m 이상 떨어진 임의의 점 2개소 이상을 버니어캘리퍼스로 측정하여 그 평균값을 구한다.

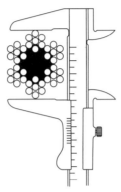

┃그림 3-42 측정방법┃

⑤ **꼬임의 방향** : 꼬임의 방식은 소선의 꼬임방향과 스트랜드의 꼬임방향을 조합해서 정한다. 소선과 스트랜드의 꼬임방향이 서로 다르면 보통꼬임이라 하고, 서로 같은 방향이면 랭꼬임(lang lay)이라고 한다. Z꼬임은 꼬임의 방향이 시계반대방향이고, S꼬임은 시계방향으로 회전하는 것이다. 엘리베이터에는 늘어지는 부분이 8자로 꼬이지 않아야 하므로 보통 Z꼬임을 적용한다.

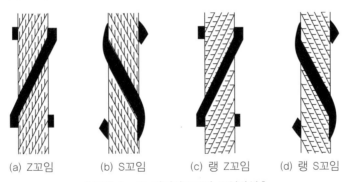

(a) Z꼬임   (b) S꼬임   (c) 랭 Z꼬임   (d) 랭 S꼬임
┃그림 3-43 와이어로프의 꼬임방식┃

⑥ **와이어로프의 강도** : 와이어로프의 파단강도는 소선소재의 탄소함유량에 따라서 달라진다. 엘리베이터에 사용되는 로프는 굽힘과 펴짐이 반복되므로 보통의 로프보다는 탄소량을 적게 하여 주로 유연성이 큰 것을 적용한다. 엘리베이터에 적용하는 와이어로프는 일반적으로는 소선의 파단강도가 135kgf/mm^2 정도인 E종을 많이 적용한다. 그러나 초고층용 엘리베이터에서는 로프의 자중이 커지게 되므로 파단강도가 더 큰 로프를 사용하기도 한다. 와이어로프 소선의 종별 강도 및 특성은 [표 3-2]와 같다.

┃ 표 3-2 소선의 종별 파단강도와 특징 ┃

종별	파단강도	특징
E종	1,320N/mm²	강도는 다소 낮더라도 유연성을 좋게 하여 소선이 잘 파단되지 않고 시브의 마모가 작게 되도록 한 것으로, 엘리베이터에 많이 적용된다.
G종	1,470N/mm²	소선의 표면에 아연도금을 한 것으로서, 녹이 쉽게 나지 않기 때문에 습기가 많은 장소에 적합하다.
A종	1,620N/mm²	파단강도가 높기 때문에 초고층용 엘리베이터나 로프본수를 적게 하고자 할 때 사용되는 경우가 있다. E종보다 경도가 높기 때문에 시브의 마모에 대한 대책이 필요하다.
B종	1,770N/mm²	강도와 경도가 A종보다 더욱 높아 엘리베이터용으로는 거의 사용되지 않는다.

(2) 로프걸기(roping)[30]

엘리베이터의 로프를 메인시브에 거는 방법을 로핑이라 한다. 1 : 1 로핑에서 카측 로프에 걸리는 장력은 카의 중량과 로프의 중량을 합한 것이고, 2 : 1 로핑일 때는 카측 로프에 걸리는 장력은 그 절반이 된다. 따라서, 시브가 권상해야 하는 부하도 1 : 1에 비하여 절반이 되고, 시브에 걸려 움직이는 로프의 속도는 정격속도의 2배 속도로 움직인다. 즉, 2 : 1 로핑은 1 : 1 로핑에 비하여 권상력은 2배가 되고, 속도는 $\frac{1}{2}$이 된다. [그림 3-44]는 로핑방식을 보여준다.

이와 같이 2 : 1의 로핑방법은 일종의 감속기능을 하며 반면에 권상능력을 2배로 증가하게 되므로 로핑의 비를 높여 속도가 빠르지 않아도 큰 용량이 필요한 화물용 등에 보다 큰 정격적재량을 확보하기 위해 적용한다.

예를 들어 60m/min, 1,000kg, 1 : 1 roping의 엘리베이터 구동장치를 가지고 roping을 3 : 1로 적용하면 20m/min, 3,000kg의 엘리베이터가 된다.

또한, 카측에 로프를 거는 방법으로 Over slung과 Under slung 방식이 있다.

① 1 : 1 로핑 : 로프장력은 카 또는 균형추의 중량과 로프의 중량을 합한 것으로, 주로 승객용에 많이 사용된다. 시브의 속도와 로프의 속도가 같으므로 카의 속도도 시브의 속도와 같다.

② 2 : 1 로핑 : 로프의 장력은 1 : 1 로핑 시의 $\frac{1}{2}$이 되고 시브에 걸리는 부하도 $\frac{1}{2}$이 된다. 따라서, 구동력은 2배가 되고, 로프가 움직이는 속도는 1 : 1 로핑 시의 $\frac{1}{2}$이 되면서 카의 속도도 $\frac{1}{2}$이 된다.

③ 3 : 1 로핑 이상(4 : 1 로핑, 6 : 1 로핑) : 3 : 1 로핑은 구동력은 대략 3배가 되고, 속도는 $\frac{1}{3}$이 된다. 따라서, 대용량 저속 화물용 엘리베이터에 주로 사용하지만, 와이어로프 수명이 짧고, 1본의 로프길이가 매우 길게 되며, 종합효율이 저하되는 등의 결점이 있다.

---

30) 2 : 1 로핑에서 2는 구동시브 원주 또는 로프의 이동거리 혹은 속도이고, 1은 카의 이동거리 또는 속도의 비율이다.

④ Under slung type : Under slung 방식은 [그림 3-44]의 (c)와 같이 카의 아래틀에 구동로프의 현수도르래를 장착하고 카를 매다는 방식이다. 로프식 엘리베이터의 카틀구조는 일반적으로 상부틀에 구동로프의 고정판이나 현수도르래를 장착하는 형태(over slung type)이나, 기계실 없는 엘리베이터(MRL elevator) 등에서는 구동기의 설치위치 등에 따른 구조상 카 하부에서 끌어 올리는 형태의 Under slung type을 적용하는 경우가 많다.

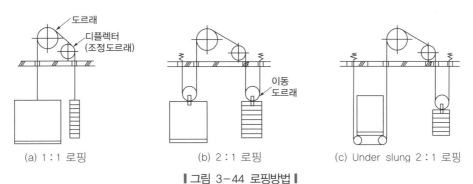

┃그림 3-44 로핑방법┃

⑤ Suspension sheave : 로핑방법에서 2 : 1, 3 : 1 로핑 또는 언더슬렁타입의 카측에 장착되어 있는 Sheave는 현수도르래, Suspension sheave 또는 위치가 이동하므로 이동도르래라고 한다.

(3) 로프감기(wrapping)

[그림 3-45]와 같이 주도르래에 로프를 걸 때 한 번만 걸치게 되는 반권(single wrapping)의 경우 로프가 감기는 권부각은 아무리 크다 하여도 180°를 넘지 못한다. 더구나 편향도르래가 있는 경우 권부각은 더 작아진다. 고속 엘리베이터에서 권부각이 작아져서 시브와 로프의 마찰력이 낮아 미끄러지는 우려가 있다.

┃그림 3-45 Single wrapping(좌), Double wrapping(우)┃

이러한 낮은 마찰력을 최대로 키우기 위하여 로프를 주도르래에 두 번 걸쳐서 감는 전권(double wrapping)방식을 적용하고 있다. 전권방식은 권부각을 거의 360° 가까이 만들 수 있어 미끄러짐이 없으므로 로프홈을 U형으로 해도 충분한 견인력을 낼 수 있다.

따라서, Single wrapping의 Sheave의 Rope groove는 언더컷 홈, Double wrapping sheave의 Rope groove는 U홈을 주로 적용한다.

[그림 3-46]에서 여러 가지 로핑의 예를 보여준다.

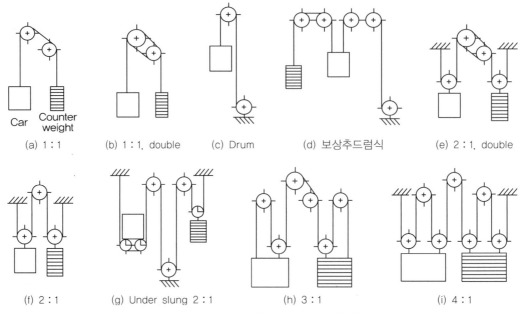

(a) 1 : 1   (b) 1 : 1, double   (c) Drum   (d) 보상추드럼식   (e) 2 : 1, double

(f) 2 : 1   (g) Under slung 2 : 1   (h) 3 : 1   (i) 4 : 1

▎그림 3-46 로프 걸기와 감기의 응용 예▎

(4) 로프의 연결과 고정

권상식 엘리베이터의 와이어로프를 지지하는 로프 고정구를 로프소켓이라 하고, 이 소켓이 샤클로드에 연결되며, 샤클로드(shackle rod)[31]로 구조물 또는 건축물에 고정시키는 구조로 되어 있다. 로프를 결속하는 방법은 주로 로프소켓에 바빗메탈을 녹여 채우는 충진소켓(poured socket)방식과 소켓에 쐐기형의 멈춤쇠로 로프를 고정하는 웨지소켓(wedge socket)방식을 많이 쓰고 있으며, 또 로프소켓과 샤클로드가 분리되는 분리형과 하나로 만들어진 일체형이 있다.

● 👁 관련법령

〈안전기준 별표 22〉

9.2.3 매다는 장치와 매다는 장치 끝부분 사이의 연결(9.2.3.1)은 매다는 장치의 최소 파단하중의 80% 이상을 견딜 수 있어야 한다.

9.2.3.1 매다는 장치 끝부분은 자체 조임 쐐기형 소켓, 압착링 매듭법(ferrule secured eyes), 주물 단말처리(swage terminals)에 의해 카, 균형추·평형추 또는 구멍에 꿰어 맨 매다는 장치마 감부분(dead parts)의 지지대에 고정되어야 한다.

[비고] 매다는 장치단말은 매다는 장치의 최소 파단하중의 80% 이상을 달성한다고 가정할 수 있다.

---

31) 샤클로드(shackle rod) : 권상식 엘리베이터의 모든 와이어로프의 카측 또는 균형추측 로프 끝에서 로프 길이를 개별적으로 조정할 수 있는 장치를 말한다.

9.2.3.2 드럼에 있는 로프는 쐐기로 막는 시스템 사용 또는 2개 이상의 클램프 사용에 의해 고정되어야 한다.

9.2.4 체인의 끝부분은 카, 균형추·평형추 또는 구멍에 꿰어 맨 체인마감부분(dead parts)의 지지대에 고정되어야 한다.

체인과 체인 끝부분 사이의 연결은 체인의 최소 파단하중의 80% 이상을 견딜 수 있어야 한다.

(5) 소켓의 방식

① 충진소켓(poured socket)[32] : 로프소켓에 로프를 체결하기 위해 스트랜드의 끝부분을 구부려 소켓홈에 넣고 빈 공간부분에 아연, 바빗[33]이나 수지합성물[34]을 녹여 부어 로프를 로프소켓에 고착시킨다.

주로프의 바빗(babbitt) 채움 끝부분은 각 가닥을 접어서 구부린 것이 명확하게 보이도록 되어 있어야 한다.

로프소켓은 소켓의 가늘어지는 부분의 축방향의 길이 L은 사용되는 로프지름의 $4\frac{3}{4}$ 배 이상으로 하고, 로프소켓의 열린 부분의 축방향 길이 B는 사용되는 로프지름의 4배 이상으로 한다.

또한, 소켓의 가는 끝의 직구경(straight bore) 길이 A는 13mm 이하 3mm 이상이고, 그 외연(outer edge)은 둥글게 하여 날카로운 끝이 없게 만들어져 있다.

소켓의 가늘어진 부분의 굵은 쪽 구멍의 지름 D는 사용되는 와이어로프 지름의 $2\frac{1}{4}$ 배 이상 3배 이하이고 소켓의 가늘어진 끝구멍의 지름 C는 로프직경에 따라 2 ~ 5mm 정도 더 크게 구성되어 있다.

로프직경[mm] D	로프소켓 가는 구멍지름[mm] C
8 미만	(로프지름 + 2) 이내
8 이상 13 미만	(로프지름 + 2.5) 이내
13 이상 21 미만	(로프지름 + 3.1) 이내
21 이상 30 미만	(로프지름 + 4) 이내
30 이상 38 미만	(로프지름 + 5) 이내

---

32) 충진식 소켓은 Spelter socket으로도 부른다. 충진제는 Lead, Babbitt, Spelter 등이다.
33) 바빗메탈(babbitt metal) : 로프를 로프소켓에 고정시키기 위해 사용되는 금속으로, 9% 안티몬을 함유하고 있다.
34) 수지합성물(resin composition) : 로프를 로프소켓에 고정시키기 위해 사용하는 수지합성물로서 가열하면 굳어지는 성질을 갖는다.

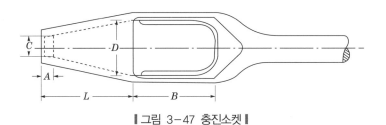

‖그림 3-47 충진소켓‖

② 쐐기식 소켓(wedge socket) : 쐐기식 소켓은 로프를 구부려 소켓에 삽입되는 쐐기와 소켓 사이에 걸어 쐐기를 소켓에 삽입하여 그 압착력으로 결속하는 방법의 소켓이다. 로프의 구부린 끝단을 클립을 사용하여 충분히 조여 빠지지 않게 해준다.

'l'은 웨지의 정점과 접하는 지점인 'A'에서 로프 끝에서의 거리이며 다음 표와 같이 사용로프에 따라 거리를 둔다.

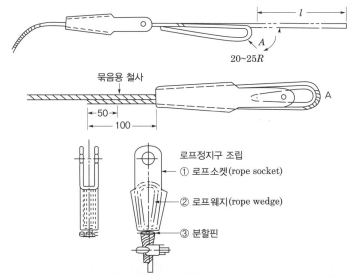

사용로프	로프 끝단에서의 거리(l)
12ϕ	350mm
14ϕ	360mm
16ϕ	380mm

‖그림 3-48 웨지소켓 결합도‖

[그림 3-49]에서 보는 비대칭 웨지소켓 사용 시 샤클로드와 주로프의 부하가 걸리는 쪽의 로프가 일직선상에 위치하도록 결속한다.

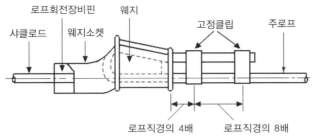

▌그림 3-49 비대칭 웨지소켓 ▌

로프 끝부분은 자체조임 쐐기형 소켓, 압착링 매듭법(ferrule secured eyes), 주물 단말처리(swage terminals)에 의해 카, 균형추·평형추 또는 구멍에 꿰어 맨 매다는 장치 마감부분(dead parts)의 지지대에 고정된다.

③ 클립(clip) 방식 : 클립의 새들(saddle)은 와이어로프의 힘이 걸리는 쪽에 있어야 한다. 클립과의 간격 'l'은 와이어로프지름의 6배 이상으로 하며 클립의 체결수량은 [그림 3-50]과 같다.

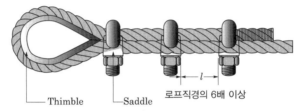

와이어로프의 지름	클립수[개]
16φ 이하	4
16φ 초과 28φ 이하	5
28φ 초과	6

▌그림 3-50 심벌을 사용한 클립고정 ▌

▌표 3-3 와이어로프의 연결방법과 효율 ▌

연결방식	형태	효율
충진식 소켓 (poured socket)		100%
록스플라이스 (lock splice)		• 24mm 이하 : 95% • 24mm 이상 : 92.5%
웨지식 소켓 (wedge socket)		75 ~ 90%
아이스플라이스 (eyesplice)		• 6mm : 90% • 9mm : 88% • 12mm : 86% • 18mm : 82%
클립 (clip)		75 ~ 80%

(6) 로프의 고정

로프는 샤클로드를 사용하여 카와 균형추(또는 평형추) 또는 승강로 천장의 로프 고정판(hitch plate)에 고정한다. 1 : 1 로핑에서는 카와 균형추의 상부빔에 히치플레이트가 있고, 2 : 1 로핑에서는 카측, CWT측 모두 기계실바닥의 기계대 또는 MRL 엘리베이터인 경우 승강로 천장의 빔에 히치플레이트가 설치되어 고정하게 된다.

로프의 고정부위는 샤클로드 등으로 견고하게 조이고, 풀림방지를 위하여 더블너트를 사용하며 분할핀으로 마감한다. 또한, 히치플레이트와 조임너트 사이에는 장력조정용 스프링이 삽입되어 있다.

(7) 로프의 장력

엘리베이터는 여러 본의 로프를 사용하므로 각각의 로프가 갖는 장력을 균등하게 해야 한다. 그러나 동일한 시브에 걸려 있는 각각의 로프장력이 서로 다르게 설치되거나, 운행 중인 엘리베이터는 여러 가지 원인에 의하여 각각의 로프장력이 변할 수 있다. 이러한 로프장력이 서로 다르게 변화되어 로프 간 장력편차가 생기게 된다.

① **장력편차의 영향** : 주로프 장력의 편차가 심할 경우에는 로프와 시브의 마모에 의한 각 로프 간 혹은 로프홈의 편마모가 발생하기 쉬워 로프나 시브의 수명단축이 생긴다.

또한, 특히 장력이 낮은 로프가 있다면 이 로프에 의해서는 주행 중 로프의 흔들림에 의한 카의 진동이 크게 나타날 수 있어 엘리베이터 카의 승차감에 크게 악영향을 미친다.

따라서, 로프의 장력을 균등하게 조정하여야 안정된 엘리베이터 운행을 할 수 있으며, 일반적으로 로프 간 장력의 편차는 ±5% 이내로 조정하면 좋다.

② **로프장력 조절기**(rope tension equalizer) : 로프장력의 편차가 사용 중에 스스로 조정되어 개별 로프의 장력이 서로 균등하도록 하는 장치가 로프장력조절기(rope tension equalizer)이다. 로프장력조절기는 [그림 3-51]에 그 예를 나타내었다. 이러한 로프장력조절기는 구조적인 문제와 안전율의 문제로 그다지 실용화되지 않고 있다.

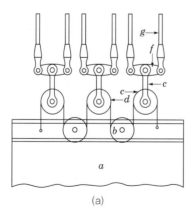

(a)

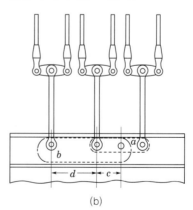

(b)

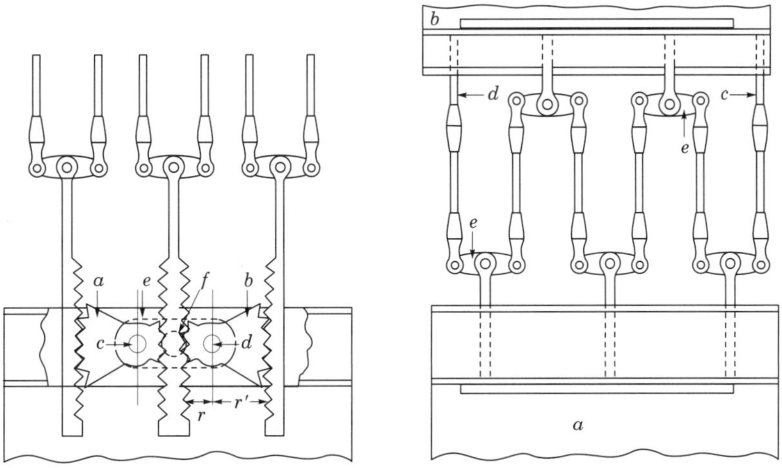

(c)　　　　　　　　　　　　　(d)

‖ 그림 3-51 Rope tension equalizer(EW) ‖

(8) 로프의 안전율

엘리베이터의 메인로프는 생명의 밧줄이라고 할 만큼 중요한 엘리베이터 구성요소이므로 그 파단은 엘리베이터의 이용자에게 치명적이라고 할 수 있다. 따라서, 엘리베이터 로프의 안전율은 일정값 이상 보장되어야 한다.

① **로프안전율의 계산** : 메인로프의 안전율은 전체 로프의 최소 파단하중(1가닥 최소 파단하중 ×본수)과 전체 로프에 걸리는 최대 하중의 비를 말한다.

$$\text{로프의 안전율} \quad S_f = \frac{N_c N_R F_o}{F} = \frac{N_c N_R F_o}{mg}$$

여기서, $F^{35)}$: 메인로프의 총하중 $mg[\text{N}]$

N_c : 로핑계수$(1:1-1)$

N_R : 로프 적용본수

F_o : 로프의 보증파단력

m : 로프에 걸리는 총질량$(= m_s + m_c + m_r N_R + m_o [\text{kg}])$

m_s : 정격적재량$[\text{kg}]$

m_c : 카 자중$[\text{kg}]$

m_r : 로프 1본의 질량

m_o : 보상장치 등의 부속품질량

g : 중력가속도(9.8m/s^2)

---

35) 메인로프에 작용하는 총하중에 대하여 가속도를 고려한 계수(α_1)와 추락방지기가 작동을 고려한 계수(α_2)를 적용하여 계산하는 경우도 있다.

메인로프의 안전율은 12 이상으로 하므로, 즉 통상의 안전율 S_f는

$$S_f = \frac{N_c N_R F_o}{mg} \geq 12$$ 가 되어야 한다.

② **적용할 로프본수의 계산** : 엘리베이터에 적용되는 로프의 본수는 해당 엘리베이터의 메인로프의 안전율 이상이 되는 본수를 적용한다.

안전율 12보다 커야 하므로 적용하는 로프본수 N_R은 $N_R \geq \dfrac{12mg}{N_c F_o}$ 로 계산한 값 이상의 정수를 로프본수로 산정한다.

 참고

로프본수의 계산 예

다음 엘리베이터의 로프본수를 산정해 보면

사용로프는 8×S(19), 로프 최소 파단하중 68,600N, 1 : 1 로핑, 적재하중 1,000kg, 카 자중 1,500kg, 로프 12ϕ 500g/m, 행정거리 40m, 보상체인 등 30kg

$$N_R \geq \frac{12mg}{N_c F_o} = \frac{12 \times (1,000 + 1,500 + 0.5 \times 40 + 30) \times 9.8}{68,600} = 4.37$$

따라서, 로프본수 N_R은 5본이 된다.

이 5본을 적용하여 안전율을 계산하면 다음과 같다.

$$S_f = \frac{N_c N_R F_o}{mg} = \frac{1 \times 5 \times 68,600}{(1,000 + 1,500 + 0.5 \times 40 + 30) \times 9.8} = 13.7 \geq 12$$

안전율은 13.7로 안전기준의 기준값보다 높다.

---

③ **엘리베이터 메인로프의 한계안전율** : 로프식 엘리베이터에서 메인로프의 한계안전율은 여러 가닥의 로프를 적용하여 사용하는 중에 1본의 로프가 끊어졌을 때를 가정하여 남아 있는 로프가 가지는 안전율을 한계안전율이라고 한다.

상기 예에서 한계안전율 S_{fb}는 다음과 같다.

$$S_{fb} = \frac{N_c (N_R - 1) F_o}{mg} = \frac{1 \times 4 \times 68,600}{(1,000 + 1,500 + 0.5 \times 40 + 30) \times 9.8} = 10.98$$

⚖ 관련법령

〈안전기준 별표 22〉

9.2.2 매다는 장치의 안전율은 다음 구분에 따른 수치 이상이어야 한다.

　가) 3가닥 이상의 로프(벨트)에 의해 구동되는 권상 구동 엘리베이터의 경우 : 12

　나) 3가닥 이상의 6mm 이상 8mm 미만의 로프에 의해 구동되는 권상 구동 엘리베이터의 경우 : 16

다) 2가닥의 로프(벨트)에 의해 구동되는 권상 구동 엘리베이터의 경우 : 16

라) 로프가 있는 드럼구동 및 유압식 엘리베이터의 경우 : 12

마) 체인에 의해 구동되는 엘리베이터의 경우 : 10

안전율은 정격하중의 카가 최하층에 정지하고 있을 때 매다는 장치 1가닥의 최소 파단하중[N] 과 이 매다는 장치에 걸리는 최대 힘[N] 사이의 비율이다.

포지티브 구동 엘리베이터 및 유압식 엘리베이터의 경우 평형추 매다는 장치의 안전율은 평형추의 무게로 발생하는 매다는 장치 힘을 기준으로 계산되어야 한다.

(9) 로프무게의 보상수단(compensation means)

행정거리가 큰 엘리베이터에서는 메인로프의 무게에 의한 카와 균형추 간의 무게편차가 그 위치에 따라 크게 변한다. 이러한 무게편차의 변화는 구동기의 용량을 키워야 하고, 전력의 소비 가 커지므로 카와 카운터의 위치에 따른 로프의 무게변화 편차를 최소화하기 위해 [그림 3-56]과 같이 구동로프의 반대위치, 즉 카의 하부에서 균형추의 하부까지 연결되는 보상체인(compen-sation chain) 또는 보상로프(compensation rope)를 사용하여 로프의 무게편차 변화를 보상한다.

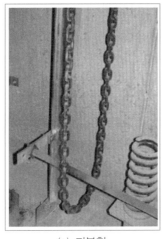

(a) 피복형

(b) 로프 삽입형

┃ 그림 3-52 보상체인과 하부 가이드 ┃

① 보상체인(compensation chain) : 일반적으로 속도가 빠르지 않는 중·저속 엘리베이터에서 는 체인을 이용한 보상방법을 사용한다. 저속 엘리베이터이지만 보상체인의 아래쪽 회차점 에서는 인접하는 체인이 서로 부딪히거나 마찰이 일어나 소음이 발생한다. 이러한 소음을 줄이기 위하여 [그림 3-53]과 같이 섬유질로프를 삽입한 체인 또는 고무튜브로 씌운 체인, [그림 3-54]처럼 겉면을 우레탄 등의 소재로 코팅한 체인 등을 사용하기도 한다. 최근에는 여러 가지 벨트 등의 보상용 수단이 선을 보이고 있다.

┃그림 3-53 로프 삽입체인 ┃

┃그림 3-54 코팅체인 ┃

② **보상체인가이드** : 보상체인을 사용하는 경우 [그림 3-52]와 [그림 3-55]처럼 피트에 체인 아래 부분이 충격에 의하여 튀어 오르지 않도록 회차점(turning point)에서 바가이드(bar guide)와 흔들림을 잡아주는 롤러가이드(roller guide)가 필요하다.

┃그림 3-55 보상체인 가이드 ┃

③ **보상로프**(compensation rope) : 고속 엘리베이터에서는 행정거리가 크고 속도가 빠르기 때문에 보상수단이 아주 중요하게 다루어져야 한다. 특히 소음과 진동이 발생해 보상체인 은 사용할 수가 없으므로 보상로프를 사용하여야 한다. 보상로프를 사용하는 경우에는 로프의 흔들림과 꼬임이 심하므로 반드시 [그림 3-57]과 같이 로프를 팽팽하게 해주는 인장장치를 설치해야 한다.

구동로프
(main rope)

균형추
(CWT)

보상로프
(compensation rope)

Car

CR
TS

보상로프 인장기
(compensation rope
tension sheave)

┃그림 3-56 보상로프 ┃

④ **보상로프 인장기**(compensation rope tension sheave) : 보상로프를 사용하는 경우에는 아래로 쳐져 있는 보상로프가 로프 자체의 꼬임에 의해 늘어뜨린 로프가 꼬이거나 이동체에 간섭을 주거나 손상이 발생할 수 있다. 그래서 이들의 로프를 팽팽하게 긴장시켜 카나 균형추의 움직임에 방해가 되지 않도록 하기 위하여 피트에 [그림 3-57]처럼 인장풀리 (tension sheave)를 설치하고, 카의 상하운동과 로프의 수축에 따라 보상로프의 움직임을 원활하게 하여 로프의 텐션을 확보하기 위해 인장도르래가 상하로 움직일 수 있도록 레일로 상하 움직임을 안내하게 한다.

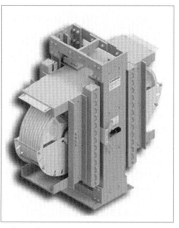

┃그림 3-57 보상로프 인장기 ┃

⑤ 튀어오름 방지기[36](lock down safety device) : 카나 균형추의 추락방지기 작동 시 이 텐션시브가 튀어오름을 방지하기 위해 튀어오름 방지기(lockdown safety device)를 설치하고, 튀어오름 방지가 동작하는 것을 검출하는 스위치를 장착한다.

이 텐션시브는 카가 과속하강으로 비상정지하면 반발력으로 CWT가 튀어 오르면서 텐션시브를 끌어 튀어 오르게 만든다. 이 튀어오름을 방지하도록 텐션시브에 가이드레일의 상승 방향으로 비상정지장치를 부착한 것이 튀어오름 방지기이다. 일반적으로 이 장치는 순간정지식으로 210m/min 이상 속도의 엘리베이터에 주로 설치한다.

⚖ **관련법령**

〈안전기준 별표 22〉

9.6 보상수단

9.6.1 적절한 권상능력 또는 전동기의 동력을 확보하기 위해 매다는 로프의 무게에 대한 보상수단은 다음과 같은 조건에 따라야 한다.

　가) 정격속도가 3m/s 이하인 경우에는 체인, 로프 또는 벨트와 같은 수단이 설치될 수 있다.

　나) 정격속도가 3m/s를 초과한 경우에는 보상로프가 설치되어야 한다.

　다) 정격속도가 3.5m/s를 초과한 경우에는 추가로 튀어오름 방지장치가 있어야 한다. 튀어오름 방지장치가 작동되면 15.2에 따른 전기안전장치에 의해 구동기의 정지가 시작되어야 한다.

　라) 정격속도가 1.75m/s를 초과한 경우 인장장치가 없는 보상수단은 순환하는 부근에서 안내봉 등에 의해 안내되어야 한다.

9.6.2 보상로프가 사용된 경우에는 다음 사항이 적용되어야 한다.

　가) 보상로프는 KS D 3514 또는 ISO 4344에 적합해야 한다.

　나) 인장풀리가 사용되어야 한다.

　다) 인장풀리의 피치직경과 보상로프의 공칭직경 사이의 비율은 30 이상이어야 한다.

　라) 인장풀리는 9.7에 따라 보호되어야 한다.

　마) 중력에 의해 인장되어야 한다.

　바) 인장은 15.2에 따른 전기안전장치에 의해 확인되어야 한다.

9.6.3 보상수단(로프, 체인, 벨트 및 그 단말부)은 안전율 5로 보상수단에 가해지는 모든 정적인 힘에 견딜 수 있어야 한다.

주행구간의 꼭대기에 카 또는 균형추가 있을 때 갖는 보상수단의 최대 매달린 무게와 전체 인장도르래 조립체(있는 경우에 한정한다) 무게의 $\frac{1}{2}$이 포함되어야 한다.

---

36) 록다운 비상정지장치, Lock down safety device, Tie down safety jaw으로도 부른다.

9 구동벨트(drive plat belt)

엘리베이터의 구동용으로 와이어로프를 대신하여 플랫벨트(flexible polyurethane-coated steel belt)가 적용되기도 한다. 이 플랫벨트는 여러 가지 장점이 있어 수요가 확대되고 있다.

(1) 플랫벨트의 구조

플랫벨트는 두께 3mm 이상과 폭 25mm 이상의 외형을 가진다. 내부의 와이어스트랜드는 지름이 1.66mm 이상으로 10개 이상이 적용되는 구조이다. 외부의 코팅재료는 폴리우레탄을 포함한 고무재질을 주로 사용한다.

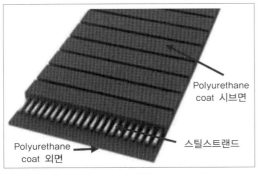

▮그림 3-58 플랫벨트의 구조▮

▮그림 3-59 플랫벨트 구동기▮

(2) 플랫벨트의 특징

강도는 와이어로프보다 강하고, 수명은 3배 이상 길다. 가는 와이어스트랜드를 코팅하여 시브의 금속과 로프의 금속이 마찰하는 것을 피하였고, 크라운형태의 부드러운 표면을 가진 시브와 조합된 구동은 조용하고 뛰어난 승차감을 제공한다.

유연성이 뛰어난 플랫밸트는 기계의 소형화, 구동기의 효율화로 인하여 빌딩과 설비의 운용비용을 절약하고, 건물의 공간활용에 큰 도움을 준다.

10 카(car)

(1) 카의 구동시스템

카를 움직이는 구동시스템은 로프의 운동을 카에 전달하면서 마무리된다.

로프에 카를 매다는 방법은 로핑에 의해 결정되며, 1 : 1 로핑이면 카 상부체대에 부착된 Hitch plate에 로프가 로프소켓에 의하여 고정되고, 2 : 1 로핑이면 카 상부체대에 달려 있는 Suspension sheave에 로프가 걸리고 이 로프의 끝은 기계실의 기계대에 부착된 Hitch plate에 고정된다.

또한, MRL 엘리베이터 등에서는 권상기의 설치구조에 따라 Under slung으로 연결되는 경우가 많다.

(2) 현수도르래(suspension sheave)[37]

엘리베이터의 로핑이 1 : 1인 경우에는 카 상부체대에 Hitch plate가 부착되고 여기에 로프가 고정되지만, 로핑이 2 : 1이면 카 상부에 Suspension sheave가 장착되고, Under slung이면 카 아래에 2개의 Suspension sheave가 달린다. 3 : 1 로핑에서는 Suspension sheave 1개가 있고, Hitch plate에 로프가 고정된다. Suspension sheave는 권부각이 180도이므로 직경이 로프직경의 40배 이상이다.

11 엘리베이터의 속도

엘리베이터 시스템의 장치에 의한 엘리베이터의 속도는 구동전동기에서 카까지의 구동체계의 구조에 의하여 결정된다.

(1) 엘리베이터의 호칭속도[38]

일반적으로 엘리베이터의 정격속도는 카 내에 정격적재량의 100%를 싣고 상승운전 중의 전속 주행구간의 속도를 말한다. 과거 속도제어기술이 발전하지 않았을 때에는 상승과 하강 또는 카 내 부하의 변화에 따라 속도편차가 많았으나 현재 VVVF 구동기술과 전동기의 기술발전으로 속도편차는 거의 없다고 볼 수 있다.

엘리베이터의 호칭속도는 엘리베이터를 설계할 때 엘리베이터의 기본제원으로 구성되는 속도, 용량, 용도에서의 속도로 불리는 속도를 말하며, 이는 유도전동기를 주로 사용해 구동하던 시기에 엘리베이터의 속도를 주로 초속 $\frac{1}{4}$m/s의 n배속으로 설계하였다. 이를 분속으로 하면 V는 다음 식으로 구한다.

$$V = \frac{n}{4} \times 60 [\text{m/min}]$$

여기서, n은 정수의 속도배수이다. 예를 들면 정수 n에 따른 분속의 호칭속도를 보면 [표 3-4]와 같다.

┃ 표 3-4 엘리베이터의 호칭속도 예 ┃

n	1	2	3	4	5	6	7	8	10	12	……	40
V [m/min]	15	30	45	60	75	90	105	120	150	180	……	600

그러나 최근에 VVVF 제어기술로 인하여 정격속도는 원하는 속도로 제어운행할 수 있으므로 위의 $\frac{1}{4}$ 원칙은 차츰 의미가 없어지고 있다.

---

37) 이 도르래를 로프의 방향을 반전시키는 의미로 Reversion sheave, Diversion sheave라고도 한다.
38) 공칭속도라고도 한다.

(2) 엘리베이터 속도의 결정

엘리베이터 카의 속도를 결정하는 요소는 엘리베이터의 구동체계에서 볼 수 있듯이 전기에너지를 운동에너지로 바꾸는 전동기에서 권상기의 감속기, 구동도르래 및 로프 등이 있다.

속도 V는 다음 식으로 구한다.

$$V[\text{m/min}] = \text{모터회전수}(N)[\text{rpm}] \times \text{감속기 감속비}(R) \times \text{시브원주}(S) \times \text{로핑계수}(\delta)$$

여기서, N : 모터의 분당회전수[rpm]

$$\text{유도전동기 } N = \frac{120f}{P} \times (1-S)$$

R : 감속비$\left(\text{웜기어} : \frac{1}{40} \sim \frac{1}{60} , \text{ 헬리컬기어} : \frac{1}{10} \sim \frac{1}{20}\right)$

S : 시브원주 $2\pi r$

r : 시브 유효반지름

유효반지름은 시브의 중심에서 걸려 있는 로프의 중심까지 거리

δ : 로핑계수$\left(1:1 \rightarrow 1, \ 2:1 \rightarrow \frac{1}{2}, \ 3:1 \rightarrow \frac{1}{3} \ \text{등}\right)$

 참고

엘리베이터의 속도계산 예

엘리베이터의 유도전동기 회전수 1,800rpm, 감속기 감속비 $\frac{1}{60}$, 구동시브반지름 300mm, 로핑방식 2 : 1의 엘리베이터의 속도를 구해보면 속도 V는 아래와 같다.

$$V = 1,800 \times \frac{1}{60} \times 2 \times 3.14 \times 0.3 \times \frac{1}{2} = 28.26\,\text{m/min}$$

(3) 카 속도의 측정

최근 μ-Processor로 제어하고 로터리엔코더로 속도검출을 하면서 실제 카의 주행속도를 운전제어에서 실시간 측정값을 기억하므로 Annunciator, Maintenance console[39] 장비 등으로 확인할 수 있다.

---

39) Annunciator, Maintenance tool, Maintenance computer, Service tool, Service console 등으로 부른다.

그러나 실제로 카의 속도를 정확히 측정하기 위해서는 [그림 3-60]의 회전속도계[40]를 이용하여 [그림 3-61]과 같이 메인시브에서 카로 내려가는 주로프의 직선구간에서 측정하는 것이 가장 정확하다. 과속검출기나 구동시브에서의 측정은 유효원주의 위치를 찾아 측정해야 하나 유효원주를 찾기가 어렵다.

▌그림 3-60 회전속도계 ▌

▌그림 3-61 속도계 측정위치 ▌

구동시브나 과속검출기시브의 상단에서 로프 윗부분을 회전속도계로 측정하면 시브 상단부분에서 로프가 팽창된 상태로 속도가 측정되기 때문에 실제 속도보다 높게 측정된다.

04 엘리베이터 카 장치

엘리베이터 카에는 여러 가지 장치가 탑재되어 있다. 승객이 목적층을 입력하는 행선층 버튼, 엘리베이터가 승객에게 현재 위치를 알려주는 카 위치표시기(car position indicator) 등과 같이 사람과 기계 사이에 의사를 주고받는 장치(man machine interface device)들이 있고, 도어를 자동으로 여닫는 도어장치, 적재부하량을 측정하는 부하측정장치, 점검운전하는 조작장치 등의 많은 장치들로 구성되어 있다.

1 카 부하측정기(weighing device)

카의 정격적재량은 카의 유효면적에 의하여 설정된다. 단, 엘리베이터 구동장치의 용량이 이를 수용하는 조건이어야 한다. 즉, 카의 유효면적에 의한 카의 최대 정격적재량을 구동장치(전

---

40) 회전속도계는 속도계의 센서를 회전시켜 물체의 움직이는 속도를 측정하는 장비로, 회전체의 회전수뿐만 아니라 연속으로 직선운동하는 물체의 직선속도도 측정할 수 있다.

동기 등의 구동체계)가 수용하는 능력을 가지고 있어야 한다. 이러한 카의 적재부하를 측정하는 장치가 있으며 이를 부하측정기라고 하고, 이는 안전장치의 하나이기도 하다.

(1) 카 부하의 종류

카 내에 사람이나 물건이 실리면 이를 검출하고, 특수한 운전제어를 위한 정보로 활용된다. 카의 부하를 실시간으로 검출하여 필요한 운전을 수행할 수 있다.

① 무부하(NL : No Load) : 카 내에 사람이나 화물이 없는 상태이다.

② 균형부하(BL : Balance Load) : 카 내에 균형추의 오버밸런스율에 해당하는 부하가 실린 상태를 말한다. 즉, 균형추의 무게에서 카 자중을 제외한 무게가 적재된 것을 말한다. 카와 균형추의 무게가 균형을 이룬다.

③ 전부하(FL : Full Load) : 카 내에 정격적재량의 부하가 실린 상태를 말한다.

④ 과부하(OL : Over Load) : 카 내에 정격적재량 이상의 부하가 실린 상태를 말한다.

(2) 부하측정기의 종류

카 내의 부하를 측정하는 장치를 저울(weighing device)이라고 한다. 이 장치에는 리밋스위치, 차동트랜스 및 로드셀을 주로 적용한다.

① 리밋스위치(limit switch)[41] : 리밋스위치는 가장 간단한 부하측정기이다. 즉, 과부하검출이나 통과부하검출 등 특정한 무게 하나하나의 단순 검출기능을 수행하기 위해서는 비용이 낮은 Plunger[42]식 Limit switch가 사용된다.

▎그림 3-62 Limit switch ▎

② 차동트랜스(differential transformer) : 차동트랜스는 카 하부틀에 부착되어 적재부하로 카 플랫폼이 눌러짐에 따라 차동트랜스의 검출로드의 눌러지는 깊이에 비례한 자기유도 기전력이 발생되어 이를 무게로 환산하여 부하를 측정한다. 적재부하에 따라 발생되는 전압이 증가하므로 실제의 적재무게를 측정할 수 있다. 차동트랜스는 주로 2개 이상 설치하여 각 출력전압값을 합산하여 사용한다. 따라서, 적재부하에 따라 리밋스위치와 같은 장치 수에 제한 없이 필요한 기능을 수행할 수 있다. [그림 3-63]이 차동트랜스의 외형과 내부 구성도이다.

---

41) 이 리밋스위치는 스위치 종류의 하나를 말한다. 종점스위치의 Limit switch가 아니다.

42) 이 플랜저형을 배꼽형이라고도 말한다.

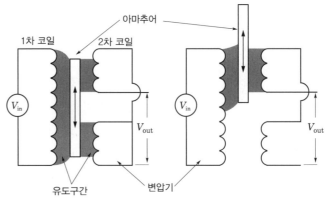

‖ 그림 3-63 차동트랜스 ‖

③ 로드셀(load cell) : [그림 3-64]와 같은 로드셀은 부하에 따른 Cell의 휨이 발생하고 이 휨의 정도에 따라 발생되는 미세한 전압을 증폭하여 부하의 무게를 계산하는 장치로 전자 저울에 사용되기도 한다. 이 로드셀 또한 엘리베이터 카에 적재되는 무게를 실제로 측정하 므로 다양한 무게를 검출하고 다양한 기능을 수행할 수 있다. 최근에는 차동트랜스에 비하 여 가격이 낮고, 검출정확도가 높은 로드셀을 많이 적용하고 있다. 로드셀은 메인로프에 장착되거나 상부빔에 주로 장착한다.

‖ 그림 3-64 로드셀 ‖

(3) 측정부하의 응용

엘리베이터는 적재부하를 측정하여 여러 가지 운전기능을 수행한다. 대표적인 부하관련 운전 기능을 보면 다음과 같다.

① 과부하정지(over load hold) : 엘리베이터의 카에 정격적재량보다 많이 적재 또는 탑승하는 경우에는 카와 균형추의 무게편차가 커져서, 전동기의 구동능력, 제동기의 제동능력 또는 구동시브의 견인력 등에 문제가 생겨 원하지 않는 미끄러짐이 발생하여 사고의 우려가 있다. 이러한 우려를 사전에 방지하기 위하여 카 내의 적재부하를 검출하여 과부하가 검출 되면 브레이크를 푸는 등의 동작을 하지 않도록 하기 위하여 도어를 닫지 않고 카의 기동을 하지 않도록 한다.

엘리베이터에 정격적재량의 105 ~ 110%를 검출하면 과부하에 의한 고장과 사고를 방지하기 위하여 도어를 닫지 않아 기동을 못하게 만든다. 과부하가 해소되지 않으면 도어가 닫히지 않게 되어 과부하로 인한 사고를 방지한다.

이때, 과부하가 되었음을 승객에게 버저나 음성안내로 알려 과부하를 해소하도록 만든다.

⚖ 관련법령

〈안전기준 별표 22〉

16.1.2 부하제어

16.1.2.1 카에 과부하가 발생할 경우에는 재착상을 포함한 정상기동을 방지하는 장치가 설치되어야 한다.

유압식 엘리베이터의 경우 장치는 재착상을 방지하여서는 안 된다.

16.1.2.2 과부하는 정격하중의 10%(최소 75kg)를 초과하기 전에 검출되어야 한다.

16.1.2.3 과부하의 경우에는 다음과 같아야 한다.

　가) 청각 및 시각적인 신호에 의해 카 내 이용자에게 알려야 한다.

　나) 자동 동력 작동식 문은 완전히 개방되어야 한다.

　다) 수동 작동식 문은 잠금해제상태를 유지해야 한다.

　라) 16.1.4에 따른 예비운전은 무효화되어야 한다.

---

② **자동통과(auto by pass)** : 엘리베이터에 정격적재량의 80%[43]를 검출하면 승장[44]호출에 의한 합승서비스를 하지 않고 목적층으로 통과한다. 그 호출신호에 대해서는 다음에 서비스한다. 즉, 동일한 방향의 승장호출에 대하여 정지하고 도어를 열어도 카 내에 많은 승객이 타고 있어 대기승객이 타지 않는 경우가 대부분이다.

이 기능은 엘리베이터의 승객에 대한 서비스를 신속하게 하고 에너지도 절감하는, 즉 신속성과 경제성을 향상시키는 유용한 운전기능이다.

③ **거짓콜 소거(false call cancel)** : 이 기능은 탑승부하와 행선층 등록수를 비교하여 장난으로 등록하였는 지를 판단하여 서비스 여부를 결정하고 서비스를 취소하는 운전이다. 엘리베이터에 적재부하가 100kg[45]을 검출한다. 100kg이 검출되지 아니한 상황에서 카 내 행선버튼이 5 ~ 6개 이상 눌려져 등록되어 있다면, 거짓 또는 장난으로 버튼을 누른 것으로 인식하고 모든 행선버튼의 등록을 소거시킨다.

이 기능은 과거 엘리베이터가 많이 설치되지 않은 시절에 어린이들의 장난으로 불필요한 운전에 의한 에너지소비를 줄이기 위한 운전기능이다.

---

43) 일반적으로 80%를 검출한다. 80% 정도 탑승한 경우에 추가로 타기가 쉽지 않다.

44) 승강장을 줄여서 '승장'으로 흔히 부른다.

45) 100kg-5등록은 하나의 사례이다. 모델개발 시에 설정한다.

④ 부하보상기동(load compensation start)[46] : 카 내의 부하가 Balance load가 아닌 경우에 카와 카운터의 무게편차에 의하여 모터에 전류가 투입되기 전에 브레이크가 열리면 무거운 측이 중력에 의하여 아래로 움직이게 된다. 그 후 모터에 전류가 흘러 기동력이 발생되면 그때부터 운전방향으로 주행한다. 운전방향과 반대로 중력에 의해 움직였다가 반전하여 운전방향으로 주행하는 현상을 롤백(roll back)이라 하고 승차감에 나쁜 영향을 준다. 롤백은 FL 상승운전이나 NL 하강운전일 때 발생하기 쉬운 현상이다.

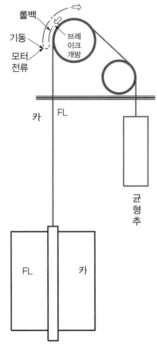

▌그림 3-65 카 상승운전 롤백 ▌

이러한 현상을 없애기 위하여 적재부하를 측정하여 무게편차에 해당하는 토크의 전류량을 모터의 가벼운 방향으로 가해서 카와 카운터의 회전력 균형을 잡아주어 브레이크를 풀어도 중력에 의하여 아래의 움직임 없이 운전방향으로 출발하므로 승차감을 향상시켜 준다. 엘리베이터는 통상 오버밸런스율이 50% 정도이므로 정격적재량의 약 반의 이용자가 탑승한 경우에 카측의 장력과 카운터측의 무게가 같아진다. 그러나 다른 적재량에서는 그 무게의 차이가 발생하여 브레이크 개방 시 무게 차에 의하여 카가 이동하여 승차감을 해치는 수가 있다.

부하보상기동(불평형 토크 보상)은 이 비정상현상을 해소하는 방법이다. 통상, 카 바닥에 설치되어 있는 부하측정기의 출력에 대응한 토크를 우선 전동기에 생기게 하여 그 후의 브레이크를 개방하는 방법으로 카를 착상위치에 그대로 유지시킨다. 그림은 정격적재량을

---

46) Load weighing start라고도 표현한다.

탑재한 카가 상승하는 경우의 토크곡선이다. [그림 3-66]의 A시점에서 부하토크에 상당하는 토크가 발생해 있는 것을 알 수 있다.

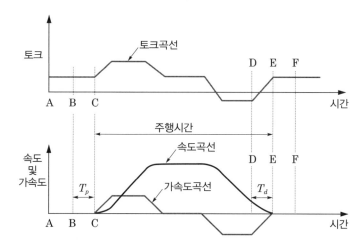

- A : 부하보상기동 개시
- C : 브레이크 개방, 문닫힘 완료
- E : 착상, 문열림 완료
- T_p : 브레이크 개방에 의한 단축시간
- B : 브레이크 개방 개시
- D : 문열림 개시(landing open)
- F : 브레이크 닫힘
- T_d : Landing open에 의한 단축시간

┃그림 3-66 토크, 속도, 가속도 곡선┃

또, 카가 목적층의 착상레벨에 도달한 시점 E에서는 카가 완전히 정지하고 있지 않는 경우가 많다. 이때, 브레이크를 잡게 되면 정지쇼크가 발생하여 승차감을 해친다. 그래서 착상 후 얼마정도 전동기에 전류를 흘려 카가 충분히 정지한 F시점에 브레이크를 잡도록 제어한다.

이 기능은 차동트랜스나 로드셀에 의한 부하측정으로 가능하며, 엘리베이터의 쾌적성을 향상시키는 운전기능이다.

⑤ **군관리운행 활용** : 군관리운행에서도 부하의 측정값이 많이 활용된다. 승강장 호출의 할당 호기 선택연산에 활용은 물론이고, 여러 가지 운행의 학습과정에 활용, 시간대별 운행패턴의 형성에 활용하는 등 적재부하 데이터를 군관리운행에서 활용하고 있다.

2 카 조작반(COP : Car Operation Panel)

카 조작반에는 일반승객이 사용할 수 있는 행선층버튼, 도어버튼, 비상통화버튼 등과 운전자 또는 작업자가 사용할 수 있는 전용 운전스위치와 점검운전버튼 등이 점검운전반에 내장되어 있다.

(1) 조작반의 구성

카 내 조작반의 구성은 다음과 같다.

① 승객용 버튼 : 승객이 사용할 수 있는 버튼으로 행선층 버튼, 비상호출버튼, 도어열림버튼(DOB : Door Open Button), 도어닫힘버튼(DCB : Door Close Button) 등이 있다.

승객용 버튼 중에서 특히 도어열림버튼은 도어가 닫히는 중에 사람이 끼이는 것을 방지하는 기능을 가진 안전장치 중의 하나이고, 비상호출버튼은 카가 도어존이 아닌 위치에 비상정지한 경우에 갇힌 승객이 외부와 연락하기 위한 안전장치 중 하나이다.

또한, 도어닫힘버튼은 엘리베이터의 신속성을 향상시키는 기능을 한다.

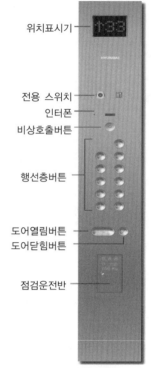

위치표시기

전용 스위치
인터폰
비상호출버튼

행선층버튼

도어열림버튼
도어닫힘버튼

점검운전반

▌그림 3-67 조작반▐

② 전용 스위치 : 승객이 사용할 수 없고, 기술자나 구조 및 소방 전문가가 사용할 수 있는 1·2차 소방운전스위치가 있다. 이 소방운전스위치는 외부에 노출되어 있어야 하고, 일반 승객이 사용하는 것은 위험하므로 키스위치(key switch)를 적용하여 소방대원, 구조대원이 사용하도록 한다.

③ 점검운전반(inspection drive box) : 카 내에 전문가가 점검·수리·검사 등의 작업을 수행하기 위해 운전과 조정에 필요한 스위치가 내장되어 있는 정조작반 아래쪽에 열쇠로 여는 박스가 점검운전반이다. 그 내부에 운전, 점검 등에 사용하는 여러 가지 기능의 스위치가 내장되어 있다(아래 (2) 점검운전반 참조).

④ 통화장치 : 카 내의 승객이 필요 시 외부와 통화를 하기 위한 장치로 ,인터폰, 직접 통화장치 등이 설치되어 있다. 직접통화 장치는 카 내에서 외부와 통화할 수 있는 자동연결 전화장치가 내장되어 있다.

⑤ 카 위치표시기(car position indicator) : 대부분의 카 내에는 카 도어 상부에 카 위치표시기가 장착되어 있지만, 일부 엘리베이터 카에는 조작반 상부에 Car position indicator가 장착되어 있다.

(2) 점검운전반(inspection drive box)[47]

점검운전반 내에는 다음과 같은 스위치가 내장되어 있다. 이 스위치들 중의 일부는 엘리베이터의 기능을 선택하여 설치하는 부가시방에 따라 설치되는 것이다.

---

47) 수동운전반으로 불리운다.

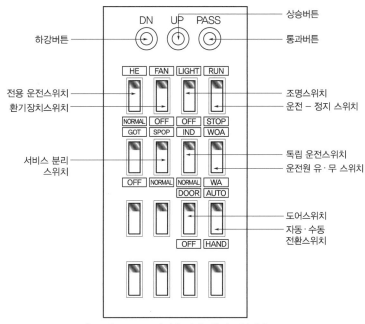

▎ 그림 3-68 점검운전반 내장스위치 ▎

① **운전정지스위치(RUN/STOP)** : 엘리베이터의 운행을 정지시키거나 재개시키는 스위치이다. 주로 RUN·STOP, 운전·정지 등으로 표시된다.

② **운전선택스위치(AUTO/HAND)** : 엘리베이터의 운전모드를 선택하는 스위치이다. 자동운전과 점검운전을 선택할 수 있다. 자동·수동, AUTO·HAND, 자동·점검, NOR·INS 등으로 표기한다.

③ **점검운전버튼(UP, DN, COM)** : 점검운전모드일 때 상승운전과 하강운전을 하는 버튼이다. 이 버튼은 카 상부 등에 작업자가 탑승하고 작업 및 운전하므로 수동운전 도중 위급상황이 발생하여 카를 세워야 하는 경우에는 버튼에서 손을 떼면 즉시 운전이 멈추어야 한다. 그러기 위해서 이 버튼은 반드시 복귀형이어야 한다.
또한, 상승 또는 하강 버튼이 의도하지 않고 실수로 눌러져 카가 움직이는 것을 방지하기 위하여 상승·하강 버튼과 동시에 눌러야 운전이 유효한 공통버튼(common button)을 설치하는 경우도 있다.

④ **조명스위치(light ON/OFF)** : 카 내의 조명을 끄거나 켤 수 있는 스위치이다.

⑤ **팬스위치(fan ON/OFF)** : 카 상부의 블로어(blower)를 끄거나 켤 수 있는 스위치이다.

⑥ **도어스위치(door ON/OFF)** : 카 도어 구동장치의 전원을 켜거나 끌 수 있는 스위치이다. 이 스위치를 OFF로 하면 도어의 동작을 현재의 상태로 중지시킨다.

⑦ **전용 운전스위치(VIP)** : 전용 운전모드로 설정하는 스위치이다. 이 스위치를 ON하면 행선층 서비스를 완료하기 전에는 다른 승강장호출을 서비스하지 않는다.

⑧ **운전수 운전스위치(WOA/WA)** : 전자동운전(WOA : With Out Attendant) 또는 운전수운전(WA : With Attendant)을 선택하는 스위치이다. 운전수운전을 선택하면 도어가 불간

섭시간이 지나도 자동으로 닫히지 않고 도어닫힘버튼을 눌러 닫아야 한다. 최근에는 많이 적용하지 않는다.

⑨ **이사운전** : 아파트에 주로 적용하는 기능이다. 아파트 이사용 곤도라가 없어지고 승객화물 겸용 엘리베이터가 설치되면서 이사 때 승객의 사용과 이사를 번갈아 할 수 있도록 하는 기능이다.

⑩ **카 상부 진입운전(GOT : Get On Top) 스위치** : 카 상부에 탑승하기 위한 스위치이다. 이 스위치를 ON하면 작업자가 카 상부에 진입하기 위해 카를 수동속도로 하강하여 작업자가 쉽게 카 지붕에 탑승할 수 있는 위치에서 정지하여 작업자가 승강장도어를 열고 탑승하기를 기다린다.

⑪ **Volume** : BGM(Back Ground Music), 음성안내장치 등 스피커의 볼륨을 조정하거나 끌 수 있는 스위치이다.

⑫ **통과버튼(by pass)** : 승강장호출을 서비스하지 않고 지나가는 스위치이다. 이 버튼은 운전수운전모드에서 운전수가 주로 사용하게 된다. 카가 주행할 때 이 버튼을 누르면 승강장호출서비스를 하지 않고, 행선버튼에 의한 목적층까지 논스톱으로 주행한다.

카 내에 승객이 거의 만원에 가깝게 탑승하고 있어서 승강장의 호출에 응답하여 정지하여도 대기승객이 탑승하지 않는 경우가 많다. 따라서, 승강장의 합승요청을 무시하고 행선버튼의 목적층으로 먼저 직행하게 된다. 목적층에 도착하면 통과기능은 해제된다.

이 통과동작기능은 엘리베이터의 신속성과 경제성을 향상시키는 기능으로 볼 수 있다.

(3) 조작반의 종류

① **정조작반(main COP)** : 카의 정조작반은 카가 작거나 장애인용이 아닌 경우에는 대부분 정조작반만 설치된다. 정조작반에는 카 위치표시기(car position indicator), 비상통화버튼, 행선버튼, 도어열림버튼(DOB), 도어닫힘버튼(DCB) 등과 열쇠로 열 수 있는 슬라이딩도어의 점검운전반이 포함되어 있다.

② **부조작반(SUB COP)** : 엘리베이터의 부조작반은 카가 크거나, 카의 형태가 양방구일 경우에 정조작반 외에 부조작반을 설치한다. 대형 카의 경우 정조작반의 도어 건너 쪽에 장착되고, 양방구일 경우에는 후면도어의 벽면에 장착된다. 부조작반에는 점검운전반이 없다.

③ **장애인 조작반(disabled COP)** : 장애인용 엘리베이터에는 정조작반 외에 입구에서 오른쪽 측벽에 장애인 조작반을 설치한다. 카가 면적이 클 경우에는 휠체어를 쉽게 회전할 수 있으므로 왼쪽 측벽에 설치할 수도 있다. 장애인 조작반은 휠체어를 타고 버튼을 쉽게 누를 수 있도록 횡으로 버튼을 배열하여 장착한다. 장애인 조작반에는 점검운전반을 포함하지 않는 것이 일반적이다.

일반조작반의 행선버튼에 의하여 운전되면 목적층 정지 후에 도어 불간섭시간이 5초 이하이나 이 행선버튼과 구분되어 장애인용 조작반의 행선버튼에 의하여 운전되고 목적층에 도착하면 도어열림 대기시간(불간섭시간)이 15초 이상으로 장애인용 불간섭시간으로 운전된다.

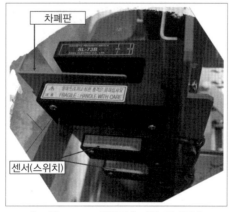

▌그림 3-69 장애인용 조작반 ▌

▌3 카 위치검출기(car position detector)[48]

카 위치검출장치는 카 상부에 달려 있는 센서를 활용하여 카의 현재위치를 검출하는 장치이다. 과거에는 카 상부의 검출장치에 여러 개의 검출스위치를 달고 승강로에 승강장 레벨을 기준으로 여러 개의 차폐판(유도판)을 부착하여 정지하려는 층의 접근거리를 차례로 검출하여 정지지령을 보내거나 속도를 감속하는 수단으로 사용하였고, 또한, 승강장의 레벨을 중심으로 도어를 열 수 있는 도어존(door zone) 검출수단으로 사용하였다.

그러나 최근에는 컴퓨터로 엘리베이터를 제어하면서 감속용 차폐판은 사라지고 도어존 검출용 차폐판만 설치하게 되었다. 이 검출장치는 카의 현재위치가 각 층에 있는 차폐판을 검출하여 도어존인지 도어존이 아닌지 여부를 판단하고 착상하여 도어를 여는 조건을 만드는 역할을 한다.

센서는 2개 이상을 사용하고 있으며, 정확한 착상을 위하여 3개 이상 사용하는 경우가 많다. 3개일 경우에는 상하의 센서는 도어존의 진입과 정확한 착상을 검출하고, 가운데 센서는 도어존 내에 위치하고 있는 지를 검출하는 방식이다.

그 검출센서의 형태는 마이크로스위치와 캠, 리드스위치와 영구자석, 인덕터스위치와 차폐판 등 여러 가지 방식을 적용하여 왔으나 그 중 인덕터스위치(inductor switch)와 차폐판(inductor plate)을 많이 사용하였고, 현재는 광전스위치(photo interrupt switch)와 차폐판(interrupt plate)을 주로 사용한다. 일부 영구자석을 이용한 근접스위치를 적용하는 경우도 있다.

▌그림 3-70 위치검출기와 차폐판 ▌

---

48) Photoelectric sensor, Cabin leveling sensor, Lift leveling inductive proximity sensor, Elevator leveling inductive proximity switch, Elevator U shape sensor, Car position switch, 인덕터스위치, 위치스위치 혹은 현장에서는 '포지(POSI)'라고 간략히 부르기도 한다.

① Inductor switch : 말굽의 양쪽 끝에 Induction coil을 삽입하여 한쪽에는 코일에 전류를 흘려 자기장을 형성하고 반대편에는 자기장의 영향으로 유도기전력을 발생하여 신호를 받는 스위치로 차폐판이 자기장을 막아 검출을 하는 방식이다. 과거에는 주로 이 Inductor switch로 적용하였으며, 그래서 아직도 이 위치스위치를 Inductor switch라고 부르고 있다. [그림 3-71]에 Inductor switch를 보여준다.

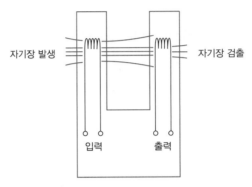

| 그림 3-71 Inductor SW |

② 영구자석스위치(permanent magnet switch) : 말굽의 한쪽 끝에 영구자석을 달고, 반대편의 말굽 끝에는 리드스위치를 내장시켜 차폐판이 없으면 자장의 영향으로 스위치가 동작하고 도어존에서 차폐되면 스위치가 OFF되는 동작을 한다. 자장을 발생하기 위해서 별도의 전원이 필요 없으므로 회로가 간단하고 고장이 거의 없다. [그림 3-72]가 영구자석스위치 모습이다.

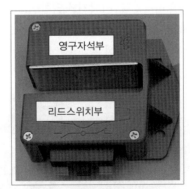

| 그림 3-72 영구자석 SW |

③ 광전스위치(photo switch) : 말굽의 한쪽에는 발광다이오드를 내장하고, 반대편 끝에는 수광트랜지스터로 빛을 받아 신호를 만드는 것으로 차폐가 없으면 트랜지스터가 동작되고, 빛이 차폐되면 트랜지스터가 OFF되어 도어존을 검출한다. 발광과 수광소자 사이에 물체를 검출하므로 Photo interrupter라고 한다. 소자의 동작속도가 빠르고, 정확한 동작을 하므로 현재에는 대부분이 이 광전스위치를 적용한다고 보아도 무리가 없다.

발광
다이오드

수광
트랜지스터

입력부

출력부

┃ 그림 3-73 광전 SW ┃

4 카 지붕(car roof)

카 지붕은 엘리베이터의 작업자가 점검·정비·수리 및 검사작업을 하는 중요한 공간이다. 따라서, 카 지붕에는 작업자의 안전을 위한 여러 가지의 안전구조가 있다.

① 카 지붕 토 가드(toe guard) : 지붕에서 작업하는 도중에 발의 미끄러짐을 방지하기 위해 지붕의 가장자리 바닥부분에 설치하는 보호판이 필요하다.

● 관련**법령**

〈안전기준 별표 22〉

8.7.2 카 지붕에는 다음과 같은 보호수단이 있어야 한다.
　　가) 다음 중 어느 하나에 해당하는 곳에 높이 0.1m 이상의 발보호판(toe board)이 있어야 한다.
　　　　1) 카 지붕의 바깥쪽 가장자리
　　　　2) 보호난간(8.7.4)이 있는 경우에는 카 지붕의 바깥쪽 가장자리와 보호난간 사이

② 보호난간(balustrade) : 작업자가 카 지붕에서 작업하는 도중에 추락을 방지하고 특히 신체 부위가 카 바깥의 구조물에 간섭을 받아 신체의 위해를 입는 것을 방지하기 위해 보호난간을 설치한다.

● 관련**법령**

〈안전기준 별표 22〉

8.7.2 카 지붕에는 다음과 같은 보호수단이 있어야 한다.
　　나) 카 지붕의 바깥쪽 가장자리에서 승강로 벽까지의 수평거리가 0.3m를 초과하는 경우에는 8.7.4에 따른 보호난간이 있어야 한다.

이 수평거리는 승강로 벽까지 측정되어야 한다. 다만, 폭 또는 높이가 0.3m 이하의 움푹 들어간 부분은 측정에서 제외될 수 있다.

8.7.3 카 지붕의 바깥쪽 가장자리와 승강로 벽 사이에 위치된 엘리베이터 부품이 추락위험을 방지할 수 있는 경우([그림 15 및 16] 참조), 그 보호는 다음 조건을 동시에 충족해야 한다.

가) 카 지붕의 바깥쪽 가장자리와 승강로 벽 사이의 거리가 0.3m를 초과한 경우 카 지붕의 바깥쪽 가장자리와 관련 부품 사이, 부품과 부품 사이 또는 보호난간의 끝부분과 부품 사이에는 직경 0.3m를 초과하는 수평원을 놓을 수 없어야 한다.

나) 부품에 대해 어느 지점마다 수직으로 300N의 힘을 수평으로 가할 때, 가)에 따른 기준을 더 이상 충족할 수 없는 곳으로 편향되지 않아야 한다.

다) 부품은 카 주행의 전 구간에 걸쳐, 8.7.4에 따른 보호난간과 같은 수준의 보호를 형성하기 위해 카 지붕 위의 높이로 연장되어야 한다.

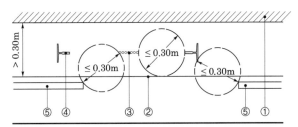

┃그림 15 추락보호부품의 예(전기식 엘리베이터)┃

[기호설명]
① 승강로 벽
② 카 지붕 가장자리
③ 로프, 벨트
④ 주행안내레일
⑤ 보호난간

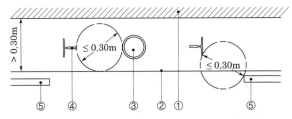

┃그림 16 추락보호부품의 예(유압식 엘리베이터)┃

[기호설명]
① 승강로 벽
② 카 지붕 가장자리
③ 램
④ 주행안내레일
⑤ 보호난간

8.7.4 보호난간은 다음과 같아야 한다.

가) 보호난간은 손잡이와 보호난간의 $\frac{1}{2}$ 높이에 있는 중간 봉으로 구성되어야 한다.

나) 보호난간의 높이는 보호난간의 손잡이 안쪽 가장자리와 승강로 벽([그림 17] 참조) 사이의 수평거리를 고려하여 다음 구분에 따른 수치 이상이어야 한다.
   1) 수평거리가 0.5m 이하인 경우 : 0.7m
   2) 수평거리가 0.5m를 초과한 경우 : 1.1m

다) 보호난간은 카 지붕의 가장자리로부터 0.15m 이내에 위치되어야 한다.

라) 보호난간의 손잡이 바깥쪽 가장자리와 승강로의 부품(균형추 또는 평형추, 스위치, 레일, 브래킷 등) 사이의 수평거리는 0.1m 이상이어야 한다.

마) 보호난간 상부의 어느 지점마다 수직으로 1,000N의 힘을 수평으로 가할 때 50mm를 초과하는 탄성변형 없이 견딜 수 있어야 한다.

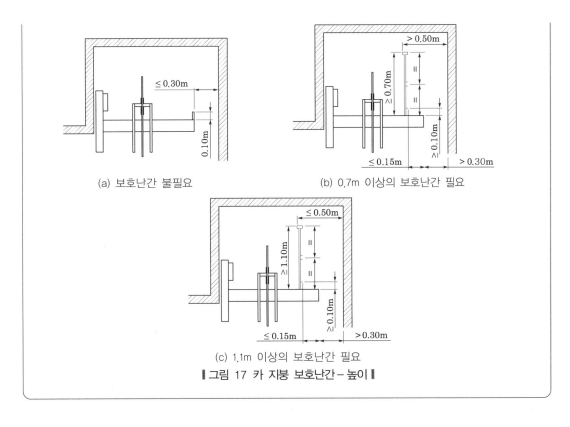

(a) 보호난간 불필요

(b) 0.7m 이상의 보호난간 필요

(c) 1.1m 이상의 보호난간 필요

┃ 그림 17 카 지붕 보호난간 – 높이 ┃

5 카 상부 설비

카 상부에는 엘리베이터 운전에 필요한 여러 장치들과 점검과 유지관리에 필요한 설비들이 설치되어 있다. 안전스위치반, Junction box, 도어구동장치, Blower, Position detector, Guide shoe, Oiler, 조명 등이 있다. 또한, Hitch plate에 로프가 고정되거나 Suspension sheave에 로프가 걸려 있다.

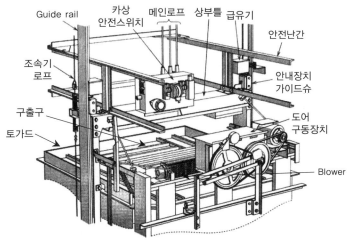

┃ 그림 3-74 카 상부의 여러 장치 ┃

① 카 상부 독점운전(exclusive operation) : 카 상부에는 작업이 빈번한 공간이므로 독점운전반
이 설치되어 있다. 독점운전반에는 자동·독점 점검운전 절환스위치, 수동 UP 운전버튼,
수동 DOWN 운전버튼, 운전공통버튼 등이 있다.

엘리베이터 카 상부에 탑승하는 경우에는 작업자 사고의 위험이 가장 크다고 볼 수 있다.
이러한 위험상황을 최소화하기 위하여 카 상부에서의 점검운전은 독점운전모드[49]이다.
카 상부 독점운전반에서 점검운전으로 절환한 때에는 카 지붕의 운전버튼 이외에는 전혀
운전이 불가능하므로 다른 곳에서 카 지붕 작업자가 모르는 어떤 운전도 되지 않아 카
상부의 작업인력은 안전하므로 이 점검운전반을 카 상부 '독점운전반'으로 부른다. 그러므
로 엘리베이터 작업자가 카 상부를 탑승할 때에는 탑승 전 승강장에서 점검운전 절환스위
치를 반드시 '점검'으로 전환하고 카 상부에 탑승하여야 한다.

또한, 최근에는 이 스위치박스에 비상정지버튼을 설치하기도 한다.

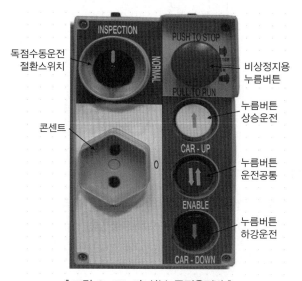

독점수동운전
절환스위치

콘센트

비상정지용
누름버튼

누름버튼
상승운전

누름버튼
운전공통

누름버튼
하강운전

┃그림 3-75 카 상부 독점운전반┃

② 작업용 콘센트 : 카 지붕에서 점검 및 작업을 위한 220V 콘센트가 설치된다.

● ⚖ **관련법령**

〈안전기준 별표 22〉

8.8 카 상부의 설비

　카 상부에는 다음과 같은 설비가 설치되어야 한다.

　가) 피난공간(6.5.7.1)에서 수평거리 0.3m 이내의 위치에서 조작이 가능한 16.1.5(점검운전)에
　　　따른 조작반

---

49) 카 상부에서 점검운전으로 절환하면 다른 곳에서는 어떠한 운전도 불가능하며, 카 상부의 점검운전만 가능하
　　므로 '독점운전'이다.

　나) 점검 등 유지관리업무를 수행하는 사람이 쉽게 접근할 수 있고, 출입구에서 1m 이내에 있는 16.1.11에 따른 정지장치
　　출입구에서 1m 이내에 있는 이 장치는 점검운전 조작반에 위치될 수 있다.
　다) 14.7.2에 따른 콘센트

③ 송풍기(blower)와 카 내 환기 : 카는 카 내의 승객의 호흡을 위하여 카 외부에서 카 내로 공기를 불어 넣는 팬이 설치되어 있다. 그리고 카 외부와 통하는 틈새가 있어 카 내부는 항상 외부와 공기의 흐름이 지속되도록 만들어져 있다. 일반적인 환풍기와는 달리 외부의 공기를 카 내로 불어넣는 것으로 송풍기, 블로어(blower) 혹은 플로어(flower)라고도 한다. 카에는 카의 아랫부분과 윗부분에 환기구멍이 있어야 한다.
엘리베이터의 블로어는 날개가 여러 개 달려 있고, 소음이 작으며, 작은 크기에 비하여 많은 풍량을 불어내는 Sirocco fan[50]을 주로 적용한다. [그림 3-76]은 엘리베이터 Blower의 예이다.

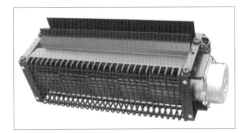

▌그림 3-76 Blower ▌

⚖ 관련**법령**

〈안전기준 별표 22〉

8.9 환기
8.9.1 카에는 카의 아랫부분과 윗부분에 환기구멍이 있어야 한다.
8.9.2 카의 아랫부분과 윗부분에 있는 환기구멍의 유효면적은 각각 카 유효면적의 1% 이상이어야 하고, 카 문 주위의 틈새는 필요한 유효면적의 50%까지 환기구멍의 면적계산에 고려될 수 있다.
8.9.3 환기구멍은 직경 10mm의 곧은 강철 막대봉이 카 내부에서 카 벽을 통해 통과될 수 없는 구조이어야 한다

④ 카 상부 정선박스(on car junction box) : 기계실의 제어반에서 카와 연결되는 이동케이블의 모든 전선은 카 바닥을 통하여 카 상부에 있는 Junction box에 연결된다. 이 Junction box를 통하여 도어구동장치, 카 내 조작반, 위치검출장치(car position switch) 등과 연결

──────────
50) 날개가 원심방향에 대하여 만곡하며 길이가 짧고 수가 많아 저압, 대용량 송풍에 적합한 송풍기

된다. 또한, 이 Box 내에 비상조명장치의 전원용 배터리와 충전회로가 내장되고, 제어반에서 이동케이블로 전달되는 신호와 전원의 커넥터, 카의 각 전기장치로 연결되는 Terminal block, Connector 등으로 구성된다. [그림 3-77]은 카 상부 정션박스의 내부모습이다.

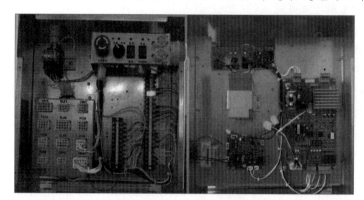

┃ 그림 3-77 카 상부 정션박스 ┃

⑤ **오일러(oiler)** : 카 슈가이드(shoe guide)의 마찰을 줄이기 위해 슈가이드와 가이드레일 사이에 윤활유를 공급하는 역할을 한다. 주로 상부 슈가이드 위에 장착한다.

⑥ **로프 고정판(hitch plate)** : 현수로프를 소켓으로 카를 붙잡아 매다는 쇠판으로 주로 상부 프레임에 접합되어 있다.

주로프 끝의 샤클로드를 고정시키는 판상의 구조물, 트랙션방식의 엘리베이터에서는 1 : 1 로핑의 경우에는 카의 상부틀 및 균형추의 상부틀에 부착되고, 2 : 1 로핑일 때는 일반적으로 기계실의 머신빔 등에 부착된다.

⑦ **카 지붕 조명** : 카 지붕에는 카 상부 작업 시에 필요한 작업등이 비치되어 있다. 또한, 정전 시에 비상전원에 의한 조명도 필요하다.

▐▌6 카 내 설비

(1) 조명

카에는 평상시 승객의 편안한 탑승을 위하여 적당한 밝기의 조명이 설치된다. 과거에는 형광등을 주로 사용하였으나, 최근에는 에너지 절약과 설비의 수명이 크게 길어진 LED 조명을 대부분 사용하고 있다.

또한, 정전 등 카의 정지와 조명의 이상소등에 대비하여 비상조명을 설치하게 된다.

① **카 내 일상조명** : 카 내의 일상적인 조명은 엘리베이터 소유자와 승객의 취향에 따라 조명을 설치하게 된다. 따라서, 카 내 조명의 밝기 등은 시방에 따른다. 건물의 용도에 따라서, 카 내의 특수조명을 장착하기도 한다.

② **카 내 비상조명** : 카 내에는 정전 시 승객의 불안감을 해소하기 위해 비상전원에 의한 비상조명이 설치되어 있다. 이 비상조명은 카 내부를 일정 이상의 밝기로 비춰야 하고 특히 비상통화버튼을 명확하게 인식할 수 있도록 설치된다.

또한, 일정시간 이상 어느 정도의 조도를 유지할 수 있도록 충전지의 용량이 충분하고, 평상시 항상 충전되도록 충전회로를 구성한다.

● ⚖ **관련법령**

〈안전기준 별표 22〉

6.1.4.1 승강로에는 모든 출입문이 닫혔을 때 승강로 전 구간에 걸쳐 영구적으로 설치된 다음의 구분에 따른 조도 이상을 밝히는 전기조명이 있어야 한다.
조도계는 가장 밝은 광원쪽을 향하여 측정한다.
가) 카 지붕에서 수직 위로 1m 떨어진 곳 : 50lx

8.10 조명

8.10.4 카에는 자동으로 재충전되는 비상전원 공급장치에 의해 5lx 이상의 조도로 1시간 동안 전원이 공급되는 비상등이 있어야 한다.
이 비상등은 다음과 같은 장소에 조명되어야 하고, 정상 조명전원이 차단되면 즉시 자동으로 점등되어야 한다.
가) 카 내부 및 카 지붕에 있는 비상통화장치의 작동버튼
나) 카 바닥 위 1m 지점의 카 중심부
다) 카 지붕 바닥 위 1m 지점의 카 지붕 중심부

8.10.5 비상등의 조명에 사용되는 비상전원 공급장치가 16.3에 따른 비상통화장치와 동시에 사용될 경우 그 비상전원 공급장치는 충분한 용량이 확보되어야 한다.

(2) 손잡이(hand rail)

카 내에는 노약자의 안전을 위하여 출입구를 제외한 벽면에 적절한 높이의 손잡이를 설치한다.

● ⚖ **관련법령**

〈안전기준 별표 22〉

8.3.3 바닥에서 높이 1.1m 이하인 곳에 유리가 있는 카 벽에는 높이 0.9m부터 1.1m까지 구간 사이에 손잡이가 있어야 한다.
이 손잡이는 유리와 독립적으로 고정되어야 한다.
[비고] 장애인용 엘리베이터의 경우 17.1.5.1을 따른다.

(3) 감시카메라

최근 엘리베이터 카 내에서 범죄행위가 자주 발생하고 있어 이를 방지하기 위하여 카 내에 폐쇄회로 카메라를 설치한다. 공동주택 등의 관련 법에서는 이를 법제화하기도 하였다.

이 감시카메라는 실제로 카 내의 범죄예방뿐만 아니라 외부의 사건에 대한 단서역할을 하기도 한다.

(4) 정보표시기(information display)

엘리베이터에 건물의 층별 정보나 날씨정보 또는 행사정보 등을 탑승객에게 알리는 정보표시기가 탑재되기도 한다.

정보표시기는 LED dot matrix를 적용하기도 하였으나 최근에는 컴퓨터 또는 IOT 인터넷으로 가동되는 LCD display를 사용하여 다양한 정보를 탑승객에게 제공하고 있다. [그림 3-78]은 대형화면의 LCD 정보표시기이다.

┃그림 3-78 LCD 정보표시기┃

7 카 에이프런(apron)

카가 승강장 바닥에서 상부로 도어존을 벗어나 정지한 경우에 승객을 구출하거나 스스로 하차할 때 카 바닥 아래 부분과 승강장 바닥 사이의 공간이 크게 열리는 경우가 있다. 이때 승객이 승강장으로 뛰어 내리거나 기어서 내려오는 경우 [그림 3-79]에서 보는 것과 같이 넓은 공간을 통해서 승강로로 추락하는 위험이 크다. 이러한 사고를 방지하기 위해 카의 하부 전면에 에이프런을 설치한다. [그림 3-80]은 에이프런의 설치위치를 나타낸다.

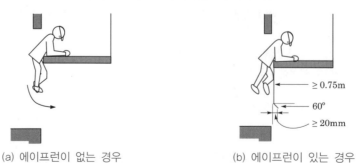

(a) 에이프런이 없는 경우   (b) 에이프런이 있는 경우

┃그림 3-79 에이프런의 역할┃

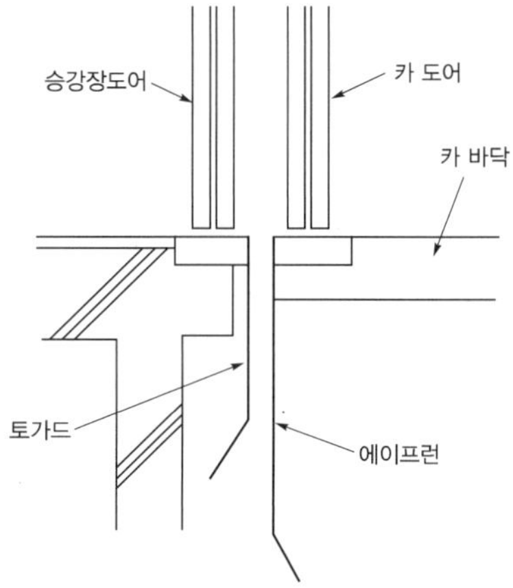

┃그림 3-80 카 에이프런 ┃

에이프런의 폭은 도어 유효폭보다 커야 하며, 추락을 막을 수 있는 충분한 길이로 견고하게 설치하여야 한다.

카가 승강장 위쪽으로 1m 이상 높이 정지한 상태에서 카 내의 승객이 구조되었을 때 카 내의 승객이 승강장으로 나오는 도중 이 공간을 통하여 승강로에 추락하는 사례가 많으므로, 이러한 위험을 사전에 방지하기 위해 에이프런은 필수적이다.

관련법령

〈안전기준 별표 22〉

8.5 에이프런

8.5.1 카 문턱에는 에이프런이 설치되어야 한다.

에이프런의 폭은 마주하는 승강장 유효출입구의 전체 폭 이상이어야 한다.

에이프런의 수직면은 아랫방향으로 연장되어야 하고, 하단의 모서리부분은 수평면에 대해 승강로방향으로 60° 이상 구부러져야 하며, 구부러진 곳의 수평면에 대한 투영길이는 20mm 이상이어야 한다.

에이프런 표면의 돌출부(나사 등 고정장치)는 5mm를 초과하지 않아야 하며, 2mm를 초과하는 돌출부는 수평면에 대해 75° 이상으로 모따기되어야 한다.

8.5.2 에이프런의 수직부분 높이는 0.75m 이상이어야 한다. 다만, 주택용 엘리베이터의 경우에는 0.54m 이상이어야 한다.

8.5.3 에이프런 하단의 모서리에 대해 5cm^2 면적의 원형 또는 정사각형 모양의 어느 지점마다 수직으로 300N의 힘을 균등하게 분산하여 승강장측에서 가할 때 다음과 같아야 한다.

가) 1mm를 초과하는 영구적인 변형이 없어야 한다.

나) 35mm를 초과하는 탄성변형이 없어야 한다.

8 카 안내기(car guide)[51]

엘리베이터의 카가 상하로 움직이는 동안 그 움직임이 일정한 경로로 이루어지도록 가이드 레일(guide rail)이 있고, 이 Guide rail을 따라 카가 이동하도록 안내하는 수단이 필요하다. 카의 안내기는 슈가이드(shoe guide)와 롤러가이드(roller guide)가 있다.

(1) 카 안내기의 역할

① 카의 이동동선의 안내 : 엘리베이터 카는 와이어로프에 매달려 있고 와이어로프는 구동시브에 걸려 카와 구동시브의 거리가 계속 변화하면서 상하로 움직이므로 카가 흔들리지 않도록 가이드레일과 안내기로 이동동선이 일정하게 안내하여 준다.

② 횡진동에 대한 레일 이탈방지 : 엘리베이터가 움직이면서 가이드레일의 결함이나 메인로프의 텐션편차 등으로 인한 수평진동, 지진에 의한 수평진동 또는 고속 엘리베이터의 공기저항에 의한 수평진동 등에 의한 카의 레일이탈을 방지하는 역할을 한다. 이 역할을 수행하기 위해서는 슈가이드, 롤러가이드의 가이드레일 물림량이 중요하다.

③ 진동의 흡수 : 카가 주행 중에 발생하는 수평진동을 흡수하여 운전 중 승차감을 향상시키는 역할을 한다. 특히 롤러형 안내기 중에서 액티브 롤러가이드는 이러한 진동감소에 효과가 크다고 할 수 있다.

(2) 슈가이드(shoe guide)[52]

슈가이드는 레일과 맞닿는 부분이 평평한 판으로 되어 있는 Gib과 그를 고정하는 블록으로 구성되어 있다. 슈가이드는 레일과 미끄러지면서 카를 안내하므로 마찰에 의한 약간의 저항이 있을 수 있어 카 상부 슈가이드 위에 [그림 3-82]의 오일러(oiler)를 통하여 레일과 슈 사이에 윤활유를 항상 공급하고 있다. 레일 아래에 윤활유를 모으는 그릇을 기름받이(oil tray)라고 한다.

슈가이드는 레일과 마찰을 하므로 레일이음매의 단차 등 레일의 접촉면 상태에 따라 카의 이동에 걸림이 생길 수 있고, 이 걸림으로 발생되는 진동이 카에 전달될 수도 있다.

슈 타입의 가이드는 마찰저항이 발생되므로 중·저속 엘리베이터에 주로 적용하고, 고속 엘리베이터에서는 효율, 진동 및 소음면에서 불리하므로 적용하지 않는다. [그림 3-81]에서 위쪽의 간단한 형태의 슈가이드는 주로 카운터에 사용되고, 아래쪽의 다소 구조적인 형태의 슈가이드는 카측에 주로 사용된다.

---

51) 슈가이드(shoe guide)와 롤러가이드(roller guide) 등 카를 레일에 따라 안내하는 장치를 카 안내기로 표현한다.
52) 가이드슈(guide shoe)라고도 한다. Shoe type car guide

▌그림 3-81 슈가이드 ▌

▌그림 3-82 Oiler tray ▌

(3) 롤러가이드(roller guide)[53]

롤러가이드는 슈가이드의 단점을 보완한 가이드로, [그림 3-83]과 같이 가이드레일의 3면에 닿는 주로 우레탄 타이어 또는 코팅을 한 3개의 롤러를 장착하여 마찰에 의한 저항을 없애고, 진동과 소음도 줄여 주기 때문에 주로 고속 엘리베이터에 적용한다.

바퀴의 구름으로 안내되기 때문에 슈가이드에 필요했던 윤활유의 공급은 필요치 않으며, 롤러의 압입력을 스프링 등으로 조정하여 카가 레일과의 갭이 없으므로 카 좌우의 흔들림을 줄여줄 수 있다.

고속 또는 초고속 엘리베이터에서는 레일과 롤러가이드 사이에 작은 결함에도 진동이 발생하여 카에 전달되기 때문에 레일과 롤러가이드 사이에 발생하는 소소한 진동의 전파를 방지하기 위하여 액티브 롤러가이드(active guide roller)를 적용하기도 한다.

▌그림 3-83 Roller guide ▌

---

53) 가이드롤러(guide roller)라고도 한다. Roller type car guide

(4) 액티브 롤러가이드(active roller guide)[54]

액티브 롤러가이드는 여러 가지가 있다. 스프링에 의하여 동작 중 바퀴의 튀는 진동을 반력으로 감쇠하는 방법, 또는 가스압력관을 이용하여 레일의 진동을 흡수하는 방법 등 많은 것이 있으나 본격적인 횡진동 저감방식은 실제의 카 내 횡진동을 검출하여 이에 대응하는 반 위상의 액추에이터에 의한 진동을 감쇠시키는 장치가 효과적이라고 할 수 있다. [그림 3-84]가 액티브 롤러가이드의 예이다.

▌ 그림 3-84 Active roller guide ▌

초고속 엘리베이터의 카에서 횡진동의 발생은 몸으로 쉽게 느낄 수 있다. 이러한 진동에 대하여 액티브 롤러가이드 기술을 통하여 대략 50% 정도의 감쇠가 가능하다. 이는 카가 움직이는 동안 발생하는 진동을 [그림 3-85]와 같이 가속센서에 의해서 검출하고, 이 진동에 대하여 전자석의 자력을 조정하여 움직이는 Actuator를 이용하여 감쇠시킨다.

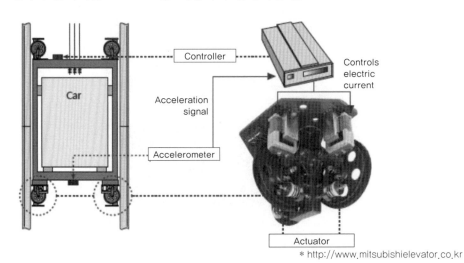

* http://www.mitsubishielevator.co.kr

▌ 그림 3-85 가속센서를 응용한 횡진동 감쇄장치 ▌

---

54) 액티브 가이드롤러(active guide roller)라고도 한다.

레일의 설치오차와 장기간 사용한 레일의 틀어짐 등으로 발생하는 진동에 대한 감쇠는 Active damper와 Active roller guide를 사용하여 진동발생 시 액추에이터를 사용하여 역위상의 진동을 발생시켜 진동을 카 내부로 전달되는 것을 감쇄하는 방식이다. 이 액티브 롤러가이드는 종래의 롤러가이드에 비하여 더욱 향상된 승차감을 보장할 수 있다.

05 엘리베이터 도어

엘리베이터의 도어는 오래전 유럽 등에서는 손으로 여닫는 스윙도어, 폴딩도어 등의 도어가 사용되기도 하였으나, 현재는 거의 모든 엘리베이터에서 전동으로 여닫는 방식의 도어를 사용하고 있다.

1 도어방식

엘리베이터의 도어방식은 도어의 열리는 방향에 따라 나눌 수 있다. 좌우로 열리는 중앙개폐방식, 한 방향 횡으로 열리는 측면개폐방식과 상승개폐방식, 상하개폐방식 등이 있다.

(1) 중앙개폐방식(center open - 2CO, 4CO)

중앙개폐방식의 도어는 주로 승객용 엘리베이터에 적용된다. 이 방식은 카 내부 전면의 중앙에 도어가 설치되고 도어 외곽에 일정한 카 내부공간이 존재한다. 이 도어는 도어를 비켜난 공간에 승객이 스스로 자리를 차지할 수 있고, 승객이 탑승하는 데에 적절한 크기의 도어로 만들면 도어를 열었을 때 카 측면으로 벗어나지 않으므로 승강로의 면적이 카의 크기에 의해 산정되어 공간사용 효율이 좋아서 승객용으로 많이 적용한다. [그림 3-86]이 중앙개폐식 도어이다.

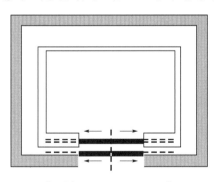

| 그림 3-86 2CO Door |

또한, 중앙개폐방식의 도어는 구동장치를 카 도어에만 설치하고 모든 승강장의 도어는 카 도어에 클러치되어 구동되므로 구동장치가 필요 없으므로 한 대의 엘리베이터에 도어 구동장치는 1set만 설치하여 저비용 및 고장률이 낮은 점 등의 장점이 있다.

(2) 측면개폐방식(side open - 1SO, 2SO, 3SO)

측면개폐방식의 도어는 승객용, 특히 침대용에 많이 적용되고 화물용에도 적용하는 경우가 있으나 일부분이다. 이 도어는 침대가 카에 실리면 도어를 중심으로 좌우측의 공간으로 이동이 곤란하므로 도어의 열림폭을 거의 카의 내부폭으로 사용하기 위함이다. [그림 3-87]은 1패널 사이드 오픈도어이다.

구동장치는 Center open과 동일하게 카 도어에만 설치되어 있다.

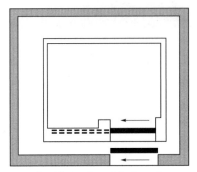

┃그림 3-87 1SO Door ┃

(3) 상승개폐방식(UP sliding - 1UP, 2UP, 3UP)

상승개폐방식의 도어는 화물용에 주로 적용한다. 화물의 적재는 사람의 손이 아닌 지게차 등의 하역장비를 이용하므로 도어의 폭과 카 실의 폭이 같아야 화물적재 시에 효율적인 공간활용이 가능하다. 따라서, 화물용 엘리베이터는 카 실의 폭을 그대로 개방할 수 있는 상승개폐방식을 거의 적용한다. [그림 3-89]가 2패널과 3패널 Up sliding 도어이다.

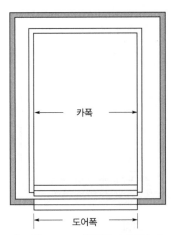

┃그림 3-88 화물용 도어폭 ┃

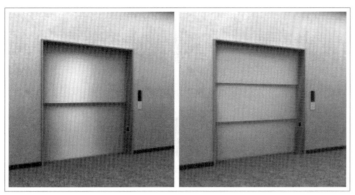

▌그림 3-89 상승도어 2UP, 3UP ▌

이 도어방식의 구동장치는 모든 도어에 필요하다. 즉, 카 도어와 모든 승강장도어에 각각의 구동장치가 구비되어야 하므로 수평방식에 비하여 장치의 비용이 높고, 고장이 잦은 점 등의 유지관리가 불리하다.

또한, 도어패널이 출입구 상부로 열리기 때문에 사람이 드나드는 위쪽에 도어패널이 있고 이 도어패널이 떨어지거나 갑자기 내려오는 경우에 인명피해가 우려되므로 승객용 엘리베이터에는 거의 적용되지 않는다.

(4) 상하개폐방식(UD sliding – 2UD)

상하개폐방식의 도어는 도어의 가운데에서 상부와 하부로 각각 열리는 형태의 도어로, 테이블형 덤웨이터에 주로 적용된다. 이 도어방식은 주로 카 도어가 없는 승강장도어의 형태로 동력장치가 없이 손으로 여닫는 것이 보통이다.

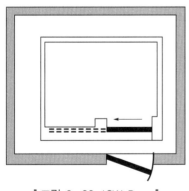

▌그림 3-90 1SW Door ▌

▌그림 3-91 스윙도어 ▌

167

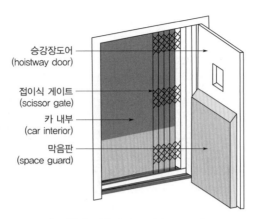

승강장도어
(hoistway door)

접이식 게이트
(scissor gate)

카 내부
(car interior)

막음판
(space guard)

▌그림 3-92 Collapsible gate ▌

(5) 기타 방식

과거 유럽에서 사용한 여닫이방식(swing door : 1SW, 2SW), 접이식 도어(folding door, collapsible gate[55]) 등이 있으나 현재 국내에는 거의 없다.

2 엘리베이터 도어의 기본요건

(1) 도어의 기본구조

엘리베이터에는 카와 승강장에 도어가 있다. 승강장도어는 카도어와 동일한 크기로 설치되어 있다. 카에는 2개의 도어가 설치될 수 있으나, 2개의 도어가 동시에 열리면 안 된다.

카에 2개의 도어가 있는 경우에 관통형 엘리베이터라고 부른다.

도어가 닫혀 있을 때 사람의 손가락 등이 끼어 들어갈 수 있으므로 도어와 도어, 도어와 Jamb 등의 틈새는 너무 넓게 벌어지면 안 된다. 그리고 도어패널은 사람의 손이나 인체가 닿을 수 있으므로 과도한 돌출이나 굴곡이 없어야 한다.

● ⚖ 관련법령

〈안전기준 별표 22〉

7 승강장문 및 카문

7.1 일반사항

7.1.1 카에 정상적으로 출입할 수 있는 승강로 개구부에는 승강장문이 제공되어야 하고, 카에 출입은 카문을 통해야 한다. 다만, 2개 이상의 카문이 있는 경우 어떠한 경우라도 2개의 문이 동시에 열리지 않아야 한다.

7.1.4 승강장문 및 카문이 닫혀 있을 때 문짝 간 틈새나 문짝과 문틀(측면) 또는 문턱 사이의 틈새는 6mm 이하이어야 하며, 관련 부품이 마모된 경우에는 10mm까지 허용될 수 있다. 유리로 만든 문은 제외한다[7.6.2.2.1 자)3) 참조].

---

55) Scissor gate, Slide gate 등으로도 부른다.

수직 개폐식 승강장문 및 카문의 경우에는 상기 틈새를 10mm까지 허용될 수 있으며, 관련 부품이 마모된 경우에는 14mm까지 허용될 수 있다.

이 틈새는 움푹 들어간 부품이 있다면 그 부분의 안쪽을 측정한다.

7.6 문 작동에 관한 보호

7.6.1 일반사항

문 및 문 주위는 사람의 신체 일부, 옷 또는 기타 물건이 끼여 발생하는 손상 또는 부상의 위험을 최소화하는 방법으로 설계되어야 한다.

자동 동력작동식 문의 표면(승강장문의 경우에는 승강장측, 카문의 경우에는 카 내부측)은 문이 작동하는 동안 전단(剪斷)의 위험을 방지하기 위해 3mm를 초과하는 함몰 또는 돌출 부분이 없어야 한다.

이러한 함몰 또는 돌출부분의 모서리는 문의 열림방향으로 모따기(chamfer)되어야 한다. 다만, 7.9.3에 따른 비상잠금해제를 사용하기 위한 부분은 예외로 한다.

(2) 도어의 높이와 폭

승강장문 및 카문의 출입구 유효높이는 거의 2m 이상이다. 고급형 엘리베이터에서는 출입문의 높이를 그 이상으로 하는 경우가 많다. 또한, 주택용 엘리베이터의 경우에는 1.8m로 설치될 수 있다.

엘리베이터의 출입구폭은 승객이 드나드는 데 불편함이 없어야 하므로, 적재량이 작은 엘리베이터일지라도 최소 유효폭이 800mm는 되어야 한다. 승객용의 엘리베이터 출입구의 유효폭은 주로 800 ~ 1,100mm를 적용한다.

승강장과 카도어의 유효폭은 동일하게 하는 것이 효율적이다.

관련법령

〈안전기준 별표 22〉

7.2 출입문의 높이 및 폭

7.2.1 높이

승강장문 및 카문의 출입구 유효높이는 2m 이상이어야 한다. 다만, 주택용 엘리베이터의 경우에는 1.8m 이상으로 할 수 있으며, 자동차용 엘리베이터의 경우에는 제외한다.

7.2.2 폭

승강장문의 출입구 유효폭은 카 출입구폭 이상으로 하되, 카 출입구폭보다 50mm를 초과하지 않아야 한다.

(3) 문턱(door sill), 도어슈(door shoe)

승강장 출입구에는 문턱이 있다. 문턱의 역할은 도어의 열림 닫힘 동작의 길을 만들어 주고, 도어패널의 이탈을 방지하도록 홈에 도어슈(door shoe)를 수용하여 안내한다.

도어슈는 승강장도어 및 카도어가 열림과 닫힘 작동 중 이탈하지 않도록 문턱의 홈에 끼워져 움직일 수 있게 하였다. 또한, 도어슈는 도어패널 등에 가해지는 외부의 힘에 대하여 도어패널이 벗겨지지 않도록 하는 역할을 한다.

수평 개폐식 승강장도어 및 카도어는 상부에는 가이드레일에 행거롤러가 걸려 있고, 하부에는 실홈에 도어슈가 안내하여 움직이고 있다.

수직 개폐식 승강장도어 및 카도어는 양측면에서 가이드채널이 설치되어 있다.

(4) 승강장실과 카실의 틈새

승객이 카에 탑승할 때 신발이 끼이거나 승객이 소지한 가방 등이 틈새로 빠지지 않도록 카실과 승강장실의 틈새는 넓지 않아야 한다.

● ⚖ **관련법령**

〈안전기준 별표 22〉

7.4 승강장문과 카문 사이의 수평틈새

7.4.1 카문의 문턱과 승강장문의 문턱 사이의 수평거리는 35mm 이하이어야 한다(안전기준 별표 2 [그림 3] 참조).

---

(5) 도어패널(door panel)

승강장도어는 엘리베이터의 카를 탑승하는 출입구의 기능을 할 뿐만 아니라, 승강장과 승강로의 차단장치로서의 역할을 해야 한다. 최근 엘리베이터의 설치대수가 급격히 증가하면서 엘리베이터 승강장의 기능이 확대되어 상가건물에는 상가의 현관 또는 입구 역할을 하기도 한다. 이러한 상황에서 엘리베이터 탑승객 이외의 통행인이 엘리베이터 승강장도어에 접근하여 승강장도어의 소손 또는 이탈로 사고를 당하는 경우가 종종 발생하면서 승강장도어패널의 강도에 관심을 갖게 되었다.

승강장도어패널이 강도가 약하면 도어가 휘어져 도어실의 홈에서 이탈하고, 도어슈가 견디지 못하여 도어실을 이탈하는 등으로 인하여 사람이 승강로 내부로 추락할 위험성이 있다. 이러한 위험을 줄이기 위해서 도어패널의 강도기준을 정하고 있다.

● ⚖ **관련법령**

〈안전기준 별표 22〉

7.5.3 기계적 강도

7.5.3.1 잠금장치가 있는 승강장문 및 카문은 승강장문이 잠긴 상태 및 카문이 닫힌 상태에서 다음과 같은 기계적 강도를 가져야 한다.

　　가) 문짝·문틀에 대해 5cm^2 면적의 원형 또는 정사각형 모양의 어느 지점마다 수직으로

300N의 정적인 힘을 균등하게 분산하여 가할 때 다음과 같아야 하며, 시험 후에는 문의 안전성 및 성능에 영향을 받지 않아야 한다.

1) 1mm를 초과하는 영구적인 변형이 없어야 한다.

2) 15mm를 초과하는 탄성변형이 없어야 한다.

나) 승강장문의 문짝·문틀(승강장측) 및 카문의 문짝·문틀(카 내부측)에 대해 $100cm^2$ 면적의 원형 또는 정사각형 모양의 어느 지점마다 수직으로 1,000N의 정적인 힘을 균등하게 분산하여 가할 때 안전성 및 성능에 영향을 주는 중대한 영구변형이 없어야 한다[7.1.4 (최대 틈새 10mm) 및 7.9.1 참조].

유리문의 경우에는 7.6.2.2.1 자)1)에 따른다.

[비고] 강도시험에 힘이 가해지는 표면은 코팅된 문에 손상이 없도록 부드러운 재질일 수 있다.

3 카도어(car door)[56]

엘리베이터의 출입은 승강장과 카의 출입구가 있다. 이 출입구에는 도어가 있으며, 승강장도어는 승강장과 승강로를 구분해주는 도어이며, 사람들의 통행공간이므로 반드시 승강로 내부로의 접근을 방지하는 구조로 만들어져 있다. 반면 카도어는 시대와 용도에 따라 도어의 형태가 달라질 수도 있다. 과거에는 승객용이나 자동차용 엘리베이터에 카도어가 없거나 폴딩도어처럼 공간이 완전히 막히지 않는 출입구도 존재하였다. 그래서 카의 출입구를 유럽 등에서 Gate로 표기하기도 한다.

앞서 언급하였지만 수평 여닫기도어에서는 모든 승강장도어는 여닫힘 동력이 없고, 카도어에만 여닫힘 구동장치가 설치된다. 따라서, 승강장도어는 카가 정지한 층의 승강장도어만 카도어의 여닫힘동작에 연동되어 동시에 여닫히는 구조가 대부분이다.

카도어는 도어 구동장치, 도어 구동링크, 도어헤드, 도어패널, 도어실, 도어슈, 끼임방지기 등으로 구성되어 있다.

(1) 카도어 구동장치(door operator)

과거에 도어의 구동장치는 여러 가지 방식을 적용하였으나, 최근들어 인버터 제어방식을 주로 사용하고 있다. 인버터 제어방식의 도어는 소비전력의 저감, 속도제어의 용이, 장치의 소형화 등 여러 가지 장점이 있다.

① 도어 구동회로 : 도어 구동회로는 최근에 주로 인버터를 적용하고 있다. 제어반에서 공급하는 단상 교류를 해당 회로에 맞도록 변압기를 거쳐서 속도제어회로와 인버터를 통하여 전동기에 전원이 공급된다. 또한, 도어의 상태를 검출하는 센서의 입력과 제어반에서 전달되는 열림과 닫힘 지령의 입력 등의 회로가 필요하다. [그림 3-93]에 도어 구동회로의 예를 보여준다.

---

56) 카도어를 Gate라고 부르는 경우도 있다. 이는 종래의 카 출입구에 카 내부와 승강로의 공간을 차단하는 문이 없는 경우와 [그림 3-92]에서의 Collapsible gate와 같이 완전히 차단되지 않는 형태의 출입구를 의미하는 것이다.

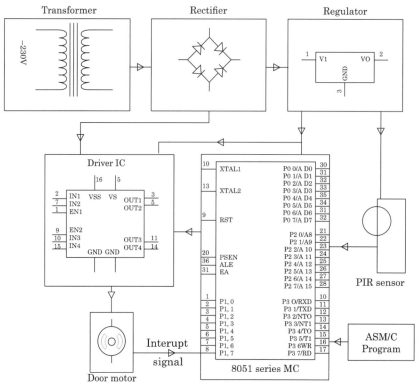

┃ 그림 3-93 구동회로의 예 ┃

② 도어머신(door machine) : 종래의 도어머신은 모터의 회전을 감속하고 암이나 로프 등을 구동하여 도어를 개폐시키는 것으로 감속장치로서는 웜 감속기가 주류를 이루고 있지만 효율이 나빠 열리지 않는 경우 등의 단점이 많았다. 최근에는 벨트나 체인에 의해 감속하는 방식을 적용하고 있으며, 도어 위치 등에 대한 각종 신호를 제어하는 기능을 내장하고 있다. 도어머신은 엘리베이터에서 승객과 가장 가까운 위치에 설치되며, 그 동작의 빈도가 엘리베이터 구동빈도보다 2배 이상이므로 도어 구동장치 중에서 중요한 도어모터는 소음이 작으며, 소형 경량이고, 유지관리가 용이한 것으로 선택해야 한다. [그림 3-94]는 구동회로와 모터를 보여준다.

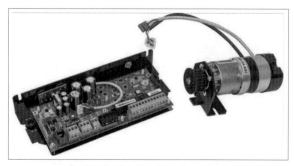

┃ 그림 3-94 구동회로와 모터 ┃

(2) 구동링크(drive link)

도어의 구동장치와 도어패널을 연결하여 동력을 전달하는 방법은 주로 로드링크(rod link)와 벨트링크(belt link)가 있다.

로드링크는 과거에 도어가 크고 무거운 경우에 많이 적용하였으나, 최근에는 도어가 가볍고 구동력이 좋은 V-belt 혹은 타이밍벨트(synchronous belt)를 사용한 벨트링크가 많이 적용된다. 벨트링크는 로드링크에 비하여 구조가 비교적 간단하고 구동력에 대한 부하도 작아지므로 최근 많이 적용하고 있는 실정이다.

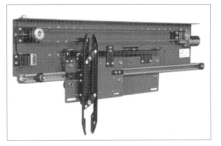

┃그림 3-95 벨트링크┃

┃그림 3-96 로드링크┃

(3) 도어클러치(door clutch)

승강장의 레벨에 정지한 엘리베이터가 도어를 여는 경우에 카도어는 동력장치가 없는 승강장 도어를 잡아 동시에 열리게 하는 장치가 도어클러치이다.

이 승강장도어를 동시에 열어주는 클러치는 여러 가지 형태가 있으나, 통상적으로 [그림 3-97] 처럼 승강장도어에 클러치롤러와 릴리즈롤러를 장착하고, [그림 3-98]처럼 카도어에 이 2개의 롤러를 끼워 잡아서 여는 베인(vane)을 설치한 형태의 클러치가 많이 적용된다. 즉 카도어의 베인 사이에 승강장도어의 롤러가 들어가는 것이다.

┃그림 3-97 도어롤러┃

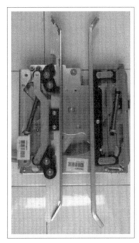

┃그림 3-98 베인┃

173

카가 주행하면서 정지하지 않는 승강장을 지나갈 때에는 카도어 베인은 승강장도어 롤러에 접촉되지 않고 양 옆을 스쳐 지나간다. 카가 승강장에 착상하면 베인이 승강장도어 롤러 양쪽에 위치하게 되고, 가동 베인이 릴리즈롤러를 밀면 승강장 Lock이 열리게 된다. 카도어가 열리기 시작하면서 베인이 열리는 방향으로 밀면 클러치롤러가 밀리면서 승강장도어를 열리게 한다. 베인은 가동베인과 고정베인이 있으며, 두 베인 모두를 가동형으로 하기도 한다.

(4) 도어동작속도

엘리베이터 도어의 동작은 열림과 열림대기 그리고 닫힘 동작이 있다. 엘리베이터의 도어속도는 신속성에 영향을 미치므로 도어의 동작속도를 빠르게 하는 것이 좋으나, 너무 빠른 속도는 타고 내리는 승객의 신체에 위해를 가할 수도 있고 끝부분에서는 구조적인 소음이 발생할 수 있으므로 [그림 3-99]와 같이 속도곡선을 따라 동작하도록 설계되어 있다.

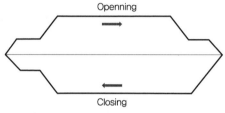

Openning

Closing

▍그림 3-99 도어동작 속도곡선 ▍

① 열림동작의 속도곡선 : 도어의 열림동작은 [그림 3-99]의 윗부분과 같이 열리는 시작은 낮은 속도로 시작되어 가속된 후 빠른 속도로 열리고 끝부분에서 다시 감속되어 서서히 열림이 완료된다. 처음의 낮은 열림은 승객의 감각적인 부분과 관련있으며, 마지막에 감속은 도어스토퍼 등에 부딪히는 소음 등을 고려한 것이다.

② 닫힘동작의 속도곡선 : 도어의 닫힘동작은 열리는 동작과 거의 유사하나, [그림 3-99]의 아래부분과 같이 완전열림에서 닫힘의 시작에는 저속구간을 없애고 바로 가속하여 빠른 속도로 닫히게 되고, 마지막 부분에서는 반대 패널과의 충돌로 소음의 발생 또는 끼임 발생 시를 대비하여 저속부분을 거쳐 완전히 닫히게 된다.

(5) 도어 동작시간

엘리베이터의 도어동작에 소요되는 시간은 크게 도어의 동작시간과 열림 대기시간으로 나눌 수 있다. 또한, 도어의 동작시간은 도어 열림시간과 도어 닫힘시간으로 표현할 수 있다. 엘리베이터의 도어 동작시간은 엘리베이터를 이용하는 사람이 바라는 신속성에 많은 영향을 미치는 요소이다.

① 도어 열림시간 : 도어동작의 일반적인 속도곡선은 [그림 3-99]와 같다. 도어의 열림시간은 엘리베이터의 도어가 열리기 시작하여 완전히 열릴 때까지의 시간으로 표현할 수 있다. 그러나 일반적으로 도어의 열림시간과 열림 너비곡선이 [그림 3-100]과 같아서 완전히 열리기 전에 승객이 타거나 내릴 수 있으므로 도어 열림시간을 열기 시작부터 도어 열림폭이 전체의 80%가 되는 때까지의 시간으로 표현하는 경우가 많다.

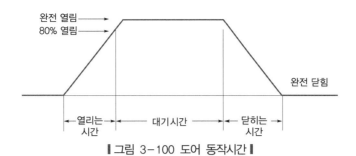

┃그림 3-100 도어 동작시간 ┃

② 도어 대기시간(door open waiting time) : 도어 대기시간은 승객이 타고 내리는 동안 도어의 닫힘에 의하여 승객의 행동에 간섭이 발생하지 않도록 일정시간 열림상태에서 대기하고 있다. 이를 도어 불간섭시간(door noninterference time)이라고 부른다.

[그림 3-100]에서 보는 바와 같이 도어 열림시간이 경과한 후부터 도어가 닫히기 시작할 때까지의 시간을 말한다. 승객용 엘리베이터에서는 카의 정격적재량, 즉 정원에 따라 대기시간이 차이가 있으나 통상적으로 3 ~ 5초로 설정하는 경우가 많다. 장애인용 엘리베이터는 10초 이상 문이 열린 채로 대기한 후에 닫힌다. 소방구조용 엘리베이터의 소방운전에서는 자동으로 닫히지 않는다. 피난용 엘리베이터는 피난운전 중 15초 이상 열려 있다가 닫힌다. 이 불간섭시간은 엘리베이터의 승객 또는 소유자의 시간변경 요구가 많은 사항이므로 사용 중인 현장의 엘리베이터에서도 해당 기술자에 의하여 불간섭시간 설정을 손쉽게 변경할 수 있도록 만들어져 있다.

③ 도어 닫힘시간 : 도어 닫힘시간은 [그림 3-100]과 같이 대기시간이 끝나고 도어가 닫히기 시작하고부터 완전히 닫힐 때까지 걸리는 시간을 말한다.

완전히 닫히는 때를 엘리베이터가 기동을 개시하는 시점으로 볼 수도 있다.

(6) 도어 여닫힘의 힘

엘리베이터의 도어는 사람이 탑승 또는 하차 시에 부딪힐 우려가 있으므로 도어가 닫히는 힘이 너무 강하지 않아 일반인이 이를 힘으로 밀어낼 수 있는 적절한 힘으로 조정되어야 한다.

또한, 갇힘 사고 시에 구조 등을 위하여 도어 구동장치에 전원을 차단한 경우에는 크지 않은 힘으로 도어를 열 수 있는 구조로 하여야 한다.

⚖ 관련법령

〈안전기준 별표 22〉

7.6.2 동력작동식 문

7.6.2.2 수평 개폐식 문

7.6.2.2.1 자동 동력작동식 문

　　　　다음과 같이 적용한다.

가) 승강장문 또는 카문과 문에 견고하게 연결된 기계적인 부품들의 운동에너지는 평균 닫힘속도로 계산되거나 측정했을 때 10J 이하이어야 한다.

수평개폐식 문의 평균 닫힘속도는 다음 구분에 따른 구간을 제외하고 문의 전체 작동 구간에 걸쳐 계산된다.

1) 중앙개폐식 문 : 각 작동구간의 끝에서 25mm

2) 측면개폐식 문 : 각 작동구간의 끝에서 50mm

다) 문이 닫히는 것을 막는데 필요한 힘은 문이 닫히기 시작하는 $\frac{1}{3}$ 구간을 제외하고 150N을 초과하지 않아야 한다.

사) 선행 문짝[57]의 앞쪽 모서리 사이 또는 선행 문짝의 모서리와 고정된 문설주(jamb) 사이의 조합에 화재확산의 방지 등을 위해 요철구조와 유사한 방식이 사용된 경우 움푹 들어간 부분 및 돌출된 부분은 25mm를 초과하지 않아야 한다.

(7) 카문의 개방

엘리베이터 도어는 카가 승강장의 문열림구간[58]에 정지하였을 때 주로 자동으로 여닫음 동작을 한다. 그러나 문열림구간이 아닌 곳에 정지하여 승객을 구출하거나 점검·수리·검사 등 필요한 경우에 제한적 방법에 의하여 손으로 열 수 있는 구조라야 한다. 즉, 승강장에서 삼각열쇠로 잠금을 해제하고 여는 경우나 카 내부에서 도어스위치를 끄고 여는 경우에 적당한 힘으로 열 수 있어야 한다.

그러나 카 내의 승객이 함부로 카도어를 열어 위험한 상황을 만드는 우려가 있으므로 너무 가벼운 힘으로는 열리지 않도록 설계되어야 한다.

● ⚖ **관련법령**

〈안전기준 별표 22〉

7.15 카문의 개방

7.15.1 엘리베이터가 어떤 이유로 인해 잠금해제구간(7.8.1)에서 정지한다면, 다음과 같은 위치에서 손으로 승강장문 및 카문을 열 수 있어야 하고, 그 힘은 300N을 초과하지 않아야 한다.

가) 승강장문이 비상잠금해제 삼각열쇠에 의해 잠금이 해제되었거나 카문에 의해 해제된 이후의 승강장

나) 카 내부

7.15.2 카 내부에 있는 사람에 의한 카문의 개방을 제한하기 위하여 다음과 같은 수단이 제공되어야 한다.

---

57) 한쪽 방향으로 2패널 이상의 도어에서 닫힘 시에 앞서는 문짝을 말한다. 이를 고속 문짝이라고도 한다.

58) 법령에서는 '도어잠금 해제구간'으로 부르고 있으나, '문열림구간(door zone)'으로 직설적으로 표현하는 것이 알아듣기가 쉽다.

가) 카가 운행 중일 때 카문의 개방은 50N 이상의 힘이 요구되어야 한다.

나) 카가 7.8.1에 따른 잠금해제구간 밖에 있을 때 카문은 1,000N의 힘으로 50mm 이상 열리지 않아야 하며, 자동동력 작동상태에서도 문은 열리지 않아야 한다.

7.15.3 적어도 10.7.5에 따른 거리 이내에서 카가 정지하면 현장에서 영구적으로 이용할 수 있는 비상잠금해제 삼각열쇠 이외의 도구가 없어도 카문과 상응하는 승강장문을 열면 카문을 열 수 있어야 한다.

7.9.2에 따라 카문 잠금장치가 설치된 카문의 경우에도 동일하다.

7.15.4 6.5.3.1 다)에 따라 카문 잠금장치가 있는 엘리베이터의 경우 카 내부에서 카문의 개방은 카가 잠금해제구간에 있을 때에만 가능해야 한다.

4 문끼임방지기(door jam protector)[59]

엘리베이터에서 [그림 3-101]처럼 사람이 도어 사이에 끼인 채로 카가 움직이면 인명에 손상을 가하는 치명적인 사고의 우려가 있다. 문끼임방지기는 이러한 사고를 미연에 방지하기 위한 안전장치이다.

문끼임방지기는 엘리베이터의 도어가 닫히는 중에 승객이나 물건이 도어 사이에 끼였을 경우 또는 승객이나 물건이 검출된 경우 자동으로 도어가 열리도록 하는 안전장치로서, 물리적인 접촉에 의해 작동되는 접촉식과 광전 또는 초음파에 의해 작동되는 비접촉식이 있다. 자세한 내용은 'Ch04. 中 11. 문끼임방지기'를 참조한다.

▌그림 3-101 끼임 ▌

---

59) 법령에서는 '문닫힘안전장치'라고 명하고 있으나 장치나 기능의 이름이 너무 모호하므로 그 기능을 바로 인지할 수 있는 '문끼임방지기'로 표현하였다.

5 승강장도어(hall door)[60]

엘리베이터에 있어서 승강장도어는 엘리베이터 시스템이 외부와 접하는 유일한 공간이며 장치이다. 승강장에는 엘리베이터를 이용하려는 승객뿐만 아니라 일반 통행인들도 있으므로, 위험공간인 승강로에 대응하여 이들의 안전을 보장할 수 있어야 한다. 또한, 엘리베이터를 이용하는 승객의 편의성도 보장되어야 한다.

(1) 승강장도어의 구조

승강장도어는 그 자체가 안전장치로서의 역할을 해야 한다. 도어패널은 승강장의 사람이 승강로의 접근을 막을 수 있는 강도가 있어야 하고, 승강장패널이 쉽게 이탈되지 말아야 하며, 승강장도어는 특별한 상황을 제외하고는 도어클로저에 의하여 반드시 닫혀져 있어야 하는 등의 구조적 안전이 필요하다.

따라서, 승강장도어는 안전사고를 방지할 수 있는 여러 가지 안전장치와 기능이 구조적으로 연결되어 있다.

[그림 3-102]에는 승강장도어의 외부구조를 보여주고, [그림 3-103]에서는 승강장도어 내부구성을 보여 주고 있다.

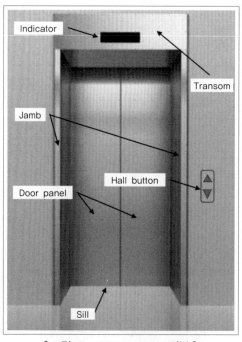

┃그림 3-102 Hall door 외부┃

---

60) Hall door, Landing door, Hatch door로 부른다. 이 Hatch는 카 지붕의 구출구를 칭할 수도 있다.

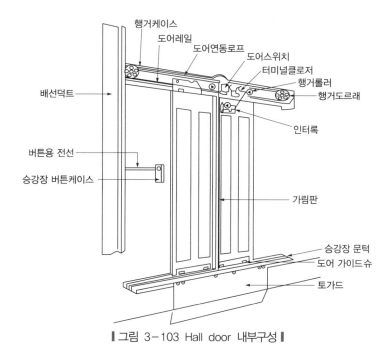

배선덕트

버튼용 전선

승강장 버튼케이스

행거케이스
도어레일
도어연동로프
도어스위치
터미널클로저
행거롤러
행거도르래
인터록

가림판

승강장 문턱
도어 가이드슈
토가드

┃그림 3-103 Hall door 내부구성┃

① **문설주(door jamb)** : 출입구 양 측면의 기둥을 말한다. 두꺼운 벽이나 의장을 강조하는 경우에는 폭이 넓은 광폭잼을 사용하고, 보통의 경우에는 벽 두께 정도의 평잼을 사용한다.

② **상인방(door transom)** : 기준층과 로비층 등에는 도어 상단에 Indicator가 장착된 상인방을 설치한다. 중간층이나 일반층에는 별도의 상인방 없이 상부잼을 적용한다.

③ **문턱(door sill)** : 승강장 도어실이다((7) 승강장 문지방 참조).

④ **도어헤더(door header)** : 엘리베이터 승강장 도어헤더는 승강장 도어패널이 적절하게 여닫히도록 구조가 되어 있다. 주요 부품으로는 도어레일, 연동로프, 연동롤러, 인터록 고정부, 행거케이스, 클로저스프링 등으로 구성되어 있다.

⑤ **문짝(door panel)** : 승강장도어의 문짝은 센터오픈은 짝수패널이 된다. 주로 2짝이 많다. 특이한 경우에 4짝을 적용할 수 있다. 사이드오픈은 1~3짝이 주로 많다.

⑥ **도어행거(door hanger)** : 도어행거는 도어패널을 매달고 있는 판이다. 여기에는 행거 롤러와 업스러스트 롤러가 있고, 도어 인터록장치의 가동부가 조립된다. 도어의 연동로프가 연결되고 도어클로저가 연결된다.

⑦ **도어클로저(door closer)** : 도어클로저는 스프링방식과 중력방식(무게추방식)이 있다. 무게추방식은 쇠로 만든 무게추가 철판의 사각파이프 내에서 오르내리면서 소음을 일으키기도 한다. 스프링방식이 많다((3) 도어클로저 참조).

⑧ **도어 이탈방지기(door retainer)** : 승강장도어가 외부의 힘을 받으면 도어패널의 중간이 휘면서 도어슈가 실홈에서 벗어날 우려가 많다. 이러한 도어의 도어 실홈에서의 이탈을 방지하는 장치로 도어 이탈방지기를 설치한다. 이때, 이탈방지기와 실의 구조가 복잡해 질 수 있다((5) 승강장도어의 이탈방지기 참조).

179

⑨ 도어인터록(door interlock) : 엘리베이터 승강장도어가 열린 상태에서 카가 움직이면 거의 사고로 연결된다. 이러한 사고를 방지하기 위하여 도어가 열린 상태에서 카의 기동이 시작 되지 않도록 방지하는 장치이다.

도어인터록은 잠금쇠와 잠금확인스위치 접점으로 구성되어 있다.

⑩ 도어 연동로프(door tandem rope) : 엘리베이터에서 도어가 2짝 이상이면 2짝의 도어는 반드시 연동되어서 동작되어야 한다. 카도어는 승강장도어의 한 짝만 Clutch하여 열게 된다. 이때, 다른 한 짝은 연동로프에 의하여 대칭방향 혹은 동일한 방향으로 감속하여 열리게 된다.

(2) 승강장 도어행거(landing door hanger)

승강장 도어행거는 도어패널을 도어레일에 얹혀서 도어의 작동을 원활하게 하는 역할을 한다. [그림 3-104]와 같이 도어패널이 도어레일에서 이탈하지 않도록 행거롤러(hanger roller)와 레일 아래에서 밀착시켜 주는 업스러스트롤러(up thrust roller)[61]가 있고, Up trust roller는 레일과의 밀착간격을 조정할 수 있는 편심이어야 한다. 또한, 도어패널이 열리는 방향으로 지나치게 열려 레일을 벗어나지 않도록 이탈방지스토퍼를 설치한다.

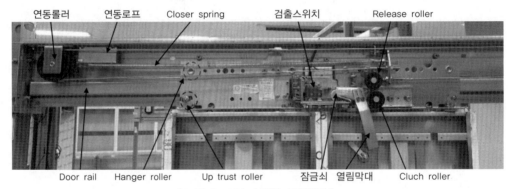

▌그림 3-104 승강장 도어행거 ▌

도어가 완전히 닫히면 열리지 않도록 하는 잠금쇠와 닫힘을 검출하는 검출스위치가 있다. 또한, 카도어의 구동력으로 여닫힘을 하기 위한 카도어의 클러치베인과 결합하는 클러치롤러와 잠금쇠를 해제하는 릴리즈롤러가 필요하다.

도어패널이 2매 이상일 경우에 1개 패널을 움직여 나머지 패널도 적절한 여닫힘이 가능하도록 하는 연동로프와 연동롤러가 장착된다.

---

61) 이 업스러스트롤러는 롤러의 고정축이 중심이 아니고 한쪽으로 치우쳐져 있어서 편심롤러, Excentric roller 라고 하며, 현장에서 일본발음으로 '엑기생롤러'라고 부르기도 한다.

180

(3) 도어클로저(hall door closer)

승강장문은 작업자가 점검 등을 위해서 여는 경우가 허다하고, 작업 중 자리를 잠시 비운 사이에 승강장에 일반인이 승강로에 접근할 우려가 있으므로 작업을 잠시라도 중단한 때에는 승강장도어가 닫혀 있어야 안전하다.

승강장문이 카문과의 연동에 의해 열리는 방식에서 카문이 연동되지 않은 승강장문은 열린 상태에서 여는 힘을 제거하면 승강장문이 스스로 닫히게(self-closing) 하는 장치이다.

이 승강장도어에는 동력장치가 없으므로 반드시 자연력에 의하여 닫히도록 해야 한다. 도어클로저의 방식은 스프링식과 무게추에 의한 중력식이 있다. 스프링식 도어클로저는 [그림 3-104]의 윗부분을 참조하고, [그림 3-105]는 중력식 도어클로저의 모습이다.

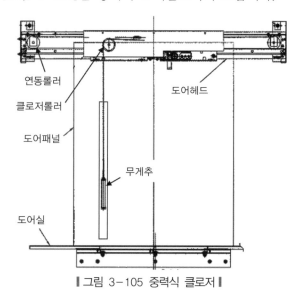

┃ 그림 3-105 중력식 클로저 ┃

⚖ 관련법령

〈안전기준 별표 22〉

7.9.3.4 승강장문이 카문에 의해 작동되는 경우 카가 잠금해제구간 밖에 있을 때 어떤 이유로 승강장
　　　 문이 열리더라도 승강장문의 닫힘 및 잠김을 보장하는 장치(무게추 또는 스프링 등)가 있어
　　　 야 한다.

---

(4) 도어패널의 기계적 강도

승강장도어는 승강장의 사람이 예상하지 못한 행동으로 승강장도어를 밀쳐 도어의 파손, 휨, 이탈 등에 의하여 승강로 내부로 추락하는 것을 방지할 수 있어야 한다. 도어패널은 일정한 힘의 충격에 대해서도 변형이 없어야 하며, 도어가 닫힌 틈은 심하게 벌어지지 않아야 한다.

⚖️ 관련법령

〈안전기준 별표 22〉

7.5.3 기계적 강도

7.5.3.1 잠금장치가 있는 승강장문 및 카문은 승강장문이 잠긴 상태 및 카문이 닫힌 상태에서 다음과 같은 기계적 강도를 가져야 한다.

가) 문짝·문틀에 대해 5cm^2 면적의 원형 또는 정사각형 모양의 어느 지점마다 수직으로 300N의 정적인 힘을 균등하게 분산하여 가할 때 다음과 같아야 하며, 시험 후에는 문의 안전성 및 성능에 영향을 받지 않아야 한다.

1) 1mm를 초과하는 영구적인 변형이 없어야 한다.

2) 15mm를 초과하는 탄성변형이 없어야 한다.

나) 승강장문의 문짝·문틀(승강장측) 및 카문의 문짝·문틀(카 내부측)에 대해 100cm^2 면적의 원형 또는 정사각형 모양의 어느 지점마다 수직으로 1,000N의 정적인 힘을 균등하게 분산하여 가할 때 안전성 및 성능에 영향을 주는 중대한 영구변형이 없어야 한다[7.1.4 (최대 틈새 10mm) 및 7.9.1 참조].

유리문의 경우에는 7.6.2.2.1 자)1)에 따른다.

[비고] 강도시험에 힘이 가해지는 표면은 코팅된 문에 손상이 없도록 부드러운 재질일 수 있다.

7.5.3.3 수평개폐식 문 및 접이식 문의 선행 문짝을 열리는 방향으로 가장 취약한 지점에 장비를 사용하지 않고 손으로 150N의 힘을 가할 때 7.1에 따른 틈새 6mm를 초과할 수 있으나 다음 구분에 따른 틈새를 초과할 수 없다.

가) 측면개폐식 문 : 30mm

나) 중앙개폐식 문 : 45mm

(5) 승강장도어의 이탈방지기(hall door retainer)

승강장도어는 도어행거에 걸쳐지고 도어실의 홈에 도어슈가 들어가 있어 이탈을 방지하고 있으나 심한 충격이나 도어슈의 이상으로 도어패널의 이탈 우려가 있다. 이러한 경우에도 도어패널이 이탈을 방지하고 제 위치에서 유지되도록 하는 기계적인 문 이탈방지기(retainer)가 있다.

이 문이탈방지기는 주로 상부에서는 도어행거레일과 결합되고, 하부에서는 [그림 3-106]과 같이 도어실과 결합되는 구조이다.

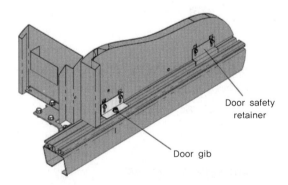

Door safety retainer

Door gib

┃그림 3-106 Door retainer┃

Chapter 01
Chapter 02
Chapter 03
Chapter 04
Chapter 05
Chapter 06
Chapter 07
Chapter 08

⚖️ **관련법령**

〈안전기준 별표 22〉

7.5.3.2 수평개폐식 승강장문 및 카문에는 안내수단이 심한 마모나 부식 또는 충격으로 인하여 사용되지 못하게 될 경우에도 승강장문이 제 위치에서 유지되도록 하는 문이탈방지장치 (retainer)가 있어야 한다.

문이탈방지장치가 있는 모든 문짝(문 관련 부품들이 모두 조립된 문의 문짝을 말한다)은 7.5.3.4 가)에 따른 진자충격시험을 견딜 수 있어야 한다. 이 경우 진자충격시험은 안내수단 부품들이 가능한 최악의 조건 아래에서 표 4 및 그림 11에 따른 타격지점에서 수행된다.

문이탈방지장치는 문짝의 경로이탈을 방지하는 기계적인 수단으로서 이해되어야 하며, 문 짝·행거의 추가적인 부품이거나 일부분일 수 있다.

(6) 도어틈새(door gap)

엘리베이터의 도어가 동력으로 여닫힐 때 어린이가 도어패널에 손을 대고 있는 경우에는 도어 틈새로 손이 끼이거나 말려 들어가는 위험이 있으므로 이러한 사고를 방지할 수 있는 안전구조가 필요하다.

특히 [그림 3-107]과 같이 도어가 열릴 때 도어패널에 손을 대고 있으면 Jamb과의 틈새로 끼어 들어가기 쉽다. 이러한 사고를 방지하기 위하여 일정값 이하로 틈새를 관리하여야 한다.

구조적으로 끼어 들어가지 않게 한다거나 손끼임이 일어나기 전에 이를 감지하여 도어의 열림 을 중지하게 하는 기능이 필요하다. [그림 3-108]이 틈새에 관한 기준을 나타내 준다.

▌그림 3-107 손끼임 ▌

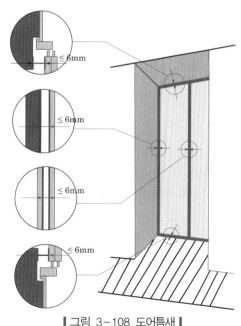

▌그림 3-108 도어틈새▌

◆ 관련법령

〈안전기준 별표 22〉

7.6.2.2.1 자동 동력작동식 문

자) 어린이의 손이 틈새에 끼이거나 말려 들어가는 위험을 방지하기 위해 다음 중 어느 하나 이상을 적용해야 한다.

1) 문턱 위로 최소 1.6m까지의 문짝 간 틈새 또는 문짝과 문틀 사이의 틈새는 5mm(유리문 4mm) 이하이어야 한다. 또한, 관련 부품이 마모된 경우에는 6mm(유리문 5mm)까지 허용한다.

움푹 들어간 부분은 1mm를 초과하지 않아야 하고, 6mm(유리문 5mm)의 틈새에 포함되어야 하며, 문짝에 인접한 문틀의 외측 모서리의 최대 반경은 6mm(유리문 5mm) 이하이어야 한다.

상기 조건을 만족하기 위해 유연한 재질로 보완하는 것은 허용된다.

2) 문턱 위로 최소 1.6m까지의 구간에 손가락이 있는 것을 감지하고 열림방향의 문 움직임을 정지시키는 손가락감지수단

(7) 승강장 문지방(landing door sill)

승강장의 문지방은 승강로 측으로 연결되는 부분이며 카 문지방과 만나는 부분으로 승객이 탑승하고 하차하는 공간이 되므로 강도 등의 문제가 없어야 하고, 도어의 하부에 안내통로가 되어야 하는 등의 역할을 하고 있다. 일반적으로 적용하는 도어실은 [그림 3-109]와 같은 형태를 하고 있으며, 특히 도어슈가 지나다니는 홈(sill groove)이 있다.

▌그림 3-109 Door sill ▌

도어실은 [그림 3-110]과 같이 출입구의 마감부분으로 건축물의 벽에 견고하게 고정되어야 하며, 도어의 패널이 열리는 끝보다 다소 길게 설치해야 한다.

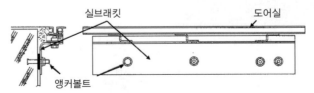

▌그림 3-110 Door sill 설치구조 ▌

184

엘리베이터 승강장(landing)의 바닥(floor)면과 원칙적으로 같은 높이로 도어출입구의 전폭에 걸쳐서 안정된 기반을 제공하여야 한다. [그림 3-110]이 이러한 구조를 보여준다.

(8) 토가드(toe guard)

승강장실 아래에 설치되는 토가드는 두께 1.5mm 이상의 평활한 금속으로 제작되고, 카 출입구(entrance)의 전폭 이상의 폭으로 견고히 고정된 보호판(guard plate)으로 밑면을 보호하여야 한다.

6 승강장도어 인터록장치(door interlock)

승강장의 도어는 승객이 출입할 때 가장 많이 접하는 부분이므로 도어가 열려 있는 상태로 카가 움직이지 않도록 안전기능이 필요하다. 승강장도어 인터록장치는 승강장의 도어열림과 카의 기동이 전기적으로 상호 인터록되어 있다. 즉, 도어가 열려 있으면 기동이 안 되고, 기동 중에는 도어가 열리지 않는다. 만약 도어를 열쇠를 가지고 강제로 여는 순간 카는 주행을 멈추고 급정지한다.

(1) 인터록의 구성

[그림 3-111]과 같이 승강장도어 인터록장치는 잠금장치와 잠금검출스위치로 구성되어 있으며, 모든 승강장도어에 설치되어 있다. 모든 승강장도어의 잠금검출스위치가 잠금상태를 검출한 경우가 아니면 엘리베이터의 카는 움직일 수 없으며, 카가 동작 중에 잠금검출스위치가 오픈되면 카는 즉시 멈추게 된다. 이를 카의 기동과 승강장도어의 열림은 상호 잠겨져 있으므로 '승강장도어 인터록'이라고 한다.

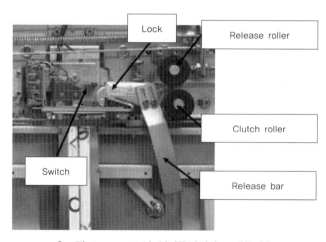

| 그림 3-111 도어 인터록장치와 도어롤러 |

(2) 인터록의 동작순서

이 승강장도어 인터록의 정상적인 역할을 수행하기 위하여 닫힐 때는 잠금장치가 확실히 걸린 후에 검출스위치가 동작하고, 열릴 때에는 잠금장치가 풀리기 전에 검출스위치 접점이 개방되어야 한다.

잠금장치는 도어패널의 충격이나 흔들림에도 상태의 변함이 없도록 중력의 작용 또는 압축스프링 등의 힘에 의해 닫힘(close)상태를 유지해야 하며, 특별형태의 열쇠에 의하여 해제될 수 있는 열림막대(release bar)가 있어야 한다.

• ⚖️ **관련법령**

〈안전기준 별표 22〉

7.9.1 승강장문 잠금장치

7.9.1.1 일반사항

7.8.1에 따른 승강장문 잠금장치는 각각의 승강장문에 있어야 한다. 이 승강장문 잠금장치는 고의적인 남용에 대해 보호되어야 한다.

16.1.4 및 16.1.8에 따른 경우를 제외하고, 닫힌 위치에서는 승강장문을 효과적으로 잠그는 것이 카의 움직임보다 우선되어야 한다. 이 잠금은 15.2에 따른 전기안전장치에 의해 입증되어야 한다.

7.9.1.2 전기안전장치는 잠금부품이 7mm 이상 물리지 않으면 작동되지 않아야 한다([그림 12] 참조).

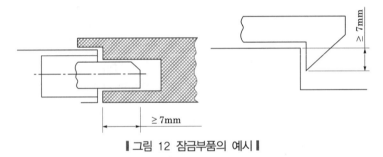

‖그림 12 잠금부품의 예시‖

7.9.1.3 문짝의 잠금상태를 입증하는 전기안전장치의 부품은 잠금부품에 의한 어떠한 중간 메커니즘 없이 확실하게 작동되어야 한다.

특별한 경우 : 습기 또는 폭발의 위험으로부터 특별한 보호가 요구되는 설비에 사용되는 승강장문 잠금장치의 경우 기계적인 잠금과 잠금상태를 입증하는 전기안전장치의 부품 사이의 연결은 고의적으로 승강장문 잠금장치를 파괴함으로써만 중단될 수 있다.

7.9.1.5 잠금부품 및 그 부품의 고정 장치는 충격에 강해야 하며, 환경조건 아래에서 설계된 수명 동안 강도특성을 유지하는 내구성 재질로 만들어져야 한다.

[비고] 충격에 관한 기준은 [별표 11]에서 확인할 수 있다.

7.9.1.6 잠금부품의 결합은 문이 열리는 방향으로 300N의 힘을 가할 때 잠금효과를 감소시키지 않는 방식으로 이루어져야 한다.

7.9.1.7 승강장문 잠금장치는 잠겨 있는 승강장에서 문이 열리는 방향으로 다음과 같은 힘을 가할 때 [별표 11]의 출입문 잠금장치 시험과정에서 안전에 악영향을 미칠 수 있는 영구적인 변형이나 파손 없이 견뎌야 한다.

가) 개폐식 문 : 1,000N

나) 경첩이 달린 문(잠금핀) : 3,000N

7.9.1.8 잠금작용은 중력, 영구자석 또는 스프링에 의해 이루어지고 유지되어야 한다. 스프링은 압축에 의해 작동 및 안내되고, 잠금해제 시 코일이 단단하게 압축되지 않을 크기이어야 한다. 영구자석 또는 스프링이 그 기능을 더 이상 발휘할 수 없을 경우 중력에 의해 잠금이 풀리지 않아야 한다.

　　　　잠금부품이 영구자석의 작용에 의해 위치를 유지하는 경우 간단한 수단(열 또는 충격 등)에 의해 무효화되는 것은 가능하지 않아야 한다.

7.9.1.9 승강장문 잠금장치는 적절한 기능을 방해할 수 있는 먼지쌓임에 따른 위험에 대하여 보호되어야 한다.

7.9.1.10 작동하고 있는 부품에 대한 점검은 투명한 덮개 사용 등에 의해 쉽게 수행되어야 한다.

7.9.1.11 승강장문 잠금장치의 접점이 박스 내에 있는 경우 덮개를 고정시키는 나사는 구속형으로 덮개를 열 때 덮개 또는 박스의 구멍에 나사가 남아 있어야 한다.

(3) 승강장도어 열쇠(door key)

　　엘리베이터 승강장도어는 승객의 탑승에 필요할 뿐만 아니라 엘리베이터를 점검하고, 수리하고 작업하는 데 필요한 공간이므로 승강장도어를 필요할 때 용이하게 열 수 있어야 한다.

　　특히 갇힘사고가 발생한 경우 구조대나 구조를 하고자 하는 전문인력이 승강장도어를 통하여 구조하는 경우가 대부분이므로 표준화된 도어열쇠로 모든 엘리베이터의 승강장을 열 수 있는 환경이 요구된다.

　　따라서, 공통으로 소지하여 신속히 구조할 수 있도록 안전기준 7.9.3.1 [그림 3-112]와 같은 삼각형 모양의 열쇠구멍으로 표준화하여 의무화하였다.

　　각 층 승강장문은 [그림 3-112]의 삼각열쇠를 사용하여 외부에서 잠금장치를 해제할 수 있도록 되어 있다.

┃그림 3-112 삼각형 열쇠┃

●◦ ⚖ **관련법령**

〈안전기준 별표 22〉

7.9.3 비상잠금해제

7.9.3.1 각 승강장문은 [그림 13]에 따른 구멍에 적합한 비상잠금해제 삼각열쇠를 사용하여 외부에서 잠금해제될 수 있어야 한다.

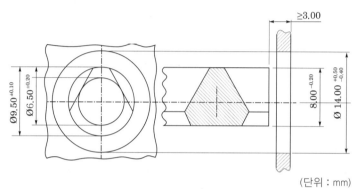

(단위 : mm)

┃그림 13 비상잠금해제를 위한 삼각열쇠구멍┃

7.9.3.2 비상잠금해제 삼각열쇠구멍은 승강장문의 문짝 또는 문틀에 있어야 하고, 문짝 및 문틀의 수직면에 있는 경우 승강장 바닥 위로 높이 2m 이하에 위치되어야 한다.

　　　잠금해제 삼각열쇠구멍이 문틀에 있고 수평면에 대해 아랫방향으로 향하는 경우 그 구멍의 최대 높이는 승강장 바닥에서 2.7m 이하이어야 하고 비상잠금해제 삼각열쇠의 길이는 해당 승강장문의 높이에서 2m를 뺀 수치 이상이어야 한다.

　　　비상해제 삼각열쇠의 길이가 0.2m를 초과한 경우에는 특수도구로 간주되며, 그 비상해제 삼각열쇠는 해당 엘리베이터가 설치된 장소에 비치되어 자격자가 즉시 이용할 수 있게 해야 한다.

7.9.3.3 비상잠금해제 후 승강장문 잠금장치는 승강장문이 닫혀있는 상태에서는 잠금해제 위치를 유지할 수 없어야 한다.

7.9.3.5 승강장문을 통해서만 피트에 출입할 수 있는 경우 승강장문 잠금장치는 6.2.4에 따른 사다리로부터 높이 1.8m 이내 및 수평거리 0.8m 이내에서 안전하게 닿을 수 있어야 하거나, 피트에 있는 사람이 승강장문의 잠금을 해제할 수 있는 장치가 영구적으로 설치되어 있어야 한다.

▓7 도어 열림구간(door zone)

　　엘리베이터의 정상운행 중 카가 도어 열림구간에 정지하고 있지 않으면 도어의 열림은 허용되지 않는다. 도어 열림구간은 승강장레벨을 중심으로 상하로 설정하는 범위로 할 수 있다. 이 범위는 승객이 타고 내리는 데 큰 위험이 없을 정도의 오차로 카와 승강장의 바닥이 위치하는 거리이다.

　　[그림 3-113]에서 보는 것과 같이 이 도어존의 범위는 각 승강장레벨 위치에 있는 도어존 검출용 위치검출기의 차폐판의 길이에 해당한다고 볼 수 있다. 도어존을 검출하는 센서가 차폐판에 의해 동작하는 위치 내가 도어존의 범위에 해당한다.

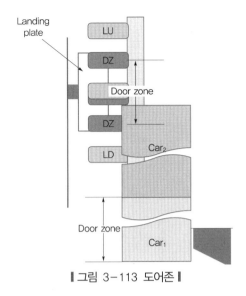

┃그림 3-113 도어존┃

〈안전기준 별표 22〉

7.8.1 추락위험에 대한 보호

엘리베이터의 정상운행 중 카가 문의 잠금해제구간에 정지하고 있지 않거나 정지시점이 아닌 경우 승강장문(또는 여러 문짝이 있는 경우 어떤 문짝이라도)의 개방은 가능하지 않아야 한다. 잠금해제구간은 승강장 바닥의 위아래로 각각 0.2m를 초과하여 연장되지 않아야 한다. 다만, 기계적으로 작동되는 승강장문과 카문이 동시에 작동되는 경우에는 잠금해제구간을 승강장 바닥의 위아래로 각각 0.35m까지 연장할 수 있다.

8 관통형 도어(multi gate elevator)

엘리베이터 카에는 2개 혹은 그 이상의 도어를 설치할 수 있다. 이러한 카의 도어를 가진 엘리베이터를 관통형 엘리베이터라고 한다.

관통형은 건축물의 용도가 다양해지고, 그 구조가 복잡해지는 등의 필요에 의하여 만들어진다. Multi gate는 건물 각 층의 구조에 의하여 결정된다. 또한, 건물의 특성상 각 층별로 카 도어의 사용방향이 달라질 수 있으므로 승강장도어와 카도어(gate)의 조합이 만들어질 수 있다.

[그림 3-114]와 같이 승강장에 승강장도어가 한쪽 방향으로 만들어지면 카도어도 하나이고 1door 1gate라고 한다. 승강장도어가 4방향 중에서 2개의 방향의 도어가 있으면 카도어가 2개가 되고, 1개 층에 하나의 승강장도어만 있으면 1door 2gate이며, 1개의 같은 층에 2개의 승강장도어가 있으면 2door 2gate가 된다.

2door 2gate일 경우에 2개의 도어가 동시에 열리지 않아 엘리베이터 카가 통로로 사용되지 않도록 2개의 Gate는 Interlock으로 제어되어야 한다.

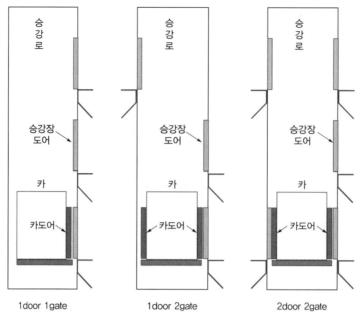

┃ 그림 3-114 관통형 도어의 조합 ┃

⚖️ 관련법령

〈안전기준 별표 22〉

7 승강장문 및 카문

7.1 일반사항

7.1.1 카에 정상적으로 출입할 수 있는 승강로 개구부에는 승강장문이 제공되어야 하고, 카에 출입은 카문을 통해야 한다. 다만, 2개 이상의 카문이 있는 경우 어떠한 경우라도 2개의 문이 동시에 열리지 않아야 한다.

06 ┃ 승강장(hall)[62]의 장치

(1) 승강장의 크기

엘리베이터 승강장은 사람 또는 화물을 싣거나 내리는 데 사용되는 부분으로, 건물의 용도와 엘리베이터의 대수에 따라서 어느 정도의 크기를 확보하여 승객의 대기, 승하차에 불편이 없어야 한다.

---

62) 승강장(昇降場)을 Hall, Landing platform, 승장 등으로 부른다.

(2) 승강장 스테이션(hall station)

승강장에서 호출버튼이 설치되는 부분을 말한다. 대부분의 승강장 스테이션에는 호출버튼과 함께 인디케이터 및 승강장의 스위치를 한 곳에 모아 설치한 것이 많다. 중소형 일반빌딩 또는 공동주택의 엘리베이터 승강장에 주로 설치된다. 이 승강장 스테이션에는 상하 호출버튼, 인디케이터, 파킹스위치 등이 포함되어 있다.

(3) 승강장 호출버튼(call button)과 스위치

승강장에 상승방향과 하강방향의 카를 호출하는 호출버튼이 있다. 최하층에는 상승방향의 호출버튼만 있고, 최상층에서는 하강방향의 호출버튼이 설치된다.

┃그림 3-115 승강장 스테이션┃

기준층 또는 로비층에는 엘리베이터의 운행을 중지하는 파킹스위치가 부착된다. 단, 24시간 운행을 계속하는 건물의 엘리베이터는 파킹스위치가 필요 없다.

지표와 가장 가까운 층을 피난층이라 하고, 이 피난층이나 기준층 승강장에는 화재 시에 카를 피난층으로 부르는 피난운전스위치가 부착된다. 이 스위치는 화재운전스위치 또는 복귀운전스위치라고도 부른다.

(4) 승강장 인디케이터(car position indicator in hall)

각 층 승강장에는 카의 현재 위치를 알려주는 인디케이터가 설치되어 있으며 카의 현재 위치 외에 카의 운전방향, 소방운전, 구출운전, 이사운전, VIP 운전, 만원통과 등의 현재 운행 중인 운전모드를 표시해 주기도 한다.

대부분 로비층에서는 승강장 인디케이터는 승강장도어 상부의 Transom에 장착되고 기타 층에는 승강장 스테이션의 상부에 포함되는 경우가 대부분이다.

(5) 승강장 조명(light in hall)

승강장문 근처의 승강장에는 이용자가 엘리베이터에 탑승하기 위해 승강장문이 열릴 때 미리 앞을 볼 수 있도록 바닥에서 50lx 이상의 조명이 설치되어 있다.

(6) 홀랜턴(hall lantern)

여러 대의 엘리베이터가 군관리로 운행되는 경우 각 대의 엘리베이터에 승강장 인디케이터 대신 홀랜턴을 설치한다. 각 대 엘리베이터의 인디케이터가 설치된 경우 군관리제어에 의하여 선택된 엘리베이터가 인디케이터를 보고 승객이 판단한 엘리베이터와는 다른 경우가 많아 승객이 탑승에 혼란을 가져올 수 있으므로 군관리에 의하여 지정된 엘리베이터의 홀랜턴을 표시하여 그 엘리베이터를 탑승하도록 하기 위함이다.

통상적으로 군관리 엘리베이터에서는 승강장에 위치표시기를 부착하지 않고 홀랜턴을 이용하여 서비스할 엘리베이터 호기를 알려준다.

▌그림 3-116 홀랜턴 ▌

(7) 점검문(출입문, 비상문)

엘리베이터의 승강장과 승강장의 높이가 지나치게 높을 때 점검하기 위한 점검문과 승객이 갇히는 경우에 구출을 위한 비상문이 설치된다.

이 점검문은 승강로 내부의 확인이 가능한 공간을 확보하여야 하며, 비상문은 승객이나 구출대원이 드나들어야 하므로 일정한 규모 이상의 크기를 갖춰야 한다.

점검문 또는 비상문을 열면 카는 운전불능상태로 되고, 운전 중인 카는 바로 멈추게 하여야 한다.

⚖ 관련법령

〈안전기준 별표 22〉

6.3 출입문 및 비상문 – 점검문

6.3.1 연속되는 상·하 승강장문의 문턱 간 거리가 11m를 초과한 경우에는 다음 중 어느 하나의 조건에 적합해야 한다.

　　가) 중간에 비상문이 있어야 한다.

　　나) 서로 인접한 카에 8.6.2에 따른 비상구출문이 각각 있어야 한다.

　　[비고] 비상문이 설치된 경우 건축물에는 비상문으로의 영구적인 접근수단이 제공되어야 하며, 비상문과 승강장문 및 비상문과 비상문의 문턱 간 거리는 11m 이하이어야 한다.

6.3.2 출입문, 비상문 및 점검문의 치수는 다음과 같아야 한다. 다만, 라)의 경우에는 문을 통해 필요한 유지관리업무를 수행하는 데 충분한 크기이어야 한다.

　　가) 기계실, 승강로 및 피트 출입문 : 높이 1.8m 이상, 폭 0.7m 이상

　　　　다만, 주택용 엘리베이터의 경우 기계실 출입문은 폭 0.6m 이상, 높이 0.6m 이상으로 할 수 있다.

　　나) 풀리실 출입문 : 높이 1.4m 이상, 폭 0.6m 이상

　　다) 비상문 : 높이 1.8m 이상, 폭 0.5m 이상

　　라) 점검문 : 높이 0.5m 이하, 폭 0.5m 이하

6.3.3 출입문, 비상문 및 점검문은 다음과 같아야 한다.

가) 승강로, 기계실·기계류 공간 또는 풀리실 내부로 열리지 않아야 한다.

나) 열쇠로 조작되는 잠금장치가 있어야 하며, 그 잠금장치는 열쇠 없이 다시 닫히고 잠길 수 있어야 한다.

다) 기계실·기계류 공간 또는 풀리실 내부에서는 문이 잠겨 있더라도 열쇠를 사용하지 않고 열릴 수 있어야 한다.

라) 문닫힘을 확인하는 15.2에 따른 전기안전장치가 있어야 한다. 다만, 기계실 출입문, 풀리실 출입문 및 피트 출입문(위험이 없는 경우에 한정)의 경우에는 전기안전장치가 요구되지 않는다.

위험이 없는 경우라 함은 정상운행 중인 엘리베이터의 가이드 슈·롤러, 에이프런 등을 포함한 카, 균형추 또는 평형추의 최하부와 피트 바닥 사이의 수직거리가 2m 이상인 경우를 말한다.

이동케이블, 보상로프·체인과 그 관련 설비, 과속조절기 인장 풀리 및 이와 유사한 설비는 위험하지 않은 것으로 본다.

마) 구멍이 없어야 하고, 관련 법령에 따라 방화등급이 요구되는 경우에는 그 기준에 적합해야 한다.

바) 수직면의 기계적 강도는 0.3m×0.3m 면적의 원형이나 사각의 단면에 1,000N의 힘을 균등하게 분산하여 어느 지점에 수직으로 가할 때 15mm를 초과하는 탄성변형이 없어야 한다.

07 | 승강로의 장치

승강로에는 여러 가지 장치들이 있다. 중요한 구조물인 Guide rail과 균형추 그리고 전원과 제어용 이동케이블, 차폐판, 종점스위치 등이 있으며 카와 바닥의 충돌에 의한 충격을 완화시키는 완충기 등 안전장치와 구조물이 있다.

1 가이드레일(guide rail)

엘리베이터의 가이드레일은 엘리베이터의 주행성능을 좌우하며 그 움직이는 경로를 일정하게 하고 카의 자중이나 화물에 의한 카의 기울어짐을 방지하며 엘리베이터가 과속하여 추락방지기가 작동하는 경우 카의 수직하중을 유지하는 지지보역할을 한다.

2개 이상의 가이드레일을 견고하게 설치하여야 하며, 정격속도가 0.4m/s를 초과하거나 속도에 관계없이 점차 작동형 추락방지기가 설치된 경우에는 가이드레일은 [그림 3-117]과 같이 압연강으로 만들거나 마찰면을 기계가공한 것을 사용하여야 한다.

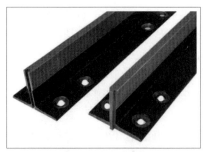

‖ 그림 3-117 T형 rail ‖

또 균형추의 가이드레일은 추락방지기가 없는 등 비교적 하중을 덜 받는 부분이므로 [그림 3-118]과 같은 두꺼운 철판을 성형가공한 3K 또는 5K의 Hollow guide rail을 사용하기도 한다.

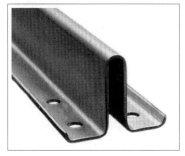

‖ 그림 3-118 Hollow rail ‖

(1) 가이드레일의 규격

일반적으로 T형 가이드레일을 사용하며 길이는 5m를 원칙으로 하고, 가공 전 소재 1m 당 중량의 근사값으로 호칭한다. 예를 들어 18kg/m이면 18K 레일, 24kg/m이면 24K 레일이라고 한다. 가이드레일은 T형의 단면을 가진 것을 많이 사용하고 있으며, 대용량에서는 철도용 레일 (50K 상당)을 가공하여 사용하기도 한다. 보통 호칭 8, 13, 18, 24, 30, 37K 레일이 사용된다. 레일의 길이를 5m로 표준으로 하는 이유는 제조상의 취급문제, 설치현장에서 건물 내로의 반입경 로의 운반문제, 승강로 개구부로 승강로 반입문제 등이 고려되기 때문이다. 일반적인 가이드레일 의 규격은 [그림 3-119]와 [표 3-5]와 같다.

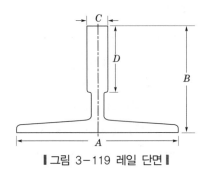

‖ 그림 3-119 레일 단면 ‖

┃ 표 3-5 가이드레일의 호칭 및 규격 ┃

호칭	3K	5K	7K	8K	13K	18K	24K	30K	50K
단위중량	3.35	4.8	6.2	8.55	13.1	17.5	23.7	29.7	48.6
a	78	78	96	*	*	*	*	*	*
b	60	60	88	*	*	*	*	*	*
c	16.4	16.4	19	*	*	*	*	*	*
A	*	*	*	78	89	114	127	140	127
B	*	*	*	56	62	89	89	108	146.5
C	*	*	*	10	16	16	16	19	65
D	*	*	*	26	32	38	50	50.3	32

(2) 가이드레일의 선정

가이드레일을 선정할 때에는 몇 가지의 요소를 검토하여야 한다. 특히 좌굴하중, 수평진동, 회전모멘트에 대한 영향을 고려하여 선정하여야 한다.

① **좌굴하중(bucking load)** : 비상정지장치가 작동했을 때 긴 기둥형태인 레일에 좌굴하중이 걸리기 때문에 좌굴하중이 충분히 견딜 수 있어야 한다. 즉시작동식이 점차작동식보다, 레일브래킷 간격이 넓은 쪽이 좌굴을 일으키기 쉽다.

② **수평진동** : 지진 시 빌딩이 수평진동을 하면서 발생되는 카나 균형추의 흔들림에도 가이드 레일이 휘어져 카 또는 균형추가 가이드레일을 벗어나는 일이 없도록 해야 한다.

③ **회전모멘트** : 큰 하중을 적재할 경우나 그 하중을 이동할 경우에 카에 회전모멘트가 발생하는데 이때 레일이 충분히 지탱하여야 한다. 특히 플랫폼이 대형인 화물용 엘리베이터에서 트럭이나 포크레인 등 화물이동장비의 카 내 진입 시 커다란 회전모멘트가 발생하여 가이드레일에 힘을 가하게 된다.

④ **이중레일(double rail)** : 대형의 화물용 엘리베이터에서 카 Platform이 카 출입구의 큰 회전모멘트를 견디기 위하여 카 한쪽에 레일을 2개씩 설치하는 Double rail 방식을 적용하기도 한다.

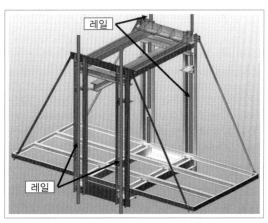

┃ 그림 3-120 Double rail ┃

(3) 가이드레일의 설치길이

균형추식 엘리베이터 주행안내레일의 최상부에서 길이는 균형추 또는 카가 피트에 있는 완충기에 부딪히면서 카 또는 균형추가 튀어 오르는 최고 위치에 있을 때 슈가이드나 롤러가이드 위로 0.1m 이상 연장된 길이로 한다. 하부는 피트바닥에서부터 시작한다.

● ⚖ 관련**법령**

〈안전기준 별표 22〉

6.5.6.2 권상 구동엘리베이터의 주행안내레일 길이

주행안내레일 길이는 카 또는 균형추가 6.5.6.1에 따른 최고 위치에 있을 때 가이드 슈·롤러 위로 각각 0.1m 이상 연장되어야 한다.

(4) 가이드레일에 작용하는 부하

가이드레일에는 여러 가지 힘들이 작용하고 있다. 카의 자중이나 적재하중, 보상수단의 무게, 이동케이블, 균형추 등에 의하여 수평으로 받는 힘과 수직으로 받는 힘은 추락방지기의 동작에 따른 제동력, 가이드레일에 부착된 각종 장치들의 무게, 가이드레일의 자체무게 등이다.

● ⚖ 관련**법령**

〈안전기준 별표 22〉

11.2.3 주행안내레일에 작용하는 힘

11.2.3.1 주행안내레일의 최대 허용응력 및 힘을 계산하기 위해 다음과 같이 주행안내레일에 작용되는 힘을 고려해야 한다.

　　　가) 다음으로 인한 가이드슈로부터의 수평힘

　　　　　1) 카의 질량 및 정격하중, 보상수단, 이동케이블 등 또는 균형추·평형추 하중, 현수지점 및 동적 충격계수 고려

　　　　　2) 반밀폐식 승강로의 엘리베이터가 건물 외부에 있는 경우 풍하중

　　　나) 다음에 의한 수직힘

　　　　　1) 주행안내레일에 고정된 멈춤쇠 장치 및 추락방지 안전장치의 제동력

　　　　　2) 주행안내레일에 고정된 보조부품

　　　　　3) 주행안내레일의 무게

　　　　　4) 레일클립에 가해지는 힘

　　　다) 동적 충격계수를 포함한 보조부품으로 인한 토크

11.2.3.2 빈 카 및 카에 의해 지지되는 부속품, 즉 이동케이블의 일부, 균형 로프·체인(있는 경우)의 질량작용점 P는 그들의 무게중심으로 한다.

11.2.3.3 균형추(M_{cwt}) 또는 평형추(M_{bwt})의 안내력은 다음을 고려하여 구한다.

　　　가) 질량의 작용점

　　　나) 현수방법

다) 보상로프·체인(있는 경우)에 의한 힘, 인장 여부와 관계없이

중심에서 안내되고 현수되는 균형추 또는 평형추에서 균형추 또는 평형추의 수평단면적의 무게중심으로부터 질량의 작용점은 최소한 폭의 5%와 깊이 10%의 편심이 고려되어야 한다.

11.2.3.4 "정상적인 사용" 및 "추락방지 안전장치가 작동" 하는 경우의 하중에서, 카의 정격하중 Q는 가장 불리한 위치에서 카 면적의 $\frac{3}{4}$에 균등하게 분포하는 것으로 한다. 다만, 협의 후 다른 하중 분포조건으로 결정한다면, 이를 기반으로 추가적인 계산을 해야 하고, 최악의 경우가 고려되어야 한다.

추락방지 안전장치의 제동력은 주행안내레일에 동등하게 분산되어야 한다.

[비고] 추락방지 안전장치가 주행안내레일 위에서 동시에 작동하는 것으로 가정한다.

11.2.3.5 압축력 또는 인장력으로 인한 카, 균형추, 평형추의 수직 힘 F_v는 다음의 공식을 통해 구한다.

가) 카측 : $F_v = \dfrac{k_1 \cdot g_n \cdot (P+Q)}{n} + (M_g \cdot g_n) + F_p$

나) 균형추측 : $F_v = \dfrac{k_1 \cdot g_n \cdot M_{cwt}}{n} + (M_g \cdot g_n) + F_p$

다) 평형추측 : $F_v = \dfrac{k_1 \cdot g_n \cdot M_{bwt}}{n} + (M_g \cdot g_n) + F_p$

라) 피트에 고정된 주행안내레일, 또는 매달린 주행안내레일(승강로 상부에 고정)

  : $F_p = n_b \cdot F_r$

마) 자유롭게 매달린 주행안내레일(고정점 없음) : $F_p = \dfrac{1}{3} n_b \cdot F_r$

여기서, F_p : 1개의 주행안내레일에 가해지는 모든 브래킷의 힘[N](건축물의 정상적인 침하 또는 콘크리트의 수축으로 인함)

  F_r : 각 브래킷에 가해지는 모든 클립의 힘[N]

  g_n : 자유낙하의 표준가속도(중력가속도 $= 9.81 \text{m/s}^2$)

  k_1 : 표 13에 따른 충격계수(주행안내레일에 작용하는 추락방지 안전장치가 없는 경우 $k_1 = 0$)

  M_g : 주행안내레일 하나의 중량[kg]

  n : 주행안내레일의 수

  n_b : 주행안내레일에 대한 브래킷의 수

  P : 빈 카 및 카에 의해 지지되는 부속품, 즉 이동케이블의 부분, 보상 로프·체인 (있는 경우) 등의 중량[kg]

  Q : 정격하중[kg]

[비고] F_p는 주행안내레일의 지지방법, 고정장치 및 브래킷의 수, 클립설계에 따라 달라진다. 짧은 구간을 운행하는 경우 건축물의 침하효과(나무로 만든 경우 제외)는 미미하여, 브래킷의 탄성에 흡수될 수 있다. 이 경우 슬라이딩 클립을 사용하지 않는 것이 일반적이다.

승강행정이 40m 이하의 경우 힘 F_p는 공식에서 무시될 수 있다. 건물 수축을 감안하여 주행안내레일 위, 아래에는 적당한 여유거리를 두도록 설계해야 한다.

11.2.3.6 카에 하중을 싣거나 내리는 동안 문턱에 작용하는 힘 F_s는 카 출입구 문턱의 중앙에 작용하는 것으로 가정한다.

문턱에 작용하는 힘의 크기는 다음과 같다.

가) 승객용 엘리베이터 : $F_s = 0.4 \cdot g_n \cdot Q$

나) 화물용 엘리베이터 : $F_s = 0.6 \cdot g_n \cdot Q$

다) 화물용 엘리베이터(무거운 운반장치가 정격하중에 포함되지 않은 경우)

: $F_s = 0.85 \cdot g_n \cdot Q$

문턱에 힘이 작용할 때 그 카는 빈 것으로 간주한다.

출입구가 2개 이상인 카에서는 문턱의 힘은 가장 불리한 출입구에 작용되는 것으로 한다. 카가 승강장에 있고 가이드슈(카의 상·하부)가 수직 주행안내레일 브래킷에서 브래킷 사이 거리의 10% 이내에 위치해 있는 경우 문턱 힘으로 인한 휘어짐은 무시할 수 있다.

11.2.3.7 과속조절기 및 관련부품, 스위치 또는 위치검출장치를 제외하고 주행안내레일에 부착된 보조장치로 인하여 주행안내레일에 걸리는 힘 및 토크 M_{aux}가 고려되어야 한다.

구동기 또는 로프를 매다는 장치가 주행안내레일에 고정되어 있는 경우 [표 12]에 따라 추가 하중조건을 고려해야 한다.

11.2.3.8 풍하중 WL은 승강로가 완전하게 둘러싸이지 않고 건물 외부에 설치된 경우 고려되며, 건물설계자와 협의하여 결정되어야 한다.

11.3 하중 및 힘의 조합

고려되어야 할 하중 및 힘 그리고 하중조건은 [표 12]에 따른다.

‖ 표 12 하중조건별 고려해야 할 하중과 힘 ‖

하중조건	하중과 힘	P	Q	$M_{cwt}/$ M_{bwt}	F_s	F_p	M_g	M_{aux}	WL
정상작동	운행 중	x	x	x		x[a]	x	x	x
	적재 + 하역	x			x	x[a]	x	x	x
안전장치작동		x	x	x		x[a]	x	x	

a) 11.2.3.5 참조
[비고] 하중과 힘은 동시에 작용하지 않을 수 있다.

11.4 충격계수

11.4.1 추락방지 안전장치 작동

추락방지 안전장치의 작동으로 인한 충격계수 k_1([표 13] 참조)은 추락방지 안정장치의 형식에 따라 달라진다.

11.4.2 정상작동

"정상 사용, 운행" 부하인 경우에 전기적 안전장치의 작동 또는 우발적인 전원차단으로 인한 격렬한 제동을 고려하기 위하여 수직으로 운동하는 카($P + Q$) 및 균형추·평행추(M_{cwt} · M_{bwt})의 질량에 충격계수 k_2([표 13] 참조)를 곱한다.

11.4.3 주행안내레일에 고정된 보조부품 및 그 밖에 운행시나리오

카, 균형추 또는 평형추의 주행안내레일에 작용하는 힘은 카, 균형추 또는 평형추가 추락방지 안전장치에 의해 정지할 때 있을 수 있는 카, 균형추 또는 평형추의 튀어오름을 고려하기 위하여 충격계수 k_3([표 13] 참조)를 곱한다.

11.4.4 충격계수의 값

충격계수의 값은 [표 13]에 정한다.

┃ 표 13 충격계수 ┃

충격위치	충격계수	값
즉시 작동형 추락방지 안정장치, 캡티브롤러형 제외		5
캡티브롤러형 즉시 작동형 추락방지안정장치 또는 에너지축적형 완충기가 있는 멈춤쇠장치 또는 에너지축적형 완충기	k_1	3
점차 작동형 추락방지 안정장치 또는 에너지분산형 완충기가 있는 멈춤쇠장치 또는 에너지분산형 완충기		2
럽처밸브		2
운행	k_2	1.2
주행안내레일에 고정된 보조부품 및 그 밖의 운행시나리오	k_3	$(\cdots)^{a)}$

＊a) 실제 설치에 따른 값을 제조자가 결정하도록 한다.

11.4.5 허용응력

허용응력은 다음 식에 의해 결정되어야 한다.

$$\sigma_{perm} = \frac{R_m}{S_t}$$

여기서, R_m : 인장강도[N/mm²], σ_{perm} : 허용응력[N/mm²]

S_t : 안전율

안전율은 [표 14]에 따른다.

┃ 표 14 주행안내레일의 안전율 ┃

하중조건	연신율(A_5)	안전율
정상운행, 적재 및 하역	$A_5 > 12\%$	2.25
	$8\% \leq A_5 \leq 12\%$	3.75
안전장치작동	$A_5 > 12\%$	1.8
	$8\% \leq A_5 \leq 12\%$	3.0

강도값은 제조사로부터 구한다.

8% 미만의 연신율을 갖는 재료는 너무 부서지기 쉽기 때문에 사용되지 않아야 한다.

11.4.6 허용휨

T형 주행안내레일 및 고정(브래킷, 분리 빔)에 대해 계산된 최대 허용휨 σ_{perm}은 다음과 같다.

가) σ_{perm} : 추락방지 안전장치가 작동하는 카, 균형추 또는 평행추의 주행안내레일 : 양방향으로 5mm

나) σ_{perm} : 추락방지 안전장치가 없는 균형추 또는 평행추의 주행안내레일 : 양방향으로 10mm

건물구조 휨에 따른 주행안내레일 변위도 고려되어야 한다.

11.4.7 계산

주행안내레일은 다음에 따라 계산되어야 한다.

가) 부속서 Ⅷ

나) 유한요소법(FEM : Finite Element Method)

(5) 레일과 카 안내기의 물림량

가이드레일과 카 안내기의 물림은 수평진동에 대한 카와 카운터의 이탈방지를 위한 중요한 기능이다. 수평진동이 큰 지진에 대하여 이탈을 방지하기 위해서는 지진으로 인한 레일의 휘어짐과 간격을 충분히 견딜 수 있어야 한다.

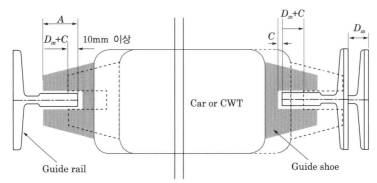

┃그림 3-121 레일과 슈가이드의 물림량 ┃

그림에서 레일과 슈가이드의 물림량 A는 지진에 의하여 가이드레일의 휘어짐 D_m과 원래의 레일과 슈가이드의 갭 C를 합한 것보다 10mm 이상이어야 좋다.

$$A \geq D_m + C + 10[\text{mm}]$$

여기서, A : 레일과 슈의 물림량[mm]

C : 레일과 슈의 갭

D_m : 지진에 의한 레일의 휨량

지진에 의한 레일의 휨량은 엘리베이터 설계 시 내진 정도를 결정하고, 해당 내진의 진도와 레일의 규격 및 레일 브래킷의 설정에 의하여 계산된 값을 적용한다.

(6) 레일의 연결 및 레일고정

레일의 길이가 5m이기 때문에 연결을 하여야 한다. 연결용 판이 피셔플레이트(fish plate)이다. 레일의 연결부위에 단차가 지거나 간격이 뜨게 되면 그 부분에서 카에 진동이 발생된다. 엘리베이터 카 진동의 주요한 원인 중 하나가 가이드레일의 연결 불량이므로 피셔플레이트의 정확한 조립이 요구된다.

가이드레일을 벽에 고정하기 위한 자재로 레일브래킷(rail bracket)과 레일클립(rail clip)이 있다. 레일브래킷은 건물의 벽체인 승강로 벽과 레일 사이의 공간을 이어주는 역할을 하고, 이 레일브래킷에 레일을 고정시키는 자재가 레일클립이다.

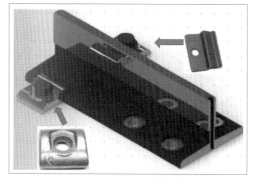

┃그림 3-122 Fish plat┃

┃그림 3-123 레일클립┃

2 균형추(counter weight)

트랙션방식 엘리베이터에서는 균형추가 필수항목이다. 만약 균형추가 없다면 트랙션이 불가
능하다. 트랙션방식은 카의 무게에 대한 대응으로 균형추를 장착하고 카와 균형추의 무게로 인한
마찰력으로 이들의 무게편차에 대한 부하를 끌어 올릴 수 있다.

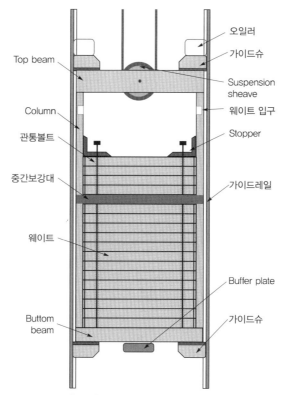

┃그림 3-124 균형추의 구조┃

201

(1) 균형추의 중량

엘리베이터의 균형추 무게는 카 자중+적재하중×오버밸러스율이다.

균형추의 총중량은 무부하 시의 자중에 엘리베이터의 사용용도에 따라 적재하중의 35~55%의 중량을 더한 값으로 한다. 이때, 적재하중의 몇 %를 더 할 것인가를 오버밸런스율이라 한다.

오버밸런스율은 트렉션비를 개선하여 와이어로프가 도르래에서 미끄러지지 않게 하는 데 중요한 역할을 한다.

① 균형추 무게(W_{CWT})

$$W_{CWT} = W_{CAR} + L \times F$$

여기서, W_{CAR} : 카 자중

L : 정격하중

F : 오버밸런스율

② 오버밸런스율(over balance rate) : 균형추에 카 적재량의 평균에 가까운 비율로 무게를 적재하여 소요구동력을 최소화하고 에너지소비를 줄이기 위한 카 정격하중에 대한 균형추에 적재량의 비율인 오버밸런스율은 적재용량, 카 자중 및 로프 등의 무게에 따른 트랙션비를 최소화하는 조건으로 설정한다.

오버밸런스율은 카에 적재되는 부하의 빈도에 따라 적용하여 구동 기계장치의 규모를 최소화하여 초기비용을 줄이고, 운행 에너지소비를 최소화하여 운용비용을 줄이는 효과를 볼 수 있다.

특히 엘리베이터가 설치되는 건물의 용도에 따라 [그림 3-125]의 부하·빈도 곡선과 같이 적재부하의 빈도에 대한 차이가 있으므로 이에 대한 오버밸런스율을 산정하는 차이가 있다. 일반적으로 백화점 등 부하분포가 FL(Full Load)에 가까운 경우에는 오버밸런스율을 0.45~0.55로 하고, 아파트와 같이 부하분포가 NL(No Load)에 가까우면 0.35~0.45로 한다.

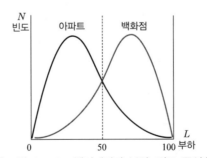

┃그림 3-125 엘리베이터 부하·빈도 곡선┃

(2) 견인비(traction ratio)

엘리베이터에서 트랙션비는 어떤 엘리베이터 시스템에서 카와 카운터의 최대 무게편차에 의한 무게비를 말한다. 따라서, 무게의 비가 크면 카와 카운터의 무게 차이가 많다는 것이고 이 큰 무게차를 들어 올리는 것은 에너지소비가 크고, 트랙션비가 작으면 무게편차가 작으니 에너지도 작게 소비된다는 것이다.

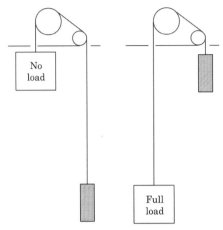

▌그림 3-126 무게편차 최대 위치 ▌

즉, 엘리베이터의 트랙션비는 엘리베이터의 구동장치 및 구동에너지를 결정하는 요소라고 볼 수 있다.

오버밸런스율은 트랙션비를 개선하여 와이어로프가 도르래에서 미끄러지지 않게 하는 데 중요한 역할을 할뿐만 아니라, 에너지 소비효율을 향상시키는 요인이다.

트랙션비의 계산은 카와 도르래 양쪽의 로프장력을 T_1, T_2라 하면 반드시 T_1, T_2 중 작은 값을 분모로 하고 큰 값을 분자로 하여 그 값이 1 이상으로 되도록 계산하며 해당 엘리베이터 시스템에서 카의 위치 중에서 가장 값이 큰 경우의 트랙션비를 계산한다.

통상적으로 카의 부하는 NL이고 카의 위치는 최상층일 때와 카의 부하가 FL이고 카의 위치가 최하층일 때 무게편차가 가장 크므로 이때의 트랙션비를 계산하고, 이 트랙션비를 1에 가깝게 만들 수 있는 방법을 찾아내는 것이다.

$$트랙션비 \ R_T = \frac{T_2}{T_1} \geq 1$$

무게편차가 크거나, 권부각이 작거나 가감속도가 큰 경우에는 로프의 미끄러짐이 쉽게 발생할 수 있으므로 트랙션능력을 확보하는 데 유의하여야 한다.

트랙션비를 개선하는 방법은 카의 위치에 따라 변화하는 메인로프무게를 보상하는 것으로 보상체인(compensation chain) 또는 보상로프(compensation rope)를 설치하는 방법과 그리고 오버밸런스율을 적절히 조정하여 트랙션비를 개선하는 방법이 있다. 이러한 개선방법으로 가능한 한 1에 가깝게 만드는 것이 좋다.

참고

트랙션비 계산 예

[조건 1] 기본구조

적재하중 1,600kg, 카 자중 2,500kg, 승강행정 50m, 1kg/m의 로프 6본 적용, 오버밸런스율 45%

① 빈 카가 최상층에 있는 경우의 견인비

$T_1 =$ 카 자중, $T_2 =$ 카 자중 + 정격하중 × 오버밸런스율 + 로프무게

$$T = \frac{T_2}{T_1} = \frac{2,500 + 1,600 \times 0.45 + 50 \times 6}{2,500} = 1.408$$

② 만원인 카가 최하층에 있는 경우의 견인비

$T_1 =$ 카 자중 + 정격하중 + 로프무게, $T_2 =$ 카 자중 + 정격하중 × 오버밸런스율

$$T = \frac{T_1}{T_2} = \frac{2,500 + 1,600 + 50 \times 6}{2,500 + 1,600 \times 0.45} = 1.366$$

이 엘리베이터의 견인비는 $T = 1.41$(소수 셋째자리에서 반올림)이 된다.

[조건 2] 보상체인에 의한 견인비 개선

1m당 5kg인 보상체인을 다는 경우

① 빈 카가 최상층에 있는 경우의 견인비

$T_1 =$ 카 자중+보상체인무게, $T_2 =$ 카 자중 + 정격하중 × 오버밸런스율+로프무게

$$T = \frac{T_2}{T_1} = \frac{2,500 + 1,600 \times 0.45 + 50 \times 6}{2,500 + 50 \times 5} = 1.28$$

② 만원인 카가 최하층에 있는 경우의 견인비

$T_1 =$ 카 자중+정격하중+로프무게, $T_2 =$ 카 자중 + 정격하중 × 오버밸런스율 + 보상체인

$$T = \frac{T_1}{T_2} = \frac{2,500 + 1,600 + 50 \times 6}{2,500 + 1,600 \times 0.45 + 50 \times 5} = 1.268$$

개선된 엘리베이터 견인비는 $T = 1.28$이 된다.

3 주행케이블(traveling cable)[63]

주행케이블은 제어반과 카 사이에 공급되는 전원이나 전기적인 신호의 전달을 위해 사용되는 전기적인 전선을 모아 놓은 것이다. 주행케이블은 카의 움직임에 따라 지속적으로 움직여야 하므로 굴곡성이 좋아야 하고, 꼬임이 없어야 한다. 이러한 특성을 만족하는 Plat 형태의 케이블을 적용한다.

이 플랫케이블에는 도체선을 절연체로 감싸고 있는 선심이 여러 가닥 모여 있으며 행정이 커지는 경우 케이블의 자중을 견디도록 와이어 등을 이용하여 보강선을 넣기도 한다.

---

63) 이 케이블을 'T-cable', '이동케이블', '평형케이블', 'Plat cable' 또는 'Tail cord'라고 부르기도 한다.

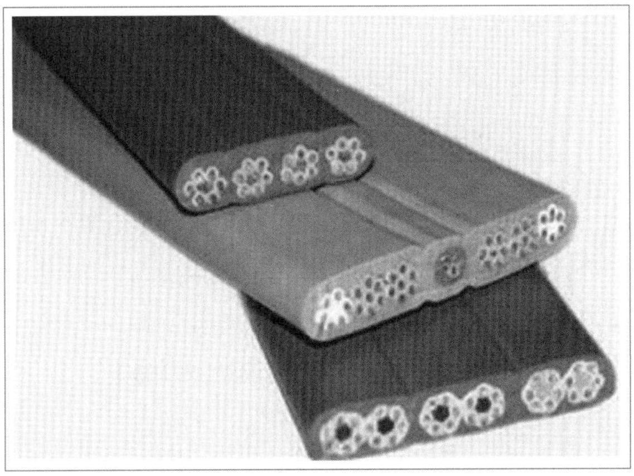

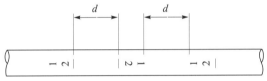

‖ 그림 3-127 이동케이블 ‖

(1) 선심의 식별

주행케이블 내의 각 선심에 대한 식별을 위하여 피복의 색깔 또는 선심번호를 인쇄하고 있다.

5심 이하인 케이블의 선심은 색으로 식별한다. 5심을 초과하는 케이블의 선심은 선번호를 간격(d) 50mm 이하로 하여 인쇄한다.

‖ 그림 3-128 선심의 번호인쇄 형태 ‖

(2) 통신선의 삽입

주행케이블에는 필요에 따라 통신케이블이 포함될 때도 있다. 이 통신케이블은 구리페어, 구리동축 또는 광섬유를 사용하여, 특수한 경우를 제외하고 내장되는 통신케이블은 3심 이하로 하며, 중앙에 위치하는 것이 좋다.

(3) 선심(core)

선심의 전도체는 주로 공칭단면 0.75mm^2와 1mm^2를 사용하고, 케이블 내의 선심으로 가닥수는 4 ~ 40선을 사용한다. 특수한 경우에는 이 이상의 선심을 내장하는 경우도 있다.

‖ 표 3-6 선심의 그룹 ‖

선심수	16	18	20	24	30	36	40
그룹의 수× 그룹 안의 가닥수	4×4	2×4+ 2×5	5×4	6×4	5×6	6×6	8×5

(4) 보강선

엘리베이터의 운행 행정이 큰 경우에는 주행케이블의 강도를 유지하기 위해 케이블 내에 보강선을 삽입하기도 한다.

직물이나 금속으로 된 스트레인 베어링 멤버(strain bearing member)가 케이블 안에 포함되어 있는데, 가닥 그룹과는 분리되어 있다.

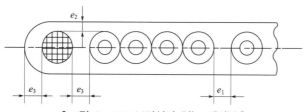

┃그림 3-129 보강선이 있는 케이블┃

4 차폐판(landing plate)[64]

엘리베이터 카의 위치(층)는 위치검출기와 차폐판에 의하여 각 층의 도어존을 검출하고 종단층의 슬로다운 스위치를 기준으로 카의 현재 위치층을 연산한다. 즉, 상승일 때 도어존을 검출하면 현재 층수에 +1층하고 하강 시에는 현재 층수에 -1하여 층을 연산한다.

이때, 각 층에는 위치스위치(car position switch)의 포토인터럽트의 발광소자와 수광소자를 막아 승강장의 도어존임을 검출할 수 있게 하는 차폐판이 승강로 벽에 고정되어 있다. 과거에는 자기유도를 이용한 인덕션스위치를 사용하기도 하였다. [그림 3-130]에 Landing plate에 위치검출기 센서가 물려 있다.

이 차폐판의 길이가 도어존(잠금해제구간)의 구간으로 작용한다.

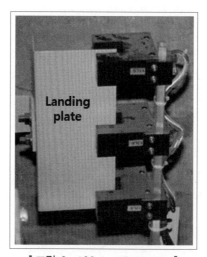

┃그림 3-130 Landing plate┃

---

64) '차폐판'은 인덕션스위치 적용 시 자기장을 차폐하는 판이라는 의미이고, 현재는 센서를 Photo interrupter 를 적용하고 있으므로 'Interrupt plate', 'Door zone plate', '유도판' 등으로도 부른다.

5 중간 정선박스(junction box)

엘리베이터의 카에 공급되는 전원과 제어부와 각 단말장치가 주고받는 전기적인 신호는 이동 케이블을 통해서 이루어진다.

행정거리가 짧은 엘리베이터는 제어반에서 카까지의 전 구간을 이동케이블로 바로 연결하는 것이 일반적이고, 행정거리가 큰 엘리베이터인 경우에는 이동케이블이 일반용 원형 케이블보다 비용이 많이 소요되므로 카의 이동에 따라 움직이는 구간만 이동케이블을 적용하고 제어반과 이동케이블 사이에는 일반의 비닐절연 원형 케이블을 적용하면서 원형 케이블과 이동케이블의 접속을 위하여 승강로 중간부분에 결선상자(junction box)를 장착한다. [그림 3-131]에 정선박스 의 부착위치가 나타나 있다.

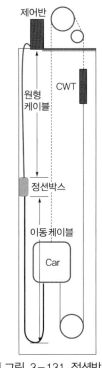

┃그림 3-131 정선박스┃

08 | 피트 장치

카가 운행 가능한 최하층 승강장 아래의 승강로 부분을 피트라고 한다. 피트에는 카와 카운터 의 가이드레일의 하단부분과 카와 카운터의 완충기, 과속검출기로프 인장기, 보상로프 인장기, 레일받침, 기름받이, 집수정 등의 기구물과 정지스위치, 조명, 통화장치 등의 전기장치가 설치되 어 있다.

1 피트의 전기장치

① 피트정지스위치(pit stop switch) : 피트에서 작업하는 경우 작업자 사고를 방지하기 위해 기계실, 카 또는 카 상부에서 운전을 불가능하게 하는 안전스위치를 설치한다. 설치위치는 피트에 진입하여 가장 가까운 곳에 설치하는 것이 좋다. 필요에 따라서는 승강장 출입 시에는 상부 정지스위치와 하부 정지스위치를 설치한다.

피트출입문이 있는 경우 출입문에 인터록스위치 혹은 정지스위치를 리밋스위치로 설치하여 출입문이 열리면 카의 기동을 불가능하게 구성할 필요가 있다.

◆ ⚖ 관련**법령**

〈안전기준 별표 22〉

6.1.5.1 피트에는 다음과 같은 장치가 있어야 한다.

    가) 16.1.11에 적합하고, 피트출입문 및 피트 바닥에서 잘 보이고 접근 가능한 정지장치. 이 정지장치는 다음 사항을 만족해야 한다.

        1) 피트 깊이가 1.6m 미만인 경우 정지스위치는 다음 위치에 있어야 한다.

          • 최하층 승강장 바닥에서 수직 위로 0.4m 이상 및 피트 바닥에서 수직 위로 2m 이내

          • 승강장문 안쪽 문틀에서 수평으로 0.75m 이내

        2) 피트 깊이가 1.6m 이상인 경우 2개의 정지스위치는 다음 구분에 따른 위치에 각각 있어야 한다.

          • 상부 정지스위치 : 최하층 승강장 바닥에서 수직 위로 1m 이상 및 승강장문 안쪽 문틀에서 수평으로 0.75m 이내

          • 하부 정지스위치 : 바닥에서 수직 위로 1.2m 이상 및 피난공간에서 조작이 가능한 위치

        3) 승강장문을 제외한 피트출입문이 있는 경우에는 정지스위치가 그 출입문 안쪽 문틀에서 수평으로 0.75m 이내 및 피트 바닥에서 수직 위로 1.2m 이상에 있어야 한다. 피트에 출입할 수 있는 승강장문이 같은 층에 2개가 있는 경우 하나의 승강장문이 피트출입문으로 지정되어야 하고, 출입을 위한 설비가 설치되어야 한다.

        [비고] 정지스위치는 나)에 따른 점검운전 조작반에 설치될 수 있다.

    나) 16.1.5에 적합하고 피난공간에서 0.3m 떨어진 범위 이내에서 조작할 수 있는 영구적으로 설치된 점검운전 조작반

    피트출입문 안쪽 문틀에서 수평으로 0.75m 이내 및 피트출입층 바닥 위로 1m 이상에 승강로 조명스위치를 설치한다.

② 피트조명 : 피트에서 작업 및 청소가 필요하므로 이를 위하여 조명이 설치된다. 조명스위치의 설치위치는 피트에 진입하여 쉽게 조작할 수 있는 장소에 한다.

⚖ 관련**법령**

〈안전기준 별표 22〉

6.1.4 조명

6.1.4.1 승강로에는 모든 출입문이 닫혔을 때 승강로 전 구간에 걸쳐 영구적으로 설치된 다음의
구분에 따른 조도 이상을 밝히는 전기조명이 있어야 한다.
조도계는 가장 밝은 광원쪽을 향하여 측정한다.

나) 피트(사람이 서 있을 수 있는 공간, 작업구역 및 작업구역 간 이동공간) 바닥에서 수직
위로 1m 떨어진 곳 : 50lx

[비고] 업무수행자는 점검 등 유지관리 및 검사업무를 보다 안전하게 수행하기 위해 손전등과
같은 임시조명이 필요할 수 있다.

③ 비상통화장치 : 작업자가 피트에서 작업을 완료하고 승강장으로 나와야 하는 시점에서 출입
이 어려운 경우를 대비하여 비상통화장치를 설치한다.

⚖ 관련**법령**

〈안전기준 별표 22〉

6.1.6 비상구출

승강로에 갇힌 사람이 빠져나올 방법이 없는 경우 이러한 위험이 존재하는 장소(피트, 승강로
내부 작업구역, 카 상부 등)에는 피난공간에서 조작할 수 있는 16.3에 적합한 비상통화장치가
설치되어야 한다.
건축물이나 시설물은 승강로 밖에서 이용자 등 사람이 갇히는 위험이 없는 구조이어야 한다.

2 피트 장치

① 과속검출기 로프인장기(governor rope tensioner) : 과속검출기로프 인장장치는 과속검출기
로프를 팽팽하게 당겨서 카나 카운터의 이동 중에 간섭에 의한 기기의 파손 등을 방지하기
위해 피트에 설치된다.

② 보상체인 안내기(compensation chain guide) : 보상체인은 속도가 비교적 낮은 엘리베이터
에 적용되는 보상장치로, 체인은 자체 무게에 의하여 경로를 크게 이탈하지 않으므로 가장
아래 경로인 피트에서 반환하는 부분에서 경로를 벗어나지 않도록 안내하는 것으로 충분하
다. 단순히 회차부의 봉이나 롤러가이드가 있다.

③ 보상로프 인장기(compensation rope tension sheave) : 보상로프 텐션시브는 행정거리가 큰
엘리베이터에 적용되므로 보상로프의 꼬임이나 경로이탈을 방지하기 위해 로프를 팽팽하게
당겨주는 장치로 피트의 바닥에 설치된다. 보상로프 인장기는 유격이 필요하므로 상하위치
는 고정하지 않고 가이드레일로 수평위치를 고정하여 로프의 수축에 대응하게 한다.
또한, 카 또는 카운터의 비상정지 시 충격에 의하여 튀어오르는 것을 방지하는 장치가
장착된다.

3 침수방지대책

피트에는 땅으로 스며드는 수분이나 온도차에 의하여 발생하는 이슬로 물이 모일 수 있으며, 특히 소방구조용 엘리베이터는 소화용수의 사용으로 많은 물이 흘러들어 올 수 있다. 이러한 물이 모여 피트의 장치들을 잠기지 않도록 하여 엘리베이터의 고장과 손상을 방지하는 구조가 필요하다.

① 피트방수 : 피트의 사방이 물이 스며들지 않도록 방수가 되는 벽으로 하여야 한다.
② 집수정(集水井) : 승강장 또는 외벽을 타고 흘러 들어오는 물을 한곳에 모이도록 피트 구석에 우물처럼 오목하게 만든 곳이다.
③ 배수펌프 : 집수정에 모인 물을 어느 정도 수준이 되면 자동으로 퍼내는 펌프를 구비하는 것이 바람직하다.

09 | 방재실(防災室) 장치

규모가 있는 건물에는 대부분 방재실이 있다. 방재실은 건물의 재난을 방지하기 위한 장비가 설치되어 있으며, 관련된 인력이 거주하는 곳이다. 건물의 방재항목은 소방, 통신, 공조, 전기, 승강기 등이 있다.

엘리베이터는 사람이 타고 다니는 교통수단이며, 문제발생 시 인명과 관련된 장치이므로 건축물의 부속설비 중에 가장 중요시하는 설비로 볼 수 있다. 이 엘리베이터의 운행상태와 안전상황은 항상 감시되어야 한다.

1 감시반(elevator monitoring system)

엘리베이터의 운행상태와 안전상황을 감시하기 위해서는 엘리베이터와 연결되어 각 엘리베이터에서 보내온 정보를 사람이 눈으로 볼 수 있는 장치가 구비되어야 한다.

과거에는 각각의 정보를 하나하나의 전선을 통해서 받고, 이 신호를 개별램프를 통해서 알려주는 형태의 감시반을 사용하였다. 이러한 감시반의 형태를 모자이크 감시반이라고 불렀다. 현재는 제어반에서 발생되는 모든 정보를 통신선을 통하여 모두 받아들이고 이를 분류·정리하여 화면으로 알아보기 좋게 나타내 준다. 이러한 일을 하기 위해서 컴퓨터를 활용한다. 그래서 지금은 대부분 컴퓨터감시반[65]을 적용하고 있다.

---

65) 많은 문서나 시방서 등에서 'CRT 감시반'으로 표기하고 있는 것이 이 컴퓨터감시반이다. 초기의 PC 모니터가 CRT 방식이었기 때문에 당시에 'CRT 감시반'으로 명명한 것을 아직도 사용하고 있다. 현재는 'CRT'란 표현은 적절치 않다.

(1) 모자이크감시반(mosaic type monitor)

모자이크감시반은 신호 하나하나를 개별전선으로 연결하여 이를 하나의 셀로 만든 표시등을 점등해주는 방식으로, 과거에 많이 사용하였으나 전선과 신호선이 많이 들어 배선에 어려움이 많고 관리가 힘들었다. 이 감시반에는 각 호기별로 현재 카의 층표시, 승강장의 호출 여부 표시, 고장 여부 표시 등의 정보표시와 비상정지버튼, 화재 시 피난층 복귀운전버튼 등 제어스위치, 그리고 카 내의 승객과 소통할 수 있는 인터폰이 장착되어 있다.

모자이크감시반은 단순 운행감시, 긴급 운전제어, 카 내 음성통화가 주요 기능이다.

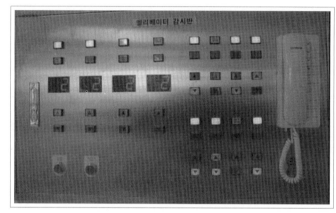

▌그림 3-132 모자이크감시반 ▌

(2) 컴퓨터감시반(computer type monitor)

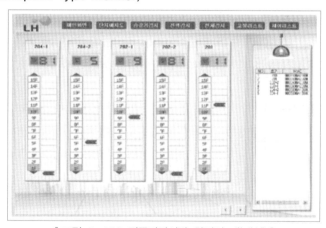

▌그림 3-133 컴퓨터감시반 화면의 예(대성) ▌

현재는 대부분의 엘리베이터가 컴퓨터감시반을 채용하고 있다. 컴퓨터감시반은 주로 시리얼 통신방식을 활용하여 배선이 간단하고, 기능을 다양하게 탑재할 수 있을 뿐 아니라 장치의 크기도 작으며, 컴퓨터모니터를 사용하여 감시하므로 사용하기도 편하다.

컴퓨터감시반은 각 엘리베이터의 제어반에 정보수집과 통신을 할 수 있는 회로가 장착되고, 방재실에는 각 호기의 정보를 받아서 모니터에 표시해주는 컴퓨터로 구성된다. 최근에는 CAN

통신방식을 주로 사용하고 있다.

컴퓨터감시반은 기능이 대폭 확대되었다.

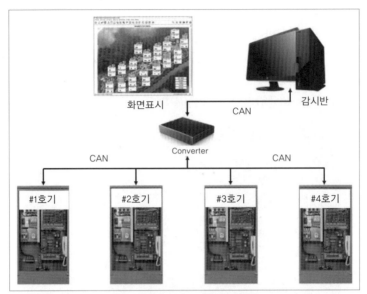

화면표시   CAN   감시반

Converter

CAN   CAN

#1호기   #2호기   #3호기   #4호기

▌그림 3-134 컴퓨터감시반의 기본구성▐

① **운행상황 표시** : 엘리베이터 각 호기의 운행상황을 표시한다. 즉, 각 승강장의 호출신호, 카의 위치, 카의 상승, 하강 움직임, 도어의 여닫힘, 카 내의 적재부하 등이 각 호기별로 화면에 표시된다.

② **고장알림** : 엘리베이터에서 가장 필요한 정보가 고장 여부이다. 이 고장알림은 고장발생 시 경보신호와 함께 화면에 직관적으로 표시된다. 그리고 고장이 발생된 시점의 카의 위치, 고장의 발생부위와 원인까지 알려준다. 고장원인을 인지하게 되어 고장처리에 신속을 기할 수 있다.

③ **운행데이터** : 엘리베이터 각 층별 호출횟수, 행선층별 호출횟수, 각 시간대별 호출횟수, 각 시간대별 층수별 호출횟수 등과 같은 교통수요에 대한 각종 데이터를 전송받고 이를 활용할 수 있도록 Data base화 한다. 이들의 확보된 데이터와 소비전력 데이터를 활용하여 에너지소비를 효율화할 수 있다.

④ **부품의 사용수명** : 엘리베이터의 주요 교체부품에 대한 사용횟수를 기록하여 부품수명에 따른 교체시기를 알려준다. 이는 엘리베이터의 고장에 의한 비운행시간을 제거하여 주므로 엘리베이터의 유지관리에 중요한 관리점이다.

⑤ **카 내 영상모니터** : 엘리베이터의 제어정보가 아닌 카 내의 실제 발생할 수 있는 범죄 또는 승객의 응급상황에 대한 카메라영상을 확인할 수 있다. 또한, 이 영상을 녹화·저장하므로 여러 가지 문제해결의 단서로 활용할 수 있다.

⑥ **엘리베이터의 성능기록** : 엘리베이터의 주요한 성능인 승차감과 관련하여 검출하는 데이터를 통하여 엘리베이터의 성능변화에 따른 관리레벨을 조절할 수 있다. 주로 검출하는 승차

감 요소는 소음과 진동 및 착상 정확도로 볼 수 있다. 이러한 요소의 레벨을 측정할 수 있는 센서를 장착하여 실시간으로 감시반에 전송하고 이를 분석하여 운행 중인 엘리베이터의 성능변화를 관측·관리할 수 있다. 또한, 월간 엘리베이터의 소비전력 데이터관리를 통하여 엘리베이터의 전력소비도 저감할 수 있다.

⑦ 각종 운전제어 : 모자이크감시반에서는 비상정지, 화재피난운전 등의 긴급사항 2 ~ 3가지에 대해서만 제어가 가능하였으나, 컴퓨터감시반에서는 많은 기능을 제어할 수 있다. 오피스빌딩의 야간 Parking, 전용 운전, 도어열림, 도어닫힘 등의 운전관련 기능과 도어 불간섭시간 변경, 카 내 조명 자동소등시간 변경, 논서비스층 변경 등과 같은 운영데이터 변경도 가능하다.

2 원격감시시스템(RMS[66] : elevator remote monitering system)

엘리베이터의 원격감시장치는 앞에서 언급한 컴퓨터감시반을 건물 내부가 아닌 멀리 있는 유지관리 통합정보센터에 설치하고, 각 현장의 Console은 방재실에 위치한 컴퓨터감시반이 겸하며 각 호기별 정보의 송수신 장치는 제어반에 위치하는 것으로 생각하면 좋다.

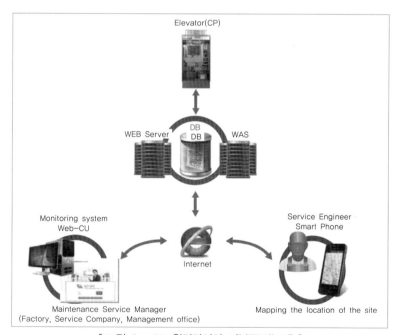

▌그림 3-135 원격감시의 기본구조(누리) ▌

엘리베이터의 원격감시장치는 컴퓨터감시반이 하는 일, 즉 운행상황 표시, 고장알림, 운행데이터 통계, 부품의 사용수명 예측, 카 내 영상모니터 확인, 엘리베이터 성능 기록 등을 다 수행한다.

---

66) RMS(Remote Monitoring System) 또는 TMS(Tele Monitoring System)라고도 한다.

단, 원격감시장치는 하나의 건물만 감시하는 것이 아니고 많은 현장의 건물을 감시하고 있으므로 특정건물을 모니터에 계속 표시하지는 않고, 필요 시 화면에 표시하여 확인한다. 그러나 고장알림 등은 긴급상황으로 알람표시로 알려주게 된다.

원격감시장치는 사물인터넷의 급속한 발전으로 그 기능 또한 크게 범위가 넓어지고 있다. 원격감시장치의 궁극적인 목표는 사고 또는 갇힘고장 등의 긴급상황에 대한 대처를 빠르게 수행하기 위함이다. 따라서, 이러한 목표를 달성하기 위하여 많은 기능들이 장착되고 있다. 이러한 많은 기능들 가운데 카가 층간 멈춤에서 승강장 도어존으로 벗어나는 운전기능까지 고려하고 있어 이제는 감시만의 문제가 아닌, 산난한 원인 검출과 조치에 의한 Maintenance 업무까지 수행하므로 Remote maintenance system이라고 부르기도 한다.

원격유지관리시스템으로의 기능을 살펴보면 다음과 같다.

① 정기적인 원격관리 점검 : 별도의 점검요구나 보수요원의 파견 없이 정해진 주기에 따라 각종 장치들의 동작과 성능을 체크하여 이들의 데이터를 분석하여 고장에 의한 사고를 미연에 방지한다.

② 원격 고장처리기능 : 엘리베이터가 고장이 발생하면 승객이나 승강기 안전관리자가 고장신고를 하지 않은 것은 물론, 고장이 발생했는지도 모르는 상태에서 자동으로 고장발생 상황이 전달되고 고장원인이 추적되며, 복잡하지 않은 고장은 원격으로 처리되어 정상운행으로 복귀된다.

③ 24시간 관리 : 이 원격유지관리시스템은 24시간 모니터링하고 있어 고장발생 → 신고 → 처리가 이루어지므로 이용자들이 항상 편리하게 사용할 수 있도록 환경이 만들어진다.

④ 고장원인 사전인지 : 엘리베이터 보수요원이 고장원인을 미리 알고 해당 고장의 처리를 위한 제반준비물을 완비한 상태로 현장출동하여 조치하므로 처리시간이 대폭 감소하여 고장발생에도 비운행시간이 크지 않아 승객의 불편을 대폭 줄이게 된다.

⑤ 운행데이터의 변경 : 종전에 보수요원이 Service tool을 가지고 현장에서 각종 운행데이터를 수요자의 요구에 따라 변경하였으나 원격유지관리시스템에서는 종합정보센터에서 변경이 가능하다.

┃ 표 3-7 운행데이터의 예 ┃

운행데이터	데이터변경 내용
불간섭시간	도어가 열고 대기하는 시간의 변경
층이름	각 승강장의 층이름 표시 변경
카 내 조명자동소등	콜이 없을 때 조명을 자동소등하는 시간의 변경
기준층	기준층을 다른 층으로 변경
파킹층	파킹층을 다른 층으로 변경
논서비스층	서비스를 하지 않은 층을 지정
격층서비스	홀수층·짝수층 서비스를 결정
피난층	피난층을 다른 층으로 변경

⑥ **기술지원** : 장치의 이상에 대한 기술자료를 지원하여 수리복구가 신속히 진행될 수 있도록 한다.

⑦ **부품자동출하** : 현장의 고장신고된 원인부품에 대하여 데이터를 분석하고 부품의 수명 등을 평가해 부품출하를 부품센터에 지시한다. 부품센터에서는 자동으로 서비스센터에 부품을 출하한다. 이때, 서비스센터에 작업지시서가 전송된다.

⑧ **긴급조치** : 출하된 보수부품과 작업지시서를 전송받은 서비스요원은 현장으로 긴급출동하여 기술지원센터의 기술지원을 받아 신속히 처리하고 엘리베이터를 정상으로 복귀시킨다.

⑨ **구출의 반복시도** : 엘리베이터의 작은 이상으로 정지하여 승객이 갇힌 경우에 그 원인이 해소되면 자동으로 최근 층으로 움직여 승객이 내리도록 한다.

엘리베이터의 도어는 가장 동작을 많이 하는 장치 중의 하나이다. 도어의 동작이 많으므로 고장의 확률이 가장 높다. 그러나 도어장치의 고장보다는 외적인 걸림 등이 발생할 우려가 있다. 예를 들면 승강장도어실의 홈에 이물질이 끼어 있는 경우 등은 도어가 닫히거나 열리는 데 방해를 하게 되고, 엘리베이터의 운행에 문제가 발생하게 된다. 이러한 경우에 장치의 심각한 이상이 아니고 이물질만 제거되면 아무 문제가 없게 된다. 종전에는 이러한 문제에 대해서도 엘리베이터의 운행을 중지하고 보수요원의 출동에 의하여 조치를 기다리는 방식이었다. 따라서, 이용자의 불편이 발생하고, 불만이 유발되었다.

Advance RMS는 이러한 상황에서 엘리베이터 비운행상태로 버려두지 않고 구출과 복귀를 다시 시도하는 것이다. 이때는 보수요원의 출동 이전에 건물관리인이나 필요 시 승객의 힘을 이용하여 복귀시키는 방법이다.

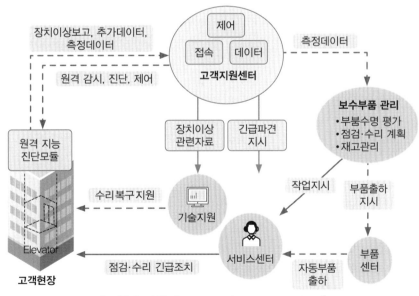

▌그림 3-136 Remote maintenance system ▌

10 │ 장애인용 엘리베이터

장애인용 엘리베이터에는 지체부자유자, 시각장애인, 청각장애인 등을 위한 편의장치가 추가되어야 한다.

1 승강장

장애인용 엘리베이터의 승강장은 휠체어 등의 활동이 가능하도록 여유공간이 필요하며, 승강장의 호출버튼, 카 내 행선버튼, 비상호출버튼 등은 점자가 있고 높이는 800 ~ 1,200mm가 적절하며 호출버튼 전방에 점형 블록이 설치되어 시각장애자가 호출버튼을 인지할 수 있도록 한다.

호출버튼에 의한 도착 시에 도어 불간섭시간은 충분히 길게 할 필요가 있다.

승강장에서 카의 도착을 알리는 도착표시기는 소리와 조명으로 나타나게 하여 청각, 시각장애자가 인식하고, 청각용은 도착예보공, 차임, 안내방송 등이 있고, 시각용은 점멸등, 카 위치표시등이 있다. 카 내부의 조도는 어느 정도 밝기 이상으로 하는 것이 좋다.

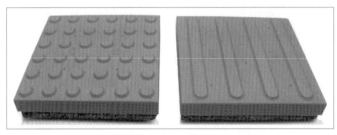

┃그림 3-137 점형 블록과 선형 블록┃

2 출입구

승강장 실과 카 실의 틈새가 휠체어의 바퀴가 문제없이 지나갈 수 있도록 30mm 이하로 하는 것이 필요하다.

도어의 유효폭은 휠체어가 드나들 수 있도록 최소 800mm가 필요하다.

3 카

카 내부면적도 휠체어가 회전할 수 있는 크기가 요구된다.

카 내 행선버튼, 비상호출버튼 등은 점자가 있고 높이는 800 ~ 1,200mm가 적절하며, 카 내의 장애인용 조작반은 출입구에서 우측벽에 행선버튼이 횡으로 배열된 것으로 높이가 적절해야 한다. 휠체어 회전이 가능한 넓이에서는 좌우에 상관없다. 행선버튼의 등록 시와 취소 시에 음성안내가 필요하다.

회전이 불가능한 좁은 카 내에는 출입구 반대편 벽에 거울을 설치하여 휠체어 후진을 가능하게 하고, 카 벽에 손잡이를 설치하여 노약자의 자세를 도와야 한다.

카 내에서 시각, 청각으로 인식할 수 있는 도착층을 알려야 하며, 청각용 층표시는 안내방송 등이 있고, 시각용은 카 위치표시 등이 있다.

카 내의 도어가 2개 일 때 음성으로 열리는 도어의 위치를 안내하는 것이 필요하다. 장애인용 행선버튼에 의한 도착 시에 도어 불간섭시간은 충분히 길게 할 필요가 있다. 카 내부의 조도는 어느 정도 밝기 이상으로 하는 것이 좋다.

⚖ 관련**법령**

〈안전기준 별표 22〉

17.1 장애인용 엘리베이터의 추가요건

17.1.1 일반사항

17.1.1.1 엘리베이터 구조는 3부터 16까지의 기준에 적합해야 한다.

17.1.1.2 이 기준에서 다루지 아니하는 사항은 「장애인·노인·임산부 등의 편의증진보장에 관한 법률」, 「교통약자의 이동편의 증진법」 등 개별법령에서 규정하고 있는 시설기준에 따라 제작되어야 한다.

17.1.2. 승강장의 크기 및 틈새

17.1.2.1 승강기의 전면에는 1.4m×1.4m 이상의 활동공간이 확보되어야 한다.

17.1.2.2 승강장 바닥과 승강기 바닥의 틈은 0.03m 이하이어야 한다.

17.1.3. 카 및 출입문 크기

17.1.3.1 승강기 내부의 유효바닥면적은 폭 1.6m 이상, 깊이 1.35m 이상이어야 한다.

17.1.3.2 출입문의 통과유효폭은 0.8m 이상으로 하되, 신축한 건물의 경우에는 출입문의 통과 유효폭을 0.9m 이상으로 할 수 있다.

17.1.4. 이용자 조작설비

17.1.4.1 호출버튼·조작반·통화장치 등 승강기의 안팎에 설치되는 모든 스위치의 높이는 바닥면으로부터 0.8m 이상 1.2m 이하의 위치에 설치되어야 한다. 다만, 스위치는 수가 많아 1.2m 이내에 설치되는 것이 곤란한 경우에는 1.4m 이하까지 완화될 수 있다.

17.1.4.2 카 내부의 휠체어 사용자용 조작반은 진입방향 우측면에 설치되어야 한다. 다만, 카 내부의 유효바닥면적이 1.4m×1.4m 이상인 경우에는 진입방향 좌측면에 설치될 수 있다.
[비고] 17.1.3.1에 따른 유효바닥면적 이상인 경우에도 진입방향 좌측면에 설치 가능

17.1.4.3 조작설비의 형태는 버튼식으로 하되, 시각장애인 등이 감지할 수 있도록 층수 등이 점자로 표시되어야 한다.

17.1.4.4 조작반·통화장치 등에는 점자표지판이 부착되어야 한다.

17.1.5 기타 설비

17.1.5.1 카 내부에는 수평손잡이를 카 바닥에서 0.8m 이상 0.9m 이하의 위치에 견고하게 설치하고, 수평손잡이는 측면과 후면에 각각 설치되어야 한다.

17.1.5.2 카 내부의 유효바닥면적이 1.4m×1.4m 미만인 경우에는 카 내부 후면에 견고한 재질의 거울이 설치되어야 한다.

17.1.5.3 각 층의 승강장에는 카의 도착 여부를 표시하는 점멸등 및 음향신호장치가 설치되어야 하며, 카 내부에는 도착층 및 운행상황을 표시하는 점멸등 및 음성신호장치가 설치되어야 한다.

17.1.5.4 호출버튼 또는 등록버튼에 의하여 카가 정지하면 10초 이상 문이 열린 채로 대기해야 한다.

17.1.5.5 각 층의 호출버튼 0.3m 전면에는 점형 블록이 설치되거나 시각장애인이 감지할 수 있도록 바닥재의 질감 등을 달리해야 한다.

17.1.5.6 카 내부의 층 선택버튼을 누르면 점멸등 표시와 동시에 음성으로 층이 안내되어야 한다. 또한, 층 등록과 취소 시에도 음성으로 안내되어야 한다.

17.1.5.7 카 내부바닥의 어느 부분에서든 150lx 이상의 조도가 확보되어야 한다.

11 소방구조용 엘리베이터

1 소방구조용 엘리베이터의 방화구조

소방구조용 엘리베이터는 건물의 화재발생 시 소화작업을 하거나 인명구조활동을 하기 위한 엘리베이터로, 소방용 고가사다리의 높이보다 높은 건축물에서는 필수적인 설비라고 할 수 있다.

소방구조용 엘리베이터는 건물에 화재가 진행 중에도 운행을 해야 하므로 건물의 다른 공간과는 구획이 되어 다른 공간에서 발생한 화염이 엘리베이터 공간에 확산되지 않는 구조라야 한다. 이를 방화구획이라 하고, 이 방화구획에 포함될 공간은 엘리베이터 승강로, 기계실 및 승강장이다. 물론 이 공간은 다른 일반 엘리베이터와 공유할 수 있지만 방화구획이 된 상태로 공유할 수 있다.

2 비상전원

소방구조용 엘리베이터는 예비전원을 확보하여야 하며, 이 예비전원은 2시간 이상 엘리베이터를 운행할 수 있는 용량을 가져야 한다. 예비전원의 공급장치는 방화구획으로 구분되어 있어야 한다.

3 엘리베이터의 구조(構造)

소방구조용 엘리베이터는 모든 층에 승강장이 있고 모든 승강장에 정지할 수 있어야 하며, 출입구는 소방장비의 진·출입에 지장이 없는 크기로 한다.

소방구조용 엘리베이터는 소방활동을 원활히 할 수 있도록 분속 60m/min 이상의 정격속도를 가져야 하며, 승강장으로부터 소화용수의 흐름에 대한 카 지붕의 전기장치의 보호를 위하여 방수조치와 지붕에 물이 고이지 않는 구조가 필요하고, 카의 크기는 소방장비와 소방팀이 탈 수 있는 충분한 공간이 필요하다.

특히 피트 바닥에서 가까운 곳의 전기장치는 완벽한 방수조치가 요구된다. 또한, 피트에는 소방용수의 고임에 의한 고장을 방지하기 위해 집수정과 자동펌프가 설치되는 것이 좋다.

카 내에는 소방운전 스위치가 부착되고, 이 스위치는 키스위치로 1차 소방운전, 2차 소방운전으로 구분된다. 여기에 사용하는 키는 승강장도어 키와 동일한 모양으로 한다. 승강장과 카 내에 소방구조용임을 알리는 표지가 부착되어야 한다.

4 엘리베이터 운전

소방구조용 엘리베이터는 건물의 화재발생 시 화재운전을 하기 전에 먼저 재난복귀운전을 해야 한다(Ch05. 中 재난복귀운전 참조).

관련법령

〈안전기준 별표 22〉

17.2 소방구조용 엘리베이터의 추가요건

17.2.1 일반사항

17.2.1.1 엘리베이터의 구조는 3부터 16까지의 기준에 적합해야 한다.

17.2.1.2 이 기준에서 다루지 아니하는 사항은 「건축물의 설비기준에 관한 규칙」 등 개별법령에서 규정하고 있는 설비기준에 따라 제작되어야 한다.

17.2.2. 환경·건축물 요건

17.2.2.1 소방구조용 엘리베이터는 모든 승강장문 전면에 방화구획된 로비를 포함한 승강로 내에 설치되어야 한다.

각각의 방화구획된 로비구역은 [그림 24.1], [그림 24.2], [그림 24.3] 및 [그림 25]를 참조한다.

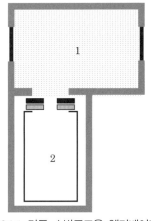

[비고]
1. 방화구획된 로비
2. 소방구조용 엘리베이터

┃그림 24.1 단독 소방구조용 엘리베이터 및 방화구획된 로비의 배치도┃

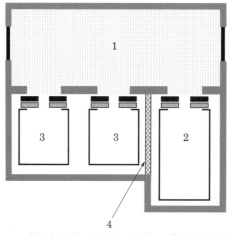

[비고]
1. 방화구획된 로비
2. 소방구조용 엘리베이터
3. 일반 엘리베이터
4. 중간방화벽

┃ 그림 24.2 다수의 승강로에 있는 소방구조용 엘리베이터 및 방화구획된 로비의 배치도 ┃

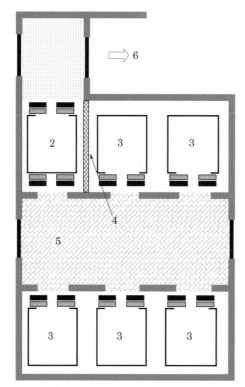

[비고]
1. 방화구획된 로비
2. 소방구조용 엘리베이터
3. 일반엘리베이터
4. 중간방화벽
5. 주엘리베이터 방화구획 로비
6. 피난통로

┃ 그림 24.3 다수의 승강로에 있는 이중 출입 소방구조용 엘리베이터 및 방화구획된 로비의 배치도 ┃

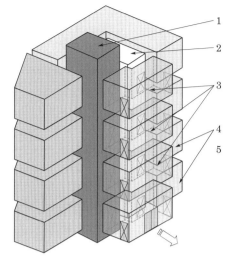

[비고]
1. 엘리베이터 승강로, 모든 승강장 바닥에서 단독으로 구분된 방화구획으로 구성
2. 계단(피난통로), 모든 승강장 바닥에서 단독으로 구분된 방화구획으로 구성
3. 방화구획 된 로비, 각 승강장 바닥 위에 구분된 방화구획으로 각각 구성
4. 유용구역, 각 승강장 바닥 위에 1개 이상의 구분된 방화구획 포함, 구분된 화재구역으로 구성된 방화구획된 로비를 통해서만 소방구조용 엘리베이터에 연결될 것이다.
5. 기계실, 상기 그림에서는 나타나 있지 않지만, 일반적으로 엘리베이터 승강로와 동일한 방화구획에 속한다.

┃ 그림 25 방화구획의 개념 ┃

[비고] 주변환경의 벽 및 문의 내화수준은 건축법령에 의해 규정된다.

동일 승강로 내에 다른 엘리베이터가 있다면 전체적인 공용 승강로는 소방구조용 엘리베이터의 내화규정을 만족해야 한다.

이 내화수준은 방화구획된 로비 문 및 기계실에도 적용되어야 한다.

공용 승강로에 소방구조용 엘리베이터를 다른 엘리베이터와 구분시키기 위한 중간방화벽(내화구조)이 없는 경우에는 소방구조용 엘리베이터의 정확한 기능을 수행하기 위해 모든 엘리베이터 및 전기장치는 소방구조용 엘리베이터와 같은 방화조치가 되어야 한다.

17.2.2.2 소방구조용 엘리베이터는 소방운전 시 건축물에 요구되는 2시간 이상 동안 다음 조건에 따라 정확하게 운전되도록 설계되어야 한다.

　　가) 소방 접근 지정층을 제외한 승강장의 전기·전자 장치는 0℃에서 65℃까지의 주위 온도범위에서 정상적으로 작동될 수 있도록 설계되어야 하며, 승강장 위치표시기 및 누름버튼 등의 오작동이 엘리베이터의 동작에 지장을 주지 않아야 한다.

　　나) 가)에서 언급한 전기·전자 장치를 제외한 소방구조용 엘리베이터의 모든 다른 전기·전자 부품은 0℃에서 40℃까지의 주위 온도범위에서 정확하게 기능하도록 설계되어야 한다.

　　다) 엘리베이터 제어의 정확한 기능은 연기가 가득 찬 승강로 및 기계실에서 보장되어야 한다.

　　라) 모든 온도센서는 엘리베이터를 정지시키거나 동작에 지장을 주지 않아야 한다.

17.2.2.3 2개의 카 출입문이 있는 경우 소방운전 시 어떠한 경우라도 2개의 출입문이 동시에 열리지 않아야 한다.

17.2.2.4 보조 전원공급장치는 방화구획된 장소에 설치되어야 한다.

17.2.2.5 소방구조용 엘리베이터의 주전원공급과 보조전원공급의 전선은 방화구획이 되어야 하고 서로 구분되어야 하며, 다른 전원공급장치와도 구분되어야 한다.

17.2.3 소방구조용 엘리베이터의 기본요건

17.2.3.1 소방구조용 엘리베이터는 17.2.1에서 17.2.12까지의 규정에 적합해야 하고 소방구조용 엘리베이터에 필요한 보호조치, 제어 및 신호가 추가되어야 한다.

[비고] 소방구조용 엘리베이터는 화재발생 시 소방관의 직접적인 조작 아래에서 사용된다.

17.2.3.2 소방구조용 엘리베이터는 소방운전 시 모든 승강장의 출입구마다 정지할 수 있어야 한다.

17.2.3.3 소방구조용 엘리베이터의 크기는 KS B ISO 4190-1에 따라 630kg의 정격하중을 갖는 폭 1,100mm, 깊이 1,400mm 이상이어야 하며, 출입구 유효폭은 800mm 이상이어야 한다.

17.2.3.4 소방구조용 엘리베이터는 소방관 접근 지정층에서 소방관이 조작하여 엘리베이터 문이 닫힌 이후부터 60초 이내에 가장 먼 층에 도착되어야 한다. 다만, 운행속도는 1m/s 이상이어야 한다.

> [비고] 승강행정 200m 이상 운행될 경우에는 가장 먼 층까지의 도달시간을 3m 운행거리마다 1초씩 증가될 수 있다. 또한, 속도가 4.5m/s가 넘는 경우는 기술적 복잡성 때문에 문제를 야기할 수 있다(이치 전원공급의 크기, 가압된 환경으로부터의 난류, 카 지붕의 스포일러).

17.2.3.5 연속되는 상·하 승강장문의 문턱 간 거리가 7m 초과한 경우 승강로 중간에 카문 방향으로 비상문(6.3)이 설치되고, 승강장문과 비상문 및 비상문과 비상문의 문턱 간 거리는 7m 이하이어야 한다. 17.2.5.7에 따른 사다리의 최대 길이가 고려되어야 한다.

> [비고] 6m 길이의 사다리가 적절한 계산으로 제공될 때 층간거리는 더 커질 수 있다(17.2.5.7 참조).

17.2.4 전기장치의 물에 대한 보호

17.2.4.1 승강장문을 포함하는 최상층 승강장 아래 승강로 벽으로부터 1m 이내에 위치한 승강로 내부의 전기기기, 카 지붕 및 카 벽면의 외부를 둘러싼 전기설비는 상부 승강장에서 떨어지는 물과 튀는 물로부터 보호되거나 IP X3 이상의 등급으로 보호되어야 한다([그림 26] 참조). 승강장문을 포함하는 최상층 승강장 아래 승강로 벽으로부터 1m 이상 떨어진 승강로 내부의 전기장치는 상부 승강장에서 떨어지는 물로부터 IP X1 이상의 등급으로 보호되어야 한다.

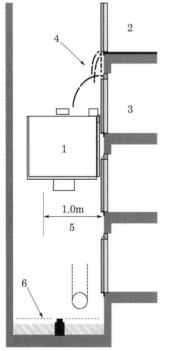

[비고]
1. 소방구조용 엘리베이터 카
2. 화재 승강장 바닥
3. 교두보(브리지헤드)
4. 화재 승강장 바닥으로부터 누수
5. 승강로 내부 및 카 상부의 방수구역
6. 피트 내부의 최대 누수수준

┃그림 26 전기장치의 물에 대한 보호┃

17.2.4.2 피트 바닥 위로 1m 이내에 위치한 전기장치는 IP 67 이상의 등급으로 보호되어야 한다. 콘센트 및 승강로에서 가장 낮은 조명전구의 위치는 허용 가능한 피트 내부의 최대 누수수준 위로 0.5m 이상이어야 한다.

[비고] 피트 내부의 최대 누수수준은 협의에 의해 정해지고 0.5m 이하로 가정한다.

17.2.4.3 승강로 외부의 기계류 공간에 있는 전기장치는 물로 인한 고장으로부터 보호되어야 한다.

17.2.4.4 완전히 압축된 카 완충기 위로 물이 올라가지 않도록 하는 적절한 보호수단이 설치되어야 하며, 보호수단이 동력에 의한 경우 자동으로 작동되어야 한다.

17.2.4.5 피트의 누수수준이 소방구조용 엘리베이터의 고장을 유발시키는 장치까지 도달되지 않도록 방지수단이 설치되어야 한다.

이 방지수단이 동력에 의한 경우 주전원 또는 예비전원으로부터 전원이 공급되어 작동이 가능해야 한다.

17.2.4.6 카 지붕은 물이 고이는 것이 방지되고, 카 지붕으로부터의 배수가 용이하도록 설계되어야 한다.

카 지붕 및 카 외벽 내의 전기설비는 IP X3 이상의 등급으로 보호되어야 한다.

17.2.5 엘리베이터 카에 갇힌 소방관의 구출

[그림 27.1], [그림 27.2] 및 [그림 27.3]의 구출개념에 대한 예시를 참조한다.

17.2.5.1 카 지붕에 0.5m×0.7m 이상의 비상구출문이 있어야 한다. 다만, 정격용량이 630kg인 엘리베이터의 비상구출문은 0.4m×0.5m 이상으로 할 수 있다.

비상구출문의 개방 유효면적은 17.2.5.3에 따른 구출위치에서 사다리와 함께 측정되어야 한다.

17.2.5.2 비상구출문은 크기를 제외하고 8.12에 적합해야 한다.

비상구출문을 통해 카 내부로 출입은 영구적인 고정설비 또는 조명장치에 의해 방해받지 않아야 한다.

열리는 지점은 카 내부에서 분명하게 식별되어야 한다.

이중천장이 설치된 경우 특별한 도구의 사용 없이 쉽게 열리거나 제거될 수 있어야 한다.

비상구출문에 대한 각각의 이중천장을 열기 위해 가하는 힘은 250N 보다 작아야 한다.

비상구출문이 열리는 지점은 카 내외부에 분명하게 식별되어야 한다.

열린 후 이중천장이 제어되지 않고 떨어지는 위험에 대한 대책이 마련되어야 한다. 이중천장의 개방은 카 내의 소방관이 할 수 있어야 한다.

[비고] 1. 7.9.3에 따른 비상잠금해제 삼각열쇠는 특별한 도구로 간주되지 않는다.
2. 열리는 동안 이중천장은 카 바닥에서 1.6m보다 낮은 곳까지 내려와서는 안 되며 소방관에게 충분한 공간을 남겨두어야 한다.

17.2.5.3 카 외부에서 구출

다음과 같은 구출수단 중 어느 하나가 사용되어야 한다.

가) 승강장 출입구 위의 문턱에서부터 0.75m 이내에 위치되고, 꼭대기 끝부분 근처에 쉽게 닿을 수 있는 1개 이상의 손잡이가 있는 영구적인 고정사다리

나) 휴대용 사다리

다) 로프사다리

라) 안전로프시스템

나)에서 라)까지의 경우 각 승강장 근처에 안전하게 고정할 수 있는 고정수단이 있어야 한다.

접근할 수 있는 가장 가까운 승강장 문턱에서부터 구출수단을 통해 카 지붕에 안전하게 도달할 수 있어야 한다([그림 27.1] 참조).

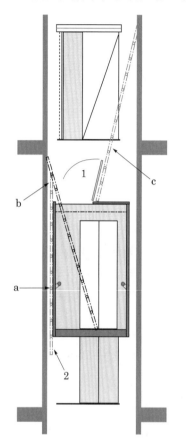

[외부구출절차]
소방관이 정지된 카 위에서 승강장문을 열고 카 지붕으로 들어간다.
카 지붕에 있는 소방관이 비상구출문을 열고 카에 부착된 사다리(위치 a)를 당긴 후 카 내부(위치 b)로 옮긴다.
갇힌 사람이 사다리를 타고 올라온다.
소방관과 갇힌 사람이 열린 승강장문을 통해 탈출한다.
필요한 경우 사다리(위치 c) 이용

[비고]
1. 비상구출문
2. 카에 부착된 휴대용 사다리

▌그림 27.1 카에 부착된 휴대용 사다리를 이용하여 승강로 밖으로 구출 ▌

17.2.5.4 카 내부에서 자체탈출

카 내부에서 비상구출문을 완전히 개방할 수 있도록 접근 가능해야 한다. 사다리 또는 발판은 카 지붕으로 올라갈 수 있도록 제공되어야 하며, 비상구출문의 크기 및 위치는 소방관이 통과할 수 있어야 한다.

사다리가 사용되는 경우에는 카 내부에 안전하게 배치될 수 있는 장소에 위치되어야 한다([그림 27.3] 참조).

발판이 사용되는 경우에는 발판의 간격은 0.4m 이하이고 발판과 수직벽면 사이의 거리는 0.15m 이상이며, 발판은 1,500N의 하중을 견딜 수 있어야 한다([그림 27.2] 참조).

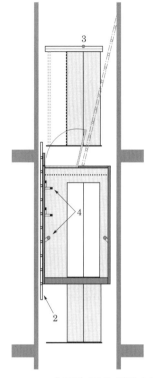

[자체탈출절차]
갇힌 소방관이 비상구출문을 연다.
갇힌 소방관이 카에 있는 발판을 이용하여 카 지붕으로 올라온다.
갇힌 소방관이 승강로 내부에서 승강장문 잠금을 해제하기 위해 카에 부착된 휴대용 사다리를 이용(필요한 경우)하고 탈출한다.

[비고]
2. 카에 부착된 휴대용 사다리
3. 승강장문 잠금장치
4. 발판

※ 이 개념은 승강장 문턱과 문턱 사이의 거리가 사다리의 길이에 맞을 때에만 사용될 수 있다.

▍그림 27.2 카에 부착된 휴대용 사다리를 이용한 자체탈출 ▍

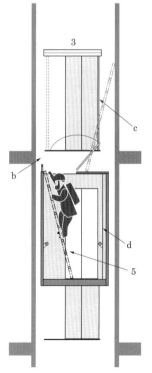

[자체탈출절차]
갇힌 소방관이 캐비닛 문을 열고 캐비닛에 보관된 사다리(위치 'd')를 제거한다.
갇힌 소방관이 비상구출문을 연다.
갇힌 소방관이 사다리(위치 'b')를 이용하여 카 지붕에 올라온다.
갇힌 소방관이 승강로 내부의 승강장문 잠금을 해제하기 위해 사다리(위치 'c')를 이용(필요한 경우)하고 탈출한다.

[비고]
1. 비상구출문
3. 승강장문 잠금장치
5. 카 캐비닛에 보관된 휴대용 사다리

※ 이 개념은 승강장 문턱과 문턱 사이의 거리가 사다리의 길이에 맞을 때에만 사용될 수 있다.

▍그림 27.3 카 내부 캐비닛에 보관된 휴대용 사다리를 이용한 자체탈출 ▍

승강로 내부의 각 승강장 출입구 잠금장치 근처에는 승강장문 해제방법을 분명하게 보여주는 간단한 다이어그램 또는 심벌이 있어야 한다.

17.2.5.5 카에 부착된 휴대용 사다리는 구출목적을 위해 카 외부에 부착되어야 한다.

사다리가 부착위치에서 제거되면 구동기가 움직이지 않도록 하는 15.2에 적합한 전기안전장치가 설치되어야 한다.

17.2.5.6 카에 부착된 휴대용 사다리는 유지·보수하는 동안 헛디디거나 걸려 넘어질 위험이 없는 장소에 보관되어야 하고 안전하게 배치되어야 한다.

17.2.5.7 휴대용 사다리의 길이는 6m 이하이어야 하고 카가 승강장과 같은 높이에 있을 때 직상부층의 승강장문 잠금장치까지 도달할 수 있어야 한다. 다만, 승강장문 잠금장치까지 도달할 수 없다면 17.2.5.3 가)에 따라 승강로에 영구적으로 고정된 사다리로 도달할 수 있도록 조치되어야 한다.

[비고] 1. 휴대용 사다리는 승강장문에 기대어 놓지 않아야 하며, 카 지붕의 적절한 지점에서 지지되어야 한다. 또한, 승강장문은 한 손으로 열 수 있어야 한다.

2. 승강로에 영구적으로 고정된 사다리는 카 지붕에서 안전하게 접근 가능한 구조이어야 한다.

17.2.6 승강장문 및 카문

승강장문과 카문이 연동되는 자동 수평개폐식 문이 설치되어야 한다.

17.2.7 엘리베이터 구동기 및 관련 설비

기계실·기계류 공간 설치공간은 내화구조로 보호되어야 한다.

17.2.8 제어시스템

17.2.8.1 소방운전 스위치는 소방관이 접근할 수 있는 지정된 로비에 위치되어야 한다. 이 스위치는 승강장문 끝부분에서 수평으로 2m 이내에 위치되고, 승강장 바닥 위로 1.4m부터 2.0m 이내에 위치되어야 한다. [그림 28]에 따른 소방구조용 엘리베이터 알림표지가 부착되어야 한다.

구분	기준	
색상	바탕	적색
	그림	흰색
크기	카 조작반	20mm×20mm
	승강장	100mm×100mm 이상

[비고] 출입구가 2개 있는 엘리베이터의 경우 소방구조용 운전으로 사용되는 카 조작반에 표시

┃그림 28 소방구조용 엘리베이터의 알림표지┃

17.2.8.2 소방운전 스위치는 7.9.3에서 규정된 비상잠금해제 삼각열쇠에 적합해야 한다. 이 스위치의 조작은 쌍안정이어야 하고 '1'과 '0'으로 명확하게 시각적으로 표시되어야 한다. '1'의 위치에서 소방운전이 시작된다.

이 소방운전은 두 단계를 갖는다. 1단계 기능은 17.2.8.7을 참조하고 2단계 기능은 17.2.8.8을 참조한다.

추가적인 외부 제어 또는 입력은 소방구조용 엘리베이터가 자동으로 소방관 접근 지정층으로 복귀되고 그 층에서 문이 열린 상태로 있는 경우에만 사용될 수 있다. 소방운전 스위치는 1단계 운전을 완료하기 위해 '1' 위치에서 계속 작동되어야 한다.

17.2.8.3 소방운전 스위치가 작동하는 동안 1단계 및 2단계 조건하에서 17.2.8.7 다) 및 17.2.8.8 바)에 기술된 문닫힘 안전장치를 제외하고 모든 엘리베이터의 안전장치(전기적 및 기계적)는 유효상태이어야 한다.

17.2.8.4 소방운전 스위치는 점검운전 제어(16.1.5), 정지장치(16.1.11) 또는 전기적 비상운전 제어 (16.1.6)보다 우선되지 않아야 한다.

17.2.8.5 소방운전 중일 때 소방구조용 엘리베이터의 기능은 승강장 호출제어 또는 승강로 외부에 위치한 엘리베이터 제어시스템의 다른 부품의 전기적 고장에 의해 영향을 받지 않아야 한다. 소방구조용 엘리베이터와 같은 그룹운전에 있는 다른 엘리베이터의 전기적 고장이 소방구조용 엘리베이터의 운전에 영향을 주지 않아야 한다.

17.2.8.6 정상운행 중 소방운전 스위치를 작동하면 1단계가 시작되어야 한다. 소방운전 중 소방운전 스위치를 복귀하더라도 작동모드는 바뀌지 않아야 한다.

17.2.8.7 **1단계** : 소방구조용 엘리베이터에 대한 우선 호출[67]

이 단계는 수동 또는 자동으로 시작이 가능하다.

이 시작은 다음 사항이 보장되어야 한다.

가) 승강로 및 기계류 공간의 조명은 소방운전 스위치가 조작되면 자동으로 점등되어야 한다.

나) 모든 승강장 호출 및 카 내의 등록버튼은 작동되지 않아야 하고, 미리 등록된 호출은 취소되어야 한다.

다) 문 열림버튼 및 비상통화(16.3) 버튼은 작동이 가능한 상태이어야 한다.

라) 그룹운전에서 소방구조용 엘리베이터는 다른 모든 엘리베이터와 독립적으로 기능되어야 한다.

마) 17.2.12에 따른 소방활동 통화시스템은 작동되어야 한다.

바) 카 조작반에 있는 시각적 표시기가 작동되어야 한다.

이 시각적 표시기는 엘리베이터가 정상작동으로 복귀될 때까지 작동상태가 유지되어야 한다.

사) 1단계가 시작되고 엘리베이터가 점검운전 제어, 전기적 비상운전 제어 또는 기타 유지관리 통제조건하에 있을 때 즉시 카 및 관련 기계류 공간에 경보(가청신호)가 울려야 한다.

이 경보음 크기는 55dB(A)에 설정하고 35dB(A)과 65dB(A) 사이에서 조정이 가능해야 한다.

경보음은 엘리베이터가 점검운전 제어, 전기적 비상운전 제어 또는 기타 유지관리 통제조건이 해제될 때 멈추고 소방구조용 엘리베이터는 자동으로 1단계 소방운전이 계속된다.

아) 승강장에 문을 열고 대기하고 있는 소방구조용 엘리베이터는 문을 닫고 소방관 접근 지정층까지 멈추지 않고 이동되어야 한다.

경보음은 문이 닫힐 때까지 카 내에서 울려야 한다.

---

67) 안전기준 [별표 22]에서의 소방용 엘리베이터의 1단계는 재난복귀운전과 동일하다. 재난복귀운전은 소방운전이 아닌 재난발생 시 카 내의 탑승객에 대한 피난운전이며, 이후 소방용 엘리베이터는 소방운전을 대기하는 운전이다.

승강장문이 실제 열려 있는 시간이 15초를 초과하기 전에 열과 연기에 영향을 받을 수 있는 문닫힘 안전장치는 무효화되고, 감소된 동력조건하에 닫히기 시작해야 한다.

자) 소방관 접근 지정층과 반대방향으로 운행 중인 소방구조용 엘리베이터는 가장 가까운 승강 장에 정상적으로 정지되고 문은 열리지 않고 소방관 접근 지정층으로 복귀되어야 한다.

차) 소방관 접근 지정층으로 운행 중인 엘리베이터는 정지하지 않고 소방관 접근 지정층으로 운행되어야 한다.

엘리베이터가 중간의 다른 승강장으로 이미 정지가 시작되었다면 정상적으로 정지되고 문은 열리지 않고 소방관 접근 지정층까지 계속 이동한다.

카) 소방관 접근 지정층에 도착한 소방구조용 엘리베이터의 승강장문 및 카문은 열린 상태로 계속 유지되어야 한다.

17.2.8.8 2단계 : 소방운전 제어조건 아래에서 엘리베이터의 이용

소방구조용 엘리베이터가 1단계 조건하에 소방관 접근 지정층에 정지하고 출입문이 열린 상태로 대기하면, 카 조작반에서만 2단계 소방운전이 시작되어야 하고, 다음 사항이 보장되어야 한다.

가) 1단계가 외부신호에 의해 시작된 경우에는 소방운전 스위치가 '1'위치로 전환되기 전까지 2단계 운전으로 전환되지 않아야 한다.

나) 2개 이상의 카 운행층이 동시에 등록되는 것은 가능하지 않아야 한다.

다) 카 등록버튼 또는 문 닫힘버튼에 지속적으로 압력이 가해지면 문이 닫혀야 한다. 문이 완전히 닫히기 전에 버튼을 놓으면 문은 자동으로 다시 열려야 한다. 문이 완전히 닫히면 카 목적층을 등록할 수 있고, 카는 목적층으로 이동하기 시작한다.

라) 카가 움직이고 있는 동안에는 카 내부에서 새로운 층 등록이 가능해야 한다. 미리 등록된 층은 취소되어야 한다. 카는 새롭게 등록된 층으로 빠른 시간에 운행되어야 한다.

마) 카가 목적층에 도착하면 문이 닫힌 상태로 정지되어야 한다.

바) 카가 승강장에 정지하고 있다면 카 내의 '문열림' 버튼에 지속적인 압력이 가해질 때만 문이 열려야 한다.

문이 완전히 열리기 전에 카 내의 '문열림' 버튼에 압력을 가하지 않으면 문은 자동으로 다시 닫혀야 한다. 문이 완전히 열리면 카 조작반에 새로운 층이 등록되기 전까지는 문이 열린 상태로 있어야 한다.

사) 문닫힘 안전장치 및 문열림버튼은 1단계와 같이 작동이 가능한 상태이어야 한다. 다만, 열과 연기에 영향을 받는 문닫힘 안전장치는 무효화되어야 한다.

아) 소방구조용 엘리베이터는 소방운전 스위치를 '1'에서 '0'으로 전환(최대 5초 동안) 그리고 다시 '1'로 전환하면 소방관 접근 지정층으로 복귀되어야 하고 1단계는 계속 유지된다. 다만 이 규정은 소방운전 스위치가 아래의 아)에서 기술된 것처럼 카에 있는 경우에는 적용하지 않는다.

자) 추가적으로 소방운전용 키 스위치가 카에 설치된 경우 '0' 및 '1' 이 명확하게 표시되어야 한다.

이 스위치는 7.9.3에서 규정된 비상잠금해제 삼각열쇠를 제외한 다른 유형의 키를 사용할 수 있지만 '0'의 위치에서만 제거되어야 한다.

이 스위치의 조작은 다음과 같아야 한다.

1) 엘리베이터가 소방관 접근 지정 층에 있는 소방운전 스위치에 의해 소방운전 제어 조건 아래에 있을 때 카에 있는 키 스위치는 2단계 소방운전을 시작하기 위해 '1' 위치로 전환되어야 한다.

2) 엘리베이터가 소방관 접근 지정층이 아닌 다른 층에 있고 카에 있는 키 스위치가 '0' 위치로 전환되면 카는 더 이상 움직이지 않고 문은 열린 상태로 있어야 한다.

차) 등록된 카의 목적층은 카 조작반에만 시각적으로 표시되어야 한다.

카) 정상 또는 비상전원공급이 유효할 때 카 내부 및 소방관 접근 지정층에는 카의 위치가 표시되어 보여야 한다.

타) 엘리베이터는 카 운행층이 더 등록되기 전까지 지정층에 남아 있어야 한다.

파) 16.2.11에 기술된 소방활동 통화시스템은 2단계 동안 작동상태이어야 한다.

하) 소방운전 스위치가 '0'으로 다시 전환되면 소방구조용 엘리베이터 제어시스템은 엘리베이터가 소방관 접근 지정층에 복귀될 때에만 정상운전상태로 되돌아 갈 수 있어야 한다.

17.2.8.9 2개의 출입구를 갖는 카

엘리베이터가 2개의 출입구를 갖고 모든 승강장의 방화구획된 로비가 소방관 접근층의 로비와 같은 측면에 위치한 소방구조용 엘리베이터는 다음과 같은 추가적인 사항이 적용된다.

가) 카 조작반(문열림 및 비상통화버튼 포함)은 카문 출입구 근처에 각각 있어야 하며, 일반용 및 소방구조용 카 조작반으로 구분된다.

나) 소방구조용 카 조작반은 모든 승강장의 방화구획된 로비와 소방관 접근 지정층의 로비와 같은 측면에 위치하고, 2단계에서 소방관이 사용하기 위한 것으로 소방구조용 엘리베이터 알림표지([그림 28])가 있어야 한다.

다) 일반용 카 조작반의 버튼은 2단계가 시작될 때 모두 무효화되어야 한다.

라) 소방구조용 카 조작반은 2단계 시작과 동시에 작동되어야 한다.

17.2.9 소방구조용 엘리베이터의 전원공급

17.2.9.1 엘리베이터 및 조명의 전원공급시스템은 주 전원공급장치 및 보조(비상, 대기 또는 대체) 전원공급장치로 구성되어야 한다.

방화등급은 엘리베이터 승강로에 주어진 등급과 동등 이상이어야 한다([그림 29] 참조).

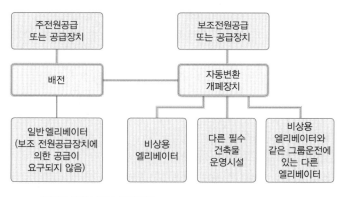

┃그림 29 소방구조용 엘리베이터의 전원공급에 대한 예시 ┃

17.2.9.2 보조 전원공급장치는 17.2.2.2에서 기술된 시간규정을 만족하고 정격하중의 소방구조용 엘리베이터가 주행하는 데 충분해야 한다.

17.2.9.2.1 보조 전원공급장치는 자가발전기에 교류예비전원으로서 다른 용도의 급전용량과는 별도로 소방구조용 엘리베이터의 전 대수를 동시에 운행시킬 수 있는 충분한 전력용량이 확보되어야 한다. 다만, 2곳 이상의 변전소(「전기설비기술기준에 관한 규칙」 제2조제2호의 규정에 의한 변전소)로부터 전력을 동시에 공급받는 경우 또는 1곳의 변전소로부터 전력의 공급이 중단될 때 자동으로 다른 변전소의 전원을 공급받을 수 있도록 되어 있는 경우 이 전력용량이 소방구조용 엘리베이터의 전부를 동시에 운행시킬 수 있도록 충분한 전력용량이 공급될 경우 자가발전기는 설치되지 않아도 된다.

17.2.9.2.2 공동주택단지에 있어서 단지 내 소방구조용 엘리베이터의 전 대수를 동시에 운행시킬 수 있는 충분한 전력용량을 확보하기 어려운 경우에는 각 동마다 설치된 소방구조용 엘리베이터의 전 대수를 동시에 운행시킬 수 있는 충분한 전력용량을 다른 용도의 급전용량과는 별도로 확보해야 하며, 각 동마다 개별급전이 가능하도록 절환장치가 설치되어야 한다.

17.2.9.2.3 정전 시에는 보조 전원공급장치에 의하여 엘리베이터를 다음과 같이 운행시킬 수 있어야 한다.

가) 60초 이내에 엘리베이터 운행에 필요한 전력용량을 자동으로 발생시키도록 하되 수동으로 전원을 작동시킬 수 있어야 한다.

나) 2시간 이상 운행시킬 수 있어야 한다.

17.2.10 전기적 전원공급의 변환

다음 사항이 적용될 수 있다.

가) 수정작업이 필요하지 않아야 한다.

나) 전원공급이 다시 안정될 때 엘리베이터가 운행될 수 있어야 한다.

엘리베이터가 움직일 필요가 있는 경우에는 카의 위치를 표시하고 2개 층 이상 운행되지 않아야 하며 소방관 접근 지정층 방향으로 움직이지 않아야 한다.

17.2.11 카 및 승강장 제어

17.2.11.1 카와 승강장의 제어 및 관련 제어시스템은 열, 연기 및 습기의 영향으로부터 잘못된 신호가 등록되지 않아야 한다.

소방관 접근 지정층에는 카 위치표시기가 설치되어야 한다.

17.2.11.2 카 및 승강장의 버튼, 카 및 승강장의 표시기 및 소방운전 스위치는 IP X3 이상으로 보호되어야 한다.

소방관 접근 지정층 이외의 다른 승강장 조작반 및 승강장 위치표시기는 소방운전 스위치 작동 시 전기적으로 분리되지 않으면 IP X3 이상의 등급으로 보호되어야 한다.

17.2.11.3 2단계 소방운전 중에 소방구조용 엘리베이터의 운전은 카에 있는 모든 푸시버튼에 의해 이루어져야 한다.

다른 운전시스템은 무효화되어야 한다.

17.2.11.4 소방구조용 엘리베이터의 카 내부 등록버튼 위 또는 근처에 소방구조용 엘리베이터 알림 표지([그림 28])를 이용하여 선명하게 표시되어야 한다.

17.2.12 소방활동 통화시스템

17.2.12.1 소방구조용 엘리베이터에는 1단계 및 2단계 소방운전 중일 때 소방구조용 엘리베이터

카와 소방관 접근 지정층 및 기계실이나 비상운전 및 작동시험 운전장치(6.6.6) 사이에서 양방향 음성통화를 위한 내부통화 시스템 또는 이와 유사한 장치가 있어야 한다. 기계실에 있는 통화장치는 조작버튼을 눌러야만 작동되는 마이크로폰이어야 한다.

17.2.12.2 엘리베이터 카와 소방관 접근 지정층에 있는 통화장치는 마이크로 폰 및 스피커가 내장되어 있어야 하고, 전화 송·수화기로 되어서는 안 된다.

17.2.12.3 통신시스템 배선은 엘리베이터 승강로에 설치되어야 한다.

12 | 피난용 엘리베이터(evacuation elevator)

최근 초고층 빌딩이 늘어나면서 빌딩의 재난안전이 큰 이슈로 등장하고 있다. 과거 911 테러 사태 등은 초고층 빌딩의 가장 큰 맹점을 여실히 보여주고 있다. 이러한 초고층 빌딩에서 화재, 지진, 테러 등의 재난이 발생되면 거주자의 피난이 제일 중요한 문제이고 피난의 수단이 더욱 중요하게 된다. 엘리베이터는 상황에 따라서는 유일무이한 피난수단이 될 수도 있다.

1 설치근거

피난용 엘리베이터의 설치는 건축법에서 의무화한 근거를 두고 있으며, 동법 시행령에서는 피난용 승강기의 설치, 동법 시행규칙에서는 의무 대상건축물, 건축물의 피난·방화구조 등의 기준에 관한 규칙에서 피난용 승강기의 설치기준을 규정하고 있다. 고층건축물, 즉 30층 이상이거나 120m 이상의 건축물에는 피난용 엘리베이터를 설치하도록 의무화하고 있다.

승강기법에서는 이러한 설치근거와 건축구조기준을 기초로 하여 엘리베이터가 가져야 할 추가적인 장치나 기능을 규정하고 있다.

2 피난용 엘리베이터의 기본개념

피난용 엘리베이터는 건물에 화재, 지진, 테러 등의 재난 발생 시 거주인원의 안전한 피난장소로 피난을 할 수 있도록 하는 용도이며, 반드시 엘리베이터를 조작하는 운전자 또는 통제자가 조작하여 움직여야 한다. 피난장소는 기본적으로 건물의 피난층과 건축법에서 정하는 피난안전구역의 층으로 한다.

또한, 화재 등의 환경에서도 일정시간 이상을 운행할 수 있는 구조적인 설비구조가 되어야 한다.

3 피난용 엘리베이터의 구조

피난용 엘리베이터의 구조는 거의 소방구조용 엘리베이터와 동일하다.

카의 면적과 적재하중은 피난인원의 효율적인 피난을 위하여 어느 정도 이상의 규모가 좋다. 승강로에는 화염이나 연기가 침투되지 않는 구조가 필요하다. 도어장치나 카 상부의 제어장치 등은 낙하하는 물에 보호되는 조치가 되어 있어야 한다.

전기장치 등이 피트 바닥에 고이는 물에 영향을 받지 않는 높이에 설치되어야 하며, 피트에는 집수정과 자동검지스위치 및 펌프를 설치하는 것이 바람직하다.

피난운전스위치는 카 내의 조작반에 키스위치로 장착되거나, 점검운전반 내부에 장착되어야 한다. 피난운전 시에 카 내의 표시기와 피난층의 표시기에 피난운전 중임을 표시하고, 카의 현재 층이 표시되어야 한다.

여러 가지 원인에 의하여 오동작의 우려가 있는 도어 끼임방지기는 무효화되는 것이 좋다.

4 피난용 엘리베이터 운전

피난용 엘리베이터도 재난복귀운전에 의하여 복귀운전이 되어야 한다(Ch05. 中 재난복귀운전 참조).

재난복귀운전이 완료되면 피난용 엘리베이터는 도어를 열고 피난통제자의 탑승을 기다린다. 피난통제자는 삼각키를 가지고 탑승한 후 피난운전스위치를 켜고 피난운전을 시작한다.

피난운전은 1차 소방운전과 거의 같은 방식이라고 볼 수 있다(Ch05. 中 1차 소방운전 참조).

⚖️ **관련법령**

〈안전기준 별표 22〉

17.3 피난용 엘리베이터의 추가요건

17.3.1 일반사항

17.3.1.1 엘리베이터 구조는 1부터 16까지의 기준에 적합해야 한다.

17.3.1.2 이 안전기준에서 다루지 아니하는 사항은 「건축법 시행령」, 「건축물의 피난·방화구조 등의 기준에 관한 규칙」 등 개별법령에서 규정하고 있는 설비기준에 따라 제작되어야 한다.

17.3.2 피난용 엘리베이터의 기본요건

17.3.2.2 피난용 엘리베이터에 필요한 보호조치, 제어 및 신호가 추가되어야 한다.

　　[비고] 피난용 엘리베이터(3.63)는 화재 등 재난발생 시 통제자(3.56)의 직접적인 조작 아래에서 사용된다.

17.3.2.2 구동기 및 제어 패널·캐비닛은 최상층 승강장보다 위에 위치해야 한다.

17.3.2.3 승강장문과 카문이 연동되는 자동 수평개폐식 문이 설치되어야 한다.

17.3.2.4 피난용 엘리베이터의 카는 다음과 같아야 한다.

　　가) 출입문의 유효폭은 900mm 이상, 정격하중은 1,000kg 이상이어야 한다.

　　나) 다만, 의료시설(침상 미사용 시설 제외)의 경우에는 들것 또는 침상의 이동을 위해 출입문 폭 1,100mm, 카 폭 1,200mm, 카 깊이 2,300mm 이상이어야 한다.

　　　　[비고] 출입문 및 카는 사용되는 최대 침상의 출입, 이동이 가능한 크기 이상이어야 한다.

17.3.2.5 승강로 내부는 연기가 침투되지 않는 구조이어야 한다.

> [비고] 승강장의 모든 문이 닫힌 상태에서 승강로 이외 구역보다 기압을 높게 유지하여 연기가 침투되지 않도록 할 경우 승강로의 기압은 승강장의 기압과 동등 이상이거나 승강장 이외 구역보다 최소 40Pa 이상으로 해야 한다.

17.3.2.6 피난층을 제외한 승강장의 전기·전자 장치는 0℃에서 65℃까지의 주위온도범위에서 정상적으로 작동될 수 있도록 설계되어야 하며, 승강장 위치표시기 및 누름버튼 등의 오작동이 엘리베이터의 동작에 지장을 주지 않아야 한다.

17.3.2.7 2개의 카 출입문이 있는 경우 피난운전 시 어떠한 경우라도 2개의 출입문이 동시에 열리지 않아야 한다.

17.3.3 전기장치의 물에 대한 보호

17.3.3.1 승강장문을 포함하는 최상층 승강장 아래 승강로 벽으로부터 1m 이내에 위치한 승강로 내부의 전기기기, 카 지붕 및 카 벽면의 외부를 둘러싼 전기설비는 상부 승강장에서 떨어지는 물과 튀는 물로부터 보호되거나 IP X3 이상의 등급으로 보호되어야 한다([그림 26] 참조).

17.3.3.2 피트 바닥 위로 1m 이내에 위치한 전기장치는 IP 67 이상의 등급으로 보호되어야 한다. 콘센트 및 승강로에서 가장 낮은 조명의 전구의 위치는 허용 가능한 피트 내부의 최대 누수수준 위로 0.5m 이상이어야 한다.

> [비고] 피트 내부의 최대 누수수준은 협의에 의해 정해지고 0.5m 이하로 가정한다.

17.3.3.3 승강로 외부의 기계류 공간에 있는 전기장치는 물로 인한 고장으로부터 보호되어야 한다.

17.3.3.4 완전히 압축된 카 완충기 위로 물이 올라가지 않도록 하는 적절한 보호수단이 설치되어야 하며, 보호수단이 동력에 의한 경우 자동으로 작동되어야 한다.

17.3.3.5 피트의 누수수준이 피난용 엘리베이터의 고장을 유발시키는 장치까지 도달되지 않도록 방지수단이 설치되어야 한다.
이 방지수단이 동력에 의한 경우 주전원 또는 예비전원으로부터 전원이 공급되어 작동이 가능해야 한다.

17.3.4 엘리베이터 카에 갇힌 승객의 구출

17.3.4.1 피난호출 및 피난운전 중 고장이나 결함으로 인해 피난용 엘리베이터가 승강로 중간에 정지한 경우 카에 갇힌 이용자의 구출 및 탈출은 17.2.3.5, 17.2.5에 따라야 한다.
다만, 인접한 다른 피난용 엘리베이터 카에 8.6.2에 따른 비상문이 설치된 경우에는 예외로 한다.

17.3.4.2 주전원 및 보조전원공급(17.2.9.2.3)이 동시에 실패할 경우를 대비하여 다음 사항을 만족하는 수단이 제공되어야 한다.

> 가) 정격하중의 카를 피난층 또는 가장 가까운 피난안전구역까지 지속으로 운행시킬 수 있는 충분한 용량의 예비전원이 제공되어야 한다. 이 경우 보조전원은 예비전원으로 간주하지 않는다.
>
> 나) 피난용 엘리베이터는 피난층 또는 피난안전구역 도착 후 주 전원 또는 보조전원이 정상적으로 공급되기 전까지 출입문을 열고 대기해야 한다.

17.3.5 제어시스템

17.3.5.1 "피난용 호출"이라고 명확히 표시된 '피난호출스위치'가 지정된 피난층에 위치되어야 한다.
이 피난호출스위치는 승강장문 끝부분에서 수평으로 2m 이내에 위치되고, 바닥 위로 높이 1.4m부터 2.0m 이내에 위치되어야 한다.

17.3.5.2 '피난호출스위치'는 전면이 보이는 재질(유리 또는 투명한 아크릴 등)로 된 박스로 보호되어야 한다.

17.3.5.3 피난용 엘리베이터가 2개의 출입구를 갖고 보호된 경우 피난용 엘리베이터 로비는 피난층의 로비와 같은 측면에 모두 위치되어야 하고, '피난호출스위치'는 방화구획된 로비 측면에 위치되어야 한다.

17.3.5.4 '피난호출' 또는 '피난운전' 중에 모든 엘리베이터 안전장치(전기적 및 기계적)는 모두 작동상태이어야 한다. 다만, 문닫힘안전장치는 제외한다.

17.3.5.5 '피난호출스위치'는 점검운전 제어(16.15), 정지장치(16.1.11) 또는 전기적 비상운전 제어(16.1.6)보다 우선되지 않아야 한다.

17.3.5.6 피난호출 및 피난운전 중일 때 피난용 엘리베이터의 기능은 승강장 호출제어 또는 승강로 외부에 위치한 제어시스템의 다른 부품의 전기적 고장에 의해 영향을 받지 않아야 한다. 피난용 엘리베이터와 같은 그룹운전에 있는 다른 엘리베이터의 전기적 고장이 피난용 엘리베이터의 운전에 영향을 주지 않아야 한다.

17.3.5.7 피난용 엘리베이터에 대한 우선 호출(피난호출)

피난용 엘리베이터의 호출(피난호출)은 17.3.5.1에 따른 '피난호출스위치'의 조작 또는 건축물의 방재시스템에서 발동하는 화재경보신호에 의해 수동 또는 자동으로 다음 각 호와 같이 시작되어야 한다.

가) 승강로 및 기계류 공간의 조명은 19.3.5.1에 따른 '피난호출스위치'가 조작되면 자동으로 점등되어야 한다.

나) 모든 승강장 호출 및 카 내의 등록버튼은 작동되지 않아야 하고, 미리 등록된 호출은 취소되어야 한다.

다) 문열림버튼 및 비상통화(16.3)버튼은 작동이 가능한 상태이어야 한다.

라) 그룹운전에서 피난용 엘리베이터는 다른 모든 엘리베이터와 독립적으로 기능되어야 한다.

마) 17.3.7에 따른 피난활동 통화시스템은 작동되어야 한다.

바) 카 조작반에 있는 시각적 표시기는 작동되어야 한다. 이 시각적 표시기는 엘리베이터가 정상작동으로 복귀될 때까지 작동상태가 유지되어야 한다.

사) '피난호출스위치' 조작 시 점검운전 제어, 정지장치, 전기적 비상운전 제어 또는 기타 유지관리 통제 조건하에 있을 때 즉시 카 및 관련 기계류 공간에 경보(가청신호)가 울려야 한다. 이 경보음 크기는 55dB에 설정하고 35dB와 65dB 사이에서 조정이 가능해야 한다. 경보음은 엘리베이터가 점검운전 제어, 정지장치, 전기적 비상운전 제어 또는 기타 유지관리 통제 조건이 해제될 때 멈추고, 자동으로 피난운전이 계속된다.

아) 승강장에 문을 열고 대기하고 있는 피난용 엘리베이터는 문을 닫고 피난층까지 멈추지 않고 이동되어야 한다. 경보음은 문이 닫힐 때까지 카 내에서 울려야 한다. 승강장문이 실제 열려 있는 시간이 15초를 초과하기 전에 문닫힘 안전장치는 무효화되고, 감소된 동력조건하에 닫히기 시작해야 한다.

자) 피난층과 반대방향으로 운행 중인 피난용 엘리베이터는 가장 가까운 승강장에 정상적으로 정지되고 문은 열리지 않고 피난층으로 복귀되어야 한다.

차) 피난층으로 운행 중인 피난용 엘리베이터는 정지하지 않고 피난층으로 운행되어야

한다. 피난용 엘리베이터가 중간의 다른 승강장으로 정지가 이미 시작되었다면 정상적으로 정지되고 문은 열리지 않고 피난층까지 계속 이동한다.

카) 피난층에 도착한 피난용 엘리베이터의 승강장문 및 카문은 열린 상태로 계속 유지되어야 한다.

17.3.5.8 통제자의 피난용 엘리베이터 운전(피난운전)

피난용 엘리베이터가 '피난호출' 조건하에 지정 피난층에 정지하고 출입문이 열린 상태로 대기되면 카 내 조작반에서만 통제자에 의한 '피난운전'이 시작되어야 하고, 다음 사항이 보장되어야 한다.

가) 카는 통제자가 제어할 수 있도록 카 내에서 '피난운전'으로 전환되어야 하며, 이 전환은 7.9.3에 따른 비상잠금해제 삼각열쇠(피난운전스위치)에 의해서 이루어져야 한다. 이 '피난운전스위치'는 '해제' 위치에서만 제거되어야 하며 7.9.3에서 규정된 비상잠금해제 삼각열쇠를 제외한 다른 유형의 키를 사용할 수 있다.

나) '피난호출'이 17.3.4.7에 따른 외부신호에 의해 시작된 경우 피난용 엘리베이터는 피난층에 위치한 '피난호출스위치' 및 카 내의 '피난운전스위치'가 조작(전환)되기 전까지 운행되지 않아야 한다.

다) 카 내의 '피난운전스위치'가 통제자에 의해 "피난" 위치로 전환되었을 때, 키스위치는 그 위치에 계속 유지되어야 하며, 해제는 오직 "해제" 위치에서만 가능해야 한다.

라) '피난운전' 중일 때 승강장 호출은 가능하지 않아야 하고 카 내 등록만 가능해야 한다.

마) 카 내에서 '피난운전'으로 전환되면 카 내, 승강장 위치표시기 및 종합 방재실에는 "피난운전 중" 표시가 명확히 나타나야 한다.

바) 피난안전구역 또는 해당 층에 도착하면 피난용 엘리베이터 이용자(장애인, 노인 및 임산부 등을 포함)에게 적절한 탑승시간을 제공할 수 있도록 출입문이 개방되어 있어야 한다.

사) 문열림버튼 및 과부하감지장치는 작동이 가능한 상태이어야 한다. 다만, 문닫힘안전장치는 무효화되어야 한다.

아) 바)에 따른 탑승시간이 종료되면 카의 부하가 정격하중의 100%에 이르지 않더라도 피난용 엘리베이터는 즉시 문을 닫고 피난층으로 복귀되어야 한다. 이때 대피신호를 받아 놓은 다른 층에 추가로 정지하는 것은 허용된다.

자) 카가 피난층에 도착하면 출입문이 열리고 약 15초 이상 열려있어야 한다.

차) 카가 지정된 피난층이 아닌 다른 층에 정지하고 있을 때 '피난운전스위치'가 "해제" 위치로 전환되면, 카는 즉시 문을 닫고 자동적으로 지정된 피난 층으로 복귀해야 한다.

카) 카가 지정된 피난층에 접근이 불가능하거나 어떤 이유로 정지할 수 없을 경우 지정된 피난층에서 가장 가까운 층 또는 미리 지정된 다른 층에 정상적으로 정지되어야 한다.

타) 주전원 또는 보조전원공급장치에 의해 초고층 건축물의 경우에는 2시간 이상, 준초고층 건축물의 경우에는 1시간 이상 '피난운전' 시킬 수 있어야 한다.

17.3.5.9 피난운행의 중지

피난용 엘리베이터가 어떤 이유로 운행이 중단되는 경우에는 승강장(피난안전구역)에서 대기하는 사람들에게 해당 상황을 알려주는 시각적 및 청각적 장치가 각 층 승강장에 제공되어야 한다.

청각적 장치는 음성신호장치이어야 하며, 소리는 35dB(A)과 80dB(A) 사이에서 조정이 가능해야 하고, 최초 설정은 75dB(A)로 해야 한다.

이 장치의 접근 및 조정은 기술자 또는 인가된 관리자만 가능하도록 해야 한다.

[비고] 피난용 엘리베이터의 운행이 중단된 경우에는 비상피난계단을 이용하도록 시각적 및 청각적으로 안내하는 것이 필요하다.

17.3.6 카 및 승강장 제어

17.3.6.1 카 및 승강장 제어 및 관련 제어시스템은 열, 연기 및 습기의 영향으로부터 잘못된 신호가 등록되지 않아야 한다. 지정된 피난층에는 카 위치표시기가 설치되어야 한다.

17.3.6.2 카 및 승강장의 버튼, 카 및 승강장의 표시기, 피난호출 및 피난운전 스위치는 IP X3 이상으로 보호되어야 한다.

지정 피난층 이외의 다른 승강장 조작반 및 승강장 위치표시기는 피난호출 및 피난운전 스위치 작동 시 전기적으로 분리되지 않으면 IP X3 이상의 등급으로 보호되어야 한다.

17.3.7 피난활동 통화시스템

17.3.7.1 피난용 엘리베이터에는 피난호출 및 피난운전 중일 때 카와 종합 방재실 및 기계실 사이의 양방향 음성통화를 위한 내부통화시스템 또는 이와 유사한 장치가 있어야 한다.

기계실에 있는 통화장치는 조작버튼을 눌러야만 작동되는 마이크로폰이어야 한다.

17.3.7.2 피난용 엘리베이터 카와 종합방재실에 있는 통화장치는 마이크로 폰 및 스피커가 내장되어 있어야 하고, 전화 송·수화기로 되어서는 안 된다.

17.3.7.3 통신시스템의 배선은 엘리베이터 승강로에 설치되어야 한다.

17.3.8 사용자를 위한 정보

피난용 엘리베이터의 제조업자 또는 설치업자는 최소한 다음 사항을 포함한 사용설명서 또는 매뉴얼을 승강기 관리주체에게 제공해야 한다.

가) 피난용 엘리베이터를 조작하는 통제자의 필요성

나) 피난용 엘리베이터를 조작하는 통제자를 위한 조작방법·절차 등의 매뉴얼 및 주의사항

다) 피난용 엘리베이터의 제어시스템과 부품의 고장 시 조치사항 및 점검주기

라) 카 내 및 승강장 비상통화장치 조작요령

마) 카 내 갇힘 시 구출 및 탈출 절차

바) 피난용 엘리베이터를 조작하는 통제자를 위한 훈련의 필요성

Chapter

04

ELEVATOR BASIC TECHNOLOGY

엘리베이터의 안전장치

엘리베이터의 안전장치

엘리베이터는 사람이 탑승하여 수직으로 오르내리므로 여러 가지 위험요소가 있을 수 있다. 이러한 위험요소를 모두 차단하는 안전장치와 안전기능을 여러 가지 갖추고 있어 안심하고 이용할 수 있는 교통설비가 엘리베이터이다. 이 장에서는 Hard ware를 갖춘 안전장치들에 대해 알아보고, 여러 가지 정보를 통하여 안전이 문제가 있을 때 제어를 통해서 브레이크 등을 작동하는 안전기능에 대해서는 'Ch05. 中 시스템 안전기능'에서 다루기로 한다.

01 | 메인 브레이크[68]

엘리베이터에서 가장 중요한 안전장치 중의 하나가 메인 브레이크이다. 메인 브레이크는 주로 권상기의 구동 전동기축에 연결되어 전동기의 회전을 가능하도록 개방하고, 전동기의 멈춤을 유지시키거나 관성에 의한 움직임을 감속 정지시키는 제동을 한다.

엘리베이터의 카는 균형추와의 부하편차 때문에 제동력이 없으면 정지 시 위치를 유지할 수가 없고, 엘리베이터가 움직이지 않을 때에는 항상 정지해 있어야 한다. 그러므로 브레이크의 제동상태에서 제동력은 전기나 다른 인위적인 에너지가 아닌 기계적으로 제동하여야 한다. 개방 시의 개방력은 주로 전기에 의한 전자석의 자력이다(Ch03. 中 제동기 참조).

02 | 과속검출기(car over speed governor)

엘리베이터의 움직이는 속도는 운전제어부에 의하여 항상 감시되고 있으며, 만약 엘리베이터의 운전속도가 정격속도를 넘어 과속이 되면 운전제어부에서 검출하여 운전을 멈추게 된다. 이러한 안전기능은 전기적인 속도검출센서에서 속도정보를 운전제어부에 입력시키고 이에 대한 과속 여부를 μ-Processor에서 판단하여 정지지령을 보내고 이 지령으로 모터와 브레이크를 통하여 정지시킨다.

---

68) 자세한 내용은 'Ch03. 中 제동기'를 참조한다.

이러한 과속운전의 검출과 조치는 전원과 제어가 정상적인 경우에 유효하다. 만약 제어장치나 전원에 문제가 생기면 카의 과속에 대한 검출 또는 정지 조치를 할 수 없게 된다. 따라서, 제어장치와 전기전원과는 무관하게 카의 과속을 기계적으로 검출하고 카를 기계적으로 비상정지시킬 수 있는 기계적인 안전장치가 필요하다. 이러한 기계적인 검출장치가 과속검출기이다.

1 과속검출기의 기능

과속검출기는 카의 추락을 방지하는 마지막 기계적인 안전장치인 추락방지기를 작동시키는 장치로서, 기계적으로 정해진 과속을 검출하는 장치이다.

(1) 과속검출

과속검출기는 카와 같은 속도로 움직이는 과속검출기로프에 의해 과속검출기 도르래가 회전되어 카의 속도가 정해진 속도를 초과하는지 여부를 전기·제어와 무관하게 기계적인 동작으로 항상 감시하고 있다.

카속도를 시브의 회전속도로 바꾸어 여기서 발생하는 원심력에 의한 진자의 벌어지는 거리로 과속을 검출한다. 과속검출은 속도에 따른 진자의 벌어지는 거리에 따라 1차 검출과 2차 검출이 있다.

(2) 전원차단

카의 과속이 검출되면 1차 동작으로 전동기와 브레이크의 전원을 차단하는 전기적 차단장치(과속검출기 과속검출 스위치)가 작동하여 전동기와 브레이크의 전원을 차단하여 전동기의 회전력을 없애고, 관성에 의한 회전을 브레이크가 제동하여 카를 멈추게 한다.

(3) 로프캐처와 추락방지기 작동

이러한 전기적인 비상정지동작에도 불구하고 카의 하강속도가 계속 증가하면 과속검출기의 진자는 원심력에 의한 회전반경이 커져 캐치 트리거를 움직이는 2차 검출을 한다. 2차 검출로 과속검출기 시브에 걸려 돌아가는 안전로프를 로프캐처가 붙잡아 멈추게 하고 이 로프에 연결되어 카를 멈추게 하는 추락방지기를 작동시키게 된다.

따라서, 엘리베이터의 제어와 전기에 이상이 발생되어도 추락방지기의 기능은 보장되어야 하므로 과속검출기는 반드시 기계적으로 과속을 검출하고, 추락방지기와 직접 연결되어 추락방지기가 카를 레일에 붙잡아 정지시키는 구조로 되어 있다. 이러한 일련의 동작은 기계적으로 이루어지나 추가적으로 작동상태를 검출하는 전기적인 검출장치가 연결되어 있다.

2 과속검출기의 구성

과속검출기는 과속검출기 본체와 카와 연결되어 카의 속도를 전달하는 로프, 이 로프의 흔들림을 방지하는 인장기 및 정지력을 전달하는 인상봉으로 구성된다. [그림 4-1]은 과속검출기의 구성을 나타낸다.

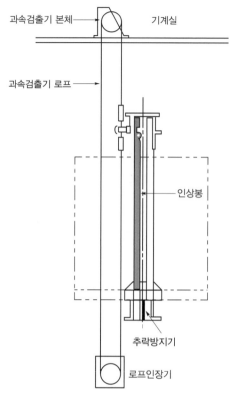

과속검출기 본체 ── 기계실

과속검출기 로프 ──

인상봉

추락방지기

로프인장기

┃ 그림 4-1 과속검출기의 구성 ┃

① **과속검출기 본체** : 일반적으로 과속검출기의 본체를 그냥 과속검출기라고 한다.

② **과속검출기 로프** : 과속검출기 로프는 과속검출기 본체의 시브에 걸려 카와 직접 연결되어 카의 속도를 그대로 과속검출기 시브로 전달하여 카의 속도를 정확하게 검출할 수 있게 되어 있다. 또한, 이 로프는 카에 장착된 추락방지기의 인상봉(engage rod)에 정해진 과속이 검출되면 추락방지기를 동작시키는 정지력이 전달되는 경로가 된다.

과속검출기 로프는 카에 고정되고, 위로는 기계실의 과속검출기 시브에 걸쳐지며, 방향을 바꿔서 아래로 피트까지 내려와 인장기의 시브를 거쳐 다시 카의 원점에 고정되는 루프(loop)를 구성한다.

③ **인상봉(engage rod)** : 인상봉은 과속검출기 로프와 연결되고, 추락방지기의 레버에 연결되어 정지력을 전달하는 연결구이다.

④ **과속검출기 로프인장기(governor rope tension sheave)** : 과속검출기의 로프가 카의 이동에 따라 흔들림이 발생하여 타 기기와 간섭으로 인한 시스템의 고장과 부품의 파손 우려가 있으므로 이를 방지하기 위해 로프를 팽팽히 당겨 간섭을 배제하는 역할을 한다. 로프의 최하단인 피트에 설치된다.

Chapter 01
Chapter 02
Chapter 03
Chapter 04
Chapter 05
Chapter 06
Chapter 07
Chapter 08

📝 **참고**

과속조절기

- 법적 명칭 : 과속조절기
- 통상명칭 : 조속기(調速機, 일본, 한국), 한속기(限速機, 중국)

이 장치는 단지 기계적으로 설정된 과속을 검출하여 엘리베이터의 카를 더 이상 움직이지 못하게 하는 안전장치이므로 '과속검출기'로 칭한다.

과속조절기란 용어는 과거 기계적인 피드백장치로 엔진의 회전속도 등을 조절하는 장치로 사용하였다. 따라서, 과속조절기란 용어는 엘리베이터 부품용어로는 어울리지 않는다.

다음 그림에 기계용어에서 속도를 조절하는 기능이 있는 조속기에 대하여 설명하고 있다.

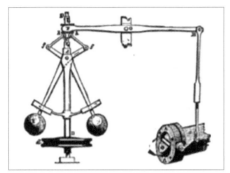

원심조속기라고 하는 장치로 원심력을 이용하여 엔진의 회전을 조절하였다.

원심조속기는 연료의 양(또는 작동유체)을 조절함으로써 엔진의 속도를 제어하는 피드백 시스템을 말하며 비례제어의 원리를 이용한다.

실린더에서 증기의 주입을 조절하며 증기기관을 제어한다. 제임스 와트가 1788년에 발명했고 보편적인 사용은 19세기에 이루어졌다.

내연기관과 다양한 연료를 공급받는 터빈, 일부 현대식 타종시계에서도 사용한다.

▌그림 4-2 원심조속기 ▌

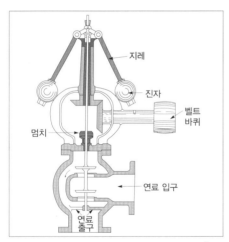

지레

진자

벨트바퀴

멈치

연료 입구

연료출구

동력은 하부 벨트바퀴에 연결된 벨트 또는 체인에 의해 엔진의 출력축으로부터 조속기에 공급된다. 조속기는 작동유체(증기)의 흐름을 공급하는 동력원을 조절하는 스로틀 밸브에 연결된다. 원동기의 속도가 올라감에 따라, 조속기의 중심회전축이 더 빠른 속도로 회전하고 공의 운동에너지가 증가한다. 이것은 지레에 있는 2개의 질량이 중력에서 바깥쪽으로 움직일 수 있다.

기계식 멈치를 사용하여 스로틀동작의 범위를 제한할 수 있다.

▌그림 4-3 조속기 ▌

3 과속검출기의 종류

과속검출기의 종류는 [표 4-1]과 같이 그 형태에 따라 디스크형, 플라이볼형 및 펜들럼형의 세 가지로 구분하고, 로프캐처방식에 따라 추형, 슈형 및 마찰형으로 구분한다. 플라이볼형은 추형 캐처, 펜들럼형은 마찰형 캐처를 적용하고 디스크형은 3가지의 로프캐처방식을 가지고 있다.

▌표 4-1 과속검출기의 종류 ▌

형태	로프캐처 (rope catcher)	시브래칫 (ratchet)	비고
디스크(disk)	추형(weight type)	무	중저속
	슈형(shoe type)	유	
	마찰형(friction type)	유	저속
플라이볼(fly ball)	추형(weight type)	무	고속
펜들럼(pendulum)	마찰형(friction type)	유	저속

(1) 디스크 과속검출기(disk governor)

디스크형 과속검출기는 카와 연결된 과속검출기 로프를 수직의 도르래에 걸어 카의 초과속도를 검출하는 것으로, 도르래의 회전속도에 따른 원심력의 변화로 진자(振子)[69]가 움직이고 이 진자가 1차 과속검출 스위치를 작동시켜 카를 정지시키는 방식이다. 수직 도르래이므로 진자의 위치에 중력과의 합성력이 달라서 정밀도가 다소 떨어진다.

디스크형 과속검출기에는 과속검출기 로프의 캐치방법에 따라 추형(錘, weight type), 슈형 (shoe type) 및 마찰형(friction type)이 있다.

[그림 4-4]의 추형은 속도증가로 진자가 캐치트리거를 치고 무거운 추가 중력에 의해 아래로 떨어지면서 캐처블록과 맞물려 로프를 잡는 방식이고, [그림 4-5]와 같이 슈형은 속도증가로 진자에 의하여 래칫(ratchet) 키를 쳐서 래칫과 도르래를 멈추고 슈가 도르래홈 사이의 로프를 압착하여 로프를 붙잡아 추락방지기를 작동시키는 방식이며, 마찰형은 속도증가에 따라 래칫키에 의하여 래칫과 도르래를 멈추고 도르래와 로프의 마찰력으로 로프를 정지시키는 방식이다.

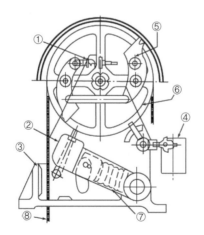

번호	명칭
①	조정용 스프링
②	캐치
③	캐치슈
④	과속스위치
⑤	진자
⑥	조속기 도르래
⑦	압축용 스프링
⑧	조속기 로프

▌그림 4-4 디스크추형 과속검출기 ▌

---

69) 진자(振子) : 중력의 영향하에서 전후로 자유롭게 흔들릴 수 있도록 한 점에 고정된 상태로 매달려 있는 물체로, 그림에서의 플라이 웨이터나 플라이 볼이 해당된다.

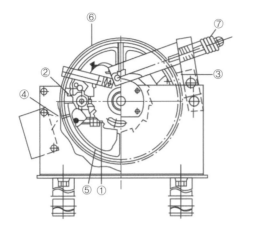

번호	명칭
①	조정용 스프링
②	캐치
③	캐치슈
④	과속스위치
⑤	진자
⑥	조속기 도르래
⑦	압축용 스프링

▎그림 4-5 디스크슈형 과속검출기 ▎

(2) 플라이볼 과속검출기(fly-ball governor)

[그림 4-6]의 플라이볼 과속검출기는 과속검출기 로프에 의해 수직회전하는 도르래의 회전을 베벨기어에 의해 수직축의 수평회전으로 변환하고, 이 축의 상부에서부터 링크(link) 기구에 의해 매달린 구형(球形)의 진자에 작용하는 원심력으로 과속을 검출하여 작동하는 과속검출기이다. 로프캐처는 대부분 추형(weight type)을 적용한다.

플라이볼형 과속검출기는 구조가 복잡하지만 검출정밀도가 높으므로 고속 엘리베이터에 많이 이용된다.

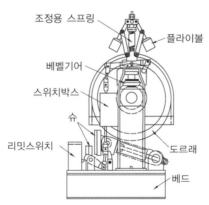

▎그림 4-6 플라이볼 과속검출기 ▎

(3) 펜들럼 과속검출기(pendulum governor)[70]

펜들럼형 과속검출기는 저속의 엘리베이터에 주로 적용되며 원심력이 아닌 속도에 따른 진자의 흔들림이 크게 되어 기어를 물어 시브를 정지하는 형태의 과속검출기이다. 진자와 캠이 부딪히면서 진자의 흔들림폭이 달라져서 작동하는 구조이므로 중·고속에서는 적용이 힘들다.

---

70) 유럽에서는 Friction governor로도 불린다.

243

로프캐처는 주로 마찰형으로 구성된다. 마찰형 로프캣치를 적용하므로 마찰형 과속검출기 (friction governor)로 불리기도 한다. [그림 4-7]이 펜들럼 과속검출기의 형태이다.

▌그림 4-7 펜들럼 과속검출기 ▌

• ⚖ 관련**법령**

《승강기안전부품 및 승강기의 안전인증에 관한 운영규정(행정안전부고시 제2020-76호, 2020. 12. 31., 일부 개정)》

제3조(승강기안전부품의 모델 구분기준의 세부사항) 「승강기 안전관리법 시행규칙」(이하 "규칙"이라 한다) [별표 4] 제1호에 따른 승강기안전부품의 모델 구분기준의 세부사항은 [별표 1]과 같다.

❑ 운영규정 [별표 1]

▌승강기안전부품의 모델 구분기준 세부사항(제3조 관련) ▌

1. 엘리베이터 또는 휠체어리프트를 구성하는 승강기안전부품

종류	모델 구분기준	세부사항
나. 과속조절기	1) 종류	가) 디스크방식 나) 플라이볼방식 다) 마찰정지방식 라) 기타
	2) 정격속도	가) 1.0m/s 이하인 것 나) 1.0m/s 초과 4.0m/s 이하인 것 다) 4.0m/s 초과 6.0m/s 이하인 것 라) 기타

▌4▐ 과속검출기의 작동

(1) 과속검출기의 동작속도

과속검출기는 엘리베이터 카가 정격속도에서 벗어나 사고의 위험이 있는 과속도에서 1차 동작과 2차 동작이 있다.

1차 동작은 미리 정해진 과속도에 도달하면 1차적으로 구동모터와 브레이크의 전기적인 회로를 차단하여 메인 브레이크로 카를 제동한다. 2차 동작은 1차 동작에도 불구하고, 카의 속도가 더 증가하면서 하강하여 두 번째 정해진 과속도에 도달하면 2차로 과속검출기 로프를 잡아 더 이상 로프가 카를 따라 내려가지 않게 되어 주로 카 하부에 설치되어 있는 기계적인 추락방지기를 작동시켜 카를 가이드레일에 붙잡아 정지시킨다. 또한, 추락방지기가 작동하게 되면 리밋스위치를 통하여 추락방지기의 작동을 검출하여 제어반에 신호를 전달한다.

┃ 표 4-2 과속검출기 1차 동작(과속스위치 동작) 과정 ┃

동작	설명
카의 과속	구동장치 등의 이상으로 카가 정격속도 이상으로 과속하여 상승 또는 하강함
로프의 이동속도 증가	카에 연결된 과속검출기의 로프이동속도가 증가하게 됨
시브의 회전속도 증가	과속검출기 시브에 걸려 있는 로프의 이동속도가 증가함에 따라 시브의 회전속도가 증가함
진자의 원심력 증가	시브의 회전속도가 증가하면 과속검출기의 진자에 미치는 원심력이 증가함
진자의 회전궤도 증가	원심력이 커지면서 과속검출기 진자의 회전궤도가 커짐
과속스위치 작동	과속검출기 진자의 회전궤도가 커지면서 과속스위치의 레버를 때려 스위치가 작동됨
전원회로 차단	과속스위치가 안전릴레이를 OFF하면서 전동기와 브레이크의 전원공급 Contactor가 차단됨
브레이크 제동	메인 브레이크의 전원이 차단되어 브레이크가 잡히고 제동이 걸림
카 정지	메인 브레이크가 충분한 제동력을 가지면 카가 정지됨

통상적으로 1차 동작은 정격속도의 130% 이내, 2차 동작은 140% 이내로 하고, 1차 동작이 반드시 2차 동작에 선행되어야 한다.

정격속도가 낮은 엘리베이터의 과속검출기 중에서는 1차와 2차 구분 없이 과속을 동시에 검출하여 도르래의 회전을 정지시켜 로프를 잡아 추락방지기를 작동시키기도 한다.

최근에는 속도제어기술이 뛰어나게 발전되어 상황에 따른 속도편차가 거의 없는 정밀한 제어를 하게 되면서 속도변화에 의한 추락방지기의 오동작이 거의 없으므로 검출할 과속도의 설정값이 낮아지고 있다. 특히 초고속 엘리베이터인 경우에 정격속도에 대한 비율이 낮지만 정격속도에 비해서 수십m/min이 빨라진다는 것은 상당한 위험의 소지가 있기 때문에 정격속도의 5% 내외에서 과속을 검출하고 1차와 2차의 순차적인 안전동작을 시키고 있다.

(2) 과속검출기-추락방지기의 작동체계

과속검출기가 과속을 검출하고 과속검출기와 연결된 추락방지기를 작동시키는 체계는 다음과 같다.

① 1차 동작 : 과속 시 1차 동작은 카가 하강하면서 하강속도가 증가하여 정해진 속도를 초과하는 경우의 동작으로 그 동작절차는 아래와 같다.

> 카의 과속 → 과속검출기 시브의 회전속도 증가 → 과속검출기 진자의 원심력 증가 → 진자의 회전궤도 증가 → 과속스위치 작동 → 전동기, 브레이크 전원차단 → 브레이크 제동 → 카 정지

② 2차 동작 : 과속 시 2차 동작 – 1차 동작 후 정지하지 않고 하강속도가 증가하는 경우의 동작으로 그 절차는 아래와 같다.

> 카의 과속 증가 → 과속검출기 시브의 회전속도 증가 → 과속검출기 진자의 원심력 증가 → 진자의 회전궤도 증가 → 캐치트리거 작동 → (시브래칫-시브회전정지) → 로프캐처 → 로프 이동정지 → 카 인상봉(당김로드) 정지 → 비상정지링크 동작 → 비상정지액츄에이터 작동 → 레일캐치 → 카 정지

⚖ 관련**법령**

〈안전기준 별표 22〉

10.2.2.1 과속조절기에 의한 작동

10.2.2.1.1 일반사항

과속조절기에 의한 작동은 다음과 같아야 한다.

가) 추락방지안전장치의 작동을 위한 과속조절기는 정격속도의 115% 이상의 속도 및 다음 구분에 따른 어느 하나에 해당하는 속도 미만에서 작동되어야 한다.

1) 캡티브 롤러형을 제외한 즉시 작동형 추락방지안전장치 : 0.8m/s

2) 캡티브 롤러형[71]의 추락방지안전장치 : 1m/s

3) 정격속도 1m/s 이하에 사용되는 점차 작동형 추락방지안전장치 : 1.5m/s

4) 정격속도 1m/s 초과에 사용되는 점차 작동형 추락방지안전장치

$$: 1.25 \cdot V + \frac{0.25}{V} \,[\text{m/s}]$$

정격속도가 1m/s를 초과하는 엘리베이터에 대해 4)에서 요구된 값에 가능한 가까운 작동속도의 선택이 추천된다.[72]

낮은 정격속도의 엘리베이터에 대해 가)에서 요구된 값에 가능한 낮은 작동속도의 선택이 추천된다.

---

71) Captive roller type safety gear는 롤러가 레버에 고정되어 있다.

72) 이 기준은 종전의 속도제어기술이 미흡하여 속도편차가 클 수 있으므로 속도편차에 의한 오동작을 우려한 부분이며, 고속과 초고속의 경우에는 정격속도의 25% 초과는 큰 위험을 초래할 수 있다.

10.2.2.1.6 전기적 확인

가) 과속조절기 또는 다른 장치는 15.2의 적합한 전기안전장치에 의해 상승 또는 하강하는 카의 속도가 과속조절기의 추락방지안전장치 작동속도에 도달하기 전에 구동기의 정지를 시작해야 한다. 다만, 정격속도가 1m/s 이하인 경우 이 장치는 늦어도 과속조절기의 추락방지안전장치 작동속도에 도달하는 순간에 작동될 수 있다.

 참고

1. Captive roller type safety gear

[그림 4-8]과 같이 Captive roller type safety gear는 잠금쇠인 롤러가 레버에 고정되어 레버의 상승에 따라 롤러가 작동하여 정지한다.

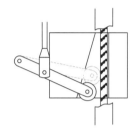

▌그림 4-8 Captive roller type safety gear ▌

2. 과속검출기 동작속도

과속검출기의 2차 동작은 추락방지기를 작동하는 동작이므로 이 동작속도가 다소 차이가 있지만 추락방지기의 동작속도라고 볼 수 있다.

① 과속검출기 동작 최소값을 115%로 하는 문제

종전의 엘리베이터 속도제어기술이 그다지 좋지 않을 때에는 상승, 하강, 적재부하 등에 따라서 속도편차가 심하게 발생하였으므로 과속검출기의 동작속도가 정밀하게 조정이 힘들기 때문에 과속검출기가 오동작할 우려가 크므로 여유를 준 것이다.

일본기준에서 45m/min 이하용은 1.4배로 63m/min 이내에 동작해야 하나 동작속도가 68m/min으로 완화된 규정도 동일한 이유이다.

초고속 엘리베이터에서 15% 초과한 속도는 이미 문제가 발생하여 사고상태라고 볼 수있다. 예를 들어 1,200m/min 엘리베이터의 과속검출기와 추락방지기가 동작하려면 정격속도에서 180m/min을 초과하여야 한다. 이 상황은 이미 너무 위험한 상황이 된 것이다. 제조사에서는 동작속도를 약 105% 내외로 설정하고 있다.

현재의 엘리베이터 속도제어기술은 상승, 하강, 적재부하의 변화 등의 여러 조건의 변화에도 불구하고 속도편차는 ±5%를 넘지 않는다.

※ 동작의 최소 속도기준은 현 엘리베이터 수준에 맞지 않으며, 이 최소 속도기준은 불필요하다.

② 60m/min를 초과하는 엘리베이터 동작속도의 기준은 $1.25 \cdot V + \dfrac{0.25}{V}$ 에 가깝게 설정하기를 권장하는 문제

이는 고속·초고속 엘리베이터에서 125%를 넘어서 동작하라는 것은 사고난 뒤에 추락방지장치가 동작하게 하라는 이야기이다. 안전기준은 기술의 발전과 병행하여야 안전하다.

█ 5 과속검출기 로프 및 시브

과속검출기는 과속검출기용도로 설계된 와이어로프에 의해 구동된다. 과속검출기 로프는 엘리베이터의 주로프가 파단되어 카가 급강하하는 경우 카를 멈추게 하는 안전로프로서의 역할을 하여야 하므로 쉽게 파단되어서는 안 된다. 로프의 굵기는 주로 6ϕ를 사용한다.

또한, 과속검출기 로프가 카의 움직임을 그대로 따라가기 때문에 기계실에서 승강로 최하부의 피트까지 왕복하게 구성되어 있어 흔들리거나 출렁거려 카나 다른 장치에 간섭을 받거나 간섭이 될 수 있으므로 인장장치를 사용하여 항상 팽팽하게 유지되도록 하여야 한다.

● ⚖ **관련법령**

〈안전기준 별표 22〉

10.2.2.1.3 과속조절기 로프

과속조절기 로프는 다음과 같은 조건을 모두 만족해야 한다.

가) 과속조절기 로프는 KS D 3514 또는 ISO 4344에 적합해야 한다.

나) 과속조절기 로프의 최소 파단하중은 권상형식 과속조절기의 마찰계수 μ_{max} 0.2를 고려하여 과속조절기가 작동될 때 로프에 발생하는 인장력에 8 이상의 안전율을 가져야 한다.

다) 과속조절기의 도르래 피치직경과 과속조절기 로프의 공칭직경 사이의 비는 30 이상 이어야 한다.

라) 과속조절기 로프는 인장풀리에 의해 인장되어야 한다. 이 풀리(또는 인장추)는 안내 되어야 한다. 과속조절기의 작동값이 인장장치의 움직임에 영향을 받지 않는다면 인장장치의 일부가 될 수 있다.

마) 과속조절기 로프 및 관련 부속부품은 추락방지안전장치가 작동하는 동안 제동거리 가 정상적일 때보다 더 길더라도 손상되지 않아야 한다.

바) 과속조절기 로프는 추락방지안전장치로부터 쉽게 분리될 수 있어야 한다.

사) 과속조절기 로프의 마모 및 파손상태는 부속서 Ⅳ에 따른다.

█ 6 과속검출기 로프인장기(governor rope tensioner)

과속검출기의 로프는 카의 움직임을 그대로 따라야 하므로 카에 고정되어 카의 운전대로 움직인다. 그리고 카의 스트로크를 그대로 따르기 때문에 로프는 전 행정을 움직일 수 있도록 승강로의 최하부 피트까지 이어져야 한다. 이때 늘어진 과속검출기 로프가 카와 카운터의 이동에 영향을 미쳐서는 안 된다. 로프가 팽팽하여 고정된 행로로 움직이면 카와 카운터에 간섭을 하거나 받지 않는다.

그래서 과속검출기 로프는 항상 팽팽한 상태에서 상하로 움직여야 한다. 이렇게 팽팽하게 유지하기 위해서는 아래부분의 반환점에서 움직임을 방해하지 않는 무게로 당겨야 한다. 이 장치가 과속검출기 로프인장기(governor rope tension sheave)이다. 이 장치는 [그림 4-9]와 같이 시브, 무게추, 이완검출스위치로 구성되어 있다.

로프　시브

검출스위치　무게추

■그림 4-9 과속검출기 로프인장기 ■

03 추락방지기(crash protect device)[73]

엘리베이터에서 주로프의 절단 또는 기타의 원인으로 카가 정격속도를 초과하여 급강하 시이를 과속검출기가 검출하고 과속검출기의 캐처에 의해 작동되어 기계적으로 카를 정지시키는 장치이다.

이 장치는 엘리베이터 카의 추락을 막는 최후의 보루이므로 전원에 문제가 생겼을 때에도 안전동작은 정확하게 해야 할 필요가 있으므로 전기적인 동작이 아닌 기계적인 동작을 해야 한다.

1 추락방지기의 구조와 기능

추락방지기의 기능은 카의 자유낙하방지, 카의 하강방향 과속방지, 하강방향 개문출발방지 등이 있다.

추락방지기의 기본적인 구조는 [그림 4-10]처럼 쇄기나 롤러형태의 멈춤쇠(actuator), 이 멈춤쇠를 당기는 인상봉(engage rod), 정지력을 일정하게 하는 탄력기(flexible guide), 장치의 기초가 되는 몸체(device body), 양쪽의 동작을 동일하게 연결하는 링크 및 동작검출 스위치가 있다. 스위치는 주로 작동 Lever나 링크측에 부착되어 있다. 링크구조는 [그림 4-11]과 같다.

---

73) 현재 일반적으로 '비상정지장치(safety device)'로 통용되고 있다. 그러나 명칭이 너무 광범위하고 모호하므로 이 기능에 적합한 명칭으로 개선하는 것이 필요하다. 이 장치의 기능을 적확하게 표현하는 명칭을 '추락방지기(crash protect device)'로 제안한다. 유럽에서는 Safety gear라고 부른다.

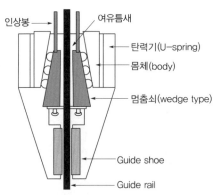

▌그림 4-10 추락방지기의 기본구조 ▌

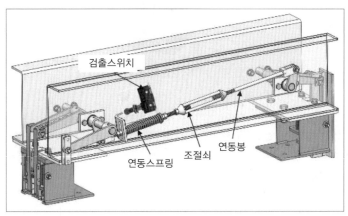

▌그림 4-11 추락방지기의 연동링크구조 ▌

추락방지기는 하강방향으로 작동하며, 과속검출기의 작동속도 또는 로프가 파손될 경우 가이드 레일을 잡아 카를 붙들어 매는 방법으로 정격하중을 적재한 카를 정지시킬 수 있다. 그리고 상승방향으로 작동하는 기능이 추가된 추락방지기가 사용될 때도 있다.

① **몸체(body)** : 몸체는 추락방지기를 이루는 기본구조로 여러 가지 형태가 있다. Block이라고도 한다.

② **인상봉(engage rod)** : 인상봉은 과속검출기 로프와 추락방지기를 연결하여 정지력을 전달한다. 주로 링크에 연결되어 카가 하강하는 도중에 과속검출기의 로프캐처가 로프를 정지시키면 인상봉은 카에서 상대적으로 보면 위로 당겨지는 형상이 되므로 인상봉이라 한다.

③ **멈춤쇠(actuator)** : 멈춤쇠는 몸체와 레일 사이에 끼워져 카를 멈추게 하는 역할을 한다. 주로 사용하는 형태는 쐐기(wedge)형이나, 저속 엘리베이터에서는 롤러형이나 캠형을 사용하기도 한다. 멈춤쇠의 형태에 따라 종류가 나누어진다.

④ **탄력기(flexible device)** : 즉시작동형은 탄력기가 없다. 점차작동형은 탄력기에 의하여 일정구간 감속에 의하여 정지한다. 탄력기는 U형 스프링, 코일스프링, 접시스프링을 주로 적용한다.

⑤ **연동링크(tandem link)** : 추락방지기가 작동하고 카가 정지한 후에 카의 바닥이 심하게 기울어지거나 카의 프레임이 일그러지지 않는 상태가 되어야 하므로 추락방지기는 반드시 카의 좌우 양측에 설치되어야 하고 또한, 양측의 추락방지기가 동일한 순간에 동작하여야 한다. 이러한 동작을 만족시키기 위해서는 [그림 4-11]과 같이 인상봉으로 받은 작동력을 링크에 의하여 양측의 추락방지기에 동시에 전달하여야 하는 연동링크(tandem link) 구조가 되어야 한다.

⑥ **검출스위치** : 추락방지기가 동작된 것을 검출하여 제어부에 전달하게 되면 제어부에서는 더 이상의 운전은 불능으로 만들게 된다. 검출스위치는 주로 플런저형 리밋스위치를 사용하고, 동작을 검출하는 스위치의 접점은 B접점을 연결하여 신호전선의 Fail에도 운전불능으로 처리하게 한다.

▒2 멈춤쇠(actuator) 형태별 추락방지기의 종류

추락방지기의 멈춤쇠(actuator)는 롤러형과 쐐기형 및 캠이 대부분이다. 롤러형과 캠형은 저속 엘리베이터의 즉시작동형에 주로 적용된다.

① **쐐기형(wedge type safety device)** : 레일에 카를 잡는 정지동작이 레일과 추락방지기 블록 사이에 있는 쐐기형의 작동쇠에 의하여 이루어지며, 장치 외곽을 둘러싼 U형 스프링의 탄성력에 의하여 점차작동식으로 사용한다. [그림 4-12]에 쐐기형의 구조를 나타낸다.

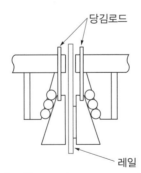

┃ 그림 4-12 Wedge type ┃

② **롤러형(roller type safety device)** : 레일에 카를 잡는 정지동작이 디바이스 블록과 레일 사이에 있는 롤러형의 작동쇠(actuator)에 의하여 이루어지며, 장치 외곽은 고정블록으로 이루어져 주로 저속 엘리베이터에서 즉시작동식으로 사용한다. [그림 4-13]은 Roller type의 구조이다.

③ **캠형(cam type safety device)** : 레일을 잡는 작동쇠의 모양이 캠형태로 구성되어 있으며 회전동작점이 편심으로 되어 있어 Excentric type이라고도 한다. 주로 저속 엘리베이터의 즉시작동식으로 사용한다. [그림 4-14]가 Cam type safety device이다.

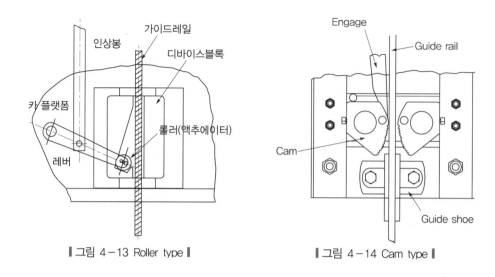

‖ 그림 4-13 Roller type ‖　　　　　　‖ 그림 4-14 Cam type ‖

3 작동방식별 추락방지기의 종류

(1) 즉시작동형(instantaneous type)[74]

　　작동 시 정지력이 급격히 작용하고 카 또는 균형추를 거의 순간적으로 정지시키므로 정격속도가 큰 엘리베이터에는 적용하기가 어려우며, 45m/min 이하인 화물용 엘리베이터 및 유압식 엘리베이터에서 많이 적용된다. 저속 엘리베이터에서는 순간적으로 추락방지기가 작동하여도 속도가 높지 않아 큰 충격을 받지 않으므로 정지력을 급격히 증가시키는 즉시 작동식 추락방지기를 적용하고 있다. 장치의 외부 물림쇠는 쇠로된 블록이고, 정지액추에이터는 롤러 또는 캠을 주로 사용하고 있으므로 탄성이나 미끄러짐이 없다. [그림 4-15]는 즉시작동형 추락방지기와 정지력 그래프로, 작동 즉시 정지력이 급격히 증가하여 멈춘다.

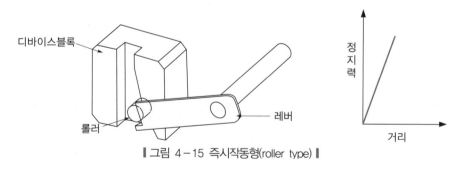

‖ 그림 4-15 즉시작동형(roller type) ‖

(2) 점차작동형(progressive type)[75]

　　카가 급격하게 하강하는 것을 순간적으로 정지시키면 승차하고 있는 승객이 충격으로 부상을 입을 우려가 있으므로 일반적으로 정지력을 일정하게 유지하여 어느 정도 서서히 감속하여 정지시

---

74) 순간식 추락방지기라고도 한다.
75) 점진식 추락방지기라고도 한다.

키는 방식을 점진식 추락방지기라고 한다. 점차작동형은 정지액추에이터 이외에 탄성을 가지는 탄력기로 U스프링, 접시스프링 또는 코일스프링 등의 플랙시블요소로 구성되어 있다.

[그림 4-16]은 점진식의 정지력곡선을 나타낸다.

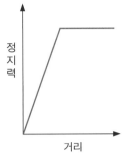

┃그림 4-16 점진식 정지력 ┃

(3) 점차작동형 추락방지기의 종류

점차작동형 추락방지기로 플렉시블 웨지 추락방지기(flexible wedge safety device)와 플렉시블 클램프 추락방지기(flexible clamp safety device)가 있다. 웨지형 추락방지기는 탄력기의 스프링형태에 따라 다음과 같이 나누어진다.

① U스프링 방식 : 추락방지기의 외부에 탄성력을 가진 U형 스프링구조의 외곽편으로 구성된 추락방지기로서, 비상정지 액추에이터가 동작하면 레일을 죄는 정지력이 처음 어느 정도 Wedge에 의하여 커지면서 작용하고, 이후에는 U형 스프링의 탄성력에 의하여 일정하게 되는 구조이다. 이 장치는 구조가 간단하고, 복귀가 용이하며, 공간을 작게 차지하므로 최근에는 대부분 이 방식을 적용하고 있다. 액추에이터는 주로 쐐기형을 적용하고 있다. [그림 4-17]은 U형 스프링방식의 예를 보여준다.

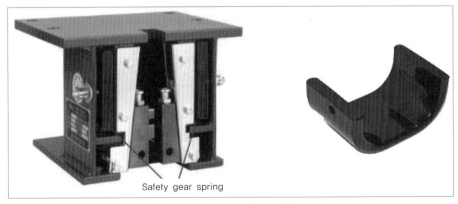

┃그림 4-17 U형 스프링 ┃

② **코일스프링 방식** : 추락방지기 외부에 강한 탄성력을 가진 코일스프링으로 플렉시블 성질을 부여하여, 어느 정도의 정지력이 부여되면 스프링의 탄성으로 감속하여 정지하는 방식이다. [그림 4-18]은 코일스프링 방식의 예를 나타낸다.

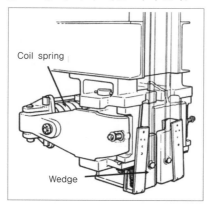

┃그림 4-18 코일스프링 방식┃

③ **접시스프링 방식** : 접시스프링 방식은 정지액추에이터인 Wedge 뒤편에 접시형 스프링을 여러 개 포개어 플렉시블성질을 가한 형태의 추락방지기이다. 구조가 간단하고 부피가 작아 현재 가장 널리 사용되고 있는 방식 중 하나이다. [그림 4-19]는 접시스프링 방식의 예를 보여준다.

┃그림 4-19 접시스프링 방식┃

④ **플렉시블 가이드 클램프 방식** : 플렉시블 가이드 클램프는 [그림 4-20]과 같이 추락방지기가 동작하면 레일을 죄는 힘이 웨지의 형상에 따라 처음에는 약하다가 카가 하강함에 따라 강해진다. 이후에는 스프링에 의하여 일정한 정지력이 지속되는 추락방지기로서 현재는 구조가 복잡하고, 효능도 바람직하지 않아 거의 적용하지 않는다.

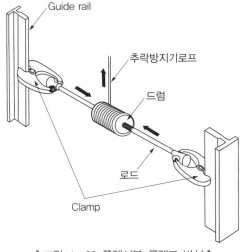

┃ 그림 4 – 20 플렉시블 클램프 방식 ┃

(4) 양방향 추락방지기(bidirectional safety device)

추락방지장치는 카의 하강방향 과속이나 추락에 대한 정지기능이나 이를 상하방향으로 모두 동작하도록 하여 카의 과속상승 혹은 카운터의 추락에 대해 방지하는 기능을 갖도록 하는 안전장치이다.

이는 추락 방지기능, 상승과속 방지기능, 개문이동 방지기능까지 겸하게 된다. 물론 이 양방향 추락 방지기능은 양방향 과속검출기와 연동되어야 한다.

[그림 4-21]에 양방향 추락방지기의 한 예를 보여준다.

┃ 그림 4 – 21 양방향 추락방지기(witturr) ┃

(5) 슬랙로프 세이프티(slake rope safety device)

즉시작동식 추락방지기의 일종으로, 소형과 저속의 엘리베이터의 경우 로프에 걸리는 장력이 없어져서 휘어짐이 생겼을 때 즉시 운전회로를 차단하고 비상정지장치를 작동시키는 것으로 과속검출기를 설치할 필요가 없는 방식이며 주로 유압식 화물용 엘리베이터에 사용된다.

[그림 4-22]는 구조의 모습이다.

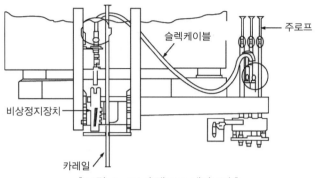

비상정지장치

카레일

슬렉케이블

주로프

▌그림 4-22 슬랙로프 세이프티 ▌

슬랙로프 세이프티 동작속도 V는 아래와 같다.

$$V = V_o + g \times t \,[\text{m/s}]$$

여기서, V_o : 정격속도[m/s]

g : 중력가속도[m/s^2]

t : 동작시간[s]

4 추락방지기의 적용

추락방지기는 속도가 큰 경우에 이 추락방지기가 순간적으로 작동되면 카 내 승객이 큰 충격을 받게 되므로 이를 방지하기 위하여 점진적으로 정지되는 점차작동형 추락방지기를 사용하고 있다. 그러나 속도가 낮은 저속 엘리베이터에서는 추락방지기가 즉시 작동하여도 그다지 충격이 크지 않다고 보아 즉시작동형을 사용하기도 한다.

추락방지기가 작동하면서 너무 과격한 정지로 인한 카 내 승객의 심각한 신체손상을 방지할 수 있는 가속도로 설계·설치되는 것이 바람직하다.

● ⚖️ 관련**법령**

〈안전기준 별표 22〉

10.2.1.2.1 카의 추락방지 안전장치는 점차작동형이 사용되어야 한다. 다만, 정격속도가 0.63m/s 이하인 경우에는 즉시작동형이 사용될 수 있다.

유압식 엘리베이터의 경우 과속조절기에 의해 작동되지 않는 캡티브 롤러(captive roller)형 이외의 즉시작동형 추락방지 안전장치는 럽처밸브의 작동속도 또는 유량제한기(또는 단방향 유량제한기)의 최대 속도가 0.8m/s 이하인 경우에만 사용되어야 한다.

10.2.1.2.2 카, 균형추 또는 평형추에 여러 개의 추락방지 안전장치가 있는 경우 그 추락방지 안전장치들은 점차작동형이어야 한다.

10.2.1.2.3 정격속도가 1m/s를 초과한 경우 균형추 또는 평형추의 추락방지 안전장치는 점차작동형이어야 한다. 다만, 정격속도가 1m/s 이하인 경우에는 즉시작동형일 수 있다.

5 추락방지기의 작동

추락방지기는 과속검출기의 2차 동작에 의하여 작동되어 카를 레일에 붙잡아 매달아 정지시킨다. [그림 4-1]과 [표 4-3]의 동작절차를 참고하면 그 동작순차는 다음과 같다.

과속검출기 2차 동작→ 로프캐처 → 로프이동 정지 → 카 인상봉(당김로드) 정지 → 추락방지기 링크 동작 → 추락방지기 액추에이터 작동 → 레일캐치 → 카 정지

추락방지기가 작동할 때 너무 급격히 정지하게 되면 카 내 승객의 신체에 큰 위해를 가할 우려가 있으므로 적절한 감속도를 가지고 멈추어야 하며, 멈추는 거리가 너무 길어서는 안 된다.

║ 표 4-3 과속검출기 2차 동작과 추락방지기의 동작 ║

동작	설명
카의 과속	전원차단에도 불구하고 카의 과속이 커지면서 하강함
로프의 이동속도 증가	카에 연결된 과속검출기의 로프이동속도가 더욱 증가함
시브의 회전속도 증가	과속검출기 시브에 걸려 있는 로프의 이동속도가 증가함에 따라 시브의 회전속도가 더욱 증가함
진자의 원심력 증가	시브의 회전속도가 증가하면 과속검출기의 진자에 미치는 원심력이 더욱 증가함
진자의 회전궤도 증가	원심력이 커지면서 과속검출기 진자의 회전궤도가 더욱 커짐
캐치트리거 작동	과속검출기 캐치를 작동시키는 트리거를 회전궤도가 커진 진자가 터치트리거됨
(시브의 회전정지)	슈타입의 디스크형과 펜들럼 과속검출기는 래칫(ratchet)에 의해 시브의 회전이 정지됨
로프캐치	카에 고정되어 있는 과속검출기 로프가 캐치됨(중력식, 슈식, 마찰식)
로프이동 정지	로프가 캐치되면 카의 하강에도 불구하고 과속검출기 로프는 이동이 불가능하게 됨(카가 하강하므로 상대적으로 로프는 상승)
카 인상봉 정지	과속검출기 로프에 연결되어 있는 인상봉이 카와 동일하게 하강하다가 정지(카가 계속 하강하므로 상대적으로 인상봉은 상승)
추락방지기 링크 작동	인상봉이 정지되면서 카 플랫폼 양쪽에 설치되어 있는 추락방지기를 동시에 작동하기 위한 링크를 작동시킴
멈춤쇠 작동	링크에 물려 있는 액추에이터(롤러, 쐐기)가 추락방지기 몸체와 레일 사이에 끼이기 시작함
레일캐치	추락방지기의 액추에이터가 상승하면서 완전히 끼이게 되면서 레일을 붙잡음
카 정지	추락방지기가 레일을 붙잡으면서 카는 정지함

〈안전기준 별표 22〉

10.2.1.3 감속도

정격하중을 적재한 카 또는 균형추·평형추가 자유낙하할 때 점차작동형 추락방지 안전장
치의 평균감속도는 $0.2g_n$에서 $1g_n$ 사이에 있어야 한다.

10.2.2.1.2 반응시간

위험속도에 도달하기 전에 과속조절기가 확실히 작동하기 위해, 과속조절기의 작동 지점
들 사이의 최대 거리는 과속조절기 로프의 움직임과 관련하여 250mm를 초과하지 않아
야 한다.

6 추락방지기의 작동거리와 흡수에너지

추락방지기가 동작하면 가이드레일에 충격력이 가해지고, 이 충격력을 레일이 흡수할 수 있도
록 레일의 강도를 가져야 한다. 흡수에너지는 추락방지기의 정지거리에 관계되어 있다.

추락방지기가 작동하는 동안 작동 시 발생되는 충격을 가이드레일이 흡수하여야 하는 흡수에
너지는 다음 식으로 구할 수 있다.

추락방지기의 흡수에너지 K는 다음과 같다.

$$K = W \times \left(\frac{V^2}{2g} + S \right) [\text{kg} \cdot \text{m}]$$

여기서, W : 추락방지기의 적용중량[kg]

V : 추락방지기의 동작속도[m/s]

S : 정지거리[m]

g : 중력가속도[m/s^2]

추락방지기가 작동하여 정지하는 거리는 다음 식으로 계산할 수 있다.

$$추락방지기\ 정지거리\ S = \frac{V^2}{2g} + S_1 + S_2 [\text{m}]$$

여기서, V : 추락방지기의 동작속도[m/s]

g : 중력가속도[m/s^2]

S_1 : Actuator 동작거리[m]

S_2 : Slip 거리[m]

참고

과속검출기 없는 추락방지기(self safety gear, ESG : Electric Safety Gear)

현재의 추락방지기는 동작하기 위하여 여러 가지 기계기구가 필요하다. 즉, 과속검출기, 과속검출기 로프, 과속검출기 로프인장기, 인상봉 등이다. 이러한 문제는 여러 가지 기구가 있어야 한다는 단점 뿐만 아니라 이들의 기계적인 연결로 인한 동작에 대한 신뢰성도 문제이다. 또한, 설치 및 유지관리에도 높은 비용이 요구된다. 그리고 위의 문제뿐만 아니라 이들을 설치해야 할 공간도 많이 요구된다. 이러한 것들이 요즘 Modernization 공사에 이슈로 떠오르고 있다.

이 전기기계 추락방지기(ESG : Electromechanical Safety Gear)는 엘리베이터의 제어반 외에 별도의 이동, 속도, 가속을 검출하는 센서의 정보를 이용하여 전자안전 분석기를 통하여 기계적인 추락방지기를 자석작동기로 동작시키는 구성이다. 물론 이 시스템은 기존의 제어반과 통신을 하여 정보를 송수신한다.

이 시스템은 정전 시에도 동작하여야 하므로 Back up power가 내장되어 있어 정전이나 엘리베이터 메인파워의 차단 시에도 정상동작이 가능하다.

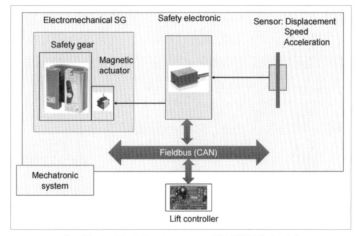

‖ 그림 4-23 Self safety gear 시스템구성(wittur) ‖

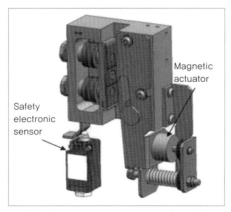

‖ 그림 4-24 Safety gear unit(wittur) ‖

센서에서 검출된 각종 승강로 정보와 속도 정보에 의하여 전자안전분석기에서 작동신호가 나오면 전자석이 소자되고 스프링에 의하여 정지액추에이터인 롤러가 앞으로 전진하면서 상승하여 카의 하강이 멈추게 된다. 정상운전 중에는 스프링이 자석에 의해 당겨져 있고 정지롤러가 최하단에 위치하고 있다.

이러한 전자안전분석기는 엘리베이터에서 제어와 연계되어 안전회로를 차단하는 등의 역할을 하고, 더불어 마그네틱테이프 엔코더는 카의 위치정보제공에도 많은 역할을 한다. 따라서, 이 장치로 대신할 수 있는 지금의 장치는 과속검출기세트(로프, 인장기, 인상봉 등), 터미널스위치, 카 위치검출기, (완충기)이다.

04 | 보조브레이크(sub brake)

엘리베이터는 정상적인 카의 기동에서 전기적으로 브레이크를 풀어 카를 움직이게 하고 카가 움직이지 않을 때에는 전기를 차단하고 스프링에 의하여 전동기의 축에 달린 드럼을 파지하여 카의 움직임을 막는 메인브레이크가 있다. 메인브레이크는 카의 멈춤을 유지하거나, 시스템 등의 이상으로 운전 중 카를 긴급히 멈추어야 하는 경우에 전동기의 축을 잡아 회전을 강제로 멈추게 하는 기능을 가지고 있다.

보조브레이크는 권상기의 메인브레이크가 기능을 상실하여 상기의 두 가지 기능을 수행하지 못하는 상황에서 카의 비정상적인 움직임을 멈추게 하는 장치이다.

1 보조브레이크의 기능

보조브레이크의 기능은 한마디로 UCMP(Unintended Car Movement Protector)라고 할 수 있다.

메인브레이크가 기능을 상실하는 것은 브레이크가 전기적으로 차단되어 닫힘동작을 하였으나 브레이크패드의 마모 등으로 기계구조적인 결함이 생겨 제동력을 상실한 경우와 브레이크의 개폐를 동작시키는 전기회로의 결함과 μ-Processor 연산오류 등의 결함으로 브레이크를 닫아야 하는 시점에 브레이크가 닫히지 못하는 현상이 발생하는 경우이다. 이러한 결함으로 발생할 수 있는 위험이 '상승방향 과속이동'과 '개문이동'이며, 이를 방지하도록 하는 것이 보조브레이크의 기본적인 역할이다.

이 보조브레이크의 기본적인 역할인 '상승방향 과속방지'와 '개문이동방지'의 기능 두 가지를 합쳐서 '의도하지 않는 움직임의 방지(UCMP : Unintended Car Movement Protection)'[76]라고 한다.

---

76) 혹자는 Ucmp를 '개문이동방지'에만 대응하기도 하나, 상승과속도 의도하지 아니하는 움직임(UCM)으로 볼 수 있다.

(1) 상승과속방지(上昇過速防止) 기능

엘리베이터의 카가 최상층에 정상적으로 정지하지 못하고 계속 상승하게 되면 카의 지붕이 승강로 천장에 충돌하여 카의 손상과 더불어 카에 탑승한 승객의 인명피해가 발생하게 된다.

엘리베이터 카가 No load에 가까운 상태에서 메인브레이크가 제동력을 상실하였거나, 운전 중이 아니면서 브레이크 제어회로의 이상으로 메인브레이크가 개방된 상태가 되어 균형추의 무게로 인한 중력에 의하여 카가 상승방향으로 정격속도를 초과하는 속도로 움직일 때, 이를 감지하여 카를 정지시키는 기능이다. 즉, 추락방지기가 카의 하강방향 과속을 방지하는 기능에 대응하여 카의 상승방향과속에 대한 안전장치라고 볼 수 있다.

이 장치가 동작하는 경우 카의 감속도가 정지단계 동안 $1g_n$를 초과하지 않게 감속하는 등의 기능으로 탑승객의 신체에 큰 위해가 가해지지 않도록 한다.

이 기능을 수행하기 위해 외부 에너지가 필요할 경우 에너지가 없으면 엘리베이터는 정지되고, 정지상태가 유지된다. 압축 스프링방식에는 적용하지 않는다.

상승방향 과속현상은 주로 메인브레이크의 제동력 상실, 콘택터 접점의 융착 등으로 메인브레이크 구동회로의 결함, μ-Processor 연산오류 등의 결함으로 발생할 수 있다. 주로 운전 도중 발생하는 고장으로 볼 수 있다.

⚖️ 관련법령

〈안전기준 별표 22〉

10.6 카의 상승과속 방지장치

10.6.1 속도감지 및 감속부품으로 구성된 이 장치는 카의 상승과속을 감지하여(10.6.10 참조) 카를 정지시키거나 균형추 완충기에 대해 설계된 속도로 감속시켜야 한다.

이 장치는 다음 조건에서 활성화되어야 한다.

가) 정상운전

나) 직접 육안으로 관찰할 수 없거나 다른 방법으로 정격속도 115% 미만으로 제한되지 않는 수동구출운전

10.6.2 이 장치는 내장된 이중장치가 아니고 정확한 작동이 자체 감시되지 않는다면 속도 또는 감속을 제어하고, 카를 정지시키는 엘리베이터 다른 부품의 도움 없이 10.6.1을 만족할 수 있어야 한다.

전자-기계 브레이크가 사용되는 경우 자체-감시 장치는 기계 메커니즘의 정확한 열림이나 닫힘의 입증 또는 제동력의 검증을 포함할 수 있다.

고장이 감지되면 엘리베이터의 다음 정상출발은 방지되어야 한다.

자체-감시는 [별표 6]에 따라 안전성이 입증되어야 한다.

카의 기계적인 연동장치는 어떤 다른 목적으로 사용되는 것에 상관없이 이러한 성능을 돕기 위해 사용될 수 있다.

10.6.3 이 장치는 빈 카의 감속도가 정지단계 동안 $1g_n$를 초과하는 것을 허용하지 않아야 한다.

10.6.4 이 장치는 다음 중 어느 하나에 작동되어야 한다.

　가) 카

　나) 균형추

　다) 로프시스템(현수 또는 보상)

　라) 권상도르래

　마) 두 지점에서만 정적으로 지지되는 권상도르래와 동일한 축

10.6.5 이 장치가 작동되면 15.2의 적합한 전기안전장치가 작동되어야 한다.

10.6.6 이 장치의 복귀는 승강로에 접근을 요구하지 않아야 한다.

10.6.7 장치의 복귀 후에 엘리베이터가 정상운행되기 위해서는 전문가(유지관리업자 등)의 개입이 요구되어야 한다.

10.6.8 이 장치는 복귀 후에 작동하기 위한 상태가 되어야 한다.

10.6.9 이 장치를 작동하기 위해 외부 에너지가 필요할 경우 에너지가 없으면 엘리베이터는 정지되어야 하고 정지상태가 유지되어야 한다. 압축 스프링방식에는 적용하지 않는다.

10.6.10 카의 상승과속 방지장치가 작동하도록 하는 엘리베이터의 속도감지부품은 다음 사항 중 어느 하나이어야 한다.

　가) 10.2.2.1의 규정에 적합한 과속조절기

　나) 다음 규정에 적합한 장치

　　1) 10.2.2.1.1 가) 또는 10.2.2.1.6에 따른 작동속도

　　2) 10.2.2.1.2의 응답시간

　　3) 10.2.2.1.4의 접근성

　　4) 10.2.2.1.5의 작동시험

　　5) 10.2.2.1.6 나)에 따른 전기적 확인

　　동시에, 이와 관련하여 10.2.2.1.3 가), 10.2.2.1.3 나), 10.2.2.1.3 마), 10.2.2.1.5(봉인 관련) 10.2.2.1.6 다)에 동등한 것이 보장되는 장치

(2) 개문이동방지(開門移動防止) 기능

엘리베이터가 문을 열고 카를 움직이게 되면 카를 타는 도중의 승객과 카 내에 타고 있는 승객의 탈출시도 등으로 사고의 위험이 가장 큰 상황이 된다. 따라서, 엘리베이터 메인브레이크의 역할 중에서 중요한 기능은 카가 정지된 상태를 기동지령이 발해지기까지 유지하고 있는 것이다.

이 메인브레이크가 제동력을 상실하였거나, 운전 중이 아니면서 브레이크 제어회로의 이상에 의하여 메인브레이크가 개방된 상태가 되면, 카 내의 승객의 부하에 따라 카도어와 승강장도어가 열려 있는 채로 카가 상승하거나 하강하기 시작하여 움직이게 된다. 이는 카와 균형추의 무게편차로 중력에 의한 움직임으로 그 속도는 처음에 서서히 증가하여 점차 빨라진다.

이 순간 출입구 내외에서 승·하차하는 승객은 사고의 위험이 가장 높다. 또한, 카 내에 탑승하고 있는 승객은 엘리베이터의 이상동작을 확인하는 순간 카를 벗어나려는 생각으로 탈출을 시도하게 되고 역시 출입구 부근에서 사고를 당할 우려가 크다고 할 수 있다.

개문이동 방지장치는 카가 승강장 레벨을 벗어나 승객이 카에서 승강장으로 탈출하거나, 구조하는데 어려움이 없는 거리를 지나기 전에 동작되어 카를 멈추어야 한다.

카가 상승, 하강하고 있는 동안 UCMP로 규정하고 있는 협착방지 또는 추락방지 크리어런스를 확보하기 위해 통상의 운전제어와는 독립된 특정거리 감지장치를 설치하여야 하고, 또한 전동기, 브레이크의 이상, 또는 운전제어장치 내의 하드웨어의 고장, 통상 운전 제어프로그램의 이상에 의해 개문주행이 발생한 경우, 통상의 운전제어와는 독립한 구성의 제어장치인 특정거리 감지장치와 더불어 개문주행 판정장치가 필요하다.

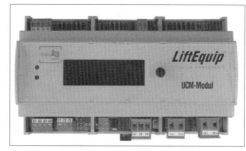

┃ 그림 4-25 UCM 검출장치의 예 ┃

(3) 개문이동 보호시스템

브레이크가 2중계일지라도, 적절한 타이밍에서 그것을 작동시키지 않으면 개문이동 시 이용자를 보호하지 못한다. 장치가 고장나서 개문이동이 발생하였을 때 동력을 끊고 브레이크를 작동시켜 안전하게 엘리베이터 카를 정지시키기 위하여 여러 가지의 기기와 이들을 조합한 시스템이 필요하다.

[그림 4-26]에 개문이동 보호시스템의 예를 나타내었다. 이 그림의 시스템에서 중요한 역할을 하고 있는 것이 논리판정장치이다. 논리판정장치는 도어의 개폐를 검출하는 카 도어스위치, 승강장 도어스위치 및 승강장에서의 이동거리를 검출하는 특정거리 감지장치의 신호를 받아, 카 및 승강장의 도어가 열린 상태로 카가 소정의 거리 이상 움직이는 것을 내장된 논리프로그램이 연산하여 콘택터 S를 소자시킨다.

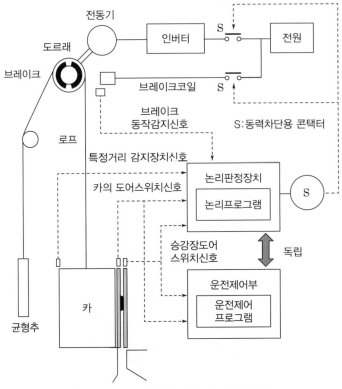

그림 4-26 개문이동 보호시스템의 예

콘택터 S가 소자되면 닫혀 있던 A접점이 열리고 브레이크와 전동기의 전원을 차단하여 카를 정지시킨다. 카 정지 후 고장이 해소되기 전에 카가 재기동하는 것을 방지하기 위해 논리프로그램은 정지신호를 지령하고, 콘택터 S의 소자상태를 유지한다.

논리판정장치 및 콘택터 S는 통상의 운전을 담당하는 운전제어부의 고장 시에도 확실히 작동하도록 운전제어부로부터 독립적인 동작이 필요하다.

이 시스템은 개문이동 시 반드시 동작하여야 한다. 그러기 위해서는 특정거리 감지장치는 운전제어부와 이중계로 구성하고, 카 도어스위치 및 승강장 도어스위치는 각각의 신호를 별도의 인터페이스를 통하여 이중계로 논리판정장치에 입력시킨다.

관련**법령**

〈안전기준 별표 22〉

10.7 카의 개문출발방지장치

10.7.1 엘리베이터에는 카의 안전한 운행을 좌우하는 구동기 또는 제어시스템의 어떤 하나의 결함으로 인해 승강장문이 잠기지 않고 카문이 닫히지 않은 상태로 카가 승강장으로부터 벗어나는 개문출발을 방지하거나 카를 정지시킬 수 있는 장치가 설치되어야 한다.

매다는 장치(로프 또는 체인)와 권상 도르래, 드럼과 구동기 스프로킷, 유압호스, 유압배관,

실린더의 결함은 제외하며, 권상도르래의 결함은 권상능력 상실이 포함된다.

개문출발 방지장치의 작동 시 발생되는 미끄러짐은 정지거리의 계산 또는 검증 시 고려되어야 한다.

10.7.2 이 장치는 개문출발을 감지하고, 카를 정지시켜야 하며 정지상태를 유지해야 한다.

10.7.3 이 장치는 내장된 이중장치가 아니고 정확한 작동이 자체 감시되지 않는다면 속도 또는 감속을 제어하고, 카를 정지시키는 엘리베이터 다른 부품의 도움 없이 10.7.2를 만족할 수 있어야 한다.

[비고] 13.2.2.2에 따른 구동기 브레이크는 이중 부품으로 간주된다.

전자-기계 브레이크가 사용되는 경우 자체 감시장치는 기계메커니즘의 정확한 열림이나 닫힘의 입증 또는 제동력의 검증이 포함되어야 한다.

직렬로 연결된 2개의 전기적으로 작동되는 유압밸브가 사용되는 경우 자체 감시는 빈 카의 정압조건하에 각 밸브의 정확한 개방 또는 닫힘을 각각 입증해야 한다.

고장이 감지되면 승강장문 및 카문은 닫히고 엘리베이터의 정상적인 출발은 방지되어야 한다.

자체 감시는 [별표 7]에 따라 안전성이 입증되어야 한다.

10.7.4 이 장치의 정지부품은 다음 중 어느 하나에 작동되어야 한다.

　　가) 카

　　나) 균형추

　　다) 로프시스템(현수 또는 보상)

　　라) 권상도르래

　　마) 두 지점에서만 정적으로 지지되는 권상도르래와 동일한 축

　　바) 유압시스템(전기공급의 분리에 의한 상승방향 모터·펌프 포함)

정지시키는 부품이나 정지상태를 유지하는 장치는 다음의 장치와 공동으로 사용할 수 있다.

　　가) 하강과속 방지장치

　　나) 상승과속 방지장치(10.6)

이 장치의 정지부품은 하강방향과 상승방향에 대하여 다를 수 있다.

10.7.5 이 장치는 다음과 같은 거리에서 카를 정지시켜야 한다([그림 20] 참조).

　　가) 카의 개문출발이 감지되는 경우 승강장으로부터 1.2m 이하

　　나) 승강장문 문턱과 카 에이프런의 가장 낮은 부분 사이의 수직거리는 200mm 이하

　　다) 6.5.2.3에 따른 반-밀폐식 승강로의 경우 카 문턱과 카의 입구쪽 승강로 벽의 가장 낮은 부분 사이의 거리는 200mm 이하

　　라) 카 문턱에서 승강장문 상인방까지 또는 승강장문 문턱에서 카문 상인방까지의 수직거리는 1m 이상

이 값은 승강장의 정지위치에서 움직이는 카의 모든 하중(무부하에서 정격하중의 100%까지)에 대해서 유효해야 한다.

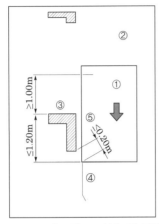 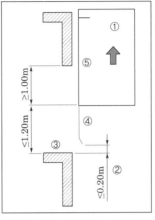

[기호설명]
① 카
② 승강로
③ 승강장
④ 카 에이프런
⑤ 카 출입구

❙그림 20 상승 및 하강 움직임에 대한 개문출발 방지장치 정지요건 ❙

10.7.6 정지단계 동안 이 장치의 정지부품은 카의 감속도가 아래의 값을 초과하는 것을 허용하지 않아야 한다.

가) 빈 카의 상승방향 개문출발에 대하여 $1g_n$

나) 하강방향으로 자유낙하를 방지하는 장치에 대하여 허용된 값

10.7.7 카의 개문출발은 늦어도 카가 잠금 해제구간(7.8.1)을 벗어날 때 15.2에 적합한 전기안전장치에 의해 감지되어야 한다.

10.7.8 이 장치가 작동되면 15.2의 적합한 전기안전장치가 작동되어야 한다.

[비고] 이 장치는 10.7.7의 스위치장치와 공용일 수 있다.

10.7.9 이 장치가 작동되거나 자체 감시장치가 이 장치의 정지부품의 고장을 표시할 때 엘리베이터의 복귀 또는 재설정은 전문가(유지관리업자 등) 개입이 요구되어야 한다.

10.7.10 이 장치의 복귀를 위해 카 또는 균형추(또는 평형추)의 접근이 요구되지 않아야 한다.

10.7.11 이 장치는 복귀 후에 작동하기 위한 상태가 되어야 한다.

10.7.12 이 장치를 작동하기 위해 외부 에너지가 필요할 경우 에너지가 없으면 엘리베이터는 정지되어야 하고 정지상태가 유지되어야 한다. 압축 스프링방식에는 적용하지 않는다.

■2 보조브레이크의 종류

보조브레이크는 브레이크 제동 대상물에 따라 로프브레이크, 시브브레이크, 레일브레이크 등으로 나누고 레일을 잡는 양방향 추락방지기와 균형추 추락방지기도 있고, 메인브레이크를 이중계로 하여 보조브레이크 역할을 하기도 한다.

① **로프브레이크(rope brake)[77]** : 로프브레이크는 구동로프를 잡는 형태의 보조브레이크로, 주로 기계실의 권상기 측면에 설치되어 메인시브와 디플렉트시브 사이의 로프를 잡아 기능을 발휘한다. [그림 4-27]은 로프브레이크를 보여준다.

---

77) Rope gripper, Rope stopper 등으로 부른다.

┃그림 4-27 로프브레이크 ┃

② 시브브레이크(sheave brake) : [그림 4-28]의 시브브레이크는 메인시브의 하단 또는 앞뒤에 부착되어 시브의 측면 혹은 시브면 끝단의 어깨부분을 잡는다. 주로 기어리스 기종에 적용된다.

┃그림 4-28 시브브레이크 ┃

③ 레일브레이크(rail brake) : [그림 4-29]의 레일브레이크는 카 하단 또는 상단의 슈가이드 부근에 설치되어 가이드레일을 잡아 멈추는 보조브레이크이다.

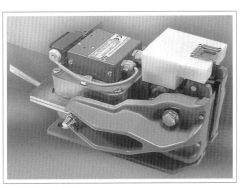

┃그림 4-29 레일브레이크 ┃

④ **양방향 추락방지기(bidirectional safety device)** : 통상적인 추락방지기는 하강방향에서만 작동하여 카를 중력에 대하여 떨어지지 않도록 멈추게 한다. 양방향 비상정지장치는 하강 뿐만 아니라 균형추의 무게로 인한 이상 동작 시 상승방향의 과속에도 동작하게 하므로 보조브레이크의 기능을 수행한다. [그림 4-30]은 양방향 추락방지기의 일례를 보여준다.

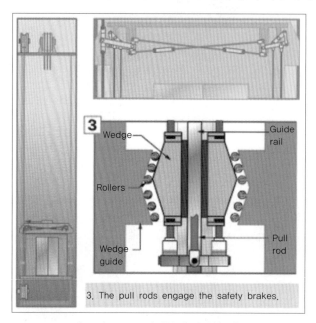

┃그림 4-30 양방향 추락방지기┃

⑤ **균형추 추락방지기(CWT safety device)** : 카의 추락방지기는 하강방향에 대한 추락방지기에 비하여 균형추의 하강방향 추락방지기는 카의 상승방향 과속에 대한 정지기능을 수행할 수 있으므로 보조브레이크의 역할을 한다.

⑥ **이중브레이크(dual brake)** : [그림 4-31]의 이중브레이크는 기본의 메인브레이크가 2개의 구조적인 구조로 각각의 브레이크장치가 독립적으로 동작되어 상호보완이 되므로 한 측이 이상이 생기는 경우 나머지 브레이크가 정지기능을 수행해 보조브레이크의 역할을 하게 된다.

UCMP의 브레이크장치는 브레이크의 고장, 또는 제어장치의 고장 등 단일 장치의 고장에 기인하여, 개문상태에서 소정거리 이상 이동주행하는 것을 방지하기 위해 개문주행을 검출 하는 장치로, 통상시 작동하는 복수개로 구성되는 브레이크(상시작동형 이중브레이크) 혹은 통상시 작동하는 브레이크와는 별개로 통상시에 작동하지 않는 브레이크(대기형 이중 브레이크)를 장착할 필요가 있다. 상시작동형 이중브레이크를 적용하는 경우 하나의 브레 이크가 고장난 때에 이것을 감지하고 카를 정지시키는 장치(상시작동형 브레이크의 동작감 지장치)를 설치하여야 한다.

이때, 하나의 브레이크가 고장난 경우 또 다른 하나의 브레이크가 담당해야 할 부하는 정격적재량의 100% 하중의 정지유지 및 제동능력이 요구된다.

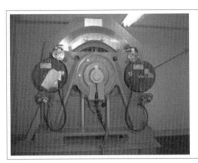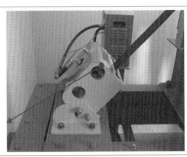

(a) 이중브레이크   (b) 로프브레이크

▎그림 4-31 로프브레이크와 이중브레이크 ▎

05 │ 비상구출구

엘리베이터에서 카에 승객이 타고 운전도중 어떤 원인에 의하여 승강장과 승강장 사이에 정지하게 되면 승객은 승강장으로 하차할 수 없는 상황을 갇힘사고라 한다. 갇힘사고일 때에는 가능하면 승강장의 출입구를 통하여 구출하는 것이 최선의 방법이다. 그러나 승강장 출입구로 구출할 수 없는 상황이 되는 경우를 대비하여 카에 구출구를 구비하고 있다.

엘리베이터 카의 비상시 구출구는 지붕구출구와 측면구출구가 있다.

1 카 지붕구출구(roof emergency trap door)

카 지붕의 일부를 여닫을 수 있도록 장치하여 비상정지 시에 도어를 통하여 구출이 어려울 때 카 지붕으로 내부승객을 구출하도록 하는 장치를 설치한다. 이 구출구는 카 지붕에서는 별도의 공구 없이 쉽게 열리고 카 내에서는 열 수 없도록 잠금장치가 되어 있다. 또한, 비상구출구가 열려 있을 때에는 엘리베이터의 운전을 방지하는 구출구 열림을 검출하는 안전스위치가 부착되어 있다.

카 지붕에 비상구출문을 설치하는 경우에는 사람이 통과할 수 있는 일정한 크기 이상으로 설치하여야 한다.

비상구출구에는 손으로 조작할 수 있는 잠금장치가 있다. 카 지붕의 비상구출문은 카 외부에서 열쇠 없이 열리고, 카 내부에서는 비상잠금해제 삼각열쇠로 열 수 있다.

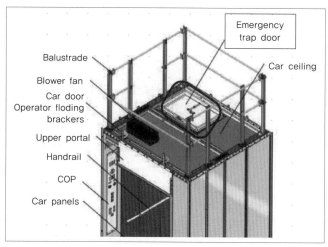

┃그림 4-32 카 지붕구출구 ┃

2 카 측면구출구(wall emergency door)

(1) 측면구출구의 기능과 구조

엘리베이터의 운행구간 중에 승강장이 없는 Non stop zone이 길게 존재하는 경우에는 통상적으로 한 승강로에 2대 이상의 엘리베이터를 설치한다. 만약 하나의 엘리베이터가 고장으로 Non stop zone에 정지하고, 승객이 갇혔다면 승강장을 통해서 직접 승객을 구출하기가 곤란한 경우가 대부분이다. 이러한 경우를 대비하여 이웃하는 엘리베이터를 통해 갇힌 승객을 구출할 수 있는 카 측면에 이웃 카와 마주볼 수 있는 구출구를 마련하여야 한다. [그림 4-33]은 측면구출구의 구조와 위치에 대하여 나타낸다.

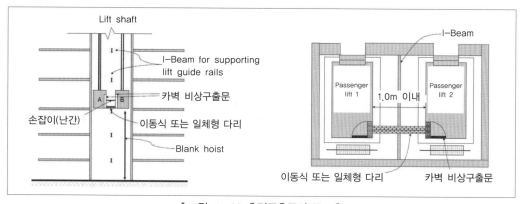

┃그림 4-33 측면구출구의 구조 ┃

또한, 이 측면구출구는 카의 외측에서는 공구를 사용하지 않고 열 수 있고, 카 내부에서는 일반승객이 함부로 열 수 없도록 반드시 열쇠를 사용하여야 열 수 있는 구조로 할 필요가 있다.

이 측면구출구는 사람이 자연스럽게 통과할 수 있는 어느 정도의 폭과 높이를 가져야 하며, 문은 카 외부로 열리지 않고 내부로만 열 수 있는 구조이고, 문을 열었을 때 카의 운전이 불가능하도록 문열림 검출스위치가 부착되어야 한다. 또한, 카 측면 벽에는 고장 카와 연결할 수 있는 사다리 등의 건널 수 있는 수단이 장착되어 있어야 한다.

(2) 구출운전(docking operation)

긴 구간의 Non stop zone의 어느 곳에 고장난 카가 정지해 있다면, 구출 카는 이 고장 카의 정확한 위치에 찾아가서 레벨을 맞추어 정지하여야 한다. 이러한 구출운전을 수행하기 위해서는 고장 카를 찾을 수 있는 적절한 장치가 있어야 한다.

① 자동구출운전 : 자동구출 운전장치는 구출 카의 고장 카를 마주하는 측면의 상부와 하부에 광전 또는 초음파 센서 등을 장착하고, 카 내 점검운전반에 구출운전(도킹운전) 스위치가 내장되어 있다. 자동구출 운전장치로 갇힌 승객을 구출하기 위하여 구출 카에서 구출운전 스위치를 ON하면 구출 카는 자동으로 고장 카를 찾아서 레벨을 맞추게 되고, 측면구출구를 통하여 고장 카의 승객을 구출한다. 이때, 운전속도는 정격속도와 차이가 있다.

② 수동구출운전 : 수동구출운전은 이웃하는 카의 서로 마주보는 측면에 외시경이 장착되어 있다. 승객을 구출하기 위해서는 2인이 구출 카를 타고, 1인이 측면구출구의 가운데 부착된 외시경을 통하여 고장 카를 육안으로 확인하면서, 다른 1인에게 점검운전으로 이동을 요구하여 고장 카를 찾아가는 방법이다.

관련법령

〈안전기준 별표 22〉

6.3 출입문 및 비상문 - 점검문

6.3.1 연속되는 상·하 승강장문의 문턱 간 거리가 11m를 초과한 경우에는 다음 중 어느 하나의 조건에 적합해야 한다.

　　가) 중간에 비상문이 있어야 한다.

　　나) 서로 인접한 카에 8.6.2에 따른 비상구출문이 각각 있어야 한다.

8.6 비상구출문

8.6.1 카 천장에 비상구출문이 설치된 경우 유효개구부의 크기는 0.4m×0.5m 이상이어야 한다. 다만, 8.6.2에 따라 카 벽에 설치된 경우 제외될 수 있다.

　　[비고] 공간이 허용된다면, 유효개구부의 크기는 0.5m×0.7m가 바람직하다.

8.6.2 하나의 승강로에 2대 이상의 엘리베이터가 있는 경우 카 벽에 비상구출문(6.3.3 참조)을 설치할 수 있다. 다만, 카 간의 수평거리는 1m를 초과할 수 없다.

　　이 경우 각 카에는 구조작업이 가능할 수 있도록 사람이 구출될 인접한 카의 위치를 결정하는 수단이 제공되어야 한다.

구조가 이뤄질 때, 카 벽의 비상구출문 간의 거리가 0.35m를 초과한 경우에는 손잡이가 있고 폭이 0.5m 이하이지만 비상구출문의 개구부에 들어가기에 충분한 공간이 있는 휴대용·이동식 다리(portable·movable bridge) 또는 카에 일체형으로 된 다리(bridge)가 설치되어야 한다.

다리는 2,500N의 힘을 견딜 수 있도록 설계되어야 한다.

다리가 휴대용·이동식인 경우 그 다리는 구조가 이루어지는 건축물에 보관되어야 하고, 다리의 사용에 관한 설명서가 있어야 한다.

카 벽에 설치된 비상구출문의 크기는 폭 0.4m 이상, 높이 1.8m 이상이어야 한다.

8.6.3 비상구출문에는 손으로 조작할 수 있는 잠금장치가 있어야 한다.

8.6.3.1 카 천장의 비상구출문은 카 외부에서 열쇠 없이 열려야 하고, 카 내부에서는 7.9.3에 따른 비상잠금해제 삼각열쇠로 열려야 한다.

카 천장의 비상구출문은 카 내부방향으로 열리지 않아야 한다.

카 천장의 비상구출문이 완전히 열렸을 때 그 열린 부분은 카 천장의 가장자리를 넘어 돌출되지 않아야 한다.

8.6.3.2 카 벽의 비상구출문은 카 외부에서 열쇠 없이 열려야 하고, 카 내부에서는 7.9.3에 따른 비상잠금해제 삼각열쇠로 열려야 한다.

카 벽의 비상구출문은 카 외부방향으로 열리지 않아야 한다.

카 벽의 비상구출문은 균형추나 평형추의 주행로 또는 카에서 다른 카로 이동을 방해하는 고정된 장애물(카를 분리하는 중간 빔은 제외한다)의 전면에 위치되지 않아야 한다.

8.6.4 8.6.3에 따른 잠금상태는 15.2에 따른 전기안전장치에 의해 입증되어야 한다. 카 벽의 비상구출문의 경우 잠금장치가 해제되면 이 장치는 또한 인접한 엘리베이터를 정지시켜야 한다. 엘리베이터의 운행재개는 잠금장치가 다시 잠긴 후에만 가능해야 한다.

06 정전 시 자동구출장치(ARD : auto rescue device at power failure)

1 ARD의 기능

엘리베이터의 동력전원이 끊어지는 정전이 발생하면 운전 중인 카는 승객을 태운 채로 층과 층 사이에 멈추는 경우가 많다. 정전 후 복전이 빠르게 되면 구출운전이 수행되나, 일정시간 동안 복전이 되지 않으면 비상발전에 의한 예비전원으로 구출운전이 수행된다.

비상발전이 없는 경우에는 엘리베이터 제어시스템과 연계되어 있는 배터리전원을 통하여 구출운전을 시도하고 구출운전이 완전히 끝나면 운전불능상태로 전환되어 복전을 기다린다.

이 배터리전원으로 모터를 구동하여 카를 움직이게 하는 장치를 자동구출장치라고 한다. [그림 4-34]는 정전 시 자동구출 운전장치의 일례이다.

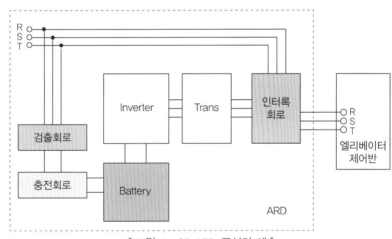

┃그림 4-34 정전 시 자동구출장치┃

2 ARD의 구성

정전 시 자동구출장치는 여러 형태가 있지만 기본적으로 [그림 4-35]와 같이 배터리, 인버터, 변압기와 충전회로, 검출회로와 인터록회로 등으로 구성되어 있다.

┃그림 4-35 ARD 구성의 예┃

① **충전배터리(battery)** : 배터리는 일반적으로 자동차용 직류 12V를 주로 적용하고 있다. 간단한 예를 들면 12V 배터리 4개를 직렬연결하면 48V 직류가 되고 이 배터리는 평상시에 항상 충전이 되어 있어야 하므로 충전회로에 연결되어 있다.

② **인버터(invertor)** : 배터리의 직류전원을 엘리베이터 전동기와 제어반 전원으로 사용할 수 있도록 인버터를 이용하여 3상 교류로 만든다.

③ **변압기(transformer)** : 직류 48V를 인버터를 통하여 교류로 만들면 50V 내외가 되므로 필요에 따라 승압변압기를 사용하여 적절한 전압으로 승압시켜 제어반으로 공급한다.

④ 전원인터록회로(power interlock circuit) : 상용 전원과 배터리전원은 인터록이 되어 두 가지 전원이 동시에 공급이 되지 않도록 하여야 한다. 정전검출회로에서 정전을 검출하면 인터록회로에서 배터리전원으로 전환한다.

3 정전 시 자동구출운전

정전이 발생되면 카는 즉시 정지하게 된다. 이때, 장치의 배터리전원을 가동시켜 카 내에 '정전운전' 표시를 점등하고 복전이 되기를 기다린다. 기다림시간은 다를 수 있으나 대략 10~15초 정도가 일반적이다.

시간 내 복전이 되지 않으면 자동구출운전이 시작된다. 먼저 현재위치가 도어를 열 수 있는 도어존인지를 확인하고 도어존이면 도어를 열어 승객을 내리게 하고 자동구출운전은 정지된다. 도어존이 아니면 카는 기동하고 저속으로 주행한다. 이때의 주행속도는 10~15m/min[78])으로 하는 것이 바람직하다.

주행 중 맨 먼저 나타나는 도어존 Plate를 검출하면 카는 즉시 멈추고 도어를 열어 승객이 내리게 한 다음 일정한 시간 후에 도어를 닫고 운행을 중지한다. 도어를 닫지 않으면 제3의 승객이 탑승할 우려가 있기 때문에 도어를 닫고 운행을 중지한다.

┃ 그림 4 - 36 정전구출운전 Flow ┃

---

78) 저속구출운전은 저속으로 주행하다가 도어존이 검출되면 감속 없이 즉시 멈추게 되므로 카 내 승객의 충격이 신체에 영향을 미치지 않도록 주행속도를 10~15m/min이 적당하다.

관련법령

〈안전기준 별표 22〉

13.2.3.6 정전 또는 고장으로 인해 정상운행 중인 엘리베이터가 갑자기 정지(안전장치가 작동되어 정지된 경우는 제외한다)되면 자동으로 카를 가장 가까운 승강장으로 운행시키는 수단(자동구출운전 등)이 있어야 하며, 다음 사항을 만족해야 한다. 다만, 수직 개폐식 문이 설치된 엘리베이터 또는 유압식 엘리베이터의 경우에는 제외한다.

　가) 카가 승강장에 도착하면 승강장문 및 카문이 자동으로 열려야 한다.

　나) 승객이 안전하게 빠져나가면(10초 이상) 승강장문 및 카문은 자동으로 닫히고 이후 정지상태가 유지되어야 한다. 이 경우 승강장 호출버튼의 작동은 무효화되어야 한다.

　다) 나)에 따른 정지상태에서 카 내부 열림버튼을 누르면 승강장문 및 카문은 열려야 하고, 승객이 안전하게 빠져나가면(10초 이상) 승강장문 및 카문은 자동으로 다시 닫히고, 이후 정지상태가 유지되어야 한다.

　라) 정상운행으로의 복귀는 전문가의 개입에 의해 이뤄져야 한다. 다만, 정전으로 인한 정지는 전원이 복구되면 정상운행으로 자동복귀될 수 있다.

　마) 배터리 등 비상전원은 충분한 용량을 갖춰야 하며, 방전이나 단선 또는 누전되지 않도록 유지관리되어야 한다. 비상전원으로 배터리를 사용하는 경우에는 잔여용량을 확인할 수 있는 장치가 있어야 한다.

07 비상조명과 비상전원(battery & charger)

　정전 등으로 인해 정상 조명전원이 차단되더라도 엘리베이터 카에 탑승한 이용자가 등록버튼 및 비상통화장치 표시를 확인할 수 있는 비상조명이 설치된다. 또한, 정전에도 조명의 전원이 되는 비상전원이 있어야 하고, 이 비상전원은 평상시 자동 재충전되는 전력저장장치(충전배터리)이다.

　이 비상전원은 비상조명에 사용될 뿐만 아니라 비상통화장치의 전원으로도 사용되며, 비상조명을 5lx 이상의 조도로 1시간 이상 전원을 공급할 수 있는 용량으로 한다.

　비상조명은 통상의 조명전원이 차단되면 즉시 자동으로 점등되어야 하고, 비상조명의 조도는 비상통화버튼 표시에서 확인한다.

⚖️ 관련**법령**

〈안전기준 별표 22〉

8.10.4 카에는 자동으로 재충전되는 비상전원 공급장치에 의해 5lx 이상의 조도로 1시간 동안 전원
이 공급되는 비상등이 있어야 한다.
　이 비상등은 다음과 같은 장소에 조명되어야 하고, 정상 조명전원이 차단되면 즉시 자동으로
점등되어야 한다.
　가) 카 내부 및 카 지붕에 있는 비상통화장치의 작동버튼
　나) 카 바닥 위 1m 지점의 카 중심부
　다) 카 지붕 바닥 위 1m 지점의 카 지붕 중심부

8.10.5 비상등의 조명에 사용되는 비상전원 공급장치가 16.3에 따른 비상통화장치와 동시에 사용될
경우 그 비상전원 공급장치는 충분한 용량이 확보되어야 한다.

08 | 비상통화장치(emergency call system)

　고장, 정전 및 화재 등으로 카가 층과 층 사이에 정지하여 승객이 카 내에 갇힌 비상시에
카 내부에서 외부의 안전관리자 또는 유지관리업체에게 연락을 취하기 위한 장치로, 건물 내
관리자와 인터폰에 의한 내부통화가 연결되지 않을 경우 승강기 유지관리업체나 자체점검자에게
자동으로 전화를 걸어 통화하여 신속한 구조요청이 이루어질 수 있도록 하는 장치이다. 통화장치
의 구성은 인터폰과 직접통화장치로 이루어진다. [그림 4-38]은 인터폰과 직접통화장치의 구성
예이다.

1 인터폰(inter phone)

　인터폰은 기계실, 카, 관리실 등으로 건물 내부에서 연결되는 통화장치이다. 인터폰은 모기와
자기가 있으며, 모기는 여러 자기를 관리·통화할 수 있다. 통상 기계실 또는 감시반이 있는 방재실
모기가 있어 각 호기 엘리베이터 카 내의 승객과 통화할 수 있다. 인터폰은 정전일 때에도 연락이
되고 통화가 되어야 하므로 비상조명전원을 공용으로 사용하는 경우가 많다. 카 내의 자기는
주로 조작반 상부에 내장되어 있으며, 쌍방향 통화가 가능하도록 스피커와 마이크로폰도 같이
내장되어 카 내의 음성과 소리를 들을 수 있게 되어 있다. 카 내에서 통화버튼을 누르면 모기에
벨이 울려 통화하게 된다.

┃그림 4-37 인터폰 모기┃

호기선택버튼

2 직접통화장치(direct call system)

비상통화장치의 중요한 기능 중의 하나는 직접통화장치라고 하는 전화기능이다. 이 장치는 전화국의 회선을 연결하여 실제로 전화를 연결하는 장치이며, 전화는 카 내의 통화버튼에 의하여 자동연결된다.

즉, 카 내의 통화버튼을 누르고 일정시간이 경과하는 동안 건물 내 인터폰의 응답이 없으면 직접통화장치에 기억시켜 둔 전화번호로 자동 다이얼링된다. 자동연결되는 전화번호는 1차와 2차가 있다. 주로 1차 자동연결은 해당 엘리베이터의 유지관리 용역회사의 보수센터가 된다. 물론 이 보수센터에서는 24시간 당직에 의하여 관리되므로 갇힌 승객과의 통화가 가능하다.

어떤 원인에 의하여 해당 보수센터에서 자동전화에 대한 응답이 없다면 제2차 자동연결을 시도한다. 2차 자동연결은 119구조대로 연결하는 것이 일반적이다.

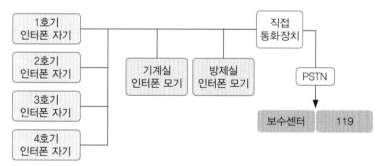

┃그림 4-38 비상통화장치의 구성 예┃

관련**법령**

〈안전기준 별표 22〉

16.3 비상통화장치 및 내부통화시스템

16.3.1 비상통화장치는 구출활동 중에 지속적으로 통화할 수 있는 양방향 음성통신이어야 한다 (6.1.6 참조).

16.3.2 기계실 또는 비상구출운전을 위한 장소에는 카 내와 통화할 수 있도록 8.10.4에서 기술된 비상전원 공급장치에 의해 전원을 공급받는 내부통화시스템 또는 유사한 장치가 설치되어야 한다.

16.3.3 카 내에 갇힌 이용자 등이 외부와 통화할 수 있는 비상통화장치가 엘리베이터가 있는 건축물이나 고정된 시설물의 관리인력이 상주하는 장소(경비실, 전기실, 중앙관리실 등) 2곳 이상에 설치되어야 한다. 다만, 관리인력이 상주하는 장소가 2곳 미만인 경우에는 1곳에만 설치될 수 있다.

또한, 건축물이나 고정된 시설물 내의 장소와 통화연결이 되지 않을 때를 대비하여 유지관리 업체 또는 자체점검을 담당하는 사람 등 해당 건축물이나 고정된 시설물 외부로 자동으로 통화연결되어 신속한 구조요청이 이뤄질 수 있어야 한다.

비상통화장치는 다음과 같이 작동되어야 한다.

가) 비상통화버튼을 한 번만 눌러도 작동되어야 한다.

나) 비상통화버튼을 작동시키면 전송을 알리는 음향 또는 통화신호가 작동되고 노란색 표시의 등이 점등되어야 한다.

다) 비상통화가 연결되면 녹색표시의 등이 점등되어야 한다.

09 | 종점스위치(terminal switch)

엘리베이터 운행구간의 종점은 최하층과 최상층 승강장이다. 카가 주행하는 종단점, 즉 승강로의 상·하부 종점에는 더 이상의 주행을 제한하는 종점스위치 세트가 있다. 종점스위치는 카 운행의 종점인 최상층과 최하층 승강장 부근에 설치되어 카가 최하층이나 최상층을 지나쳐 계속 이동하는 것을 방지하여 카가 승강장 천장이나 피트 바닥에 충돌하는 사고를 미연에 방지하는 안전장치이다.

종점스위치는 종단층 감속스위치(TSD : Terminal Slow Down switch), 주행정지스위치(LS : Limit Switch), 운전정지스위치(FLS : Final Limit Switch)로 구성되며, 필요에 따라 여러 가지 기능을 부가하기 위하여 스위치를 추가로 설치하는 경우가 있다.

사용하는 스위치의 종류는 [그림 4-39]와 같은 롤러형 액추에이터를 가진 리밋스위치를 주로 사용한다.

∥ 그림 4-39 롤러형 ∥

최하층 승강장에 정착상시의 종점스위치의 상태는 [그림 4-40]과 [표 4-4]에 표시된다.

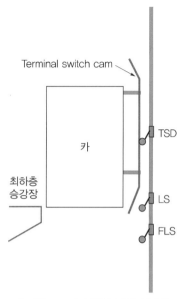

┃그림 4-40 종점스위치 동작┃

┃표 4-4 Terminal switch 종단층 착상 시 동작상황┃

명칭	동작 여부	기능	사용접점
TSD	O	강제감속, 피트적응 감속	A
LS	×	주행정지(진행방향 운전불능, 반대방향은 점검운전가능)	B
FLS	×	운전정지(진행방향 및 반대방향 운전불능)	B

1 감속스위치(TSD : Terminal Slowdown Switch)

카가 종단층에 진입하면 동작되어 최하층 또는 최상층의 절대층수를 알리는 스위치로, 슬로다운스위치의 기능은 절대층수의 인지, 운전방향의 반전, 종단층에서 속도제어의 이상으로 감속되지 않을 경우 강제감속 등이 있고, 또한 피트의 깊이와 완충기의 행정을 단축하기 위한 주행속도 감속기능으로 사용하기도 한다.

이 스위치는 종단층에 도착하기 전에 동작하고 주로 A접점을 사용한다.

절대층수 검출은 카의 층위치연산 및 층위치연산 수정운전에 필요하고, 고속자동운전을 위한 층고 측정운전 시에 반드시 필요한 정보이다.

2 주행제한스위치(LS : Limit Switch)[79]

카가 종단층 승강장레벨을 지나 주행하는 경우에 동작하여 주행방향으로의 운전을 정지시키

79) 'Limit 스위치'는 스위치종류로 '기계적인 움직임에 의하여 접점이 ON-OFF 되는 스위치'가 있다. 여기서, 이 스위치는 '주행을 제한한다'는 의미의 기능으로 '리밋스위치'이고, 스위치 종류도 Limit switch이다.

는 스위치로, 주행 제한스위치의 기능은 상부주행 제한스위치 동작 시 상승방향 운행 불가, 하강 운전 가능, 하부주행 제한스위치 동작 시 하강방향 운행 불가, 상승운전이 가능하다. 종단층 정착상일 때 동작하지 않고 지나치면 동작하고, B접점[80]을 사용하여, 스위치라인이 끊어진 상태에서도 안전 이상으로 검출하여 엘리베이터 주행을 중지하도록 동작한다.

■3 운전제한스위치(FLS : Final Limit Switch)

엘리베이터의 카가 최하층을 지나서 계속 하강하면 완충기와 피트 바닥에 충돌하고, 최상층을 지나서 계속 상승하면 승강로 천장에 카의 지붕이 충돌하게 되어 카 내에 탑승하고 있는 인명의 손상을 초래할 우려가 있다.

카가 종단층 승강장레벨을 지나 주행하여 주행제한스위치(limit switch)가 동작하였음에도 불구하고 계속 움직이는 경우에 이 운전제한스위치가 동작하여 운전을 정지시키고 더 이상의 운전을 불가능하게 하는 스위치이다. 이 운전제한스위치는 상부 또는 하부에 관계없이 운전을 불가능하게 만든다. 종단층 정착상일 때는 동작하지 않고 지나치면 주행정지스위치 다음에 동작하며, B접점을 사용하여 스위치라인이 끊어진 상태에서도 안전 이상으로 검출하여 운전을 제한한다.

파이널 리밋스위치의 동작은 심각한 이상으로 발생되므로 반드시 이상원인을 파악하고 이를 조치한 후에 엘리베이터의 운행을 정상화시키는 것을 원칙으로 한다.

● ⚖ **관련법령**

〈안전기준 별표 22〉

16.2 파이널 리미트스위치

16.2.1 일반사항

파이널 리미트스위치는 다음과 같아야 한다.

가) 권상 및 포지티브 구동식 엘리베이터의 경우 주행로의 최상부 및 최하부에서 작동하도록 설치되어야 한다.

나) 유압식 엘리베이터의 경우 주행로의 최상부에서만 작동하도록 설치되어야 한다.

파이널 리미트스위치는 우발적인 작동의 위험 없이 가능한 최상층 및 최하층에 근접하여 작동하도록 설치되어야 한다.

이 파이널 리미트스위치는 카(또는 균형추)가 완충기 또는 램이 완충장치에 충돌하기 전에 작동되어야 한다.

파이널 리미트스위치의 작동은 완충기가 압축되어 있거나, 램이 완충장치에 접촉되어 있는 동안 지속적으로 유지되어야 한다.

---

80) 스위치나 릴레이에 접점의 형태로 B접점은 평상시에 ON 상태이고 동작 시에 OFF가 된다. 엘리베이터 대부분의 안전장치에서는 ON을 안전상태로 인식하고, OFF를 불안전상태로 인식하여, 만일 전선의 단선 등 안전장치의 회로 이상으로 안전상태 여부를 검출하지 못하는 경우에도 신호가 제어부로 입력되지 않으므로 OFF의 불안전상태로 인식하여 운전불능으로 만들기 위하여 B접점을 사용한다.

16.2.2 파이널 리미트스위치의 작동

16.2.2.1 파이널 리미트스위치와 일반 종단정지장치는 독립적으로 작동되어야 한다.

16.2.2.2 포지티브 구동식 엘리베이터의 경우 파이널 리미트스위치는 다음과 같이 작동되어야 한다.

　가) 구동기의 움직임에 연결된 장치에 의해, 또는

　나) 평형추가 있는 경우 승강로 상부에서 카 및 평형추에 의해, 또는

　다) 평형추가 없는 경우 승강로 상부 및 하부에서 카에 의해

16.2.2.3 권상 구동식 엘리베이터의 경우 파이널 리미트스위치는 다음과 같이 작동해야 한다.

　가) 승강로 상부 및 하부에서 직접 카에 의해, 또는

　나) 카에 간접적으로 연결된 장치(로프, 벨트 또는 체인 등)에 의해 나)의 간접연결이 파손되거나 늘어나면 15.2에 적합한 전기안전장치에 의해 구동기가 정지되어야 한다.

16.2.2.4 직접 유압식 엘리베이터의 경우 파이널 리미트스위치는 다음과 같이 작동해야 한다.

　가) 카 또는 램에 의해, 또는

　나) 카에 간접적으로 연결된 장치(로프, 벨트 또는 체인 등)에 의해 나)의 간접연결이 파손되거나 늘어나면 15.2에 적합한 전기안전장치에 의해 구동기가 정지되어야 한다.

16.2.2.5 간접 유압식 엘리베이터의 경우 파이널 리미트스위치는 다음과 같이 작동해야 한다.

　가) 램에 의해 직접적으로, 또는

　나) 램에 간접적으로 연결된 장치(로프, 벨트 또는 체인 등)에 의해 나)의 간접연결이 파손되거나 늘어나면 15.2에 적합한 전기안전장치에 의해 구동기가 정지되어야 한다.

16.2.3 파이널 리미트스위치의 작동방법

16.2.3.1 파이널 리미트스위치는 전동기 및 브레이크에 공급되는 회로의 확실한 기계적 분리를 통해 직접 회로를 개방하거나 15.2에 적합한 전기안전장치를 개방해야 한다.

16.2.3.2 파이널 리미트스위치가 작동한 후에는 유압식 엘리베이터가 크리핑에 의해 작동구역을 벗어나는 경우라도, 카와 승강장 호출에 대해 카는 더 이상 움직이지 않아야 한다.

16.1.10과 같이 전기적 크리핑 방지시스템을 사용할 경우 16.1.10 가)에 따라 카가 자동으로 최하층에 보내지는 것은 카가 파이널 리미트스위치의 작동구간을 벗어나자마자 작동해야 한다.

엘리베이터의 정상작동으로의 복귀는 전문가(유지관리업자 등)의 개입이 요구되어야 한다.

■4 종단층 강제감속장치

종단층의 강제감속은 감속도 패턴에 의한 강제감속과 메인브레이크에 의한 강제감속의 2가지 유형이 있다. 감속도 패턴에 의한 강제감속은 정상감속 개시점에서 감속개시를 하지 못하거나 속도가 정상적인 감속패턴보다 큰 상태에서 1차 슬로다운스위치를 통과하는 경우에 강화된 감속패턴으로 종단층 승강장에 착상시키는 것이다.

메인브레이크에 의한 강제감속은 강제정지 지령스위치에 의하여 브레이크에 의한 기계적인 마찰력으로 감속하는 것을 말한다.

완충기에서 기술한 것과 같이 유입완충기의 스트로크는 정격속도의 115%에서 평균 1g의 감속도로 감속 가능한 길이로 설계되고 있다. 그러나 정격속도가 높아지면, 스트로크는 급격히 길어지게 된다. 예를 들면, 150m/min에서는 0.43m인 스트로크가 600m/min이 되면 6.8m의 스트로크가 필요하게 된다. 속도는 4배가 늘어나지만, 스트로크는 16배로 되어야 한다.

피트의 깊이는 완충기 스트로크의 2배 이상 필요하게 되므로 300m/min을 넘는 속도의 엘리베이터에 대해 1개층 층고보다 더 깊은 피트깊이가 요구된다. 이것은 건축의 문제이지만, 이러한 문제는 건축에서도 쉽지 않은 문제로 부각된다.

이러한 문제를 해결하기 위하여 통상의 제어장치에서 독립된 카의 속도와 위치를 검출하여, 각각의 위치에서 속도가 소정의 값을 넘는 경우에 즉시 브레이크를 작동시켜 카를 감속 정지시키는 것으로 짧은 스트로크의 완충기를 이용하는 것을 가능하게 하는 방법이 있다. 이것을 강제감속장치라고 한다.

(1) 시스템구성

[그림 4-41]은 종단층 강제감속장치의 시스템구성을 나타낸다. 그림에서 제1정지지령, 제2정지지령의 위치신호가 주행속도 연산장치에 입력되는 경우 주행속도의 연산장치는 속도신호값과 제1정지지령, 제2정지지령에서 각각의 설정된 값을 비교하여 속도신호값이 설정값보다 큰 경우 콘텍터 S의 전자코일을 소자한다. 콘텍터 S의 A접점은 전동기 및 브레이크 전자코일에 직렬로 접속되어 있으므로, 엘리베이터는 정지한다. 그림에서 정지지령 위치신호는 제1정지, 제2정지이지만, 고속 엘리베이터에서는 제3정지, 제4정지 등으로 설치하기도 한다.

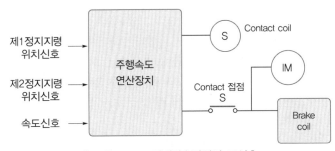

∥ 그림 4-41 강제감속장치의 구성 ∥

(2) 기능 및 성능

[그림 4-42]에 종단층 강제감속장치가 작동한 때 엘리베이터의 감속곡선을 보여준다. 그림에서는 횡축이 엘리베이터 승강로 내의 위치이고, 종축이 엘리베이터의 속도이다. 엘리베이터가 정상으로 감속하고 있는 경우 종단층 강제감속장치는 동작하지 않고 연속선으로 최하층에 착상한다. 엘리베이터가 감속이 안 되는 상태에서 슬로다운스위치가 작동되면 1점 쇄선의 감속패턴이 작용하여 감속하여 착상한다. 엘리베이터가 정상으로 감속하지 않고, 제1정지지령 스위치가 작동하면 종단층 강제감속장치에 의하여 메인브레이크에 의한 강제감속이 되고, 그림에서 2점 쇄선의 감속곡선을 그린다. 이러한 동작은 추락방지기가 동작하는 속도까지 연결되고 완충기의 허용충돌속도 이하로 완충기에 도달한다.

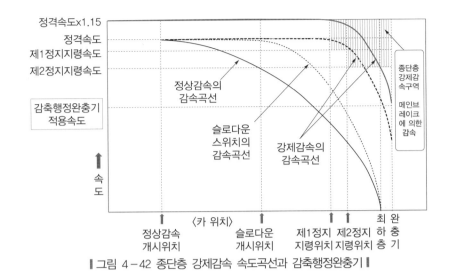

정격속도×1.15
정격속도
제1정지지령속도
제2정지지령속도

감축행정완충기
적용속도

속
도

정상감속의
감속곡선

슬로다운
스위치의
감속곡선

강제감속의
감속곡선

종단층
강제감
속구역

메인브
레이크
에 의한
감속

〈카 위치〉

정상감속
개시위치

슬로다운
개시위치

제1정지
지령위치

제2정지
지령위치

최
하
층

완
충
기

┃그림 4-42 종단층 강제감속 속도곡선과 감축행정완충기┃

예를 들면, 엘리베이터에 고장 등이 발생하여 이상상태가 되어 엘리베이터가 감속하지 않고 정격속도 그대로 제1정지지령위치에 도달하면, 제1정지지령속도를 넘는 것을 주행속도 연산장치가 판단하고, 전동기전원을 차단해 브레이크로 제동시킨다. 그 결과 엘리베이터가 완충기에 도달한 때의 속도는 완충기의 허용충돌속도 이하로 된다.

(3) 단축 스트로크완충기의 적용

유입완충기 스트로크에 의하여 300m/min 엘리베이터의 유입완충기의 스트로크는 1.685m 이상이 필요하다. 그러나 강제감속장치를 통하여 감속시켜 완충기 도달 시의 속도를 180m/min으로 구성하면 이 스트로크를 $\frac{1}{3}$로 줄여 0.603m 이상의 유입완충기를 설치하게 되어, 피트의 깊이를 크게 줄일 수 있어 건축이 쉬워진다. 유입완충기의 스트로크가 2배가 되면 유입완충기의 전체 크기는 거의 4배가 된다.

일반적으로 완충기 스트로크를 짧게 하는 기준은 240m/min 이하에서는 원래 스트로크의 $\frac{1}{2}$ 이상으로 하고, 240m/min을 초과하면 $\frac{1}{3}$ 이상의 스트로크를 적용한다. 최솟값은 460mm로 하는 것이 보통이다.

10 ┃ 완충기(buffer)

엘리베이터의 완충기는 승강로 최하부의 피트에 주로 설치된다. 완충기는 카 하부와 균형추 하부에 각각 설치되어 카와 균형추가 어떤 원인에 의하여 최하층 승강장에 멈추지 못하고 바닥까지 하강해 바닥에 충돌하여 카 내에 탑승한 이용자의 인명피해와 설비의 소손 등의 피해를 방지하기 위한 안전장치이다.

283

[그림 4-43]은 엘리베이터에 주로 사용되는 완충기의 3종류를 나타낸다. 스프링완충기와 우레탄완충기는 저속에 사용하고, 유입완충기는 중·고속 엘리베이터에 적용한다.

완충기는 충격에너지의 처리에 따라 에너지 축적형과 에너지 소멸형으로 나누고, 완충력의 선형 여부로 선형 완충기와 비선형 완충기로 분류한다.

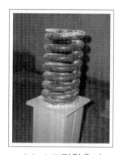

(a) 스프링완충기   (b) 유입완충기   (c) 우레탄완충기

▌그림 4-43 완충기의 종류 ▌

1 에너지축적형 완충기

에너지축적형 완충기는 충격에너지를 축척하면서 충격을 완화시키고 충격이 끝나면 축적된 에너지로 반작용에 의하여 복귀되는 완충기로, 완충기에 가해지는 압축하중에 따라 변형이 일정한 선형 특성 완충기와 압축하중이 증가하면서 변위는 급격히 작아지는 비선형 특성 완충기가 있다. 엘리베이터에서는 주로 [그림 4-44]의 스프링완충기와 우레탄완충기를 적용하고 있다.

이 에너지축적형 완충기는 주로 정격속도가 60m/min 이하에 적용하고 있다.

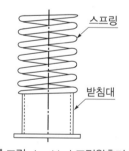

▌그림 4-44 스프링완충기 ▌

(1) 에너지축적형 완충기의 종류

① 선형 특성 완충기 : 에너지축적형 완충기에서 선형 특성 완충기는 [그림 4-45]에서 보는 것과 같이 완충기에 가하는 압축하중에 따라 완충기의 변위가 일정한 것으로 압축하중과 변위 간의 관계곡선이 비교적 직선형태를 유지하는 완충기를 말하고, 대표적인 것은 [그림 4-44]와 같은 스프링완충기이다.

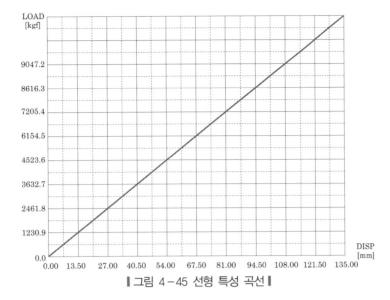

그림 4-45 선형 특성 곡선

② 비선형 특성 완충기 : 비선형 특성을 갖는 에너지축적형 완충기는 [그림 4-46]에서 보는 것과 같이 압축하중과 변위의 관계곡선이 직선이 아닌 곡선을 가진 특성의 완충기로, 압축 하중이 커지면서 변위가 작아지는 특성이 있다. 대표적으로 [그림 4-43]의 우레탄완충기를 들 수 있다. 우레탄완충기는 압축이 되면서 반발력이 증가하게 된다.

우레탄완충기는 속도가 낮고 행정거리가 작은 주택용 엘리베이터 등 소형에 주로 적용된다.

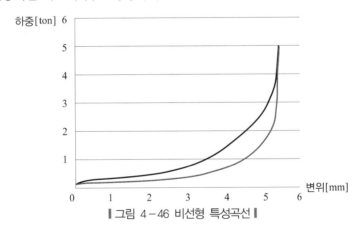

그림 4-46 비선형 특성곡선

(2) 완충기의 최저 Stroke

이 완충기는 추락방지기와 함께 카의 과속하강에 대한 카 내부승객의 보호를 목적으로 하는 안전장치로, 추락방지기가 일정 이상의 과속을 검출하여 작동하는 것에 반하여 완충기는 추락방지기가 작동하지 않는 속도범위(0 ~ 추락방지기 동작속도)에서 카가 피트바닥에 직접 부딪히지 않고 충격을 완화시키는 역할을 담당한다. 따라서, 완충기가 동작하는 Stroke는 카가 완충기와 닿는 속도를 추락방지기가 동작하는 최저 속도로 하고 이 속도가 완충력에 의하여 멈추는 지점까지의 거리 이상으로 설정한다.

에너지축적형 완충기의 Stroke는 정격속도의 115%의 속도로 시작하여 평균감속도 1g로 멈추는 거리를 최소 Stroke로 하고 있다.

2 에너지소멸형 완충기(energy dissipation type buffer)[81]

에너지소멸형 완충기는 충격에너지를 완충 도중에 완전히 흡수하여 충격이 끝나면 반작용이 없는 완충기로 유입완충기(oil buffer)[82]가 있다.

(1) 유입완충기(oil buffer)

이 완충기는 [그림 4-47]과 같이 실린더와 플런저, 오리피스(orifice)와 오리피스봉(orifice rod) 및 복귀스프링으로 구성되고, 플런저 위 부분은 카 바닥과 맞닿는 완충고무가 있다. 플런저 아래쪽 실린더에 오일이 채워져 있으며, 동작을 검출하는 검출스위치가 장착된다.

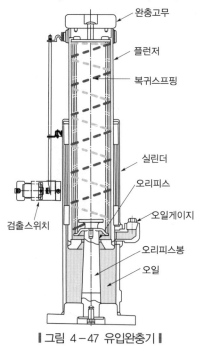

완충고무
플런저
복귀스프링
실린더
오리피스
오일게이지
검출스위치
오리피스봉
오일

‖ 그림 4-47 유입완충기 ‖

플런저에 가해지는 충격을 실린더에 담겨 있는 오일이 오리피스를 통하여 플런저 내부로 흘러가게 되고, 플런저가 눌러지면 테이퍼(taper) 형태로 되어 있는 오리피스봉이 오리피스를 점점 좁게 만들기 때문에 플런저로 유입되는 기름의 유속이 점점 빨라지면서 완충효과를 주는 방식으로 오일의 유체저항을 활용하는 것으로 완충효과가 매우 높다.

---

81) 법정용어 - 에너지분산형 완충기, EN-Energy dissipation type buffers
82) 법정용어 - 유압완충기, 통상명칭 - Oil buffer, 용어설명 - 유입완충기는 오리피스를 이용한 유체의 흐르는 속도에 의하여 충격을 완화시키는 원리이므로 '유압완충기'라고 하지 않는다.

(2) 유입완충기의 원리

이 완충의 원리는 카가 완충기에 충돌하면 실린더에서 플런저 내부로 흐르는 오일이 처음에는 양이 많지만 플런저의 하강에 따라서 점차 좁아지는 오리피스 틈새를 통과할 때 유체저항이 발생하고, 이것에 의해 운동에너지를 흡수하여 충격을 완화하는 것으로 오리피스는 완충기의 행정 중 일정의 유체저항을 발생시키기 때문에 플런저의 변위에 따라 오리피스의 단면적이 작아져서 평균감속도 $1g$로 설계된다. 충격에너지는 동작하는 동안 모두 흡수되고 반작용에 의한 복귀가 일어나지 않는다. 플런저의 복귀는 복귀용 스프링을 통해서 이루어진다.

이 유입완충기는 엘리베이터의 정격속도에 상관없이 모두 적용되고, 고속 엘리베이터에서는 다단의 실린더와 플런저로 구성된 텔레스코픽 구조를 가진 유입완충기가 적용된다.

(3) 유입완충기의 Stroke

유입완충기의 Stroke는 정격속도의 115%로 충돌한 경우 평균감속도 $1g$로 정지하는 데 필요한 거리이다. 또한, 종단층의 강제감속장치가 있는 경우에는 감속된 속도를 적용하므로 이 Stroke를 줄여서 설치할 수 있다.

감속도 $1g$로 정지하기 위한 Stroke S는 다음과 같다.

$$S = \frac{1}{2}\frac{V_0^2}{g} = \left(\frac{1.15 \times V}{60}\right)^2 \times \frac{1,000}{2g}$$

$$= \frac{(1.15 \times V)^2}{3.6 \times 19.6} = \frac{V^2}{53.35}$$

여기서, S : Stroke[mm]

V_0 : 충돌 초기속도[m/min]

V : 정격속도[m/min]

g : 중력가속도(9.8m/s^2)

(4) 유입완충기의 플런저 복귀시간

유입완충기의 플런저에 가해지는 압력이 제거되면 복귀스프링에 의하여 플런저가 원래 위치로 복귀하게 된다. 플런저가 완전히 압축된 상태에서 완전히 복귀되는 데 걸리는 시간을 복귀시간이라고 한다. 일반적으로 90초 이하로 되어 있다.

3 완충기의 적용

선형 또는 비선형 특성을 갖는 에너지축적형 완충기는 엘리베이터의 정격속도가 1m/s 이하에 사용한다. 에너지소멸형인 유입완충기는 엘리베이터 정격속도와 상관없이 사용할 수 있으며, 유입완충기에는 동작을 검출하는 검출스위치가 부착되어 이 검출신호가 있는 동안 엘리베이터의 운행을 불가능하게 한다.

그리고 전동기의 전원을 차단하여 구동력을 상실한 상태에서 전부하 최상층에서 브레이크를 풀어 자연스럽게 하강시켜 피트바닥에 닫는 속도가 15m/min 이하인 경우 완충기를 생략하고 탄성이 없는 받침으로 대신하는 경우도 있다. 완충기의 종류별 적용은 [표 4-5]와 같다.

┃표 4-5 완충기의 종류와 적용 ┃

종류	적용
에너지축적형	비선형 특성을 갖는 완충기로, 승강기 정격속도가 60m/min을 초과하지 않는 곳에서 사용한다(우레탄완충기).
	선형 특성을 갖는 완충기로, 승강기 정격속도기 60m/min을 초괴히지 않는 곳에 사용한다(스프링완충기 등).
에너지소멸형	승강기의 정격속도에 상관없이 사용할 수 있는 완충기(유입완충기 등)

⚖ **관련법령**

〈안전기준 별표 22〉

12.2.1 에너지축적형 완충기

12.2.1.1 선형 특성을 갖는 완충기

12.2.1.1.1 완충기의 가능한 총행정은 정격속도의 115%에 상응하는 중력 정지거리의 2배($0.135v^2$[m]) 이상이어야 한다. 다만, 행정은 65mm 이상이어야 한다.

12.2.1.1.2 완충기는 카 자중과 정격하중을 더한 값(또는 균형추의 무게)의 2.5배와 4배 사이의 정하중으로 12.2.1.1.1에 규정된 행정이 적용되도록 설계되어야 한다.

12.2.1.2 비선형 특성을 갖는 완충기

12.2.1.2.1 비선형 특성을 갖는 에너지 축적형 완충기는 카의 질량과 정격하중, 또는 균형추의 질량으로 정격속도의 115%의 속도로 완충기에 충돌할 때의 다음 사항에 적합해야 한다.

가) [별표 12]에 따른 감속도는 $1g_n$ 이하이어야 한다.

나) $2.5g_n$를 초과하는 감속도는 0.04초 보다 길지 않아야 한다.

다) 카 또는 균형추의 복귀속도는 1m/s 이하이어야 한다.

라) 작동 후에는 영구적인 변형이 없어야 한다.

마) 최대 피크감속도는 $6g_n$ 이하이어야 한다.

12.2.1.2.2 [표 1]에서 기술된 '완전히 압축된' 용어는 설치된 완충기 높이의 90% 압축을 의미하며, 압축률을 더 낮은 값으로 만들 수 있는 완충기의 고정 요소는 고려하지 않는다.

12.2.2 에너지분산형 완충기

12.2.2.1 완충기의 가능한 총행정은 정격속도 115%에 상응하는 중력 정지거리($0.0674v^2$[m]) 이상이어야 한다.

12.2.2.2 2.5m/s 이상의 정격속도에 대해 주행로 끝에서 16.1.3에 따라 엘리베이터의 감속을 감지할 때 12.2.2.1에 따라 완충기 행정이 계산될 경우 정격속도의 115% 대신 카(또는 균형추)가 완충기에 충돌할 때의 속도를 사용될 수 있다.

어떤 경우라도 그 행정은 0.42m 이상이어야 한다.

12.2.2.3 에너지분산형 완충기는 다음 사항을 만족해야 한다.

　가) 카에 정격하중을 싣고 정격속도(또는 12.2.2.2에 따라 감소된 속도)의 115%의 속도로 자유낙하하여 완충기에 충돌할 때 평균감속도는 $1g_n$ 이하이어야 한다.

　나) $2.5g_n$를 초과하는 감속도는 0.04초보다 길지 않아야 한다.

　다) 작동 후에는 영구적인 변형이 없어야 한다.

12.2.2.4 엘리베이터는 작동 후 정상위치에 완충기가 복귀되어야만 정상적으로 운행되어야 한다. 이러한 완충기의 정상적인 복귀를 확인하는 장치는 15.2에 적합한 전기안전장치이어야 한다.

12.2.2.5 유압식 완충기는 유체의 수위가 쉽게 확인될 수 있는 구조이어야 한다.

11 │ 문끼임방지기(door jam protector)[83]

엘리베이터에서 [그림 3-101]처럼 사람이 도어 사이에 끼인 채로 카가 움직이면 인명에 손상을 가하는 치명적인 사고의 우려가 있다. 문끼임방지기는 이러한 사고를 미연에 방지하기 위한 안전장치이다. 이 안전장치는 엘리베이터에서 승객과 가장 많이 접하는 장치이며, 엘리베이터의 여러 장치 중에서 가장 동작을 많이 하는 도어 내의 장치이므로 그 역할이 매우 중요하다.

1 문끼임방지기의 구조

이 장치는 문이 닫히는 전 구간에서 동작하여야 안전하다. 특히 손가락 등 굵지 않은 물체에 대해서도 검출능력이 있어야 하고, 닫힘동작을 멈추고 즉시 열림동작으로 전환되어 사고를 방지해야 한다.

또한, 이 장치의 검출스위치는 도어패널에 부착되어 있고, 이 도어패널의 여닫힘이 수없이 반복되므로 검출스위치를 연결하는 전선이 따라서 움직이는 구조로 전선의 단선 우려가 높다. 이러한 단선으로 장치가 고장난 상태인 채로 엘리베이터를 운행하면 사고의 위험이 크므로 스위치 전선의 단선 등의 이상이 생겼을 때 엘리베이터의 운행을 중지시키는 안전회로로 구성해야 한다.

---

83) 법령에서는 '문닫힘안전장치'라고 명하고 있으나 장치나 기능의 이름이 너무 모호하므로 그 기능을 바로 인지할 수 있는 명칭을 사용하여 '문끼임방지기'라고 한다. 끼임은 주로 문에서 발생하므로 '끼임방지기'라고 해도 충분하다.

그래서 검출스위치는 B접점을 사용하여 정전이나 장치의 고장 시에도 사람이 끼임으로 인식하고, 운전불능상태로 되어야 한다.

■2 문끼임방지기의 종류

문끼임방지기는 엘리베이터의 도어가 닫히는 중에 승객이나 물건이 도어 사이에 끼였을 경우 또는 승객이나 물건이 검출된 경우 자동으로 도어가 열리도록 하는 안전장치로서, 물리적인 접촉에 의해 작동되는 접촉식과 광전장치 또는 초음파장치에 의해 작동되는 비접촉식이 있다. [표 4-6]에 문끼임방지기의 종류를 나타내고 있다.

❚ 표 4-6 문끼임방지기의 종류 ❚

구분	종류		검출방법
접촉식	세이프티슈 (safety shoe)[84]		카 도어의 접촉 Edge에 막대형태의 가동슈를 부착하여 물체나 사람이 닿아서 밀리면 닫힘을 중지하고 도어를 반전시키는 방식
비접촉식	광전식 (photo electric device)	Single beam	광전빔을 발생시키는 발광기와 센서인 수광기로 구성되어 있으며 광전빔이 차단될 때 도어를 반전시키는 방식으로, 단일빔으로 2~3set를 설치함
		Multi beam	도어 Edge 전체에 광전빔이 분포되어 작은 물체도 검출하여 도어를 반전시키는 방식
	초음파식 (ultrasonic door sensor)		도어 상부에 초음파 방사소자와 검지소자를 설치하고 감지각도를 조정하여 승강장 또는 출입구의 물체나 사람을 검출하여 도어를 반전시키는 방식

(1) 세이프티슈

세이프티슈는 접촉식 끼임방지기이며, [그림 4-48]에 물리적인 접촉으로 동작하는 Safety shoe 방식이다. 주로 카도어의 전단에 도어 높이 전체를 커버하는 바형태의 가동 바를 달고 이 바가 도어쪽으로 밀리면 이를 검지하는 Limit switch를 부착하여 끼임을 검출하는 장치로 Safety bar라고도 한다.

양쪽의 카도어에 장착하는 경우에는 한쪽의 바는 도어가 닫힐 때 도어패널 내면으로 들어가는 형태로 하여 서로 부딪히지 않도록 만들어진다. 보통은 두 짝의 카도어패널 중 한쪽에만 설치하는 경우가 많다.

---

84) Safety shoe 외에 Safety bar, Safety edge 등으로 부른다.

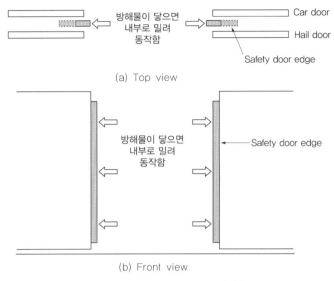

(a) Top view

(b) Front view

┃그림 4-48 Safety bar 방식┃

(2) 광전식(photo electronic device)

광전장치는 발광소자와 수광소자를 짝으로 구성한다. 주로 LED를 적용한 발광소자는 항상 빛을 발사하고, 수광소자는 이 빛을 받아 스위칭하는 Transistor를 사용하고 있다. 도어가 닫히는 도중에 사람이나 물건이 이 빛을 차단하면 이를 감지하여 도어를 반전하여 열게 되는 동작을 하므로 비접촉식이라고 한다. 이 장치의 소자는 단일빔을 발사하는 Single beam 센서가 있고, 많은 빔을 방사하고 그 수광소자도 많이 장착한 Multi beam 센서가 있다.

[그림 4-49]에 비접촉식의 싱글빔(single beam) 광전방식, [그림 4-50]에 역시 비접촉식의 멀티빔(multi beam) 광전방식을 보여준다.

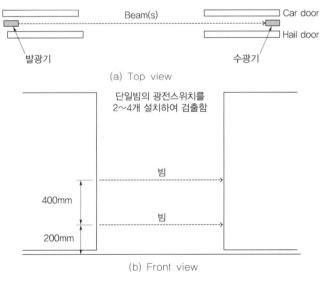

(a) Top view

(b) Front view

┃그림 4-49 Single beam 방식┃

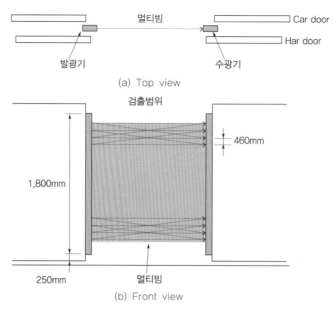

(a) Top view

(b) Front view

┃ 그림 4-50 Multi beam 방식 ┃

(3) 초음파식(ultra sonic sensor)

초음파센서는 카 도어 상부에 센서가 장착되어 출입구와 그 전면의 승강로 일부를 유효범위로 하여 초음파방사를 하고 이 초음파가 반사되어 돌아오는 파를 입력하여 그 방사에서 입력되는 시간을 측정하고 이 측정시간이 평소보다 짧은 경우에 사람이나 물체가 있음을 검출하는 방식을 사용한다.

[그림 4-51]은 비접촉식 초음파(ultra sonic) 방식의 끼임방지기의 방식과 구조를 나타낸다. 그림처럼 출입구 단면뿐만 아니라 출입구 전면의 범위부터 검출하므로 사전에 도어를 반전시키는 장점도 있다.

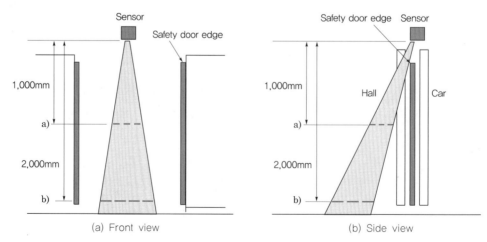

(a) Front view   (b) Side view

┃ 그림 4-51 초음파 센서방식 ┃

■3 종류별 장단점

① **세이프티슈** : 접촉식이라 검출 여부가 정확하다는 장점이 있으나 사람이 접촉을 해야 하므로 다소 신체적인 위해가 있을 수 있다. 그리고 휠체어 등과 같이 물체가 검출되는 경우 상호 간의 손상이 발생할 우려가 있다.

② **광전장치** : 비접촉식이라 사람의 위해나 물체의 손상이 발생할 우려가 작다. Multi beam은 검출간격이 좁아 작은 물체도 검출하기 쉬운 장점이 있으나, 연기나 다른 환경에서 오동작할 우려가 있다.

특히 화재나 재난운전에서는 무효화되어야 한다.

③ **초음파장치** : 출입구 전면에서 미리 검출하므로 출입구 도달 이전에 도어를 반전시켜 열수 있는 장점이 있다. 그러나 탑승하지 않는 행인을 감지하여 출발시간이 지연되는 등 오작동의 우려가 있다.

⚖️ 관련**법령**

〈안전기준 별표 22〉

7.6.2 동력 작동식 문

7.6.2.2 수평 개폐식 문

7.6.2.2.1 자동동력 작동식 문

　　　　다음과 같이 적용한다.

　　가) 승강장문 또는 카문과 문에 견고하게 연결된 기계적인 부품들의 운동에너지는 평균 닫힘속도로 계산되거나 측정했을 때 10J 이하이어야 한다.

　　　　수평 개폐식 문의 평균 닫힘속도는 다음 구분에 따른 구간을 제외하고 문의 전체 작동구간에 걸쳐 계산된다.

　　　　1) 중앙 개폐식 문 : 각 작동구간의 끝에서 25mm

　　　　2) 측면 개폐식 문 : 각 작동구간의 끝에서 50mm

　　나) 문이 닫히는 중에 사람이 출입구를 통과하는 경우 자동으로 문이 열리는 장치가 있어야 한다.

　　　　이 장치는 문이 닫히는 마지막 20mm 구간에서 무효화[85] 될 수 있다.

　　　　1) 이 장치(멀티빔 등)는 카문 문턱 위로 최소 25mm와 1,600mm 사이의 전 구간에 걸쳐 감지할 수 있어야 한다.

　　　　2) 이 장치는 최소 50mm의 물체[86]를 감지할 수 있어야 한다.

---

85) 실제로 최근에는 개의 목줄과 같은 얇은 물체의 끼임으로 사고발생이 많아지고 있으므로 현실적으로 맞지 않는 부분이다.

86) 이 기준은 오래된 유럽기준으로, 현재 우리나라 실정에는 맞지 않는다. 실제 적용되는 멀티빔방식은 훨씬 작은 물체도 세밀하게 검출한다.

3) 이 장치는 문닫힘을 지속적으로 방해받는 것을 방지하기 위해 미리 설정된 시간이
지나면 무효화될 수 있다.

4) 이 장치가 고장나거나 무효화된 경우 엘리베이터를 운행하려면 음향신호장치는
문이 닫힐 때마다 작동되고, 문의 운동에너지는 4J 이하이어야 한다[87].

[비고] 이 장치는 카문 또는 승강장문에 각각 있을 수 있고, 어느 하나에만 있을 수 있으며,
이 장치가 작동되면 승강장문과 카문이 동시에 열려야 한다.

12 │ 과부하검출기(over load detector)

과부하검출기의 상세한 내용은 'Ch03. 中 카 부하측정기'를 참조한다.

13 │ 지진감지기(seismic trigger)

지진은 P파와 S파로 구분하여 감지기를 별도로 설치하는 것이 바람직하다. 일반적으로 P파
감지기는 승강로 아래쪽 피트에 설치하고, S파 감지기는 승강로 최상부에 설치하는 것이 좋다.
지진감지장치 및 운전의 상세한 내용은 'Ch05. 中 지진운전'을 참조한다.

┃ 그림 4-52 지진감지기의 예 ┃

---

87) 이 끼임방지기의 고장은 승객의 인체를 손상하는 사고를 가장 많이 유발할 수 있는 장치이므로 고장은 반드시
운행불능 또는 운전불능으로 엘리베이터를 사용할 수 없도록 하여야 안전하다.

14 비상정지스위치(E-stop switch)

엘리베이터를 운행관리하거나 점검, 수리, 검사 등의 작업을 하는 중에 엘리베이터의 운전을 못하게 해서 작업자의 안전을 확보할 필요가 있다. 작업을 하는 위치는 기계실, 카 내, 카지붕, 피트 등이므로 이러한 위치에 작업자가 필요시 전원을 차단시키는 정지버튼 등의 수단이 필요하다. [그림 4-53]은 일반적인 비상정지용 푸시버튼스위치를 보여준다.

┃그림 4-53 비상정지스위치 ┃

⚖️ 관련법령

〈안전기준 별표 22〉

16.1.11 정지장치

16.1.11.1 동력 작동식 문을 포함하여 엘리베이터를 정지시키고 움직이지 않도록 하는 정지장치는 다음과 같은 장소에 설치되어야 한다.
　　가) 피트[6.1.5.1 가)]
　　나) 풀리실[6.1.5.2 나)]
　　다) 카 지붕[8.8 나)]
　　라) 점검운전 조작반[16.1.5.1.2 라)]
　　마) 엘리베이터 구동기, 이 장치는 1m 이내 직접 접근 가능한 주개폐기 또는 다른 정지장치가 있는 경우는 제외한다.
　　바) 작동시험을 위한 패널(6.6.6), 1m 이내 직접 접근 가능한 주개폐기 또는 다른 정지장치가 있는 경우는 제외한다.
　　　정지장치 자체 또는 근처에 "정지" 표시가 있어야 한다.

16.1.11.2 정지장치는 15.2에 적합한 전기안전장치로 구성되어야 한다.
　　정지장치는 쌍안정이어야 하고 의도되지 않은 작동으로부터 정상복귀될 수 없어야 한다.
　　KS C IEC 60947-5-5에 따른 버튼형식의 장치가 정지장치로 사용되어야 한다.

16.1.11.3 카 내 노출된 정지장치는 없어야 한다.

MEMO

Chapter

05

ELEVATOR BASIC TECHNOLOGY

엘리베이터 제어

01 | 엘리베이터 제어의 개념

엘리베이터의 제어계통은 [표 5-1]에서 보는 것과 같이 마치 Call taxi 회사의 체계와 유사하다. Call taxi는 택시를 타고자 하는 승객이 전화 등으로 택시회사에 요청을 하면 택시회사의 무선본국에서 현재 운행 중인 택시들 가운데 승객이 대기하고 있는 지점에서 가장 가까운 곳의 택시에게 승객이 기다리고 있는 곳으로 가서 서비스할 것을 지령한다.

┃ 표 5-1 택시와 엘리베이터 ┃

택시	엘리베이터
전화	승장호출버튼
운전사	운전제어부
클러치	Main contactor
카뷰레터	Motor 구동부
변속기	감속기
무선 본국	군관리반
행선지 말함	Car 행선버튼
액셀러레이터	속도제어부
엔진	Motor

승객이 기다리고 있는 곳에 택시가 도착하면 승객은 택시를 타고 행선지를 운전수에게 이야기하고 운전수는 행선지가 정해지면 Brake를 풀고 Clutch pedal을 떼고 출발한다. 속도를 내기위해 Accelerator pedal을 밟으면 카뷰레터 내로 연료가 많이 흡입되고 엔진의 RPM이 증가하면서 변속기를 거쳐 바퀴에 전달되는 속도가 커져 택시는 가속되고 목적지를 향하여 달리게 된다. 달리는 도중 운전수는 원하는 속도로 달리기 위해 액셀러레이터 페달을 적당히 조절하고, 전방에 방해물이 있는가를 살피고 택시 자체에 이상이 없는지를 알기 위해 각종 경고램프를 살피기도 하며 또 현재 향하고 있는 목적지를 회사의 무선본국에 알려준다.

택시가 목적지에 가까워지면 운전수는 속도를 줄이고 정지할 준비를 한 후 정지할 지점이 되면 브레이크를 밟고 클러치를 떼어 정지시킨다. 승객이 하차하고 문이 닫히면 다른 승객을 태우기 위해 다시 출발한다.

이와 같이 엘리베이터도 전자동운전을 제어하기 위해 각종 센서를 통하여 상황에 대한 정보를 모으고 이 정보를 분석하고 검토하여 다음 동작을 결정하며, 이러한 결정을 각 작동장치에 지시하여 동작하도록 하고 있다.

　　그림에서처럼 검출장치는 센서나 스위치 등을 이용하여 각종 정보를 수집하고 이러한 정보를 처리장치에 입력한다. 사람이 하고자 하는 의도, 즉 호출버튼, 행선버튼, 도어동작버튼 또는 운전모드 절한스위치 등은 MMI(Man Machine Intreface)를 통하여 엘리베이터와 소통하고 이를 처리장치에 전달한다. 처리장치가 결정한 동작에 대해서는 도어, Indicator, 안내방송 등의 작동장치에게 동작을 지령하고 그 동작 여부도 검출하여 처리장치에 입력된다.

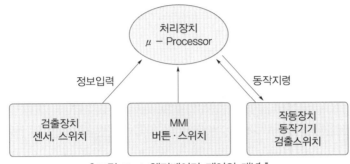

▌그림 5-1 엘리베이터 제어의 개념 ▌

　　엘리베이터 제어시스템의 기본처리장치는 운전제어 CPU이다. 운전제어 CPU는 엘리베이터의 모든 검출기로부터 현재의 장치상태에 대한 정보를 받아들인다. 대표적인 검출기는 Car position detector, Door jam protector, Over load detector, Governor switch, Door interlock switch 등이 있다. 사람과 엘리베이터 시스템을 이어주는 Man machine interface device는 기본적으로 승강장의 호출버튼, 카 내의 행선버튼, 점검운전버튼과 카의 위치를 알려주는 Indicator들이다. 이들 중에는 승강장의 호출버튼을 관리하여 할당된 정보를 운전제어에 입력하는 군관리제어부가 포함되어 있다고 볼 수 있다. 그리고 작동기기는 도어, 각종 Display와 음성안내장치 등이 있다. 이 작동장치에는 모터를 움직여 카를 주행하는 속도제어부가 포함된다.

02 ▌ 엘리베이터 제어시스템의 구성

　　엘리베이터의 제어는 기본적으로 3가지로 구성된다. 엘리베이터의 운전과 관련된 운전제어, 전동기를 동작시켜 최적의 속도로 엘리베이터 카를 구동시키는 속도제어 그리고 여러 대의 엘리베이터의 합리적이고 효율적인 운행을 관리하는 군관리제어로 나눈다. 그림과 같이 3가지 제어부 외에 전동기전원을 위한 모터구동부, 속도측정기, 승강장의 호출과 표시기, 카의 도어구동장치, 위치검출기, 부하검출기, 카 내 행선버튼, 각종 안전회로 등으로 이루어진다.

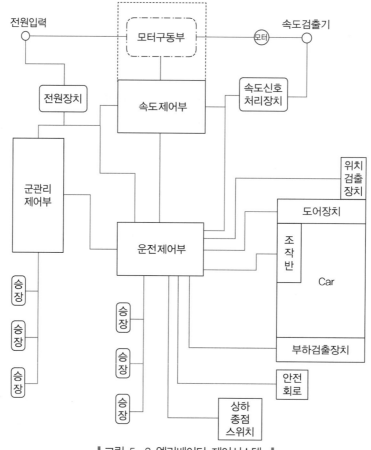

┃ 그림 5-2 엘리베이터 제어시스템 ┃

1 속도제어

엘리베이터 카의 속도를 조정하는 제어부로 카의 속도를 조정하기 위하여 전동기의 회전수를 제어하는 것을 말하며, 전동기의 속도제어는 일반적으로 교류전동기의 제어와 직류전동기의 제어로 나뉘고 이들 전동기를 제어하는 방식으로 속도제어를 분류한다.

과거에는 고속 엘리베이터의 제어방식으로 직류전동기를 적용하였으나 현재는 교류전동기의 가변전압·가변주파수 제어방식만을 적용하고 있다.

2 운전제어

엘리베이터의 각종 신호를 입력받아 상황에 맞는 동작을 결정하고 이를 출력하는 제어부로, 과거에는 릴레이시퀀스를 적용하고 Analog 제어방식으로 사용하였으나, 현재는 μ-Processor 제어방식을 채용한 디지털제어를 모두 적용하고 있다.

3 군관리제어

여러 대의 엘리베이터의 승강장 호출신호를 입력받아 서비스할 엘리베이터의 호기를 결정하는 제어이다. 과거에는 릴레이시퀀스를 활용하여 단순하게 제어하였으나, 최근에는 고기능의 μ-Processor를 활용하여 학습방식, AI, Fuzzy, Neuro-fuzzy, Expert 등을 활용한 군관리의 고효율화 시스템이 적용되고 있다.

군관리제어의 궁극적인 목적은 여러 대의 엘리베이터를 효율적으로 운행하기 위함이며, 효율적인 운행은 크게 서비스의 신속성과 에너지 절감의 두 가지 요인으로 볼 수 있다.

03 속도제어

사람이 타고 다니는 엘리베이터는 승객의 안전과 편안함을 위하여 수직으로 달리는 속도를 안정화하고 가속이나 감속 때에 승객의 승차감을 해치지 않도록 움직여야 하므로 카의 속도를 의도하는 대로 제어해야 한다. 속도제어는 카까지 연결되어 있는 구동체계의 구조를 통해서 전동기의 회전력을 전달하는 것이므로 전동기의 회전수를 제어하는 것으로 볼 수 있다.

1 전동기의 종류

엘리베이터에 사용되는 전동기에 따라 속도제어하는 방식이 달라지므로 속도제어는 교류전동기 제어와 직류전동기 제어로 분류할 수 있다.

(1) 교류전동기 제어방식

교류 1단 속도제어는 근대 엘리베이터 속도제어방식 중에서 과거에 적용하던 방식으로, 전동기의 고정자의 단일 극성을 이용하여 한 가지 속도로 움직이는 방식이다. 카가 출발하여 가속하는 동안에는 저항을 이용하여 전류를 제한하다가 차츰 키워서 흘려주는 것으로 전속주행을 하고, 감속과 정지는 Mechanical brake의 마찰력을 이용하는 방식이다. 따라서, 이 교류 1단 속도제어는 속도가 아주 느린 엘리베이터에 적용하였다.

교류 2단 속도제어는 고정자의 극성을 2중으로 만들어 고속극으로 달리다가 저속극으로 전환하여 속도를 낮춘 다음 브레이크로 감속하여 정지하는 방식이다.

교류귀환 제어방식은 대전력 반도체를 이용하여 속도를 제어하는 방식으로, 전동기의 속도를 검출하고 이 검출한 속도를 속도패턴의 값과 비교하여 비교값을 가지고 사이리스터로 전동기에 부과되는 전압을 조절하는 전압변화방식이다. 감속 시에는 교류전동기에 직류를 부과하여 직류제동하는 Electric dynamic brake방식으로 회전자를 정지시킨 후에 Mechanical brake를 동작하여 멈추어 있게 하므로 과거의 1단 속도, 2단 속도 방식에 비하여 큰 발전이 이루어졌다.

가변전압 가변주파수(VVVF) 제어는 최근 대전력 반도체기술의 발전과 더불어 고성능

μ-Processor의 발전으로 실현되었으며, 교류전동기의 원리를 순리대로 이용한 것으로 효율이 뛰어나고 속도제어가 정밀하여 현재에는 엘리베이터의 전 속도범위에서 적용하고 있다.

(2) 직류전동기 제어

과거에 엘리베이터를 고속으로 속도를 제어하기 위해서는 회전속도제어가 원활한 직류전동기를 사용하여 고속의 엘리베이터를 설치하였다. 이러한 고속의 직류전동기를 제어하는 방법 중의 하나는 워드레오나드 제어로 교류동력전원을 입력받아 이를 사용하여 교류전동기를 회전시키고 이 전동기축과 연결된 직류발전기를 돌려 직류를 엘리베이터의 직류전동기에 공급하여 운전하는 방식이다.

사이리스터 컨버터제어는 대전력 반도체기술의 발전으로 교류를 직류로 바꾸면서 사이리스터로 구성된 컨버터에 의한 점호각제어를 통하여 직류전동기를 제어하므로 과거 전동발전기의 회전운동을 대신한 반도체소자로 구성되어 정지 레오나드 또는 사이리스터 레오나드방식이라고도 한다.

▌2▐ 속도제어의 필요성

인간은 어느 지점과 지점을 이동할 경우 가능한 한 빨리 편하게 이동하려는 욕망이 있다. 수평 이동을 위해서 차량, 선박, 항공기가 발달했고, 수직 이동을 위해서는 엘리베이터가 그 역할을 하였다.

엘리베이터를 이용하여 인간이 빠르고 편하게 원하는 위치로 가고자 하면 엘리베이터가 달리는 속도는 가능한 한 빨라야 하고, 기동·가속 및 감속·착상을 할 때는 부드럽게 하여 승객이 불쾌감을 느끼지 않아야 한다. 그래서 Motor를 이용한 엘리베이터에서는 Motor의 회전속도를 적절히 조절하여 [그림 5-3]과 같이 제어함으로 그 목적을 달성할 수 있다.

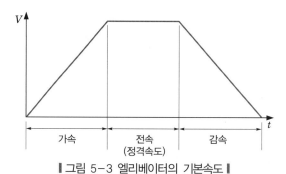

▌그림 5-3 엘리베이터의 기본속도 ▌

▌3▐ 속도제어부의 기능

엘리베이터의 속도제어부는 크게는 구동부를 포함할 수 있다. 택시에서의 운전수가 액셀러레이터 페달을 밟는 것에 의해 속도를 조절하듯이 속도제어부는 이미 만들어진 속도 Pattern에 따라 Motor의 속도를 조절하는 부분으로 엘리베이터에 있어서 가장 중요한 부분의 하나이다.

(1) 엘리베이터의 속도지령곡선(speed pattern)

엘리베이터의 움직이는 속도를 제어하기 위해서는 원하는 시기에 원하는 만큼의 속도형태를 미리 설계하여 엘리베이터 운행 시에 속도제어부에 지령해 주어야 한다. 일반적인 승용 엘리베이터의 속도패턴은 아래 [그림 5-4]와 같다.

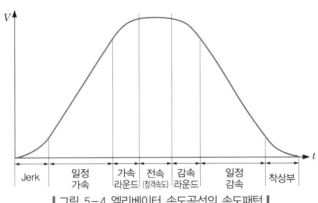

┃그림 5-4 엘리베이터 속도곡선의 속도패턴┃

엘리베이터가 정격속도로 주행하기 위하여 기동에서 전속까지 속도를 가속하여야 하며, 이때 가속도를 적절히 조절하여 승차감을 좋게 하여야 한다. 이를 위해서 정지-일정가속, 일정가속-전속의 변곡점에서 쇼크의 발생을 방지하는 속도패턴의 설계가 필요하다.

① Jerk부(加加速部) : [그림 5-4]와 같이 Motor를 기동시키는 부분을 기동 시의 Shock를 최소화시키기 위해 가속도를 서서히 증가시켜 일정가속으로 연결한다. 가가속(加加速) 구간으로도 부른다.

가가속도는 일반적으로 승차감에 영향을 많이 줄 수 있는 부분이므로 통상적으로 1.0~1.5m/s^{3}를 넘지 않게 설계한다.

② 일정 가속부 : 엘리베이터가 전속에 얼마나 빨리 도달하는가를 결정하는 부분으로, 엘리베이터의 승차감에 영향을 준다.

일반적으로 엘리베이터의 가속도는 승객이 어지러움 등의 불쾌감을 느끼지 않는 범위 내에서 가능한 한 빠르게 하는 것이 좋다. 저속 엘리베이터에서는 심각히 고려하지 않아도 좋으나, 고속 엘리베이터에서는 이 가속도가 서비스시간에 많은 영향을 미치므로 특히 중요하다.

어지러움 등의 불쾌감은 승객의 개개인에 따라 다르나 일반적으로 동양인이 서양인보다는 예민하여 동남아시아 지역에서는 다소 낮게 설계하는 경향이 있다.

일반적인 가속도 설계값은 [표 5-2]와 같다. 감속도도 유사하게 설계하는 경우가 대부분이다.

❚ 표 5-2 엘리베이터 속도별 가속도의 적용 예 ❚

엘리베이터 속도	가속도
105m/min 이하	$0.05 \sim 0.07g$
120 ~ 180m/min	$0.08 \sim 0.09g$
240m/min 이상	$0.09 \sim 0.1g$[88]

③ 가속 Round부(減加速部) : 가속에서 전속으로의 변곡부, 이 부분에서도 Shock 발생의 우려가 있으므로 가속도를 서서히 줄여 정속으로 연결하도록 부드러운 변환을 시도한다. 이 부분을 감가속(減加速) 구간으로도 부른다. 가속구간의 각 부분에 대한 속도곡선은 [그림 5-5]와 같다.

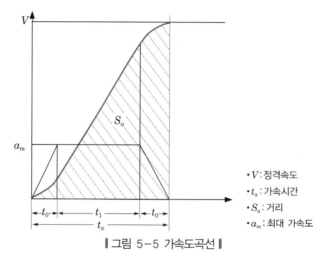

❚ 그림 5-5 가속도곡선 ❚

④ 전속부(全速部) : 엘리베이터의 정격속도에 해당하는 부분으로, 속도의 변화가 없는 것이 원칙이다. 이때의 속도를 정격속도로 볼 수 있다.

⑤ 감속 Round부(加減速部) : 전속에서 감속으로의 변곡부, 특히 이 변곡부는 Shock의 주요한 발생부로 주의가 요망되는 부분으로 감속도를 서서히 증가시켜 일정감속으로 연결한다. 이 부분을 가감속(加減速) 구간으로 부른다.

⑥ 일정 감속부 : 정지를 위한 감속부로, 최대 감속도로 일정하게 감속하는 구간이다.

⑦ 착상부(減減速部) : Shock 없는 착상을 위해서는 정지를 위한 속도로 감속도를 점차 낮추어서 착상할 수 있는 속도기준이 필요하다. 이 부분을 감감속(減減速) 구간이라고 말한다.

(2) 가·감속 거리

엘리베이터의 운전에서 가속거리와 감속거리가 중요하게 여겨진다. 가속거리와 감속거리는 다음 서비스할 운전이 전속구간을 포함하는 전속운전(long run)인지, 부분속운전(short run)인지를 결정하고 해당하는 속도패턴을 결정하는 요소가 된다.

---

88) 유럽이나 북미 등에서는 가속도 설계값을 최대 0.11g까지 적용하기도 한다.

감속거리는 엘리베이터 운전에서 더욱 중요한 정보로 사용된다. 카가 기동하여 가속하고, 전속으로 주행하는 것은 기동지령에 의하여 순차적으로 진행되므로 속도패턴 외에 추가정보가 필요하지 않지만 감속을 시작하는 시점은 착상이 연결되는 착상정확도 등 승차감과 관계있으므로 반드시 데이터가 확보되어야 한다.

[그림 5-6]에서 감속거리는 정격속도에 따라 다소 차이가 있으나 대체적으로 다음과 같다. 감속거리를 계산할 때 일정감속구간의 감속도로 계산하게 되는 경우에 가감속과 감감속구간 때문에 다소 오차가 있을 수 있으나, 정격속도가 빠를수록 일정감속구간이 길어지기 때문에 오차는 작아진다. 감속거리 S_a는 다음과 같다.

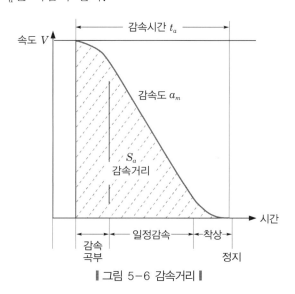

┃그림 5-6 감속거리 ┃

$$S_a = \frac{1}{2} t_a \times V = \frac{V^2}{2a_m} [\mathrm{m}^2]$$

여기서, S_a : 감속거리[m]

t_a : 감속시간, $t_a = \dfrac{V}{a_m} [\mathrm{s}]$

V : 정격속도(전속)

a_m : 감속도(일정감속부분)

(3) 운전모드

엘리베이터가 출발하기 전에 미리 목적층을 정하고 그 목적층까지의 주행거리를 입력하여 시작하려는 운전이 전속구간의 주행을 포함하는지 여부를 확인한다. 가속거리와 감속거리의 합보다 짧은 주행거리일 때에는 부분속운전으로 설정하고, 긴 주행거리일 때에는 전속운전으로 운전모드를 설정하여 출발하게 된다. 즉, [그림 5-7]과 같이 엘리베이터가 출발하여 주행해야 할

거리에 따라 전속구간의 주행이 포함되면 전속운전이고, 전속구간의 주행이 없으면 부분속운전으로 나눌 수 있다.

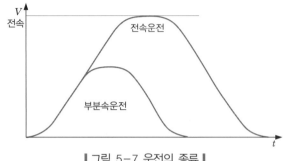

┃그림 5-7 운전의 종류 ┃

① 전속운전(long run) : 전속운전은 정격속도인 전속으로 주행하는 구간이 있는 주행을 말한다. 즉, 가감속거리보다 더 큰 주행거리를 운전할 때 이러한 주행이 이루어지며 Long run이라고 한다.

② 부분속운전(short run) : 운전해야 할 총거리가 가속거리와 감속거리를 합한 거리보다 짧은 거리를 주행하는 운전은 가속하는 도중에 감속개시를 해야 한다. 이러한 주행의 운전을 부분속운전 또는 Short run이라고 한다.

4 속도제어방식

로프식 엘리베이터에서 카는 모터의 회전운동과 감속기의 감속회전운동 그리고 구동시브의 회전을 직선운동으로 변화된 로프의 이동에 따라 움직인다. 따라서, 엘리베이터의 속도제어란 모터의 제어를 의미하고, 사용하는 모터의 종류에 따라 교류엘리베이터와 직류엘리베이터로 분류된다. 과거에 저속에서는 교류모터를 적용하고 고속에서는 직류모터를 적용하여 속도제어를 했다. 그러나 현재에는 모터의 속도와 힘을 가장 이상적으로 제어할 수 있는 VVVF 제어방식으로 모든 속도의 엘리베이터에 교류모터를 적용하여 속도제어를 하고 있다. 이하 본장에서는 각각의 대표적인 제어방식에 대하여 기술한다.

(1) 교류엘리베이터의 속도제어

교류엘리베이터란 유도전동기를 사용한 엘리베이터의 총칭이다. 유도전동기는 구조적으로도 간단하고 경제적인 면에서 유리한 점이 있기 때문에 엘리베이터의 대부분이 이 교류엘리베이터로 사용되고 있다.

교류엘리베이터의 제어에는 다음 4가지 종류가 있다.

• 교류 1단 속도제어(AC-1)
• 교류 2단 속도제어(AC-2)
• 교류귀환제어(AC-VV)
• 가변전압 가변주파수제어(VVVF : Variable Voltage Variable Frequency)

교류엘리베이터는 오랜 세월동안 60m/min 이하의 속도에 적용되고, 교류 1단 또는 교류 2단 속도제어방식이 채택되어 왔다. 그러나 반도체의 이용기술이 진보하여 1965년대 후반부터 교류귀환제어가 실용화되어 속도도 90, 105m/min까지 적용범위가 확대되었다. 다시 1985년대 부터는 VVVF 제어가 실용화되어 120m/min 이상의 고속영역도 포함한 전 속도영역에 교류엘리 베이터가 적용이 가능하게 되었다.

① 교류 1단 속도제어(AC-1) : 가장 간단한 제어방식으로, 3상 교류의 단속도모터에 전원을 공급하는 것으로 기동과 정속운전을 하고, 정지는 전원을 끊은 후 제동기에 의해 기계적으 로 브레이크를 거는 방식이다. 대표적인 회로도를 [그림 5-8]에, 속도곡선을 [그림 5-9]에 표시하였다. 그림에서 R은 기동저항이고, 대부분의 교류 1단 엘리베이터는 이것을 채용하 고 있다. 목적은 기동전류를 낮게 하고 모터의 기동토크가 낮은 상태에서 카를 가속시킨다.

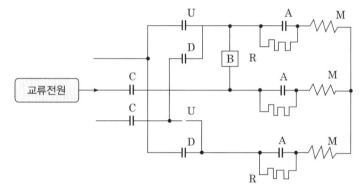

M : 모터   A : 가속접점
C : 메인 콘택터   B : 브레이크코일
U : 상승접점   R : 기동저항
D : 하강접점

┃그림 5-8 교류 1단 제어회로┃

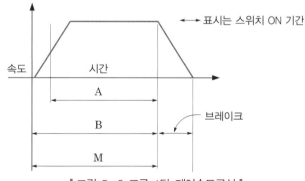

┃그림 5-9 교류 1단 제어속도곡선┃

이 기동저항은 어느 정도 모터가 가속되면 접점 A에 의해 단락되어 전류가 증가하면서 고속으로 회전하게 된다.

교류 1단 속도제어는 구조가 간단한 것이 이점이지만 착상오차가 크고 변곡점에서의 Shock 발생의 우려가 있으므로 최고 30m/min 이하에만 적용이 가능하다. 감속과 정지는 기계적 브레이크에 의한 것으로 정지할 부하토크는 오버밸런스율을 40%로 하여도 +60%에서 −40%까지 변화하는 것과 브레이크패드의 마찰계수가 변동하는 수도 있어서 30m/min의 엘리베이터에서는 ±30mm의 착상오차가 생기는 수가 있으며, 오차의 크기도 달라질 수 있다. 착상오차는 속도의 2승에 비례하여 증가한다고 생각하여도 좋다.

② **교류 2단 속도제어(AC-2)** : 전항에서 기술한 바와 같이 1단 속도에서는 착상오차가 크므로 그 보다 속도가 다소 높은 엘리베이터에서 착상오차를 감소시키기 위해 고속권선과 저속권선이 있는 2단계 권선의 모터를 사용하여 기동과 주행은 고속권선으로 하고, 감속과 착상을 저속권선으로 행하는 속도제어이다.

가령 60m/min의 엘리베이터를 4 : 1의 권선비로 감속착상시키면 15m/min의 교류 1단 속도제어와 같은 착상오차가 되어 충분히 실용화할 수 있는 방식이 된다.

2단 속도모터의 속도비는 여러 비율이 생각되지만 착상오차 이외에 감속도, 감속 시의 가감속도(감속도의 변화비율), 크리프시간(저속으로 주행하는 시간), 브레이크 등을 감안한 4 : 1이 가장 많이 사용된다.

[그림 5-10]에 이 방식의 대표적인 회로도를, [그림 5-11]에 속도곡선을 나타낸다. 기동 시에는 U(또는 D) 접점과 T(고속권선측) 접점이 들어간다. 기동의 도중에서 1A 접점에 의해 기동저항 R을 단락시켜 전류를 증가시킨다. 착상개시지령이 승강로 스위치에 의해 나오면 고속권선 T를 끊고, 저속권선 G로 바꾸어 감속을 시작하고, 2A로 저속권선의 저항을 줄여 더 감속시킨 후 3A로 완전히 저속권선으로 주행을 한다. 정지층 승강장 바닥에 근접해지면 모든 접점을 끊어 전동기에 전원을 차단시키고 브레이크로 제동시켜 감속정지를 한다.

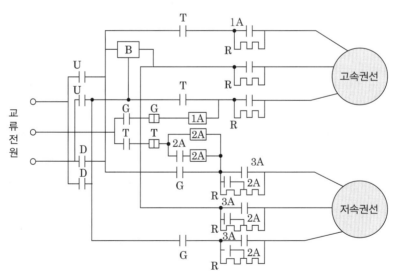

B : 브레이크코일회로 T : 고속접촉기 G : 저속접촉기
U : 상승접촉기 D : 하강접촉기 1A : 전속접촉기
2A : 1차 감속접촉기 3A : 2차 감속접촉기

▌그림 5-10 교류 2단 제어회로▐

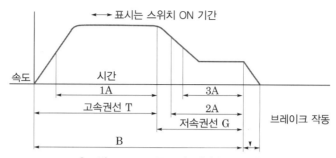

┃그림 5-11 교류 2단 제어속도곡선┃

③ 교류귀환제어(AC-VV : variable voltage) : 이 방식은 앞서 설명한 바와 같이 반도체의 발달
에 따라 실용화된 것으로서, 45m/min에서 90m/min까지의 승용엘리베이터에 주로 적용
되고 있다. 그 전까지는 45m/min는 교류 2단 속도제어를 적용하였다. 이 방식은 카의
실속도와 지령속도를 비교하여 사이리스터(thyristor)의 점호각을 바꿔 유도전동기의 속
도를 제어하는 방식이다.
대표적인 회로를 [그림 5-12]에 나타내었다.

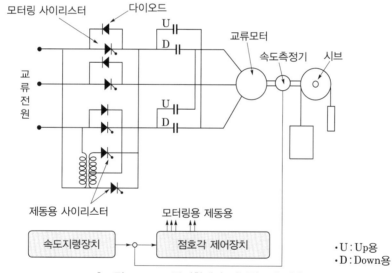

┃그림 5-12 교류귀환제어 기본회로의 예┃

유도전동기의 1차측 각 상에 사이리스터와 다이오드를 역·병렬로 접속하여 역행(力行)
토크를 변화시킨다. 또 모터에 직류를 흐르게 함으로써 제동(制動) 토크를 발생시킨다.
가속 및 감속 시도 카의 실속도를 속도측정기에서 검출하고, 그 전압과 속도지령 장치로부
터의 전압을 비교하여 지령값보다 카의 속도가 작은 경우는 역행 사이리스터의 점호각을
앞당겨 전압을 증가시켜 속도를 높이고, 반대로 지령값보다 카의 속도가 큰 경우는 역행

사이리스터를 점호각을 늦추어 전압을 낮추어서 감속시킨다. 전속주행 중은 귀환제어를 하지 않고, 보통 교류모터로서 카를 일정속도로 주행시키는 경우가 많다.

이와 같이 교류귀환 제어방식의 엘리베이터에서는 미리 정해진 지령속도에 따라 정확하게 제어되므로 승차감 및 착상 정확도 모두가 종래의 1단 속도, 2단 속도 교류 엘리베이터에 비하여 크게 개선되었다. 또한, 교류 2단 속도와 같은 저속주행시간이 없으므로 운전시간이 짧다.

속도지령장치로서 마이크로컴퓨터를 이용한 것이 많다. UP/DOWN의 운전방향의 변환에 전자접촉기가 사용되지만 보통의 운전에서는 거의 무전류상태로 ON/OFF가 이루어짐으로 접점의 소모가 작고 보수시간이 경감되는 이점이 있다.

④ VVVF 제어 : VVVF(가변전압 가변주파수) 제어는 인버터제어라고도 불리며, 유도전동기에 인가되는 전압과 주파수를 동시에 변환시켜 직류전동기와 동등 이상의 제어성능을 얻을 수 있는 방식이다. 이 방식의 채택에 의해 종래의 직류전동기를 사용하고 있던 고속 엘리베이터에도 유도전동기를 적용하여 보수가 용이하고, 에너지소비가 적어지는 효과를 얻게 되었다. 종래 교류귀환제어를 채택하고 있었던 중·저속 엘리베이터에서는 승차감 및 성능이 크게 향상됨과 동시에 저속영역에서의 손실을 줄여 소비전력을 약 반으로 줄였다. [그림 5-13]은 고속 엘리베이터용 VVVF 제어회로의 대표적인 예를 표시한 것이다.

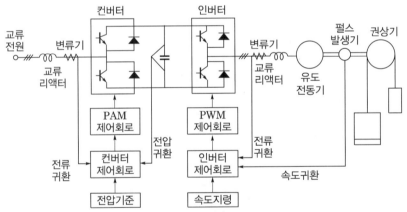

┃그림 5-13 VVVF 제어회로 ┃

3상의 교류는 컨버터를 통하여 일단 DC 전원으로 변환하고, 인버터로 전압과 주파수의 가변에 의하여 전동기에 필요한 3상 교류로 변환하여 전동기에 보낸다. 이때, 인버터는 정현파 PWM(펄스폭변조) 제어에 의해 정현파에 근접된 필요한 전압·주파수를 출력한다. 컨버터는 인버터와 같이 트랜지스터로 구성되어, 전동기가 중력에 의하여 위치에너지에 의해 회전되면 회생전력이 발전되고, 이 발전된 회생전력을 컨버터가 입력전원과 동일한 주파수와 위상을 갖는 전원으로 만들어 회생전력으로 재사용할 수 있게 만든다. 회생발전할 때에는 인버터가 정류역할을 하고 컨버터가 주파수변환을 하여 전원으로 되돌린다.

또한, 회생전력이 비교적 작은 105m/min 이하의 중·저속 엘리베이터에서는 컨버터로서 다이오드가 사용된다. 따라서, 회생전력은 전원으로 변환되지 않고, 일반적으로 직류회로에 접속된 저항기를 통하여 열로 소비된다.

인버터나 컨버터의 제어에는 복잡한 연산이 필요하기 때문에 16비트 이상의 마이크로프로세서 등 고성능 마이크로프로세서가 사용되고 있다.

(2) 직류 엘리베이터의 속도제어[89]

과거 직류전동기를 적용하여 속도제어를 원활하게 하는 직류 엘리베이터가 많이 사용되었으나, 교류인버터의 속도제어가 발전되면서 직류전동기의 크기, 설치비용, 운영비용, 유지관리의 어려움 등의 단점으로 현재는 사라져 찾아볼 수 없게 되었다.

직류 엘리베이터는 90, 105m/min의 기어부착(geared) 엘리베이터와 120m/min 이상의 무기어(gearless) 엘리베이터에 적용되는 것이 보통이었다.

일반적으로 직류분권모터의 제어에 전기자회로나 계자회로에 저항을 삽입하여 컨트롤하는 방법이 있으나, 직류 엘리베이터 제어에는 전동발전기(MG : Motor Generator)의 계자를 제어하여 행하는 워드레오나드(Ward Leonard) 방식이 사용되었다.

근년에는 전력전자기술의 발달로 전동발전기 대신에 사이리스터로 구성된 정류기로 점호각을 제어하여 전압을 변환하는 사이리스터 컨버터(Static Leonard, thyristor convertor) 방식이 주로 고속 엘리베이터에 적용된다.

① 워드레오나드(Ward Leonard) 방식 : 직류모터는 계자전류가 일정하면 전기자에 주어지는 전압에 비례하여 회전수가 변화하는 특성이 있다. 전기자에 직류전압을 공급하기 위하여 AC 모터로 DC 발전기를 회전시키는 MG(Motor Generator)를 엘리베이터 한 대당 1세트 씩 설치한다. 그리고 MG의 출력을 직접 직류모터전기자에 공급하고, 발전기의 계자전류를 강하게 하거나 약하게 하여 발전기 발생전압을 임의로 연속적으로 변화시켜 직류모터의 속도를 연속으로 광범위하게 컨트롤한다.

직류모터의 전기회로에 저항을 연결하여 이것을 변화시켜서 속도제어를 하는 방법은 대전류가 흘러 손실이 크지만, 위에서 설명한 방식은 발전기의 계자에 소용량의 저항을 연결하여 대전력을 제어할 수가 있어 손실이 작은 것이 특징이다. [그림 5-14]는 대표적인 회로도로, U와 D는 발전기의 전압극성을 바꿔 직류전동기의 회전방향을 변환시키는 콘택터이고, 1E, 2E는 가속접점으로서 발전기계자를 조정하여 발전전압을 제어하여 직류모터의 속도를 제어한다. 발전기의 계자를 100% 여자시킨 후 고속으로 운전할 경우에는 계자를 약하게 하면 된다.

---

89) 현재는 직류모터를 적용하는 엘리베이터가 거의 존재하지 않는다.

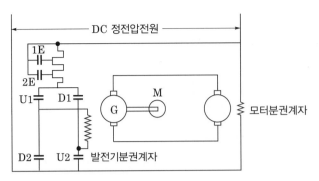

- U1, U2 : UP 방향 콘택터
- D1, D2 : DOWN 방향 콘택터
- 1E, 2E : 속도조정 콘택터

┃ 그림 5-14 워드레오나드 제어회로 ┃

참고

직류전동기의 회전수는 전기자전압에 비례하고 계자전류에 반비례한다.

$$N = K\frac{E - I_a R_a}{I_f}$$

여기서, N : 회전수

K : 전동기정수

E : 전기자전압

I_a : 전기자전류

R_a : 전기자저항

I_f : 계자전류

---

② 사이리스터 컨버터(thyristor convertor) 방식 : 정지컨버터방식은 사이리스터를 사용하여 교류를 직류로 변환하여 모터에 공급하고, 사이리스터의 점호각(点弧角)을 바꿈으로써 직류전압을 바꿔 직류모터의 회전수를 제어하는 방식이다. 이 방식은 변환 시의 손실이 워드레오나드방식에 비하여 부피가 작고, 회전체가 없으며, 또한 보수가 쉽다는 점과 소비전력이 작다는 등의 이점이 있다.

대표적인 회로가 [그림 5-15]이다. 권상모터(traction motor)를 정회전시키는 사이리스터(SCR-F)[90]와 역회전시키는 사이리스터(SCR-R)를 역·병렬로 접속하여 사용한다. SCR-F는 권상모터를 정회전시키기 위한 AC → DC 변환하고, 마찬가지로 SCR-R은 역회전시키기 위한 AC → DC 변환을 하여 전동기의 입력단자에 직류전원의 부호를 바꾸어 준다.

---

90) SCR : Silicon Controlled Rectifier, Thyristor과 같은 소자를 의미한다.

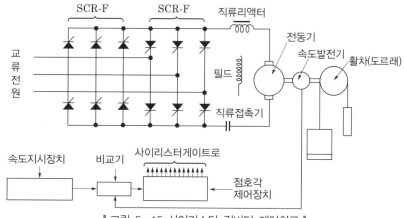

┃그림 5-15 사이리스터 컨버터 제어회로┃

속도제어는 엘리베이터의 실제속도를 속도지령값과 비교하여 값의 차가 있으면 사이리스터의 점호각을 변화시켜 속도를 바꾼다. 직류리액터는 정류한 전류의 파형을 정형하여 모터의 토크리플(torque ripple)을 작게 하는 목적으로 설치된 것이다. 또 직류콘택터는 카가 정지 중에 주회로를 차단하는 안전장치로 설치되어 있다.

이상과 같이 로프식 엘리베이터의 각종 속도제어방식에 대한 변천은 [표 5-3]과 같이 발전되었다.

┃표 5-3 로프식 엘리베이터 속도제어방식의 변천┃

정격속도 [m/min]	제어방식(권상기)				
	1960	1970	1980	1990	2000
30 이하 45, 60	교류 1·2단 (기어)		교류귀환 (기어)	VVVF (기어)	
90, 105	워드레오나드(기어)		정지컨버터(기어)		VVVF (기어, 무기어)
120 ~ 240	워드레오나드 (무기어)		정지컨버터 (무기어)	VVVF (무기어)	
300 이상					

▆5 인버터(invertor) 속도제어

(1) 인버터 속도제어의 장점

인버터 구동 엘리베이터는 우선 에너지절약에 적합하다. 전동기의 구동방법이 효율적이다. VVVF 구동방식은 과거 전압귀환 제어방식에 비하여 슬립이 없으며 전동기의 효율이 높다. 또한, 중력에 의한 역구동력이 생기는 상황에서는 회생전력을 만들 수 있으며, 주파수변화에 의한 저속 회전이 가능하여 감속기 없는 고효율의 구동이 가능하다.

다음은 속도제어를 정밀하게 할 수 있어 승차감이 우수하다. VVVF 제어는 고성능컴퓨터에 의하여 가능하므로 컴퓨터의 정밀한 제어로 기동하여 가속도를 아주 낮은 값에서 키워 가속할 수 있으며 감속 시 그리고 착상 시에 쇼크는 물론 사람이 느낄 수 있는 진동조차 없이 운전할 수 있다.

카의 운행속도에 제한이 없다. VVVF 속도제어는 전동기의 회전속도를 주파수로 조정하므로 저속 엘리베이터부터 초고속 엘리베이터까지 적용이 가능하다. 현재 지구상의 최고 속도 엘리베이터도 이 제어방식을 적용하고 있다.

VVVF 제어방식을 채택한 엘리베이터는 구동시스템을 최저 비용으로 구축할 수 있다. 과거 고속 엘리베이터에 적용한 직류전동기 등에 비교하면 구동장치의 비용이 획기적으로 낮아졌다. 교류전동기와 감속기 없는 구동기로 낮은 초기비용과 전력소비 최소화와 더불어 전동기의 유지관리 비용감소 등으로 운영비용이 대폭 낮아진다.

시스템이 소형화되면서 건축의 활용성을 크게 만들어준다. 특히 무기어 동기전동기를 적용한 기계실 없는 엘리베이터는 건축물의 공간활용으로 건축주에게 큰 이익을 가져다준다.

(2) 유도전동기 인버터 속도제어

유도전동기의 1차 주파수를 제어하는 방법으로는 가변전압 가변주파수 제어 또는 인버터제어라고 부른다. 전동기에 공급하는 전원의 전압과 주파수를 동시에 제어하는 것으로 그 속도를 제어하는 방법이 사용되고 있다. 유도전동기는 다음 식에 의하여 회전속도가 주어진다.

$$N = \frac{120f}{P} \times (1-s)\,[\mathrm{rpm}]$$

주파수를 변화하면 속도가 변하지만, 실제로 전동기를 제어하는 것은 주파수를 제어하여 속도를 변화하여도 정동토크가 일정하게 나오도록 할 필요가 있다. 이를 위해 전압과 주파수의 비가 거의 일정하게 되도록 주파수변화에 대하여 전압도 변화시켜 전동기 내의 자속을 일정하게 유지하는 것에 의하여 직류전동기와 동일한 정토크특성을 얻게 되는 것이다. [그림 5-16]이 인버터제어 회로의 기본이다.

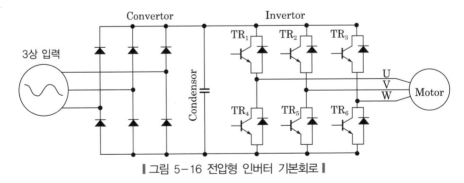

┃ 그림 5-16 전압형 인버터 기본회로 ┃

유도전동기의 구동에 적용되는 인버터는 전압형 인버터와 전류형 인버터로 대별되지만 엘리베이터에는 시스템의 경제성 등의 면에서 일반적으로 전압형 인버터를 채용하고 있다.

[그림 5-17]에 그 각 부의 파형을 표시하고, 기본회로에 출력전압은 일정하게 제어가 가능하지 않다.

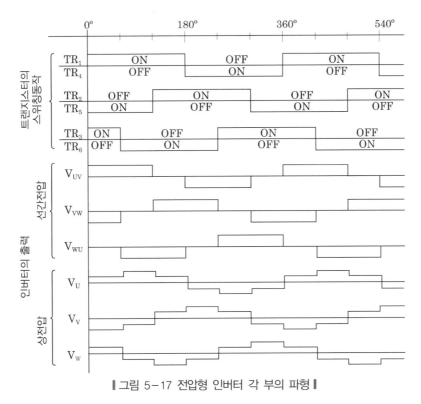

┃그림 5-17 전압형 인버터 각 부의 파형┃

또, 그 파형도 방형으로 인하여 전동기전류에 고조파가 함유되어 토크리플이 발생한다. 따라서, 출력전압을 제어하고 출력파형을 정현파에 가깝게 만들기 위하여 정현파 PWM(Pulse Width Modulation, 펄스폭변조) 제어가 이용된다. 정현파 PWM 제어를 행할 때의 출력파형은 [그림 5-18]에 나타내는 것과 같이 트랜지스터의 스위칭폭을 변화하여 출력전압의 값을 제어하는 것으로 전동기전류를 정현파에 가깝게 하여 고조파성분을 저감하는 것이 가능하다.

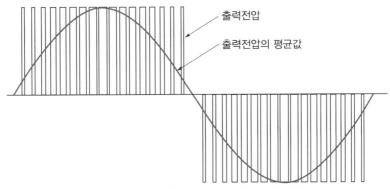

┃그림 5-18 정현파 PWM 제어의 출력파형┃

315

(3) 동기전동기 속도제어

① 동기전동기의 원리 : 동기전동기는 회전자에 N극과 S극을 교대로 배치하고 고정철심 내에 배치된 도체군(전기자)에 교류전류를 흘리면 회전자계를 발생하여 회전자 자극과 회전자 계와의 흡인반발에 의하여 발생하는 토크로 회전하는 전동기로 회전자계의 회전속도(동기 속도)로 회전한다. 회전자의 계자권선에 직류의 여자전류를 흘려서 자극을 만드는 권선형 과 회전자에 영구자석을 매립하여 자극으로 하는 영구자석식이 있다.

엘리베이터용에는 영구자석 동기전동기(permanent magnet synchronous motor)가 사 용되고 있다. PMSM은 사속을 만들기 위하여 여자전류를 흘릴 필요가 없기 때문에 효율, 역률이 좋은 유도전동기를 만들 수 있고 자속밀도도 높으므로 동일한 출력의 유도전동기에 비하여 소형으로 할 수 있다.

② 동기전동기의 속도제어 : 동기전동기는 회전자계의 회전속도로 회전하므로 회전자계의 회 전수를 제어하는 것에 따라 속도제어가 가능하다. 회전자계는 인버터에서 발생하는 가변주 파수의 교류전류를 전기자권선에 흐르게 하는 것에 의하여 생기는 것이 가능하다. 따라서, 엘리베이터처럼 원활한 가감속특성이 필요한 경우에는 순시토크의 제어가 필요하여 회전 자 영구자석에서 만들어지는 축방향벡터와 전기자권선이 만드는 회전자계 벡터의 위상각 을 짧은 시간의 Sampling 시간으로 제어하는 벡터제어가 적용된다.

전기자의 전류위상과 토크의 관계는 [그림 5-19]와 같다. 회전자가 돌극성[91]을 가지고 있으면 권선에 의한 회전자계에 회전자의 돌극부가 흡인되어 발생하는 릴럭턴스토크도 발생하여 앞에 기술한 자석토크와 릴럭턴스토크의 양방에 의하여 [그림 5-19]의 굵은 선에 서 나타내는 토크가 발생한다.

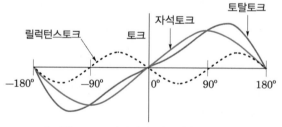

┃ 그림 5-19 전기자의 전류위상과 토크 ┃

---

91) 회전자에 극성이 튀어나온 전동기에서 발생하는 가로축의 리 액턴스와 세로축의 리액턴스가 서로 다른 모양의 성질을 나 타내고 그림이 돌극성 전동기이다.

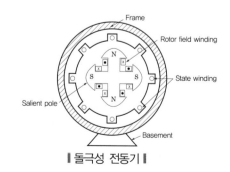

┃ 돌극성 전동기 ┃

회전자의 축방향 벡터토크는 회전축에 장착된 로터리엔코더 등의 출력신호로 검지하여 그의 신호를 가지고 제어에 필요한 토크를 발생하는 3상 가변속 교류전류를 벡터제어 인버터장치로 생성하여 전동기에 공급한다. 제어회로의 예는 [그림 5-20]과 같다.

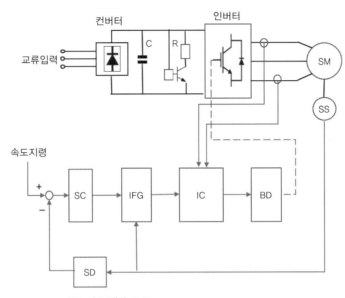

- SC : 속도제어 AMP
- SD : 속도변환기
- IFG : 전류계수발생기
- IC : 전류제어회로
- BD : 베이스 드라이브회로
- SS : 자극위치검출기
- SM : 동기전동기

▌그림 5-20 동기전동기의 벡터제어회로 예 ▌

04 │ 운전제어(operation control)

엘리베이터에서 운전제어부는 택시에서의 운전수의 머리부분에 해당된다. 택시의 운전수가 택시의 현재 상황 및 전방의 상태를 파악하여 다음 행동을 어떻게 할 것인가를 판단하고 행동을 결정하듯이 엘리베이터의 운전제어부는 엘리베이터의 현재 상황을 모든 외부기기들로부터 입력신호를 받아 상황을 판단하고, 다음에 어떤 행동을 할 것인가를 결정하는 등 택시의 운전수와 같은 일을 한다.

운전제어부는 [그림 5-21]과 같이 엘리베이터 운전에 대한 전반적인 관리통제를 행하고 있다. 따라서, 엘리베이터에서 작동하는 모든 기기, 장치, 부품에는 센서가 있고, 동작을 검출하면 바로 운전제어 CPU에 통보하여야 한다.

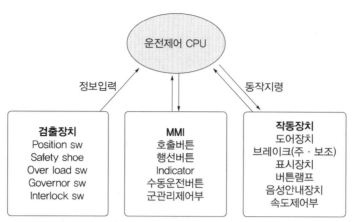

┃그림 5-21 운전제어의 기본개념 ┃

1 운전제어부의 기능

　엘리베이터의 운전제어부는 엘리베이터 시스템의 모든 동작과 움직임을 총괄하는 부분이다. 운전제어부의 기능을 정보수집기능, 운전관련기능, 장치작동기능, 안전점검기능, 외부통신기능, 현장데이터 설정기능 등의 부분별로 나누어 살펴본다.

(1) 정보수집기능

　정보수집기능은 MMI[92] 정보, 운전관련 정보, 안전장치검출정보로 나눌 수 있다. 여기서는 MMI 정보와 운전관련 정보를 살펴보고, 안전점검기능에서 다룬다.

① **승장 호출버튼 관리** : 운전제어부는 승장의 호출버튼이 승객에 의하여 눌러지는 지를 입력받고 이에 대한 서비스를 할 것인지를 판단결정하고 버튼의 램프에 점등지령을 하여 등록이 되었음을 승객에게 알리고 서비스한다.

② **카 행선버튼 관리** : 카 내의 행선 Button의 신호를 받아 그 Button에 대한 서비스가 가능한 지를 판단하고 요구를 등록시키고 Lamp를 점등하여 등록이 되었음을 승객에게 알린다.

③ **도어버튼 관리** : 승객에 의한 도어열림버튼(DOB : Door Open Button)과 도어닫힘버튼(DCB : Door Close Button)의 작동에 대하여 관리한다.

④ **카 내 부하정보** : 카 내에 적재부하의 상태를 저울장치를 통하여 과부하, 적재량 80%, 100kg 등의 검출신호를 수집하여 운행정보로 삼는다.

⑤ **카 위치스위치 정보** : 카 상부에 장착되어 도어존을 검출하는 카포지션 스위치의 도어존 검출에 대한 정보를 입수한다.

⑥ **운전관련 스위치 정보** : 점검운전반의 스위치 작동 여부를 확인한다. 점검운전반에서는 운전·정지, 자동·수동, 전용 운전, 독립운전, 파킹운전, 화재운전, 소방운전 등의 운전모드 스위치의 상태를 확인하고, 외부의 화재경보신호, 지진감지신호 등의 비상신호를 확인한다.

---

92) Man machine interface로 승객과 엘리베이터 시스템과의 소통과 관련된 정보로써 호출버튼, 행선버튼, 도어작동버튼 등이 이에 속한다.

(2) 운전관련 기능

운전제어부는 엘리베이터의 기동에서 정지까지의 동작에 관여하여 정보를 입수하고 운전상태를 파악하며 다음 동작을 지령한다.

① 엘리베이터의 운전가능 여부 판단 : 엘리베이터의 전반적인 안전장치계통의 이상 여부를 확인하고, 운전할 수 있는지를 판단하여 이상이 있을 경우에는 엘리베이터의 운행을 중지시킨다.

② 서비스의 결정 : 호출버튼, 행선버튼 등 승객의 요구정보에 대한 엘리베이터의 서비스 여부를 Non service data로 확인하여 결정하고, 군관리에 포함된 경우에는 군관리제어로부터 호출에 대한 할당을 받아 서비스를 결정한다. 이때, 목적층과 주행방향이 결정된다.

③ 운전모드의 결정 : 목적층에 따른 총주행거리를 연산하고 전속운전(long run) 혹은 부분속운전(Short run)의 운전모드를 정한다.

④ 속도 pattern의 작성 : 운전의 종류에 따라 엘리베이터가 기동하여 정지할 때까지의 속도패턴을 작성한다. 이 속도패턴이 속도제어부에서 수행하는 속도제어의 기준속도가 된다. 속도패턴은 [그림 5-36]에서 볼 수 있다.

⑤ 기동지령 : Door 동작이 완료되고 탑승인원이 정원을 넘지 않는 등 운행에 문제가 없음을 확인하고, 속도제어부로 기동할 것을 요구한다. 이때, 구동기의 Brake 개방을 먼저 지령한다.

⑥ 이동거리 연산 : 카가 주행하면서 Rotary encoder로부터 입력된 값을 이용하여 출발점부터 주행한 거리를 연산한다.

⑦ 주행 중 현재층 연산 : 연산된 이동거리와 위치 검출기의 신호를 이용하여 현재 카가 주행 중인 층을 연산한다. 상승운전일 때는 Landing plate를 지나면 현재층수에 1층을 더하고, 하강운전일 때는 Landing plate를 지나면 현재층수에 1층을 빼서 카의 현재층 연산을 한다. 종단층에서는 터미널스위치에 의하여 절대층[93]을 인식하고, 종단층 이외의 층에서는 이 연산에 의하여 카의 위치를 기억한다.

과거에는 층연산기능을 [그림 5-22]의 Selector라고 하는 별도의 장치에 의하여 수행하였다.

▎그림 5-22 Selector ▎

---

93) 카의 절대위치를 인식할 수 있는 층, 즉 종점스위치가 있는 종단층이 절대층이 될 수 있다.

319

⑧ 잔거리계산 : 엘리베이터가 주행하면서 이동해야 할 거리를 계산한다. 총주행거리에서 이동거리를 빼면 남은 거리(잔거리)가 된다. 그리고 남은 거리에서 일정기간의 이동거리를 빼면 현재 남은 거리가 된다. 이러한 계산을 주기적으로 하여 현재시점의 남은 거리를 계산한다.

⑨ 정지결정 : 전속운전인 경우에 목적한 층에 정확한 착상으로 정지하기 위해서는 감속거리가 남은 시점에 감속을 개시하여야 한다. 정지결정을 하는 시점은 현재의 잔거리가 감속거리와 같은 시점에서 정지를 결정하고, 감속개시를 속도제어에 지령하여야 한다. 즉, 감속거리가 남은 시점에서 정지를 결정하고 감속을 지령한다.

⑩ 정지(브레이크 제동) : 카가 감속하여 착상하면 전동기의 속도가 0이 되었음을 확인하고 브레이크를 제동하도록 지령한다. 이때, 도어존에 진입되어 있음을 확인한다.

(3) 주행관리절차

카의 기동에서 정지까지를 주행이라 하고, 이 주행을 운전제어가 관리한다.

카의 기동과 정지는 속도제어에서 보다는 운전제어에서 명령을 하게 된다. 즉, 운전기사가 출발과 정지를 결정하는 것과 같다.

① 주행결정 : 목적층이 확정되면 방향이 정해지고 주행이 결정된다.

② 총거리의 계산 : 현재 층에서 목적층까지 각 층의 층고 data를 읽어 와서 모두 합산하여 총주행거리를 계산하고, 총주행거리에 따라서 Long run 혹은 Short run의 운전모드가 정해진다.

③ 감속거리 리드 : 운전모드에 따른 감속거리를 메모리에서 불러온다. 전속운전모드일 때의 감속거리가 [그림 5-23]에 나타나 있다.

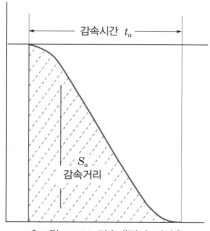

▌그림 5-23 감속패턴과 거리 ▌

④ **기동지령** : 엘리베이터의 도어가 닫히고, 안전회로가 정상인 것 등의 출발조건이 만족되면 운전제어부가 속도제어부에 기동을 지령한다.

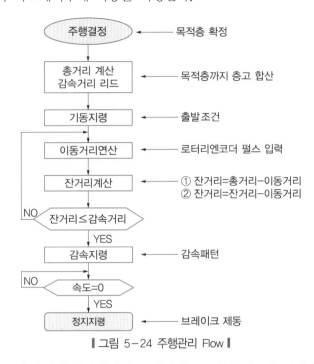

┃ 그림 5-24 주행관리 Flow ┃

⑤ **이동거리 연산** : 움직이기 시작하면서 로터리엔코더에서 펄스를 입력받아 주기별로 이동거리를 계산한다. 이동거리는 엔코더의 펄스수에 비례한다.

⑥ **잔거리 계산** : 이동해야 할 거리가 잔거리이다. 잔거리와 감속거리를 비교하여야 하므로 항상 잔거리를 계산하여야 한다. 기동 후 첫 번째 잔거리계산은 '총거리-이동거리'로 하여 그 값을 잔거리메모리에 저장한다. 이후부터의 '잔거리=잔거리-이동거리'로 계산되어 메모리에 저장된다.

⑦ **감속거리와 비교** : 계산된 잔거리와 감속거리를 비교하여 잔거리가 크면 주행을 계속하고, 잔거리가 감속거리와 같거나 작으면 감속지령을 발령한다. 물론 운전제어부에서 속도제어부로 전송된다. 이때, 감속패턴도 같이 전송된다.

⑧ **속도제어부 감속주행** : 감속개시명령에 의해 속도제어부는 감속패턴에 따라 감속주행을 한다. 목적층 승강장에 도착하면 패턴에 따라 착상을 하고 정지한다.

⑨ **정지명령** : 착상에서 속도가 0, 즉 로터리엔코더에서 펄스가 더 이상 입력되지 않으면 정지지령을 내리고 브레이크를 잡는다.

(4) 외부장치[94] 작동기능

운전제어부는 외부의 안전장치나 동작장치들에 대한 동작내용을 결정하고 이를 출력하여 장치들로 하여금 동작하게 한다.

① 브레이크 동작관리 : 운전을 개시하는 브레이크의 작동을 관리한다. 브레이크는 카가 기동하기 위해서 전동기 전원투입 전에 개방하고, 카가 정지하고 속도가 0이 된 후에 제동한다. 운전제어부는 브레이크의 개방과 제동을 지령한다. 이때, 브레이크의 개방은 반드시 속도제어부와 이중으로 지령을 내보낸다.

또한, 브레이크의 동작 여부를 검출스위치에 의하여 정보를 입수한다.

② Door 동작 관리 및 제어 : Door의 현재 상태를 파악하고, 승객의 탑승 등을 위한 Door open 조건 및 Close 조건에 의해 Door 동작을 지령한다. 또한, 도어열림버튼과 도어닫힘버튼의 작동에 따른 지령도 수행한다. 특히 도어끼임방지기의 동작 여부를 지속적으로 확인하고 장치의 동작을 확인하면 즉시 도어열림지령을 내보낸다.

카 내 부하측정정보 중에서 과부하검출을 확인하면 도어의 닫힘을 중지하고 열림상태를 유지하도록 지령한다. 그리고 도어의 열림과 닫힘의 동작상태를 검출스위치에 의하여 확인한다.

③ 도착예보공과 홀랜턴의 출력 : 군관리에 속한 경우에 군관리로부터 승강장 호출에 대한 서비스를 할당받은 정보에 따라 즉시 홀랜턴을 점등하는 지령을 내보낸다.

또한, 호출층에 도착 직전에 홀랜턴을 점멸하여 도착 직전임을 표시한다. 이때, 카 지붕에 장착된 도착예보공 또는 도착예보차임을 작동한다.

④ 각종 표시신호의 출력 : 제어반 내의 표시장치(annunciator)의 디스플레이, 카 내의 인디케이터 표시, 승강장의 홀랜턴 표시, 승강장 인디케이터의 표시, 호출버튼의 램프표시, 행선 버튼의 램프표시 등의 출력에 대한 관리를 수행한다.

(5) 안전점검기능

운전제어부는 외부의 안전장치들에 대한 이상검출 여부에 대한 정보를 모두 입수할 뿐 아니라 여러 다른 정보들을 분석하여 시스템의 이상 여부와 운전상태의 이상 여부를 소프트웨어적으로 안전점검을 수행하고 이상을 확인하면 운전을 중지시킨다.

① 외부안전장치의 이상검출확인 : 과속검출기스위치, 비상정지스위치, 완충기동작스위치, 종점스위치(LS, FLS), 구출구스위치, 점검구스위치, 승강장도어 인터록스위치, 과속검출기 로프인장기스위치, 보상로프텐션 이완검출스위치, 록다운 비상정지장치 검출스위치, 구동모터 과열스위치, 인버터 과열스위치 등 안전장치 동작검출 스위치의 정보를 입력하여 이상정보를 확인한다.

---

94) 제어반의 외부를 말한다.

이상정보가 확인되면 카가 정지 중일 때는 운전불능상태[95])로 만들고, 운전 중에는 비상정지를 시킨 후에 운전불능상태를 만든다.

비상정지는 현재위치에서 전동기와 브레이크의 전원을 차단하는 급정지와 목적층과 상관없이 최기층에 감속하여 정지하는 감속정지가 있다.

② **안전점검** : 엘리베이터가 안전운행이 가능한지를 운전제어부가 내외부 정보를 분석하여 소프트웨어적으로 확인한다. 엘리베이터 동력전원의 과대전압, 과소전압, 동력전원의 결상, 인버터콘덴서 이상, 종점스위치 이상, 도어스위치 이상, 카포지션스위치 이상, 층연산 이상, 브레이크콘택터 이상 등의 장치에 대한 이상 여부를 확인한다.

카가 주행하게 되면 운전제어부는 현재 운전이 정상인지를 지속적으로 확인한다. 운전 중 이상과속, 이상저속, 속도와 패턴차이 과다, 검출속도 Jump, 감속불능 등을 확인한다. 이상정보가 확인되면 카가 정지 중일 때는 운전불능상태로 만들고, 운전 중에는 비상정지를 시킨다.

(6) 외부와 통신

① **군관리와의 통신** : 군관리 엘리베이터일 경우 필요한 신호들을 군관리로 보내고, 군관리가 정한 서비스에 대한 신호를 받는다. 택시에서 운전수가 무선본국에 현재 위치, 행선지 등을 알리는 것과 같다.

② **감시반 등 외부장치와의 통신** : 엘리베이터 감시반의 데이터 송신 및 수신, 원격감시장치의 엘리베이터 제어데이터 수집장치(DAS)와의 데이터 송·수신 등을 수행한다.

③ **카·승강장 스테이션과의 통신** : 엘리베이터의 승강장 호출버튼과 카 내의 행선버튼은 모두 각각의 버튼이 해당하는 층의 서비스를 요구하는 고유의 신호를 제어반으로 주고 제어반에서 받아야 한다.

이들의 신호를 과거에는 각각의 신호를 별도의 전선을 통하여 제어반과 각 버튼을 연결하여 운행하였다. 즉, 1개의 버튼에 전원선과 버튼의 신호선, 램프의 점등선 등 최소 3~4개의 전선이 필요하였다. 승강장에는 상승과 하강 2개의 버튼이 있고, 카 조작반에는 건물의 층수만큼 버튼이 있으므로 연결하는 전선의 가닥이 많았다.

지금은 대부분 시리얼 통신방식을 적용하고 있다. 현재 가장 많이 적용하고 있는 통신방식은 CAN 통신이다. CAN 통신은 자동차의 신호를 주고받기 위해 만들어진 통신방식으로, 그 구성이 간단하고 통신이 안정적이라 최근 많이 사용하고 있다. 이 통신은 직류전원 2개선과 통신데이터 2개선으로 구성되어 있다.

엘리베이터에서도 이 CAN 통신을 적용하여 제어반에서 승강장으로 4개선이 연결되어 전체 승강장의 Up, Down 버튼과 승강장 Indicator 표시까지 연결되어 신호 전송과 출력을 수행하고, 또 이동케이블을 통하여 4개의 선이 카로 연결되어 모든 행선버튼과 카의 Indicator 표시를 해결하고 있다.

---

95) 모든 등록된 호출을 소거한다. 이후 추가호출도 불능으로 한다.

(7) 운행조건 및 데이터의 설정

각 층의 고유명칭으로 층표시 설정, Non service 층 설정, 도어불간섭시간의 설정, 카 내 조명·팬 자동 소등시간 설정, 격층운행 설정 등의 운행데이터를 설정하고 변경한다.

이러한 운행데이터의 변경은 Annunciator 등의 Maintenance tool을 가지고 해당 엘리베이터의 전문가가 운행 중인 현장에서 실시할 수 있다.

2 운전제어방식

운전제어를 수행하는 제어기가 과거에는 릴레이로 하였기 때문에 기능이 단순하고 동작의 정밀도도 떨어졌으나, 근래에는 μ-Processor를 채용하여 여러 가지 다양한 기능을 채용하고, 동작의 정확성이 크게 향상되었다.

(1) 릴레이제어방식(과거방식)

1980년 이전의 운전제어방식은 대부분 릴레이제어방식이었다. 이 릴레이제어방식은 각 대 운전제어뿐만 아니라 군관리제어도 릴레이로 수행하였다.

┃ 그림 5-25 릴레이제어반 ┃

(2) PLC 방식

1970년 이후에 공장자동화 등으로 PLC가 대량생산되면서 화물용 엘리베이터에 PLC 제어가 적용되기도 하였으나, 신뢰성 등의 약점으로 안전성에 문제가 우려되므로 현재는 인명의 위해요소가 낮은 소형 화물용에 일부 적용하고 있으며, 특히 승객용 엘리베이터에는 적용하지 않는다.

(3) μ-Processor 방식

1980년 이후에 μ-Processor(컴퓨터) 방식으로 전환되어 현재에는 모든 엘리베이터가 μ-Processor 방식을 채택하고 있다. μ-Processor 방식은 제어반의 크기가 대폭 줄어들고, 운전

제어의 여러 가지 기능을 추가하기에도 쉽고 비용도 많이 들지 않아 운전기능과 편의기능의 많은 기능을 수용할 수 있다.

단, μ-Processor가 저전압의 데이터제어방식이므로 외부의 전기적인 노이즈에 프로그램의 수행오류가 발생할 수 있으므로 μ-Processor 회로의 구성 및 제조에 있어서 내노이즈(耐 noise) 성능에 깊은 주의가 필요하다.

❘ 그림 5-26 컴퓨터제어반 ❘

3 엘리베이터 운전의 종류

엘리베이터의 운전은 크게 자동운전과 점검운전으로 구분한다.

(1) 자동운전(auto service)

자동운전은 엘리베이터 제어시스템에 의하여 운전되는 것을 말한다.

① 전자동운전(full auto service) : 전자동운전은 승객이 스스로 승강장의 호출버튼으로 카를 부르고, 카 내의 행선버튼으로 목적층을 선택하고 도어가 불간섭시간이 경과하면 자동으로 닫혀 운전하는 방식이다.

② 전용 운전(exclusive service) : 전용 운전은 승강장의 호출버튼보다 카 내의 행선버튼을 우선 시하여 행선버튼의 서비스가 끝나기 전에는 승강장의 호출버튼에 서비스하지 않는 운전방식이다.

③ 운전수운전(attendant service) : 운전수운전은 전자동운전과 거의 유사하나 불간섭시간이 없어 도어가 자동으로 닫히지 않으므로 운전수가 도어닫힘버튼 등을 이용하여 도어를 닫아주어야 출발하는 운전방식이다.

④ 구출운전(rescue operation) : 엘리베이터가 어떤 원인에 의하여 층과 층 사이에 멈추어 섰을 때 대부분은 카 내에 승객이 타고 있다고 볼 수 있다. 이러한 경우에는 제어부에서

이상원인을 자가진단하고, 원인이 제거되었거나 운전에 영향이 없는 미미한 이상일 경우에는 카 내의 승객을 위하여 구출운전을 시도한다. 구출운전은 기본적으로 카 내 승객의 외부로 구출이 목적이므로 도어를 열 수 있는 가장 가까운 승강장으로 이동하여 도어를 열고 승객이 내리도록 하는 것이다. 구출운전이 끝나면 상황에 따라 정상운전으로 복귀 또는 점검대기를 위해 운전불능상태로 전환한다.

따라서, 카는 저속으로 운전하여 가장 가까운 승강장의 도어존이 검출되면 바로 정지하여야 하므로 정지 시에 승객에게 신체적인 쇼크를 가하지 않을 정도로 저속운전을 한다. 이러한 운전을 저속자동운전96)이라고 한다.

⑤ **독립운전(independent service)** : 엘리베이터가 여러 대 군관리운행을 하는 현장에서 각 대의 점검, 수리, 검사 등의 작업이나 특수한 승객을 위한 전용 운전을 위해서는 군관리의 관리에서 벗어나 독립으로 운전해야 할 필요가 있다.

독립운전을 하기 위해서는 해당 카의 카 내 점검운전반에 있는 독립운전스위치를 켜서 동작한다. 이 스위치는 점검운전반에 내장하거나 조작반 외부에 키스위치로 장착하기도 한다. 독립운전 중에는 승강장의 호출은 받지 않고 행선버튼의 등록에만 서비스한다.

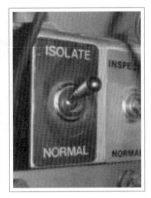

┃ 그림 5-27 독립운전스위치 ┃

⑥ **정전 시 구출운전(power failure rescue service)** : 엘리베이터의 동력전원이 끊어지는 정전이 발생하면 운전 중인 카는 승객을 태운 채로 층과 층 사이에 멈추는 경우가 많다. 정전 후 복전이 빠르게 되면 상기의 구출운전이 수행되나, 일정시간 동안 복전이 되지 않는 경우 비상발전에 의한 예비전원으로 구출운전이 수행된다.

비상발전이 없는 경우에는 엘리베이터 제어시스템 내에 장착되어 있는 배터리제어를 통하여 구출운전을 시도하고 구출운전이 완전히 끝나면 운전불능상태로 전환되어 복전을 기다린다.

정전 시 자동구출장치는 기본적으로 배터리, 인버터, 변압기 및 검출회로 등으로 구성되어 있다. 배터리는 일반적으로 자동차용을 적용하고 있다.

---

96) 저속자동운전은 승객이 탑승하고 있으므로 운전속도는 대략 10~15m/min으로 설계한다.

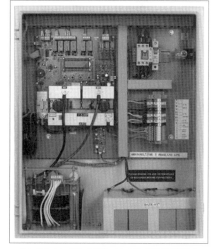

┃그림 5-28 정전 시 자동구출장치┃

⑦ 이사운전 : 아파트 등에서 이사할 때 적용하는 운전이다. 운전수운전과 유사하며 Indicator 에 '이사 중' 표시가 점등되고, 다른 층에서 호출하는 경우에 카 내에 알림장치로 알려주며, 카 내에서 도어를 닫거나 이사운전을 해제하여 호출에 우선 서비스하도록 우선권을 주는 운전이다.

(2) 점검운전(inspection operation)

점검운전은 엘리베이터의 전문가가 점검, 수리, 검사 등의 엘리베이터 전문작업을 수행하기 위하여 저속으로 움직여 도어존이 아닌 곳에도 정지하여 승강로 내에 필요한 여러 가지 작업을 할 수 있는 운전으로 점검운전의 속도는 대략 20~30m/min으로 설정하고 있다.

점검운전을 할 수 있는 위치는 기계실, 카 내 및 카 지붕으로 정하는 것이 일반적이나 간혹 필요에 의하여 피트에 설치할 수도 있다.

(3) 카 상부 독점운전(exclusive operation)

점검운전을 할 수 있는 장소는 주로 기계실, 카 및 카 상부이고, 카 상부에 탑승하여 점검운전을 하는 경우에는 안전사고의 위험이 가장 크므로 다른 위치에서의 자동운전은 물론이고 점검운전도 할 수 없도록 카 상부 독점운전의 안전회로가 구성되어 있다.

[그림 5-30]에서 보는 바와 같이 카 상부에서 점검운전으로 절환하면 카 상부 이외의 어떠한 위치에서도 운전이 불가능하다. 따라서, 카 상부의 점검운전 절환스위치를 안전스위치라고 하며, 이 스위치는 AUTO/HAND, NOR/INS, 자동/수동, 자동/점검 등으로 표시한다. [그림 5-30]의 회로에 의하면 운전의 우선순위는 카 상부 > 카 내 > 제어반 순이다.

카 상부에는 점검운전 절환스위치와 비상정지스위치, 수동 UP, DOWN 운전버튼 등이 있고, 도어 정지스위치가 달리기도 한다.

▌그림 5-29 안전스위치 ▌

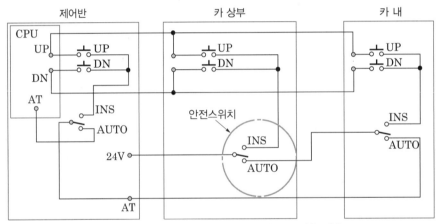

▌그림 5-30 카 상부 독점운전 안전회로 적용 예 ▌

■4 각종 운전기능

상기한 자동운전 이외에 엘리베이터의 운전에서 필요한 운전을 자동으로 할 수 있도록 추가한 운전기능을 살펴본다.

(1) 만원통과운전(by pass)

카 내에 적재부하 80%를 검출하여 진행방향의 승강장 호출에 대하여 서비스하지 않고 통과하여 행선층으로 바로 가는 운전을 말하며, 이 기능을 통하여 신속성과 경제성을 향상시킬 수 있다.

(2) 층연산 수정운전

엘리베이터의 현재 층을 연산하는 과정에서 착오가 생겨 맞지 않은 경우에 층연산 수정운전을 행하게 된다. 층연산 수정운전은 절대층을 알 수 있는 종점스위치를 찾아가는 저속으로 운전된다. 종점스위치가 있는 종단층에 도착한 후에 정상적인 자동운전을 시작할 수 있게 된다.

(3) 층고 측정운전

엘리베이터를 설치하는 경우에 기계 및 전기적인 장치의 설치가 완료되면 고속자동운전의 시운전을 위하여 각 층의 층고를 측정하는 운전을 하여야 한다. 이 각 층의 층고는 자동운전에 필수적으로 필요한 데이터이며 정확한 거리의 측정이 필요하다. 과거에는 이 층고를 건축도면을 참고로 하여 설계자가 계산하여 데이터를 메모리에 기억시켜 사용하였으나, 실제 건축현장에서와의 치수가 잘 맞지 않아 어려움이 많았다.

현재는 실제 현장에서 구조와 전기장치의 설치가 완료된 상태에서 층고를 자동으로 측정한 정확한 데이터를 사용한다. 층고는 설치현장에서 측정하여 기억하는 데이터로서 μ-Processor의 메모리 중에서 휘발성이 없고 PROM이 아닌 현장에서 Read/Write가 가능한 메모리를 사용한다. 따라서, 어떤 원인에 의하여 층고에 변화나 삭제가 있을 수 있으므로 설치할 때가 아니고 사용 중인 엘리베이터에서도 층고 측정운전이 필요할 때가 있다. 층고 측정운전은 전문가가 수동으로 하는 것과 자기진단에 의하여 자동으로 하는 방법이 있다.

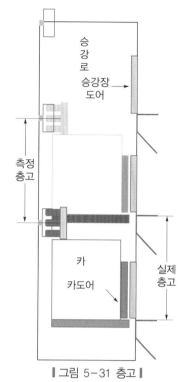

┃그림 5-31 층고┃

층고 측정운전은 최하층 레벨에서 시작하며 저속으로 최상층 레벨까지 운전한다. 운전도중에 각 층의 Landing plate에 의하여 층레벨이 검출되면 해당 층고를 해당 층 메모리에 기억하는 과정을 되풀이하여 전체 층고를 측정하여 기억하게 하는 것이다. 그림에 건물의 실제 층고와 측정하는 층고를 보여준다.

(4) 재난복귀(disaster return)[97] 운전

건물에 화재 등의 재난이 발생하면 특수한 임무를 가진 엘리베이터, 즉 소방구조용 엘리베이터, 피난용 엘리베이터 등이 고유 임무에 맞는 운행을 하게 된다. 그러나 이러한 엘리베이터뿐만 아니라 일반 승객용 엘리베이터도 재난에 대한 대응운전이 필요하다. 따라서, 건물 내에 평상시 승객이 타는 모든 엘리베이터에 대해서는 건물의 화재발생에 대한 초기 대응운전이 필요하며 이 운전을 재난복귀운전 또는 화재복귀운전이라 한다.

---

97) 이 재난복귀운전은 화재복귀운전(fire return)이라고도 하며, 소방구조용 엘리베이터와 피난용 엘리베이터뿐만 아니라 모든 승객용 엘리베이터에서 필수적으로 장착되어야 할 운전기능이다. 이는 화재 등 재난발생 당시 카에 타고 있는 승객을 피난층으로 피난시킨 이후에, 일반승객용은 운행중지하고, 소방구조용과 피난용은 다음 운전을 위하여 대기시키는 기능이기 때문이다.

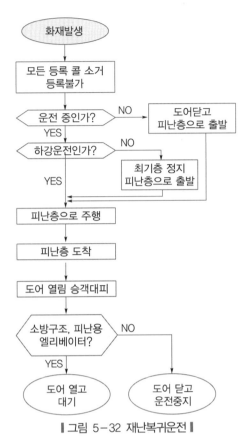

┃ 그림 5-32 재난복귀운전 ┃

① **운전의 시작** : 재난복귀운전은 건물의 화재경보기의 연동신호나 엘리베이터 감시반 또는 기준층의 승강장에 설치된 재난복귀버튼의 신호를 받아 시작된다.

② **콜소거 및 등록불가** : 화재경보기의 신호가 제어부에 접수되면 엘리베이터는 승강장과 카의 모든 등록된 서비스를 소거하고, 이후 모든 호출버튼, 행선버튼은 무효가 된다.

③ **피난층으로 운전** : 카가 정지 중에 있다면 도어를 닫고 즉시 건물의 피난층으로 출발한다. 카가 하강운전 중에 있다면 피난층을 목적층으로 하여 그대로 주행한다. 카가 상승운전 중이면 최기층에 정지하고 도어를 여닫지 않고 바로 피난층으로 출발한다. 카가 하강감속 중에 있다면 정지 후 도어를 여닫지 않고 피난층으로 출발한다.

④ **피난층 도착** : 피난층에 도착하면 도어를 열어 승객을 대피하도록 하고 잠시 후 도어를 닫고 운행불능이 된다. 단, 소방구조용 엘리베이터 또는 피난용 엘리베이터는 구조요원이 도착하여 사용할 수 있도록 도어를 열고 대기한다.

⑤ **재난복귀운전의 적용** : 승객용의 모든 엘리베이터는 이 재난복귀운전기능을 탑재해야 할 필요가 있다. 승객용 엘리베이터가 이 운전기능이 탑재하지 않아 건물화재 시 일반인이 이를 이용하다가 카 내부에서 연기나 화염에 의해 신체손상은 물론이고 큰 사고를 당하는 경우가 많이 발생하였으므로 이 재난복귀운전으로 탑승객을 안전하게 피난시키고 이후에는 운행불능으로 만들어 사고를 미연에 방지하여야 한다.

(5) 1차 소방운전(1st fire fighter operation)

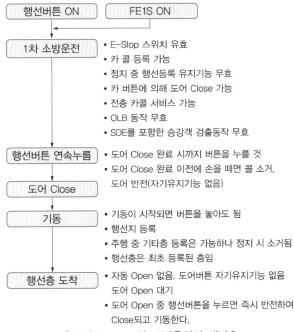

| 행선버튼 ON | FE1S ON |

1차 소방운전
- E-Stop 스위치 유효
- 카 콜 등록 가능
- 정지 중 행선등록 유지기능 무효
- 카 버튼에 의해 도어 Close 가능
- 전층 카콜 서비스 가능
- OLB 동작 무효
- SDE를 포함한 승강객 검출동작 무효

행선버튼 연속누름
- 도어 Close 완료 시까지 버튼을 누를 것
- 도어 Close 완료 이전에 손을 떼면 콜 소거, 도어 반전(자기유지기능 없음)

도어 Close

기동
- 기동이 시작되면 버튼을 놓아도 됨
- 행선지 등록
- 주행 중 기타층 등록은 가능하나 정지 시 소거됨
- 행선층은 최초 등록된 층임

행선층 도착
- 자동 Open 없음. 도어버튼 자기유지기능 없음 도어 Open 대기
- 도어 Open 중 행선버튼을 누르면 즉시 반전하여 Close되고 기동한다.

┃ 그림 5-33 1차 소방운전의 개념 ┃

　　소방구조용 엘리베이터는 건물화재 시 높은 위치에는 소방차의 사다리가 접근하기 어려우므로 소방활동에 엘리베이터가 필요하다. 건물의 화재 시 소방관이나 구조대가 활동하기 위해서는 당시의 환경에 맞는 운전방식이 필요하다. 소방구조용 엘리베이터는 소방관이 소방활동을 하기에 적합하도록 운전방법이 만들어져 있다. 특히 소방운전에서 도어의 동작은 자동여닫힘 기능을 없애고, 도어버튼에 의하여 여닫히며, 도어버튼의 자기유지기능이 소거된다.

① 운전조건 : 운전조건은 도어 끼임방지기의 기능은 무효화되어 소방관이 필요한 때에 도어를 여닫을 수 있도록 하여야 한다. 특히 광전장치나 초음파센서 등은 연기 등에 의하여 오작동의 가능성이 크므로 무효화가 필요하다. 점검운전이나 비상운전상태가 아니어야 하며, 이미 등록된 모든 호출은 소거되고, 승강장버튼의 호출은 기능무효가 되어야 하며, 군관리 내에 있을 때는 군관리 외로 군관리의 할당 등으로부터 독립되어야 한다.

② 1차 소방운전시작 : 소방구조용 엘리베이터는 기준층에서 도어를 열고 대기하고 있다. 소방관이 소방운전을 시작하려면 소방운전키로 키스위치를 돌려야 한다. 여기서 키는 승강장도어키의 모양으로 표준화[98]되어 있다. 1차 소방운전 키스위치는 비복귀형이다.

③ 도어버튼의 자기유지기능 소거 : 엘리베이터의 도어를 작동시키는 버튼(DOB, DCB)은 누르고 손을 떼어도 자기유지기능이 있기 때문에 끝까지 닫히게 되어 있다.

　　소방운전 시 엘리베이터 도어는 자동으로 여닫히지 않고, 또한 도어동작버튼은 자기유지기

---

98) 표준화규정이 있으나 과거의 기종은 열쇠가 다를 수 있다.

능이 무효화된다. 즉, 도어를 열 때는 도어가 완전히 열릴 때까지 열림버튼을 누르고 있어야 한다. 만약 열리는 도중에 손을 떼면 도어는 도로 닫히게 된다. 도어를 닫을 때도 도어가 완전히 닫힐 때까지 닫힘버튼을 누르고 있어야 한다.

이 도어버튼 자기유지기능 소거기능으로 소화작업을 위해 목적층에 도착하여 소방관이 도어열림버튼을 눌러 도어를 열면서 승강장의 화재상황을 확인하고, 지적에 화염이 있으면 도어열림버튼에서 바로 손을 떼어 도어가 닫히게 되어 화염으로부터 보호되어야 한다.

④ DCB 기동 : 대기 중인 소방구조용 엘리베이터를 타고, 1차 소방운전 키스위치를 돌린다. 소방관이 가고자 하는 행선층을 등록시킨다. 도어 닫힘버튼을 도어가 닫힐 때까시 누른다. 도어가 완전히 닫히면 카가 출발하고, 이때 도어 닫힘버튼을 놓는다. 닫히는 도중에 버튼을 놓으면 도어가 다시 열린다.

⑤ 목적층 도착 : 목적층에 도착하면 자동 여닫힘기능[99]은 해제되어 있다. 카가 정지하여도 도어가 자동으로 열리지 않는다. 도어 열림버튼을 눌러 승강장에 화염이 있는지를 살피고, 화염이 보이면 버튼을 놓아 도어가 닫히게 한다. 화염이 없어 안전하다고 판단되면 도어가 완전히 열릴 때까지 열림버튼을 누르고 완전히 열리면 버튼을 놓는다. 도어가 완전히 열리면 이후 도어 닫힘버튼 작동 시까지 열고 대기한다.

⑥ 소화활동 : 화재를 확인하고 소화작업을 한다. 또한, 도어가 완전히 열린 상태에서 카 외부로 나가서 소방활동을 하다가 카로 들어가서 피난층으로 가려면 카가 도어를 열고 대기하고 있어야 한다.

⑦ 소방관 대피운전 : 소화작업 중에 화염이 거세어 소화작업을 중단하고 대피해야 할 경우에는 도어가 열려 있는 엘리베이터 카에 탑승하고 피난층버튼을 등록하고 도어 닫힘버튼을 눌러 도어를 완전히 닫고 피난층으로 대피한다.

이때, 도어 닫힘버튼의 고장 또는 도어구동장치의 고장으로 도어가 닫히지 않는 경우가 발생되면 2차 소방운전으로 대피하여야 한다.

⑧ 소방운전 시 운전우선순위 : 소방운전 중에 점검운전이나 비상운전이 선택되면 소방운전은 점검운전이나 비상운전에 우선되지 않으므로 1차 소방운전에서 점검운전과 비상운전이 가능하고, 이때에는 경보음이 울려 소방관에게 알려야 한다.

(6) 2차 소방운전(2st fire fighter operation)

2차 소방운전은 소방활동 도중에 엘리베이터로 대피하여야 하나 도어가 이상이 생겨 닫히지 않는 경우에 운전하는 방법이다.

2차 소방운전의 키스위치에 키를 꽂아 돌린다. 2차 소방운전은 복귀형 스위치이므로 ON으로 돌린 상태에서 손을 떼지 말고 피난층버튼을 누른다. 피난층버튼을 계속 누르고 있으면 경고음이 발생하는데 도어를 열고 운전이 시작된다는 경고음이다. 경고음이 일정시간(2~3초) 울리고 카는 출발한다. 출발 후에는 2차 소방운전스위치와 행선버튼에서 손을 놓아도 좋다.

---

99) 엘리베이터가 호출에 의하여 도착하면 자동으로 도어를 열고 불간섭시간 후에 자동으로 닫히는 기능을 말한다.

이때, 카의 속도는 도어를 열고 주행하므로 분속 90m를 넘지 않는 것이 좋다. 피난층에 도착하면 소방관이 내리고 다음 소방활동을 전개한다. 2차 소방운전스위치는 복귀형으로 목적층에 도착하면 운전모드가 1차 소방운전으로 바뀐다.

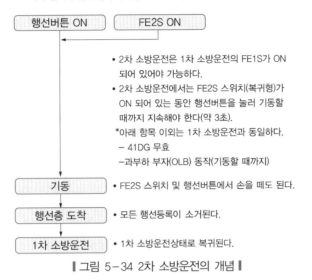

• 2차 소방운전은 소방수가 대피해야 할 위급한 상황에서 1차 소방운전에서
도어가 닫히지 않는 경우에 사용하는 대피용 운전방식이다.

행선버튼 ON   FE2S ON

• 2차 소방운전은 1차 소방운전의 FE1S가 ON
되어 있어야 가능하다.
• 2차 소방운전에서는 FE2S 스위치(복귀형)가
ON 되어 있는 동안 행선버튼을 눌러 기동할
때까지 지속해야 한다(약 3초).
*아래 항목 이외는 1차 소방운전과 동일하다.
－ 41DG 무효
－과부하 부저(OLB) 동작(기동할 때까지)

기동   • FE2S 스위치 및 행선버튼에서 손을 떼도 된다.

행선층 도착   • 모든 행선등록이 소거된다.

1차 소방운전   • 1차 소방운전상태로 복귀된다.

┃그림 5-34 2차 소방운전의 개념 ┃

(7) 피난운전(evacuation operation)

피난운전은 건물에 화재 등과 같은 재난이 발생한 경우 건물 내의 거주인원을 화재로부터 안전한 곳으로 피난하게 하는 운전기능이다.

이 피난운전을 시작하기 전에 앞 (4)의 재난복귀운전이 반드시 선행되어야 한다. 그러나 엘리베이터 카가 피난층에 정지하는 경우에는 피난운전을 바로 수행할 수 있다.

피난운전은 카 내 조작반의 키스위치에 의하여 시작된다.

피난운전은 앞 (5)의 1차 소방운전과 거의 유사하다. 단, 피난운전은 소방운전의 도어를 열고 주행이 가능한 2차 소방운전과 같은 기능은 없다.

피난운전에서도 소방운전처럼 도어의 동작은 자동여닫힘이 제거되고, 도어버튼으로 여닫힘을 작동시켜야 하며, 도어버튼의 자기유지기능을 소거하여 화염으로부터 카 내의 승객을 보호하여야 한다.

(8) 지진운전(seismic operation)

해당 지역에 지진이 발생되는 경우에 엘리베이터는 지진의 강도에 따른 관제운전이 필요하다. 예를 들어 P파[100]와 S파[101]를 감지하도록 장치하고 이들에 대한 대응운전방식을 정하여 승객을

---

100) Primary wave : 종파이며, 고체, 액체, 기체 상태의 물질을 통과한다. 속도는 7~8km/s로 비교적 빠르지만 진폭이 작아 피해가 작다. 지구 내부의 모든 부분을 통과한다.

101) Secondary wave : 횡파이며, 고체상태의 물질만 통과한다. 속도는 3~4km/s로 비교적 느리지만 진폭이 커 피해가 크다. 지구 내부의 핵은 통과하지 못한다.

보호하여야 한다. P파 감지 시에는 최기층 정지로 승객을 대피시키고, S파 감지 시에는 더 이상의 운행이 더 큰 사고를 유발할 수 있으므로 비상정지시켜 탑승객을 보호하여야 한다.

엘리베이터는 지진을 검지하면 지진 시 관제운전을 행한다. 지진 시 관제운전은 통상의 운전지령보다 우선하여 실행되는 운전이다. 지진 시 관제운전의 방법은 [그림 5-35]와 같은 흐름을 따른다.

지진의 감지방식에 의해 P파 관제운전, S파 관제운전, 장기 지진관제운전으로 나뉜다. 각각의 관제운전을 개시하는 진동레벨은 건축물의 높이 등에 따라 차이가 있다.

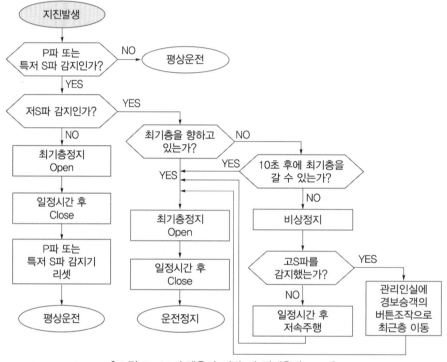

┃그림 5-35 승객용의 지진 시 관제운전 Flow ┃

① P파 관제운전 : P파 관제운전은 P파를 감지하고, 지진 시 관제운전으로 이행하여, S파 도달 전에 엘리베이터를 안전한 장소에 정지시킨다. 이렇게 하여 이용자의 안전을 확보하는 것은 물론이고 엘리베이터 기기의 손상을 피하는 것도 가능하다. 승강로 아래쪽에서 2.5~10gal(이 값은 건물의 구조 등에 따라 차이가 있음)의 흔들림을 감지하면, P파 관제운전을 개시한다. P파 감지 후에는 신속히 최기층으로 향하고, 그 후에는 S파의 크기에 따라 운전을 전개한다.

P파의 감지기는 원칙으로 승강로 하부에 설치하고, 상하방향의 진동을 검출한다. 감지기의 검출가능 주파수는 1~5 또는 1~10Hz가 일반적이다.

② S파 관제운전 : S파 관제운전은 검지되는 S파의 크기에 맞는 관제운전을 수행하고, 이용자의 안전성을 확보하는 것과 함께, 엘리베이터 로프류의 이탈, 걸림 등을 방지하고, 2차 재해를

억제한다. S파 관제운전은 S파의 크기에 따라 '특저(特低)', '저(低)', '고(高)'로 나눈다. 승강로 꼭대기의 가속도가 20~40gal이 되면 '특저' 레벨로 검지되고, 엘리베이터는 최기층에 정지한 후 일정시간을 지나고 평상운전으로 복귀한다. 여기서, '특저' 레벨에서의 관제운전은 장주기지진동에 의해 로프류의 흔들림 등을 우려할 필요가 있다. 장주기지진동에 대한 응답이 작다고 생각하면 높이 60m 이하의 건물에서는 실시하지 않는다. 꼭대기 가속도가 40~200gal이 되면 '저' 레벨로 검지하고, 엘리베이터는 최기층에 정지한 후 운전을 휴지한다. 꼭대기 가속도가 60~300gal이 되면 '고' 레벨로 검지되고, 더욱이 운전 제한이 걸리게 된다. S파 '저' 이상의 관제운전을 실시한 때에는 운행재개에는 원칙으로 엘리베이터의 전문기술자에 의하여 점검이 필요하다.

여기서, 검지가속도는 건축물의 높이, 감지기의 설치장소 등에 따라 차이가 나므로 위의 검지가속도의 값은 하나의 참고로 한다.

S파의 감지기는 원칙으로 승강로 꼭대기에 설치하고, 수평방향의 진동을 검출한다. 전자식의 감지기 또는 강구낙하 등의 기계식도 있다. 감지기의 검출가능 주파수는 보통급으로 1~5Hz, 정밀급은 0.1~5Hz이다. 정밀급은 장주기지진동의 감지에 적용한다.

③ 장주기지진동의 관제운전 : 건물의 대형화, 고층화에 반하여 장주기지진동에 의한 고층빌딩의 흔들림에 대한 보고가 빈번하게 발생되고 있다. 장주기지진동은 원거리까지 전파하는 특징을 가지고 있다. 또 장주기지진동은 가속도가 작기 때문에 P파 감지기로의 감지가 곤란하다. 한편으로 진동의 지속시간이 길기 때문에 작은 가속도일 지라도 건물과 그 내부에 설치된 엘리베이터의 로프류에 흔들림이 서서히 커진다. 이러한 모양의 장주기지진동에 의한 피해를 막기 위해서 초고층의 높은 건물에서 장주기지진동의 관제운전을 행한다. 장주기지진동 관제운전이 장착된 엘리베이터는 장주기지진동의 영향이 현저히 발생하는 120m 이상의 건물에 설치된다. 높이 60~120m까지의 건물에 설치되는 경우도 있다. 장주기지진동 관제운전은 긴 물체의 진동량에 따라 '저진동(低震動)', '고진동(高震動)'으로 나눈다. 저진동은 고진동의 50~70% 정도의 흔들림 상태이며, 엘리베이터는 최기층에 정지한 후에 일정시간을 경과하고 평상운전으로 복귀한다. 고진동은 엘리베이터의 로프류가 승강로 내 기기와 강하게 부딪히거나 기기가 변형되는 가능성이 있는 흔들림의 상태이다. 엘리베이터는 최기층에 정지한 후에 운전휴지로 한다. 긴 물체진동의 감지기는 수평방향의 흔들림을 감지한다.

(9) 피트침수 시 운전

피트가 침수한 경우에 피트부분에 설치된 침수감지센서의 작동에 의해 엘리베이터를 최하층 이외의 특정층에 정지시키고 카 내의 승객을 피난시키기 위한 운전을 말한다.

(10) 에어컨결빙수 배수운전

과거에는 에어컨의 결빙수가 모이면 이를 버리기 위한 운전이 진행되었다. 에어컨이 가동되는 동안 결빙수가 카 지붕의 탱크에 모이게 되고 이 탱크가 가득차면 피트의 물탱크에 결빙수를 버리는 운전이다. 최근에는 결빙수를 자체열로 발산하는 에어컨의 장착으로 배수운전을 하지 않는 것도 있다.

(11) 카 상부 탑승운전

엘리베이터를 점검, 수리, 검사 등의 작업을 하는데 있어서 필수적으로 방문해야 하는 위치는 카 상부이다. 엘리베이터의 승강로와 카 등을 점검하는 데 반드시 카 상부에 탑승하여야 한다. 그러나 카 상부에 탑승하려면 다년간 카를 탑승위치에 세우는 연습을 하여 숙달되지 않으면 안 된다. 또한, 적당치 않은 위치에 정지하여도 위험을 무릅쓰고 탑승하는 경우가 많다.

이러한 위험요소를 없애기 위하여 카 상부 탑승운전이 필요하다. 이 운전에 의한 탑승절차를 살펴보면 우선 카를 자기층에 호출하여, 카가 도착하고 도어를 열면, 카 내에 탑승하고 점검운전반을 열어 '카 상부 탑승' 스위치를 ON한다. 작업자가 내리면 카는 도어를 닫고 수동속도로 출발하여 하강한다. 카 상부(지붕)가 현재층의 승강장레벨에 오면 카를 멈추고 대기한다.

작업자가 도어키로 승강장도어를 열고 카 상부 안전스위치의 자동·수동 절환스위치를 '수동'으로 돌린다. 카는 작업자가 도어를 열고 수동으로 절환하도록 대기한다.

작업자가 카 상부에서 작업을 수행하고 승강장으로 하차하여 자동·수동 절환스위치를 '자동'으로 절환한다. 이것으로 '카 상부 탑승운전'이 종료된다.

여기서 일반적인 카 상부 탑승 시 하강 전속운전을 시키고 도어인터록 접점을 도어키로 강제 오픈하면서 카가 고장에 의한 급정지를 하도록 해 장치에 무리를 줄 수 있다. 그러나 '카 상부 탑승운전'은 수동속도운전을 하게 하므로 장치에 무리가 없이 탑승이 가능하게 한다. 따라서, 이 카 상부 탑승운전은 작업자의 안전과 엘리베이터 장치의 보호라는 기능을 수행한다.

5 엘리베이터의 운전속도

엘리베이터에서 운전속도는 승객의 요구를 만족시키는 중요한 요소이다. 운전속도는 가속구간속도, 전속구간속도, 감속구간속도로 크게 구분할 수 있다.

(1) 엘리베이터의 속도패턴(speed pattern)

엘리베이터 승객의 승차감에 대한 만족을 충족시키기 위해서는 엘리베이터의 최적 속도제어가 필요하고, 속도제어부가 수행해야 할 속도제어의 기준을 속도패턴이라고 한다. 속도제어부가 이 속도패턴을 가장 충실하게 따라가는 것이 속도제어의 기술이라고 할 수 있다.

이 속도패턴은 엘리베이터의 기종을 개발설계할 때 만들어지는 속도곡선이다. [그림 5-36]과 같이 속도곡선은 기동에서 시작되는 Jerk 구간, 일정가속구간, 가속라운드구간, 전속구간, 감속라운드구간, 일정감속구간, 착상구간으로 나누어진다.

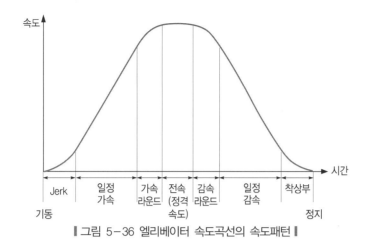

그림 5-36 엘리베이터 속도곡선의 속도패턴

(2) 엘리베이터의 실제속도(tacho speed)

엘리베이터에서 속도제어를 하는데 있어서 속도패턴에 가장 충실하게 추종하는 것이 속도제어의 기술이다. 하지만 속도패턴의 작성에서 인버터에서 전류의 지령을 통하여 전동기에 전원이 입력되어 전기자에 자장을 발생시키고 회전자를 돌리는 일을 수행하는 시간이 걸리게 된다. 이를 시정수라고 하며 타임딜레이 또는 응답시간이라고도 부른다. 실제속도는 검출속도 또는 Tacho speed라고도 한다.

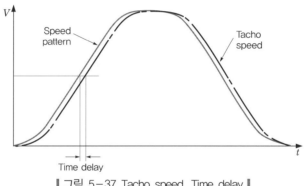

그림 5-37 Tacho speed, Time delay

(3) 엘리베이터의 정격속도

엘리베이터의 정격속도는 카에 정격부하를 싣고 상승하는 동안의 전속구간의 속도를 말한다. 최근 속도제어의 기술발전으로 정격부하의 적재 여부에 상관없이 전속은 속도편차가 없으므로 일반적으로 속도곡선의 전속구간의 속도로 이야기할 수 있다.

(4) 정격속도의 계산

엘리베이터 속도는 전동기에서 카까지의 동력전달체계에서 계산할 수 있다. 전동기의 회전수에 감속기의 감속비를 곱하고, 구동시브의 원둘레를 곱하여 로핑의 비율을 곱하는 것으로 계산할 수 있다.

┃그림 5-38 엘리베이터 구동체계와 속도인자┃

카속도 V는 다음과 같다.

$$V[\text{m/min}] = \text{전동기회전수 } N[\text{rpm}] \times \text{감속기 감속비} \times \text{구동시브원주}(2\pi r[\text{m}]) \times \text{로핑감속비}$$

① 전동기의 회전수 : $N = \dfrac{120f}{P} \times (1-s)[\text{rpm}]$

　여기서, P : 전동기의 극수

　　　　　f : 입력전원 주파수

　　　　　s : 전동기의 회전슬립

② 감속기의 감속비

　㉠ 웜기어 : $\dfrac{1}{40} \sim \dfrac{1}{60}$

　㉡ 헬리컬기어 : $\dfrac{1}{10} \sim \dfrac{1}{20}$

　㉢ 기어리스 : 1

③ 구동시브의 원주 : $2\pi r$

　여기서 r : 시브의 유효반지름[102]

④ 로핑의 감속비(로핑계수) : 로프의 로핑계수는 $1:1=1$, $2:1=\dfrac{1}{2}$, $3:1=\dfrac{1}{3}$

(5) 엘리베이터의 속도편차(velocity drift)

과거 속도제어기술이 발전되지 않았을 때는 엘리베이터의 상승, 하강 또는 부하에 따른 속도의 편차가 제법 컸다고 볼 수 있다. 이때에는 속도편차의 기준이 부하편차가 가장 큰 Full load에서 상승 하강 시의 속도편차기준을 정격속도의 90~105%로 규정하고 있었다.

---

102) 구동시브의 유효반지름은 시브의 중심에서 로프가 걸려 있는 상태에서 로프지름의 $\dfrac{1}{2}$ 지점까지를 말한다.

그러나 현재 VVVF 방식의 속도제어를 적용하는 등 전동기의 속도제어기술이 발전되어 엘리베이터 카 내 부하의 변화에 따른 속도편차나 상승 및 하강에 의한 속도편차는 거의 없다. 따라서, 정격부하에서 상승 및 하강 시의 속도편차는 ±5% 이내로 운행하는 것에는 문제가 거의 없다고 볼 수 있다.

⚖ **관련법령**

〈안전기준 별표 22〉

13.2.4 속도[103]

가속 및 감속구간을 제외하고 카의 주행로 중간에서 정격하중에 50%를 싣고 정격주파수와 정격전압이 공급될 때 상승 및 하강하는 카의 속도는 정격속도의 92% 이상 105% 이하이어야 한다.

이 공차는 또한, 다음과 같은 경우의 속도에 적용할 수 있다.

가) 착상[16.1.4 다)]

나) 재착상[16.1.4 라)]

다) 점검운전[16.1.5.2.1 마) 및 16.1.5.2.1 바)]

라) 전기적 비상운전[16.1.6.1 바)]

6 저속 운전의 속도

엘리베이터는 점검운전, 구출운전, 정전 시 구출운전, 층고 측정운전, 층연산 수정운전, 카 상부 탑승운전 등의 저속 운전이 있다. 저속 운전의 운전형태별의 속도는 카 내 승객의 탑승 여부와 상관있다.

① **점검운전속도** : 점검운전속도는 20~30m/min이 적당하고, 층고 측정운전이나 층연산 수정운전, 카 상부 탑승운전은 점검운전속도와 동일하게 하는 것이 바람직하다. 이때에는 카 내에 승객이 탑승하지 않기 때문이다.

② **저속 자동운전속도** : 정전 시 구출운전, 층간갇힘 시 구출운전 등의 구출운전 시에는 엘리베이터의 속도는 10~15m/min이 적당하다. 이때에는 카 내에 승객이 탑승하고 있으며, 정지 시 감속 없이 정지하므로 승객의 보호를 위한 낮은 속도설정이 필요하다.

---

103) 이 조건은 Balance load이며 카와 카운터의 무게편차가 없는 조건으로 정격속도의 편차가 없으므로 의미가 없다(과거 속도제어기술이 낮은 경우에도 편차가 거의 없음). 현재는 Invertor 제어로 무게편차가 최대일 경우에도 속도편차는 거의 없다. 십수년 전에 한국과 일본은 최대 편차부하에서 90~105%의 속도기준을 적용하였다.

05 | 군관리제어

복수 대의 엘리베이터가 운행되는 경우 택시회사의 무선본국에 해당되는 부분으로 승객이 엘리베이터를 이용하고자 승장에서 호출 Button을 누르면 그 신호를 받아 등록하고 그 관리 내의 현재 운행 중인 엘리베이터 중에서 최선의 서비스를 행할 수 있는 엘리베이터를 선택하여 승객이 대기 중인 층으로 보내 서비스를 하게 하는 여러 대의 엘리베이터에 대한 운행관리부이다.

최선의 서비스란 기다리는 승객의 대기시간을 짧게 하여 신속성을 좋게 하고, 이 신속성을 저해하지 않는 범위에서 여러 대의 엘리베이터 중 에너지소비를 최소화하도록 서비스호기를 선정 하는 것을 말한다.

1 군관리운행방법

① **군승합운행** : 병설된 복수 대의 엘리베이터는 서로 연대하여 효율적으로 운전할 필요가 있다. 군승합 전자동운전은 병설된 2~3대에 적용되는 조작방식으로, 1개의 승강장호출에 대하여 1대의 카가 응답하여, 불필요한 정지를 없애는 조작방식이다. 일반적으로 호출이 없으면 다음 호출에 대비하여 분산하여 대기한다. 교통수요에 대응한 운전내용이 변하지 않는 것이 군관리와의 차이점이다. 승장호출에는 복수 대의 카 중에서 진행방향이 같고 이동거리가 가장 가까운 카가 응답한다. 그 결과 각 카는 선행하는 카의 배후호출을 분담하 여 응답한다. 이 방식은 카의 운전간격을 제어하지 않기 때문에 모든 호기가 동일방향으로 주행하는 일방운전상태가 되는 경우가 많이 발생할 수 있어 평균대기시간이 나빠질 수 있다는 단점이 있다.

② **군관리운행** : 군관리방식은 군승합 전자동운전의 단점을 해소하여, 병설된 다수 대(2~8대) 의 엘리베이터를 상호 운전상태를 연계하면서 그룹으로 운행능률을 높여 합리적으로 운행 하는 방식이다.

1960년대 중반까지는 엘리베이터 출발층에서의 출발간격을 조정하는 순환식 군관리방식 이었다. 1970년대에는 카를 부르는 호출의 분포에 대응하여 분산된 Zone 할당방식이 개발 되었다. 그 후 1970년대 후반에는 마이크로프로세서를 응용하여 승장호출에 대하여 최적 의 카를 할당하는 개별할당방식이 도입되었다. 그 결과 평상시의 평균대기시간은 1960년 대에 비하여 30% 이상 단축되었다. 또, 1990년대부터는 AI 기술을 응용한 군관리방식이 채용되고 있으며, 최적의 카를 선발하는 연산방법에는 AI 기술뿐만 아니라, Fuzzy 연산, Neuro-fuzzy, Expert system 등의 컴퓨터기술을 활용하고 있다.

2 군관리제어의 장점

건물 내의 교통수요 및 운행관리에 있어서 군관리의 장점은 건물 내의 교통수요에 의해 운행관 리의 내용을 변화시켜 최적의 카 움직임을 결정하는 것이다. 따라서, 출근 시의 상승방향운전 집중(up peak) 수요, 퇴근 시의 하강방향운전 집중(down peak) 수요에는 미리 정해진 룰에 따라서 각각의 교통수요에 최적으로 대응하여 운행관리를 한다. 이러한 복수 대의 엘리베이터에 대한 운행관리가 시간대에 따른 건물의 교통수요에 적합하도록 운용하므로 다음과 같은 효과가 나타난다.

① **서비스시간의 단축** : 군관리운행은 승객의 부름에 대하여 여러 대의 엘리베이터 중에서 가장 빠른 시간에 서비스할 수 있는 호기를 각 대의 엘리베이터 정보를 분석하여 파악한다. 특히 호출된 층에 대한 서비스 가능한 시간을 연산하여 비교한 후에 서비스할 호기를 선택·할당한다.

할당된 서비스호기를 홀랜턴을 통해서 해당 호기가 서비스할 것임을 즉시 대기승객에게 알리고, 승객으로 하여금 할당호기의 도착을 미리 기다리게 하여 도착 후 긴급히 이동하는 등의 불편함을 없앤다.

② **전기에너지의 소비절약** : 군관리운행은 승객의 호출에 대하여 서비스호기를 할당하는 정보 분석을 통해 빠른 서비스뿐만 아니라 동일한 서비스시간에 대해서는 전체 관리엘리베이터 의 정지수를 줄이도록 서비스호기를 선택하고 할당한다. 특히 호출에 대한 중복된 응답 등 불필요한 정지를 사전에 없애주는 서비스연산을 실시하여 엘리베이터의 소비전력을 최소화한다.

③ **전체 승객의 대기시간 단축** : 군관리운행은 호출하는 개별승객의 서비스시간을 최소화할 뿐만 아니라 각 호기별 호출에 대한 응답시간을 검출하여 이를 승객의 대기시간으로 정보 를 입력하여 각 호기별 대기시간의 통계와 전체 승객에 대한 대기시간을 산출하여 호기별 할당 분배를 통하여 전체 엘리베이터의 승객 대기시간을 최소화하는 기능을 수행한다. 이를 효과적으로 수행하기 위하여 목적층 분류시스템과 같은 특유의 기능을 도입하여 적용 하기도 한다.

④ **심리적 대기시간의 단축** : 군관리제어는 승장호출에 대하여 응답하는 카를 할당할 때 단순히 예측되는 대기시간뿐만 아니고 이용자의 불만족도를 최소화하는 할당방식을 사용한다. 이 할당방식에서 평가하는 인자는 장시간대기, 만원에 의한 통과확률, 승장버튼에서의 거리, 승차시간, 카 혼잡도 등이 있다. 이러한 예측되는 대기시간에 불만족도지수를 더하 여 이것이 최소가 되도록 운행관리를 행한다.

3 군관리제어의 기능

① **승장호출 Button의 관리** : 각 층 승장의 호출 Button에 대한 동작 여부를 확인하여 군관리 제어부에 등록시키고, 등록이 되었음을 Button lamp를 통하여 승객에게 알린다.

② **각 대와의 통신** : 각 엘리베이터의 현재 위치 및 카 내의 행선 Button의 등록상황 등의 신호를 받고, 또 군관리에서 승장호출에 대한 서비스를 선택된 엘리베이터에 통보하게 된다.

③ 지능계의 연산 : 최선의 서비스를 위한 최적의 엘리베이터를 선택하기 위한 여러 방법을 이용하여 연산을 행한다. 여기에 쓰이는 방법은 단순학습방식, Fuzzy 방식, 인공지능(AI) 방식, Neuro-fuzzy 방식 등이 있다.

또한, 이들 방식의 연산요소들은 평균대기시간, 최장 대기시간, 러시아워운행, 특수층 대기, VIP 운전 등과 같은 목적요소와 엘리베이터의 정격속도, 정격용량, 운행대수, Door 동작시간, Bypass 확률, 승객의 승하차 시간, 층별 유동인구분포 등의 원인요소가 있다.

④ 서비스카의 결정 및 서비스할당 : 지능계의 연산결과에 의하여 최적의 엘리베이터를 결정하고, 각 엘리베이터와의 통신을 통하여 서비스결정을 전달하는 서비스할당으로 군관리제어를 총괄한다.

4 군관리운행의 서비스카 결정요인

군관리가 호출요구에 대하여 최적의 서비스를 위해 서비스카를 결정하기 위해서는 각 호기별 엘리베이터로부터 필요한 여러 가지 정보를 획득하여야 하고 이를 분석하고 연산하여 서비스호기를 선정한 다음 통보하여야 한다. 이를 위해서 다음과 같은 정보가 서비스카를 결정하기 위한 유용한 정보가 된다.

① 각 호기의 현재 운전방향
② 각 호기의 현재 층
③ 호기별 현재 주행상태
④ 호기별 할당 현황
⑤ 호기별 독립운전 여부
⑥ 호기별 불간섭시간
⑦ 호기별 도어 개폐시간
⑧ 호기별 속도
⑨ 각 호기의 행선층 등록현황
⑩ 각 호기의 호출층의 행선층 등록 여부(우선 할당)
⑪ 각 호기의 승객수 혹은 탑승부하(bypass 확률)
⑫ 각 호기의 승강호출 할당가능 여부(비활당 카 여부)
⑬ 호기별 장애인용 운전가능 여부

5 홀랜턴(hall lantern)

여러 대의 엘리베이터가 군관리제어로 운영되는 경우에는 승강장에 각 호기별 홀랜턴이 설치된다. 홀랜턴은 각 호기별로 설치되고, 군관리에서의 할당에 의하여 각 호기의 운전제어에서 점등 및 점멸에 대한 관리를 한다. 홀랜턴은 기본적으로 할당된 카의 서비스를 즉시 예보하는 기능과 해당 카의 도착을 알리는 기능이 있다.

‖ 그림 5-39 홀랜턴의 형태 ‖

(1) 홀랜턴의 개념

군관리 엘리베이터의 승강장에는 홀랜턴이 설치되고, 1카에서 설치되는 카위치표시기(car position indicator)가 없는 것이 기본개념이다.

군관리에서는 전체의 서비스능률을 중요시하기 때문에 카가 도중의 승장호출을 뛰어넘거나 바로 가까이 왔다가 반전하여 가는 등 개개의 호출에 가장 가까이 근접한 카가 응답하는 단순한 운전이 아닌 방식으로 운전한다.

군관리운행 중인 엘리베이터의 운행상태를 카의 위치를 표시하는 Indicator로 승객에게 표시하게 되면 대기승객의 단순히 가까운 층에 있는 호기가 올 것이라는 기대에 반하여 운전하는 경우에 엘리베이터 시스템에 대한 불신감 또는 불쾌감을 유발하는 경우가 있다. 이러한 이유로 군관리운행 엘리베이터에는 각각의 카 위치를 표시하는 인디케이터가 아니고, 카의 선택과 도착을 알리는 홀랜턴을 설치하는 것이 일반적이며 승객의 혼란을 방지하는 방법이다. 군관리에 의한 서비스 할당호기는 많은 정보를 종합하여 최선의 서비스를 선택하므로 현재 위치한 층의 정보만으로 예상하는 승객의 생각과는 많은 차이가 있다.

‖ 그림 5-40 군관리와 홀랜턴 ‖

(2) 홀랜턴의 기능

① 선발 카 즉시 예보기능 : 군관리 엘리베이터에서 승객이 승강장에서 카를 호출하면 군관리제 어부가 각종 연산을 통하여 서비스 할당호기를 선정하여 해당 호기의 홀랜턴을 점등하므로 호출승객에게 해당 호기가 서비스하는 엘리베이터로 선택되었음을 알리는 기능이 즉시 예보기능이다. 승객은 이 홀랜턴의 점등을 보고 해당 호기 앞에서 대기하면 된다.

② 도착예보기능 : 서비스할당된 호기가 해당 승강장에 도착이 가까워져 도착하기 전에 홀랜턴 을 점멸하여 도착을 알리는 기능이 도착예보기능이다. 홀랜턴은 승강장 각 호기의 Transom 또는 Jamb 상단에 주로 설치되고, 상승과 하강방향의 표시형태가 많다.

■6 군관리운행 적용시스템

군관리에는 여러 가지 운행효율을 높이는 기능이 있다. 대표적인 기능은 호출버튼을 누르면 서비스할 호기를 검토하여 즉시 해당 승강장의 대기승객에게 알리는 즉시 예보시스템과 승장의 행선층 분류시스템이다.

(1) 즉시 예보시스템과 예보적중률

여러 대수를 관리하는 군관리방식의 엘리베이터에 있어서 엘리베이터 카가 도착할 때가 되어 도착을 알리는 홀랜턴의 점등을 확인하거나 또는 도착 차임의 울림을 듣고 그 방향으로 걸어가서 승차하게 되면 탑승이 늦어지고 운행의 신속성이 떨어질 가능성이 있다. 한편, 탑승누락을 없애기 위해서 긴 시간 동안 엘리베이터를 대기시키면 운행능률이 나빠진다.

이러한 문제를 해결하기 위하여 승강장호출이 등록되면 어느 엘리베이터가 가장 빠르게 도착 하는 지를 연산하여 도착호기를 할당하여 홀랜턴을 점등시키거나 또는 차임을 울린다. 이용자는 할당된 호기의 앞쪽으로 가서 대기하므로 대기시간이 짧아지고 탑승지연도 없어진다. 이를 즉시 예보방식이라고 한다.

즉시 예보방식에서 즉시 예보를 하여 할당된 호기의 홀랜턴이 점등되어 있다가 잠시 후에 소등되고 옆 호기의 홀랜턴이 점등되는 경우가 있다. 이는 할당된 호기가 서비스 도중에 카 내 행선층의 추가등록 등으로 서비스시간의 변화가 발생되어 서비스시간의 재산정으로 할당이 변경 되는 것이다. 즉시 예보방식에서 최초 할당호기가 그대로 서비스하는 경우를 예보적중이라고 하고, 전체 즉시 예보건수에서 적중된 건수의 비율을 예보적중률이라고 한다. 예보적중률이 군관 리 엘리베이터의 성능으로 고려될 수 있다. 컴퓨터의 성능이 발달되면서 예보적중률은 점점 높아 져 가고 있어 최근에는 90%를 훨씬 상회하고 있다.

(2) 승강장 행선분류시스템(destination sort system)[104]

통상 일반적인 엘리베이터는 카 내에서 행선층을 등록하였으나 승강장 행선분류시스템은 행

---

104) 회사별로 명칭에 차이가 있다. Destination selecting system, 행선층 예약시스템, 목적층 선행등록시스템, 목적층 선택제어시스템, 목적층 예약시스템 등으로 부른다.

선층을 등록할 수 있는 행선층 선택패널을 승장에 설치하고, 승장에서 가고자 하는 행선층을 등록하면 등록된 행선층별로 분류하여 탑승호기를 안내하는 시스템이다. 이 시스템에서는 [그림 5-41]과 같은 행선층 선택패널에서 행선층을 입력하면 승장의 행선층 선택패널에 승차할 호기가 표시되고 지정된 호기에 이용자가 승차하는 것이다.

이 분류를 통하여 등록한 대기승객이 빠르게 서비스받을 수 있고, 전체 군관리시스템에서 에너지소비가 작은 호기를 선택해주는 방식이므로, 이 행선층별로 분류하는 과정에서 이미 군관리의 목적인 신속성과 경제성을 향상시키는 역할을 시작하고 있다.

┃그림 5-41 승강장의 행선층 선택패널┃

이용자가 승장에서 행선층을 등록하는 것으로 엘리베이터를 행선층별로 할당하여 수송능률을 개선할 수 있다. 즉, 복수대의 엘리베이터 전체에서 이용자의 행선층 및 승차인원과 더불어 이용자가 각 층에서 대기시간, 탑승층과 하차층, 대기시간 및 승차시간 등의 파악 가능한 정보를 이용하여 꼼꼼하고 세심한 배차를 실현하는 새로운 군관리 할당방식이다.

또한, 이용자는 짐을 들고 있을 때나 혼잡한 카 내에서 조작반에서 멀리 있는 경우에도 카 내의 행선층버튼을 누르기 위해 고생할 필요가 없으므로 편리성이 좋아졌다.

이 시스템은 우선 동일한 목적층을 분류하여 승객이 한꺼번에 이동하므로 엘리베이터의 운행 횟수를 현저히 줄일 수 있으므로 승객의 엘리베이터 대기시간의 감소와 목적층까지의 중간 정지가 줄어들어 탑승시간도 줄어들고, 전체 운행횟수에 따른 전력소비도 현저히 감소되는 장점이 있다.

이 행선층 분류시스템을 건물의 보안시스템과 연결하여 응용하는 예가 엘리베이터 보안시스템(elevator security system)이라고 볼 수 있다.

(3) 엘리베이터 보안시스템(elevator security system)

엘리베이터 군관리시스템에서 건물 내에 출입관리가 가능하도록 건물 내의 개개인의 ID 카드를 사용하여 미리 정해진 층에만 이용자를 접근 가능하도록 하는 장치이다.

① Security system의 구성 : [그림 5-42]는 시스템의 구성을 나타낸다.

[그림 5-42]에서 엘리베이터 홀은 시큐리티 게이트의 내측이 있다. 엘리베이터를 이용하려면 반드시 게이트를 통과하는 것이 필요하다. 이 게이트에는 ID 카드의 카드리더 및 이용호기의 표시장치가 설치되어 있다.

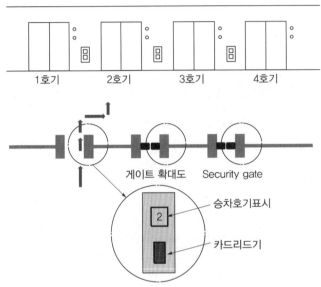

1호기   2호기   3호기   4호기

게이트 확대도   Security gate

승차호기표시

2

카드리드기

┃그림 5-42 Security system 개념도 ┃

② Security system의 기능과 성능 : 시큐리티 게이트(security gate)에 다가온 이용자가 ID 카드를 시큐리티시스템의 카드리더에 접촉하면 카드정보가 엘리베이터 군관리시스템에 보내진다. ID 카드에는 이용자가 근무하는 층이 등록되어 있으므로 군관리시스템은 엘리베이터의 호출로 인식한 정보로 받아들여서 이 호출에 대하여 모든 카의 위치, 호출등록상황을 고려하여 최적의 군관리를 실현하기 위해서 군관리 μ-Processor를 통해 1호기에서 4호기 가운데 어느 엘리베이터를 할당할지를 즉시 연산한다. 할당된 호기를 게이트의 표시기에 의하여 표시하여 이용자는 표시된 호기의 앞쪽에서 엘리베이터의 도착을 기다린다. 도착한 엘리베이터에는 이미 이용자가 가야 할 층을 인식하고 있어서 행선층을 자동으로 등록하므로 이용자가 카에 타고 행선층버튼을 누르지 않아도 된다. 엘리베이터를 할당할 때 이동거리를 최소화하기 위하여 Security gate에서의 할당호기의 원근에 대한 평가를 포함하는 것도 이 시큐리티시스템의 특징으로 볼 수 있다.

ID 카드에 등록된 층 이외를 가거나 또는 ID 카드를 소지하지 않은 이용자에 대해서는 사전에 특별한 ID 카드를 발행하는 등의 절차를 수행하므로 엘리베이터 승차이력을 관리할 수 있다.

06 | 엘리베이터의 운행

1 운전과 운행 관련용어

① **콜(call)** : 콜은 원래 전화로 콜택시를 부르듯이 엘리베이터의 카를 현재 층으로 부르는 것으로, 승강장의 호출버튼(call button)을 누르는 것이다. 그러나 현재는 엘리베이터의 서비스를 요청한다는 의미로 Call을 사용한다. 따라서, 승강장의 호출버튼과 카 내의 행선버튼을 눌러서 원하는 층으로 이동하는 서비스를 요구하는 것을 말한다. 버튼을 눌러 램프가 켜지면 콜등록, 켜져 있던 버튼의 램프가 저절로 꺼지면 콜소거, 등록된 버튼을 다시 눌러 꺼지면 콜취소, 승강장의 호출버튼을 누르면 승장콜 또는 Hall call, 카의 행선버튼을 누르면 카콜이라고 한다.
콜등록, 콜취소, 콜소거, 승장콜, 카콜 등으로 부른다.

② **호출버튼(hall call button)** : 승장에 위치하여 승객이 엘리베이터의 카를 부르는 버튼을 말한다. 흔히들 승장버튼이라고도 한다.

③ **행선버튼(destination button)** : 엘리베이터의 운행목적층을 지정하는 버튼으로, 통상은 카 내 조작반에 위치한다. 카 내 행선버튼으로 부르기도 한다.

④ **호기** : 여러 대의 엘리베이터가 있는 경우 번호를 붙여 1호기, 2호기, 3호기 등으로 부르고, 각각의 엘리베이터라는 의미로 '각 호기' 또는 '각 대'라고 한다.

⑤ **서비스** : 승객이 요구하는 버튼동작에 의해서 등록하고 해당하는 층으로 주행하여 도어를 열고 승객이 승하차할 수 있게 하는 동작을 말한다. 승객의 요구에 대한 응답으로 볼 수 있다.

⑥ **불간섭시간(non-interference time)** : 엘리베이터 도어의 Non-interference time이라고 하며, 승객이 타고 내리는데 도어의 닫힘동작에 의하여 간섭을 받지 않는 필요한 시간을 확보하기 위해 도어가 완전히 열리고부터 닫히기 시작하기까지의 시간을 말한다. 도어열림 대기시간이라고 할 수 있다.

⑦ **카콜 기동** : 도어를 열고 대기한 상태에서 카 내의 행선버튼을 누르고 있으면 도어가 닫히고 카가 출발하는 동작을 말하는 것으로, 소방운전이나 구출운전에 적용된다. 출발 전에 행선버튼을 놓으면 통상 도어는 반전되어 열리고 행선등록은 소거된다.

⑧ **DCB 기동** : 도어를 열고 대기한 상태에서 카 내의 행선등록을 시키고 DCB(Door Close Button)를 누르고 있으면 도어를 닫고 출발하는 동작을 말하며, 출발 전에 DCB를 놓으면 도어는 반전되어 열리는 것은 카콜 기동과 유사하나 등록된 행선층은 유효하다.

⑨ **호폐정지** : 엘리베이터가 임의의 층에 정지하나 도어를 열지 않고 대기하는 것으로, 도착예보도하지 않는다. 로비층 대기운전이나 파킹운전 등 행선층이 등록되지 않은 운전에서 호폐정지를 한다.

⑩ **최근층** : 현재 카가 있는 위치에서 운전방향으로 가장 가까운 거리에 있는 승강장을 의미한다.

⑪ **최기층** : 엘리베이터의 현재위치에서 정상적인 감속을 하여 Shock없이 정지할 수 있는 가장 가까운 층을 말한다. 엘리베이터가 목적층을 향해 주행하다가 행선등록 소거(cancel) 등으로 목적층이 없어지면 가장 가까운 층에 감속하여 정지한다. 따라서, 감속거리 이상의 가장 가까운 층을 의미한다.

⑫ **대기카(AV카 : available car)** : 군관리 엘리베이터에서 현재 할당된 콜이나 행선등록이 없이 대기 중으로 할당 즉시 서비스층으로 움직일 수 있는 카를 말한다.

⑬ **부하중심층(LC : Load Center)** : 고층의 군관리 엘리베이터에서 엘리베이터 서비스층의 가운데층을 말한다. 군관리운행 효율화를 위하여 부하중심층을 중심으로 뱅크를 나누기도 한다.

⑭ **운전(運轉)** : 엘리베이터가 어떤 형태로 움직이는 동작을 하는 것을 말하며, 도어가 움직이는 것도 운전 중의 하나라고 볼 수 있다. 즉, 승강장의 호출을 받고 서비스하기 위해 현재 있는 층에서 도어를 닫고 기동, 가속, 전속, 감속하여 호출층에 정지하여 도어를 열고 서비스하는 것을 운전이라고 할 수 있다.

   예 운전모드, 점검운전, 자동운전, 소방운전, 운전불능

⑮ **운행(運行)** : 엘리베이터가 지정된 방법에 따라 행하는 연속된 동작을 말한다. 호출을 기다리는 대기, 호출에 응답하는 서비스 등 엘리베이터가 사용가능한 상태를 운행 중 또는 운행상태라고 말한다.

   예 운행 중, 운행상태, 운행불능상태, 운행중지

⑯ **주행(走行)** : 엘리베이터가 운전 중에 카가 움직이는 것을 주행이라고 한다. 주행은 자동운전에 의한 주행, 점검운전에 의한 주행도 있다.

   예 전속주행, 수동주행, 저속 주행

⑰ **기동(起動)** : 엘리베이터가 주행하기 위해 브레이크를 풀고 전동기에 전원이 투입되어 움직이기 시작하는 시점을 기동이라고 한다.

⑱ **휴지(休止)** : 엘리베이터가 운행 또는 운전불능은 아니나 서비스하지 않는 상태를 말한다. 주로 운전·정지 스위치에 의하거나 파킹스위치에 의하여 휴지하게 된다.

⑲ **할당(割當)** : 군관리 엘리베이터에서 승장버튼에 의한 호출신호는 모두 군관리제어부가 받고 이에 대응한 서비스 예정카를 선택하여 해당 층의 승장콜을 선택된 카가 서비스하도록 배정하여 통보하는 것을 말한다.

⑳ **군관리 내** : 군관리 엘리베이터에서 각 대 엘리베이터가 군관리의 할당을 받고 그에 응답할 수 있는 상태에 있는 것을 말한다.

㉑ **군관리 외** : 군관리 엘리베이터에서 각 대의 엘리베이터가 군관리로부터 할당을 받지 못하는 조건의 상태를 말하며, 카 내의 행선버튼은 등록이 가능하다. 해당 호기가 독립운전, 운전수운전, VIP 운전 등 전용 운전일 때 군관리 외로 된다.

㉒ **각 대 관리 외** : 군관리 엘리베이터에서 승장 및 행선버튼이 등록되지 않는 조건의 상태를 말하고, 점검운전, 저속 자동운전, 운행중지스위치에 의한 운행중지 등일 때 각 대 관리 외로 된다.

2 엘리베이터의 운전성능

엘리베이터의 운전성능은 엘리베이터가 얼마나 탑승객의 탑승감을 만족시키는 가에 달려 있다. 운전성능은 승객이 느끼는 승차감과 같다고 볼 수 있으며 성능의 요인은 기본적으로 진동, 소음 그리고 착상정확도로 구성된다.

(1) 진동

엘리베이터의 승차감에서 가장 영향이 큰 항목은 카 내의 진동이다. 엘리베이터의 진동은 카 내의 승객이 느끼는 흔들림으로, 수직진동과 수평진동으로 나눌 수 있으며 일반적으로 수직진동은 구동장치에서 발생하는 진동이 로프를 통해서 전달되는 진동과 로프 자체에서 발생되는 진동이며, 수평진동은 카의 가이드장치(가이드레일, 슈가이드)에 의해 발생하는 진동과 로프로 전달되는 진동이 합쳐진 진동으로 볼 수 있다.

종전의 엘리베이터는 속도제어기술, 감속기 가공기술 등의 미흡으로 진동이 많았으나 최근 인버터제어기술, 전동기, 감속기 기술의 발전으로 카 내 진동이 날로 개선되고 있다. 일반적으로 카 내의 수직진동은 20gal$_\text{p-p}$ 이하, 수평진동은 15gal$_\text{p-p}$ 이하로 설계되고 있다.

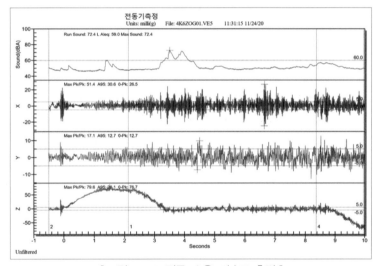

┃그림 5-43 진동·소음·가속도 측정 ┃

(2) 소음

엘리베이터는 카 내에 사람이 탑승하므로 카 내의 소음이 탑승객의 승차감을 해칠 수 있다. 그리고 기계실 승강로 등에서 발생하는 소음은 건물의 구조를 타고 거실 등으로 전달되어 거주하는 사람에게 불쾌감을 유발할 수도 있다. 일반적으로 기계실과 카 내의 소음레벨은 [표 5-4]의 값을 참조할 수 있다.

카 내의 소음측정은 카 가운데 높이 1m 위치에서 한다. 승강장의 소음측정은 승강장 도어 전면 1m에서 높이 1m 위치에서 측정한다. 기계실은 전동기에서 1m 떨어진 곳의 전동기높이에서 측정한다.

‖ 표 5-4 소음기준의 예 ‖

구분	기준
카 내	55dB(A) 이하
승장	50dB(A) 이하
기계실	75dB(A) 이하

(3) 착상 정확도

엘리베이터의 착상 정확도는 엘리베이터 품질요소 중의 하나이다. 착상 정확도는 엘리베이터의 제어기술에 따라 달라진다. 과거 속도제어기술이 그다지 발전되지 않았을 때에는 착상 정확도의 설계기준을 ±15mm, ±20mm 등으로 운용하여 왔으나, 속도제어기술과 위치제어기술의 발전으로 현재에는 착상 정확도의 설계기준을 ±5mm 이내로 하는 것이 대부분이다. 착상오차를 측정할 때는 Height gauge를 사용하는 것이 좋다.

1개 층의 착상오차는 상승운전과 하강운전의 차이가 있을 수 있으므로 모두 측정하는 것이 좋다.

‖ 그림 5-44 착상 정확도측정, Height gauge ‖

관련법령

〈안전기준 별표 22〉

16.1.1.4 착상 정확도는 ±10mm 이내이어야 한다.

예를 들어 승객이 출입하거나 하역하는 동안 착상 정확도가 ±20mm를 초과할 경우에는 ±10mm 이내로 보정되어야 한다.

(4) 랜딩오픈, 리레벨, 프리릴리즈

① 랜딩오픈(landing open) : 엘리베이터가 전속으로 달리다가 감속하여 착상하는 경우에 착상부근에서는 속도가 현저히 낮아지고, 착상정확도를 높이기 위하여 낮은 속도로 크리핑하는 경우도 있으므로 엘리베이터의 주행시간이 의외로 길어진다. 또한, 카가 착상레벨에 도달하여도 도어가 닫혀 있으면 이용자는 신속히 내리지 못한다. 결과적으로 운전의 능률을 저하시키는 모양이 된다.

그래서 착상에 앞서서 도어를 열기 시작하여 착상 시에 충분히 하차할 수 있는 공간이 가능하도록 도어를 열어 놓는 방법이 착상하면서 도어를 여는 랜딩오픈이다. 착상에 마무리 주행하면서 도어를 열기 때문에 랜딩오픈이라고 하고, 도어의 열림 시작부분에서는 도어의 열리는 속도가 그다지 높지 않으므로 위험성은 없다고 볼 수 있다.

이 랜딩오픈은 도어존의 범위 내에서 시작하는 것이 일반적이다.

② 재착상(releveling) : 엘리베이터에 사람이나 화물이 가득 실린 상태로 최하층에 도달하면 카측 주로프의 길이가 매우 길어진 경우에 로프가 인장되어 평소보다 길어져 있다. 도어가 열리고 부하가 내려지면 로프는 수축되어 길이가 짧아지면서 카 바닥이 승강장 바닥보다 위로 올라가게 된다.

즉, 카 바닥이 승강장 바닥보다 높은 상태로 된다. 이러한 경우에 카에 승차하는 승객이 카의 문턱에 걸려 넘어지는 사고를 당할 우려가 있어 도어를 연채로 Releveling한다. Releveling의 속도는 10m/min 내외로 하여 이미 승차 중인 승객에게 위험요소가 되지 않도록 하는 것도 중요하다.

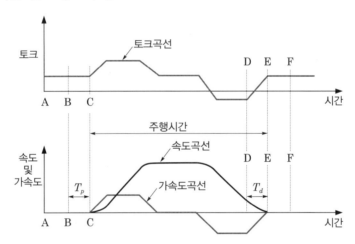

· A : 부하보상기동 개시　　　　　　· B : 브레이크개방 개시
· C : 브레이크 개방, 문닫힘 완료　　· D : 문열림 개시(landing open)
· E : 착상, 문열림 완료　　　　　　· F : 브레이크 닫힘
· T_p : 브레이크 개방에 의한 단축시간　· T_p : Landing open에 의한 단축시간

▌그림 5-45 토크, 속도, 가속도 곡선 ▌

③ 예비운전(pre-release) : 예비운전은 여러 가지가 있을 수 있다. 예비운전은 엘리베이터의 서비스시간을 단축시켜 신속성을 향상시키는 역할을 하기도 한다. 그 중 하나는 브레이크의 Pre-release이다.

Pre-release 동작은 부하보상기동 운전 시에 필요한 동작이다. 이 동작은 카의 승차감 성능향상뿐만 아니라 엘리베이터의 신속성을 향상시키는 데도 도움이 되는 동작이다.

엘리베이터는 카도어 및 승장도어가 닫혀 지고, 브레이크가 개방하고부터 주행을 시작한다. 통상 카도어 및 승장도어가 닫히고 나서 브레이크의 개방지령을 발령하지만, 이러한 경우에 도어닫힘 후에 브레이크의 작동지연시간 만큼 카의 주행개시가 늦어진다. Pre-release는 이러한 지연을 해소하는 방법이다. 브레이크의 개방시간을 보면, 도어닫힘 전에 브레이크의 개방지령을 발령하여 이에 따라 브레이크의 개방과 도어닫힘이 동시에 이루어지도록 하여 브레이크 동작시간에 의한 시간허비, 즉 [그림 5-45]의 T_p에 해당하는 시간이 단축된다. 프리릴리즈기간 중 전술의 부하보상기동을 행하고 있으므로 브레이크 개방 시에도 불평형토크에 의한 카의 롤백움직임은 일어나지 않는다.

● ⚖️ **관련법령**

〈안전기준 별표 22〉

16.1.4 문이 닫히지 않거나 잠기지 않은 상태에서 착상, 재착상, 예비운전제어

승강장문 및 카문이 닫히거나 잠기지 않은 상태에서 카의 움직임은 다음과 같은 조건의 착상, 재착상 및 예비운전인 경우 허용된다.

가) 카의 움직임은 15.2에 적합한 전기안전장치에 의해 잠금해제구간(7.8.1)으로 제한한다. 예비운전 중 카는 승강장으로부터 20mm 이내에 유지되어야 한다. (16.1.1.4 및 8.2.2.1 참조)

나) 착상운전 중 문의 전기안전장치를 무효화시키는 장치는 해당 승강장에 대한 정지신호가 주어진 경우에만 작동되어야 한다.

다) 착상속도는 0.8m/s 이하이어야 한다. 추가적으로 수동으로 조작되는 승강장문이 있는 엘리베이터는 다음 사항이 확인되어야 한다.

1) 최대 회전속도가 전원의 고정주파수에 의해 제한되는 구동기의 경우 저속 운전제어회로에만 전원이 공급되어야 한다.

2) 기타 다른 구동기의 경우 잠금해제구간 도달순간의 속도는 0.8m/s 이하이어야 한다.

라) 재착상 속도는 0.3m/s 이하이어야 한다.

▣3 점검운전

엘리베이터에 있어서 점검운전은 중요한 의미를 가진다. 즉, 엘리베이터의 점검, 수리, 검사 등의 작업에서 카 상부에 탑승하여 수행해야 할 작업이 가장 많다고 볼 수 있다. 이러한 카 상부 작업을 할 때에는 반드시 점검운전으로 설정하고 카 상부에 탑승하여 안전하게 작업을 수행하고 완료 후 카 상부에서 승강장으로 하차 후에 점검운전을 종료하여야 한다. 즉, 카 상부에 탑상한 상황에서 자동운전상태에서는 사고의 우려가 크므로 절대 작업자가 카 상부에 있을 때에는 자동운전상태이어서는 안 된다.

(1) 점검운전반의 구성

점검운전을 수행하기 위해서는 점검운전으로 운전모드를 바꾸는 절환스위치가 있어야 한다. 절환스위치는 주로 AUTO/HAND, 자동/수동, NOR/INS, 자동/점검 등으로 다양하게 표시된다. 이 절환스위치는 셀렉트스위치나 비복귀 ON-OFF 스위치를 사용한다.

다음으로 상승·하강 운전버튼이 있다. 점검운전은 감속정지가 아닌 즉시 정지방식이므로 운전버튼은 복귀식으로 누르면 접점이 ON되고, 손을 떼면 즉시 OFF된다. 또 안전을 위하여 운전공통버튼을 설치하기도 한다. 이 운전공통버튼이 상승버튼과 동시에 눌러야 수동상승운전이 시작되고 하강운전도 동일하다.

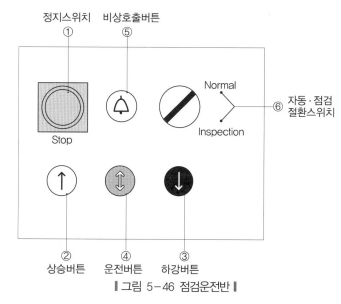

┃ 그림 5-46 점검운전반 ┃

(2) 점검운전의 운전위치

엘리베이터에서 일반적으로 점검운전을 할 수 있는 장소는 기계실, 카 내, 카 상부로 볼 수 있다.

① **기계실 점검운전** : 기계실에는 제어반 내에 점검운전조작부가 있다. 별도의 형태를 갖추고 있는 것도 있으나, 주로 메인보드 등에 토글스위치 ON-OFF 형식을 이용하여 운전모드 절환스위치로 사용하고, 토글스위치 복귀형 ON-OFF-ON 형식을 운전스위치로 사용한다.

② **카 내 점검운전** : 카 내에는 조작반 하부의 키로 커버를 열어야 하는 점검운전반 내에 장착되어 있다. 자동·수동 절환스위치와 운전공통버튼, 상승운전버튼, 하강운전버튼으로 구성되어 있다.

③ **카 상부 점검운전** : 카 상부에는 점검운전이 가장 필요한 위치이다. 그리고 카 상부는 구조상 가장 위험요소가 많은 곳이기도 하다. 따라서, 카 상부에 작업자가 있는 경우에는 어떠한 곳에서도 어떤 운전모드인가를 불문하고 카를 움직여서는 안 된다.

(3) 점검운전의 특징

① 운전차단회로 : 카 상부에 탑승하기 전에 반드시 점검운전모드로 절환되어야 하므로 이 절환스위치를 이용하여 카 상부에서 점검운전을 가능하게 할 뿐 아니라 다른 곳에서 운전을 하지 못하도록 운전차단회로가 구성되어 있다. 즉, 카 상부의 점검운전스위치는 자동운전 뿐만 아니라 다른 곳에서의 점검운전도 불능으로 만든다. 따라서, 카 상부의 점검운전을 독점운전이라 한다.

② 점검운전속도 : 점검운전은 운전버튼에 의하여 감속구간 없이 즉시 정지한다. 그래서 점검운전의 속도는 정지 시 충격이 크게 작용하지 않는 정도의 속도로 주행하게 하는 것이 좋으며, 일반적으로 20~30m/min으로 설정하고 있다. 속도가 너무 느리면 점검 등의 작업시간이 길어지고, 속도가 너무 빠르면 카 상부에서 작업자의 위험과 정지 시 충격이 커진다.

⚖️ 관련법령

〈안전기준 별표 22〉

16.1.5 점검운전제어

16.1.5.1 설계요건

16.1.5.1.1 점검 등 유지관리를 용이하게 하기 위해 쉽게 조작할 수 있는 점검운전 조작반이 다음의 위치에 영구적으로 설치되어야 한다.

　　가) 카 지붕[8.8 가)]

　　나) 피트[6.1.5.1 나)]

　　다) 6.6.4.3.4의 경우 카 내

　　라) 6.6.4.5.6의 경우 플랫폼(platform)

16.1.5.1.2 점검운전 조작반은 다음과 같은 장치로 구성되어야 한다.

　　가) 전기안전장치(15.2)의 요구사항을 만족하는 스위치(점검운전스위치). 이 스위치는 쌍안정(bi-stable)이어야 하고, 의도되지 않는 작동에 대해 보호되어야 한다.

　　나) 이동방향이 명확하게 표시되고 우발적인 작동으로부터 보호되는 "상승"과 "하강" 방향 누름버튼

　　다) 우발적인 작동으로부터 보호되는 "운전" 누름버튼

　　라) 16.1.11에 적합한 정지장치

　　또한, 조작반에는 카 지붕으로부터 문 개폐장치 제어의 우발적인 작동에 대해 보호된 특별한 스위치를 포함할 수 있다.

16.1.5.1.3 점검운전 조작반은 IP XXD(KS C IEC 60529)의 최소 보호등급을 가져야 한다. 회전식 조작스위치는 고정된 부재의 회전을 방지하는 장치를 가져야 한다.
　　마찰력만으로 충분하다고 간주되어서는 안 된다.

16.1.5.2 기능요건

16.1.5.2.1 점검운전스위치

　　점검위치에 있는 점검운전스위치는 다음의 작동조건을 동시에 만족해야 한다.

　　가) 정상운전제어를 무효화한다.

나) 전기적 비상운전을 무효화한다. (16.1.6)

다) 착상 및 재착상(16.1.4)이 불가능해야 한다.

라) 동력 작동식 문의 어떠한 자동움직임도 방지되어야 한다. 동력 작동식 문의 닫힘은 다음의 사항에 의해 작동되어야 한다.

    1) 카 움직임을 위한 방향버튼의 동작 또는

    2) 문 개폐장치제어의 우발적인 작동에 대비하여 보호된 추가적인 스위치

마) 카 속도는 0.63m/s 이하이어야 한다.[105]

바) 카 지붕(6.5.7.3) 또는 피트 내부의 작업자가 서 있는 공간 위로 수직거리가 2.0m 이하일 때 카 속도는 0.3m/s 이하이어야 한다.

사) 정상운행 시의 주행한계, 즉 종단의 정지위치를 초과하여 운행되지 않아야 한다.

아) 엘리베이터의 운행은 안전장치에 좌우되어야 한다.

자) 두 개 이상의 점검운전조작반이 "점검" 위치에 있는 경우 동일한 누름버튼이 동시에 조작되지 않는 한, 하나의 점검운전조작반으로 카를 움직이는 것은 불가능해야 한다.

차) 6.6.4.3.4의 경우 카의 점검운전스위치는 6.6.4.3.3 마)에 따른 전기안전장치를 무효화시켜야 한다.

16.1.5.2.2 엘리베이터의 정상운행으로 복귀

엘리베이터의 정상운행으로의 복귀는 점검운전스위치를 정상으로 전환해야만 가능해야 한다.

추가적으로, 피트 점검운전조작반에서 엘리베이터 정상운행으로의 복귀는 다음의 조건에서만 가능해야 한다.

가) 피트로 출입할 수 있는 승강장문은 닫히고 잠겨 있어야 한다.

나) 피트 내부의 모든 정지장치는 작동되지 않는 상태이어야 한다.

다) 승강로 외부의 전기적 재설정(reset) 장치는 다음과 같이 작동된다.

    1) 피트로 출입할 수 있는 문의 비상잠금해제 수단과 연동 또는

    2) 피트로 출입할 수 있는 문과 가까운 위치에 있고, 자격자만 접근 가능한 조작(잠금장치가 있는 캐비넷 내부 등)

    점검운전과 관련된 회로에 15.1.2에 열거된 고장 중 하나가 발생한 경우 모든 의도되지 않은 카의 움직임을 막는 예방조치가 취해져야 한다.

16.1.5.2.3 누름버튼

점검운전에서 카의 움직임은 방향누름버튼과 "운전" 누름버튼을 계속 누르고 있을 때에만 가능해야 한다.

"운전" 버튼과 방향버튼은 한손으로 동시에 작동이 가능해야 한다.

점검운전의 전기적 안전장치는 다음 중 하나의 방법으로 설계되어야 한다.

가) 방향누름버튼과 "운전" 누름버튼의 직렬연결

    이 누름버튼은 KS C IEC 60947-5-1에 규정한 대로 다음과 같은 범주에 속해야 한다.

---

105) 0.63m/s = 20feet/s이며, 일반적으로 20~30m/min를 설정한다. 실제로 38m/min를 적용하면 정지쇼크와 행정거리가 큰 경우 로프에 의한 출렁임이 크게 발생한다.

1) 교류회로에 있는 안전접점 : AC-15

2) 직류회로에 있는 안전접점 : DC-13

　　내구성은 기계적 및 전기적인 적용부하에서 동작주기 1,000,000회 이상이어야 한다.

나) 15.2에 따라 방향누름버튼과 "운전" 누름버튼의 적절한 작동을 감시하는 전기안전 장치

16.1.5.2.4 점검운전조작반

점검운전조작반은 다음 정보를 표시해야 한다. ([그림 22] 참조)

가) "정상(normal)" 및 "점검(inspection)"을 점검운전스위치나 그 주변에 표시한다.

나) 이동방향은 [표 16]에 따라 색깔로 표시한다.

┃ 표 16 점검운전 조작반 – 버튼 지정 ┃

제어	버튼색상	기호색상	기준기호	기호
상승(up)	흰색	검은색	IEC 60417-5022	↑
하강(down)	검은색	흰색	IEC 60417-5022	↓
운전(run)	파란색	흰색	IEC 60417-5023	↕

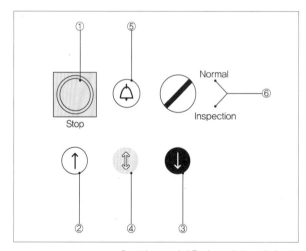

[기호설명]
① 정지장치
② 상승누름버튼
③ 하강누름버튼
④ 운전누름버튼
⑤ 비상호출 누름버튼
⑥ 정상·점검 스위치 위치

[비고] 점검운전조작반 내 경보 버튼은 선택사항이다.

┃ 그림 22 점검운전 조작반 – 제어 장치 및 픽토그램 ┃

(4) 비상점검운전(door open operation)

엘리베이터의 점검·수리 등의 작업 중 승강장 도어나 카 도어를 열고 카를 움직여야 하는 경우가 있다. 이러한 경우에 대비하여 제어반 또는 카 조작반 등에 도어잠금을 검출하는 스위치의 접점을 점퍼(jumper)하는 수단이 필요하다. 이 회로는 반드시 누구나 확인가능한 표지를 하고 이 점퍼회로를 복구하지 않으면 구조적으로 정상자동운전의 형태가 되지 않는 등의 안전조치가 필요하다.

관련법령

〈안전기준 별표 22〉

16.1.8 승강장문 및 카문의 바이패스(bypass) 장치

16.1.8.1 승강장문, 카문의 접점과 문 잠금장치의 유지관리를 위해 제어반 또는 비상운전 및 작동시험을 위한 장치에 바이패스(bypass) 장치가 제공되어야 한다.

16.1.8.2 바이패스장치는 영구적으로 설치된 기계적 탈착수단(덮개, 보호 캡 등)으로 의도치 않은 사용을 보호할 수 있는 스위치 또는 15.2에 따른 전기안전장치의 요구사항을 만족하는 플러그와 소켓의 조합이어야 한다.

[기호설명]
DS : 배선도의
표시사례

▌그림 23 바이패스(bypass) 픽토그램 ▌

16.1.8.3 승강장 및 카문의 바이패스장치는 그 위 또는 주변에 '바이패스(bypass)'라는 단어로 식별할 수 있어야 한다.

또한, 바이패스될 접점은 전기적 도식을 통해 표시되거나 전기적 도식과 [그림 23]의 부호가 함께 사용될 수 있다.

바이패스장치의 작동상태는 명확하게 표시되어야 한다.

바이패스기능은 다음의 조건을 만족해야 한다.

가) 자동 동력 작동식 문을 포함한 정상작동제어는 무효화되어야 한다.

나) 승강장문(7.9.4, 7.11.2), 승강장문 잠금장치(7.9.1), 카문(7.13.2), 카문 잠금장치(7.9.2) 접점은 바이패스(bypass)가 가능해야 한다.

다) 승강장문과 카문의 접점은 동시에 바이패스(bypass)되지 않아야 한다.

라) 바이패스된 카문 닫힘접점으로 카의 움직임을 허용하기 위해 카문이 닫힌 위치에 있는지 확인하기 위한 별도의 감시신호가 제공되어야 한다. 이 사항은 카문의 닫힘접점과 카문 잠금장치의 잠금접점이 결합된 경우에도 적용된다.

마) 수동 작동식 승강장문의 경우 승강장문(7.9.4) 접점과 승강장문 잠금장치(7.9.1)의 접점을 동시에 바이패스하는 것은 불가능해야 한다.

바) 카 움직임은 점검운전(16.1.5) 또는 전기적 비상운전(16.1.6)하에서만 가능하다.

사) 카가 움직이는 동안 카의 음향신호와 카 아래부분의 깜빡이는 조명이 작동되어야 한다. 경보음의 소리크기는 카 아래 1m 거리에서 최소 55dB(A) 이상이어야 한다.

🔳4 엘리베이터의 소비전력

균형추 방식 엘리베이터의 전력소비는 일반적으로 건물의 용도가 오피스빌딩인 경우에 건물 전체 소비전력량의 수%를 넘지 않는다. 엘리베이터의 에너지소비구조는 기동빈도와 관련된 에너지소비와 그 외의 에너지소비로 나눌 수 있다. 전자는 주로 권상 모터에서 소비되는 동력용 전력이며, 후자는 조명, 제어장치에서 소비하는 전력이다.

여러 대의 엘리베이터가 설치되어 있는 경우에는 운행방식에 따른 소비전력의 차이가 있다.

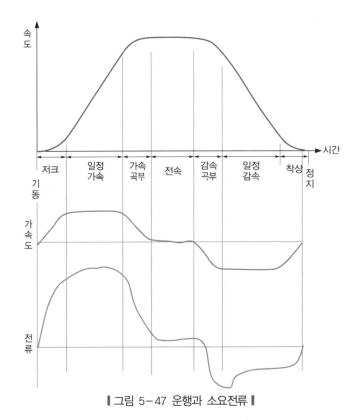

‖ 그림 5-47 운행과 소요전류 ‖

① **동력용 전력소비** : 엘리베이터가 4상환의 운전에서 전력소비와 전력회생이 번갈아 발생하므로 운행거리와 관련된 권상모터의 소비전력은 그다지 크지 않다. 그러나 엘리베이터 구동시스템의 정지관성력(GD^2)이 크게 작용하고 있으므로 정지상태에서 기동하는 순간과 가속하는 동안에 큰 전류가 필요하며, 또한 감속하여 정지하는 동안의 전류가 크게 작용하게 된다. 소비전력은 부과되는 전류에 비례한다.

엘리베이터의 구동시스템의 정지관성에 관련된 장치는 전동기의 회전자, 브레이크의 드럼, 감속기의 웜과 휠, 구동시브, 보상로프인장기, 과속검출기 시브, 과속검출기 로프텐션시브, 디플렉트시브, 서스펜션시브, 세컨더리시브 등의 회전체와 카 자중, 적재량, 주로프, 균형추, 트래블링케이블, 보상로프, 과속검출기 로프 등이다.

따라서, 동력용 전력의 소비는 엘리베이터의 기동하는 횟수에 비례하여 큰 영향을 미친다고 볼 수 있다.

② **관성모멘트** : [그림 5-48]처럼 질량 m[kg]의 질점 P가 중심축 O의 주위를 각속도 ω [rad/s]로 회전하는 때 원주속도 v는 $v = r\omega$[m/s]가 되므로 질점이 가지는 운동에너지는 다음과 같다.

$$W = \frac{1}{2}mv^2 = \frac{1}{2}mr^2\omega^2 = \frac{1}{2}J\omega^2$$

여기서, $J = mr^2$을 질점 P의 그 축에 대한 관성모멘트라 한다. 질점을 대신하여 크기가 큰 물체의 관성모멘트를 구하려고 할 때에는 물체의 각 점에 대하여 관성모멘트를 계산하여 합계를 내면 된다.

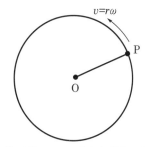

┃그림 5-48 질점의 원운동┃

여기서, 물체의 관성모멘트를 $J[\mathrm{kg \cdot m^2}]$, 전질량을 $M[\mathrm{kg}]$이라고 하면

$$J = MR^2$$

이라 놓으면, 전질량이 축에서 $R[\mathrm{m}]$의 위치에 모아놓은 질점의 관성모멘트와 동일하다. 반경 대신에 직경 $D = 2R[\mathrm{m}]$를 질량 대신에 $G[\mathrm{kg \cdot g}]$를 대입하면 운동에너지 W는

$$W = \frac{1}{2g} G \left(\frac{D}{2} \right)^2 \omega^2 = \frac{GD^2}{8g} \omega^2 = \frac{1}{2} J \omega^2$$

가 된다.

여기서, $J = \dfrac{GD^2}{4g}$ [106)] (g : 중력가속도 $9.8\mathrm{m/s^2}$)

회전체가 감속하는 경우에는 운동에너지의 일부를 방출하고, 가속하는 경우에는 흡수한다. 이 흡·방출되는 에너지에 상당하는 동력은 회전수를 $N[\mathrm{rpm}]$으로 하면

$$P = \frac{dW}{dt} = \frac{\pi^2 GD^2 N}{3{,}600g} \frac{dN}{dt} [\mathrm{W}]$$

가 된다.

이 식에서 GD^2의 크기에 따라 동력이 동일하면 속도변화가 작고, 가속도가 동일하면 큰 가속동력이 필요하다. 이런 연유로 GD^2을 플라이휠 효과라고 부른다.

③ **제어 및 조명용 소비전력** : 제어전력에 대해서는 과거 전자릴레이 제어방식에서 반도체 IC 회로의 μ-Processor 제어방식으로 변경하면서 소비전력이 대폭으로 감소하였고, 카 및 승강장의 Indicator, 각종 버튼의 표시램프도 과거 개별전구에서 LED로 바꾸고, 카 내 조명등도 백열등, 형광등을 버리고 LED 조명을 적용하므로 소비전력이 대폭적으로 감소되었다.

---

106) GD^2 : 관성모멘트는 질량 G와 거리 D(중심에서 질량까지)의 제곱에 비례한다.

④ 복수 엘리베이터의 소비전력 : 여러 대의 엘리베이터가 설치되어 있는 경우에는 각각의 엘리베이터가 각각의 승장호출에 응답하여 서비스한다면 불필요한 기동과 운행이 많아 에너지 낭비가 많아진다. 전체 엘리베이터의 소비전력은 모든 엘리베이터의 기동횟수의 합한 수에 비례하므로 기동횟수를 줄이기 위해서는 반드시 군관리운행이 필요하다. 군관리제어는 하나의 승강장호출요구에 대하여 가장 신속하고 에너지가 적게 소비되는 최적의 호기를 선택하여 서비스하므로 서비스의 효과뿐 아니라 에너지소비도 최소화할 수 있다.

군관리제어의 방식은 여러 가지가 있으며 이들 사이에는 약간의 차이가 있을 수 있다.

⑤ 행선층 분류시스템(destination sorting system) : 초고층의 4대 이상 군관리 엘리베이터에서는 행선층 분류시스템(destination sorting system)을 적용하여 승객이 집중되는 로비에 행선층 선택패널(destination selection panel)을 이용하여 승객이 행선층을 선택하면 이 행선층을 분류하여 이미 예약된 행선층과 연계된 엘리베이터 호기를 설정하여 해당 승객에게 알려주는 시스템으로 피크트래픽시간에 서비스시간과 에너지절약을 동시에 만족하게 하는 효과가 있다.

07 엘리베이터의 IOT 융합

엘리베이터는 사람이 이용하고 타고 다니는 교통설비이다. 이렇게 사람과 직접 연결되어 이용하는 설비의 중요한 수행과정은 바로 사람과 기계의 연결과 소통과정, 즉 MMI(Man Machine Interface)이다.

1 IOT 융합의 개요

우리가 살고 있는 지금 세상에서 가장 필요한 하나의 물건은 스마트폰이고, 이 스마트폰은 Internet, 통신 없이는 무용지물이다. 즉, 현세의 인간은 Internet에 삶의 수단을 맡기고 있다고 볼 수 있다.

따라서, 현재 MMI의 가장 최신 수단은 바로 IOT임은 명백한 사실이고, 이러한 IOT 기술은 바로 엘리베이터를 사람에게 가장 가깝게 맺어줄 수 있는 기술이다. 즉, 엘리베이터에 Internet을 심어서 사람과 소통을 자유롭게 하자는 것이다. [그림 5-49]에서 사람이 사는 범주 내에 모든 것이 IOT 영역에 포함되어 있듯이 엘리베이터도 이 그림에 포함시키는 것이다.

┃그림 5-49 IOT 영역┃

2 엘리베이터와 사람

엘리베이터와 사람은 소통해야 할 정보가 있다. 예전에는 사람이 기다린다는 정보와 몇 층에 가야 한다는 정보만 버튼으로 주고받았으나, 사회가 복잡해지고 생활이 다양해지면서 엘리베이터와 주고받아야 할 정보가 많아지기 시작하였다. 엘리베이터 속에서도 소통하고, 엘리베이터 바깥 승강장에서도 소통하며, 엘리베이터에서 떨어져 있는 거실에서도 소통하고, 집으로 가고 있는 승용차 안에서도 소통하여야 할 필요가 있게 되었다. 이러한 소통은 인터넷이 그 역할을 하게 된다.

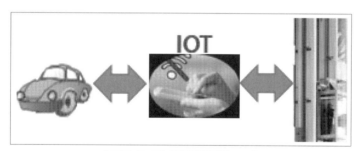

┃그림 5-50 엘리베이터와 IOT┃

3 IOT 기능

엘리베이터와의 많은 정보를 주고받으므로 엘리베이터에 여러 가지 기능을 부여할 수 있다. 그러한 기능을 몇 개의 부류로 분류해보면 다음과 같다.

(1) 유지관리용 기능

① 고장통보 : 엘리베이터가 고장나면 유지관리자, 관리주체의 스마트폰에 고장으로 정지되 었음을 알려준다.

② 승객감힘 통보 : 승객이 타고 있는 카가 층간 정지하였을 때 관리주체와 유지관리자에게 승객이 갇혔음을 알리고 핸드폰으로 전화를 걸어 카 내의 갇힌 승객과 통화하여 구조에 관한 내용을 알리고 안심시킨다.

③ 운행상태 확인 : 스마트폰으로 유지관리하는 엘리베이터가 이상 없이 운행되고 있는지 여부를 확인한다.

④ 승차감의 점검 : 엘리베이터 카에 승차감을 측정할 수 있는 센서, 즉, 가속도센서 등을 장착하고 평상시 이 센서에 의하여 측정되는 승차감(진동, 소음, 착상오차 등)을 기록하여 보관하고, 신동값이 미리 정해신 기준값을 초과하면 유지관리사에게 스마트폰으로 알려준다.

⑤ 수리부품의 교체시기 안내 : 사용횟수에 의한 수명을 예측하고 있는 부품에 대한 교체시기를 예측하여 관리주체와 유지관리자에게 알려준다.

⑥ 카 내 공조 : 카 내의 온도와 습도 센서가 부착되어 유지관리자나 관리주체에게 현재 환경을 알려주고, 설정값을 변경하거나 공기조정장치를 가동한다.

⑦ 원격감시와 원격제어 : 엘리베이터의 운행상태를 원격으로 모니터링한다. 그리고 고장에 신속히 대처할 수 있으며, 사소한 고장 때문에 승객이 갇힌 경우에는 원격제어로 구출운전을 할 수 있다.

(2) 승객의 편의기능

① 고정된 행선층의 등록 : 개인의 아파트 거주층이나 회사의 사무실층과 같이 고정된 층을 행선층으로 스마트폰에 등록하고 그 폰을 소지하고 탑승하면 자동으로 행선층을 등록한다.

② 차량번호 인식연동 호출 : 아파트 주차장에 진입하면서 인식된 차량번호로 카가 로비층에 대기하고 행선층을 미리 등록하고 기다린다. 사람이 타면 출발하여 거주층으로 이동한다.

③ Security gate 연동 탑승호기 안내 : 회사나 건물의 Security gate를 통과할 때 해당 사무실의 층을 인식하고 행선층 분류시스템으로 탑승할 호기를 선택하여 알려준다.

④ 정보표시기 : 카 내에 여러 가지 정보를 알려주는 정보표시기를 통하여 날씨, 뉴스 등의 생활정보를 알려준다.

(3) 방법기능

① 비명감지 : 카 내에서 소리를 검출하고, 소리의 크기와 주파수 등 각종 정보를 분석하여 비명에 대한 비상알림신호를 경비실, 유지관리자에게 보낸다.

② 모션감지 : 카 내에서 과격한 행동 등을 분석하여 범죄행위로 인식하여 경비실, 관리주체, 유지관리자의 스마트폰을 통하여 비상알림을 보낸다.

(4) 비접촉 호출

① 풋버튼 : 승강장에서 카를 호출할 때 센서 아래에 발을 갖다 대면 이를 인식하여 카를 부른다.

② 모션인식버튼 : 승강장에서 상승·하강 버튼을 구분하여 손이나 다른 물건을 들고 움직임의 방향을 인식하여 상승버튼 혹은 하강버튼을 등록하는 장치이다.

③ 음성인식버튼 : 카 내에서 행선층을 말하면 자동으로 행선층이 등록된다. 승강장에서는 상승, 하강으로 버튼을 등록하게 된다.

④ 스마트폰태그 : 승강장의 호출버튼이나 카 내의 행선버튼에 스마트폰을 접근시키면 등록되는데 엘리베이터 버튼앱을 설치해야 한다.

⑤ 원격호출 : 아파트에 도착하기 전에 스마트폰으로 엘리베이터의 행선층을 누르면, 카는 로비층 또는 현관층에 대기하고 행선버튼은 자동으로 등록된다.

(5) 핸드폰 인식

① 탑승기록 : 핸드폰을 소지하고 탑승하면 그 핸드폰의 번호를 인식하여 탑승기록을 남기게 된다. 탑승정보는 탑승일시, 탑승층, 하차층 등이다.

② 고정행선층 등록 : 핸드폰에 등록된 고정층을 인식하고 행선층으로 등록한다.

③ 장시간 탑승인식 : 카 내에 핸드폰을 인식하고 이 핸드폰이 3~4분 이상 지속적으로 인식이 되면 갇힘이나 의식불명으로 하차하지 않는 것으로 인식하고 관리주체나 유지관리자에게 비상알림한다.

④ 불편민원접수 : 해당 엘리베이터에 대한 불편사항에 대하여 스마트폰으로 민원을 신청하면 이 신청내용이 관리주체, 유지관리자의 핸드폰으로 전송된다.

(6) 홈오토메이션 연결

① 집안호출 : 세대에서 엘리베이터를 홈오토메이션 패널에서 해당 층으로 호출한다. 호출을 하면 해당 층에 도착하는 시간을 알려준다.

② 도착예정시간 알림 : 홈오토메이션으로 호출한 엘리베이터 카가 해당 층에 도착할 때까지의 남은 시간을 알려준다.

③ 방문자 인식 : 아파트의 현관층에서 행선층 입력패널에 방문세대주의 호수를 입력하면 카가 현관층으로 호출되고, 행선버튼이 자동등록되면서 해당 세대의 홈오토디스플레이어에 손님이 오는 것을 미리 알린다.

08 시스템 안전기능

엘리베이터의 시스템에서 수행하는 안전기능은 엘리베이터가 운행하면서 획득하는 여러 가지 운행정보들 가운데서 기본적으로 문제가 될 수 있는 부분에 대한 기준을 설정하고 그 기준을 초과 또는 미달하는 경우, 즉 엘리베이터가 이상동작이나 부품의 손상 등을 초래할 염려가 있다고 판단될 때 엘리베이터의 운행을 중지시키는 기능을 말한다. 별도의 Hard ware 장치 없이 시스템의 장치를 활용한다.

1 전동기 관련 안전기능

① **역방향 주행검출** : 엘리베이터가 정상적인 방향으로 움직이고 있는지를 확인하는 기능으로, 로터리엔코더의 신호로 전동기의 회전방향을 검출하여 정·역 방향을 확인한다.

② **스크롤검출** : 엘리베이터가 출발 후 일정한 시간 이내에 정지하는지를 확인하는 기능이다.

③ **전동기 구동시간 제한(anti stall)** : 엘리베이터의 전동기는 주행하는 동안만 구동하게 된다. 만약 어떠한 원인에 의하여 전동기가 필요 이상으로 구동하게 되는 경우 전동기의 손상을 초래할 뿐 아니라, 엘리베이터 시스템에 나쁜 영향을 미치고 승객의 위험을 초래할 수 있다. 그래서 미리 정해진 시간을 초과하여 운전상태로 계속 동작되는 경우에는 강제로 전동기의 동작을 멈추는 기능이 구비된다.

모든 이상현상의 조치와 마찬가지로 구동시간 제한기능이 동작한 후에는 반드시 이상의 원인을 파악하여 이에 대한 적절한 조치를 취한 후 재사용하여야 한다.

현실적으로 최근 발전된 전동기기술과 전동기를 구동하는 드라이버기술의 발전으로 전동기의 이상회전은 거의 발생하지 않는다고 볼 수 있다.

● ⚖ **관련법령**

〈안전기준 별표 22〉

13.2.7 전동기 구동시간 제한장치

13.2.7.1 권상 구동식 엘리베이터에는 다음과 같은 경우에 구동기의 동력을 차단하고 차단상태를 유지하는 전동기 구동시간 제한장치가 있어야 한다.

  가) 기동하는 시점에서 구동기가 회전하지 않을 경우

  나) 카 또는 균형추가 하강방향으로 운행 중 장애물로 인해 정지하여 로프가 권상 도르래에서 미끄러짐이 발생하는 경우

13.2.7.2 전동기 구동시간 제한장치는 다음 두 값 중 짧은 시간을 초과하지 않는 시간에 작동해야 한다.

  가) 45초[107]

  나) 정상작동 시 전체 주행시간 +10초. 다만, 전체 주행시간이 10초 미만인 경우 20초

13.2.7.3 정상운행의 복귀는 유지관리업자에 의한 수동 재설정에 의해서만 가능해야 한다. 전원공급 차단 후 동력이 복원될 때 구동기가 정지된 위치를 유지할 필요는 없다.

13.2.7.4 전동기 구동시간 제한장치는 점검운전 또는 전기적 비상운전 시 카의 움직임에 영향을 주지 않아야 한다.

---

107) 이러한 기준은 과거 저속 엘리베이터의 높지 않은 건축물에 해당하여 적용되었다. 최근에 고층 또는 초고층 건물에 설치되는 엘리베이터는 최하층에서 최상층까지의 운전시간이 45초를 넘는 경우가 많아 재검토가 필요하다(잠실 롯데월드타워의 600m/min 엘리베이터는 로비에서 전망대까지 1분 이상이 걸리는 것이 정상이다).

2 속도 관련 안전기능

① 과대속 검출 : 규정된 속도 이내로 움직이고 있는지 확인하는 기능으로, 과속검출기의 기계적인 검출속도 이전의 과속을 검출하여 엘리베이터를 멈추고, 운행불능으로 처리하게 된다.

② 이상저속 검출 : 규정된 속도 이내로 움직이고 있는지를 확인하는 기능으로, 엘리베이터를 멈추고 운행불능으로 처리하게 된다.

③ 속도측정기의 이상검출 : 엘리베이터는 Encoder, Resolver[108], Tacho generator 등 주행 중 속도를 측정하는 장치가 장착되어 있으며 이 속도를 검출하는 장치가 정상적으로 Pulse를 출력하고 있는지를 확인하여 이상 여부를 확인하는 기능이다.

④ Pattern[109], Tacho[110]의 오차검출 : 엘리베이터가 주행 중 정해진 속도 Pattern과 실제로 검출된 속도의 차이를 항상 감시하여 정해진 기준값 이상의 차이가 발생하는지를 검출하는 기능이다.

⑤ Tacho jump 검출 : 엘리베이터 속도의 변화가 순간적으로 지나치게 커지는 경우를 검출하는 기능으로, 로터리 엔코더의 Pulse 입력의 변화가 큰 경우 이러한 인식을 하게 된다.

⑥ TSD[111] 주행검출 : 엘리베이터가 정지하기 위해서는 정규의 속도 Pattern에 의하여 감속하여 정지한다. 그러나 어떠한 원인에 의하여 종단층에 감속지점이 되었음에도 카의 속도가 감소되지 않는 경우에는 종단층에 설치되어 있는 TSD 스위치에 의한 감속 Pattern으로 감속이 되도록 하여 정지하는 경우가 있다.
이 TSD 스위치에 의하여 감속·정지된 경우는 제어시스템에 이상이 있는 경우로 판단하여 엘리베이터의 운행을 불가능하게 하는 기능이다.

3 인버터, Drive 회로 관련 안전기능

① 과전류 검출 : 엘리베이터의 전동기에 흐르는 전류의 양을 검출하고, 정해진 값보다 과도한 전류가 흐르는지를 검출하는 기능으로, Current transformer로 전류의 양을 검출한다.
이 전류검출장치는 속도제어를 하기 위한 전동기 전류값을 귀환하는 장치이기도 하다.

② Inverter 과열검출 : 엘리베이터에는 전동기를 돌리는 큰 전류가 필요하고 인버터소자가 이 큰 전류를 ON-OFF시키는 동작을 하는 중에 열이 발생한다. 과열되면 인버터소자의 파손 또는 동작불량으로 인하여 엘리베이터의 운전에 이상이 생기게 되는데 이러한 과열이 있는지를 검출하는 기능이다.
이러한 과열의 검출이 인버터소자도 보호하고 사고도 방지한다.

---

108) 속도검출장치의 일종으로, Encoder보다 분해능이 높다. 주로 초고속 엘리베이터에 쓰인다.
109) 엘리베이터의 속도를 제어하기 위한 기준속도로 설계 시에 이미 결정되어 제어회로에 내장되어 있다.
110) 엘리베이터의 주행속도를 검출한 값
111) 종단층 강제감속장치

③ 콘덴서[112] 충전불가 검출 : 인버터회로에서 평활부에 장착된 전해콘덴서가 기동전류와 관련되어 있으므로 콘덴서의 충·방전 성능이 운전에 영향을 미칠 수 있다. 이 콘덴서의 충전이 제대로 되는 기능이 저하되었는지를 확인하는 기능이다.

4 입력전원 관련 안전기능

① 과전압 검출 : 엘리베이터에 공급되는 전원이 허용하는 전압보다 지나치게 높은지를 검출하는 기능이다.

② 저전압 검출 : 엘리베이터에 공급되는 전원이 허용하는 전압보다 지나치게 낮은지를 검출하는 기능이다.

③ 결상검출 : 엘리베이터에 공급되는 3상 전원 중에서 1·2상의 결상을 검출하는 기능이다. 종전에는 3상의 역상을 검출하는 안전장치도 있었으나, 현재에는 VVVF 제어를 적용하므로 3상에서 역상은 엘리베이터 제어에 영향을 미치지 않아 역상검출은 하지 않는다.

5 μ-Processor 관련 안전기능

① CPU의 동작이상 검출(watch dog time)[113] : μ-Processor에 의해 제어되는 엘리베이터에서 CPU의 동작이 정확히 이루어지고 있는지를 확인하는 기능으로, μ-Processor는 S/W Program에 의해 동작되므로 Program 수행 중 정상적인 순서를 밟아 수행하지 못하고 비정상적인 Loop만 계속 반복하는 등의 오동작을 검출한다.
이 기능은 μ-Processor의 Fail이므로 Watch dog라는 회로의 하드웨어로 검출하는 것이 일반적이다.

② Data 전송이상 검출 : μ-Processor를 이용하는 대부분의 엘리베이터에서는 여러 개의 μ-Processor가 사용되므로 이들 μ-Processor 간에 필요한 Data의 전송이 제대로 이루어지고 있는지를 확인하는 기능이다.

6 도어 관련 안전기능

① Door 고장검출 : 도어의 동작이 정상적으로 이루어지는지를 확인하는 기능으로, 도어장치가 이상이 생겨 열리지 않는다면, 자동적으로 다음 층으로 이동하여 그 층의 도어를 열어주는 기능 등을 수행할 수 있다.

---

112) 인버터 엘리베이터에 있어서 인버터의 직류회로에 장착되는 콘덴서로 기동토크를 확보하기 위한 충분한 전류의 공급 등 중요한 역할을 하는 부품으로 그 수명이 다른 부품에 비하여 짧다.

113) Watch dog time : μ-Processor에서 CPU는 만들어진 프로그램을 반복해서 수행하게 된다. 이 프로그램의 수행이 한번 완료되면 완료신호를 내보낸다. 이 신호를 하드웨어의 회로에서 확인하는 것이 Watch dog 회로이다. 이 Watch dog 회로는 CPU의 프로그램 수행주기보다 2~4배의 시간 내에 완료신호가 나오지 않을 때 CPU가 정상동작을 하지 않는 것으로 검출하여 엘리베이터의 운행을 중지하고 운행불능으로 처리하게 된다.

② 도어 스위치 이상검출 : 엘리베이터의 도어에는 자동으로 동작하도록 하는 여러 가지 검출스위치가 부착되어 있다. 특히 도어인터록장치에 있는 도어닫힘 검출스위치(인터록스위치)와 도어 완전열림 검출스위치 등이 정상적으로 동작하는지 여부를 검출하는 기능이다.

7 제어기기 관련 안전기능

① Contactor 접점 이상검출(ON 고장) : 각종 Contactor의 접점이 정상적으로 동작하는지를 확인하는 기능이다. Contactor는 전동기구동용 Contactor, Brake 구동용 Contactor, 정전 시 구출운전장치와 연결되는 Contactor도 있다.

② 종점스위치 이상검출 : 엘리베이터의 안전장치 중의 하나인 종점스위치가 정상적인 동작을 하고 있는지를 확인하는 기능으로, 카가 중간층에 있는 경우에 종점스위치는 모두 작동이 되지 않고 있음을 확인하는 것으로 검출할 수 있다.

③ 층연산 에러(selector[114] error) 검출 : 엘리베이터는 항상 현재층을 기억하는 장치가 내장되어 있다. 현재는 하드웨어적인 장치가 아닌 CPU의 연산에 의하여 현재층을 인식하고 있다. 이러한 층인식연산이 외부의 Noise 등으로 잘못되는 경우가 있는데 이러한 경우에 기억하고 있는 층이 실제의 층과 일치하고 있는지를 확인하는 기능이다.

④ 위치스위치 이상검출 : 엘리베이터는 주행 중에 현재의 위치를 확인하는 카 포지션스위치 카 상부에 장착되어 승강로의 차폐판과 연계되어 카의 위치를 검출하고 있다. 이 카의 위치검출센서가 위치의 변화에 따라서 정상적으로 동작하는지 여부를 확인하는 기능이다.

⑤ 브레이크 Coil 이상검출 : 전자브레이크의 동작이 정상적인 지를 검출하는 기능으로, 브레이크 Contactor가 동작하였음에도 불구하고 전자브레이크의 동작검출스위치가 검출을 하지 못하는 경우 브레이크코일의 이상으로 브레이크가 동작하지 않는 것으로 인식하게 된다. 전자브레이크가 정상동작이 되지 않은 상태로 주행이 이루어지면, 브레이크패드가 마찰열로 손상을 입게 되고 그 결과 정지유지력을 상실하게 되므로 사고의 원인이 되기도 한다.

⑥ 도어인터록접점 이상검출 : 엘리베이터 카 도어는 도어존(잠금해제구간)이 아니면 열리지 않도록 회로가 구성되어 있다. 또한, 도어가 닫힌 상태와 도어가 열린 상태를 검출하는 센서가 있어 이들 도어존신호, 닫힘신호, 열림신호 등을 조합하여 이들의 상태가 정상인지를 진단할 수 있다. 이를 진단하여 정상이 아닐 때 엘리베이터의 운행을 중지시키고 처리가 완료된 후에 재개해야 한다.

특히 승장도어의 인터록스위치의 작업을 위한 점퍼에 대한 제거 여부의 진단은 매우 중요한 사고방지기능 중의 하나라고 볼 수 있다. 도어인터록스위치의 점퍼는 도어가 열린 상태에도 제어부가 닫혀 있는 것으로 인식하여 카를 기동할 수 있기 때문이다.

---

114) 과거 사용되었던 엘리베이터의 층인식장치의 기능을 의미한다. μ-Processor를 사용한 엘리베이터에서는 그 기능이 S/W로 수행된다.

관련법령

〈안전기준 별표 22〉

16.1.9 문 접점회로의 결함이 있는 엘리베이터의 정상운전방지

카가 카문이 열려 있고 승강장문 잠금장치가 해제되는 잠금해제구간에 있는 동안 카문의 닫힘상태를 확인하는 전기안전장치, 승강장문 잠금장치의 잠금상태를 확인하는 전기안전장치 및 16.1.8.3 라)에 따른 감시신호가 올바르게 작동하는지 감시되어야 한다.

장치의 고장이 감지되면 엘리베이터의 정상운전이 방지되어야 한다.

09 제어기기

엘리베이터는 운전수 없이 전자동으로 움직이는 장치이므로 제어가 중요하며, 많은 각종 제어기기로 구성되어 있다. 제어반에는 제어의 총괄장치로 μ-Processor를 비롯하여 여러 가지 소자들로 제어회로를 구성한다.

1 제어반

회생저항
수동운전반
콘택터
메인브레이커
메인보드
인버터
커넥터부
입·출력 단자
어스바
트랜스

인버터
뒷면장착

┃그림 5-51 제어반 예┃

제어반은 엘리베이터의 제어를 총괄하는 중요한 장치이다. 운전제어부, 속도제어부 및 군관리 제어부가 내장되어 있다. 각 제어부는 CPU를 비롯하여 주메모리, 보조메모리, Input/Output

회로, Clock 회로, Wired logic 회로 등으로 구성된 μ-Processor와 교류전원, 직류전원들을 공급하는 전원회로, 입·출력 전선을 연결하는 단자대(terminal block), 주전원을 ON-OFF하는 차단기(breaker), 큰 전류를 공급하는 접촉기(magnetic contactor), 변압기(voltage transformer), 인버터, 컨버터 등으로 구성된다.

(1) 전원부

제어기기들의 동작 또는 센서의 전원으로 필요한 여러 가지 전원을 만들어 공급하는 장치로, 교류전원은 변압기를 통해서 만들고, 직류전원은 변압기, 정류기, 평활회로의 구성으로 만들어진다. 또한, μ-Processor와 같이 전원의 질이 높아야 하는 경우에는 SMPS(Switching Mode Power Supply) 등과 같이 정밀한 전원장치를 적용한다.

① 변압기(voltage transformer) : 엘리베이터에서 보통 주전원을 3상 380V를 공급받아 사용한다. 구동기용 전원은 380V를 그대로 인버터로 연결하게 되나 제어용 전원을 이보다 낮은 전압으로 주로 사용하기 때문에 전압강하트랜스(voltage down transformer)를 사용한다. 변압기는 1차 입력코일과 2차 출력코일은 절연되어 있고, 코일의 감긴 횟수에 비례하여 출력전압이 나온다.

② 정류기(convertor)[115] : 엘리베이터에는 직류전원을 사용하는 장치들이 많이 있다. 최근에 컴퓨터제어, 디지털장치들이 많아지면서 직류전원이 더욱 필요하게 되었다.

공급되는 입력전원과 변압기를 거쳐 나오는 전원은 모두 교류전원이기 때문에 직류전원을 만들기 위해서는 정류기를 사용하여 교류의 마이너스성분을 없애야 한다. 정류기는 Diode를 2개 이상 엮어서 만든다. 단상 교류를 전파정류하려면 [그림 5-52]와 같이 4개의 Diode가 사각형으로 연결되어야 한다. 이를 다이오드브리지라고 한다.

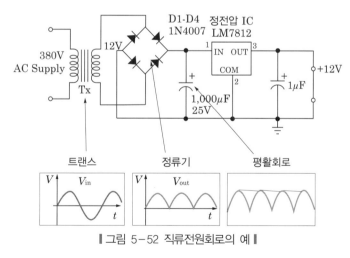

▌그림 5-52 직류전원회로의 예 ▌

---

115) 정류기를 Rectifier라고도 한다.

▌그림 5-53 단상 정류기 ▌

▌그림 5-54 트랜스포머 ▌

③ 평활회로(smoothing circuit) : 사인파를 정류하면 산과 골이 생겨 직류파형으로는 적합하지 않다. 그래서 콘덴서의 충전특성과 방전특성을 활용하여 골을 메우는 역할을 한다. [그림 5-52]에 평활회로의 곡선이 나타나 있다.

④ 정전압 소자(voltage regulator) : 변압기 2차 교류를 정류하여 원하는 전압의 출력을 얻기 위하여 정류기를 거친 직류전압을 다소 높게 구성하여 이 정전압 IC에 입력하면 입력전압 이 변동하더라도 소자의 출력은 일정한 전압을 얻을 수 있다. [그림 5-52]에서 정전압 IC 12V용이므로 출력은 +12V가 된다.

⑤ SMPS(Switching Mode Power Supply) : μ-Processor 회로와 같이 디지털회로의 전원은 낮은 전압으로 전원이 안정되어야 하고 전압변동이 작아야 한다. SMPS는 전원을 안정화하 기 위하여 Switching 회로를 활용하여 안정된 전원을 만든 것이다. 이를 안정화 전원이라 고 말하기도 한다. [그림 5-55]가 SMPS의 일반적인 형태이다. μ-Processor에 사용되는 전원은 +5V, ±12V가 많이 적용된다.

▌그림 5-55 SMPS ▌

(2) μ-Processor

엘리베이터의 기본적인 제어부는 각각의 μ-Processor로 구성되어 있다. μ-Processor는 CPU, 메인메모리, 보조메모리, Clock 회로, 연산회로, Input/Output interface, 보조회로 등으로 구성된다.

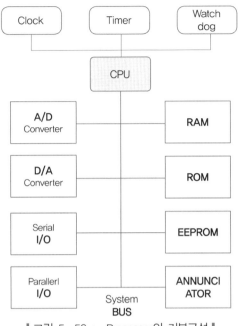

┃ 그림 5-56 μ-Processor의 기본구성 ┃

운전제어부와 속도제어부는 각각 독립된 μ-Processor로 되어 있고, 군관리 엘리베이터의 1호기 제어반에는 군관리제어부가 있고 이 또한 독립된 μ-Processor로 운영되고 있다.

μ-Processor의 메인메모리는 RAM을 사용하고 엘리베이터의 운전과 관련된 주프로그램을 내장하는 보조메모리는 EPROM을 사용한다. 또한, 현장에서 필요한 데이터를 직접 기억하고 활용하는 데이터를 위해서는 EEPROM[116]을 사용하고, 전원차단 후에도 운행데이터를 일정기간 보존하여 전원복귀 후에 연결된 운행을 위하여 메인메모리를 데이터가 완전히 지워지지 않도록 Back up 전원을 적용하기도 한다. Back up 전원은 배터리 혹은 수퍼콘덴서(super condenser, capacitor)[117]를 사용한다.

요즘은 이 μ-Processor가 여러 소자들을 한꺼번에 집적시켜 만든 One-chip μ-Processor가 다양하게 생산되고, 또 고유한 회로를 주문하여 생산하므로 엘리베이터의 여러 장치들에 적용하여 장치의 구성을 간단하게 하며, 기능을 다양하게 만들고 있다.

① 메인메모리(RAM) : CPU가 동작하면서 수행프로그램을 ROM에서 읽어 RAM에 저장하여 순서대로 수행하고, 동작 중 기억해야 할 데이터 등을 저장하는 메모리이다.

전원이 꺼지면 저장된 데이터는 모두 사라진다. 엘리베이터에서는 운행중지를 위해 전원차단 후에도 다음 운행이 재개되면 현재 상태대로 운행을 하기 위해서 카의 현재층이나 층고 메모리 등은 보존되어야 한다. 이를 위해서 메인메모리에 데이터가 삭제되지 않도록 배터리나 수퍼콘덴서를 사용하여 Back up 전원을 공급한다.

---

116) EEPROM(Electrical Erasable Programmable Read Only Memory) : 5V 회로에서 지우고, 쓰는 ROM
117) 전해콘덴서이며 작은 크기에 비하여 용량이 아주 크기 때문에 낮은 전압을 오래 유지하는 특성이 있다.

② 보조메모리(ROM) : 이 보조메모리는 주로 EPROM(Electrical Programmable ROM)을 사용한다. EPROM은 데이터나 프로그램을 저장할 때 ROM writer라는 장비를 사용하여야 한다. Write할 때 필요한 전압은 30~40V 정도이다.

이 ROM에 엘리베이터가 수행해야 할 모든 동작의 프로그램이 저장되어 있다. 물론 운전제어부의 프로그램 ROM과 속도제어부의 프로그램 ROM 및 군관리제어부의 ROM이 각각 동작에 맞는 프로그램이 저장된다.

③ EEPROM : 엘리베이터가 운행하는 데 여러 가지 데이터가 필요하다. 특히 현장에서 변경될 수 있거나 아니면 고객의 요구를 만족시키기 위한 운행데이터는 현장에서 바로 수정되는 것이 좋다. 이러한 데이터를 저장하고 사용하기 위해서 회로전원으로 지우고 쓸 수 있는 것이 ROM이다. 이 데이터는 저장하면 운행하는 도중에 계속 사용하여야 하고, 필요에 따라 지우고 다시 저장할 수 있는 데이터들이다.

대표적으로는 층고데이터가 여기에 속한다. 설치 때 층고를 자동으로 측정하여 이 메모리에 저장하여 사용한다. 또, 층표시문자, 도어 불간섭시간, 카 내 조명 자동소등시간, 논서비스층(non service floor), 피난층, 층표시 등의 운행데이터들이 여기에 속한다.

④ I/O(input/out) interface : 엘리베이터에는 안전장치를 포함한 여러 가지 제어기기가 여러 위치에 장착되어 있고, 이러한 장치들의 동작상태를 스위치나 센서로 검출하여 제어 CPU에 정보를 제공하여야 한다. 정보제공은 전기적인 신호로 하여야 하며, CPU 회로의 사용전원은 직류 5V이고, 스위치나 센서의 신호는 사용전압레벨이 이와는 다르다. 스위치나 센서는 엘리베이터 곳곳에 위치해야 하므로 신호전달의 신뢰성을 높이기 위하여 비교적 높은 전압레벨을 사용한다.

이러한 높은 전압의 신호를 CPU에 전달하기 위해서는 CPU 회로의 사용전압과 맞추어 주어야 하므로 입력맞춤회로(input interface circuit)를 이용하여 신호의 전압레벨을 CPU 회로전압과 맞추는 것이다.

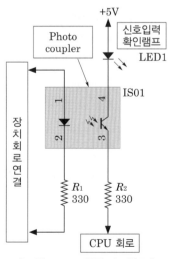

┃그림 5-57 입력 I/F 회로┃

출력맞춤회로는 엘리베이터의 동작이나 표시등의 장치들이 CPU의 지령을 받아 움직이거나 표시해야 하나 이러한 장치들은 동작전원이 CPU 회로의 전압보다 대부분 높은 전압전원으로 동작한다. 그래서 CPU의 명령신호를 장치의 동작전압레벨에 맞추기 위해서 출력맞춤회로(output interface circuit)를 이용한다.

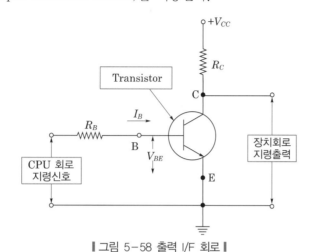

‖ 그림 5-58 출력 I/F 회로 ‖

I/O interface 회로는 용도에 따라 여러 가지가 있으나, 엘리베이터에서는 주로 광전소자와 트랜지스터를 많이 활용한다. 광전소자는 Photo coupler로 발광소자와 수광소자가 하나의 모듈로 만들어져 있고, 입력과 출력이 전기적으로 절연되어 있으므로 여러 용도로 사용할 수 있다. 주로 Input 회로에 많이 적용한다.

트랜지스터는 CPU 회로의 낮은 전압명령을 트랜지스터의 베이스신호로 연결하고, 이미터와 컬렉터 간 장치의 사용전압을 입력해서 장치에 명령을 전달하여 동작하도록 한다. 주로 Output 회로에 많이 적용한다.

⑤ A/D convertor : 엘리베이터에서 센서나 측정되는 값이 아날로그로 연속값인 경우에 CPU에 그 값을 전달하려면 디지털수치로 바꿔 전달해야 한다. 예를 들어 카의 적재하중을 측정하는 로드셀이나 차동트랜스에서 입력되는 아날로그전압을 디지털값으로 변화시켜 CPU에 전달하여 적재하중을 알게 한다.

⑥ Clock 회로 : μ-Processor가 동작하기 위해서는 펄스가 필요하다. CPU는 펄스 하나에 1개의 명령을 수행하게 된다. 이러한 펄스를 만들어 공급하는 회로가 Clock 발생회로이다. 이 발생되는 Clock 주파수는 CPU가 동작하는 속도를 결정한다.

⑦ Timer 회로 : μ-Processor에서 시간이 필요한 동작은 상당히 많다고 볼 수 있다. 특히 엘리베이터에서는 시간관련 기능이 많고, 이러한 기능을 정확하게 수행하기 위해서는 정밀한 Timer 회로가 필요하다.

⑧ Watch dog time 회로 : CPU가 프로그램을 정상적으로 수행하는 지를 확인하는 회로이며, 이 회로가 이상을 검출하면 해당 μ-Processor에 에러가 발생하여 프로그램을 정확히 수행하지 못하는 것이므로 엘리베이터 운행을 중지시킨다.

⑨ Annunciator[118] : μ-Processor의 장점은 많이 있으나 그 중에서 특히 바람직한 사항은 지나간 상황을 데이터로 기억해서, 고장난 시점의 문제상황을 추적할 수 있다는 것이다. Annunciator는 μ-Processor와 보수요원 간의 Interface 역할을 하여 각종 데이터의 검색과 고장에 대한 이력을 추적하여 처리하고, 고객의 운행관련 요구에 대응하는 데이터의 변경 등을 수행할 수 있는 Service tool이다. 이 Annunciator는 회사에 따라서 제어반의 CPU board에 장착되어 있기도 하고, 좀 더 사용하는 데 편리하게 하기 위해 소형의 포터블 장치로 하여 CPU board에 커넥터로 연결하여 사용하기도 한다.

이러한 Annunciator를 통해서 수행할 수 있는 작업은 우선 위에서 언급한 고장에 대한 데이터의 검색을 Error code를 통하여 원인추적을 행할 수 있으며, 다음 추적을 위해서 초기화도 한다. 그리고 기계실에서 행선층 등록을 통해 자동운전이 가능하며, 운행방식 관련 데이터와 표시장치의 표시관련 데이터의 변경 및 일정기간의 층별 호출건수 등의 운행데이터를 검색할 수 있다.

⚖ 관련**법령**

〈안전기준 별표 22〉

16.1.7 점검 등 유지관리 업무수행을 위한 보호

16.1.7.1 유지관리업무를 위한 보호

제어시스템에는 승강장 호출, 원격명령에 의한 엘리베이터 응답을 차단하고, 자동식 문의 작동을 비활성화해야 하며, 유지관리를 위해 최소한 최상층 및 최하층을 호출하는 수단이 제공되어야 한다.

이 장치는 명확히 표시되어야 하며, 인가된 작업자에게만 접근이 허용되어야 한다.

16.1.7.2 결함확인장치 등

엘리베이터의 결함 등을 확인하는 장치가 패널에 설치되어야 하며, 다음 기능을 수행할 수 있어야 한다.

가) 고장분석 및 전기안전장치의 결함확인 기능

나) 결함 초기화 및 정상운행복귀 기능

다) 유지관리를 위한 조정 및 설정 기능

라) 점검 및 검사를 위한 조정 기능

마) 월간 기동횟수 및 운행시간 적산 기록·표시 기능

또한, 이 장치의 기능에 대한 사용설명서가 패널 내부에 보관되어야 한다.

---

118) Maintenance tool, Maintenance computer, Service tool, Service console

(3) 인버터

엘리베이터에서 인버터는 VVVF 방식 속도제어에서 중요한 전동기 구동장치이다. 인버터는 교류전원을 컨버터를 통하여 직류로 만들고 콘덴서를 이용하여 이 직류의 파형을 평활하고, 전동기를 회전시키는 데 필요한 주파수의 교류로 만드는 인버터회로를 포함하고 있다. [그림 5-59]가 엘리베이터에 적용되는 기본적인 인버터구성이다.

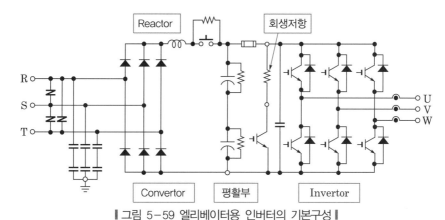

┃그림 5-59 엘리베이터용 인버터의 기본구성┃

① 컨버터(convertor) : 인버터의 구성에서 첫 번째의 구성으로 교류전원을 입력받아 직류로 만드는 역할을 한다. 단상 교류일 경우에는 단상 전파정류를 하고, 3상 교류일 경우에는 3상 전파정류를 하므로 정류기는 6개가 소요된다. 일반적으로 다이오드는 브리지를 적용해서 직류로 만든다.

Regeneration 전력을 재활용하는 엘리베이터가 많아지고 있다. 이러한 경우에는 인버터에 사용되는 소자와 동일한 소자를 주로 적용하여야 한다.

② 평활부(smooth circuit) : 컨버터에서 정류된 직류파형은 산과 골이 뚜렷하게 나타나므로 이를 평활시켜 주는 회로이다. 주로 콘덴서와 저항을 사용한다.

엘리베이터는 기동할 때 정지관성이 크므로 큰 기동토크가 필요하다. 이러한 기동토크를 확보하기 위하여 인버터의 직류회로에서 용량이 큰 전해콘덴서를 적용하여 정지 중에 충전되어 있는 전하를 이용하여 필요한 기동전류로 사용한다.

③ 전해콘덴서(electrolytic capacitor) : 엘리베이터 인버터에는 일반 인버터와는 용량에서 차이가 나는 고전압·고용량의 콘덴서가 장착되어 있다. 이 콘덴서는 충·방전을 계속하면서 오래 사용하면 충전능력이 떨어져서 제 기능을 수행하지 못하게 된다. 그래서 콘덴서를 교체해야 하는 시점을 알 수 있는 콘덴서 충전능력을 모니터링하는 기능이 달려 있다.

┃그림 5-60 전해콘덴서┃

④ 회생저항(regeneration resistor) : 엘리베이터가 Motoring 상환이 아닌 Gravity 상환에서 운전은 중력에 의한 전동기의 회전으로 회생전력이 발생한다. 이를 Regeneration이라 한다. 저속 엘리베이터에서는 회생발전되는 전력이 그다지 많지 않고, 전원으로 재사용하기 위해서는 주파수와 위상 등을 입력전원과 일치시키는 장치의 비용이 크므로 발전된 전력은 저항을 통하여 열로 발산시켜 버린다. 이를 회생전력 소비저항(regeneration power consumption resistor)이라고 한다. 열이 많이 발생하므로 열용량이 큰 저항이 필요하다.

┃그림 5-61 고용량 저항┃

⑤ 인버터(invertor) : 컨버터회로에서부터 모터입력 직전의 인버터 출력단자까지를 넓은 범위의 인버터라 하고 이 인버터의 구성이 컨버터, 평활부, 회생저항부, 인버터로 되어 있으며, 마지막 인버터는 협의의 인버터이다. 이 인버터는 직류에서 원하는 주파수의 교류로 변화시키는 역할을 한다.

교류전동기의 제어는 주파수에 의하여 회전수가 변화하므로 인버터제어는 현재로는 가장 합리적이고 효율적인 모터구동방식이라고 할 수 있다.

인버터는 직류를 3상 교류전원으로 만들기 위해 [그림 5-59]의 인버터부와 같이 스위칭소자 6개를 사용하여 출력할 각 상의 +전압과 -전압의 구성을 담당하도록 하였다.

이 6개의 스위칭소자는 스위칭속도가 빠르고 전류용량이 적절하며, 내전압이 강하여야 한다. 또한, 스위칭동작을 위한 구동회로가 간단하고 쉬워야 좋다.

376

엘리베이터 전동기의 토크특성이 일반전동기와 차이가 있어 시중의 범용 인버터와는 달리 엘리베이터에 전용으로 사용되는 인버터를 주로 적용한다. 엘리베이터의 업체에 따라 인버터를 독자적으로 개발하여 전용으로 적용하는 곳도 있으며, 엘리베이터용 범용 인버터상품을 적용하는 업체도 있다.

┃그림 5-62 범용 인버터┃

┃그림 5-63 인버터(오티스)┃

⑥ 트랜지스터(bipolar transistor) : 인버터제어방식의 초기에는 대전력 Bipolar transistor를 사용하였다. 이때에는 Base drive 회로가 복잡하고 스위칭속도가 빠르지 않아 Carrier frequency의 적용 범위가 1kHz에 불과하여 출력파형이 거칠어 전동기의 소음이 많아 소음저감용 Reactor가 필요하였다. 그림이 Bipolar transistor이고, 6개가 소요된다.

┃그림 5-64 Power transistor┃

⑦ IGBT(Insulated Gate Bipolar Transistor) : 반도체기술이 발전되면서, Drive 단자가 주회로와 절연되는 IGBT 소자가 출현하여 인버터의 성능이 좋아지면서 속도제어가 발전되었다. [그림 5-59]의 인버터회로가 IGBT 소자를 적용한 것이다. [그림 5-65]가 IGBT module이다. 이 모듈은 2개가 소요된다.

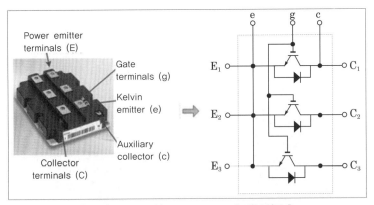

┃ 그림 5-65 3상 IGBT module과 내부회로 ┃

⑧ IPM(Intelligent Power Module) : 최근에는 Gate driver를 소자와 동일한 패키지에 내장시켜 Drive 회로를 안정화시킨 IPM이 등장하여 엘리베이터 속도제어는 그 효율이 더욱 향상되었다고 볼 수 있다. [그림 5-66]이 IPM이며, 이 모듈 1개만으로 3상 인버터회로를 구성한다.

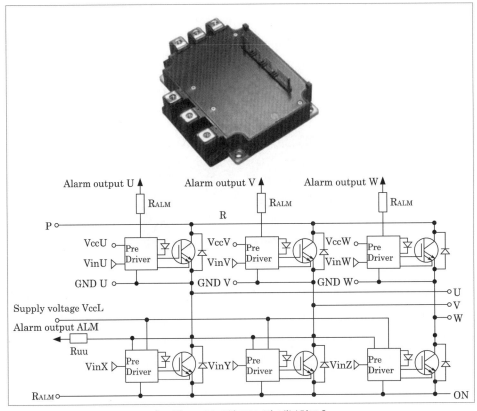

┃ 그림 5-66 6상 IPM 및 내부회로 ┃

(4) PCB

PCB(Printed Circuit Board)는 인쇄회로기판이라고 하며, 소자와 소자 간의 연결을 모두 베크라이트 판 위의 구리패턴에 의하여 이루어지는 전자회로의 구성품이다. 이 PCB를 그냥 '기판' 또는 '보드'라고 부른다. 엘리베이터 보드는 기능에 따라 여러 가지가 있으나, 운전기능을 단순화하고 표준화하여 대형의 1보드로 제작하는 경우도 있다.

① 메인보드(main board) : 엘리베이터 제어를 위하여 일반적으로 3가지의 μ-Processor를 활용하고 있다. 군관리제어부가 포함된 제어반을 제외하고는 운전제어와 속도제어 두 가지의 μ-Processor가 제어하고 있다. 여기서, 운전제어부가 있는 보드를 일반적으로 메인보드라고 한다.

메인보드에는 운전제어 μ-Processor가 있고, Back up 배터리, Annunciator 혹은 Service tool 연결커넥터, 각종 센서의 동작램프, 운행데이터 메모리, 다른 보드와의 연결커넥터 등이 있다.

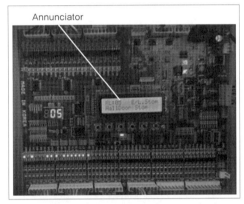

▌그림 5-67 메인보드(대성 IDS)▐

② 인버터 드라이버보드 : 속도제어 μ-Processor가 속해 있는 보드이며, 인버터소자의 동작을 만드는 회로가 장착되어 있다. 종류에 따라 μ-Processor는 메인보드에 있고, Gate drive 회로만 별도의 기판으로 구성되는 경우도 있다.

▌그림 5-68 인버터 드라이브보드(LG)▐

③ I/O 보드 : 제어에 필요한 여러 장치의 신호입력회로와 제어부에서 동작을 지시하는 장치의 동작지령신호의 출력회로가 내장되어 있다. 출력회로에는 기판용 Relay가 사용되기도 한다. 이 I/O 보드는 제어반 외부의 제어기기 또는 안전장치들과 전기적으로 연결되어야 하므로 커넥터가 다수 장착되어 있다. 표준화된 모델에서는 I/O 보드를 메인보드에 포함시키는 경우도 있다.

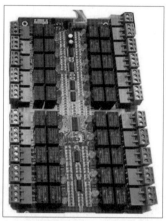

▌그림 5-69 I/O 보드 ▌

④ 통신보드 : 엘리베이터의 승강장 Station과 카 Station을 연결하는 통신용으로, 최근 CAN 통신방식을 적용하여 사용하는 경우가 많다. 메인보드에 포함하는 경우도 있다.

▌그림 5-70 통신보드 ▌

(5) 제어반에 사용되는 소자

① 차단기(MCCB) : 차단기(Molded Case Circuit Breaker)는 엘리베이터의 동력전원과 조명전원의 접속 및 차단에 이용된다. 동력전원용은 3P 또는 4P의 대용량 Breaker를 사용하고 조명전원의 Breaker는 2P의 용량이 작은 것을 사용한다. 이들을 NFB(No Fuse Breaker)라고도 한다.

이러한 차단기는 엘리베이터에 전원을 공급하는 기계실의 벽에 달려 있는 분전반에도 장착되어 있다.

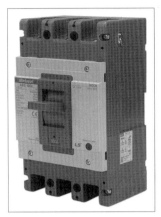

❚ 그림 5-71 MCCB ❚

② 단자대(terminal block) : 전선을 연결하는 단자대를 말한다. 엘리베이터 제어반에서는 동력 전원 입력단자와 전동기전원 출력단자에 용량이 큰 3P 또는 4P의 단자대를 사용하고, 기타 제어반 외부와 연결되는 각종 전선의 연결은 용량이 낮은 단자대를 사용한다. 그러나 대부분의 표준화된 장치들의 연결은 커넥터를 사용한다.

❚ 그림 5-72 동력용 Terminal block ❚

③ 커넥터(connector) : 제어반의 제어부와 엘리베이터의 각종 장치, 장치의 센서들과의 연결 은 대부분 커넥터를 사용한다. 특히 이동케이블과 승강장용 케이블 등은 공장에서 케이블 에 하네스작업이 되어 커넥터가 달린 케이블이 출하된다. 전류가 크게 흐르는 동력회로, 브레이크회로 등을 제외하면 대부분 커넥터로 연결되고 있다.

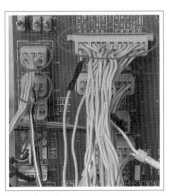

❚ 그림 5-73 커넥터 ❚

④ 노이즈필터(noise[119] filter) : 엘리베이터의 노이즈필터는 엘리베이터가 움직이면서 인버터의 전력소자가 수십 대의 주파수로 스위칭하면서 고조파 노이즈가 발생한다. 이러한 노이즈는 전원입력선을 타고 전파되어 건물 내의 컴퓨터활용 장치들에 이상동작의 영향을 미칠 수 있다. 이러한 노이즈가 외부로 전파되는 것을 막기 위해서 전원입력부에 노이즈를 감쇄하는 노이즈필터를 장착한다.

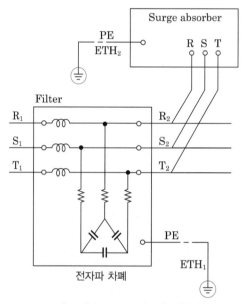

┃ 그림 5-74 노이즈필터 ┃

⑤ 전류검출기(CT : Current Transformer)[120] : 엘리베이터 전동기를 구동하는 데 있어서 적절한 자동제어가 필요하므로 전동기 투입전류의 제어를 위하여 전류의 흐름을 검출하는 전류검출기가 달리게 된다. 전류검출기는 인버터의 출력에서 전동기로 출력되는 단자대 사이에 연결된다. 통상 3상의 전류를 검출하지만 2개의 상만 검출하는 경우도 있다.

⑥ 스위치(switch) : 제어반에서 사용되는 스위치는 주로 토글스위치(toggle switch)이다. 제어반에서 운전선택스위치, 점검운전스위치, 도어 ON/OFF 스위치, 자동운전스위치 등을 볼 수 있다. 또한, 특별히 층고메모리 운전[121] 스위치가 포함되는 경우도 있다.

토글스위치는 동작에 따라 ON-OFF형, ON-OFF-ON형, ON-OFF-ON 복귀형 등이 있다. 제어반에서 점검운전반을 별도로 장착하는 경우에는 점검운전의 Push button이 사용되기도 한다.

---

119) 전기적인 노이즈를 말한다.
120) 변류기라고 말하나, 회로에 전류가 얼마나 흐르는 지를 쉽게 측정하는 검출기기능이다.
121) 층고측정운전, 층고를 측정 → 층고

▮ 그림 5-75 CT ▮　　　　▮ 그림 5-76 토글 ▮

⑦ FAN : 제어반 내의 발열을 냉각하기 위하여 Fan을 달기도 한다. 데스크탑 PC의 냉각팬을 생각하면 된다.

2 검출센서

엘리베이터에서는 자동운전을 위하여 모든 장치들의 움직임을 검출하여 제어부에 전송하는 것이 절대적으로 필요하다. 이러한 검출을 하기 위한 센서는 그 검출의 내용에 따라서 달라질 수 있다.

(1) 무게검출

엘리베이터에 적재되는 무게를 측정하거나 특별한 무게를 검출하기 위해 사용된다. 'Ch03. 中 카 부하측정기'를 참조한다.

(2) 위치검출

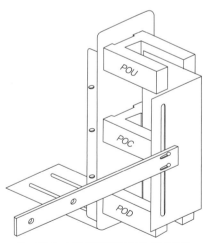

▮ 그림 5-77 위치검출기와 차폐판 ▮

카의 위치를 검출하는 장치는 카의 지붕에 부착되어 승강로의 차폐판과 함께 승강장의 도어존을 검출한다. 이 검출장치는 도어존 확인뿐만 아니라, 층연산에도 활용되고, 착상레벨을 정확히 하는 역할을 한다. 이 위치검출센서는 종전의 Inductive sensor를 사용하였으나, 최근에는

383

Photoelectric sensor를 많이 사용하고 있다. Terminal switch는 최하층과 최상층에 설치되어 절대위치를 검출하는 중요한 역할을 한다. 위치검출기의 상세한 내용은 'Ch03. 中 카 위치검출기'를 참조한다.

① 인덕터스위치(inductive position sensor) : 인덕터센서는 전자석방식과 영구자석방식이 있다. 인덕터센서는 자기장을 만드는 편과 자기장에 의하여 유도기전력이 생기는 편으로 볼 수 있다. 이들 사이에 전도성이 큰 물체가 가로막으면 자기장이 막혀 유도기전력이 발생되지 않는다. 필요한 위치에 전도성의 차폐판을 달아 자기장을 막으므로 위치를 인식하도록 하는 장치이다. 형상은 말굽형태를 취하고 있다.

② 광전스위치(photo interrupt switch) : 카 위치검출기(car position detector)는 광전센서 중에서 발광소자와 수광소자로 구성되어 평상시에는 발광소자에서 나오는 빛을 수광소자가 흡수하여 소자 사이에 차단물체가 없음을 인식하고, 수광소자가 빛을 흡수하지 못하면 신호가 차단되어 물체의 검출을 인지하는 Photo interrupt switch를 사용하고 있다. 이 스위치도 엘리베이터 전용으로, 주로 말굽형태로 제작된 것을 사용한다.

③ Terminal switch : 종점스위치에서 주로 슬로다운스위치가 절대위치의 기능을 수행하고 있다. 최하층의 슬로다운스위치가 동작하면 카가 현재 최하층에 있다는 정보를 제어부에 전송한다. 여기에는 롤러형 리밋스위치를 적용한다.

(3) 스위치(switch)

엘리베이터 시스템에서 제어를 위하여 사용되는 스위치는 종류가 많다. 사용되는 스위치의 종류를 살펴보면 Push button(복귀형, 비복귀형), Toggle switch, Rotary switch, Seesaw switch, 기판용 Micro switch, 8·16점의 Select switch 등이 있다.

특히 엘리베이터의 제어용으로 많이 사용되는 스위치는 Limit switch이다. 이 스위치는 장치의 기계적인 움직임을 검출하는 스위치로 그 형태에 따라 여러 가지가 있다.

① 리밋스위치(limit switch) : 여기서의 Limit switch는 터미널스위치 Set의 리밋스위치를 의미하는 것이 아니라 스위치 종류로서의 리밋스위치이다. 리밋스위치는 엘리베이터에서 가장 많이 쓰이는 센서이다. 형태별 종류는 [그림 5-78]에 있다.

Plunger형 Limit switch는 브레이크의 동작을 검출스위치, 카의 적재량 과부하검출스위치 등에 사용하고, Roller plunger limit switch는 도어의 열림과 닫힘을 검출하는 스위치로 주로 사용하며, Pit 출입구의 열림검출스위치로도 사용된다.

Lever limit switch는 도어 세이프티 바의 검출스위치, 과속검출기 로프이완 검출스위치, 추락방지기동작 검출스위치 등으로 사용된다.

과속검출기의 1차 동작 전기스위치는 과속검출기 전용으로 만든 레버형 리밋스위치를 사용하고, 종점스위치의 리밋스위치도 엘리베이터 전용으로 만든 롤러형 리밋스위치를 사용한다. 대부분의 Limit switch는 복귀형이지만, 과속검출기 리밋스위치는 OFF-ON-OFF의 비복귀형이다. 추락방지기 검출 Limit switch도 비복귀형을 사용하여야 한다.

|(a) Plunger형|(b) Lever형|(c) Roller plunger형|(d) 조속기 전용|

▌그림 5-78 형태별 Limit switch ▌

② **누름버튼(push button) 스위치** : 엘리베이터에서는 누름버튼스위치를 사용하여 여러 가지 작동을 한다. 특히 점검운전을 하는 경우에는 누름버튼스위치를 사용한다. 점검운전버튼은 카 내 점검운전반과 카 상부에 안전스위치박스에 내장되어 있다. 점검운전버튼은 운전 공통버튼(COMM)과 상승운전버튼(UP), 하강운전버튼(DOWN)으로 구성되어 있다. 이 버튼은 모두 복귀형으로 사용하여야 한다.

운전사가 탑승하여 운전을 하는 경우 승강장호출을 통과하고자 할 때 사용하는 PASS 버튼도 누름버튼으로 점검운전반에 설치되어 있다.

또한, 카 상부나 피트 등에 설치되어 있는 비상정지스위치도 누름버튼스위치를 사용한다. 특별히 비상정지용 누름버튼스위치는 비복귀형으로 반드시 돌려서 복귀시켜야 한다.

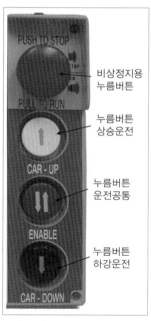

▌그림 5-79 누름버튼 ▌

③ 선택스위치(select switch)[122] : 선택스위치는 엘리베이터 카 지붕에서 운전모드를 선택할 때 사용하도록 부착되어 있는 자동·점검 절환스위치이다. 대부분의 선택스위치는 손잡이 가 크게 달려 있다.

┃그림 5-80 선택스위치┃

④ 디지털로터리 스위치(rotary switch) : 디지털로터리 스위치는 주로 기판에 사용되는 스위치 로, 1~8까지 8p 혹은 1~F까지 16p의 접점을 선택하는 스위치로 드라이버로 돌려서 선택하 는 형태가 많다.

⑤ 딥스위치(dip switch) : 딥스위치는 기판에 사용되는 작은 스위치를 말한다. 기판에서 디지 털신호의 선택에 필요한 스위치이며, 특히 스위치의 손잡이가 작고 틈새에 들어 있어서 Dip switch라고 부른다.

┃그림 5-81 로터리·딥 스위치┃

⑥ 마이크로 푸시버튼스위치(micro push button switch) : 마이크로 스위치는 기판에 사용되는 작은 누름버튼스위치를 말한다. 누름의 플런저 스트로크가 아주 짧아 마이크로스위치라고 한다.

⑦ 키스위치(key switch) : 엘리베이터에 승강장에 설치된 Parking switch나 카 내 조작반에 부착되어 있는 소방운전(1·2차) 키는 키스위치를 사용하여 일반인이나 승객이 함부로 사용할 수 없도록 하여야 한다. 이 스위치는 반드시 그에 맞는 열쇠로 돌려야 스위치가 동작한다.

---

122) 절환스위치 혹은 로터리스위치라고도 부른다.

Parking switch나 1차 소방운전스위치는 비복귀형 Key switch를 사용하고, 2차 소방운전 스위치는 복귀형 Key switch를 사용한다.

┃그림 5-82 마이크로스위치 ┃

┃그림 5-83 Key switch ┃

⑧ 광전센서(photo sensor) : 엘리베이터의 광전센서는 도어의 Single beam sensor와 Multi beam sensor를 적용하고 있다. 광전센서는 한쪽에 발광다이오드를 통해서 Photo beam을 발광하고, 반대편에는 Photo transistor를 수광기로 사용하여 Photo beam이 차단되는 것을 검출한다.

Single beam sensor에서 검출효율을 높이기 위하여 Multi beam sensor를 사용한다.

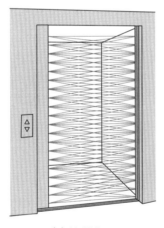

(a) Multi baem

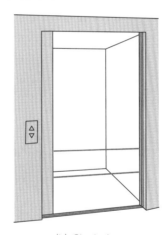

(b) Single beam

┃그림 5-84 도어 광전센서 ┃

⑨ 초음파센서(ultra sonic sensor) : 초음파센서는 도어의 끼임방지 및 도어의 사람이나 물체의 검출에 사용되는 센서이다. 특히 휠체어나 유모차와 같이 신속한 이동이 어려운 엘리베이터 승객을 도어면에서 검출하는 것이 아니고 도어 전면의 공간에서부터 검출하는 것으로 도어 상부에 초음파의 발음기와 수음기가 장착된다.

┃ 그림 5-85 초음파센서 ┃

3 호출·행선 버튼

카 내 조작반의 행선버튼이나 승강장의 호출버튼은 승객의 요구를 검출하는 일종의 센서이다. 제어부는 이런 요구에 응하여 버튼램프를 점등하여 서비스할 것임을 인지시켜주는 것이다.

호출·행선 버튼은 여러 가지 종류가 있으며, 과거에는 푸시버튼의 일종인 리세스버튼(recess button)을 주로 사용하였으나, 구조적으로 버튼캡이 끼이는 불량이 많았다. 최근 기술이 발전해서 Touch button과 마이크로 푸시버튼을 대부분 적용하고 있으며 고장률이 낮고 구조적으로 간단하여 대부분의 엘리베이터에서 마이크로 푸시버튼을 사용한다.

엘리베이터의 호출·행선 버튼은 버튼마다 층과 방향의 ID가 있고, 대부분 직렬통신을 적용하고 있으므로 필요한 IC 소자를 내장한 버튼기판이 있고 이 기판에 앞서 소개한 마이크로 스위치와 LED가 내장되고 그 스위치 위에 승객이 터치하는 버튼 외장 캡이 씌워진다.

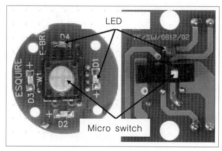

┃ 그림 5-86 Button 기판 ┃

4 위치표시기(car position indicator)[123]

카의 위치를 알려주는 위치표시기는 여러 가지 형태가 있다. 위치표시기의 위치는 카와 승강장이다. 카에 있는 위치표시기는 조작반의 상단에 포함되어 있는 것과 도어 상부에 부착되는 것이

---

123) 정식명칭은 카용은 Car position indicator in car, 승장용은 Car position indicator in hall이다.

388

있다. 승강장의 위치표시기도 Transom에 부착되는 것과 승장스테이션에 버튼과 함께 내장되는 것도 있다.

위치표시기에서 표시하는 항목은 현재 카의 층수, 운전방향, 비상운전, 만원통과, 이사운전, 전용운전, 점검운전 등이다.

위치표시기의 표시방법으로 과거에는 시계형, 모자익방식 등을 사용하였으나 디지털표시방식으로 바뀌면서 7-Segment 방식에서 Dot matrix 방식으로 변화되어 왔다. 최근 LCD 방식의 Indicator도 등장했다. [그림 5-87]에 시대 순서대로의 변화를 보여준다.

┃그림 5-87 위치표시기┃

5 커넥터(connector)

제어장치는 아니지만 제어시스템을 구성하는 데 가장 중요하고 많이 사용하는 것이 커넥터이다. 과거에는 모든 전선의 결선을 납땜이나 단자대를 사용하여 수작업으로 설치하고, 수리하였으나 커넥터의 사용으로 전기설치, 수리시간이 대폭 단축되었다.

커넥터는 여러 가지 형태가 있으나 엘리베이터에서는 제어반과 외부장치를 연결하는 파워커넥터와 제어반 내부 혹은 카 스테이션, 승강장 스테이션의 기판과 연결되는 시그널커넥터가 주류이다.

① 파워커넥터(power connector) : 파워커넥터는 전선과 전선을 주로 연결하는 것으로, 제어반과 이동케이블, 제어반과 승강로케이블의 연결에 많이 사용한다. 엘리베이터에서는 MIC형 커넥터를 사용하는 곳도 있으나 주로 모렉스커넥터를 많이 사용한다. [표 5-5]에 파워커넥터의 예로 모렉스커넥터를 보여준다.

┃표 5-5 파워커넥터┃

Housing		Pin(teminal)	
수(male)	암(female)	수(male)	암(female)
Plug	Cap	Pin	Socket

② 시그널커넥터(signal connector) : 시그널커넥터는 기판과 신호선을 주로 연결하는 커넥터로, 기판용 커넥터라고도 한다. 엘리베이터 제어반 내에서 서로 연결하는 경우와 카 스테이션, 승강장 스테이션에서 버튼의 기판과 연결하는데 주로 사용된다. 기판용 커넥터는 그 형태가 너무 다양하여 호환하기가 어렵다. [그림 5-88]에 여러 시그널커넥터를 보여주고 있다.

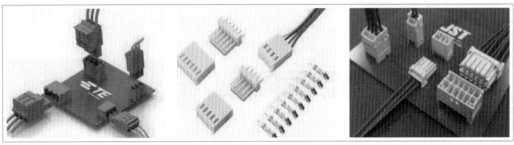

┃그림 5-88 시그널커넥터 ┃

③ 하네스(harness) : 필요한 전선에 커넥터를 연결하는 것을 하네스라고 하고, 전기결선설계에 따라 제조회사에서 미리 현장에 맞는 하네스작업을 하여 설치현장에 출하하면 설치현장에서는 커넥터번호에 해당하는 커넥터끼리 꽂으면 결선이 되도록 한다. 이러한 하네스된 케이블의 현장출하로 설치시간이 대폭 단축되었다.

10 │ 제어접속

앞에서 기술한 많은 장치, 부품들은 엘리베이터가 안전하고, 신속하며, 편리하게 움직이는 데 필요한 것들이다. 이러한 많은 장치나 부품들은 모두 제어반의 통제 하에 있고, 또한 그 장치나 부품들의 작동상태를 제어반이 인지해야 한다.

이를 위해서 엘리베이터에 구성되는 모든 장치와 부품은 전기적인 라인으로 엮여 있다. 이는 사람 몸의 신경라인과도 비유될 수 있다.

이러한 전기적인 연결을 모두 표시한 것이 엘리베이터 제어접속도[124] 도면이다. 이 제어접속도는 제어반의 전기도면뿐만이 아니고, 기계실, 승강로, 승강장, 카 그리고 피트의 모든 장치들의 전기신호가 표시되어 있다. 기계장치나 부품들은 해당하는 검출센서 등의 전기신호기호로 표시되어 있으며, 이러한 장치들의 동작이나 신호의 전송을 위한 전기전원은 제어반에서 만들어져 공급된다.

---

124) 제어접속도, 전기접속도, 전기결선도 등으로 명명된다.

1 제어접속도면의 Symbol

제어회로의 Symbol은 제조회사별로 차이가 있으며, 이는 회사별 여건에 따라 약속하여 만들고 있다. 아래 표에 제어접속도 도면의 제어기기별 Symbol의 예를 보여준다.

▌표 5-6 제어접속도 제어기기 Symbol ▌

Symbol	명칭	Symbol	명칭
	Connected line		Speaker
	Terminal(in, out)		Earth
	Resistor		Fuse(내장)
	Resistor		Motor
	Variable resistor		Relay coil
	Variable resistor		Voltage transformer
	Condenser		Current transformer
	전해콘덴서 (electorlytic capacitor)		Reactor
	Battery		Relay A-contact
	Diode		Relay C-contact
	Zener diode		Relay B-contact
	Light emit diode		배선차단기 (breaker)
	Photo diode		Push button A-contact
	Transistor		Push button B-contact
	Photo coupler		Photo resistor
	IGBT		Lamp
	3pole switch		Data bus
	스위치		Direct current

2 제어접속도의 내용

제어접속도의 내용은 몇 가지 부류로 나눌 수 있다. 이러한 나눔은 제어방법과 설계의 편의성에 따라 달라질 수 있다.

(1) 접속도의 적용 부호표

접속도에서 부가시방에 따른 표준접속도면에 추가로 연결되는 부분에 대한 결선도의 현장적용 여부를 확인하도록 설명하는 부분이다.

(2) 커넥터, 터미널 번호표

연결되는 커넥터와 터미널의 기호와 이를 설명하는 도면이다.

(3) 주회로부(main circuit)

분전반에서 입력되는 입력전원에서 Breaker를 거쳐 인버터와 출력단자와 연결된 모터까지의 회로를 주회로 또는 동력회로라고 말한다. [그림 5-89]에 범용인버터를 적용한 엘리베이터 주회로의 간단한 예를 보여준다.

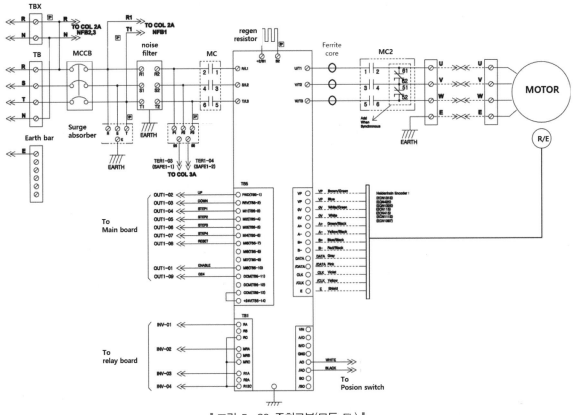

┃ 그림 5-89 주회로부(모든 EL) ┃

주회로에는 입력 T/B, Main breaker, Surge absorber, Noise filter, Invertor, Magnet contactor, 출력 T/B, Motor, Rotary encoder 등이 포함된다.

입력전원은 주로 교류 3ϕ, 380V, 60Hz의 한전 전기를 사용한다. 이 회로에서는 R, S, T, N의 3ϕ 4선식 전원으로 적용하고 있다. 3상 4선식은 RST의 3상 외에 N상의 Neutral 상이 있고, 이 N상과 3상 중 1개의 상으로 짝을 이루면 220V가 공급된다.

Main breaker는 MCCB로 이후의 많은 회로 중 하나가 단락되면 차단되는 차단기이며, 이 Breaker에 의하여 조명전원을 제외한 모든 전원이 차단된다.

Surge absorber는 외부에서 전원선을 타고 들어오는 전기적인 Surge를 막아서 제어반 내의 기기를 보호하는 장치이다. 또, Noise filter는 제어반, 특히 Invertor의 스위칭 동작 시에 발생하는 고조파 Noise를 삭감하여 입력 전원선을 타고 외부의 다른 기기들에게 전파되어 악영향을 미치는 것을 막는 기능을 한다.

이 회로는 범용인버터를 사용하여 회로가 간단하다. 인버터입력용 Magnet contactor는 큰 전류를 흐르게 하므로 용량의 선정이 적절해야 한다. 인버터 상부에 회생저항이 보여진다. 회생저항은 발열되어 제어반 내의 온도를 높여 소자들이 손상되거나 에러동작을 할 우려가 있으므로 열 발산이 잘 되는 제어반 상부에 주로 설치한다.

인버터의 출력을 모터에 전달하는 출력 Magnet contactor를 통과한 전동기 교류전류가 출력 T/B U, V, W를 통하여 제어반을 나가서 전동기에 연결된다. 이러한 구동회로 또는 동력회로가 구성되고, 모터축에 속도를 측정하는 Rotary encoder가 전동기의 회전수와 속도를 측정한다. 이를 환산하면 엘리베이터 카의 이동거리와 속도가 계산된다. 또한, 2개의 센서를 이용하여 전동기의 회전방향을 검출한다. 로터리엔코더는 회전판의 슬롯으로 투과되는 광으로 수광소자의 ON-OFF 스위칭에 의하여 Pulse가 발생된다. 이 Pulse의 숫자는 이동거리를 의미하고 이동거리를 시간으로 나누어 속도를 구할 수 있다. Rotary encoder가 Pulse를 발생시키므로 Pulse generator라고도 부른다.

이 로터리엔코더에 의하여 얻어진 데이터는 인버터, 운전제어부, 속도제어부에 전달되어 제어에 활용된다.

(4) 전원부(power supply)

엘리베이터 전동기의 동력회로를 제외한 모든 장치, 스위치 등의 전원을 만들어 공급하는 부분이다. 엘리베이터의 제어에 필요한 전원은 주로 단상 교류 도어구동전원, 직류 브레이크전원, 직류 스위치전원, 직류 CAN 통신전원, 직류 멀티전원 등이다. 직류 멀티전원은 메인보드에 공급하는 전원으로 μ-Processor의 전원으로 사용하고, 주로 +5V, ±12V를 공급하는 SMPS(Switching Mode Power Supply)가 적용되어 질 좋은 전원이 공급된다. 이들 전원을 만들기 위해서 기본적으로 변압기(voltage transformer)와 정류기 등이 사용된다. [그림 5-90]은 비교적 간단한 제어전원도면의 예이다.

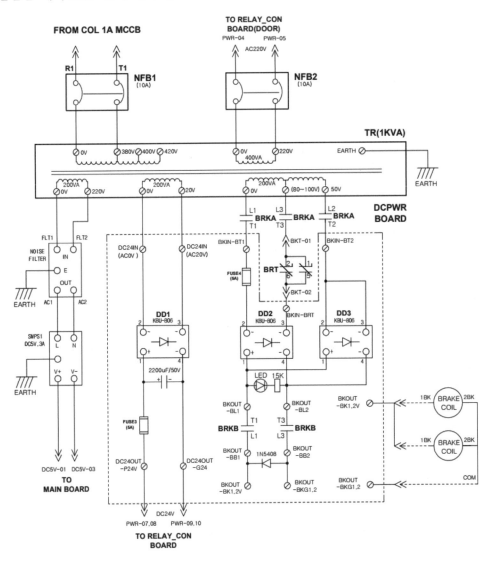

394

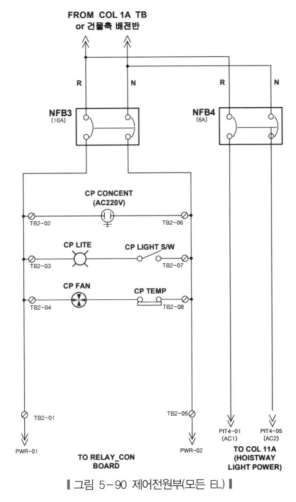

‖ 그림 5-90 제어전원부(모든 EL) ‖

　이 엘리베이터는 제어전원용 Transformer를 용량 1kVA를 적용하고 있으며, 입력전압 R상과 T상을 활용하여 380V와 220V의 2가지 1차 코일을 사용하여, 트랜스포머 2차에서 220V, 20V, 50V와 100V의 출력을 얻고 있다.

　220V AC는 메인보드의 μ-Processor의 전원으로 사용할 5V의 SMPS 입력으로 사용하고, 20V AC는 다이오드 정류기를 통해서 24V DC로 만들어 제어회로의 전원으로 사용하게 되며, 100V AC와 50V AC는 다이오드 정류기를 이용하여 110V DC와 150V DC를 만들어 브레이크 개방용 전원으로 사용하게 된다.

　그리고 이 회로에서 제어용 메인 Breaker 직전에서 R상과 N상의 단상 220V를 엘리베이터의 조명전원으로 사용하는 구성이다. 조명회로에 용량이 다소 작은 단상 Breaker가 연결되어 조명전원을 차단할 수 있으면 조명라인이 단락되면 자동으로 차단된다. 이 도면에서는 제어반용 조명차단기와 승강로용 조명전원차단기가 분리되어 있다.

(5) 브레이크부(brake line)

엘리베이터의 메인브레이크 코일에 전원을 공급하는 회로와 이 브레이크 코일에 사용되는 전원 및 브레이크의 안전회로구성이 있다.

엘리베이터 브레이크는 중요한 안전장치이며, 동작을 위해 큰 전류를 흐르게 하므로 마그네트 컨택트를 사용하고 있고, 전원차단에 실패하지 않도록 하기 위하여 2개 이상의 접점을 직렬로 사용하고 있다.

[그림 5-91]은 간단한 브레이크 전원회로이다. 브레이크회로는 브레이크의 개방을 시작할 때 큰 자기장이 필요하고, 코일이 여자되면 다소 작은 선류로 유지하는 사기장이 되므로 브레이크 개방 초기회로와 여자 후의 회로가 구성되어 있다. 코일이 여자되고 브레이크가 개방된 후의 전류제한은 저항방식과 전압방식이 있다. 저항방식은 일정한 전압으로 초기에는 저항을 거치지 않고 큰 전류를 투입하여 큰 자기장을 만들고, 여자가 된 후에는 저항을 통하여 전류를 제한하는 방식이고, 전압방식은 그림과 같이 초기에는 3상 전파정류로 직류전압을 크게 하여 모두 코일에 흘려 개방시키고, 개방 후에는 BRT 릴레이가 여자되어 회로가 Open되면서 단상 전파로 바뀌어 전압이 낮아진다.

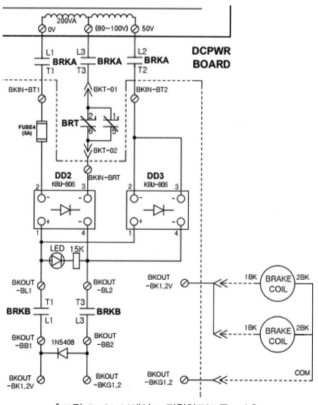

┃그림 5-91 브레이크 전원회로(모든 EL)┃

(6) 안전회로와 비상정지라인

엘리베이터에는 외부의 많은 안전장치와 제어부에서 검출하는 안전기능이 많이 있다. 이러한 안전장치나 안전기능이 엘리베이터의 이상을 검출하도록 주로 직렬로 연결되고, B접점을 사용하여 안전에 만전을 기하고 있다.

이러한 안전장치와 안전기능 중 하나의 이상이라도 발생되면 비상정지라인의 Emergency relay의 접점이 떨어지고 엘리베이터는 전동기와 브레이크의 전원차단으로 즉시 멈추게 된다.

[그림 5-92]에서 비교적 간단한 안전회로를 볼 수 있다. 이 그림 위에서 +24V가 각 안전장치의 검출스위치접점을 직렬로 연결하고 있다. 먼저 기계실의 과속검출기 1차 스위치의 B접점이 연결되고 있으며, 다음은 카 아래의 추락방지장치의 B접점, 그리고 리모터컨트롤의 비상정지스위치 연결, 제어반 비상정지스위치, 승강로 최상부의 파이널 리밋스위치, 최하부의 파이널 리밋스위치, 피트 비상정지스위치(상부, 하부), 카의 유입완충기 작동검출스위치, CWT 완충기 작동검출스위치, 과속검출기 로프 이완검출 스위치, 승강로 과속검출기스위치, 카 상부 비상정지버튼, 리모컨 비상정지버튼, 카 상부 구출구스위치, 조작반 운전정지스위치, 부조작반 운전정지스위치가 모두 직렬과 B접점으로 장치의 동작검출 시에 안전릴레이 S100이 소자된다. 즉, 릴레이가 OFF된다.

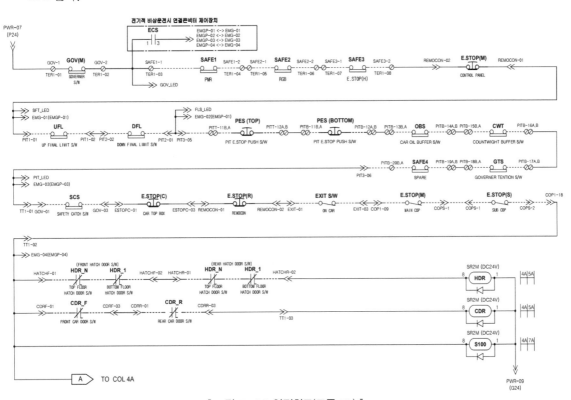

┃ 그림 5-92 안전회로(모든 EL) ┃

[그림 5-93]의 정지회로에서 안전회로에서 소자된 안전릴레이 S100이 모터의 전원을 MCC, MC contactor로 차단하고, 브레이크의 전원을 BRKA, BRKB contactor로 차단하여 카를 정지시킨다.

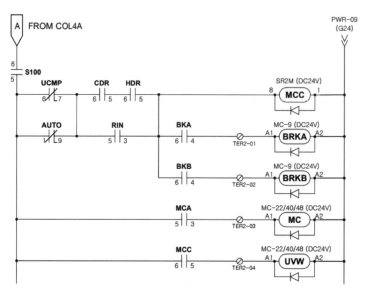

┃그림 5-93 정지회로(모든 EL)┃

(7) 각종 센서스위치 입력

안전장치 외에 각종 센서와 스위치의 입력으로 CPU가 정보를 획득하고 그 정보를 분석하여 엘리베이터의 동작을 수행하는 제어를 할 수 있다.

[그림 5-94]는 엘리베이터에서 기본적으로 사용되는 센서와 스위치의 입력을 보여준다.

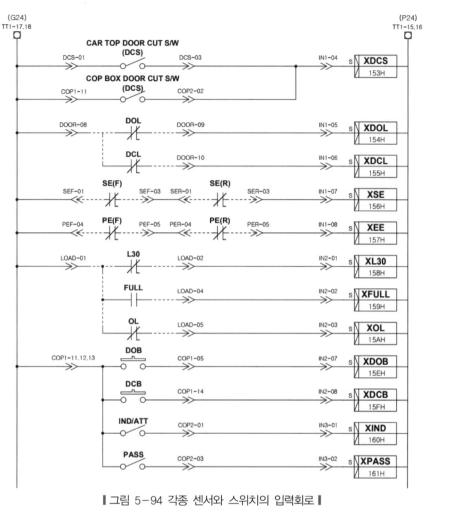

┃ 그림 5-94 각종 센서와 스위치의 입력회로 ┃

위에서부터 카 상부의 도어동작을 중지시키는 도어스위치와 도어가 완전히 열리면 동작하는 도어 오픈검출스위치, 도어 닫힘검출스위치가 있고, 도어 끼임방지기의 Safety shoe용 SE 스위치와 광전방식의 PE 스위치가 리밋스위치의 B접점으로 구성되어 있다.

또, 카의 적재무게를 측정하는 무게측정기 과부하, 만원(이 full은 80%를 검출하여 auto by pass기능을 수행), 30% 검출의 리밋스위치가 있다.

다음으로 도어 오픈버튼, 도어 클로저버튼, 그리고 독립운전스위치와 By pass 스위치가 있다. By pass는 복귀형 버튼으로 하는 것이 원칙이다.

(8) 동작지령회로 및 도어회로

엘리베이터의 여러 가지 작동장치를 제어부가 동작하도록 지령하는 회로로, 도어장치도 여기에 해당된다. 카 도어의 전원과 연결 및 도어스위치회로 및 도어의 동작지령신호 등에 대한 회로가 주어진다.

[그림 5-95]에 동작하는 장치의 예를 보여준다. 제어 μ-Processor에서 도어의 열림을 지령하면 ZOP의 출력 I/F를 통하여 릴레이 OP를 활성화하면 오른쪽의 도어 드라이브회로에 OP 릴레이 접점을 통하여 오픈지령신호가 전달되고 도어 드라이브는 도어를 연다. 도어의 닫힘도 μ-Processor 지령, I/F 전달, CL 릴레이동작, 릴레이접점이 도어 드라이브에 전달, 도어 드라이브 닫힘구동이 된다.

카 지붕의 FAN과 카 천장의 조명은 조작반 점검운전반의 스위치가 모두 ON 상태에서 μ-Processor에서 ON 지령에 의하여 동작하고, 일정시간 카의 호출이 없으면 μ-Processor에서 OFF지령으로 Fan과 조명은 꺼진다. 과부하검출 시에 동작되는 버저나 도착예보신호 등은 μ-Processor에서 동작지령으로 동작하게 된다.

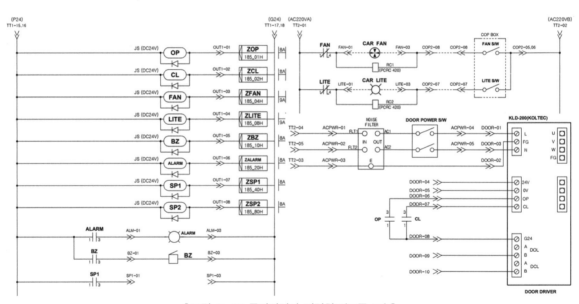

┃ 그림 5-95 동작장치의 지령회로(모든 EL) ┃

(9) 직렬통신회로(serial communication line)

제어반에서 카로 직렬통신회로, 제어반에서 승강장으로 직렬통신회로에 대한 접속부분이다. 이 직렬통신은 카 스테이션의 각종 신호의 전송과 출력신호의 전송이 이루어진다. 카 스테이션에서는 행선층버튼 전체와 카 Indicator에 대한 신호가 송·수신된다.

CAN 통신선은 4가닥으로 +24V 전원과 데이터 각각 2가닥으로 구성된다. 제어반에서부터 카까지 4개 선과 제어반에서 각 승강장으로 4개 선이 연결된다. 데이터선을 공용하므로 각 버튼은 고유의 ID를 설정하여야 한다. 각 스테이션의 고유 ID는 기판에 핀 또는 딥스위치로 정한다.

[그림 5-96]은 카 스테이션의 CAN 통신회로이다. 각각의 행선층 버튼은 CAN 스테이션 보드와 연결되어 해당 층 버튼이 눌러지면 CPU에서 고유 층을 인식하고 서비스를 행한다. 그림에는 보이지 않지만 위치표시기도 하나의 CAN 보드와 ID가 주어진다.

[그림 5-97]는 승강장 CAN 통신회로이다. 승강장에서는 각 층의 호출버튼의 등록과 응답램프 신호 및 승강장의 CPI 표시신호가 전송된다. 승강장의 CAN 보드는 통상 UP 버튼과 DN 버튼 2개를 수용한다.

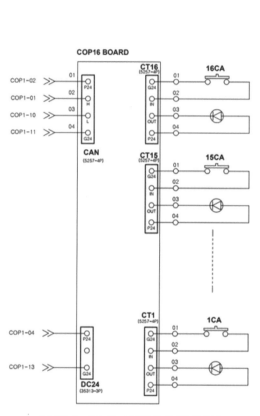

▌그림 5-96 카 스테이션 CAN 통신 ▌

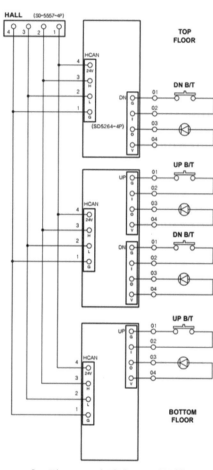

▌그림 5-97 승강장 CAN 통신 ▌

(10) 기타

종점스위치의 접속, 인터폰, 직접 통화장치의 결선, 정전 시 비상조명장치의 접속, UCM 검출회로와 방지장치 작동회로, 위치스위치 회로 등이 제어결선도에 표기된다.

MEMO

Chapter

06

ELEVATOR BASIC TECHNOLOGY

유압식 엘리베이터

01 유압식 엘리베이터(hydraulic elevator)의 특징과 종류

모터로 펌프를 구동하여 압력을 가한 기름을 실린더 내에 보내고 플런저(plunger)[125]를 직선적으로 움직임으로써 카를 밀어 올리는 것을 유압 엘리베이터라 한다. 카를 하강시킬 때는 카의 무게를 이용하여 모터를 구동하지 않고 밸브로 실린더 내의 기름을 조절하면서 탱크로 되돌려 보낸다.

외국에서는 물을 사용한 것이 예전부터 있었지만, 현재는 기름을 사용하고 있다.

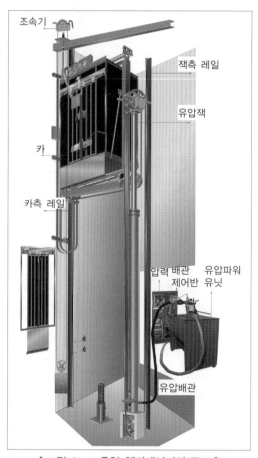

조속기

잭측 레일

유압잭

카

카측 레일

압력 배관
제어반   유압파워
         유닛

유압배관

▮그림 6-1 유압 엘리베이터의 구조▮

---

125) RAM으로도 부른다.

1 유압 엘리베이터의 특징

유압 엘리베이터의 최대 특징은 기계실의 위치가 자유롭고, 승강로 상부에 기계실을 설치하지 않아도 된다는 점과 상부틈새가 작아도 된다는 점이다. 그러나 기동빈도와 속도에 한계가 있으며, 모터의 소비전력이 큰 점이 흠이다. 외국에서는 보통 7층 이하로 속도 60m/min 이하에 적용된다.

유압 엘리베이터가 주로 이용되는 곳은 다음과 같은 조건일 때가 많다.

① 저층의 맨션 등에서 시가지(市街地)때문에 일광제한과 사선제한의 규제가 있을 때

② 공원 등에서 높이 제한이 엄한 경우 제한하는 최대 높이로 호텔 등을 세우고 싶을 때

③ 고층건물 중간층의 층간교통

④ 대용량이고 승강하는 행정이 짧은 화물용 엘리베이터(건물의 상부 구조에 하중이 걸리지 않으므로 건축비가 싸게 듦)

그러나 유압 엘리베이터는 행정거리가 제한적이고, 속도가 느리며, 승차감이 떨어지고, 운전 시 에너지가 많이 드는 점, 특히 기름의 온도가 상승하면 가동이 어려워져서 기동빈도가 극히 낮기 때문에 승객용 등으로 사용하기는 부적합한 점이 많다.

현재는 주로 화물용, 자동차용 등 신속성을 요하지 않는 용도로 사용되며, 유압 엘리베이터의 여러 가지 장점이 기계실 없는 엘리베이터의 확대로 차츰 그 수요가 줄어들고 있다.

2 유압 엘리베이터의 종류

플런저의 움직임을 어떻게 카에 전달하느냐에 따라 크게 나누어 보면 직접식, 간접식과 팬터그래프방식의 3종류가 된다.

(1) 직접식

직접식 유압 엘리베이터(direct hydraulic elevator)는 [그림 6-2]에 나타낸 바와 같이 플런저의 직상부에 카를 설치한 것이다.

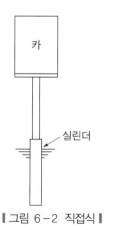

카

실린더

‖ 그림 6-2 직접식 ‖

(2) 간접식

간접식 유압 엘리베이터(indirect hydraulic elevator)는 [그림 6-3]에 따라 나타낸 바와 같이 플런저의 선단에 도르래를 놓고 로프 또는 체인을 통해 카를 올리고 내린다. 로핑에 따라 다시 나누면 (a) 그림은 1 : 2, (b) 그림은 1 : 4, (c) 그림은 2 : 4의 언더슬렁(under slung)로핑이다.

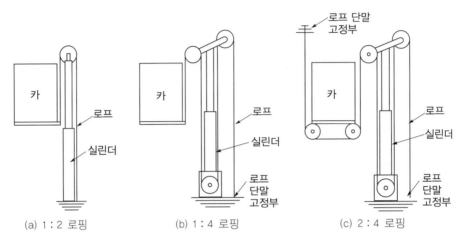

(a) 1 : 2 로핑   (b) 1 : 4 로핑   (c) 2 : 4 로핑

┃그림 6-3 간접식 유압 엘리베이터 ┃

(3) 팬터그래프방식

팬터그래프(pantagraph)방식은 [그림 6-4]에 나타낸 바와 같이 피스톤에 의해 팬터그래프를 개폐한다. 카는 팬터그래프의 상부에 설치한다. 이 형식도 일종의 유압 엘리베이터라고 할 수 있다.

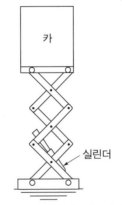

┃그림 6-4 팬터그래프방식 ┃

3 종류별 장단점

이상으로 기술한 바와 같이 유압 엘리베이터에는 여러 가지 형식이 있고, 특징에 따라 나누어 진다. 직접식과 간접식의 장점과 단점은 다음과 같다.

(1) 직접식

승강로 소요평면 치수가 작고 구조가 간단하며, 추락방지기가 불필요하고, 부하에 의한 카 바닥의 빠짐이 작다.

그러나 실린더를 설치하기 위한 보호관을 땅에 묻어야 하기 때문에 설치가 복잡하다.

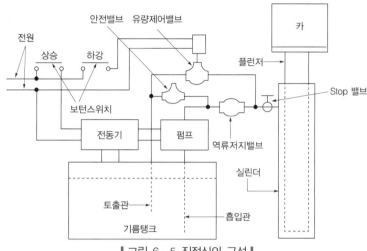

┃ 그림 6-5 직접식의 구성 ┃

(2) 간접식

실린더를 설치할 보호관이 불필요하여 설치가 간단하며, 사용 중에 실린더의 점검이 쉽다.

그러나 승강로는 실린더를 넣을 만큼의 넓이가 더 필요하고, 추락방지기가 필요하다. 로프의 늘어남과 기름의 압축성(의외로 큼)때문에 부하에 따른 카 바닥의 빠짐이 크다.

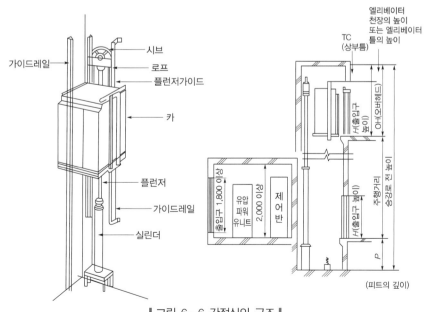

┃ 그림 6-6 간접식의 구조 ┃

407

(3) 팬터그래프식

팬터그래프식은 주로 적재량이 작은 엘리베이터나 작업용 리프트에 적용된다. 짧은 잭을 이용하여 케이지의 행정을 크게 하는 데 유리하다. 주로 이동용 리프트에 쓰인다.

02 | 유압 엘리베이터의 속도제어

유압식 엘리베이터의 속도제어는 유량제어밸브에 의한 방식이 대부분이지만, 1980년대 후반부부터 VVVF(인버터) 제어에 의해 펌프회전수를 제어하는 방식이 승객용 유압식 엘리베이터에 채용되기 시작하여, 설치대수가 점차로 증가하고 있다.

1 유량제어밸브방식

유량제어밸브로 속도제어하는 유압식 엘리베이터에서는 전동기의 회전수는 일정하게 되어 있으므로 펌프에서는 충분한 압력을 갖은 작동유가 일정량 토출된다. 이것을 유량제어밸브로서 제어한다.

이렇게 제어된 작동유가 압력배관을 통해서 유압잭의 실린더 내에 보내지게 되고, 실린더에서 플런저를 돌출시키는 것에 의해 카를 밀어 올린다.

상승 운전 시 속도제어를 유량제어밸브로 하는 경우의 유압회로는 다음에 기술할 블리드 오프 회로 또는 미터 인 회로가 일반적으로 사용된다.

카를 하강시킬 때에는 유압잭 내에 작동유를 유량제어밸브나 펌프의 회전수를 제어하는 것에 의해, 하강속도를 제어해 가면서 작동유를 탱크에 되돌려 카를 하강시킨다. 유량제어밸브를 사용한 속도제어방식에서 오픈 루프제어가 일반적이지만, 보다 주행성능을 향상시키기 위해서 다음의 방법도 채용되고 있다.

(1) 유량제어방식의 주행성능 향상방법

① 카 내 부하나 작동유 온도의 상승속도와 하강속도에 영향을 작게 하기 위하여, 압력이나 온도를 보상한 유량제어밸브
② 유량을 귀환하는 유량귀환형 제어밸브
③ 승강로 내의 스위치나 카의 속도를 검출하는 것으로, 고속 주행에서의 감속개시점을 늦추어 착상 전의 저속 운전을 가능한 한 짧게 하는 방식

(2) 유량제어방식의 유압회로

유량제어밸브에 의한 속도제어방식은 미터 인 회로와 블리드 오프 회로가 있다. [그림 6-7]에서 기본적인 회로를 볼 수 있다.

① 미터 인 회로(meter-in line) : 유압펌프로 기름을 제어하여 유압실린더에 보낼 경우 보통 유량제어밸브를 사용하고 있으며, 이 경우 유량제어밸브를 주회로에 삽입하여 유량을 직접 제어하는 회로를 미터 인 회로라고 한다.

이 회로는 비교적 정확한 속도제어가 가능하지만, 여분의 기름을 안전밸브를 통하여 탱크에 되돌려 보내도록 하기 위하여 부하에 필요한 압력 이상의 압력을 필요로 하므로 효율이 비교적 나쁘다.

② 블리드 오프 회로(bleed-off line) : 이에 대하여 아래 그림과 같이 유량제어밸브를 주회로에서 분기된 바이패스(bypass) 회로에 삽입한 것을 블리드 오프 회로라 한다. 이 회로는 부하에 필요한 압력 이상의 압력을 발생시킬 필요가 없어 효율이 높은 것이 특징이지만, 정확한 속도제어가 곤란하다.

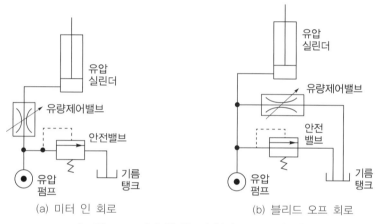

(a) 미터 인 회로   (b) 블리드 오프 회로

┃그림 6-7 미터 인 회로와 블리드 오프 회로┃

(3) 유량제어방식의 구성부품

유압 엘리베이터에 사용되고 있는 대표적인 유압회로의 일례를 [그림 6-9]에 나타냈다. 이 회로는 상승 운전 시에는 블리드 오프 회로로서 동작한다. 각 부품의 기능과 작동에 대하여 설명하면 아래와 같다.

① 펌프(pump) : 유압 엘리베이터의 펌프는 일반적으로 압력맥동(壓力脈動)이 작고, 진동과 소음이 작은 스크류펌프가 널리 사용된다. [그림 6-8]은 스크류펌프의 내부구조의 모습이다.

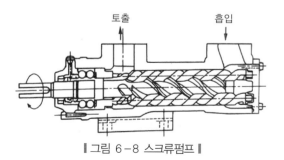

┃그림 6-8 스크류펌프┃

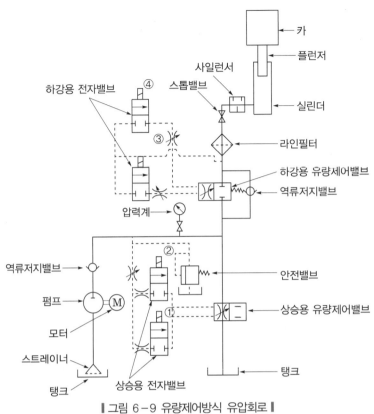

┃ 그림 6 - 9 유량제어방식 유압회로 ┃

② **안전밸브(safety valve)** : 일종의 압력조정밸브로서 회로의 압력이 설정값에 도달하면 밸브
를 열어 기름을 탱크에 돌려보냄으로써 압력이 과도하게 높아지는 것을 방지하는 작용을
한다. 보통 상용압력의 125%에 설정하여 작동을 개시하고, 작동압력이 사용압력의 1.5배
는 초과하지 않도록 한다.

③ **상승용 유량제어밸브** : 펌프에서 압력을 받은 기름이 대부분 실린더로 올라가지만 일부는
상승용 전자밸브에 의해 조정되는 유량제어밸브를 통하여 탱크에 되돌아온다. 즉, 탱크에
되돌아오는 유량을 제어하여 실린더측의 유량을 간접적으로 처리하는 밸브이다. 이 유량제
어밸브의 제어는 [그림 6-9]에서 상승용 전자밸브 ① 및 ②에 의해 행해진다.

④ **역류저지밸브(check valve)** : 한쪽 방향으로만 기름이 흐르도록 하는 밸브로서, 상승방향에
는 흐르지만 역방향으로는 흐르지 않는다. 이것은 정전이나 그 이외의 원인으로 펌프의
토출압력이 떨어져서 실린더의 기름이 역류하여 카가 자유낙하하는 것을 방지하는 역할을
한다. 로프식 엘리베이터의 전자브레이크와 유사하다.

⑤ **하강 유량제어밸브** : 하강 운전 시 작동하는 제어밸브로, [그림 6-9]에서 하강용 전자밸브
③ 및 ④에 의해 그 열림 정도가 제어되는 밸브로서 실린더에서 탱크에 되돌아오는 유량을
제어한다.

또한, 이 하강용 유량제어밸브에는 수동하강밸브가 부착되어 있어, 만일 정전이나 다른 원인으로 엘리베이터가 층간에 정지한 경우라도 이 밸브를 열어 안전하게 카를 하강시킬 수 있다.

⑥ 필터(filter) : 유압장치에서는 쇳가루, 모래 등의 고형 이물질이 작동유에 혼입되면 기기의 수명을 단축하고 고장의 원인이 되기 때문에 이들 이물질을 제거하기 위해 각종 필터가 사용된다. 일반적으로 펌프의 흡입측에 부착되는 것을 스트레이너라 하고, 배관 도중에 부착되는 것을 라인필터라 한다.

⑦ 스톱밸브(stop valve) : 유압파워유닛에서 실린더로 통하는 압력배관 도중에 설치되는 수동밸브로서, 이것을 닫으면 실린더의 기름이 파워유닛으로 역류하는 것을 방지하는 것이다. 이 밸브는 유압장치의 보수·점검 또는 수리 등을 할 때 사용된다. 게이트 밸브(gate valve)라고도 한다.

⑧ 사이렌서(silencer) : 유압 엘리베이터에서는 유압펌프나 제어밸브 등에서 발생하는 압력맥동이 카를 진동시키는 요인이 되기도 하며, 소음의 원인이 된다. 사이렌서는 이와 같은 작동유의 압력맥동을 흡수하여 진동·소음을 감소시키기 위하여 사용된다.

(4) 동작설명

[그림 6-9]에 의해 유압회로와 엘리베이터의 운전동작을 설명하면 회로에서 실선으로 표시한 선은 유압 주회로를 의미하고, 점선은 압력조정용 파일럿(pilot) 회로를 의미한다.

먼저 상승운전에 관하여 설명하면, 제어장치에서 상승운전명령이 발생되어 모터가 기동하면 펌프가 작동되어 탱크에서 스트레이너를 통하여 기름을 빨아올린다. 이때, 상승용 유량제어밸브가 다 열려 있어서 펌프에서 토출되는 기름은 역류저지밸브 및 상승용 유량제어밸브를 경유하여 전량 탱크에 환류되며 압력은 그다지 높아지지 않는다.

다음에 상승용 전자밸브 ① 및 ②가 솔레노이드의 여자(excitation)에 의해 작동하여 상승용 유량제어밸브를 서서히 닫고 그것에 따라 기름의 압력도 서서히 높게 된다. 펌프의 토출압력이 실린더 내의 압력보다 높아지면 펌프에서 기름은 역류제지밸브를 눌러 열고, 실린더에 유입되기 시작하여 엘리베이터가 상승방향으로 기동한다. 상승 유량제어밸브가 완전히 닫히면 엘리베이터는 정격속도로 상승한다.

엘리베이터가 정지하여야 할 층에 들어서면 제어장치에서 감속명령이 나와 상승용 전자밸브 ①이 OFF되어 그것에 따라 상승용 유량제어밸브가 열리기 시작하여 재차 기름이 밸브를 통해 탱크에 돌아오기 시작한다. 이에 따라 엘리베이터는 먼저 착상속도까지 감속된다. 착상속도는 일반적으로 정격속도의 10~20% 정도이다.

다시 착상 지정층에 근접하면 상승용 전자밸브 ②가 OFF되어 그것에 따라 상승용 유량제어밸브가 다 열려진다. 여기서, 펌프에서 토출되는 기름은 모두 탱크로 되돌아오며, 엘리베이터는 착상층에 정지한다. 또한, 모터는 엘리베이터가 정지한 직후 정지한다.

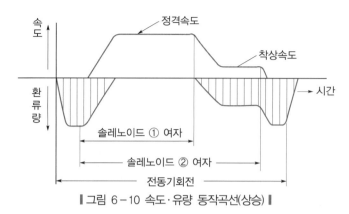

┃그림 6-10 속도·유량 동작곡선(상승)┃

다음에 하강운전에 대한 설명을 하면, 하강운전의 경우 펌프를 작동시키지 않고 하강 유량제어밸브를 제어하여 운행한다. 먼저 하강지령이 나오면 하강용 전자밸브의 솔레노이드 ③ 및 ④가 동시에 여자되어 하강용 유량제어밸브가 서서히 열리기 시작하여 잠시 후 전부 열린다.

이에 따라 엘리베이터는 하강방향에 기동 및 가속하여 전속에 도달한다. 카가 정지층에 접근하면 하강용 전자밸브 ③의 솔레노이드가 OFF되어 그 작동에 따라 하강용 유량제어밸브가 서서히 좁혀져 엘리베이터는 착상속도까지 감속된다.

다시 정지층에 접근하면 하강용 전자밸브 ④의 솔레노이드가 OFF되어 그것에 의해 하강용 유량제어밸브가 완전히 닫히고 카는 정지한다.

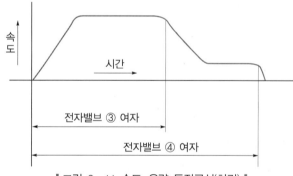

┃그림 6-11 속도·유량 동작곡선(하강)┃

이상 설명한 방식은 일반적으로 사용되고 있는 것으로서, 상승운전 시의 효율이 높은 것, 기동·정지 시의 쇼크가 작은 것 등의 장점이 있지만, 유량제어밸브를 파일럿 회로에 따라 제어하고 있기 때문에 기름의 온도나 점도의 변화, 압력의 변동 등의 영향을 받기 쉬운 것, 즉 기름의 온도나 카의 적재상태에 따라 속도제어나 착상 정도에 차이가 생기기 쉬운 것 등의 문제가 있다.

이를 위해 온도(점도)변화나 압력의 변동에 그다지 영향을 받지 않는 시스템이 개발되었다. 가령 온도나 압력을 검출하여 피드백하는 시스템이나 속도에 대한 유량을 피드백하는 유량귀환제어밸브 등이 있다.

(5) 미터 인 회로를 사용한 유압회로

[그림 6-12]는 상승 운전 시 미터 인 회로로서 움직이는 회로의 일례이다. 먼저 전항의 그림에 나타나지 않은 부품에 대하여 설명한다.

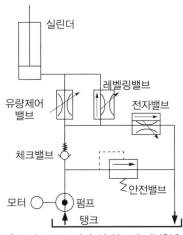

▎그림 6-12 미터 인 회로의 기본형 ▎

① 유량제어밸브(외부조작) : 밸브의 개폐가 소형의 조작모터 등에 의해 동작되는 유량제어밸브
② 레벨링밸브 : 유량제어밸브와는 별도로 설치한 조임밸브로서, 착상속도가 되도록 조여져 있다.
③ 유량조정밸브 : 하강운전 시 적재하중의 변화에 의한 속도변동을 작게 하기 위한 압력보상 밸브

[그림 6-12]로 미터 인 유압회로와 엘리베이터의 운전동작을 설명한다.

먼저 상승운전의 경우 모터의 기동에 따라 펌프에서 토출된 기름은 역저지밸브를 통하여 유량제어밸브에 도달하고, 동시에 조작모터에 의해 이 밸브가 서서히 열린다. 이에 의해 기름은 점차 실린더에 유입되고 엘리베이터는 기동하여 가속한다. 이때, 불필요한 기름은 안전밸브를 통해 탱크에 되돌려진다.

곧 유량제어밸브가 완전히 열리면 조작모터는 정지하고 카는 정격속도로 상승한다.

카가 정지층에 접근하면 제어장치로부터 명령에 따라 조작모터가 동작을 개시하여 유량제어밸브를 서서히 닫기 시작하여 완전히 닫는다. 이에 의해 카는 감속하여 정지한다.

다음 하강운전의 경우 모터, 펌프는 기동하지 않고 전자밸브가 열림과 동시에 조작모터에 의해 유량제어밸브가 서서히 열리고 실린더로부터의 기름은 유량제어밸브, 전자밸브를 통해 탱크에 흐르면 카는 하강방향으로 기동하여 가속한다.

유량제어밸브가 전개하면 조작모터는 정지하고 카는 전속으로 하강한다.

카가 정지층에 접근하면 제어장치로부터의 지령에 따라서 상승운전 시와 똑같이 조작모터에 의해 유량제어밸브가 서서히 닫혀져 카는 감속하여 정지한다.

이 회로에서는 유량제어밸브의 개폐제어를 조작모터에 의하여 행하므로 온도(점도)나 압력의

413

영향을 거의 받지 않는다는 장점이 있다.

그러나 미터 인 회로는 엘리베이터의 기동 시 유량조정이 어렵고, 소위 스타트쇼크가 발생하기 쉬우며, 상승운전 시의 효율이 좋지 않은 단점이 있다.

(6) 블리드오프(bleed off) 회로

유량제어 밸브를 주회로에서 분기된 바이패스(by-pass) 회로에 삽입한 회로이다. 즉, 적정치 이상의 유량을 탱크로 돌려주며 나머지 유량으로 실린더 속도를 제어하는 방식이다. 릴리프밸브로 유량을 방출하지 않으므로 설정압력까지 오르지 않고 부하에 의해 압력은 결정되므로 회로효율이 높다.

부하에 필요한 압력 이상의 압력을 발생시킬 필요가 없어 효율이 높은 것이 특징이지만 부하의 변동이 심할 경우 정확한 속도제어가 곤란하다.

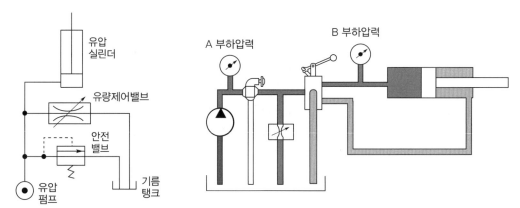

∥ 그림 6-13 Bleed off 회로의 기본형 ∥

2 VVVF(인버터) 제어방식

VVVF 제어를 채용한 유압식 엘리베이터에서는 전동기를 VVVF 방식으로 제어하는 것으로 펌프의 회전수를 소정의 상승속도에 상당하는 회전수로 가변제어하여 펌프에서 가압되어 토출되는 작동유를 제어한다.

(1) VVVF에 의한 속도제어

유압 엘리베이터에 사용되는 유압회로의 VVVF(인버터) 제어에 의한 속도제어의 일례를 [그림 6-14]에 표시하였으며, 주회로는 실선으로 나타내고, 파일럿회로는 파선으로 나타내었다.

　① VVVF 제어에 의한 속도제어의 특징 : 이 VVVF 제어에 의한 속도제어의 특징은 다음과 같다.

　　㉠ 상승운전 시에 필요한 유량을 펌프에서 토출하므로 낭비가 없다.

　　㉡ 기동·정지 시 쇼크가 없이 원활하고 정지는 바로 착상하게 되며, 따라서 로프식 엘리베이터와 동일한 주행곡선이 얻어진다.

　　㉢ 유량제어밸브를 사용하지 않기 때문에 작동유의 온도(점도)변화, 압력변화 등의 영향을 받지 않는 것 등이다.

다음으로 유압회로와 엘리베이터의 운전동작을 아래에 설명한다.

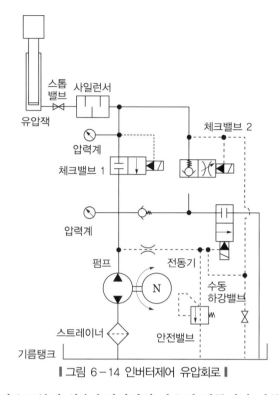

┃그림 6-14 인버터제어 유압회로┃

② **상승운전** : 제어반으로부터 상승운전명령이 나오면 전동기가 기동하고, 펌프의 회전수는 펌프축이 전동기축과 직접 접속되어 있으므로 전동기의 회전수와 같게 된다.

펌프가 회전하면 작동유가 기름탱크에서 스트레이너를 거쳐 흡입되어 올려진다. 다음에 속도명령에 따라서 회전수를 높게 하면 펌프의 토출압력도 점차로 높게 된다. 펌프의 토출압력이 체크밸브의 유압잭 측의 압력보다 높게 되면 작동유는 체크밸브를 밀어 올려 유압잭 쪽으로 흐르기 시작하며, 카는 상승방향으로 기동하여 가속상승한다. 카 속도가 정격속도까지 도달한 것을 검출하면 펌프를 일정 회전시키며, 카는 정격속도로 상승한다.

카가 정지층에 근접하면 제어반으로부터 감속명령에 의해 펌프의 회전수가 낮아지며, 펌프의 토출유량은 감소하고, 카는 정격속도로부터 감속하여 정지한다. 한쪽 유량의 감소에 따라서 점차로 닫혀 펌프의 내부손실로 어느 누유량 이하가 되면 펌프에서의 토출량이 없어지므로 전폐되고, 카가 정지한 후 전동기는 정지한다.

③ **하강운전** : 제어반으로부터 하강운전명령이 나오면 전동기가 기동한다. 다음에 감속명령에 따라서 회전수를 높게 하면 펌프의 토출압력은 더욱 높게 되어, 체크밸브의 유압잭측의 압력까지 연속적으로 회전수가 증가한다. 체크밸브의 펌프측과 유압잭측의 압력이 같게 되면 체크밸브의 전자밸브를 여자한다. 펌프의 회전을 상승운전 시와 반대방향의 속도명령에 의해서 제동을 걸어가면서 회전시킨다. 유압잭에서의 작동유는 펌프에서 제어되어 기름탱크로 돌아가고 카는 하강방향으로 기동하여 가속 후 정격속도로 주행한다.

카가 정지층에 근접하면 제어반으로부터의 감속명령에 의해 펌프회전수를 올리게 되면 펌프를 통과하는 유량은 감소하고, 카는 정격속도에서 감속하여 정지한다.

정지층 부근에서 제어반으로부터의 명령에 의해 체크밸브의 전자밸브가 OFF되면, 체크밸브는 점차로 닫혀 전폐된다.

03 | 유압 엘리베이터의 구성품

1 파워유닛(power unit)

파워유닛은 전동기, 펌프, 체크밸브, 안전밸브, 유량제어장치, 기름탱크, 스트레이너, 필터, 사이렌서, 스톱밸브, 작동유 냉각장치, 작동유 보온장치 등의 부품으로 구성되어 있다.

파워유닛은 구조상 2종류로 분류되는데, 전동기와 펌프가 기름탱크의 아래 또는 위에 설치되어 드라이형 파워유닛과 기름탱크의 중앙에 있어 기름에 침적되어 있는 서브머지드형(유침형) 파워유닛이 있다.

드라이형은 종래부터 일반적으로 사용되어 왔으며, 서브머지드형은 구미에서 많이 사용되고 있다. 서브머지드형은 기름탱크 내의 유온상승 측면에서 중소용량의 파워유닛에 적합하다.

드라이형 파워유닛의 일례를 [그림 6-15]에, 서브머지드형 파워유닛의 일례를 [그림 6-16]에 표시하였다.

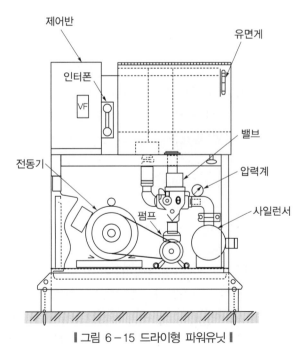

| 그림 6 - 15 드라이형 파워유닛 |

차단밸브   압력차단   밸브
         밸브   유닛   핸드펌프
                              파워유닛

오일히터   스크류펌프   모터
                          탱크

┃그림 6-16 서브머지드형 파워유닛┃

일반적으로 사용되고 있는 유압 엘리베이터의 정격용량은 1,500~10,000kg, 속도는 10~60m/min 정도이고, 시스템의 압력은 5~60kg/cm², 유량은 매분 50~1,500L 정도이며, 전동기, 펌프, 밸브 등은 압력과 유량에 따라서 각각 적합한 기기의 형식을 선정하여야 한다.

(1) 파워유닛의 구성

파워유닛에 사용되고 있는 부품의 기능과 구조는 다음과 같다. [그림 6-17]이 파워유닛의 내부구조를 보여준다.

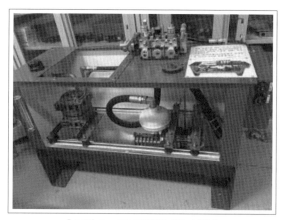

┃그림 6-17 파워유닛의 실례┃

① **전동기** : 전동기는 일반적으로 2극 또는 4극의 3상 유동전동기로, 출력은 2~100kW 정도이다. 전동기의 형상은 종래부터 사용되고 있는 드라이형 파워유닛에서는 거치형으로 되어 있으며, 대개는 슬라이드 베이스 등에 설치되어 벨트장력의 조정이 가능하도록 되어 있다. 서브머지드형(유칭형) 파워유닛용의 전동기는 플랜지형으로 펌프와 직접 접속되어 있다.

② **펌프** : 펌프는 일반적으로 펌프의 구동축의 1회전에 대해 토출량이 부하에 거의 관계없이 일정한 용적형과 일정하지 않은 비용적형으로 크게 나누어진다. 또 용적형의 회전펌프는 기어펌프와 베인펌프로 분류되며, 유압 엘리베이터에 일반적으로 사용하고 있는 펌프는 기어펌프에 속하는 외접 기어펌프, 스크류펌프와 베인펌프에 속하는 슬라이딩형 베인펌프 등이 있다.

용적형 펌프의 일례를 [그림 6-18]에 표시하였으며, 특수한 유압 엘리베이터를 제외하면 현재는 압력맥동이 작고, 소음이 작은 스크류펌프가 많이 사용되고 있다. 스크류펌프는 나사가 가공된 주구동축 1개와 2개의 종동축과 케이싱으로 구성되어 있는데, 주구동축 끝단부근에 설치한 기계적인 실(seal)에 의해 회전부분의 누유를 방지하고 있다.

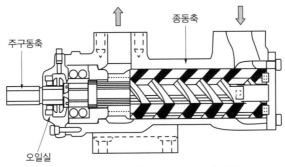

∥ 그림 6-18 용적형 펌프(스크류펌프) ∥

③ **기름탱크** : 기름탱크는 일반적으로 강판으로 사용한 용접구조로 되어 있다. 기름탱크 내의 유면은 상승운전 시, 하강운전 시에 변동하며, 유면변동에 따라서 공기가 기름탱크에 유입 되기도 하고 유출되기도 한다. 이 때문에 기름탱크에는 공기의 유통구를 설치하여야 한다.

④ **스트레이너와 필터** : 유압장치에는 철분, 모래 등의 응고형 이물질이 작동유에 혼입되면 기기의 수명을 단축하고, 고장의 원인이 된다. 이러한 이물질을 제거하기 위하여 스트레이 너와 필터가 사용된다.

일반적으로 스트레이너는 직선적인 통로 내에 이물질을 제거하는 장치이고, 필터는 구부러 진 통로에 사용하여 이물질을 제거하는 장치이다. 필터의 통로저항은 스트레이너보다 더 큰데, 펌프의 흡입측에는 스트레이너를 사용하고, 파워유닛에서 유압잭까지의 압력배관 도중에는 라인필터와 스트레이너가 설치된다.

펌프의 흡입측 스트레이너의 메쉬는 60~150메쉬(0.10~0.25mm) 정도이다. 압력배관과 실린더 내부의 이물질이 안전밸브나 제어밸브 등의 교축(소공)이나 실(유밀)면에 유입되지 않도록 조립과 수리 시 플래싱작업과 스트레이너와 필터의 청소가 필요하며, 스트레이너나 필터로 걸러진 이물질은 정기적으로 제거해 주는 것이 필요하다. [그림 6-19]가 스트레이너의 외관모습이다.

▐ 그림 6-19 스트레이너 ▐

⑤ **사일런서(silencer)** : 펌프나 유량제어밸브 등에서 발생하는 압력맥동은 카를 진동시킬 뿐만 아니라, 소음의 원인도 된다. 사일런서는 진동·소음을 흡수하기 위하여 사용된다. 유압 엘리베이터에 사용되는 사일런서에는 공동형(空洞形)과 공명형(共鳴形) 등이 있다. 공동형은 배관경로에 직결되게 설치되어, 경로의 직경이 압력배관의 관경에서 공동(사일런서의 몸통)경으로 급격히 확대되는 것에 의해 압력맥동을 감쇄시킨다.
공동경의 감쇄특성을 개량한 것도 많이 사용되고 있다. 공명형은 소정의 주파수에 맞게 용적을 갖는 용기를 압력배관에 직각으로 설치하여 특정의 주파수를 감쇄시킨다. [그림 6-20]이 사일런서의 구조이다.

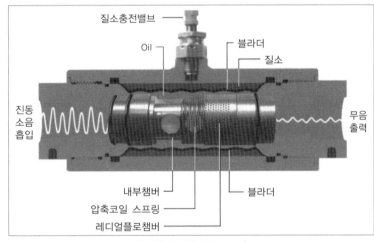

▐ 그림 6-20 Silencer ▐

⑥ **스톱밸브(stop valve)** : 스톱밸브는 파워유닛에서 유압잭에 이르는 압력배관의 도중에 설치된 수동밸브로서, 게이트밸브라고도 부른다. 이것이 닫히는 것에 의해 파워유닛측과 유압잭측을 분리하는 것이 가능하다. 예를 들어 파워유닛의 보수·점검 또는 수리를 할 때 사용하면 유압잭에서 불필요하게 작동유가 흘러나오는 것을 방지할 수 있다. [그림 6-21]이 스톱밸브의 형상이다.

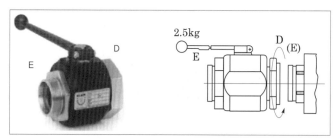

┃그림 6-21 스톱밸브┃

⑦ 삭동유 냉각장치와 작동유 보온장치 : 유압 엘리베이터에서는 상승 시 핌프의 마칠과 하강 시 엘리베이터가 갖는 위치에너지가 열로 변환되어, 작동유의 온도를 상승시킨다. 대개는 기름탱크, 압력배관과 유압잭의 표면에서 자연방열되지만, 기동빈도가 높고 대용량일 경우에는 유온이 규정치를 초과하여 상승하는 것을 방지하기 위해서 수냉 또는 공냉의 냉각장치가 필요하게 된다. 한편, 한냉지에서는 유온이 규정치 이하로 내려가지 않도록 하는 대책이 필요하다. 유압 엘리베이터의 유온이 5℃ 이상 60℃ 이하로 유지하도록 하여야 한다.

2 유압잭

유압잭은 단단식과 다단식이 있는데 모두 실린더부와 플런저부로 구성되어 있다. 단단식은 플런저부가 1개로, 다단식은 복수 개로 되어 있다. 다음은 일단식을 주체로 한 기본구조에 대해서 설명한다.

실린더부는 압력용기로 되어 있고 상부에는 더스트와이퍼, 패킹, 그랜드메탈이 설치되어 있다. 플런저부는 표면을 도금 또는 연마한 기둥모양인 플런저와 하부에는 플런저 이탈방지기가 설치되어 있다.

파워유닛에서 송출된 유압은 실린더 배관구에서 실린더 내부로 유입되며, 실린더 내부에 유입된 유량에 해당하는 길이만큼 플런저는 실린더에서 압출된다. 작동유의 압력은 실린더 내측과 실린더 내의 플런저 외측에 균등하게 작용하며, 다시금 플런저에는 카측의 총중량에 의한 하중이 걸리므로, 좌굴이 일어나지 않도록 검토하는 등 강도상에 충분한 배려를 해둘 필요가 있다.

실린더와 플런저는 승강로 내에 충분히 주의하여 설치하고, 직선적으로 순조롭게 움직이도록 설치하여야 하며, 유압잭의 중량은 수 백kg 이상이 되기 때문에 취급 시에는 주의가 필요하다.

(1) 실린더의 구조

실린더의 길이는 직접식에는 카의 행정거리에 여유길이(500mm 정도)를 더한 길이로 하며, 간접식에서는 로핑(1 : 2, 1 : 4 등)에 따라 행정거리의 $\frac{1}{2}$ 또는 $\frac{1}{4}$에 여유길이를 더한 길이로 한다.

재료는 KS 규격의 기계구조용 탄소강 강관과 압력배관용 탄소강 강관으로 이음매가 없는 것 또는 전기저항 용접관을 사용하며, 강관의 두께는 5~15mm 정도이다.

   길이가 약 5m를 초과하는 실린더는 운반이나 설치작업을 고려해서 2~3등분하여 대구경 나사 또는 플랜지로 접속하는 경우가 많다.

   강도는 작동압력($10 \sim 60 \text{kg/cm}^2$)에 대하여 충분한 강도(유압 엘리베이터의 일반적인 구조기준은 안전율 4 이상)를 갖도록 하고 있다.

① **실린더의 상부구조** : 실린더 상부에는 더스트와이퍼(스크레이퍼), 패킹이 설치되어 있는데, 실린더 상부구조를 [그림 6-22]에 표시하였다.

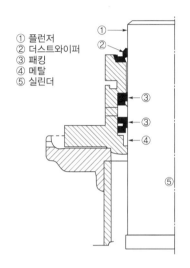

① 플런저
② 더스트와이퍼
③ 패킹
④ 메탈
⑤ 실린더

┃그림 6-22 실린더의 구조 ┃

② **더스트와이퍼(스크레이퍼)** : 더스트와이퍼는 먼지나 모래, 콘크리트 파편 등의 이물질이 실린더 내에 들어가지 않도록 플런저의 표면에 밀착하여 이물질을 제거하는 것이다. 더스트와이퍼 부분에 먼지가 많이 쌓이게 되면 일부가 패킹과 플런저 사이에 들어가 패킹이나 플런저를 손상시켜 누유의 원인이 된다.

③ **패킹** : 움직이는 부분에 사용하는 운동용 실을 패킹, 움직이지 않는 부분에 사용하는 고정용 실을 게이켓이라고 한다. 유압 엘리베이터의 패킹재료는 내유성이 필요하기 때문에 주로 니트릴고무가 사용된다.

   플런저를 순조롭게 움직이게 하면서 기름이 누설되지 않도록 패킹을 설치하는데, 대개는 자기실타입 중에서 리브타입을 사용한다. 리브타입의 U형 패킹의 예를 [그림 6-23]에 표시하였다.

휠

리브

┃그림 6-23 U형 패킹 ┃

이 타입은 리브를 압력받는 쪽으로 향하게 설치하며, 압력이 높게 되면 리브가 넓어져 보다 견고하게 실작용을 한다.

카의 기동 시 발생하는 미세한 진동은 패킹부분의 스틱슬립진동의 원인이 되는 경우가 있는데, 이 대책으로 패킹에 불소수지계의 재료를 사용하는 경우가 있다.

④ **그랜드메탈** : 그랜드메탈은 플런저를 지지하는 한편 안내하여 상하 작동하도록 설치하고 있는데, 그랜드메탈 내경은 플런저 외경보다 약간 크다.

재료는 표면에 금속재료를 용착한 강관제, 비금속재료제 또는 수지제를 사용한다.

⑤ **램(플런저)의 구조** : 플런저는 단단식에서는 대개 중공의 관으로 최하부에는 플랜지형상의 플런저 이탈방지장치가 있다.

다단식에서는 최상부의 플런저를 중실봉으로 하는 경우도 있으며, 중간단에서의 플런저부는 1단식의 실린더 일부와 같은 모양의 구조로 내부에 작동유가 유입된다.

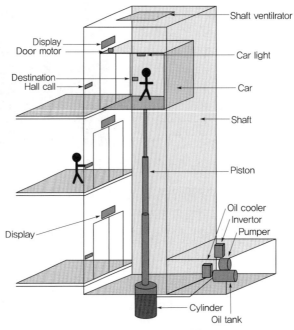

▌그림 6 - 24 다단식 ▌

플런저의 직경은 압력이 일정한 경우 플런저에 걸리는 하중이 커지게 되면 따라서 커져야 된다.

플런저의 관재료는 KS 규격의 기계구조용 탄소용 강관(냉간단조 또는 열간단조)의 이음매가 없는 것이 사용되며, 강관의 두께는 5~20mm 정도이다.

플런저의 표면처리는 연마 또는 도금을 하는데, 연마를 하는 경우의 표면거칠기는 $1 \sim 3 \mu m$ 정도이다.

도금처리는 손상이 생긴 경우에 보수가 곤란하므로 유압 엘리베이터에서의 적용은 적다.

간접식 유압 엘리베이터에서는 플런저 상부에 도르래(스프로켓)를 설치한다. 직접식의 경우에는 플런저를 카 바닥의 하부체대에 직접 고정하는 방법과 방진재를 넣어서 설치하는 방법이 있다.

⑥ 플런저 이탈방지기(stopper) : 플런저가 실린더의 한도를 지나 진행하는 것을 방지하기 위하여 금속멈춤장치 또는 기타 수단을 플런저의 한쪽 끝에 마련하여야 한다. 또한, 금속 멈춤장치 또는 제동수단은 종점스위치(terminal limit switch)가 작동하지 않을 경우에 대비하여 전부하 압력하에서 최대 속도(maximum speed)로 상승방향으로 진행하는 플런저(plunger)를 멈추도록 설계 및 제작되어야 한다.

(2) 실린더 및 램의 계산

① 압력계산 : 다음을 만족해야 한다.
  ㉠ 실린더 및 램은 전부하압력의 2.3배의 압력에서 발생되는 힘의 조건하에서 내력 R_p 0.2에서 1.7 이상의 안전율이 보장되는 방법으로 설계해야 한다.
  ㉡ 유압 동기화수단이 있는 다단 잭 부품의 경우 전부하압력은 유압 동기화수단으로 인해 부품에 발생하는 가장 높은 압력으로 바꾸어 계산해야 한다.
  ㉢ 두께계산에서 실린더 표면 및 실린더 베이스에는 1.0mm 그리고 1단 및 다단 잭의 속이 텅 빈 램의 표면에는 0.5mm가 더해져야 한다.

② 좌굴계산 : 압축하중을 받는 잭은 다음 사항에 적합해야 한다.
  잭은 완전히 펼쳐진 위치에서 그리고 전부하압력의 1.4배의 압력에서 발생되는 힘의 조건하에서 좌굴에 대해 2 이상의 안전율이 보장되는 방법으로 설계해야 한다.

③ 인장응력계산 : 인장하중을 받는 잭은 전부하압력의 1.4배의 압력에서 발생되는 힘의 조건하에서 내력 R_p 0.2에서 2 이상의 안전율이 보장되는 방법으로 설계해야 한다.

(3) 다단 잭(telescopic jack)

램이 각각의 실린더로부터 이탈하는 것을 방지하기 위한 장치가 연속되는 부분 사이에 제공되어야 한다.

① 직접식 엘리베이터의 카 하부에 있는 다단 잭의 경우 카가 완전히 압축된 완충기에 정지하고 있을 때 유효거리는 다음과 같다.
  ㉠ 연속되는 가이드이음쇠 사이의 유효거리는 0.3m 이상이어야 한다.
  ㉡ 이음쇠의 수직 투영면적으로부터 0.3m의 수평거리 내에서 가장 높은 가이드이음쇠와 카의 가장 낮은 부분 사이의 유효거리는 0.3m 이상이어야 한다.

② 외부 가이드가 없는 다단 잭의 각 베어링부분의 길이는 각 램 지름의 2배 이상이어야 한다. 다단 잭에는 기계식 또는 유압식 동기화수단이 있어야 한다.
  유압식 동기화수단을 사용하는 경우 압력이 전부하압력의 20%를 초과하면 정상운행을 방지하는 전기장치가 제공되어야 한다.
  로프 또는 체인이 동기화수단으로 사용될 경우 다음 사항이 적용된다.
  ㉠ 2개 이상의 독립된 로프 또는 체인이 있어야 한다.

      ⓛ 승강기 안전부품 안전기준 및 승강기 안전기준 [별표 22] 9.7의 도르래 풀리 및 스프로 컷의 보호수단에 따른다.

      ⓒ 안전율은 다음과 같다.

- 로프 : 12 이상
- 체인 : 10 이상

   ③ 최대 힘은 다음 사항을 고려하여 계산되어야 한다.

      ㉠ 전부하압력에서 발생하는 힘

      ⓛ 로프(또는 체인)의 수

동기화수단이 파손된 경우 카의 하강운행속도가 정격속도보다 0.3m/s를 초과하는 것을 방지하는 장치가 있어야 한다.

3 압력배관

파워유닛에서 유압잭까지를 압력배관으로 연결한다. 배관접속에는 나사이음, 플랜지이음, 가동이음 등이 사용되고 있다. 또 배관은 배관지지부에서는 진동이 건물에 전달되지 않도록 방진고무를 넣어서 건물에 고정시킨다.

주요 기기에 대해서 아래에 설명한다.

(1) 압력배관

압력배관은 KS 규격의 압력배관용 탄소강 강관이나 고압 고무호스를 사용하고 있다. 고압고무호스는 반드시 필요한 부분에만 사용하는 것이 바람직하며, 건물벽 관통부에는 가급적 사용하지 않는 것이 좋다.

(2) 배관이음

배관접속에는 관용 나사를 사용한 나사이음, 개스켓으로 실링하고 볼트와 너트로 고정하는 플랜지이음, 빅트릭타입으로 대표되는 가동이음 등이 사용된다.

빅트릭타입의 형상과 단면을 [그림 6-25]에 표시하였다.

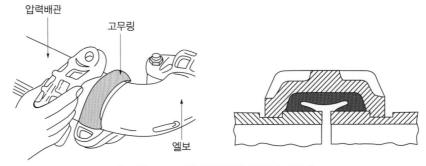

┃ 그림 6-25 빅트릭타입의 형상과 단면 ┃

나사이음이나 플랜지이음의 경우에는 가동성이 없으므로, 설치 시 충분한 주의가 필요하나, 가동이음의 경우에는 시공오차를 이음의 가동성으로 약간은 흡수가 가능하므로 설치하기에는 가동이음이 좋다.

4 안전장치

① 럽처밸브(rupture valve) : [그림 6-26]과 같이 오일이 실린더로 들어가는 곳에 설치되어 만일 파이프가 파손되었을 때 자동적으로 밸브를 닫아 카가 급격히 떨어지는 것을 방지하는 밸브로, 한번 동작되면 인위적으로 재조작하기 전에는 닫힌 상태로 유지된다.

∥그림 6-26 럽처밸브∥

럽처밸브는 하강하는 정격하중의 카를 정지시키고, 카의 정지상태를 유지할 수 있어야 한다. 럽처밸브는 늦어도 하강속도가 정격속도에 0.3m/s를 더한 속도에 도달하기 전 작동되어야 한다.

럽처밸브는 평균감속도(a)가 $0.2g_n$과 $1g_n$ 사이가 되도록 선택해야 한다.

$2.5g_n$ 이상의 감속도는 0.04초 이상 지속되지 않아야 한다.

평균감속도(a)는 다음 식에 의해 구할 수 있다.

$$a = \frac{Q_{\max} \times r}{6 \times A \times n \times t_d} = \frac{\dfrac{Q_{\max}}{1,000 \times 60} \times r}{6 \times \dfrac{A}{10,000} \times n \times t_d} [\text{m/s}^2] = \frac{Q_{\max} \times r}{36 \times A \times n \times t_d} [\text{m/s}^2]$$

여기서, A : 압력 작동잭의 면적[cm^2]

n : 1개 럽처밸브가 있는 병렬작동잭의 수

$Q_{\max}$: 분당 최대 유량[L/min]

r : 로핑계수

t_d : 제동시간[s]

럽처밸브는 카 지붕이나 피트에서 직접 조정 및 점검할 수 있도록 접근이 가능해야 한다.
럽처밸브는 다음 중 어느 하나이어야 한다.

㉠ 실린더의 구성부품으로 일체형이어야 한다.

㉡ 직접 및 견고하게 플랜지(flange)에 설치되어야 한다.

㉢ 실린더 근처에 짧고 단단한 배관으로 용접되고 플랜지 또는 나사 체결되어야 한다.

㉣ 실린더에 직접 나사체결하여 연결되어야 한다.

럽처밸브는 숄더가 있는 나사이어야 하고 실린더에 맞대어 설치되어야 한다.
압축이음 또는 플레어이음과 같은 다른 형태의 연결은 실린더와 럽처밸브 사이에 허용되지
않는다.

② 플런저 리밋스위치(plunger limit switch)

㉠ 로프가 사용되는 유압 엘리베이터 플런저(plunger)의 정상적인 상한 행정을 초과하지
않도록 제한하는 스위치가 마련되어야 한다.

㉡ 이 스위치가 작동하면 상승진행방향으로 전력을 차단하여야 하며, 그 반대방향으로는
주행이 가능하도록 회로가 구성되어야 한다.

㉢ 이 스위치는 승강로에 설치되어 플런저에 기계적으로 연결되고 플런저에 의하여 구동
되는 기계적인 장치에 의하여 작동되어야 한다. 단, 이 스위치가 동작되더라도 카가
착상구역 이내에 정차하면 도어개방이 가능하도록 설계되어야 한다.

③ **작동유 온도검출스위치** : 기름탱크 내의 오일온도가 규정치(60℃)를 초과하면 작동유의 점
도가 현격히 떨어져 심한 착상오차를 일으킨다. 작동유의 온도상승을 방지하기 위해 서머
스터를 이용하고, 일정온도 설정치를 초과하면 동작하여 전동기의 전력을 차단하여 카의
운행을 작동유가 규정치 이하로 떨어질 때까지 정지시킨다.

④ **전동기 공전방지기** : 총행정거리를 운행하는 데 소용되는 시간(총행정거리/카 정격속도
+ α)을 초과하여 어떠한 이상현상으로 전동기가 계속 작동하는 것을 방지하기 위하여
타이머를 설치한다.

타이머에 설정된 시간이 초과하면 전동기를 정지시켜 카를 정지시킨다.

⑤ **유량제한기** : 유압시스템에서 다량의 누유가 발생한 경우 유량제한기는 정격하중을 실은
카의 하강속도가 정격속도 +0.3m/s를 초과하지 않도록 방지해야 한다.

유량제한기의 점검을 위해 카 지붕 또는 피트에서 접근이 가능해야 한다.

유량제한기는 다음 중 어느 하나이어야 한다.

㉠ 실린더의 구성부품으로 일체형이어야 한다.

㉡ 직접 및 견고하게 플랜지에 설치되어야 한다.

㉢ 실린더 근처에 짧고 단단한 배관으로 용접되고 플랜지 또는 나사로 체결되어야 한다.

㉣ 실린더에 직접 나사체결하여 연결되어야 한다.

유량제한기는 숄더가 있는 나사이어야 하고 실린더에 맞대어 설치되어야 한다. 압축이음
또는 플레어이음과 같은 다른 형태의 연결은 실린더와 유량제한기 사이에 허용되지 않
는다.

⑥ 멈춤쇠

㉠ 멈춤쇠는 하강방향에서만 작동해야 하며, 정격하중의 카를 아래의 속도에서 정지시킬 수 있어야 하고, 고정된 멈춤쐐기로 정지상태를 유지시킬 수 있어야 한다.

- 유량제한기 또는 단방향 유량제한기가 설치된 엘리베이터 : 정격속도 + 0.3m/s의 속도
- 다른 모든 엘리베이터 : 하강정격속도의 115%의 속도

㉡ 멈춤쇠가 펼쳐진 위치에서 하강하는 카를 고정된 지지대에 정지시키는 전기식 작동멈춤쇠가 1개 이상 설치되어야 한다.

각 승강장 지지대는 다음을 만족해야 한다.

- 카가 승강장 바닥 아래로 0.12m 이상으로 내려가는 것을 방지
- 잠금해제구간의 하부 끝부분에서 카를 정지

㉢ 멈춤쇠의 동작은 압축스프링 또는 중력에 의해 이루어져야 한다. 전기적 복귀장치에 공급되는 전원은 구동기가 정지될 때 차단되어야 한다. 멈춤쇠 및 지지대는 멈춤쇠의 위치에 관계없이 카가 상승하는 동안에는 정지되지 않고 어떠한 손상이 없도록 설계되어야 한다. 멈춤쇠장치(또는 고정된 지지대)에는 완충시스템이 갖춰져야 한다.

완충기는 다음과 같은 형식이어야 한다.

- 에너지 축적형
- 에너지 소멸형

⑦ 차단밸브 : 차단밸브가 제공되어야 하며, 이 밸브는 실린더에 체크밸브와 하강밸브를 연결하는 회로에 설치되어야 한다.

차단밸브는 구동기의 다른 밸브와 가까이 위치해야 한다.

⑧ 체크밸브 : 체크밸브가 제공되어야 하며, 이 밸브는 펌프와 차단밸브 사이의 회로에 설치되어야 한다.

체크밸브는 공급압력이 최소 작동압력 아래로 떨어질 때 정격하중을 실은 카를 어떤 위치에서든지 유지할 수 있어야 한다.

체크밸브는 잭에서 발생하는 유압 및 1개 이상의 유도 압축스프링이나 중력에 의해 닫혀야 한다.

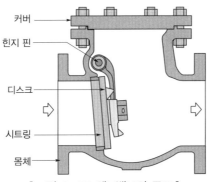

커버

힌지 핀

디스크

시트링

몸체

▌그림 6-27 체크밸브의 구조 ▌

⑨ 릴리프밸브 : 릴리프밸브가 설치되어야 하며, 이 밸브는 펌프와 체크밸브 사이의 회로에 연결되어야 한다. 수동펌프 없이 릴리프밸브를 바이패스하는 것은 불가능해야 한다. 밸브가 열리면 작동유는 탱크로 되돌려 보내져야 한다. 릴리프밸브는 압력을 전부하압력의 140%까지 제한하도록 맞추어 조절해야 한다. [그림 6-28]에 릴리프밸브의 형태에 따른 종류를 보여준다.

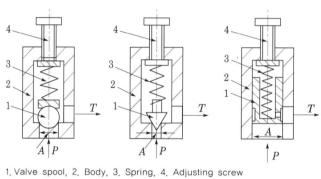

1. Valve spool, 2. Body, 3. Spring, 4. Adjusting screw

    (a) Ball type   (b) Cone type   (c) Spool type

❘ 그림 6-28 Relief valve의 종류 ❘

높은 내부손실(압력손실, 마찰)로 인해 릴리프밸브를 조절할 필요가 있을 경우에는 전부하압력의 170%를 초과하지 않는 범위 내에서 더 큰 값으로 설정할 수 있다.

이러한 경우 유압설비(잭 포함) 계산에서 가상의 전부하압력은 다음 식이 사용되어야 한다.

$$전부하압력 = \frac{선택된\ 설정압력}{1.4}$$

좌굴계산에서 1.4의 초과 압력계수는 릴리프밸브의 증가되는 설정압력에 따른 계수로 대체되어야 한다.

⑩ 방향밸브 하강밸브 : 하강밸브는 전기적으로 개방상태로 유지되어야 하며, 잭에서 발생하는 유압 및 밸브 당 1개 이상의 안내된 압축스프링에 의해 닫혀야 한다.

⑪ 상승속도 제어밸브 : 기계가 정지할 경우 바이패스밸브만을 사용할 수 있다.

바이패스밸브는 전기적으로 닫힌 상태로 유지되어야 하며, 잭에서 발생하는 유압 및 밸브 당 1개 이상의 안내된 압축스프링에 의해 개방되어야 한다.

⑫ 필터 : 필터 또는 유사한 장치는 다음 사이에 있는 회로에 설치되어야 한다.

   ㉠ 탱크와 펌프

   ㉡ 차단밸브, 체크밸브와 하강밸브

차단밸브, 체크밸브와 하강밸브 사이의 필터 또는 유사한 장치는 점검 및 유지관리를 위해 접근할 수 있어야 한다.

⑬ 압력게이지 : 압력게이지가 설치되어야 하며, 이 압력게이지는 차단밸브와 체크밸브 또는 하강밸브 사이의 회로에 연결해야 한다.

압력게이지 차단밸브는 주회로와 압력게이지 연결부 사이에 제공되어야 한다.
연결부는 'M 20×1.5 또는 G $\frac{1}{2}$' 중 어느 하나의 암나사로 체결되어야 한다.

04 유압 엘리베이터의 속도와 운전

1 속도

① 정격속도 : 상승 또는 하강 정격속도는 1m/s 이하이어야 한다.
② 무부하속도 : 빈 카의 상승속도는 상승정격속도의 8%를 초과하지 않아야 하고 정격하중을
실은 카의 하강속도는 하강정격속도의 8%를 초과하지 않아야 한다.
각각의 경우에 이것은 작동유의 정상작동온도와 관계된다.
상승운행하는 동안 전류는 정격주파수에서의 전류이고 전동기전압은 엘리베이터의 정격
전압과 동일한 것으로 가정한다.

2 유압 엘리베이터의 운전

(1) 비상운전

① 카의 하강움직임 : 엘리베이터에는 정전이 되더라도 승객이 카에서 내릴 수 있도록 카를
승강장 바닥까지 내릴 수 있는 수동조작 비상하강밸브가 설치되어야 하며, 비상하강밸브는
다음과 같은 관련 설비공간에 위치되어야 한다.
㉠ 기계실
㉡ 기계류 공간
㉢ 비상운전 및 작동시험을 위한 장치
카의 속도는 0.3m/s 이하이어야 한다.
이 밸브의 작동은 지속적인 수동작동력이 요구되어야 한다.
이 밸브는 의도되지 않은 조작으로부터 보호되어야 한다.
비상하강밸브는 제조업자에 의해 설계된 값 밑으로 압력이 떨어질 때 램의 추가적인 빠짐
을 발생시키지 않아야 한다.
로프 또는 체인이 이완될 수 있는 간접식 엘리베이터의 경우 밸브의 수동작동으로 로프·
체인의 이완을 발생시키는 것 이상으로 램이 내려가지 않아야 한다.
수동조작 비상하강밸브 근처에는 다음과 같이 표시된 명판이 있어야 한다.

[주의] 비상시 하강

② 카의 상승움직임 : 카를 상승방향으로 움직이게 하는 수동펌프가 있어야 한다.

수동펌프는 엘리베이터가 설치된 건축물 내부에 보관되어야 하고, 인가된 작업자에 한하여 접근이 가능해야 한다.

펌프연결에 관한 규정사항은 모든 구동기에서 이용이 가능해야 한다.

수동펌프가 어디에 위치하는지와 올바르게 연결하는 방법이 명확히 표기되지 않은 곳에서도 유지관리 및 비상구출 작업자가 이용할 수 있어야 한다.

수동펌프는 차단밸브와 체크밸브 또는 하강밸브 사이의 회로에 연결되어야 한다.

수동펌프는 압력을 전부하압력의 2.3배까지 제한하는 릴리프밸브와 함께 설치되어야 한다.

카를 상승방향으로 움직이게 하는 수동펌프 근처에는 다음과 같이 표시된 명판이 있어야 한다.

> [주의] 비상시 상승

(2) 전동기 구동시간 제한장치

① 유압식 엘리베이터가 기동할 때 구동기가 공회전하는 경우에는 구동기의 동력을 차단하고 차단상태를 유지하는 전동기 구동시간 제한장치가 있어야 한다.

② 전동기 구동시간 제한장치는 다음 값 중 짧은 시간을 초과하지 않은 시간에서 작동해야 한다.

　㉠ 45초

　㉡ 정격하중으로 전체 주행로를 운행하는 데 걸리는 시간에 10초를 더한 시간. 단, 전체 운행시간이 10초보다 작은 값일 경우 최소 20초

③ 정상운행의 복귀는 수동 재설정에 의해서만 가능해야 한다. 전원공급 차단 후 동력이 복원될 때 구동기가 정지된 위치를 유지할 필요는 없다.

④ 전동기 구동시간 제한장치가 작동하더라도 점검운전 및 전기적 크리핑 방지시스템은 작동되어야 한다.

(3) 불필요 동작방지시스템

유압 엘리베이터에서 운전이 정지되고 있으면 오일의 온도가 낮아지고 오일이 수축되기도 하며 밸브를 통해 오일이 탱크로 스며가는 등의 현상에 의하여 카 바닥이 승강장 바닥 아래로 내려가게 되고, 카 바닥이 빠지면서 리레벨(relevel)하는 동작을 하게 된다. 엘리베이터를 사용하지 않고 정지시킨 상태에서 이를 반복하게 되는 불필요한 동작을 하는데, 이러한 불필요한 동작을 없애는 방안이 필요하다.

카가 상부층에 있을수록 실린더 내의 오일이 많아 오일의 수축이 심하여 Releveling 현상이 자주 발생하므로 카를 최하층에 내려 정지시켜 두는 것이 좋다.

관련**법령**

〈안전기준 별표 22〉

16.1.10 전기적 크리핑 방지시스템

전기적 크리핑 방지시스템은 다음 규정을 만족해야 한다.

가) 카는 마지막 정상적인 운행 후 15분 이내에 최하층 승강장에 자동으로 보내져야 한다.

나) 수동 조작식 문 또는 사용자의 지속적인 조작으로 닫히는 동력 작동식 문이 설치된 엘리베이터의 경우 카에는 다음과 같은 표시가 있어야 한다.

"문을 닫으시오."

글자 크기의 최소 높이는 50mm이어야 한다.

다) 주개폐기 또는 그 근처에 다음과 같은 경고문이 표기되어야 한다.

"카가 최하층 승강장에 있을 때만 스위치를 끄시오."

05 | 전기설비의 절연저항(KS C IEC 60364-6)

절연저항은 각각의 전기가 통하는 전도체와 접지 사이에서 측정되어야 한다. 단, 정격이 100VA 이하의 PELV 및 SELV 회로는 제외한다.

절연저항값은 다음 [표 6-1]에 적합해야 한다.

▌표 6-1 절연저항 ▌

공칭회로전압[V]	시험전압/직류[V]	절연저항[MΩ]
SELV[1] 및 PELV[2] > 100VA	250	≥ 0.5
≤ 500FELV[3] 포함	500	≥ 1.0
> 500	1,000	≥ 1.0

1) SELV : 안전 초저압(Safety Extra Low Voltage)
2) PELV : 보호 초저압(Protective Extra Low Voltage)
3) FELV : 기능 초저압(Functional Extra Low Voltage)

MEMO

엘리베이터의
설계 · 설치 · 운영

01 | 엘리베이터의 설계

엘리베이터의 설계는 개발설계와 영업설계[126]로 구분된다.

개발설계는 엘리베이터의 새로운 모델을 만들거나 엘리베이터 시스템에 적용되는 부품을 새롭게 개발하는 일이다. 영업설계는 개발된 엘리베이터의 모델을 임의의 건물에 적합하게 설치하여 적절히 운용되도록 건물에 엘리베이터 시스템을 맞추는 일이다.

엘리베이터의 부품개발은 일반적인 공산품의 개발과 유사하므로 엘리베이터의 모델개발 설계와 현장설계에 관하여 살펴보도록 한다.

1 엘리베이터의 개발설계

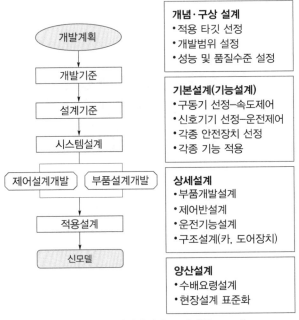

개념 · 구상 설계
- 적용 타깃 선정
- 개발범위 설정
- 성능 및 품질수준 설정

기본설계(기능설계)
- 구동기 선정 – 속도제어
- 신호기기 선정 – 운전제어
- 각종 안전장치 선정
- 각종 기능 적용

상세설계
- 부품개발설계
- 제어반설계
- 운전기능설계
- 구조설계(카, 도어장치)

양산설계
- 수배요령설계
- 현장설계 표준화

┃그림 7-1 엘리베이터 모델개발 Flow┃

---

126) 영업설계를 현장설계로 이야기할 수도 있다.

엘리베이터 개발은 시스템제품의 전체 모델을 새로 만드는 시스템개발과 기존모델 또는 신모델의 시스템을 구성하는 기계 또는 전기부품을 새로 만들거나 개선·변경하는 부품개발로 구분할 수 있다. 신모델 개발과정은 [그림 7-1]과 같으며 이는 일반설계의 개념으로 보면 제품설계과정과 같다. 또한, 개발과정에서는 개발계획서, 설계기준서, 시스템설계서, 각종 부품의 설계, 제어설계도, 부품수배도, 표준화 수배요령서와 같은 설계도서가 필요하다.

엘리베이터의 새로운 모델의 개발 계획서에는 시장수요조사, 적용 타깃선정, 개발범위 설정, 개발모델의 성능 및 품질수준의 설정 등이 필요하다.

시장수요조사를 통하여 시장의 규모를 파악하고, 니즈의 선호성향을 분석하여야 하며, 최적의 마케팅 타깃을 선정하고, 수요자의 성향에 따른 성능과 품질수준을 설정하고 이에 따른 모델의 용도, 적용범위, 기능, 성능, 원가 등 개발범위를 설정하여야 한다. 또한, 개발계획에서는 개발기간과 개발비용과 그 개발비용의 회수기간 등을 예측하는 경제성 검토가 병행되어야 한다.

목표설정의 각 요소를 살펴보면 우선, 용도는 엘리베이터의 사용목적과 설치대상 건축물의 용도에 적합하게 설정되어야 한다. 적용범위는 개발하는 모델을 적용하는 속도와 용량 그리고 운행층수에 대한 적용 한계를 정하는 것이다. 기능은 기본적인 엘리베이터의 동작과 추가로 적용해야 할 부가동작의 적용 여부를 설정하는 것이다. 성능은 엘리베이터의 가장 기본적인 성능요소, 즉 소음기준, 진동기준, 착상정밀도 기준 등이 설정되어야 하고, 특히 신뢰성 측면에서 고장률을 성능의 목표로 넣기도 한다. 이 밖의 신뢰성면에서는 내온특성(사용온도범위), 내노이즈특성, 내진특성, 내습도특성 등이 필요하다. 또한, 주요 부품의 수명과 각 소모품의 교체주기와 점검주기 등도 성능의 요소로 볼 수 있다. 성능에서 기동빈도는 특히 중요하다. 기동빈도의 설정에 따라서 주요 기기의 최적설계가 제시되기 때문이다.

설계기준은 각 부품 혹은 모델의 시스템설계를 위하여 기술적으로 필요한 기준을 정하는 일이다. 즉, 기계기구의 재질이나 강도기준, 구조적인 안전기준, 전기회로의 전선 적용기준, 적용현장의 최소 층고기준 등을 말한다.

시스템설계란 엘리베이터 시스템의 전체 구성을 말한다. 즉, 구동기기의 형식, 구동기기의 제어방식, 신호전달제어방식 등 전체 시스템을 구성하여 하나의 시스템으로 움직이기 위한 구성의 설계를 말한다.

2 영업설계

엘리베이터의 영업설계는 건물의 설비계획을 위한 계획설계와 계획된 엘리베이터 모델의 현장 적용설계로 구분할 수 있다.

(1) 계획설계

계획설계는 건축설계의 측면에서 보면 기본설계로 볼 수 있고, 이에 필요한 업무는 건축물의 교통량계산, 수직교통 설비계획, 산출된 엘리베이터 설치규모와 배치계획, 의장계획과 시방서 작성 등이다.

① **교통량분석** : 엘리베이터의 교통량분석이란 엘리베이터 설비능력의 적합 여부를 판정하기 위하여 교통수요의 피크치를 추정, 엘리베이터의 수송능력과 비교·검토하는 것이다.

엘리베이터가 설치·운행 중인 모든 형태의 건물에 있어서 그 교통수요는 건물의 용도, 성질에 따라 다르고 시시각각 변한다. 그 중 교통수요의 피크를 이루는 시간대가 있다. 이 시간 동안이 엘리베이터 서비스의 규모를 결정해 준다. 피크시간 동안에 엘리베이터 교통이 원활하게 서비스되면 다른 모든 시간대에는 틀림없이 교통의 수요를 충족시킬 수 있을 것이다.

피크의 크기는 건물의 형태, 용도 그리고 지역에 따라 나르다. 예를 들면 내중교통이 발달된 중심상가지역에 있는 사무용 건물에서는 아침 출근시간이 된다. 그러나 다른 사무용 건물에서는 점심시간이 다 똑같아서 건물 전체가 지정된 시간에 점심을 먹으러 나가는 정오가 될 수 있다.

최근에는 근무자가 그들 스스로의 출근과 퇴근시간을 설정하는 '시차근무시간'과 '유동시간'의 도입이 증가되고 있다. 이러한 제도는 극한적인 아침출근시간의 집중도를 줄이는 효과를 가져왔다.

병원의 경우 의사들이 환자를 왕진하고, 치료를 위한 이동으로 붐비며, 수술이 행해지고도 필연적으로 병원교통량이 정점에 도달하는 오전이 피크시간대가 되고, 일부 다른 병원에서는 환자방문시간 또는 오후의 근무교대기간 동안 피크가 일어날 수도 있다.

아파트 주택에서는 통상적으로 입주자가 퇴근해 돌아오고, 아이들이 학교에서 집으로 오고 시장보러 간 사람들이 돌아오고, 또 다른 사람들은 저녁오락을 위해 나가는 오후 늦게 또는 초저녁이 피크시간대가 된다.

독신자, 근로자용 아파트에서는 실질적으로 누구나 모두 일하러 나가는 아침시간이 피크시간대로 나타날 수도 있다.

일단 한 건물에 대한 교통수요 피크시간이 결정되고 필요한 엘리베이터 수송능력이 산정되면 엘리베이터의 적절한 대수, 속도, 크기와 배치에 대한 선택작업을 진행시킬 수 있다.

② **설비계획** : 교통량계산으로 검토된 설비계획은 설비목표 설정, 기본시방 산정(속도, 용량, 대수), 설비시방 설정(기본시방, 의장, 기능, 법적조건 등), 기종·운행방식의 선정이고, 이에 따른 설치규모와 배치계획이 필요하다.

또한, 건물의 이미지에 맞는 승강장의 의장과 카의 의장계획이 있어야 한다.

최근의 현대적인 건축물은 인텔리전트(intelligent) 빌딩의 개념으로 건축의 패러다임이 변화되어 왔다. 인텔리전트 개념의 핵심은 여러 건물설비의 조화로 쾌적하고 효율이 높은 건물이 이루어지도록 하는 데 있다.

이 개념에 적합하도록 공간설계, 조명, 통신 및 정보처리, 냉난방, 방범, 방화, 엘리베이터, 에스컬레이터, 수도위생, 전력공급설비 등이 최적으로 설계 및 시공되어야 한다.

이런 목적을 달성하기 위해서는 각각의 설비에 대한 각종 법령상의 규정내용을 포함하여 기술적인 검토와 계획 등 충분한 사전검토와 계획이 필요하다.

과거에는 승강기 설비계획은 건축설계자가 건물의 일부 부대설비로 경시하여 과거의 사례를 토대로 하거나 제조회사에 맡기는 방법으로 실시하는 경우가 대부분이었다. 그 결과 건물에 조화롭지 못하고 조잡한 수송설비, 불편한 배치로 이용자의 불만의 대상이 되고, 건물의 기능을 저하시키게 되거나 건물이 규모에 비하여 너무 고급품을 선정하여 경제적인 손실을 초래하는 일도 있었다.

건축물의 가치와 효용성, 경제성을 높이기 위하여 건물 내 수직교통을 담당하는 엘리베이터, 에스컬레이터에 대한 설비계획도 충분한 검토하에 이루어져야 한다. 이와 같은 검토를 하여 용량, 속도, 대수, 조작방식을 결정할 수 있다.

대수가 많은 엘리베이터군에 대해서는 뱅크수와 그의 분담서비스층도 아울러 검토한다. 교통측정을 충분히 하고 교통량계산을 한 후에 결정하는 것이 바람직하다.

현재 초고층빌딩이나 대규모 복합건물 등의 엘리베이터 계획에 관해서는 여러 가지 관점에서 조사하여 이를 컴퓨터를 이용해 엘리베이터의 용량과 속도를 결정하여 운행계획을 입안하고 있다.

설비계획의 흐름은 [그림 7-2]와 같다.

┃그림 7-2 설비계획 Flow┃

설비계획의 기본요소는 교통량 분석결과에 따라 교통수요에 적합한 대수, 승객 평균 대기시간 및 최대 대기시간, 건물의 출입층을 고려하여 Dual lobby 여부 확인, 교통수요의 동선을 고려하여 적절한 설치위치, 여러 대의 경우 배치와 배열방법, 서비스층을 나누어 군관리할 경우 서비스층 분할, 군관리방식이다. 즉, 이러한 내용이 반드시 시방서에 포함되어야 한다.

③ **시방서** : 설비계획의 결과에 따라 해당 건물에 설치하고자 하는 승강기설비규모와 제원을 바탕으로 설치에 필요한 사항을 기술한 시방서를 작성한다.

시방서의 사전적인 의미는 설계·시공·주문품 등에 관하여 도면으로 나타낼 수 없는 사항을 적은 문서라는 것이며, 건축법령에서는 설계도서의 한 종류로 되어 있다.

일반적으로 사용재료의 재질·품질·치수 등, 제조·시공상의 방법과 정도, 제품·공사 등의 성능, 특정한 재료·제조·공법 등의 지정, 완성 후의 기술적 및 외관상의 요구, 일반총칙사항(一般總則事項)이 표시된다. 도면과 함께 설계의 중요한 부분을 이룬다.

엘리베이터 시방서는 발주자측에서 작성하는 구매시방서와 제조자측에서 작성하는 제조시방서가 있다. 제조시방서는 발주자의 구매시방서를 충족시키는 것을 원칙으로 하고 있다.

구매시방서는 발주자의 요구사항을 정리해 계약사항으로 규정하기 위한 서류이며, 제조시방서는 구매시방서에 언급된 기능, 성능, 품질 등의 내용을 만족하게 제조하고, 설치하여 인도하는 과정을 구체화한 의미를 지니고 있다.

구매시방서는 표준시방서와 개별현장의 시방을 작성한 일반시방서가 있을 수 있다.

대규모 승강기 수요업체에서 동일한 형태의 건축물에 적용되는 승강기에 대하여 세부적인 제원을 제외하고 공통적인 사항을 기술하여 표준시방으로 적용하는 경우가 있다. 이를 해당 발주기업 또는 발주단체의 표준시방서라고 하고, 표준시방서에 반해서 특정현장의 엘리베이터 설치에 대한 시방으로 해당 건물의 승강기 설비계획에서 설정된 승강기의 규모와 제원 그리고 건축주의 요구사항이 반영되어 승강기제작 및 설치공사에 대한 제반사항을 규정하는 시방서를 일반시방서라고 말한다.

시방서에는 관련 법규의 적용, 납품원칙, 공정관리, 감리 등 협의사항이 명기된 일반사항과 설치대수, 용도, 속도, 용량, 운행방식 및 주요 부속장치 등이 서술된 규격과 제원사항, 구조 및 재료, 세부의장, 운전기능, 운행기능 등이 기록된 제작사항, 공사범위, 비용부담, 현장안전, 완성확인절차(검사) 등이 명기된 설치공사사항, 품질수준 및 확인절차, 사후품질보장에 관한 품질보장사항과 인도절차, 부과사항의 행정사항에 대해서 작성되어야 한다.

(2) 현장적용설계

현장적용설계는 건축설계의 측면에서 실시설계로 볼 수 있다. 이에 필요한 설계도서는 계약된 엘리베이터의 설치계획도, 전원설비계획도, 전기배선도, 기계·전기품목 수배도, 소프트웨어 수배도 등이 포함되며, 특히 현장설계는 계약된 공사를 수행하기 위한 것으로 발주자의 승인을 필요로 하는 설계도이므로 그 도면들을 승인도라 말한다.

02 | 엘리베이터의 설비계획

건물의 수직교통인 엘리베이터의 설비계획은 신축하고자 하는 수직이동에 대한 교통량분석부터 시작된다. 건물의 교통수요을 예측하고, 건물의 이미지에 맞는 수직교통의 수송능력을 정하는 등의 절차가 필요하다.

1 교통량분석 절차

교통량분석에 의한 건물의 적절한 엘리베이터 설비계획은 다음과 같은 절차가 필요하다.

① 엘리베이터 **교통수요 예측** : 건물의 용도와 건물의 규모에 따른 엘리베이터의 교통수요를 예측한다. 특히 엘리베이터 교통수요의 Peak 시간대의 수요를 고려하여야 한다.

② 엘리베이터 **수송능력 목표설정** : 건물의 엘리베이터 수송능력을 설정한다. 건물의 용도에 따라서 그 설정기준이 다르다. 수송능력을 결정하는 항목은 5분간 수송능력, 평균 대기시간, 최대 대기시간을 주로 한다.

③ 엘리베이터 **규모의 예비설정** : 건물 전체에 대한 수직교통설비의 규모를 설정한다. 규모의 범위는 수송능력에 영향을 주는 요소로서 대수, 속도, 용량이 가장 크다고 할 수 있다.

④ **교통량분석을 통한 타당성 검토** : 예비로 설정한 수직교통설비의 제원으로 건물에 대한 용도, 거주인구, 입주자 특성에 따른 교통량을 분석하고, 예비설정한 수직교통설비의 수용에 대한 검토를 수행한다.

⑤ **건물 엘리베이터 기본시방 확정** : 수직교통수요와 수직교통의 수송능력의 비교를 통한 타당성 검토에서 건축물의 용도에 따른 기준값 및 설정한 목푯값 이상이면 예비설정한 규모와 제원으로 시방을 확정한다.

2 교통량분석 요소

① **집중률** : 단위시간에 이동하는 사람수의 건물에 출입하는 전체 사람수에 대한 비율이다.

② **5분간 수송능력** : 출발층에서 5분 동안 엘리베이터에 탈 수 있는 사람수를 말한다(건물의 용도에 따라 엘리베이터 정원의 일정비율로 계산).

③ **일주시간** : 카가 출발층에 도착한 시점부터 승객을 싣고 건물 최상층을 거쳐 다시 출발층으로 되돌아 도착하는 때까지 걸리는 시간을 초로 표기한다.

④ **평균운전간격** : 일주시간을 동일 승강장 내에서 운행되는 대수로 나눈 값을 초단위로 표기한다.

⑤ **승객의 평균 대기시간** : 승객이 기준층에 도착하여 엘리베이터를 호출하고 나서 엘리베이터를 탈 때까지의 시간을 승객의 대기시간이라 한다. 평균 대기시간은 평균 운전간격의 $\frac{1}{2}$ 로 말할 수 있다.

3 건물의 교통수요의 예측

건물의 용도, 규모, 거주인구 등에 따라서 건물 내 수직교통수요가 달라진다. 새로 건축할 건물의 교통수요를 예측하여 가장 경제적이고 적절한 규모와 방식의 수직교통설비를 계획할 수 있다.

(1) 건물의 거주인구 산출

건물의 교통수요를 예측하기 위해 거주인구를 산출할 필요가 있다. 오피스빌딩인 경우에는 다음 층별 인구계산에 의하여 거주인구를 산출하고, 아파트는 세대별로 계산한다. 호텔은 침상수와 관련하여 산출할 수 있다.

① 오피스빌딩의 거주인구 : 오피스빌딩의 거주인구 추정은 층별 유효면적과 1인당 점유면적에서 다음 식으로 구할 수 있다. 단, 유효면적은 사무실에서 빌려 쓰고 있는 탈의실, 응접실, 회의실, 창고 등을 포함한다.

$$층별인구 = \frac{층별\ 유효면적[m^2]}{1인당\ 점유면적[m^2/인]}$$

여기서, 층별 유효면적은 정확히 산출하기 어려운 것이지만 층별 총면적과 렌탈비율 (rental rate)을 곱하여 구한다.

층별 유효면적 = 층별 총면적 × 렌탈비율

또한, 렌탈비율은 지하주차장 등을 제외한 2층 이상의 비교적 높지 않은 건물일 경우 80% 이고, 초고층 빌딩의 경우는 75% 정도이다.

1인당 점유면적은 향후 기업의 성장과 더불어 거주인구의 증가를 고려하여 [표 7-1]의 값을 참고한다.

| 표 7-1 오피스빌딩의 1인당 점유면적 |

건물규모	1인당 점유면적
대규모 사무실빌딩	$7 \sim 8m^2$/인
중소 사무실빌딩	$6 \sim 7m^2$/인

② 아파트의 거주인구 : 아파트의 거주인구는 세대당 거주인구와 세대수의 곱으로 계산한다. 단, 아파트의 세대별 규모에 따라서 세대당 거주인구는 차이가 있다. 아래 표의 값을 참고로 산정한다.

| 표 7-2 아파트 세대크기별 거주인구 |

세대크기	세대당 거주인구
25평 이하	$2.5 \sim 3$명
26평 이상	$3.5 \sim 4$명

③ 호텔의 거주인구 : 호텔의 교통수요는 거주인구가 아닌 객실의 베드수 또는 수용 가능한 숙박자로 계산하는 것이 보통이다. 따라서, 싱글 룸, 트윈 룸의 구별을 층별로 계산한다.

(2) 건물용도별 피크교통수요의 분석

건물의 용도에 따라 엘리베이터를 많이 사용하는 시간대와 밀집도가 달라진다. 다음 표에서 건물용도별 피크교통에 대한 사항을 참조한다.

┃표 7-3 건물용도별 교통수요 ┃

구분	주 이용시간	이용자수	일주 중 승객수 상승	일주 중 승객수 하강	기타
사무실	아침 출근시간	• 재관인원의 80% • 재관인원은 건물유효면적 / 9 • 유효면적은 전면적의 80%	카 정원의 80%	없음	• 지하층은 고려하지 않음 • 2층 제외
호텔	저녁 체크인	• 침실수=숙박자수(1·2인실 구분) • 식당, 연회장은 크기에 따라 수용 인원 추정(유효면적 98m²/인)	카 정원의 50%		직원용은 승객용 규모의 $\frac{2}{3}$
아파트	저녁 귀가시간	• 25평 이하 : 2.5 ~ 3인 • 26평 이상 : 3.5 ~ 4인	3 ~ 5인	2 ~ 3인	
병원	오후 면회시간	침실수	카 정원의 60%	카 정원의 40%	침대용은 별도계획 (중소형 병원은 겸용)
백화점	일요일 정오 전후	2층 이상 총면적 / 1.4 ~ 2.3	카 정원의 100% (안내양)		이용자수의 10 ~ 20%가 엘리베이터

① **오피스빌딩** : 사무실로 구성된 빌딩의 경우는 통상 아침 출근시간이 상승피크를 이룬다. 그리고 사원식당이 있어 중식시간의 교통수요가 아침 출근시간 이상으로 혼잡할 것으로 예상될 경우 중식시간의 교통도 고려하여야 한다. 출근시간의 승객수는 상승방향을 카 정원의 80% 정도로 하고 하강방향의 승객은 없는 것으로 보고 계산한다.

② **아파트** : 아파트에서 교통수요 변동상황은 [그림 7-3]과 같다. 이 그림에 표시한 것처럼 교통피크는 주부의 쇼핑, 가장·어린이의 귀가 등으로 저녁에 일어난다. 따라서, 저녁시간대에 대한 교통계산을 한다.

아파트의 성격에 따라 아침 출근시간이 피크값이 될 경우도 있다.

대부분 아파트의 경우는 카의 크기에 불구하고 일주에 대하여 승객수는 상승/하강을 3명/2명, 5명/3명, 6명/4명 비율로 승객수를 적은 쪽부터 차례대로 가정하여 계산한다.

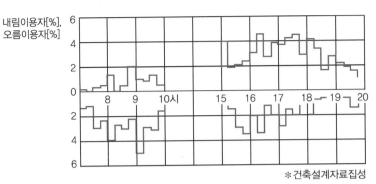

▌그림 7-3 공동주택의 엘리베이터 이용추이 ▌

③ 호텔 : 호텔에서 피크교통은 저녁때에 생기는 피크, 즉 체크인, 숙박자의 외출, 귀관자, 식당 이용자 등을 대상으로 한다. 서비스용 엘리베이터는 객실용과 따로 설치하고 그 규모는 객실용 엘리베이터의 $\frac{2}{3}$ 또는 같은 수준으로 하는 것이 보통이다.

또한, 1회 왕복에 있어서 카에 타는 인원은 상승·하강을 동일하게 카 정원의 50%로 한다.

4 수송능력의 목표설정

건물 엘리베이터의 수직교통에 대한 수송능력은 피크시간대의 5분간 수송능력과 승객의 평균 대기시간 또는 평균 운행간격 및 승객의 최대 대기시간 등을 목푯값으로 설정한다.

① 일반적 오피스빌딩 : 일반적인 사무실빌딩의 출근시간 및 중식시간의 수송능력의 목푯값은 표에서 보는 바와 같이 설정한다.

▌표 7-4 출근 시 교통수요에 대한 수송능력 ▌

빌딩종류	항목	5분간 수송능력 (전체 출입수 대 비율)	평균 운전간격
일사전용	일반적인 입지조건	20 ~ 23%	30초 이하 (단, 수송능력이 충분한 경우에는 40초 정도까지 허용)
일사전용	지하철, 전철역 부근	23 ~ 25%	
준일사전용	일반적인 입지조건	16 ~ 18%	
준일사전용	지하철, 전철역 부근	18 ~ 20%	
관청	일반적인 입지조건	14 ~ 16%	
관청	지하철, 전철역 부근	16 ~ 18%	
임대사무실	룸임대, 블록임대	11 ~ 13%	
임대사무실	층임대	13 ~ 15%	

▌표 7-5 중식 시 교통수요에 대한 수송능력 ▌

집중률 (오름, 내림합계)	방향별 교통량
9 ~ 16%(평균 12%)	12시 무렵은 하강교통이 많고, 13시경에는 상향이 많아진다. 그 비율은 어느 경우에서도 많은 방향과 적은 방향의 비를 2 : 1로 생각해도 된다.

② 아파트 : 다음 [표 7-6]은 저녁시간 아파트에 있어서 5분간 집중률과 평균 운전간격의 허용값을 표시한다. 이 값을 만족시키는 엘리베이터가 있으면 양호한 설비로 간주한다.

┃표 7-6 일반적인 아파트의 수송능력 ┃

주택종류 ＼ 항목	5분간 수송능력 (전체 주거인원수 대 비율)	평균 운전간격
주택공단 아파트	3.5%	60 ~ 90sec
민간분양 아파트	3.5 ~ 5.0%	

③ 호텔 : 호텔은 늦은 오후부터 저녁시간에 피크타임으로 나타난다. 일반적인 호텔의 5분간 수송능력은 전체 침상수에 대하여 9~11%의 비율을 적용할 것을 권장한다. 호텔의 평균 운전간격은 그다지 높지 않은 60~90sec 내외로 설정해도 무난하다.

5 엘리베이터 규모의 예비설정

건물의 거주인구와 용도별 피크시간대의 교통수요를 참고로 하여 수송능력의 목푯값에 접근하는 엘리베이터의 속도, 용량, 대수의 기본시방의 규모를 예비로 설정한다.

엘리베이터는 정격용량과 정격속도에 따라 권상기와 전동기의 용량, 카의 크기, 기계실과 승강로의 크기, 구동방식 등이 결정되며, 여기에 건물의 용도나 규모에 따라 운전방식, 승강장이나 카의 의장(意匠), 교통량계산에 의한 설치대수, 뱅크수 등이 결정되어 최종시방이 결정된다.

엘리베이터의 건물용도별로 일반적으로 적용되는 정격속도, 정격용량 등에 대한 기본시방이 [표 7-7]에 참고로 나타나 있다.

┃표 7-7 건물용도별 적용되는 기본시방 ┃

용도	기호	정격하중 [kg]	정원 [인]	출입구(유효값) 폭[mm]	높이[mm]	정격속도 [m/min]	빌딩의 규모
승객용	P-6-CO	450	6	800	2,100	60	소사무실
	P-8-CO	600	8	800	2,100	60 ~ 105	중·소 사무실 건물
	P-10-CO	750	10	900	2,100		
	P-12-CO	900	12	900	2,100	90 ~ 180	대·중 사무실 건물
	P-13-CO	1,000	13	900	2,100		
				1,000			
	P-15-CO	1,150	15	1,000	2,100		
				1,100			
	P-18-CO	1,350	18	1,000	2,100	120 ~ 600	대형 사무실 건물
				1,100			
	P-21-CO	1,600	21	1,100	2,100		

(1) 설치대수의 예비설정

설비계획건물의 엘리베이터 규모의 예비설정을 위하여 [표 7-8]의 일반적인 용도별, 규모별 설치대수를 참조하여 사전에 조사된 건물 거주인구와 건물의 유효면적을 바탕으로 하여 설치대수를 예비로 설정한다.

┃표 7-8 용도별 설치대수 ┃

빌딩의 종류		설치대수	비고
오피스빌딩	전용사옥	유효면적 1,200m²/대 재관인원 150인/대	겸용은 10,000 ~ 20,000m²/대
	복합사옥	유효면적 1,600m²/대 재관인원 200인/대	
	공공건물	유효면적 2,000m²/대 재관인원 250인/대	
	임대사무실	유효면적 2,400m²/대 재관인원 300인/대	
호텔	고급호텔	100실/대	겸용은 승객용의 $\frac{2}{3}$
	중급호텔	150실/대	
	비지니스호텔	200실/대	
아파트		70가구/대	

(2) 엘리베이터 속도의 예비설정

엘리베이터의 속도는 건물의 용도와 층수에 따라 적절한 설정이 필요하다. 또한, 탑승객의 심리적인 면도 고려해야 한다. 일반적으로 멈추지 않고 이동하는 엘리베이터 카 내에서 승객이 쾌적하게 도착을 기다리는 시간이 1분 정도로 알려져 있다. 따라서, 최하층에서 최상층까지 정지하지 않고 이동하는 시간이 1분 이상 되는 엘리베이터의 속도선정은 권하지 않는다.

오피스빌딩은 업무의 신속성을 도울 수 있는 빠른 속도의 엘리베이터가 필요하듯이 건물의 용도에 따라 경제적이고 효율적인 엘리베이터 속도를 선정할 필요가 있다.

건물의 용도별로 건물층수에 비례한 엘리베이터 속도를 오피스빌딩은 [표 7-9]를 참조하고, 호텔은 [표 7-10]을 참조하며, 아파트는 [표 7-11]을 참조하여 엘리베이터 정격속도를 예비설정한다.

┃표 7-9 오피스빌딩의 권장속도 ┃

층수	권장속도[m/min]
10층 이하	60 ~ 90
10 ~ 15층	90 ~ 150
15 ~ 20층	120 ~ 210
20 ~ 30층	180 ~ 300
30 ~ 40층	240 ~ 420
40 ~ 50층	360 ~ 540
50층 이상	480 ~

‖ 표 7-10 호텔의 권장속도 ‖

층수	권장속도[m/min]
10층 이하	60 ~ 90
10 ~ 15층	90 ~ 120
15 ~ 20층	105 ~ 150
20 ~ 30층	150 ~ 240
30 ~ 40층	210 ~ 360
40 ~ 50층	300 ~ 420
50층 이상	420 ~

‖ 표 7-11 아파트의 권장속도 ‖

층수	권장속도[m/min]
15층 이하	~ 60
15 ~ 20층	60 ~ 105
20 ~ 30층	90 ~ 150
30 ~ 40층	120 ~ 210
40층 이상	210 ~

(3) 정원 및 정격적재량의 예비설정

엘리베이터의 정원은 건물의 규모에 따라 달라지며, 속도와의 관계를 고려해야 한다. 특수한 경우가 아니면 속도가 높을 경우 정원도 많아야 효율적이다.

즉, 건물의 층수와 엘리베이터의 속도를 고려한 엘리베이터의 정격정원을 [그림 7-4]를 참고로 하여 예비설정한다.

아파트의 경우 과거에 이사용으로 사용한 곤돌라의 설치가 전면 금지되고, 승객화물용 엘리베이터를 이사용으로 사용하도록 규정하므로 적재량 900kg 이상의 용량을 적용하는 것이 바람직하다고 하겠다.

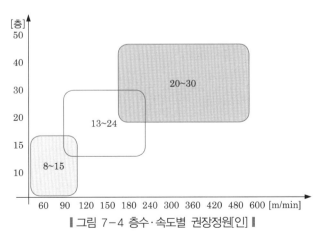

‖ 그림 7-4 층수·속도별 권장정원[인] ‖

445

█ 6 █ 교통량 분석

교통량 분석이란 설치를 가정한 엘리베이터에 의한 수송능력이 건물의 예측된 수직교통수요에 대한 수용 여부를 확인하는 일이다. 이를 위해서는 건물의 예측교통수요의 계산과 설치를 가정한 엘리베이터의 수송능력을 계산하여야 한다.

(1) 엘리베이터의 교통량 분석방법의 종류

① 예상 정지층수에 대표되는 운전확률에 의한 교통량 분석 : 사무실빌딩에서는 일반적으로 출근 시, 아파트·호텔에서는 예상되는 피크 시의 분석을 행한다. 설비계획의 초기에 있어서 유효한 분석수단이다. 엘리베이터의 최대 수송능력을 계산하고 빌딩의 성질에 따라 예상되는 최대 교통량을 계산하여 이를 비교함으로써 설비규모의 적합 여부를 판정한다.

② 시뮬레이션에 의한 교통량 분석 : 컴퓨터 응용기술로서의 시뮬레이션으로써 실제로 행한 운전들을 재현시키는 분석방법이다. 피크 때 이외의 분석도 가능하고 교통수요를 시시각각 변화시키면서 과도적인 운전상태의 분석도 가능하다. 대기시간의 분석, 로비층의 대기행렬의 길이 등의 분석도 가능하다.

(2) 엘리베이터의 교통량 계산에 필요한 기초자료

교통수요의 계산에 필요한 자료는 빌딩의 용도 및 성질, 층별 용도, 층별 인구(또는 총면적), 층고, 출발층 등이며, 수송능력의 계산에 필요한 자료는 엘리베이터 대수, 정격속도 및 정격하중, 서비스층 구분, 뱅크 구분 등이다.

(3) 설치대수 결정하는 기본개념

① 양적인 면 : 양적으로는 교통수요의 과부족없이 수송 가능한 능력의 대수가 필요하다. 수송능력은 일주(一周)시간과 건물의 피크시간대의 평균 탑승 승객수로 계산하여 통상 5분간 수송능력을 산출하는 것이다.

일주시간이란 카가 출발층에 도착한 시점부터 승객을 싣고 올라갔다가 다시 출발층에 되돌아 도착할 때까지의 시간(RTT : Round Trip Time)을 의미한다.

1대당 5분간 수송인원 $P' = \dfrac{5 \times 60 \times r}{RTT}$

여기서, r : 승객수(예를 들면 출근 시 카 정원×0.8)

따라서, 양적인 엘리베이터의 대수는 다음과 같이 계산한다.

엘리베이터 대수 $N = \dfrac{G}{P'}$

여기서 G : 5분간의 수송목푯값[인]

② 질적인 면 : 엘리베이터 이용자의 대기시간을 어느 시간 이하로 유지하여 지체 없이 승객에 대해 서비스를 하여야 한다. 대기시간은 보통 평균 운행간격을 고려하여 일주시간을 그룹 운행하고 있는 병설된 대수(N)로 나눈 값이다.

평균 운전간격 $T_{av} = \dfrac{RTT}{N}$

따라서, 대수가 많으면 평균 운전간격이 작아지고, 질적으로 서비스가 향상된다. 그러나 일반적으로 교통수요가 피크가 아닌 평상 운전 시에는 실제의 운전방법에 관해서는 고성능의 군관리운행방식이 아니면 대수의 증가가 직접적으로 질적인 서비스 향상에 이바지하지 못한다.

7 **수송능력의 계산**

(1) 일주시간(RTT)의 계산

일주시간은 1회 운전의 주행시간, 도어개폐시간, 승객출입시간과 손실시간을 합하여 일주 시에 예상정지수를 곱하는 시간으로 한다.

$RTT = \sum$ (주행시간 + 도어개폐시간 + 승객출입시간 + 손실시간)[s]

① **주행시간** : 주행시간은 카의 가속, 감속시간 및 전속시간의 합이다. 따라서, 엘리베이터의 정격속도, 정지횟수, 행정거리 등에 관계한다. 엘리베이터의 주행시간을 급행운전하는 구간과 로컬서비스(local service)하는 구간의 주행시간으로 분리하면 정격속도의 상승은 급행운전구간의 주행시간을 단축할 수 있지만 로컬서비스(local service)구간의 주행시간 은 엘리베이터의 실효속도에 관계되기 때문에 정격속도의 대소에는 영향을 받지 않으며 주행시간의 대부분이 로컬서비스구간에서 소비되기 때문에 수송능력향상을 위해서는 높은 실효속도의 엘리베이터를 선택할 필요가 있다.

　㉠ 가속시간

　　[그림 7-5]에서 가속시간 t_a 는 다음 식으로 구한다.

　　$t_a = t_0 + t_1 + t_2$

　　여기서, 가속시간 : t_a , 가가속시간 : t_0 , 일정가속시간 : t_1 , 감가속가속시간 : t_2

　　$a = \dfrac{a_m}{t_0} \cdot t \ \ (0 \leq t \leq t_0)$

　　여기서, a_m : 최대 가속도

　　$a = a_m \ \ (t_0 \leq t \leq t_0 + t_1)$

　　$a = \dfrac{-a_m}{t_0} \cdot \{t - (t_1 + 2t_0)\} \ \ (t_0 + t_1 \leq t \leq t_0 + 2t_0)$

　　$V = \displaystyle\int_0^{t_0} a \cdot dt = a_m(t_a - t_0)$

　　$\therefore \ t_a = \dfrac{V}{a_m} + t_0$

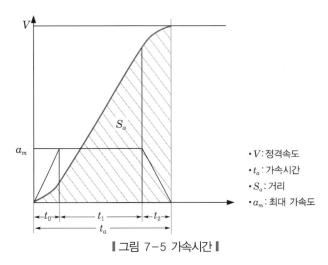

- V : 정격속도
- t_a : 가속시간
- S_a : 거리
- a_m : 최대 가속도

┃ 그림 7-5 가속시간 ┃

ⓛ 가속거리(감속거리)

$$S_a = \int_0^{t_0} V \cdot dt = \frac{1}{2} \cdot V \cdot t_0$$

부분속운전($S < 2S_a$)의 경우 주행시간은 다음 식으로 구한다.

$$t_r = t_0 + \sqrt{t_0^2 + \frac{4S}{a_m}}$$

$a_m = 1.0\text{m/s}^2,\ t_0 = 0.7\text{s}$ (기어드 엘리베이터의 경우)

$a_m = 1.1\text{m/s}^2,\ t_0 = 0.75\text{s}$ (기어리스 엘리베이터의 경우)

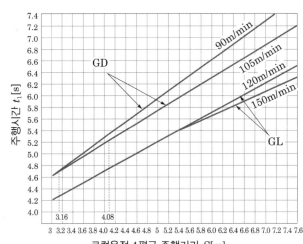

┃ 그림 7-6 부분속운전 주행시간 ┃

┃ 표 7-12 속도별 가속시간과 가속거리 ┃

정격속도		$a_m = 1.0m/s^2$, $t_0 = 0.7s$	
m/min	m/s	가속시간 t_a[s]	가속거리 S_a[m]
75	1.25	1.95	1.25
90	1.50	2.20	1.65
105	1.75	2.45	2.14
120	2.00	2.70	2.70
150	2.50	3.20	4.00
180	3.00	3.70	5.55
210	3.50	4.20	7.35
240	4.00	4.70	9.40
300	5.00	5.70	14.25

② **도어개폐시간** : 도어의 개폐시간은 일주시간 중 상당한 부분을 차지하기 때문에 도어형식을 결정할 때에는 도어의 개폐시간이 짧은 것을 선택하는 것이 중요하다. 이러한 관점에서 보면 2짝 중앙개폐식(2CO)이 최적이지만 동일 승강로 폭의 길이에서는 2짝 일방개폐식(2S)으로 하면 출입구폭을 크게 할 수 있다. 따라서, 승강로의 폭과 출입구의 유효폭을 고려하여 선택하여야 한다. [표 7-13]에 도어방식별 도어개폐시간을 나타내었다.

또, 러닝오픈(running open : 착상동작을 하면서 도어가 열리는 방식)을 채택하면 도어개폐시간을 단축할 수 있다.

┃ 표 7-13 도어방식별 도어개폐시간(괄호 내 러닝오픈일 때) ┃

출입구폭[mm] 　　　도어방식	2짝 중앙개폐 (2CO)	2짝 일방개폐 (2S)	4짝 중앙개폐 (4CO)
800	3.7(2.7)	4.7(3.3)	–
850	3.8(2.8)	5.3(3.5)	–
900	4.0(3.0)	5.5(3.8)	–
950	4.1(3.1)	5.6(4.0)	–
1,000	4.2(3.2)	5.7(4.2)	–
1,100	4.4(3.3)	6.1(4.6)	–
1,200	5.0(3.7)	6.5(5.0)	–
1,400	–	–	5.4(4.0)

③ **승객출입시간** : 승객출입시간은 일주시간 중 큰 비중을 가짐에도 불구하고 인간을 대상으로 하기 때문에 불확실한 요소가 많은 부분이다. 승객의 출입시간은 출입구 폭, 카의 크기, 카의 형상과 관계있으며, 엘리베이터 승강장 배열과 카 내의 혼잡상태에도 크게 영향을 받는다.

승객 1인당 평균 출입시간(t_p)은 출발층에서 승차시간과 중간층에서 하차시간을 더한 값이다.

$$t_p = 0.8 + K^3 \sqrt{f}$$

여기서, 0.8 : 기준층에서 승객 1인의 승차시간[s]

$K^3 \sqrt{f}$: 일반 층에서 승객 1인의 하차시간

f : 전 예상정지층수 -1

K : 출입구폭(OP)에 의한 계수

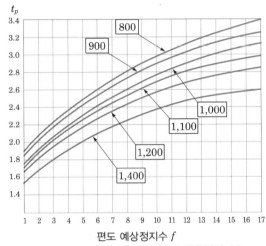

편도 예상정지수 f

▌그림 7-7 출입구폭에 따른 승객출입시간 ▌

▌표 7-14 출입구폭에 의한 계수 K ▌

출입구폭[mm]	800	850	900	950	1,000	1,100	1,200	1,400
K	1.0	1.0	0.95	0.95	0.9	0.85	0.8	0.7

④ 손실시간 : 상기의 도어개폐시간 및 승객출입시간은 상당한 불확정요소를 포함하고 있기 때문에 합계시간의 10%를 손실시간으로 고려하여 더하게 된다.

⑤ 예상정지수 : 예상정지수는 통계에 의하여 만들어진 [표 7-15]를 참고로 하는 것이 바람직하다. 예상정지수의 계산식 f는 아래와 같다.

예상정지수 $f = n\left\{1 - \left(\dfrac{n-1}{n}\right)^r\right\}$

여기서, n : 전체 층수, r : 탑승자수

▌표 7-15 예상정지수 ▌

n[층] r[인]	4	5	6	7	8	9	10	11	12	13	14	15
3	2.31	2.44	2.53	2.59	2.64	2.68	2.71	2.74	2.76	2.78	2.79	2.80
4	2.73	2.95	3.11	3.22	3.31	3.38	3.44	3.49	3.53	3.56	2.59	3.62
5	3.05	3.36	3.59	3.76	3.90	4.01	4.10	4.17	4.23	4.29	4.33	4.38
6	3.29	3.69	3.99	4.22	4.41	4.56	4.69	4.79	4.88	4.96	5.03	5.09
7	3.47	3.95	4.33	4.62	4.86	5.05	5.22	5.36	5.47	5.58	5.67	5.75
8	3.60	4.16	4.60	4.96	5.25	5.49	5.70	5.87	6.02	6.15	6.26	6.36

n[층] r[인]	4	5	6	7	8	9	10	11	12	13	14	15
9	3.70	4.33	4.84	5.25	5.59	5.88	6.13	6.33	6.52	6.67	6.81	6.94
10	3.77	4.46	5.03	5.50	5.90	6.23	6.51	6.76	6.97	7.16	7.33	7.48
11	3.83	4.57	5.19	5.72	6.16	6.54	6.86	7.14	7.39	7.61	7.80	7.98
12	3.87	4.66	5.33	5.90	6.39	6.81	7.18	7.50	7.78	8.02	8.25	8.45
13	3.90	4.73	5.44	6.06	6.59	7.05	7.46	7.81	8.13	8.41	8.66	8.88
14	3.93	4.78	5.53	6.19	6.77	7.27	7.71	8.10	8.45	8.76	9.04	9.29
15	3.95	4.82	5.61	6.31	6.92	7.46	7.94	8.37	8.75	9.09	9.39	9.67
16	3.96	4.86	5.68	6.41	7.06	7.63	8.15	8.61	9.02	9.36	9.72	10.03
17	3.97	4.89	5.75	6.49	7.17	7.78	8.33	8.62	9.27	9.67	10.03	10.36
18	3.98	4.91	5.77	6.56	7.28	7.92	8.50	9.02	9.49	9.92	10.31	10.67
19	3.98	4.93	5.81	6.63	7.37	8.04	8.65	9.20	9.70	10.16	10.58	10.96
20	3.99	4.94	5.84	6.68	7.45	8.15	8.78	9.36	9.89	10.38	10.82	11.23

(2) 계산식에 의한 산출

대표적인 서비스방식에 따른 교통계산에 필요한 부호 및 용어와 계산식을 예를 들면 [표 7−16] 과 같다.

┃ 표 7−16 엘리베이터의 서비스형식과 계산식 ┃

	편도급행	편도구간급행	전층 자유	
서비스형식				
속도 V[m/s]	60			
승객수 r[인]	r	r	UP 방향 r_u	DN 방향 r_d
로컬구간 내 예상정지수 f_L[개소]	$n\left\{1-\left(\dfrac{n-1}{n}\right)^r\right\}$	$n\left\{1-\left(\dfrac{n-1}{n}\right)^r\right\}-1$	$f_{Lu}=n\left\{1-\left(\dfrac{n-1}{n}\right)^{ru}\right\}$	$f_{Ld}=n\left\{1-\left(\dfrac{n-1}{n}\right)^{rd}\right\}$
급행구간 내 정지수 f_E[개소]	1	2	0	
전예상 정지수 f[개소]	f_L+f_E	f_L+f_E	$f_{Lu}+f_{Ld}$	
로컬운전 1평균 주행거리 S[m]	$\dfrac{S_L}{f_L}$	$\dfrac{S_L}{f_L}$	$\dfrac{S_L}{f_{Lu}}$	$\dfrac{S_L}{f_{Ld}}$
주행시간 T_r[s] (최소 거리 $2S_a$) — 로컬구간 $S<2S_a$	$t_r \cdot f_L$	$t_r \cdot f_L$	$t_r \cdot f_{Lu}$	$t_r \cdot f_{Ld}$
로컬구간 $S \geq 2S_a$	$\dfrac{S_L}{V}+t_a \cdot f_L$	$\dfrac{S_L}{V}+t_a \cdot f_L$	$\dfrac{S_L}{V}+t_a \cdot f_{Lu}$	$\dfrac{S_L}{V}+t_a \cdot f_{Ld}$
급행구간	$\dfrac{S_E}{V}+t_a \cdot f_E$	$\dfrac{S_{Eu}+S_{Ed}}{V}+t_a \cdot f_E$	0	

도어개폐시간 T_d[s]	$t_d \cdot f$		
승객출입시간 T_p[s]	$r \cdot t_p$		
손실시간 T_l[s]	$0.1(T_d + T_p)$		
일주시간 RTT[s]	$T_r + T_d + T_p + T_l$		
평균 운전간격 T_{av}[s]	$\dfrac{RTT}{n}$		
1대당 5분간 수송능력 P'[인]	$5 \times 60 \times \dfrac{r}{RTT}$	$5 \times 60 \times \dfrac{r}{RTT}$	$5 \times 60 \times \dfrac{r_u + r_d}{RTT}$
전대수 5분간 수송능력 P[인]	$P' \times N$		
거주인구 Q[인]	$\dfrac{\text{각 층 유효면적} \times 3\text{층 이상의 층수}}{1\text{인당 점유면적}}$		
5분간 수송능력 α[%]	$\dfrac{P}{Q} \times 100$		

(3) 서비스형식과 계산식의 보충설명

① 서비스형식의 적용

㉠ 사무실빌딩의 출근시간 : 편도급행방식 적용

㉡ 출근시간에서 Intense up-peak pattern 선택 시의 고층행 엘리베이터 또는 구간분할 서비스 시의 고층행 엘리베이터에서 출근시간서비스가 여기에 해당한다. 구간분할 시의 저층행 엘리베이터는 ㉠의 형식으로 계산한다.

㉢ 층간교통을 무시할 수 있는 아파트의 저녁 때 호텔의 로비와 객실 간의 운행에 적용한다.

② 엘리베이터의 승객수 : r[인]

㉠ r = 엘리베이터 정원 × 탑승률[%]

㉡ 탑승률은 보통 정원의 80~90%로 한다.

㉢ 하강 시 승객수는 상승 시의 50% 이하로 계산한다.

③ 로컬구간 내의 예상정지수(f_L) 산출 시 n(로컬구간 내 서비스층수)의 적용

㉠ 서비스형식 ㉠과 ㉢의 경우 : 총로컬구간 해당 층수 − 2(기준층 및 바로 위층 제외)

㉡ 서비스형식 ㉡의 경우 : 총로컬구간 해당 층수

④ 로컬운전 주행거리(S_L)

S_L = (총 로컬구간 해당 층수 − 1) × 층고(floor height)

⑤ 최소 주행거리 : $2S_a$[m]

가속거리 $S_a = \dfrac{1}{2} V \cdot t_a$[m]

여기서, V : 엘리베이터 정격속도[m/min]

t_a : 가속시간[s]

즉, 최소 주행거리 = 가속거리 + 감속거리, 편의상 가속거리와 감속거리가 같다고 본다.

452

(4) 평균 운전간격의 계산

예비설정한 엘리베이터의 평균 운전간격은 일주시간을 전체 대수로 나눈 것이다. 즉, 평균 운전간격 T_{av}는 다음과 같다.

$$T_{av} = \frac{RTT}{N} [\text{s}]$$

(5) 수송능력의 계산

1대당 5분간 수송인원 P'

$P' = 5 \times 60 \times \dfrac{r}{RTT} [\text{인}]$이고, 전대수 5분간 수송인원 P는 $P = nP' = n \times 5 \times 60 \times \dfrac{r}{RTT} [\text{인}]$

가 된다.

5분간 수송능력 cc는

$cc = \dfrac{P}{Q} \times 100 [\%]$이고, 여기서 Q는 건물의 거주인구이다.

(6) 수송능력 목푯값과의 비교

예비설정의 수송능력을 목표로 정한 5분간 수송능력 및 평균 운전간격 등을 비교한다. 목푯값을 만족하면 예비설정의 엘리베이터 기본시방이 적절하다고 판단한다.

예비설정의 수송능력이 목푯값에 미달되면 기본시방인 대수, 속도, 용량 등을 재설정하여 교통량분석을 재시도하여 평가하여 최적의 시방을 찾는다.

최적의 시방이 정해지면 이를 기초로 구체적인 시방을 결정한다.

8 배치계획(elevator layout)

건물에서 엘리베이터의 배치는 매우 중요하다. 건물의 이미지와 용도 등에 맞는 적절한 배치가 필요하다. 엘리베이터의 배치는 엘리베이터의 서비스효율을 떠나서 건물거주자의 생활동선에 관한 사항이므로 여러 가지 요소를 고려하여야 한다.

(1) 기본개념

복도, 출입문, 수평보행기, 경사보행기, 에스컬레이터 및 엘리베이터의 배치와 배열은 건축에서 출입구, 계단 그리고 건물 내 상주인구의 분포에 대해 고려하여야 한다. 대원칙은 사람, 화물의 이동거리가 최소가 되고, 병목현상이 생기지 않게 하는 것이다.

이상적인 것은 모든 출입구와 통행설비가 중앙에 집중되어 있는 것이다. 가끔 건물에서 출입구가 중앙부에 위치해 있지 않는 경우 거주자들이 계단이나 엘리베이터에 접근하기 위하여 건물의 중앙부까지 걸어가야만 한다. 물론 건물의 내부에서 이동을 건물출입보다 비중을 크게 두는 경우에는 예외이겠지만, 출입구에서 통행설비까지의 거리가 너무 멀면 좋지 않다.

공공건물에서 방문자는 위층으로 올라가는 길을 쉽게 찾아 빨리 접근할 수 있어야 한다. 방문자가 로비층을 걸어갈 때는 단지 어디로 가야 할지 만을 생각하기 때문에 원하는 장소가 있는 층이 명확히 표시되어 있어야 한다.

건물의 현관을 비롯한 로비층의 유동이 많으므로 엘리베이터 탑승을 위한 특별히 배정된 공간이 필요하다. 위층에서는 부하가 분산되므로 일반적인 배열로는 어려움이 없다.

또한, 건물 로비층의 큰 장소에 많은 사람이 모여드는 것은 부수적인 안전취약부분이 초래되므로, 계단과 에스컬레이터는 복도와 직접 연결되어서는 안 된다. 수직이동형태에서 수평이동형태로의 변경이 자연스럽게 유도되도록 착상공간(landing areas)에 의한 완충이 필요하다.

만약 인접한 층간에는 계단을 이용하여 걸어 다니도록 권하는 경우 계단이 쉽게 눈에 띄어야 하고 엘리베이터 주위에 적당한 경고문을 표시하는 것이 좋다.

(2) 엘리베이터의 배치

엘리베이터는 건물에 분산배치하는 것보다 집중시켜 배치하여야 한다. 이는 서비스를 보다 더 좋게 만든다. 한 대의 엘리베이터에 의한 서비스실패를 감소시키고 효과적인 운행관리를 할 수 있다. 또한, 여러 대의 엘리베이터를 설치하는 경우에는 다음과 같은 기본적인 개념에 의하여 배열한다.

엘리베이터의 로비는 복도에 의하여 분리되어서는 안 된다. 엘리베이터를 기다리는 공간은 복도의 통로가 아닌 별도의 공간으로 구성되어야 한다. 2대에서 8대의 엘리베이터를 설치하는 경우의 배열을 [그림 7-8]에 나타냈다. 8대를 한 장소에 배치할 수 있는 최대 대수로 볼 수 있는데 이는 대기하는 승객이 도착하는 카를 쉽게 인지하고 그 도착한 호기로 가서 불편 없이 탑승할 수 있는 공간 내에 설치되어야 하기 때문이다.

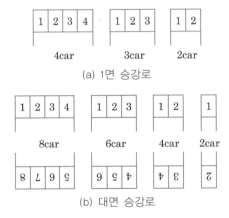

(a) 1면 승강로

(b) 대면 승강로

┃ 그림 7-8 엘리베이터의 배치 ┃

03 | 엘리베이터의 설치

엘리베이터는 제조공장에서 모든 부품을 현장으로 출하한다. 출하된 부품을 건축에 맞추어 조립·설치한다. 엘리베이터의 모든 구조품과 부품의 설치는 설계된 위치에 정확하게 조립·설치되어야 하므로 그 설치위치를 정확히 계산하여 시공하여야 한다.

엘리베이터와 건축물을 연결시켜주는 기준위치는 승강장 출입구이다. 승강장의 출입구는 건물에서 정해지며, 이 승강장 출입구를 기준으로 카, 권상기, 균형추가 위치를 잡게 된다. 따라서, 승강장의 출입구를 기준으로 카와 균형추의 위치를 잡아주는 가이드레일의 위치가 정확히 설정되어야 한다. 이러한 위치를 정확히 설정하기 위하여 설치형판을 설계·계산하고 만들어서 이를 기준점으로 설치공정이 진행된다.

1 형판

형판은 건물의 승강로 출입구를 기준으로 하여 승강장의 중심과 위치를 결정하게 되고, 이 출입구의 위치를 기준으로 카의 위치가 정해진다. 따라서, 출입구형판을 잡고, 다음에 카 및 카 가이드레일형판 그리고 카운터 및 카운터레일형판이 순서로 정해진다.

이 형판에 따라 TM의 설치위치와 과속검출기의 설치위치가 결정되고, 카레일, 카운터레일의 위치가 결정되며, 승강로에서 각 층의 도어존 차폐판의 위치와 종단층의 종점스위치의 위치가 결정된다.

(1) 형판의 설계·작성

형판에는 상부형판(기계실형판)과 하부형판(피트형판)이 있다. 형판은 반드시 설치 Layout 도면의 승강로 평면도를 참조하여 작성한다. 그 기준은 승강장 출입구이다. [그림 7-9]가 승강로의 평면도 하나의 예이고, [그림 7-10]이 형판설계도의 예이다.

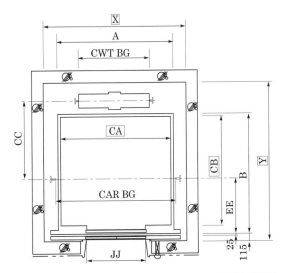

항목	치수[mm]	비고
A	1,660	카 바닥
CA	1,600	카 내부
CWT BG	1,200	
CAR BG	1,700	
CC	825	
EE	655	
JJ	900	출입구 유효폭
B	1,355	카 바닥

┃ 그림 7-9 승강로 평면도 ┃

항목	치수[mm]	비고
C		
F		
G		
D		
A		
EE		
P		
E		
B		
H		

┃ 그림 7-10 형판설계도 ┃

(2) 형판의 구성

형판은 출입구판, 카 레일판, CWT 레일판 등 3개의 판으로 이루어진다. 출입구형판의 중심을 기준으로 하여 카 레일형판의 위치를 결정하고, 또한, CWT 레일의 형판의 위치가 결정된다. [그림 7-11]은 하부형판의 작업형태의 예를 보여준다.

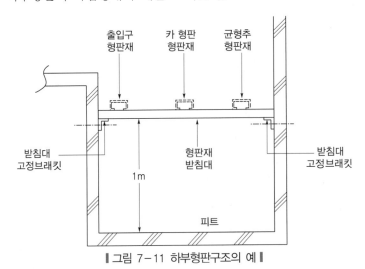

┃ 그림 7-11 하부형판구조의 예 ┃

456

2 설치도면

엘리베이터의 설치는 설치하는 엘리베이터의 모델에 따라 그 설치레이아웃과 설치구조가 달라지고, 또한 현장의 조건에 따라 설치하는 위치가 달라질 수 있으므로 반드시 설치해야 하는 기구물의 설치도면이 필요하다.

그리고 엘리베이터는 건축물의 인테리어와 동일한 효과를 가지므로 외부에 노출되는 승강장의 도어나 표시기 삼방틀 등은 건축물의 이미지와 부합하는 디자인이 필요하므로 반드시 설치하기 전에 건축주인 고객의 승인이 필요하다.

설치 레이아웃도면, 의장도면 등을 일컬어 현장승인도면이라고도 한다.

설치도면에는 설치제원도, 호기별 배치도, 기계실 평면도, 기계실 단면도, 승강로 평면도, 승강로 단면도, 출입구 정면도, 승강장 의장도, 카 의장도, 도어 의장도, 조작반 도면, 표시장치 의장도 등이 있다.

3 설치공정

엘리베이터의 설치는 건축물의 승강로에 설치되는 것이므로 건축물의 공정에 전적으로 좌우된다고 볼 수 있다.

승강로의 구조가 완성되면 엘리베이터의 설치가 가능해지고 엘리베이터의 설치는 권상기 등 기기들의 양중으로부터 시작된다. 이들 기기 및 부품은 종류가 많고 복잡하므로 설치하는 순서를 적절히 계획하여 시공하지 않으면 공정기간이 길어지고 정확한 설치가 힘들다. 따라서, 엘리베이터 설치를 위해서는 설치공정계획이 필요하다.

(1) 설치공정계획

엘리베이터의 설치는 기계의 양중, 설치작업준비, 기구물의 설치, 카조립, 카운터조립, 로핑, 저속 시운전, 제어기기조립, 출입구설치, 고속 시운전, 완료의 순서로 이루어진다.

설치공정계획은 이들의 순서에 따라 각 단계별로 소요되는 자재를 적시에 공급하는 체제가 필요하다. 따라서, 설치공정계획에는 자재수급계획이 따라야 한다. [표 7-17]에서 표준으로 작성된 설치공정표를 참고할 수 있다.

┃ 표 7-17 표준설치공정표 ┃

순번	공정	작업내용
1	착공준비	• 현장설치 시방파악 : 설치도면 및 시방서에 따른 설치현장의 현황을 파악한다. • 건축상태 확인·실측 : 건축의 골조와 승강로구조를 확인한다. • 설치공법 결정 : 설치현장의 여건에 따라 공법을 결정한다. • 공정계획수립 : 설치공정표를 작성한다. • 안전계획수립 : 설치현장의 안전사고예방을 위한 계획을 수립한다. • 작업환경준비 : 작업용 가설전원을 설치한다. • 현장사무실 설치 : 현장사무실을 확보하여 설치 장비 및 공구를 준비·관리한다.

순번	공정	작업내용
2	자재반입	• 자재반입계획을 수립한다. • 자재를 반입·분류하여 소요동, 층별 자재를 반입하여 적재관리한다. • 양중 : 기계실 부품을 양중한다.
3	형판설치	• 승강로 확인 : PIT, OH, 기계실, 건물수직오차, 승강로, 출입구 등의 치수를 확인한다. • 형판재가공 : 형판재 절단, 중심선긋기, 하부형판받침대 설치 등의 작업을 실시한다. • 상부 형판작업 : 기계실 형판작업을 실시한다. • 하부 형판작업 : PIT 형판작업을 실시한다. • 피아노선 작업 : 설치설계도에 따른 피아노선 작업을 실시한다.
4	기계실작업	• 기계대작업 : 지보빔을 확인하고, 기계대를 설치한다. • TM 설치 : 방진고무, 권상기를 설치한다. • Second sheave 설치 : 편향도르래를 설치한다. • Governor 설치 : 과속검출기를 설치한다. • CP 설치 : 제어반을 설치한다. • 기계실 배관설치 : 기계실 바닥 덕트를 설치하고, 기기배선용 강관을 배관(모터, 엔코더, 과속검출기)하며, 동력 및 제어용 배선 및 결선을 한다.
5	PIT 작업	• 피트사다리 설치 : 피트 출입안전을 위해 사다리를 우선 설치한다. • 완충기 설치 : 피트 완충기대 및 완충기를 설치한다. • 1단 레일 설치 : 최하단 레일브래킷을 설치하고 1단 레일을 설치한다.
6	임시 카 조립	• 추락방지기 설치 : 카의 하부프레임 및 추락방지기를 설치한다. • 카 기둥/상부프레임 조립 : Car stile을 조립하고, 상부체대를 조립한다. • 카플랫폼 조립 : 추락방지기의 하부프레임 위에 플랫폼을 조립한다. • 슈가이드 조립 : 임시슈가이드를 조립한다. • 안전대 설치 : 작업안전난간을 설치한다. • 과속검출기 홀딩디바이스 조립 : 카 프레임에 과속검출기 홀딩디바이스를 설치한다.
7	로프걸기	• 균형추 조립 : 균형추 틀 설치 및 중량편을 투입하고, 가이드슈를 조립한다. • 로프 소케팅 : 균형추의 로프를 소케팅(socketing)한다. • 로프 걸기 : 메인로프를 건다. • 균형추 매달기 : 균형추를 승강로 내부로 반입하여 로프에 매단다.
8	저속 시운전	• 제어반 확인 : 전원을 투입하고 제어전원이 정상임을 확인한다. • 저속운전 : 저속운전을 실시한다. • 카 및 균형추측 가이드레일 설치 : 가이드레일을 설치한다.
9	레일설치	• 레일브래킷 설치 : 앵커볼트를 작업하여 레일브래킷을 설치한다. • 가이드레일 설치 : 카 및 균형추측 가이드레일을 설치한다. • 가이드레일 설치확인 : 위치에 따라 가이드레일의 기준치를 확인한다.
10	승강장 출입구	• 승강장 실 설치 : 앵커볼트를 작업하여 승강장 Sill과 토가드를 설치한다. • 승강장 삼방틀 설치 : 앵커볼트를 작업하여 삼방틀을 설치하고 모르타르 막음판을 설치한다. • 승강장 출입문 개폐장치 설치 : 앵커볼트를 작업하여 승강장 출입문 개폐장치를 설치한다. • 승강장 출입문 설치 : 승강장 출입문을 설치한다. • 도어인터록 설치 : 승강장 도어의 인터록을 설치한다. • 승강장 전장품 설치 : 호출버튼 유닛, CPI, Hall lantern 등을 설치한다.

순번	공정	작업내용
11	카조립 및 기기조립	• Guide shoe 조립 : 임시슈가이드를 철거하고, 슈가이드 또는 롤러가이드를 조립한다. • CWT 추가웨이트적재 : 웨이트를 추가적재하고 고정한다. • 케이지조립 : 카벽(car wall), 천장(ceiling), 출입구주(entrance column), 출입구상판 (entrance transom)을 조립한다. • 카도어조립 : 카도어구동장치(car door operator)를 조립한다. • 카 내외 장치조립 : 카상 정션박스, Position switch, 카상 안전난간, 저울장치, 위치 표시기 및 에이프런을 조립한다.
12	승강로	• 주로프 설치 : 메인시브, 세컨시브에 로프를 걸고 카에 로프를 고정한다. • 보상체인 설치 : 보상체인, 보상로프를 설치한다. • 승강로배선 결선 : 승강로케이블, 이동케이블, 안전스위치용 배선 및 결선을 실시한다. • 터미널스위치 설치 : 상부 터미널스위치 및 하부 터미널스위치를 설치한다. • PIT switch box 설치 : 피트안전스위치 박스를 조립한다.
13	승강장·카 전장품	• 승강장설치 : 승강장 호출버튼과 승강장 위치표시기를 설치한다. • 카 결선 : 카 상부 안전스위치 결선, 비상구 출구스위치, Position switch 등을 결선하고, 조명기구, 방송, 차임 등 제어 외의 전기장치를 결선한다.
14	고속 시운전 및 조정	• 균형체인(로프) 설치 • 주요 회로의 절연저항을 측정한다. • 균형추중량 확인, 승강기속도 확인 • 출입문 열림상태 조정인터록 조정 • 각종 안전스위치 동작상태 확인 • 층고 메모리운전 : 층고를 측정하여 기록하는 운전을 실시한다. • 카 착상 및 승차감 조정
15	부속장치 설치시험	• 인터폰 등 감시장치 결선 • 인터폰 결선시험 • 감시반 결선시험 • CCTV 결선시험 • 기타 감시장치결선
16	자체검사[127]	• 설치검사 : 자체 검사기준에 의한 시공완성검사를 실시한다. (종합 성능시험(시방서 기준) : 시공오차 조정, 인터폰 등 감시장치시험, 엘리베이터 작동시험)
17	설치검사	• 검사기관에 검사를 신청하여 설치검사를 수검한다.
18	인도	• 카 보양 : 필요 시 카 내부 외장을 보호하기 위한 보양을 설치한다.

(2) 설치공정도

엘리베이터를 설치공정계획에 따라 설치시공이 제대로 이루어지기 위해서는 반드시 설치공정의 체크가 필요하며 이러한 설치공정의 진행사항을 체크하기 위해서 설치공정도가 필수적으로 작성되어 관리되어야 한다. [그림 7-12]는 설치공정도의 예를 보여준다.

---

127) 자체검사는 법정규정인 자체점검과는 다르다. 자체검사는 제조회사의 설치완료 후 내부적으로 하는 검사를 말한다.

현장명:
기종 및 대수:

번호	작업내용 \ 작업일	월/일	월/일	월/일	월/일	월/일	월/일	월/일	월/일	월/일
1	착공준비									
2	부품반입 및 양중									
3	기계실 형판작업									
4	레일 양중 및 조립									
5	기계실 작업									
6	레일 첫단, 케이지조립									
7	로프걸기(로핑작업)									
8	레일 B/K, 중심맞추기									
9	출입구작업									
10	전선내리기									
11	저속 시운전									
12	고속 시운전									

년 월 일 기계작업 완료예정

건축마감일정에 따라 조정

비고
.// 본 공정도는 건축사정에 따라 변경될 수 있음 /골조 완료일정 지연 시 지연일만큼 승강기공정이 지연됨
.// 출입구작업 전 바닥레벨이 확정되어어 함 /착공 전 승강로와 PIT 바닥이 깨끗해야 됨/착공 전 기계실에 380V, 220V 전기투입이 되어야 함
.// 착공 전 1층 바닥레벨과 측면마감이 확인되어야 함/출입구 완료 후 기계실 바닥마감과 PIT 바닥마감, 출입구 바닥마감, 측면마감 시점임

‖ 그림 7-12 표준설치공정도 ‖

4 설치공법

엘리베이터를 설치하는 방법은 여러 가지가 있지만 가장 일반적으로 적용하는 공법은 비계공법, 무비계공법으로 나눌 수 있다.

(1) 비계공법(飛階工法, scaffolding method)

엘리베이터의 설치방법 중 하나로, 승강로의 전체 높이에 환봉의 비계를 설치하고, 비계에서 레일브래킷, 레일, 승장도어장치 등의 승강로 내의 기기를 부착하고, 작업 후에 비계를 철거하는 공법이다. 비계공법은 작업자의 작업행동에 부자유스러움이 있고, 추락 등 안전사고의 위험이 크므로 최근에는 거의 적용되지 않고 있다.

그러나 과거부터 전통적으로 적용한 방식으로 다양한 기종, 구조 혹은 표준형의 승강로가 아닌 특수구조 엘리베이터 등에 현재까지 적용되고 있다. 특히 MRL 엘리베이터에서는 승강로 최상부의 기기설치를 위하여 간이형 비계가 설치되어 사용되고 있다.

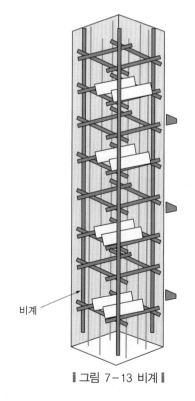
비계

‖ 그림 7-13 비계 ‖

(2) 무비계공법(無飛階工法, without scaffolding method)

　엘리베이터의 설치방법으로, 비계를 설치하지 않고 승강로 내를 상하로 움직여 임의의 위치에 정지하여 작업할 수 있는 이동작업차를 사용해 승강로 내 기기를 부착하는 공법이다. 승강로의 길이에 무관하게 적용할 수 있으며, 비계공법에 비하여 공사기간도 단축될 수 있다.

　무비계공법은 가설차공법과 본설차공법 및 분절공법이 주로 적용된다.

① 가설차공법(winch 공법, gondola 공법) : 레일시공 후 승강로 상부에 Winch를 설치하여 시공 중 작업을 위하여 임시로 작업차를 만들어 활용하는 방식이다.

　레일과 버퍼는 본 엘리베이터용으로 우선 설치하여 사용하고, 구동기(winch), 제어반, 로프, 케이지는 작업용을 설치하여 완료 후 철거한다.

　엘리베이터의 설치시공기간을 단축하고 시공비용을 최소화할 수 있다.

② 본설차공법(本設車工法, wos 공법) : 레일과 기계실의 본 엘리베이터의 권상기를 활용하여 승강로 내 기기를 부착하는 공법이다.

　본 엘리베이터의 레일, TM, CP, 케이지, 균형추, 로프 등을 활용하고, 카 상부의 안전작업대를 추가로 설치하여 완료 후 철거한다.

　기계실이 있는 엘리베이터이어야 하고, 기계실골조, 승강로골조 및 벽체, 출입구 등의 건축공정이 선행되어야 하는 조건이 필요하다. 설치공사를 가장 안전하게 시공할 수 있는 공법으로, 설치기간도 단축할 수 있어 최근에는 가장 많이 적용하고 있는 공법이라 할 수 있다.

‖ 그림 7-14 가설차공법 ‖

‖ 그림 7-15 본설차공법 ‖

③ **분절공법(分節工法)** : 초고층 건물의 설치시공방법에 주로 사용된다.

건물의 골조가 완료되기 이전에 레일을 조기에 설치하여 전체 골조완료 후 최단 기간 내에 엘리베이터를 설치하여 가동할 수 있다.

승강로를 20층 정도마다 건축시공에 따라 임시기계실을 설치하고 이 기계실에 구동기 (winch)를 설치한다. 임시카를 가동하여 승강로 설치작업을 실시한 후 건축의 상태에 따라 설치된 임시기계실을 철거하고 다음 상부위치에 기계실을 설치하여 해당 구간의 승강로 설치를 실시하는 방법으로 시공한다.

분절공법은 초고층 엘리베이터 시공에 주로 적용된다.

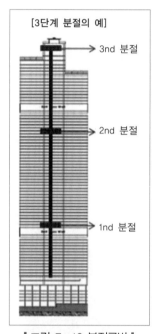

┃ 그림 7-16 분절공법 ┃

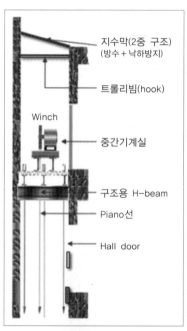

┃ 그림 7-17 분절공법의 임시기계실 ┃

④ **스텝업공법(step-up method)** : 스텝업공법은 타워크레인을 이용하여 건축하는 건축현장에서 건물의 골조완료 이전에 공사용으로 사용하기 위하여 타워크레인으로 기계실을 상승이동하면서 설치하는 공법을 말한다.

공사용 카를 설치하고, 기계실과 구동기 등을 설치하여 하부에서 단계적으로 상승하면서 설치시공을 한다.

건축공사에 사용하기 위하여 건축골조완료 이전에 가동할 수 있다.

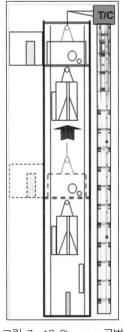

┃ 그림 7-18 Step-up 공법 ┃

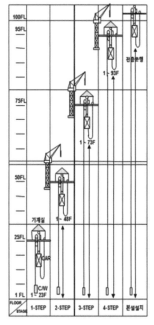

┃ 그림 7-19 Step-up 공법의 절차 ┃

5 설치검사

엘리베이터 설치의 마지막 단계는 설치검사이다. 설치검사는 승강기법에 따라 신축건축물의 엘리베이터 설치가 완료되면 안전검사를 받고 검사결과 합격판정을 받아야 비로소 엘리베이터의 사용이 가능하다.

엘리베이터의 설치검사는 검사자의 현장출장에 의하여 실시되므로 엘리베이터 설치공사 납기 이전에 미리 신청하여야 하고, 검사일정을 확인해 검사를 준비하여 납기 내에 고객인도에 차질이 없도록 하여야 한다.

04 엘리베이터의 유지관리(maintenance)

엘리베이터는 쉴새없이 움직이는 설비이며, 사람이 타고 공중을 오가는 이동설비이므로 이용자의 신체를 위해하는 사고가 있을 수 있다. 사람이 다치는 안전사고를 미연에 방지하기 위하여 주기적인 점검과 장치의 예방정비 등이 필요하다. 이러한 일들을 위하여 엘리베이터는 유지관리가 필요하다.

■1 유지관리의 의미

승강기의 유지관리란 승강기가 주어진 수명동안 안전하고 정상적으로 사용할 수 있도록 하는 일상관리, 정기점검, 예방정비, 수리 등의 모든 행위를 말하는 것이다.

엘리베이터의 유지관리는 주기적인 점검과 예방정비 이외에 법적인 자체점검과 고장에 대한 수리, 특히 승객이 갇히는 고장이나 사고발생 시 긴급구조 등의 조치가 필요하다. 엘리베이터의 유지관리의 궁극적인 목적은 엘리베이터의 7가지 특성을 지키는 일이다. 특히 사고에 대한 예방으로 안전성의 확보는 물론이고, 편리성, 신속성 등의 유지와 고장이 나기 전에 예방정비를 해야 하는 임무가 주어진다.

■2 유지관리의 필요성

① **이용자의 안전확보** : 엘리베이터는 소유자만이 사용하는 것이 아니고 대부분 불특정 다수인이 이용하는 기계설비이므로 이용자가 안전하게 이용할 수 있어야 한다.

이용자의 안전을 위해서 법으로 그 안전장치 및 기능의 설치를 의무화하였고, 그러한 안전장치는 항상 그 기능이 유지될 수 있도록 점검하도록 하고 있다.

② **소유재산의 보존** : 엘리베이터는 일반적으로 건축물에 부착되어 장기간 사용하여야 하는 부속설비로, 설치비가 고가이다. 엘리베이터를 사용 중에 전체를 교체하는 것은 그 비용뿐만 아니라 교체하는 공사기간이 길어서 생활에 많은 불편을 초래하게 된다.

엘리베이터는 고정된 장치로서 손쉽게 수리할 수 없는 것이므로 평상시 치명적인 고장이 발생하지 않도록 유지관리되어야 한다.

③ **설비의 성능유지** : 엘리베이터는 수직으로 사람이나 물건을 수송하는 기본적인 기능뿐만 아니라, 특히 사람이 타는 장치이므로 사용하는 사람이 편리하고 편안하게 사용할 수 있도록 여러 가지 기능과 특성이 요구된다.

이러한 기능과 특성이 장치의 수명이 다할 때까지 제대로 유지될 수 있도록 유지관리되어야 한다.

3 유지관리의 업무분류

┃그림 7-20 유지관리의 업무 ┃

(1) 운행관리

운행관리는 엘리베이터가 이용자가 이용할 수 있는 상태로 유지되고 있는 지를 확인하고, 이용자가 이용하는 데 불편한 사항은 없는지 등의 일상관리와 엘리베이터가 움직이고 사용하는 데 장치의 이상이나 손상된 부위는 없는지 등의 장치에 대한 일상점검으로 구성된다.

이러한 운행관리는 관리주체가 하여야 하나 별도의 인력으로 관리하여야 하며, 엘리베이터의 안전과 설비의 수명 등 효과적인 관리를 위해서 운행일지를 작성하고 기록하여야 한다.

일반적으로 운행관리는 사용상의 문제나 재산보존상의 문제를 관리하는 것으로 건물의 안전관리자가 수행하는 경우가 대부분이다.

(2) 예방정비

엘리베이터의 유지관리의 궁극적인 목적은 이용자가 필요할 때 불편 없이 이용할 수 있도록 항상 운행가능한 상태로 유지하는 것이다. 또한, 엘리베이터는 연속해서 움직이는 장치이므로 사용하면서 장치의 마모 또는 손상이 발생할 수 있으며, 이러한 마모와 손상으로 하여금 고장이 발생하고 이용자가 이용할 수 없는 비운행시간이 생겨서 이용자가 불편을 겪게 되는 것이다. 따라서, 고장이 발생하기 전에 장치의 고장의 소지가 있는 부분에 기름을 치거나, 부품을 조이거나, 마모된 부품을 교체하는 등의 예방정비가 필수적인 직무라고 할 수 있다.

예방정비의 중요사항은 정기점검과 자체점검이다.

① **정기점검** : 정기점검은 장치에 따라 주기적으로 이상징후를 점검하여 문제의 가능성이 있는 부분을 정비하는 것이다. 실제로 엘리베이터의 유지관리직무에서 가장 중요한 부분이라고 볼 수 있다.

따라서, 소유자 또는 관리주체는 계약을 통해서 전문가에 의하여 주기적으로 각종 장치의 동작상태, 마모상태, 운전성능과 각종 편의기능 등이 문제발생 가능성이 있는지 확인하고 이를 정비하는 것이 정기점검이다.

② **자체점검** : 「승강기법」에서 의무화한 사항으로, 매달 관리주체가 엘리베이터를 자체점검하고 이상 여부를 기록하는 것이다. 이 자체점검의 기록 등은 법에서 정하는 자격을 가진 자가 하여야 한다.

(3) 자체점검

엘리베이터의 자체점검은 「승강기법」에서 규정하고 있으며, 매달 주기적으로 자체점검자격을 가진 자가 점검을 하고 이를 승강기안전종합정보망에 입력하여야 한다.

⚖ **관련법령**

〈승강기법〉

제31조(승강기의 자체점검) ① 관리주체는 승강기의 안전에 관한 자체점검(이하 "자체점검"이라 한다)을 월 1회 이상 하고, 그 결과를 제73조에 따른 승강기안전종합정보망에 입력하여야 한다.

② 관리주체는 자체점검 결과 승강기에 결함이 있다는 사실을 알았을 경우에는 즉시 보수하여야 하며, 보수가 끝날 때까지 해당 승강기의 운행을 중지하여야 한다.

③ 제1항에도 불구하고 다음 각 호의 어느 하나에 해당하는 승강기에 대해서는 자체점검의 전부 또는 일부를 면제할 수 있다.

　1. 제18조제1호부터 제3호까지의 어느 하나에 해당하여 승강기안전인증을 면제받은 승강기

　2. 제32조제1항에 따른 안전검사에 불합격한 승강기

　3. 제32조제3항에 따라 안전검사가 연기된 승강기

　4. 그 밖에 새로운 유지관리기법의 도입 등 대통령령으로 정하는 사유에 해당하여 자체점검의 주기조정이 필요한 승강기

④ 관리주체는 자체점검을 스스로 할 수 없다고 판단하는 경우에는 제39조제1항 전단에 따라 승강기의 유지관리를 업으로 하기 위하여 등록을 한 자로 하여금 이를 대행하게 할 수 있다.

⑤ 제1항부터 제4항까지에서 규정한 사항 외에 자체점검을 담당할 수 있는 사람의 자격, 자체점검의 기준·항목 및 방법, 그 밖에 필요한 사항은 대통령령으로 정한다.

① **자체점검자의 자격** : 엘리베이터 자체점검자격은 중저속 엘리베이터 자체점검자격과 고속 엘리베이터의 자체점검자격으로 나눈다. 자격요건은 3가지로 기술자격 및 학력, 경력 그리고 교육수료이다. 그 자세한 내용은 「승강기법 시행령」 제28조를 참조한다.

관련**법령**

〈승강기법 시행령〉

제28조(자체점검을 담당할 수 있는 사람의 자격) ① 관리주체는 법 제31조제1항에 따른 승강기의 안전에 관한 자체점검(이하 "자체점검"이라 한다)을 다음 각 호의 어느 하나에 해당하는 사람으로서 법 제52조제2항에 따른 직무교육을 이수한 사람으로 하여금 담당하게 해야 한다.

1. 「국가기술자격법」에 따른 승강기 기사자격(이하 "승강기 기사자격"이라 한다)을 취득한 사람

2. 「국가기술자격법」에 따른 승강기 산업기사 자격(이하 "승강기 산업기사자격"이라 한다)을 취득한 후 승강기의 설계·제조·설치·인증·검사 또는 유지관리에 관한 실무경력(이하 "승강기 실무경력"이라 한다)이 2개월 이상인 사람

3. 「국가기술자격법」에 따른 승강기 기능사자격(이하 "승강기 기능사자격"이라 한다)을 취득한 후 승강기 실무경력이 4개월 이상인 사람

4. 「국가기술자격법」에 따른 기계·전기 또는 전자분야 산업기사 이상의 자격을 취득한 후 승강기 실무경력이 4개월 이상인 사람

5. 「국가기술자격법」에 따른 기계·전기 또는 전자분야 기능사 자격(이하 "기계·전기 또는 전자분야 기능사 자격"이라 한다)을 취득한 후 승강기 실무경력이 6개월 이상인 사람

6. 「고등교육법」 제2조에 따른 학교의 승강기·기계·전기 또는 전자학과나 그 밖에 이와 유사한 학과의 학사학위(법령에 따라 이와 같은 수준 이상이라고 인정되는 학위를 포함한다. 이하 "승강기·기계·전기·전자 관련 학과의 학사학위"라 한다)를 취득한 후 승강기 실무경력이 6개월 이상인 사람

7. 「고등교육법」 제2조에 따른 학교의 승강기·기계·전기 또는 전자학과나 그 밖에 이와 유사한 학과의 전문학사학위(법령에 따라 이와 같은 수준 이상이라고 인정되는 학위를 포함한다. 이하 "승강기·기계·전기·전자 관련 학과의 전문학사학위"라 한다)를 취득한 후 승강기 실무경력이 1년 이상인 사람

8. 「초·중등 교육법」 제2조제3호에 따른 고등학교·고등기술학교의 승강기·기계·전기 또는 전자학과나 그 밖에 이와 유사한 학과(이하 "고등학교·고등기술학교의 승강기·기계·전기·전자 관련 학과"라 한다)를 졸업한 후 승강기 실무경력이 1년 6개월 이상인 사람

9. 승강기 실무경력이 3년 이상인 사람

② 제1항에도 불구하고 정격속도가 초당 4미터를 초과하는 고속 승강기의 경우에는 다음 각 호의 어느 하나에 해당하는 사람으로서 법 제52조 제2항에 따른 직무교육을 이수한 사람으로 하여금 자체점검을 담당하게 해야 한다.

1. 승강기 기사자격을 취득한 후 승강기 실무경력이 3년 이상인 사람

2. 승강기 산업기사자격을 취득한 후 승강기 실무경력이 5년 이상인 사람

3. 승강기 기능사자격을 취득한 후 승강기 실무경력이 7년 이상인 사람

4. 승강기·기계·전기·전자 관련 학과의 학사학위를 취득한 후 승강기 실무경력이 5년 이상인 사람

5. 승강기·기계·전기·전자 관련 학과의 전문학사학위를 취득한 후 승강기 실무경력이 7년 이상인 사람

6. 고등학교·고등기술학교의 승강기·기계·전기·전자 관련 학과를 졸업한 후 승강기 실무경력이 9년 이상인 사람

7. 승강기 실무경력이 12년 이상인 사람

② **자체점검 기준·항목 및 방법** : 엘리베이터의 자체점검 항목별 기준과 방법은 주무부처 장관의 '고시 제2020-75호 승강기 안전운행 및 관리에 관한 운영규정' 제13조와 [별표 3]의 '1.엘리베이터 자체점검기준'을 참고한다.

● ⚖️ **관련법령**

〈승강기법 고시〉 제2020-75호 승강기 안전운행 및 관리에 관한 운영규정

제13조(승강기의 자체점검) ① 자체점검자는 자체점검을 하는 경우에는 [별표 3]에 따른 자체점검의 기준·항목 및 방법 등(제16조제3항을 포함한다. 이하 "자체점검기준"이라 한다)에 따라 실시하고, 그 결과를 다음 각 호의 구분에 따라 관리주체에게 보고해야 하며, 법 제73조에 따른 승강기안전종 합정보망에 입력해야 한다.

1. 자체점검기준에 적합한 경우 : 양호

2. 자체점검기준에 부적합하나, 그 부적합한 내용이 승강기의 안전운행에 직접 관련이 없는 경미한 사항으로 주의관찰이 필요한 경우 : 주의관찰

3. 자체점검기준에 부적합하여 긴급수리 또는 승강기부품의 교체가 필요한 경우 : 긴급수리

② 제1항제2호에 따른 주의관찰로 판정된 자체점검항목에 대해서는 다음 달에도 점검을 해야 한다.

③ 제1항제3호에 따른 긴급수리로 판정된 자체점검항목이 발생한 경우에는 해당 승강기의 운행을 중지시키고 수리 등 개선조치를 해야 한다.

④ 제3항에 따른 개선조치를 마친 관리주체는 자체점검자가 자체점검기준에 맞는 것임을 확인하는 경우에 해당 승강기를 운행해야 한다.

❑ **승강기법 고시 [별표 3]**

‖ 자체점검기준(제13조 관련) ‖

1. 엘리베이터 자체점검기준

   ※ 판정기준은 해당 엘리베이터의 제조업자 또는 수입업자가 제공하는 유지관리 매뉴얼 등 유지관리 관련 자료에서 규정하는 기준 및 행정안전부장관이 별도 고시하는 「승강기 안전기준」의 해당 기준에 따른다. 이 경우 제조업자 또는 수입업자가 제공하는 기준은 「승강기 안전기준」 이상이어야 한다.

점검항목	점검내용	점검방법	점검주기 (회/월)
1.1 기계류 공간			
1.1.1 기계류 공간_일반사항			
1.1.1.1 주개폐기	설치 및 작동상태	육안	1/3
1.1.1.2 접근	피트 및 기계류 공간 등의 접근	육안	1/3

〈이하 생략〉

(4) 계측장비의 활용

자체점검을 하려면 기본적인 공구와 함께 전기적인 특성과 승차감 등에 대한 각종 특성의 값들에 대한 측정을 할 필요가 있다. 승차감의 주요한 요소인 진동과 소음, 착상오차에 대한 측정과 각종 전원의 공급전압, 전동기 등의 부하에 대한 전류값, 전기관련 장치나 배선의 절연상 태, 엘리베이터의 속도 및 가속도, 전기조명에 대한 조도, 각종 기기의 온도상승값 등이 측정의 대상이다.

이러한 값들의 측정을 위하여 적절한 측정장비가 필요하며, 측정하는 요령이 정확해야 한다.

① **진동·소음 측정** : 엘리베이터의 승차감에서 가장 중요한 것은 카 내의 진동특성이다. 일반 적으로 카 내의 진동은 카 자체에서 발생되는 진동과 로프를 타고 전달되는 진동이 있다. 카 자체 발생진동은 주로 레일과 접촉되어 안내기를 통하여 레일의 부조화에 의한 흔들림 이다. 즉, 레일의 연결부위의 편차라든지 레일의 휨 등에서 발생된다. 로프를 통한 진동은 전동기, 감속기, 시브 등 구동체계에서 발생한 진동이 카로 전달되는 것이다.

이러한 진동은 진동분석계를 많이 사용한다. 이러한 장비는 진동과 소음을 동시에 측정할 수 있으며 카의 승차감을 측정하는 장비로 널리 알려져 있다.

단순한 진동계를 사용할 수도 있지만, 진동의 발생원인이나 진동주파수에 의한 문제해결을 위해서는 진동분석계와 같이 주파수를 분석하여 진동주파수에 따른 진동의 발생원인을 조사할 수 있는 종합분석장비를 사용하는 것이 효율적이다. 진동관련 자세한 내용은 'Ch08. 中 카 내 진동'을 참조한다.

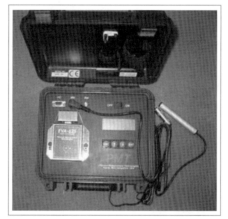

┃그림 7-21 진동분석계의 예 ┃

② **전원전압의 측정** : 엘리베이터 제어에 필요한 전원은 여러 가지가 있다. 점검에서 측정하여 야 할 전압은 엘리베이터 입력전압, 제어전원전압, 브레이크전원전압, μ-Processor 전원 전압, CAN 통신 전원전압 등이 있다.

전압을 측정하는 데에는 전압계가 필요하고, 전압계는 크게 아날로그와 디지털로 나눈다. 전압계는 멀티미터, 디지털볼트미터[128], 테스터 등으로 부른다.

---

128) 줄여서 '디지볼'이라고도 한다.

[그림 7-22]는 전압계의 모습이다.

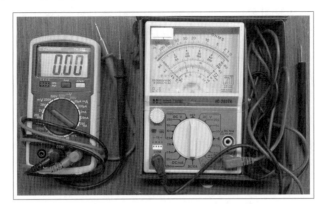

┃ 그림 7-22 디지털·아날로그 전압계 ┃

전압은 실제로 전기가 구성되어 있는 곳을 측정하므로 단락(short)사고에 주의하여야 한다.

③ **절연저항의 측정** : 절연저항은 전류가 서로 흐르지 않아야 하는 도체 사이의 저항크기를 측정하는 것으로, 저항값이 클수록 정상이며 좋은 상태이다. 대부분의 저항값은 MΩ으로 나타난다. MΩ 이하로 떨어지면 절연상태가 좋지 않은 것으로 판단할 수 있다.

엘리베이터 전기배선에서 절연저항의 측정대상은 전동기의 U, V, W와 어스, 조명라인, 승강로 등으로 연결되는 안전회로, 각종 스위치라인 등이다.

절연저항을 측정하는 장비는 절연저항계(megaohm tester)라고 한다. 이 장치는 절연을 측정하고자 하는 회로에 비교적 높은 전압을 걸어 도전체 사이에 있는 절연체의 절연을 측정하는 것으로 높은 전압을 회로에 인가하므로 측정할 때 감전 등에 주의하여야 한다. 절연저항계는 측정회로에 인가할 전압값을 설정하고 측정단자 한쪽에 Comm 집게를 물리고, 한쪽의 단자에 프로브를 대고 측정스위치를 누르고 눈금을 읽는다. 이때, 측정스위치를 너무 길게 누르고 있으면 전원의 소멸 등으로 측정값이 부정확할 수도 있다. 이 절연저항계도 아날로그와 디지털형이 있다.

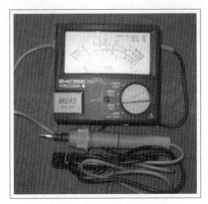

┃ 그림 7-23 절연저항계 ┃

④ **전류측정** : 엘리베이터 입력전원에 전류값을 측정하거나, 전동기입력 단자인 U, V, W의 전류값을 측정한다. 과거에 지금과 같은 Clamp 형태의 전류계가 없을 때에는 멀티미터를 이용하여 측정회로를 만들어서 측정하는 번거로움이 있었지만 지금은 전류가 흐르는 전선에 훅을 걸기만 하면 측정할 수 있게 간편해졌다. 변류계(current transformer) 원리를 활용하여 만든 것으로 전류귀환하는 회로의 CT 센서와 같다고 볼 수 있다.

Hook의 외면에 반드시 화살표가 있으며 이 화살표방향으로 전류가 흐르는 방향과 일치되도록 훅을 물려야 한다. 이러한 전류계를 Clamp meter, Hook meter라고 부른다. 모든 Clamp meter는 전압을 측정할 수 있는 전압계를 겸하고 있다.

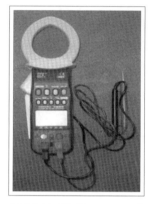
┃그림 7-24 Clamp meter┃

⑤ **조도측정** : 공간의 밝기를 조도로 표시하고, 엘리베이터에서 카, 기계실, 승강로 등에서의 조도를 일정 이상으로 설정하여 탑승이나 작업에 지장을 주지 않도록 하는 것이 좋다. 또한, 정전이 되어 카가 층간에 멈추고 승객이 갇힌 경우에 카 내에 비상조명장치가 밝혀져서 승객이 안심하도록 하여야 하므로 이 비상조명의 밝기도 중요하다. 밝기를 측정하는 조도계가 있다.

조도계는 본체의 전원을 켜고 센서를 원하는 위치에 놓으면 측정된다. 중요한 사항은 측정위치에 따라서 조도값이 크게 변하므로 그 측정위치를 정확히 잡아야 한다.

┃그림 7-25 조도계┃

⑥ 온도측정 : 엘리베이터를 제어하는 데에 여러 가지 장치가 구비되고 이러한 장치를 μ-Processor로 제어하므로 CPU 등 소자의 온도상승이 문제가 될 수 있다. 특히 인버터를 사용하는 장치들은 발열이 많으므로 이들에 대한 온도제어가 필요하다. 물론 온도센서에 의하여 제어부에 온도정보가 송신되어 안전제어를 하고 있다. 외부에서 어떤 장치의 온도를 측정하기 위해서는 온도계와 발열부위에 접촉하여 측정하는 온도센서가 필요하다. [그림 7-26]은 접촉식 온도계의 모습이다.

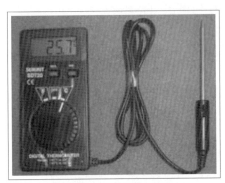

┃그림 7-26 온도계 ┃

⑦ 로프장력 측정 : 엘리베이터의 로프는 주로 3본 이상이 사용되므로 로프들 간의 장력편차가 중요한 관리요소가 되고 있다. 로프의 장력편차가 크면 로프나 시브의 불균형마모에 의한 부품의 교체시기 단축뿐만 아니라 로프의 진동에 의한 승차감에도 큰 영향을 미칠 수 있으므로 장력을 균일하게 관리하는 것이 중요하다.

로프의 장력은 손가락 등으로 서로 눌러보는 감각으로 차이를 느낄 수 있으며, 일일이 측정하는 간단한 측정기도 있으나 전체 로프의 장력을 동시에 측정하고 그 편차를 표시하여 주는 장비를 사용하여 그래프를 보면서 실시간으로 보정할 수 있는 장비도 있다. [그림 7-27]은 개별로프의 장력측정기를, [그림 7-28]은 전체 로프의 장력과 편차측정기의 예를 보여준다.

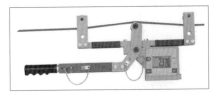

┃그림 7-27 개별 장력측정기 ┃

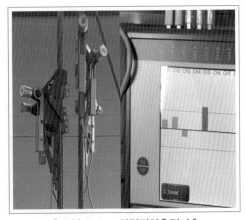

┃그림 7-28 장력편차측정기 ┃

(5) 수리

엘리베이터는 기계와 전기, 전자로 구성된 복합기술로 구성된 종합기술의 설비이다. 이러한 설비는 의도하지 않은 고장이 발생하기 마련이다. 물론 예방정비에 의하여 고장률이 낮아지도록 하지만 고장이 발생할 수도 있다. 고장이 발생하면 고장을 인지하고 고장신고를 하여 유지관리업체에서 출동하여 수리하는 등의 시간동안은 비운행시간이 된다.

이러한 비운행시간을 최소화하기 위하여 수리하는 시간을 단축하는 것이 유지관리의 품질이라고 할 수 있다.

① 단순수리 : 수리는 장치가 먼지 등에 의하여 기능이 약화되었거나 나사 등의 풀림으로 느슨하게 되어 기능을 잃게 되었을 경우 보수자의 처리로 가능하게 되거나, 엘리베이터의 퓨즈, 버튼, 램프 등의 교체를 한다든지 하는 정도의 단순수리가 있다.

② 교체수리 : 엘리베이터 장치의 일부 또는 전부가 기능을 잃게 되어 부품을 교체해야 하는 경우의 수리를 말하고, 이는 부품의 교체에 따른 재료비와 교체를 하는데 소요되는 기술자의 인건비가 필요하며, 운행하지 못하는 시간이 길어질 경우도 있으므로 다소 계획적인 시행이 필요하다.

(6) 긴급조치

엘리베이터의 긴급조치는 승객의 갇힘, 안전사고 및 고장에 대한 조치를 위하여 긴급출동하여 문제를 해결하는 것을 말한다.

엘리베이터가 고장이 발생해서 많은 이용자가 불편하게 되는 것뿐만 아니라, 엘리베이터를 이용하는 승객이 갇히거나 심지어 승객이 다치는 사고가 발생할 수 있다. 이러한 경우에는 유지관리의 전문가가 긴급히 출동하여 해당 상황을 처리하여야만 한다.

① 갇힘고장의 조치 : 긴급조치상황을 보면 먼저 승객의 갇힘이다. 승객이 탑승하고 있는 카가 갑자기 층과 층 사이에 멈추게 되면 탑승하고 있는 승객은 두 가지의 불안감을 떨칠 수가 없다. 하나는 문제가 생겨 추락하지 않을까? 하는 불안이고, 또 다른 불안은 구조되지 않고 오래 갇혀 있으면 숨이 막히지 않을까? 하는 것이다.

물론 절대 추락하지도 숨이 막히는 일도 발생하지 않지만 갇힌 승객은 이러한 사실을 모르거나 인정하지 않으면서 초조한 기다림으로 힘들어 한다.

승객이 갇혔을 때 카 내의 승객과 통화를 시도하고 긴급출동으로 조속히 구조가능함을 알리고, 추락이나 숨 막힘이 없으므로 안심하고 기다리게 하는 조치가 반드시 필요하다. 또한, 인명사고가 발생된 경우에 당연히 긴급출동하여 긴급조치를 하여야 한다. 만약 인명사고로 신고가 접수되면 긴급출동과 함께 구조대에 신고하는 것도 필요하다.

② 인명사고의 조치 : 긴급조치상황 중 인명사고발생에는 세심한 주의가 필요하다. 출동 즉시 모든 전원을 차단하고 엘리베이터의 추가적인 움직임에 따른 2차 사고를 방지하여야 한다. 가장 빠르게 구출할 수 있는 방법을 찾아 구출하고 119의 구조요청과 함께 112에 사고신고를 하여야 한다.

(7) 정기검사의 수검

엘리베이터에는 유사 시 작동하게 되는 여러 가지 안전장치가 있다. 유지관리업무 중 정기점검이나 자체점검 그리고 예방정비 등의 업무를 수행하는 중에 하지 않는 항목이 바로 유사 시 작동해야 하는 안전장치가 제대로 작동하는 지의 검증이다. 이러한 안전장치를 실제로 작동시험을 하고, 정상적으로 작동되어 승객을 안전하게 보호할 수 있는 지를 1년에 1번 검증하기 위해 실험 등을 하는 것이 정기검사이다.

정기검사는 공인된 검사기관에서 정해진 내용의 안전에 관련한 항목들을 확인하여 합격 혹은 불합격 판정을 하는 것이다. 이 정기검사에서 불합격 판정이 되면 해당 엘리베이터는 운행을 중지하고 문제되는 부분을 수리하여 재검사를 받아 합격하여야 운행을 재개할 수 있다.

엘리베이터 관리주체 혹은 유지관리용역을 맡은 보수업체는 검사기관에 정기검사를 신청하고, 정기검사를 실시할 때 입회하여 해당 엘리베이터의 안전과 관련하여 어떤 문제가 있는지를 확인해야 한다.

(8) 유지관리상황 처리체계

위와 같은 유지관리업무를 수행하면서 이상 또는 수리 등의 처리과정은 [그림 7-29]와 같다. 유지관리의 일상점검, 정기점검과 예방정비 외에 이상상황을 인지할 수 있는 가장 좋은 방법은 이용자의 불편신고이다. 이용자의 불편신고를 적극적으로 활용하면 이용자의 만족도를 높일 수 있다.

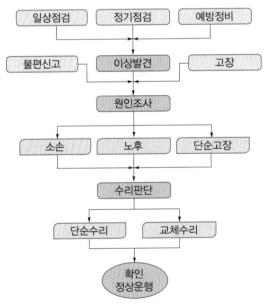

┃그림 7-29 유지관리상황 처리체계┃

■4 유지관리용역의 계약

이러한 유지관리업무를 엘리베이터 관리주체인 소유자가 책임을 지고 하여야 하지만, 전문적인 기술이 필요한 엘리베이터의 유지관리를 위해서 전문기술을 보유한 유지관리업체와의 용역계약을 통하여 전문기술자가 조직적으로 수행하고 있다.

이러한 유지관리 용역계약은 통상적으로 관리주체의 책임으로 비용수반업무를 수행하고, 용역계약업체는 정기점검, 자체점검, 단순수리 등의 일부 업무를 수행하는 단순보수계약과 관리주체의 전체 책임과 권한을 위임받아 용역계약업체가 모든 유지관리업무를 책임지는 책임보수계약의 2가지 용역계약방법이 있다.

(1) 단순유지관리계약(POG 계약)

단순유지관리계약 POG는 Parts Oil Grease의 약자이다. POG 계약은 승강기의 주기적인 점검을 통하여 예방정비를 실시하고 고장발생 시 엘리베이터 이용자의 불편을 최소화하기 위해 신속한 수리를 하여야 하며 승객이 갇힌 경우 빠른 시간에 승객을 구출하여야 한다. 또 사고가 발생한 경우 긴급히 인명을 구조하고 사후처리를 하여야 할 임무가 있다.

이외에 엘리베이터의 간단하고 저가의 부품에 대한 교체와 법정 안전검사 수검 시 입회 등의 업무가 있다. 단, 고액부품의 교체 등 수리에 대한 결정과 비용의 부담은 소유자의 책임이다.

(2) 책임유지관리계약(FM 계약)

책임유지관리계약 FM은 Full Maintenance의 약자로, 단순유지관리계약 사항 모두를 포함하고, 고액부품의 교체, 수리공사 및 법정 안전검사의 수검까지도 유지관리업체에서 맡는다. 즉, 일상관리를 제외한 모든 유지관리업무를 계약업체에서 책임진다.

이 계약방식의 장점은 계약용역 수수료 외에 추가로 소요되는 비용이 거의 없다는 것이다. 즉, 엘리베이터의 관리주체를 대리하여 해당 엘리베이터에 대한 권한과 책임을 진다는 의미이다. 따라서, 엘리베이터에 고장이 나거나 사고가 발생하면 용역업체에서 책임지고 처리하여야 하므로 용역업체는 고장이나 부품의 소손이 발생하지 않도록 평소 점검과 예방정비를 철저히 하게 된다. 이러한 점검과 예방정비에 의하여 엘리베이터의 수명도 당연히 길어지게 된다. 물론 고장에 따라 수반되는 사고도 줄게 된다.

[표 7-18]에 계약방식에 따른 장단점을 비교하였다.

▌표 7-18 계약방식의 장단점 비교 ▌

방식 항목	단순유지관리계약 (parts oil grease)	책임유지관리계약 (full maintenance)
계약범위	• 정기점검·조정·급유·자체점검 • 고장대응(상시) • 소모성 부품의 교환 • 소액부품의 교환	• 정기점검·조정·급유·자체점검 • 고장대응(상시) • 소모성 부품의 교환 • 소액부품의 교환 • 고액부품교환 • 수리공사 • 법정 정기검사의 수검

방식 항목	단순유지관리계약 (parts oil grease)	책임유지관리계약 (full maintenance)
제외범위	• 사용 또는 부주의에 의한 손상수리 • 천재지변에 의한 손상수리 • 의장부품의 교체·수리 등 • 고액부품의 교환 • 수리공사 • 법정 정기검사의 수검	• 사용 또는 부주의에 의한 손상수리 • 천재지변에 의한 손상수리 • 의장부품의 교체·수리 등
장점	• 월 보수료가 낮음 • 보수업체의 변경이 쉬움	• 예산계획이 용이 • 예방정비가 철저 • 수리기간이 짧음 • 고장 또는 사고 시 책임의 한계 명확 • 수명·특성 등의 유지가 확실 • 장기적인 유지관리비용이 낮음
단점	• 중대고장 시 수리절차가 복잡·장기 • 고장 또는 사고 시 책임의 한계 모호 • 불시에 많은 수리경비가 소요 • 예방정비의 부실 우려 • 장기적인 유지관리비용이 높음	• 월 보수료가 상대적으로 높음 • 보수업체의 변경 곤란
기타	단기적인 계약이 가능	장기계약 시 효과가 큼

■5 유지관리의 품질

엘리베이터의 유지관리업무가 가지는 품질은 'Ch08. 엘리베이터의 품질'에서 기술하는 엘리베이터의 특성과 성능에 관련된 품질 이외에 유지관리 업무상 필요한 품질항목이 있다. 즉, 신뢰성과 관련한 고장률, 편의성과 관련한 비운행시간, 안전성과 관련한 긴급구조시간이 그것이며, 실제로 유지관리업무를 전문가에게 용역계약을 하여 비용지불을 하는 것은 이러한 3가지 품질수준을 보장받기 위한 것이다.

(1) 고장률

엘리베이터의 고장률은 몇 가지로 표현되지만, 일반적으로 년간 고정횟수에 의한 표현이 쉽게 이해되므로 많이 사용하고 있다. 1년에 1번 고장이 발생하면 고장률을 0.1로 표현하는 것이다. 고장률이 낮다는 것은 유지관리업무를 충실히 효과적으로 수행하고 있다고 볼 수 있다.

(2) 비운행시간

비운행시간은 어떤 원인에 의하여 해당 엘리베이터를 이용자가 이용하지 못하는 시간을 말한다. 이 비운행시간은 유지관리업무상 품질항목의 고장수리능력과 상관관계가 깊다고 볼 수 있다. 물론 이 비운행시간에는 법적인 안전검사시간이나 자체점검시간은 포함하지 않는 것이 원칙이다. 비운행시간이 길다는 것은 이용자가 그만큼 불편을 겪는다는 의미이다.

(3) 긴급구조시간

엘리베이터를 이용하는 도중에 층간에 정지하여 카에 갇히는 사고가 발생하면, 갇힌 승객은 가장 빠른 시간에 구출되기를 간절히 바란다. 이러한 상황은 이용자 누구나 당할 수 있으므로 빠른 구조가 유지관리업무 중에 중요한 사항이기도 한다. 신고를 받고 긴급출동하는 동안 교통사정 등의 여러 가지 변수에 의하여 구조시간이 늦어지기 쉬우므로 이에 대비한 원격감시체계나 패트롤시스템 등으로 긴급구조시간을 최소화해야 할 필요가 있다.

(4) 품질수준의 보장

엘리베이터 이용자 혹은 소유자가 이러한 유지관리품질의 일정한 수준을 보장받기 위해서는 유지관리용역의 계약서에 명시하여 매달 해당 품질항목을 관리하고, 품질수준이 미달된 경우에 이에 상응하는 보상기준도 정하여 계약하는 것이 바람직하다.

이러한 내용은 「승강기법」의 「승강기 안전운행 및 관리에 관한 운영규정」(행정안전부고시 제2020-75호) 별지 유지관리표준계약서의 품질수준 관련 항목을 참조할 수 있다.

(5) 유지관리 수수료와 품질수준의 관계

품질수준을 높게 보장하기 위해서는 그만큼 많은 비용이 소요되므로 품질수준과 유지관리 수수료는 비례한다고 볼 수 있다. 정부에서 매년 공표하는 표준유지관리비에는 구체적인 품질수준을 전제로 하여야 할 필요가 있다.

MEMO

Chapter

08

ELEVATOR BASIC TECHNOLOGY

엘리베이터의 품질

엘리베이터의 품질

01 엘리베이터의 품질

엘리베이터의 품질은 전술한 엘리베이터의 특성과 관련되어 있다. 엘리베이터의 특성을 가장 적절하게 유지하는 것이 품질이 좋은 엘리베이터라고 할 수 있다.

그런데 이 품질항목을 향상시키는 과정은 엘리베이터 직무에 달려 있다고 볼 수 있다. 즉, 엘리베이터 품질을 제조품질, 설치품질, 유지관리품질로 나눌 수 있는데 제조품질은 엘리베이터가 설치를 시작하기 전에 만들어지는 각종 부분품의 설계·제조부문에서 이루어지는 품질이다. 엘리베이터는 제조공장에서 모든 부분품을 만들기 때문에 부분품에 대한 품질을 철저히 관리하여야 한다. 실제로 이 부분품이 현장에 출하되어 조립되므로 제조과정에서 품질이 미흡하면 현장설치공정 등에 영향을 미친다.

1 엘리베이터 품질의 전개과정

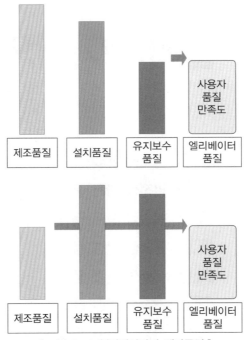

‖ 그림 8-1 엘리베이터의 체감품질 ‖

엘리베이터 부품을 현장에서 정확하게 조립하고 설치하는 것은 엘리베이터를 완성하는 작업이다. 부품의 품질이 최선이라 하여도 설치에서 정확한 조립과 설치가 이루어지지 않는다면, 제조품질이 아무리 좋아도 무용지물이 된다. 즉, 설치공정 시 최선의 품질은 제조품질을 그대로 유지하는 일이다. 일반공산품은 제조과정에서 모든 품질의 수준이 결정되지만, 엘리베이터는 설치공정에서 완성된 엘리베이터로 품질이 결정된다고 볼 수 있다.

엘리베이터의 완성품에 대한 품질은 설계·제조품질, 설치품질에 좌우되지만, 사용자가 느끼는 품질은 역시 유지관리품질이다. 사용자가 느끼는 품질의 비중은 품질의 전개과정의 역순이다. 즉, 유지관리품질이 사용자에게 가장 큰 영향을 준다고 말할 수 있다. 그러나 실제로 사용자가 느끼는 체감품질은 [그림 8-1]과 같이 세 과정의 품질 중에서 가장 나쁜 수준의 품질의 사용자에게 전달된다고 볼 수 있다.

2 엘리베이터의 품질특성

엘리베이터가 가지는 특성은 편의성, 신속성, 안전성, 쾌적성, 신뢰성, 경제성, 환경성의 7가지로 볼 수 있다. 이 7가지에 대한 품질관리가 적절히 이루어져야 한다.

(1) 편의성(便宜性, convenience)

엘리베이터는 설비 자체가 편의설비이다. 그리고 편의성을 향상시키는 요인은 엘리베이터의 각종 편의기능을 말한다. 편의성은 누구나 쉽게 이용할 수 있고, 편하게 이동할 수 있다는 것이다. 엘리베이터의 편의성은 IT 기술의 발달로 훨씬 향상된 편의성은 발휘하고 있다.

편의성의 대표적인 것은 자동운전시스템이다. 엘리베이터는 운전수나 설비를 다루는 관리자의 도움없이 승객이 스스로 원하는 곳으로 이동할 수 있는 설비이기에 가장 큰 장점이다. 최근에 이러한 기본적인 편의성에 더해서 IOT 기술의 융합으로 많은 편의성이 갖추어져 있다. 편의성의 기능에 대해 예를 들면, 음성인식기능, 승강장 행선분류시스템, 홈오토메이션 연계호출, 주차장 연계기능, 시큐리티시스템 연계기능, 군관리운행, ID 카드인식기능, 풋 Call 기능 등이 있으며, 앞으로 상상만하여도 만들어지는 정도의 기술로 발전되고 있다.

(2) 신속성(迅速性, immediacy)

엘리베이터의 가장 눈에 띄는 성질이 바로 신속성이다. 근래 엘리베이터의 기술경쟁이 고속화에 비중이 큰 것은 이를 대변하고 있다고 볼 수 있다.

신속성에 영향을 미치는 요소는 고속화되는 정격속도뿐 아니라 가감속도의 크기, Creeping time, 도어의 여닫힘 동작속도, 도어불간섭시간, 군관리운행 등 많은 요소를 가지고 있다.

또한, 신속성을 향상시켜 승객의 대기시간을 줄이기 위한 여러 기능들을 활용하고 있다. 예를 들면, Landing open, Pre release, 분산대기, 거짓콜소거, 도어닫힘버튼, 불간섭시간 삭제, 불필요한 정지삭제, By-pass 기능, 행선분류기능, ID 인식기능 등을 들 수 있다. 이러한 기능들은 편의성과 함께 신속성을 향상시키는 기능들이다.

승객이 실제로 몸소 느끼는 품질 중의 하나가 신속성이라고 볼 수 있다.

Chapter 01 Chapter 02 Chapter 03 Chapter 04 Chapter 05 Chapter 06 Chapter 07 Chapter 08

(3) 안전성(安全性, safeness)

엘리베이터는 사람이 타고 다니는 설비이며, 구조상 깊은 낭떠러지와 협착 가능한 기계구조로 되어 있기 때문에 사고에 대한 엘리베이터의 안전성은 엘리베이터의 생명이라고 할 수 있다. 불안전한 엘리베이터는 아무도 타지 않은 죽은 엘리베이터가 된다.

엘리베이터는 제어적으로 많은 안전기능을 수행하고 있으며, 안전기능의 1차적인 안전동작은 승객의 안전을 위한 카의 정지이다. 이후에 여러 가지 안전에 관한 조치를 취하게 된다.

전기적인 제어의 Fail이 발생했을 때에도 안전성을 보장하기 위하여 기계적인 안전장치를 복합적으로 구비하고 있다. 이러한 기계적인 안전장치의 마지막 보루의 장치는 역시 추락과 과속을 방지하는 과속검출기와 추락방지기라고 할 수 있다.

안전기능의 3단계는 먼저 고장을 방지하는 기능이 있고, 둘째는 사고를 방지하는 안전기능 그리고 2차 사고를 막는 안전기능으로 볼 수 있다.

1단계의 안전기능은 장치의 과열검출장치, 과속·저속 검출기능, 과속검출기 로프 이완검출, 보상로프 이완검출 등 장치에 무리가 되는 문제를 사전에 검출하여 조치하는 안전기능이다.

2단계의 안전기능은 끼임방지기, 과부하검출기, 과속검출기, 종점스위치 등 많은 장치들이 기기의 이상을 검출하여 엘리베이터의 움직임을 정지시켜 사고를 방지하는 것이다.

3단계는 층간에 정지하여 승객이 갇히거나 과속으로 하강 또는 상승하여 카가 비상정지한 경우에 추가적인 문제를 억제하는 기능, 즉 카 내 비상통화장치, 구출구, 추락방지기동작 검출장치, 완충기 동작검출장치, 승강로 보호판, 카 에이프런 등이 이에 속한다.

(4) 쾌적성(快適性, comfortability)

엘리베이터의 기술이 급격히 발전하면서 과거에 중시하지 않았던 쾌적성이 점차 대두되고 있다. 쾌적성에서 가장 중요한 것은 승차감이다. 승차감의 기본요소는 진동, 소음, 착상정확도로 볼 수 있다. 최근 이러한 승차감 이외에 탑승분위기를 좋게 하는 여러 가지 장치들이 개발되어 적용되고 있다.

(5) 경제성(經濟性, efficiency)

엘리베이터의 경제성은 초기비용과 운영비용을 들 수 있다. 초기비용은 제조설치에서 소요되는 비용이다. 운영비용은 움직임의 에너지인 전기료와 유지관리에 소요되는 유지관리비용으로 나눌 수 있다.

(6) 신뢰성(信賴性, credibility)

엘리베이터의 신뢰성은 고장률로 표현될 수 있다. 엘리베이터를 믿을 수 있다는 말은 사용자가 필요할 때 언제든지 사용할 수 있는 상황을 말한다. 즉, 고장이 발생하고 이를 수리하기 위해서 사용자가 필요할 때 사용하지 못하게 되는 것이 낮은 신뢰성을 의미한다.

(7) 환경성(環境性, environmental)

엘리베이터의 환경성은 엘리베이터가 설치되는 곳의 여러 가지 악조건의 환경에서도 정상적인 운영을 할 수 있는 능력을 말한다. 환경의 요소는 온도, 습도, 진분, 연기, 화학성 기체, 전기·자기 노이즈 등이 있을 수 있다.

3 엘리베이터의 품질항목

엘리베이터의 특성에 영향을 미치는 품질항목은 다음과 같이 열거할 수 있다. 안전율, 안전장치, 안전기능, 편의기능, 정격속도, 전속도달시간, 감속정지시간, 가속도(감속도), 도어동작속도, 도어대기시간, 군관리기능, 버튼의 조작성, 표시기, 운전기능, 고장률, 부품의 수명, 시스템의 수명, 고장수리능력, 기동빈도, 속도변동률, 승차감, 소음, 진동, 착상정확도, 발생노이즈, 내노이즈, 사용전원, 내진성 등이 있을 수 있다.

품질항목이 엘리베이터 성질에 미치는 영향을 [표 8-1]에서 확인할 수 있다.

┃표 8-1 성질에 영향을 미치는 품질항목┃

성질 / 항목	안전성	신속성	편리성	신뢰성	쾌적성	경제성	환경성
안전도	◎						
안전장치	◎						
안전기능	◎						
정격속도		◎					
전속도달시간		◎					
감속정지시간		◎					
가·감속도		◎			◎		
도어동작속도		◎					
도어대기시간	◎	◎					
군관리기능		◎	◎			○	
버튼의 조작성			◎				
표시기			◎		○		
운전기능	○	◎	◎		○	○	
고장률				◎		○	○
수명				◎		◎	○
부품수명(교환주기)				◎		◎	○
고장수리능력				◎			
기동빈도				◎		○	
속도변동률				◎			
승차감					◎		
소음					◎		
진동					◎		
착상 정도	○				◎		
발생노이즈				◎		○	
전력소비량						◎	
사용전원				○			◎
내노이즈				○			◎
내진성				○			◎

02 | 안전성 관련 품질

엘리베이터의 안전성과 관련된 품질은 여러 가지가 있다. 즉, 기구물의 안전율, 안전장치, 안전기능, 안전구조 등이 있다.

1 안전율(safety factor)

안전율은 재료의 파괴, 소손의 기준이 되는 응력 또는 하중을 사용 시에 움직이는 응력 또는 하중으로 나눈 값으로, 다음의 식으로 표현한다.

$$안전율\ S_f = \frac{F_o}{F}$$

여기서, F_o : 재료의 파괴응력

F : 사용 시 응력 또는 하중

위의 식에서 보는 바과 같이 안전율은 실제의 사용상태에 있어서 강도의 여유를 나타낸다. 예를 들면, 안전율이 3이라고 하면, 사용상 계산되는 하중의 3배의 힘이 작용하지 않으면 파괴되지 않는다는 의미이다. 즉, 재료의 파괴, 파손의 기준이 되는 응력 또는 하중 F_o로서, 재료의 항복응력 또는 항복하중, 허용응력 또는 허용하중, 인장응력 또는 인장하중 등이 사용된다. 엘리베이터에 있어서 안전율은 재료의 파괴강도를 상시 및 안전장치 작동 시의 각 응력도로 나눈 것으로 정의하고 있다.

안전율이 클수록 안전성이 높다고 할 수 있으나, 그 반면에 제조비용이 높아지므로 제품개발 시 설계에서 과거의 실적, 고장이력 등을 고려하여 적절한 안전율을 선정할 필요가 있다. 엘리베이터에서는 각 부품이 시스템 전체의 안전에 미치는 영향을 고려하여, 법령에서 안전율을 규정하고 있다.

엘리베이터 카에 사람이 탑승하고 있으므로 카의 구조에 대한 안전율이 안전성과 큰 관련이 있다고 볼 수 있다. 엘리베이터 주로프의 안전율은 12로 규정하고 있다.

엘리베이터 구조의 각종 안전율은 [표 8-2]와 같다.

‖ 표 8-2 안전율의 예 ‖

구분		안전율
상하열기도어의 로프·체인, 벨트		8
구동로프	3가닥 이상의 로프	12
	3가닥 이상의 6 ~ 8mm 로프	16
	2가닥의 로프(벨트)	16
구동벨트		12
드럼 구동 및 유압식 엘리베이터 로프		12

구분	안전율
구동체인	10
로프소켓과 체결장치	80%(체결로프의)
보상수단(로프, 체인, 벨트 및 그 단말부)	5
과속조절기로프(작동 시 인장력)	8
레일	6
카프레임	6

② 안전관리

엘리베이터에서의 안전관리는 매우 중요하다. 엘리베이터에서의 안전관리 대상은 탑승객 안전과 작업자 안전으로 나눌 수 있다. 일반적으로 탑승객의 안전이 제일이지만 최근에는 작업자의 안전관리도 중요하게 다루어지고 있다. [그림 8-2]에 안전관리의 기본개념을 보여준다.

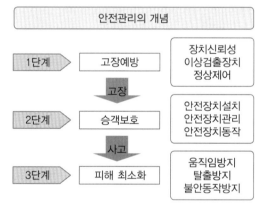

┃ 그림 8-2 안전관리의 기본개념 ┃

안전관리는 궁극적으로 사람에 의하여 이루어지지만 엘리베이터는 전자동으로 운행되는 설비이므로 우선적으로 엘리베이터의 장치 자체에 안전관리기능이 적절히 수행되도록 구성되어야 한다.

엘리베이터는 움직이는 설비이기 때문에 정상적이지 않은 움직임으로 위험이 초래될 수 있다. 이러한 정상적이지 않은 움직임을 방지하는 안전장치와 기능이 많이 있다.

(1) 안전사고 방지수단

엘리베이터의 안전기능은 안전제어와 안전장치로 구성된다. 안전제어는 엘리베이터의 각종 스위치와 센서를 이용해 각종 장치들의 상태를 검출하는 정보를 통하여 시스템이 승객의 안전을 보장할 수 있는 상태인지를 확인하고 이상으로 확인되면 브레이크 등의 안전장치를 통해서 카를 정지시켜 승객을 보호하는 기능이다. 안전장치는 이러한 안전기능이 전기와 제어를 통하여 이루어지므로 전기 또는 제어의 Fail로 인하여 검출과 판단을 하지 못하는 경우와 전기차단으로 카가 정지하지 않는 경우가 있다. 이러한 안전제어의 동작 유무에 관계없이 항상 안전 여부를 검출하고 안전작동을 할 수 있는 기계적인 수단을 말한다.

485

① 제어적 안전수단 : 엘리베이터에서는 많은 안전기능들이 제어에 의하여 관리되고 있다. 제어에 의하여 관리되는 기능들은 현재 상태를 점검하고 이 상태가 정상적이지 않다고 판단되면 제어회로에 의하여 엘리베이터의 움직임을 멈추게 한다. 여기서, 제어란 당연히 전기를 매개로 하는 동작이다. 또한, 제어의 마지막은 전기가 차단된 상태이며, 이때 엘리베이터의 움직임을 멈출 수 있는 기계적인 힘이 작동되어야 한다.

② 기계적 안전수단 : 이러한 제어에서의 안전은 전기에 의하여 움직이는 엘리베이터를 전기차단으로 움직임을 멈추는 기계장치, 즉 브레이크를 작동시키는 것이다. 이 브레이크가 기계적인 제동력을 상실하는 경우에 전기의 제어는 무력하게 되므로 이를 대비하여 온전히 기계적인 동작으로 이러한 상태를 확인하고, 기계적으로 추락을 방지하는 장치가 구비된다.

제어부에서 수행하는 안전기능은 하드웨어적인 장치는 아니지만 엘리베이터 제어에서 관련된 정보를 수집하여 이상 여부를 판단하고 정상이 아닌 경우에 안전회로를 동작하여 엘리베이터를 중지시키는 기능이다.

(2) 안전기능의 단계

엘리베이터의 여러 안전장치와 기능은 고장을 방지하는 안전기능, 사고를 방지하는 안전기능, 그리고 2차 사고를 방지하는 안전기능이 있다.

① 고장방지기능 : 1단계의 안전기능은 고장을 예방하는 것으로, 장치의 과열검출장치, 과속·저속 검출기능, 과속검출기 로프 이완검출, 보상로프 이완검출 등 장치에 무리가 되는 문제를 사전에 검출하여 조치하는 안전기능이다.

② 사고방지기능 : 2단계의 안전기능은 승객을 보호하기 위한 사고방지기능으로, 끼임방지기, 과부하검출기, 과속검출기, 종점스위치 등 많은 장치들이 기기의 이상을 검출하여 엘리베이터의 움직임을 정지시켜 사고를 방지하는 것이다. 많은 안전기능과 장치들이 이 기능에 속하며, 추락방지기 또한 이 기능에 속한다.

③ 2차 사고 방지기능 : 3단계는 안전기능의 피해를 최소화하기 위한 2차 사고 방지기능으로, 층간에 정지하여 승객이 갇히거나, 과속으로 하강 또는 상승하여 카가 비상정지한 경우에 추가적인 문제를 억제하는 기능, 즉 카 내 비상통화장치, 구출구, 추락방지기 검출장치, 완충기 동작검출장치, 승강로 보호판, 카 에이프런 등이 이에 속한다.

(3) 안전우선

엘리베이터의 이용자안전을 위해서는 장치의 모든 상태를 항상 감시하고 장치의 이상이 발견될 경우 이용자의 안전을 위해서 이용자의 불편을 감수하고 무조건 정지하는 방식을 사용하고 있다. 이에 좀 더 나아가서는 일차 정지하고 그 정지위치가 승객이 내릴 수 없는 위치인 경우에는 이상상태가 종결함이 아니면 가장 가까운 승강장으로 저속 운전하여 승객을 안전하게 내리게 한다. 그러나 중대한 이상의 발생으로 이용자의 안전을 보장할 수 없는 경우에는 정지 후 움직일 수 없게 한다. [그림 8-3]은 안전우선 동작절차를 보여준다.

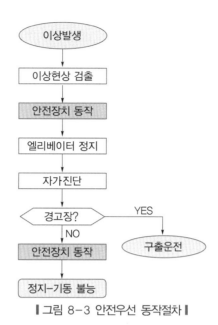

‖그림 8-3 안전우선 동작절차‖

① **엘리베이터의 안전장치와 고장** : 엘리베이터는 많은 안전장치를 가지고 있다. 안전장치가 많은 엘리베이터일수록 고장의 원인은 많아지므로 그 관리를 철저히 하여야 한다.

엘리베이터 제조자는 이용자의 안전을 위하여 고장원인이 증가함에도 더 많은 안전장치를 장치하게 되고 그 관리에 더 많은 신경을 쓰고 있다.

② **안전장치의 동작** : 엘리베이터가 층과 층 사이에 정지하는 것은 사고 또는 위험한 것이 아니라 위험을 방지하기 위한 것이다. 엘리베이터는 기계장치이므로 고장이 발생할 수 있다. 치명적인 고장을 미연에 방지하기 위하여 엘리베이터를 정지시키는 것이다.

자동차도 달리는 도중에 이상한 느낌이 들면 운전자는 반드시 정차하고 이상을 확인하며 문제가 있는 경우에는 주행을 하지 않는 것과 같은 이치이다.

③ **안전장치동작에 대한 조치** : 엘리베이터가 층과 층 사이에 정지하는 경우 승강기의 System에 이상이 있거나 부품에 문제가 있는 것이므로 이러한 경우에 관리주체는 반드시 그 원인을 규명하고 그 원인을 제거한 후에 재운전을 하도록 하여야 한다.

요즘의 엘리베이터는 전자화, 컴퓨터화되어 이상이 발생될 경우 엘리베이터를 정지하게 되고 이 이상의 정도가 경미하면 재운전이 가능하도록 설계되어 있어 단순히 재운전만 가능하도록 하고 그 원인을 제거하지 않는 경우에는 이상의 정도가 커져 사고로 나타날 수 있다.

승강기 관리주체는 고장의 수리를 실시한 경우에 반드시 그 원인이 제거되었음을 확인할 필요가 있다.

(4) 안전기능과 법적인 안전장치

관련 법에서 엘리베이터에서 구비되어야 할 하드웨어적인 안전장치들이 규정되어 있다. 이러한 법적인 안전기준은 엘리베이터가 갖추어야 할 기본적인 안전장치이므로 정확한 설치와 확실한 기능을 하도록 하여 법적인 안전검사를 받아야 한다. 그러나 엘리베이터 탑승객에게 보다 높은 수준의 안전을 보장하기 위해서는 법에서 규정하는 내용보다 훨씬 많은 안전기능을 수행해야 한다. 실제로 기존의 구조 및 구동장치들을 활용한 많은 안전기능이 수행되고 있으며, 이러한 높은 수준의 안전기능은 엘리베이터 제조사가 스스로 고안하고 개발하여 경쟁력을 높이고 있다.

3 엘리베이터의 법정 안전검사

(1) 검사의 의미

엘리베이터의 안전검사는 최소한의 안전기준과 그 당시의 상태만을 근거로 판단하는 것이므로 이 안전검사의 합격이란 검사 당시의 안전장치가 정상적이며 이러한 상태로 안전관리를 유지하여야 한다는 것을 의미하는 것이다.

(2) 최소한의 안전관리

법정 안전검사에 합격한 엘리베이터는 안전품질의 유지를 위해서 검사 당시와 같은 수준의 유지·보수 및 관리를 하여야 한다.

(3) 안전관리의 극대화

보다 수준이 높은 안전품질을 유지하기 위해서는 법정 안전기준에만 만족하지 말고 설계 시에 계획된 안전품질의 기준을 명확히 이해하고 이를 유지시킬 수 있는 유지보수를 행해야 한다.

(4) 법정 안전검사의 종류

안전에 대한 품질을 정부에서 확인하기 위한 안전검사는 엘리베이터의 설치공사가 완료되어 사용하기 전에 실시하는 설치검사, 사용 중 매년 실시하는 정기검사, 사고나 교체공사 후에 실시하는 수시검사 및 15년 이상 노후된 엘리베이터에 대하여 정밀하게 실시하는 정밀안전검사가 있다.

03 신속성 관련 품질

1 엘리베이터의 속도

(1) 엘리베이터 속도의 표현

일반적으로 이야기하는 엘리베이터의 속도는 엘리베이터가 [그림 8-4]에서 표시되는 전속구간의 주행속도를 말한다. 또한, 엘리베이터의 속도는 통상적으로 불리는 공칭속도, 전동기 및 동력전달장치의 설계에 의한 설계속도, 정격부하에 의한 정격속도 등으로 표현할 수 있다.

① **공칭속도** : 공칭속도는 유럽 또는 미주에서 사용하는 초속을 분속으로 환산하여 일반적으로 불리는 속도를 말한다.

60m/min=1m/s, 90m/min=1.5m/s, 120m/min=2m/s, 150m/min=2.5m/s 등

② **설계속도** : 엘리베이터의 설계속도는 기본적으로 사용하는 전동기의 동기회전수, 전동기의 Slip률, 감속기의 감속비, 주로프의 감는 방법에 의한 감속비, 메인시브의 직경 등으로 결정되는 속도를 말한다.

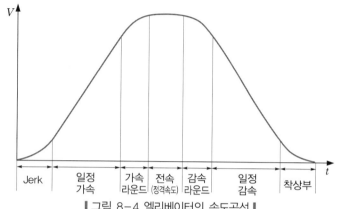

┃그림 8-4 엘리베이터의 속도곡선┃

③ **정격속도** : 관련법의 검사기준에서는 정격속도라 함은 설계도면에 기재된 속도로서, 적재하중의 100%의 하중을 실어서 상승할 때 매분의 최고 속도를 말한다. 이는 전부하를 싣고 상승 중 전속구간에서의 평균속도를 의미한다고 볼 수 있다. 정격속도는 전기적인 설계에 의한 설계속도로 볼 수도 있으나, 전부하 상승 시의 속도인 정격속도는 전동기의 출력능력, 출력여유에 따라 다소 차이가 있을 수 있다.

설계속도 및 정격속도는 공칭속도와 일치된 값이 이상적이나 기구적인 설계, 감속기 등 기존의 표준화된 기기의 공용화 등으로 공칭속도와 일치시키는 것은 다소 어려움이 따르며, 또 정확히 일치시키려는 노력은 무의미한 것으로, 기존의 엘리베이터 제조자는 대략 공칭속도의 ±5% 이내에서 설계속도 또는 정격속도를 실현하고 있다.

(2) 엘리베이터 속도의 구성

① **전속도달시간 및 감속시간** : 엘리베이터의 전속도달시간은 신속성에 있어서 큰 비중을 차지한다. 전속도달시간을 짧게 하면 할수록 신속성이 좋으나 너무 짧게 하면 승차감을 해치게 된다.

따라서, 엘리베이터에서 승차감을 해치지 않는 범위 내에서 전속도달시간을 짧게 하는 것이 고속 엘리베이터에서는 고도의 기술에 속한다.

감속시간 또한 전속도달시간과 마찬가지로 신속성에 대한 영향이 크고, 승차감에도 관계가 있다.

② **가속도 및 감속도** : 가속도와 감속도는 전술한 전속도달시간 및 감속시간의 중요한 요소이다. 엘리베이터의 속도제어에 있어서 가속도와 감속도는 설계 시 특히 중요하게 다루어진다. 일반적인 가속도의 설계 예는 [표 8-7]에 나타내었다.

③ **전속** : 정격속도 등을 의미한다. 고층건물의 이동에서 정격속도가 신속성의 영향에 큰 비중을 차지한다.

2 도어동작시간

엘리베이터의 도어동작에 소요되는 시간은 크게 도어의 동작시간과 열림 대기시간으로 나눌 수 있다.

또한, 도어의 동작시간은 도어열림시간과 도어닫힘시간으로 표현할 수 있다.

엘리베이터의 도어동작시간은 엘리베이터를 이용하는 사람이 바라는 신속성에 많은 영향을 미치는 요소이다.

(1) 도어열림시간

도어동작의 일반적인 속도곡선은 [그림 8-5]와 같다.

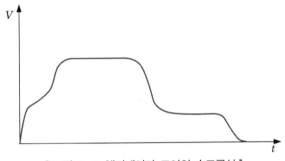

┃그림 8-5 엘리베이터 도어의 속도곡선┃

도어의 열림시간은 엘리베이터의 도어가 열리기 시작하여 완전히 열릴 때까지의 시간으로 표현할 수 있다. 그러나 일반적으로 도어의 열림시간과 열림폭곡선이 [그림 8-6]과 같아서 완전히 열리기 전에 승객이 타거나 내릴 수 있으므로 도어열림시간을 도어열림폭이 전체의 80%가 되는 때의 시간(t_d)으로 표현하는 경우가 많다.

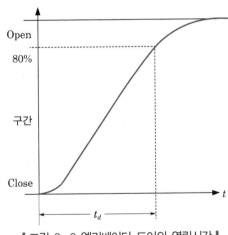

┃그림 8-6 엘리베이터 도어의 열림시간┃

(2) 도어대기시간

도어대기시간은 [그림 8-7]에서 보는 바와 같이 도어열림시간(t_d)이 경과한 후부터 도어가 닫히기 시작할 때까지의 시간을 말한다.

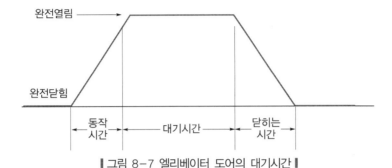

▎그림 8-7 엘리베이터 도어의 대기시간 ▎

(3) 도어닫힘시간

대기시간이 끝나고 도어가 닫히기 시작하고부터 완전히 닫힐 때까지 걸리는 시간을 말한다. 완전히 닫히는 때를 엘리베이터가 기동을 개시하는 시점으로 볼 수도 있다.

3 군관리 성능 및 기능

군관리의 성능 및 기능은 여러 대를 운행하는 엘리베이터에 있어서 신속성을 좌우하는 가장 큰 역할을 한다.

그 기능이 다양해지고 있으며, 고객의 주문에 따라 많은 차이를 보일 수 있다.

또한, 그 관리방법 및 사용기기가 발달되어 효율적이고 합리적인 운행을 제공하고 있다.

① 군관리의 일반적인 서비스 운전기능의 예

　㉠ 분산대기동작

　㉡ 최대 교통량제어

　㉢ 출근 시 서비스

　㉣ 퇴근 시 서비스

　㉤ 체크아웃 서비스

　㉥ 회의실 서비스

　㉦ 점심시간 서비스

　㉧ 점심 후 서비스

　㉨ VIP 전용 운전

　㉩ 연회장 서비스

　㉪ Bank 분할운전

② 승강장 행선분류시스템(destination sort system) : 군관리에서 승강장 행선분류시스템은 군관리의 운행방식이며, 출근시간대의 로비층에서 많은 인원이 일시에 탑승하는 경우 최적의 운행방식이라 할 수 있다.

행선분류는 많은 승객들 중에서 같은 층을 가는 사람과 비슷한 층을 가는 사람을 정원에 적절하게 한 호기에 모으는 작업을 하여 이를 각각 개별 승객에게 알려주어 대기시간을 단축하고, 중간층의 정지를 최소화하여 목적층 운전시간을 단축하여 신속성과 경제성을 동시에 향상시키는 방식이다.

③ Security system 연동 행선분류시스템 : 행선분류시스템에 시큐리티시스템을 연동시켜 시큐리티게이트를 통과할 때 이미 탑승호기를 알려준다. 비슷한 호기가 중복될 때는 게이트와 호기의 거리까지 연계하여 할당한다.

▐4▐ 빠른 서비스 운전기능

빠른 서비스를 위하여 여러 가지 기능을 채택하고 있다.

① 만원통과기능(auto by pass) : 카에 만원에 가까운 승객이 타고 목적지를 향하는 도중 승강장의 호출에 응답하여 정지해 도어를 열어도 승객이 꽉차 있음을 확인한 대기승객이 타기를 거부하는 경우가 대부분이다. 따라서, 승강장 호출에 대한 서비스는 뒤로 미루고 통과하므로 탑승객과 대기승객의 서비스시간이 오히려 빨라진다.

② 대기운전 : 오피스빌딩의 출근시간대에는 주로 로비층에서 사무실이 있는 상부층으로 대부분 올라가는 승객이므로 최종층에 서비스한 후에는 로비층으로 내려가 서비스를 대기해 출근하는 승객에게 빠른 서비스를 제공한다.

③ 닫힘버튼 : 엘리베이터의 도어가 열리면 승·하차하는 승객들의 움직임에 간섭이 생기지 않도록 하기 위하여 도어를 열고 대기하는 시간이 있다. 그러나 대기승객이 없이 탑승객이 1·2인은 하차하는 시간이 거의 걸리지 않는다. 그럼에도 불간섭시간을 대기하고 있으므로 탑승객은 도어닫힘버튼을 이용하여 즉시 도어를 닫고 빠른 출발을 함으로써 서비스의 신속성을 향상시킨다.

④ 불간섭시간 단축 : 통상적인 승객요의 도어 불간섭시간은 5초 정도이나 이를 2~3초로 줄여 서비스를 빠르게 할 수 있다.

⑤ 가·감속도 증가운전 : 엘리베이터의 신속성을 높여 빠른 서비스를 하기 위하여 카 내의 적재부하가 No load, 즉 탑승객 없이 호출에 응답하거나, 대기를 위해 운전하는 경우에 가·감속도를 구동장치가 허용하는 범위에서 빠른 가속도로 운전하여 신속성을 향상시키는 기능이다. 탑승객이 없으므로 가속도 증가에 의한 승객의 승차감 악화에 대한 문제제기가 없다.

04 │ 편의성 관련 품질

이 편의성 항목은 엘리베이터의 기능에 대한 대표적인 품질이라 볼 수 있다.

1 버튼의 조작성

① 터치버튼 : 과거 엘리베이터의 호출·행선 버튼이 푸시버튼의 일종인 Recess button으로 눌림의 스토로크가 커서 접촉이 잘 안 되는 경우가 많았다. 터치버튼은 사람 손이 접촉만 하여도 인식이 되므로 편리성이 향상되었다.

② 마이크로 터치버튼 : 마이크로 터치버튼은 마이크로 푸시버튼이라고도 부르는 것처럼 실제로는 푸시버튼인데 그 필요한 스트로크가 아주 작아 터치버튼처럼 동작하고 인식률도 거의 100%에 해당하므로 편리성이 더욱 향상되었다.

③ 터치톤버튼 : 버튼의 작동에 리액션이 나타나는 버튼으로 장착하므로 승객의 편의성을 더 높인 버튼이다.

2 표시기의 다양화

① 카 위치표시기 : 카 위치표시기는 7-Segment 방식, Dot-matrix 방식, LCD 방식 등으로 발전되면서 표시내용도 층과 운전방향만이 아니고, 점검운전, 이사운전, 전용운전, 만원통과 등의 정보를 대기승객에 알려주어 편리성이 향상되었다.

② 정보표시기 : 엘리베이터 카 내에 LED나 LCD 모니터를 통하여 일상생활에 필요한 정보나 건물의 정보를 Display해 주므로 승객이 더 편리하게 사용할 수 있다.

③ 대기시간 표시기 : 엘리베이터의 승강장에서 승장버튼으로 카를 호출하고 이를 기다리는 동안에 무료하고 지루하기도 하는데 이러한 무료함을 줄여주는 방법으로 엘리베이터가 도착까지 걸리는 예상시간을 초 단위로 표시해줘서 승객의 편의성을 향상시킨다.

3 사용이 편리하도록 한 기능

① 콜 소거기능 : 행선층을 잘못 눌렀거나 탑승 중 목적층을 바꿀 때 해당 등록층의 버튼을 다시 누르면 등록이 소거되고 서비스하지 않게 하여 불필요한 정지를 없애는 편리한 기능이다.

② 승장 행선버튼 : 건물의 로비 등 통상적으로 승객이 많이 기다리는 승강장에서 가고자 하는 행선층을 미리 누르고 지정되는 카를 타게 되면 카 내의 행선버튼이 이미 등록되어 있는 편리한 기능이다.

③ 즉시 예보식 홀랜턴 : 군관리 엘리베이터에서 호출버튼을 누르면 즉시 서비스할 엘리베이터를 알려주는 승강장 홀랜턴은 어느 엘리베이터가 빨리 올지를 걱정할 필요없는 편리한 기능이다.

④ 풋버튼 : 비오는 날 양손에 물건을 들고 엘리베이터를 타려면 승강장의 호출버튼을 누르기가 곤란한데 발로 엘리베이터를 부르는 승강장의 풋버튼은 승객을 위한 편의장치라고 볼 수 있다.

⑤ 불간섭시간 변경동작 : 장애인용 엘리베이터에서는 불간섭시간이 10초 이상으로 설정되어 있다. 카 내의 행선층버튼의 조작반선택에 따라 불간섭시간이 다르다. 즉, 카 내 장애인용 조작반을 눌러 목적층에 도착하면 불간섭시간이 10초로 대기하지만, 정조작반의 행선버튼에 의한 목적층 도착 시의 불간섭시간은 3초로 차별화되어 다음 층으로 출발한다.

⑥ 도어 강제닫힘 : 어떤 원인에 의하여 도어가 일정시간 이상으로 열려 있는 경우 승강장에서 카를 호출한 대기승객을 위하여 무한정 기다리지 않고 강제로 도어를 닫고 다음 서비스를 행한다. 편의성을 향상시키는 기능이다.

⑦ 이사운전기능 : 아파트에서는 승객화물겸용 엘리베이터로 이사를 하는 것이 합법으로 정해져 있다. 그런데 이사하기 위해 엘리베이터를 마냥 잡고 있으면 일반주민이 큰 불편을 겪게 된다. 이러한 불편을 없애기 위하여 이사운전기능으로 이사를 하게 되면 위치표시기에 이사 중이라는 표시를 하고, 일반승객이 호출하는 경우에 이사 중인 사람에게 신호로 대기하는 사람이 있다는 것을 알려주어 먼저 사용하도록 하는 기능은 아파트의 기본적인 편의기능이다.

▌4▐ IOT 융합기술의 적용

① 주차장치 연동기능 : 아파트 등에서 주거자의 승용차번호를 인식하는 주차장치와 연동되어 엘리베이터가 로비층으로 자동호출해 로비층에 대기하고, 카 내 행선버튼이 거주하는 층으로 자동등록되는 기능은 아파트 거주자의 편의성을 더욱 높여준다.

② 홈오토메이션 연동기능 : 추운 겨울에 복도로 나가 승강장에서 호출버튼을 누르고 카가 오기를 기다리면 추위에 떨어야 한다. 외출하기 전에 세대 내에서 홈오토메이션에 장착된 엘리베이터 호출버튼을 누르고 복도로 나가면 엘리베이터가 대기하고 있으니 편의성이 좋다고 할 수 있다.

③ Security card 연동기능 : 오피스빌딩의 여러 가지 보안과 관련된 시설과 연계되어 사무실 출입이 제한적이며 복잡하게 되어가고 있다. 엘리베이터는 이와 연계하여 Security card의 확인과 함께 이용자가 근무하는 층을 인식하고, 행선분류장치에 의하여 탑승할 호기를 알려준다. 이용자는 여러 호기 중에서 망설임 없이 선택된 호기를 탑승할 수 있다.

④ 원격제어(remote control) : 승객이 탑승 중 카가 급정지하여 카 내에 갇혔을 때 갇힌 승객이 구조를 요청하기 이전에 엘리베이터 보수센터에서 원격감시를 통하여 이 상황을 파악하고 원격제어에 의하여 구조할 수 있는 조치를 취한다. 이상원인이 심각하지 않은 경우에는 원격제어를 통하여 카를 승강장까지 이동하여 도어를 열어 안전하게 원격구조(remote rescue)할 수 있다.

원격제어로 구출이 어려운 경우에는 해당 건물에서 가장 가까운 보수요원으로 하여금 긴급 출동을 하도록 하고, 이 보수요원에게 원격감시에서 얻은 고장의 원인과 조치방법 등의 정보를 모바일기기로 전송하여 도착 즉시 구조와 복귀처리가 가능하도록 수행한다.

05 | 신뢰성 관련 품질

엘리베이터는 불특정다수의 승객이 이용하는 전자동의 이동장치이다. 버스, 지하철처럼 운전수가 없고, 입체주차장처럼 취급자도 없다. 그럼에도 불구하고 사람들이 불안감없이 이용 가능하므로 다음의 신뢰성기술에 주요하게 다루어져야 한다.

고장 시에는 단순히 안전하게 엘리베이터를 멈추고 운행을 정지(fail safe)시키는 것이 아니라, 경미한 고장 시에는 재기동의 시도(retry)를 하여 최근층으로 운전하여 카 내 승객의 갇힘사고를 방지(fail soft)하는 것도 중요하다.

여기에서 엘리베이터의 신뢰성에 대하여 고려하고, 이를 유지·향상하기 위한 구체적인 사항에 대하여 알아본다.

1 고장률

기기 및 시스템의 고장률은 엘리베이터의 시방, 제조회사에 따라 차이가 있으나 어느 정도의 유지관리를 행하는 가에 따라서도 크게 좌우된다. 국내에서 표준적인 제품에 적절한 유지·보수를 행하면, 제품에 기인한 고장률은 대략 0.01~0.02건/월[129], 따라서 1대당 50~100개월에 1회 정도의 고장이 발생한다고 볼 수 있다.

이 제품에 기인한 고장률은 엘리베이터 설치가 급속히 증가한 1960년대에 비하여 약 $\frac{1}{10}$ 로 낮아졌다. 고장감소의 주요 원인은 제어기기의 전자화에 기인하였다. 과거 전자석의 릴레이에 의존하여 많은 고장이 발생하였으나, μ-Processor의 도입으로 반도체에 의한 제어로 변화되면서 고장률은 현저히 줄어들게 되었다.

엘리베이터의 고장률도 [그림 8-8]과 같이 다른 기계장치와 유사한 고장률 곡선을 갖는다.

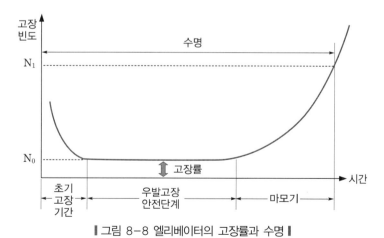

┃ 그림 8-8 엘리베이터의 고장률과 수명 ┃

---

129) 이 고장률은 회사, 기종에 따라 많은 차이가 있으므로 참고만 한다.

고장률의 표시는 목적에 따라 달라질 수 있으나, 엘리베이터 각 대에 대한 고장률은 주로 월간 고장건수로 표시하는 경우가 많다.

[그림 8-8]에서와 같이 엘리베이터의 고장률은 초기에 고장률이 높은 기간이 있으나 장치가 안정단계에 들어가면 고장률이 낮아진다. 그림에 표시된 안정단계의 고장률이 엘리베이터의 고장률이라 할 수 있다.

고장률은 고장의 정의에 따라 많은 차이를 보일 수 있으므로 고장의 정의를 명확히 정하여 관리해야 한다.

2 엘리베이터의 수명

엘리베이터의 수명은 엘리베이터 부품의 수명과 엘리베이터 시스템의 수명으로 구분해 볼 수 있다.

(1) 엘리베이터 시스템 수명

엘리베이터의 수명은 그 엘리베이터의 설비의 내구연수가 끝나는 때로 볼 수 있다. 이 내구연수는 단순히 물리적인 현상뿐 아니라, 경제적인 면과 사회적인 면 등이 영향을 미친다. 엘리베이터에 있어서 물리적인 내구년수는 월 평균 고장률이 제조사가 정한 최대 고장률을 초과하는 때로 볼 수 있다. 평균 고장률은 일정한 기간(예 6개월, 1년 등) 동안의 월 고장률을 평균한 것이다.

감가상각자산의 내용년수 등에 관한 규정에 따라 법정 내용연수는 엘리베이터가 18년, 에스컬레이터가 15년이다. 실제에는 그 이상의 수명이 기대되기 때문에 기기의 수명연장을 위하여 엘리베이터 설치 이후의 고장을 Feedback하고, 기기 및 시스템의 개발단계에 이를 파악하고 취득한 여러 가지 정보를 반영하여 개량하고 있다.

또한, 예기치 않은 이용환경의 악영향으로 인한 설비의 소손 등을 대비하여 적절한 Derating (정격보다 낮은 값으로 사용함)을 취하기도 한다.

[그림 8-8]에서 고장률이 N_1을 초과하는 기간을 엘리베이터의 수명으로 볼 수도 있다.

 참고

설비의 내구연수

① 물리적 수명 : 고장률에 의한 내구연수이며, 고장이 증가되어 설비의 특성발휘가 제대로 이루어지지 않아 그 효용성 또는 이용가치가 상실되기까지의 기간이며, 경우에 따라서는 우발고장기간이라고 하는 예도 있다.

② 사회적 내구연수 : 고장률이 적고, 다음의 법정 내구연수 이내라도 기기류가 진부(陳腐)화되고, 새로운 기종으로 교환하는 것이 유리할 때까지의 기간을 말한다.

③ 경제적 내구연수 : 고장률이 높아져서 그로 인한 보존비 지불이 대폭적으로 증가되거나 새로운 기종으로 갱신하면 성능이 향상되고 창설비가 충분히 보충된다고 판단하는 기간이다.

④ 법정 내구연수 : 법인세나 소득세 계산에서 자산의 감가상각을 산출하는 데 사용되는 내구연수이며, 이는 재무부에 규정되어 있으므로 법정 내구연수라 한다.

(2) 부품의 수명

엘리베이터의 부품을 엘리베이터의 수명이 다 할 때까지 견디도록 튼튼하게 만들 수도 있지만, 엘리베이터의 LCC[130])를 고려할 때 일부 부품들은 그 수명을 무조건 길게 해서는 LCC에 악영향을 미칠 수 있으므로 적절한 수명을 산정하여 제조하고 있다.

엘리베이터의 주요 부품에 대한 수명은 엘리베이터의 수명을 결정하는 중요한 요소가 될 수 있다. 또한, 엘리베이터의 유지·보수에 대한 중요한 기준이 되기도 한다.

개별장치의 신뢰성을 위하여 기본은 기기 그 자체의 고장률을 저감시키는 것이다. 예를 들면, 제어장치에 있어서는 신뢰성향상을 위해서는 종래의 전자(電磁)장치에 대신하여 전자기기를 사용하고, 더욱이 마이크로프로세서를 사용하여 소프트웨어화를 꾀하는 것이다.

3 고장 수리능력

엘리베이터의 품질이 예방정비에 의하여 유지되고 사용자에게 전달되므로 유지·보수의 중요한 구성요소 중 하나가 예방정비능력이다.

엘리베이터가 고장나면 즉시 수리를 하여 이용자의 불편을 최소화시키는 고장에 대한 수리능력도 엘리베이터의 유지·보수 품질 중의 중요한 항목이다.

엘리베이터 고장 시 고장이 발생한 때부터 수리를 완료하여 정상운행시킬 때까지의 기간을 비운행시간이라 하고 수리능력을 비운행시간으로 표현할 수 있다.

보수기술자의 수리능력은 엘리베이터가 제조사 또는 모델마다 특별한 기술을 이용하여 제작된 것이므로 전기·기계에 대한 기본적인 기술뿐만 아니라 그 엘리베이터에 대한 고유의 기술을 필요로 하고 있다.

4 기동빈도

엘리베이터는 사용용도 또는 건물의 용도에 따라 사용하는 횟수에 차이가 많다. 엘리베이터의 기동빈도는 시간당 엘리베이터의 출발횟수를 말한다. 엘리베이터에 있어서 전력소비는 기동 시에 가장 많으며, 또한 기동 시 여러 장치에서 동작이 이루어지므로 기동빈도에 따라 엘리베이터의 수명, 고장률 등이 달라진다. 또한, 기동빈도의 적절한 설계는 엘리베이터의 제조원가에 많은 영향을 미친다. [표 8-3]에 건물용도별 기동빈도의 설계 예를 나타냈다.

---

130) 설비의 LCC(Life Cycle Cost) : LCC란 물건, 장비, 시스템 등이 만들어져 인간에게 유용하게 활용되면서 제 수명을 다 할 때까지 들어가는 총비용이라 할 수 있다. 건물과 설비시스템은 준공 시는 훌륭할지라도 시간이 지남에 따라 기능의 저하라는 노화현상이 나타나게 된다. 건물과 시스템은 처음부터 수명과 기능을 생각하여 튼튼하게 만들 수 있으나, 노후화된 부품을 교체하면서 내구년수를 연장시키는 형태로 만들 수도 있다. 이렇게 하므로 오히려 LCC를 줄일 수 있다.

┃표 8-3 건물용도별 기동빈도의 예┃

구분	기동빈도
공동주택	150회/h
백화점	300회/h
대형 사무실	240회/h

또 최근에는 μ-Processor 제어를 하게 됨에 따라 기동빈도를 계산하여 설정된 기동빈도를 초과하는 경우에 강제로 도어대기시간을 연장하여 기동빈도를 조정하는 장치를 적용하기도 한다. 기동빈도는 엘리베이터의 선택 시 건축물의 용도에 따라 결정되고, 엘리베이터의 가격과 수명에 영향을 많이 주는 요소이다.

최근 기동빈도를 누적하여 Count하고 그 값을 마모성 부품, 소모성 부품 등의 교환시기에 대한 자료로 제공하는 경우도 있다.

▌5▐ 엘리베이터의 속도변동률

엘리베이터는 그 사용조건이 수시로 변화되므로 항상 일정한 속도로 움직이는 것은 아니다. 그래서 엘리베이터를 설계할 때는 사용조건에 따른 속도의 변동을 고려하여 변동률의 기준값을 설정하고 설계에 임하게 된다.

엘리베이터의 속도변동요인은 엘리베이터 내에 실린 무게, 즉 엘리베이터의 부하와 엘리베이터의 운전방향 등이 있다. 즉, 전부하로 상승하는 경우에 Motor에 걸리는 부하가 가장 크게 되어 속도가 가장 낮아지고 무부하로 상승하는 경우 Motor에 걸리는 부하가 가장 작아져서 균형추의 무게에 중력에 의한 움직임으로 Motor가 발전기역할을 하게 되어 회생전력이 유기된다. 이때, 엘리베이터 속도는 최대가 될 수 있다

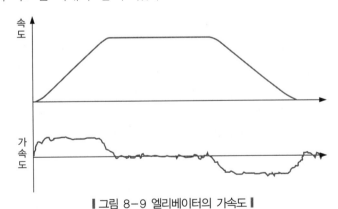

┃그림 8-9 엘리베이터의 가속도┃

이와 같이 엘리베이터의 속도변동률은 조건이 변화되는 상황에서도 어느 정도까지 정해진 속도를 유지하느냐를 표현하는 것이다.

속도변동률은 엘리베이터의 실제속도와 정격속도의 편차 중 가장 큰 값을 정격속도로 나눈 백분율로 표시한다.

구하는 식은 다음과 같다.

$$속도변동률 = \frac{실측속도 - 동기속도}{동기속도} \times 100$$

각 조건에 따른 속도를 실측하고 동기속도와의 편차가 가장 큰 값을 실측속도에 대입하여 계산한다.

일반적으로 엘리베이터 제조자는 이 속도변동률을 ±5% 이내로 설계하고 있으나, 최근 μ-Processor를 응용한 전동기제어기술의 발달로 속도변동률은 이보다 훨씬 낮은 수준에 이르고 있다.

6 재기동의 시도(retry)

신뢰성의 가장 비중이 크다고 느끼는 것은 카 내의 갇힘고장이 발생하는 것이며, 갇혀 있는 시간이 길수록 신뢰성은 하락한다고 볼 수 있다.

스위치류의 접점의 접촉불량, 기기장치의 이물질 끼임 등 우발적으로 발생하는 경미한 고장에 의하여 엘리베이터를 정지시킨 채로 있거나, 이용자를 카 내에 갇힌 채로 있는 것은 불합리하다.

그래서 엘리베이터의 일련의 동작이 도중에 멈추는 경우에는 다시 이상상태를 체크하여 이상 현상이 복귀되어 정상상태로 되었을 경우에 가능한 한 운전을 계속하는 상태로 하고 있다. 예를 들면 층간에 정지할 때에 고장원인을 자가진단하여 안전상 문제가 없다고 판단한 때에는 자동적으로 최근 층까지 운전한다. 또 카가 도착한 층의 도어가 도어실에 이물질이 끼어 도어가 열리지 않을 때에는 다음 층까지 운전하여 이용자가 카 내에 갇혀 있는 것을 방지하는 것이다.

06 │ 쾌적성 관련 품질

1 승차감

승차감은 카 내 진동, 소음, 착상정밀도와 가·감속도로 구성한다.

(1) 카 내 진동

① 기동 및 정지쇼크 : [그림 8-10]의 가속도곡선에서 기동 시 상승부의 Peak값이 기동쇼크로, 정지 시의 상승부의 Peak값이 정지쇼크로 나타난다.

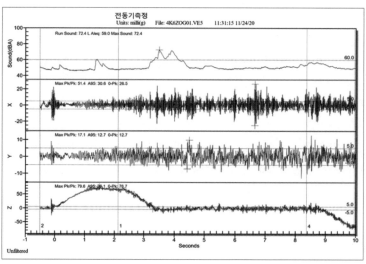

▌그림 8-10 카 내 진동곡선 ▌

② 주행진동 : 전속부분의 가속도곡선에서 기준선을 중심으로 상하로 변환하는 부분이 진동으로 나타난다. 이 진동은 Peak to Peak(P-P)로 표시될 수 있다.

진동은 카의 상하, 전후, 좌우로 나누어 볼 수 있고, 상하 진동 중에서 주파수에 따라 승객이 느끼는 정도가 다르므로 주파수에 따라 관리할 수 있다.

예를 들어 다음과 같이 주행진동의 주파수에 따라 품질수준을 정할 수 있다. 진동주파수는 사람의 몸이 느끼는 정도가 다르기 때문이다. [표 8-4]에 주파수별 허용진동레벨의 예를 나타내었다.

▌표 8-4 주파수별 허용진동의 예 ▌

진동주파수	허용진동
10Hz 이하	20gal 이하
10 ∼ 30Hz	30gal 이하
30Hz 이상	45gal 이하

주행 시 진동의 주된 진동주파수를 알아내면 진동의 원인을 엘리베이터 기구별로 파악할 수 있다. [표 8-5]는 기구물의 고유진동주파수의 예를 보여준다.

▌표 8-5 기구의 고유진동주파수의 예 ▌

구분	고유진동주파수[Hz]
Rope, 카의 프레임	2 ∼ 5
카의 바닥	70 ∼ 80
카 방진고무	15 ∼ 20
기계대	100 ∼ 300
권상기와 방진고무	20 ∼ 40

(2) 소음

① 기계실소음 : 기계실에서 엘리베이터가 움직일 때 발생하는 소음은 기계실의 환경에 따라 많은 차이가 있을 수 있어 이의 객관적이고 정확한 평가는 매우 어려우나 [표 8-6]과 같이 일반적인 보상방법으로 간략히 측정할 수 있다. 기계실 소음의 측정은 그 측정방법에 따라 많은 차이가 날 수 있으므로 측정방법에 대한 기준이 필요하다.

② 카 내 소음 : 카 내 소음은 주행 중 소음과 도어동작 중 소음으로 나눌 수 있다. 주행 중 소음은 기계실과의 거리에 따라 차이가 있을 수 있으므로 그에 대한 측정기준이 필요하다.

③ 승장 또는 거실 소음 : 승장 또는 거실 소음은 동일한 엘리베이터에 대해서도 건축의 방음 정도에 따라 많은 차이를 보이고 있으므로 사실상 엘리베이터에서는 관리하기 힘든 항목이다. 엘리베이터의 소음발생원이 기계실의 전동기 및 권상기이므로 이들에 대한 기계실소음을 관리하고 그에 대한 정보를 건축설비자에게 제공하므로 건축의 방음설비를 적절히 계획할 수 있다.

‖ 표 8-6 소음기준의 예 ‖

구분	기준
카 내	55dB(A) 이하
승장	50dB(A) 이하
기계실	75dB(A) 이하

(3) 착상정밀도

카가 정지하였을 때 승강장의 바닥과 카 바닥의 수준차를 ±의 mm로 표시한다.

(4) 가·감속도

그림에서 가·감속도는 가·감속부분의 평균값이 가·감속도로 나타난다. 가·감속도가 큰 경우에는 승객이 어지러움을 느낄 수 있다.

엘리베이터의 승차감을 좋게 하도록 가·감속도를 낮추어야 하나, 신속성을 위해서는 가·감속도를 무조건 낮출 수만은 없다.

일반적으로 엘리베이터의 속도별 가속도의 설계는 [표 8-7]과 같다.

‖ 표 8-7 엘리베이터 가속도의 설계 예 ‖

엘리베이터 속도	가속도
105m/min 이하	$0.05 \sim 0.07g$
120 ~ 180m/min	$0.08 \sim 0.09g$
240m/min 이상	$0.09 \sim 0.1g$

2 카 내부환경

엘리베이터 카 내에서 탑승하고 목적지까지 가는 시간은 오랜 시간은 아니지만 마땅히 하는 일이 없기 때문에 지루하거나 무료하게 되는 경우가 있고, 더구나 낯선 사람과 수십초간 좁은 공간에 함께 있는 것이 부자연스러우면서 부담스럽기도 하고 시선을 둘 곳도 마땅치 않다.

이러한 문제를 해결하기 위해 몇가지가 활용되기도 한다.

(1) 정보표시기

LCD 모니터나 LED를 사용한 정보표시기는 다양한 정보를 승객에게 알려주고, 카 내의 분위기도 자연스럽게 만들어주므로 엘리베이터를 이용하는 사람의 기분을 쾌적하게 해준다.

(2) BGM(Back Ground Music)

갇힌 공간이기 때문에 조용하고 평화로운 음악을 흘려보내면 탑승자의 마음이 평화로워지면서 쾌적감이 들게 된다.

(3) 방향(芳香)기능

카 내에 일정 주기로 장치를 통하여 향을 뿌려주는 기능은 탑승자로 하여금 상쾌한 기분이 들게 만들어 준다.

(4) 거울

장애인용 엘리베이터에 후진 하차를 위하여 거울을 장착하지만, 일반승객이 거울을 필요로 하는 경우도 있으므로 쾌적성을 좋게 한다고 볼 수 있다.

(5) 카 내 인테리어

카 천장의 조명을 밤하늘 별형상으로 만든다든지, 카 벽에 아름다운 무늬로 에칭하는 등의 내부장식은 승객의 기분을 좋게 한다.

07 환경성 관련 품질

1 사용전원

사용전원은 엘리베이터의 기능과 성능이 계획된 대로 발휘될 수 있는 전원의 질을 말한다. 전원의 질에는 전압편차, 주파수편차, 전압변동률 등이 있다. 전원의 질에 대한 기준은 건축에서 전원설비에 대한 설계 시 필요한 사항이다.

2 사용온도범위

사용온도범위는 엘리베이터의 기능과 성능이 계획된 대로 발휘될 수 있는 온도범위를 말한다. 사용온도범위는 엘리베이터의 기계실 공조설비의 계획에 반영되어야 할 사항이다.

3 내(耐)노이즈(noise)

최근 엘리베이터 제어가 반도체 및 μ-Processor를 채용하므로 외부의 전기적인 Noise에 대하여 영향을 받아 오동작하는 경우도 있다. 내노이즈는 외부의 Noise에 대하여 영향을 받지 않고 정상적인 동작을 수행할 수 있는 Noise의 정도를 나타낸다. 내노이즈의 정도에 따라 엘리베이터를 설치하는 위치가 고려되어야 한다.

4 내진성

먼지가 많은 특수환경의 엘리베이터에 대해서는 엘리베이터 기기(機器)들에 영향을 줄 수 있는 먼지 등이 엘리베이터 동작에 미치는 영향을 고려하여야 한다.

5 내화학성

화학물질이 기화하는 환경에서의 엘리베이터에 대해서는 엘리베이터 기기(機器)들에 영향을 줄 수 있는 화학물질이 엘리베이터 동작에 미치는 영향을 고려하여야 한다.

08 경제성 관련 품질

엘리베이터는 경제성을 두 가지로 구분할 수 있다. 초기 비용의 경제성과 운영비용의 경제성이다. 엘리베이터의 초기 비용은 물론 엘리베이터 구매설치비용이다. 이 비용은 기계가공기술과 소재기술의 발달 및 전동기와 구동장치 기술의 발달로 더욱 효율화되고 있다. 특히 과거에 저속 엘리베이터와 고속 엘리베이터의 구동기술의 차이로 많은 비용차이를 보였으나, 최근에는 속도별 비용차이가 현저히 줄어들게 되었다.

또한, 전동기의 구동기술이 혁신적으로 발전되면서 운영비용 중에 가장 큰 비중인 전기소비량이 대폭 줄어들고, 회생발전의 전력을 재사용할 수 있는 장치의 개발에 의하여 에너지소비는 더욱 효율화되었다고 할 수 있다.

1 초기 설치비용

엘리베이터의 초기 설치비용은 장치의 제조가격, 엘리베이터의 현장설치비용 등으로 볼 수 있다. 엘리베이터의 제조가격의 대부분은 구조부분과 제어부분이다. 특히 구동장치의 비중이 상당히 크다고 볼 수 있다. 과거 직류 엘리베이터의 전동기 드라이브장치는 Motor-generator 등과 큰 부피의 구동반, 제어반 등이 있으면 직류모터와 관련 Traction machine이 덩치도 크고 복잡하였다. 그 비용도 비례하여 컸다고 볼 수 있다.

최근에 엘리베이터의 대부분은 교류인버터 제어를 적용하고, 반도체기술의 발전으로 대전력 반도체소자로 구성되는 인버터 등의 비용이 현저히 줄어들고, 인버터를 구동하는 교류전동기의 크기가 작아지며, Traction machine의 크기가 아주 작아졌다.

이와 더불어 과거 전기적인 결선을 위해 수많은 전선이 필요하였고, 이들의 전선을 배선하는 것은 매우 힘든 작업이었다. 최근에는 통신방식의 발달로 전선수가 혁신적으로 줄었으며, 전선의 결선 또한, 현장에서 가장 간편한 커넥터방식으로 모두 바뀌었기 때문에 많은 비용절감을 가져왔다.

▣2 운용비용

운용비용은 거의 대부분인 사용전기료로 대변된다. 엘리베이터의 사용소비전력은 일반 오피스빌딩의 경우 건물 전체 전기사용량의 약 5% 정도로 볼 수 있다. 물론 건물의 용도와 사용환경에 따라서 많은 차이를 보일 수 있다.

① 기동횟수 감소 : 엘리베이터에는 이러한 운용비용을 효율화하기 위하여 여러 가지 운행방법을 장착하여 구현하고 있다. 엘리베이터의 소비전력은 엘리베이터의 기동횟수에 비례한다고 볼 수 있다. 따라서, 운용비용을 효율화하는 방법은 기동횟수를 줄이는 방법이다. 즉, 엘리베이터 전력소비 W_{el} ∝ 엘리베이터 기동횟수 N_{st}

기동횟수를 줄이는 기능은 군관리의 대부분 기능이며, 특히 행선층 분류시스템이 효과가 크다고 볼 수 있다. 운전기능 중에는 만원통과기능, 장난콜 소거기능 등이 있다.

② 회생전력 재사용 : 엘리베이터는 전동기의 역행운전이 있고 회생운전이 있다. 카의 적재부하와 상승 하강을 구분하여 4상한 운전을 보면, 1상한과 3상한은 에너지 소비영역이고 2상한과 4상한은 에너지 발전영역이다. 즉, 2상한의 FL down과 4상한의 NL up 운전에서는 전동기가 발전기가 되어 회생전력이 발생하고, 이 회생전력을 트랜지스터 컨버터를 통하여 상용전원으로 되돌려 일반적인 전력을 사용하므로 에너지의 효율화를 꾀하는 것이다.

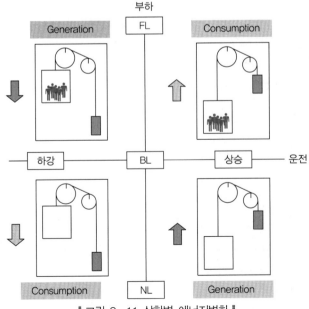

┃ 그림 8-11 상한별 에너지변화 ┃

③ 트랙션비의 최적화 : 엘리베이터의 구동장치가 하는 일은 카와 카운터의 무게편차 만큼을 올리고 내리는 것이다. 따라서, 무게편차를 최소화하는 것은 구동력을 줄여서 전력소비를 줄이는 역할을 한다.

엘리베이터는 사용용도에 따라서 적재부하의 빈도곡선이 차이가 많다. 예를 들어 [그림 3-125]처럼 아파트 엘리베이터의 경우는 밸런스부하 이하로 탑승하는 경우가 대부분이다. 그러므로 오버밸런스율을 50%가 아니라 35~45%로 설정하여 에너지소비를 줄이고, 백화점과 같이 대부분의 운전이 밸런스부하 이상으로 운전되므로 가능한 한 오버밸런스율을 높여서 45~55%로 설정하기도 한다. 물론 부하의 빈도곡선에 맞추기 위해 지나친 오버밸런스율은 구동기의 능력을 키워야 하므로 초기 설치비용이 과다하게 소요될 수 있다.

3 속도제어방식의 소비전력효율

엘리베이터 속도제어방식의 개발에 따라 소비전력은 낮아지게 된다. 저속 엘리베이터와 고속 엘리베이터를 구분하여 종래의 속도제어방식과 최근 적용하는 속도제어방식의 비교를 통하여 전동기 구동방식별 에너지소비를 검토한다. 이 속도제어방식별 소비전력의 비교는 엘리베이터의 운행방식에 의한 소비전력효율과는 상관이 없는 내용이다. 즉, 1회 운전에서 일어나는 소비전력의 비교라고 볼 수 있다.

(1) 저속 엘리베이터

저속 엘리베이터의 속도제어는 대부분 교류전동기의 역사를 참고하면 된다.

교류전동기의 속도제어방식 발전은 1단 속도제어로 시작되어 2단 속도제어방식과 1차 전압제어방식으로 연결된다. 교류전동기의 종전의 속도제어는 에너지를 허비하는 요소가 많았다. 엘리베이터의 소비전력은 카의 기동 시 가장 크게 발생하는 것은 앞서 언급하였으나, 종전의 1단 속도제어, 2단 속도제어, 1차 전압제어들은 기동쇼크를 줄이기 위하여 기존의 정지관성을 발생시키는 GD^2에 모터축에 전동기의 급회전을 막는 Fly wheel을 장착하여 승차감을 좋게 만들었다. 그리고 1단 속도제어와 2단 속도제어는 전동기의 정지를 기계적인 브레이크로 수행하였다.

① 1·2단 속도제어 : 이를 정리하면 1단 속도제어는 기동전류에 영향을 주는 GD^2가 구동기의 크기와 Fly wheel의 장착으로 매우 크고, 가속구간에는 큰 슬립으로 회전하며, 이로 인하여 발생된 열을 발산하기 위해 냉각팬 등의 냉각장치도 필요하였다.

② 1차 전압제어(AC-VV) : 1차 전압제어방식은 가속패턴을 만들어 기동하는 방식으로, 전압제어로 인한 전동기의 크기가 주는 등 기동전류를 줄이긴 하였으나, 여전히 소형의 Fly wheel을 적용하고, 가속구간의 슬립에 의한 전력손실이 컸다.

③ VVVF 제어 : VVVF 속도제어는 이러한 전력소비요인을 제거하게 되고, 소비전력의 극단적인 절감을 가져왔다. 즉, 전동기와 감속기의 소형화 또는 무감속기 적용, 정밀한 속도패턴과 속도제어로 인한 Fly wheel 삭제, 전동기 슬립 최소화로 발열현상 제거, 이로 인한 냉각팬 불필요 등의 전력의 허비요소를 없애므로 소비전력이 작아졌다. 최근에는 PMSM을 적용한 무기어 저속 엘리베이터가 늘어나면서 전력소비는 더 효율적이 되었다고 볼 수 있다.

④ 효과 : 1단 속도제어와 1차 전압제어의 적용속도범위가 달라 직접 비교가 힘들겠지만 1차 전압제어방식이 1단 속도제어방식에 비하여 소비전력이 약 60% 정도로 낮아졌다고 볼 수 있다. 또한, VVVF 제어방식의 무기어 엘리베이터는 1차 전압제어방식에 비하여 소비전력이 50% 정도로 낮아졌다고 할 수 있겠다. 이러한 수치는 여러 가지 모델과 사용환경에 따라서 차이가 날 수 있다.

(2) 고속 엘리베이터

고속 엘리베이터의 속도제어는 종전에 직류전동기 제어방식이었다.

① 워드레오나드(ward leonard) 방식 : 이 직류전동기의 처음 제어방식인 워드레오나드 방식은 입력교류전원으로 교류전동기를 돌려서 이 전동기에 결합되어 있는 직류발전기(motor-generator)로 직류전원을 발전시키고, 이 직류전원을 엘리베이터의 전동기에 입력하여 구동하는 방식으로 발전기를 위한 전동기는 계속 회전을 시키고 있어야 하므로 엘리베이터 구동장치와 이동구조물이 소비하는 전력 이외에도 MG에 의해 전력소비가 일어났다. MG의 전력소비를 줄이기 위해서 호출이 없을 때는 MG를 꺼두는 방법도 채택하였으나, 호출이 발생하여 그때 MG를 가동하면 정상적인 직류전원의 출력까지는 수분의 시간이 걸리므로 엘리베이터 이용자에게 불편이 컸다. 그리고 직류전동기를 채택한 구동머신은 크고 무거웠다. 즉, GD^2가 크다고 볼 수 있다.

② 반도체정류(thyristor convertor) 방식 : 반도체기술의 발전으로 MG 방식 대신에 Thyristor convertor에 의한 직류전원을 만들 수 있는 구동장치가 적용되면서 소비전력은 종전에 비하여 30% 이상 절약되었다고 보고 있다. 즉, Thyristor convertor는 움직이지 않는 시간에는 전력소비가 없다. 호출에 의하여 전동기에 직류전원이 공급되어야 하는 시점에 바로 공급이 가능하므로 카를 움직이는 데만 전력이 소비되어 효율적으로 되었다.

③ VVVF 방식 : 고속 엘리베이터에 독보적으로 적용하여 오던 직류방식이 무너지고 VVVF 방식이 고속 엘리베이터에 적용되면서 고속 엘리베이터에 대한 소비전력의 효율은 혁신적인 변화를 가져왔다.
전동기와 구동장치의 소형화는 물론, PMSM을 적용한 기어리스 고속 엘리베이터는 정밀한 속도제어를 통하여 슬립에 의한 전력소비 등 엘리베이터에서 전력을 허비하는 요소가 거의 없다고 보아도 무방하다.

④ 회생전력(regeneration power) 재사용 : 더욱이 고속 엘리베이터에서 2·4상한에서 발생되는 회생전력의 트랜지스터 컨버터를 통한 재사용으로 에너지효율은 극대화되고 있다고 볼 수 있다. 이러한 소비전력의 효율화는 여러 가지 기술의 적용으로 많은 결과를 보이고 있다.

찾아보기